“十二五”普通高等教育本科国家级规划教材
科学出版社“十四五”普通高等教育本科规划教材

大学物理(下册)

(第五版)

主 编 康 颖

副主编 陈 聪 梁裕民 郑春华

科学出版社

北 京

内 容 简 介

本书是“十二五”普通高等教育本科国家级规划教材，也是国家精品课程配套教材，是由首届国家级教学名师和诸多具有丰富教学经验的老师，在军队级教学成果一等奖教材的基础上，依据教育部高等学校大学物理课程教学指导委员会编制的《理工科类大学物理课程教学基本要求》(2023 年版)，考虑国内外物理教材改革动向，结合我国当前大学物理教学实际，多次修订和改编而成.

全书分上下两册，上册包括力学、热学和电磁学，下册包括振动与波动、光学、近代物理，以及供选讲的现代技术的物理基础专题. 全书包含大量军事工程应用及科技前沿进展案例，另有熵与信息、磁流体发电、粒子束武器、电磁炮、次声武器、光学陀螺、冷原子干涉与重力测量等阅读材料供学生选读，有利于开阔视野，激发学习积极性，提高科学素质，培养创新精神. 书后还附有物理学名词中英文对照表，便于师生查阅. 全书配制了电子教案、学习指导与题解、题库、微课、专题模拟测试卷等资源，以备选用.

本书可作为高等学校工科各专业、理科非物理类专业、军队院校本科学历教育各专业的教材，也可作为教师和工程技术人员的参考书，或供自学者使用.

图书在版编目(CIP)数据

大学物理. 下册/康颖主编. --5 版. --北京：科学出版社，2025. 1.
(“十二五”普通高等教育本科国家级规划教材)(科学出版社“十四五”普通高等教育本科规划教材). --ISBN 978-7-03-080236-1

Ⅰ. O4

中国国家版本馆 CIP 数据核字第 2024D0R592 号

责任编辑：罗 吉 龙嫚嫚/责任校对：杨聪敏
责任印制：师艳茹/封面设计：有道文化

科学出版社 出版
北京东黄城根北街16号
邮政编码：100717
http://www.sciencep.com
三河市骏杰印刷有限公司印刷
科学出版社发行 各地新华书店经销
*
2006 年 1 月第 一 版 开本：787×1092 1/16
2010 年 1 月第 二 版 印张：23 1/4
2015 年 12 月第 三 版 字数：551 000
2019 年 1 月第 四 版 2025 年 12 月第四十四次印刷
2025 年 1 月第 五 版

定价：55.00 元

(如有印装质量问题，我社负责调换)

目录

第 14 章　振　　动

振动是自然界中常见而重要的一种运动形式,广泛存在于机械运动、电磁运动、热运动、晶体内原子的运动中. 广义地说,任何一个物理量在某一数值附近做周期性的变化,都称为振动. 变化的物理量称为振动量,它可以是力学量、电学量或其他的物理量. 机械振动是最直观的振动,它是物体在一定位置附近来回往复的运动. 如活塞的往复运动、钟摆的运动等都是机械振动. 不同类的振动虽有本质上的区别,但就振动过程而言,振动量随时间的变化关系往往遵循相同的数学规律,从而使得它们具有相同的描述方法. 本章主要研究机械振动,其规律也是学习和研究其他形式的振动以及波动、无线电技术、波动光学的基础. 这些内容在原子物理、固体物理以及应用声学、建筑学、机械学、地震学中都得到了广泛的应用.

14.1　简谐运动

在一切振动中,最简单和最基本的振动是简谐运动,也称谐振动,其运动量按正弦函数或余弦函数的规律随时间变化. 一般说来,任何复杂的振动都可看成是若干简谐运动的合成. 因此,简谐运动是我们研究的重点.

14.1.1　简谐运动

1. 弹簧振子

如图 14.1 所示,轻质弹簧(相对于物体质量,弹簧质量可忽略)一端固定,另一端系一质量为 m 的物体,置于光滑的水平面上,物体所受的阻力忽略不计. 当弹簧为原长时,物体所受合力为零,此时物体所在位置 O 称为**平衡位置**. 如果使物体略微移动后释放,物体就在平衡位置附近做来回往复的周期性运动. 显然,物体可看作质点. 这样的振动系统叫做弹簧振子. 实际上,弹簧振子是一个理想化的模型.

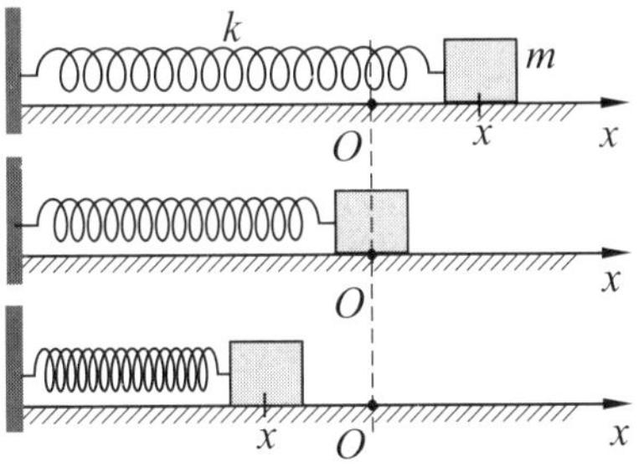

图 14.1

2. 简谐运动的动力学特征

我们取平衡位置为坐标原点,水平向右为 Ox 轴正方向. 设 t 时刻物体运动到 x 处. 显然,物体的位置坐标 x,就是它相对平衡位置的位移(以下简称位移). 此时物体所受合力为弹簧的弹性力,在小幅振动情况下,根据胡克定律,有

$$F = -kx \tag{14.1}$$

式中比例系数 k 为弹簧的刚度系数，取决于弹簧的固有性质(材料、形状、大小等)，负号表示力与位移的方向相反，即力 $\boldsymbol{F}$ 的方向始终指向平衡位置 O. 这种始终指向平衡位置的力称为**回复力**. 由于弹性力与位移成正比，因此这种回复力为线性回复力.

根据牛顿第二定律，物体的加速度为

$$a = \frac{F}{m} = -\frac{k}{m}x$$

对于给定的弹簧振子，m 和 k 均为正值常量，令 $\omega^2 = k/m$，则上式可写成

$$a = -\omega^2 x \tag{14.2a}$$

即

$$\frac{\mathrm{d}^2 x}{\mathrm{d}t^2} + \omega^2 x = 0 \tag{14.2b}$$

这是一个二阶线性齐次微分方程，它的解具有正弦或余弦函数的形式. 本书采用余弦函数形式，即

$$x = A\cos(\omega t + \varphi) \tag{14.3}$$

式中 A 和 φ 是积分常量，它们的物理意义和计算方法将在后面讨论.

式(14.3)表明，物体的位移按余弦函数的规律随时间作周期性变化，这种运动正是简谐运动. 由于式(14.3)是式(14.2)的解，而式(14.2b)又源于式(14.1)，因此可以说，**物体在与位移成正比而方向相反的合外力作用下的运动一定是简谐运动**. 这是简谐运动的动力学特征. 式(14.2)是物体运动的动力学方程，式(14.3)是物体的运动方程，也称简谐运动方程，或简谐运动表达式. 显然，式(14.1)、(14.2)、(14.3)都可作为判断物体是否做简谐运动的依据.

应该指出，如果物体运动幅度过大，弹性力将不再遵从胡克定律，也就是弹性力与位移不再满足简单的线性关系，导致回复力(或加速度)与位移的关系也不再是线性的，这时弹簧振子的运动将是非简谐运动.

需要注意的是，只有选取物体所受合力为零的平衡位置为坐标原点，做简谐运动的物体才有形如式(14.1)的方程和相应形式的解.

3. 简谐运动物体的速度和加速度

将式(14.3)对时间分别求一阶和二阶导数，即得简谐运动物体的速度和加速度

$$v = \frac{\mathrm{d}x}{\mathrm{d}t} = -\omega A\sin(\omega t + \varphi) = -v_{\mathrm{m}}\sin(\omega t + \varphi) \tag{14.4}$$

$$a = \frac{\mathrm{d}^2 x}{\mathrm{d}t^2} = -\omega^2 A\cos(\omega t + \varphi) = -a_{\mathrm{m}}\cos(\omega t + \varphi) \tag{14.5}$$

式中 $v_{\mathrm{m}} = \omega A$，$a_{\mathrm{m}} = \omega^2 A$ 分别为速度幅值和加速度幅值. 可见，物体做简谐运动时，其速度和加速度也随时间作周期性变化，这是简谐运动为周期性运动的必然结果. 图 14.2 画出了位移、速度和加速度随时间变化的曲线. 为简单起见，已取 $\varphi = 0$.

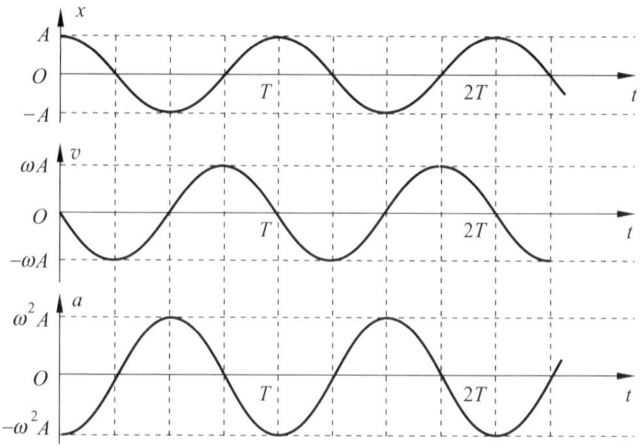

图 14.2

14.1.2　描述简谐运动的特征量

1. 振幅

做简谐运动的物体离开平衡位置的最大位移的绝对值，称为**振幅**，即式(14.3)中的 A. 它给出了物体运动的范围，其单位是米，符号为 m. 振幅 A 的量值由初始条件决定.

2. 周期和频率

物体完成一次全振动所经历的时间称为**周期**，用 T 表示. 由于简谐运动具有时间周期性，因此，物体在任意时刻 t 的位移和速度应与物体在时刻 $t+T$ 的位移和速度完全相同，于是有

$$x = A\cos(\omega t + \varphi) = A\cos[\omega(t+T) + \varphi]$$

考虑到余弦函数的周期为 2π，因此有

$$T = \frac{2\pi}{\omega}$$

单位时间内物体完成全振动的次数称为**频率**，用 ν 表示. 显然有

$$\nu = \frac{1}{T} \tag{14.6}$$

于是得到 ω、T、ν 三者的关系为

$$\omega = \frac{2\pi}{T} = 2\pi\nu \tag{14.7}$$

式中 ω 称为**角频率**，又称**圆频率**，表示物体在 2π 秒内完成全振动的次数. 显然 T、ν 和 ω 都是描述简谐运动周期性的物理量.

周期 T 的单位是秒，符号为 s，频率 ν 的单位是赫兹，符号为 Hz，角频率 ω 的单位是弧度每秒，符号为 $\text{rad}\cdot\text{s}^{-1}$，而弧度 rad 是无量纲量.

必须指出，T、ν 和 ω 三者的量值均由振动系统本身的性质所决定，故称之为**固有周期**、**固有频率**和**固有角频率**. 例如，对于弹簧振子，有

$$\omega = \sqrt{\frac{k}{m}}, \quad \nu = \frac{\omega}{2\pi} = \frac{1}{2\pi}\sqrt{\frac{k}{m}}, \quad T = 2\pi\sqrt{\frac{m}{k}}$$

根据式(14.7),简谐运动方程(14.3)亦可用周期 T 和频率 ν 表示为

$$x = A\cos\left(\frac{2\pi}{T}t + \varphi\right) \tag{14.8}$$

$$x = A\cos(2\pi\nu t + \varphi) \tag{14.9}$$

3. 相位和初相位

我们知道,质点在某一时刻的运动状态,可用该时刻质点的位置和速度来描述. 对于做简谐运动的物体来说,当振幅 A 和角频率 ω 已经给定时,由式(14.3)和式(14.4)可知,物体在任意 t 时刻的位置和速度完全由 $\omega t+\varphi$ 确定. 这就是说,$\omega t+\varphi$ 是决定简谐运动状态的物理量,我们称之为**相位**. 比如 $\omega t+\varphi=\pi/2$ 时,$x=0$,$v=-\omega A$,表明此时物体在平衡位置以最大速率向负方向运动;当 $\omega t+\varphi=0$ 时,$x=A$,$v=0$,表明此时物体在正向最大位移处,且速度为零,等等. 物体在进行一次完全振动的过程中,每一时刻的运动状态都不相同,各个不同的运动状态都通过与之对应的不同相位反映出来. 此外,振动经历一个周期后,相位由 $\omega t+\varphi$ 变为 $\omega(t+T)+\varphi=2\pi+(\omega t+\varphi)$,亦即振动物体的相位经历了 2π 的变化,又恢复到原来的运动状态. 由此可见,相位是描述物体简谐运动状态必不可少的物理量,同时用相位描述物体的运动状态,还能充分体现出简谐运动的周期性.

在 $t=0$ 时,相位等于 φ,称为**初相位**,简称**初相**. 它是决定初始时刻物体运动状态的物理量. 应当指出,对一个简谐运动来说,开始计时的时刻选择不同,初始运动状态就不同,与之对应的 φ 也就不同,这表明初相位 φ 与时间零点的选择有关. 初相位 φ 的取值范围一般为 $[0,2\pi)$ 或 $(-\pi,\pi]$.

相位是很重要的物理量,它的单位是弧度,符号是 rad. 相位不仅在描述简谐运动状态时充分反映了运动的周期性特征,而且通过对两个同频率简谐运动的相位关系的分析,还可以方便地比较它们的步调,这将在后面有关内容中介绍.

我们把振幅、角频率(或频率、周期)和相位称为描述简谐运动的三个特征量. 有了特征量,就可写出完整的简谐运动方程,也就可以掌握该运动的全部信息.

4. 振幅 A 和初相位 φ 的确定

式(14.3)中的 A 和 φ 是求解微分方程(14.2b)时引入的两个积分常量. 假设振动的初始时刻,即 $t=0$ 时,物体的速度为 v_0、位移为 x_0,代入式(14.3)和式(14.4),得

$$x_0 = A\cos\varphi \tag{14.10}$$

$$v_0 = -\omega A\sin\varphi \tag{14.11}$$

由此两式可得

$$A = \sqrt{x_0^{\,2} + \left(\frac{v_0}{\omega}\right)^2} \tag{14.12}$$

$$\tan\varphi = \frac{-v_0}{\omega x_0} \tag{14.13}$$

振动物体在 $t=0$ 时的位移 x_0 和速度 v_0 常称为振动的初始条件,可见简谐运动

方程中的 A 和 φ 由初始条件确定.

需要注意的是,在用式(14.10)或式(14.13)确定 φ 时,一般说来,在 $-\pi$ 到 π 之间有两个值,还要根据式(14.11)判断取舍.

例 14.1 一轻弹簧竖直悬挂,下端系一质量 $m=1.0\ \mathrm{kg}$ 的物体,平衡时可使弹簧伸长 $l=9.8\times10^{-2}\ \mathrm{m}$,如图 14.3 所示.今使物体在平衡位置获得 $v_0=1\ \mathrm{m\cdot s^{-1}}$ 而方向向下的初速度,此后物体将在竖直方向运动.(1) 试证物体做简谐运动,并写出运动方程;(2) 求物体的速度和加速度及其最大值;(3) 求最大回复力.

解 (1) 取物体平衡时的位置为坐标原点 O,竖直向下为 x 轴正向,如图 14.3 所示.设弹簧刚度系数为 k.物体在平衡位置时所受合力为零,即

$$mg-kl=0 \quad ①$$

设 t 时刻物体位于任一位置 x 处,它所受合力为

$$F=mg-k(l+x) \quad ②$$

其中 mg 为重力,$-k(l+x)$ 为弹性力,联立①②两式得

$$F=-kx \quad ③$$

可见物体所受合外力与位移成正比而方向相反,因此该物体做简谐运动.

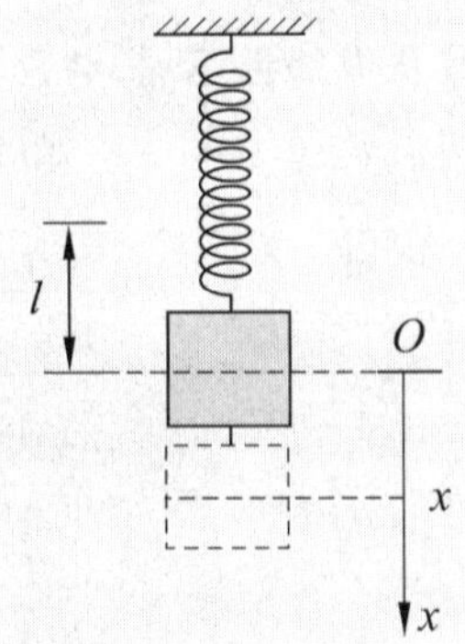

图 14.3

由牛顿第二定律,此时有

$$m\frac{\mathrm{d}^2x}{\mathrm{d}t^2}=-kx$$

或

$$\frac{\mathrm{d}^2x}{\mathrm{d}t^2}+\omega^2x=0 \quad ④$$

式中 $\omega=\sqrt{\dfrac{k}{m}}$.由式①可得

$$\omega=\sqrt{\frac{g}{l}}=\sqrt{\frac{9.8\ \mathrm{m\cdot s^{-2}}}{9.8\times10^{-2}\ \mathrm{m}}}=10\ \mathrm{rad\cdot s^{-1}}$$

设方程④的解为

$$x=A\cos(\omega t+\varphi) \quad ⑤$$

依题意,$t=0$ 时,有

$$x_0=A\cos\varphi=0$$

$$v_0=-\omega A\sin\varphi=1\ \mathrm{m\cdot s^{-1}}$$

可得

$$A=\sqrt{x_0^2+\left(\frac{v_0}{\omega}\right)^2}=\frac{v_0}{\omega}=\frac{1\ \mathrm{m\cdot s^{-1}}}{10\ \mathrm{s^{-1}}}=0.1\ \mathrm{m}$$

由 $\cos\varphi=0$,得 $\varphi=\pm\dfrac{\pi}{2}$,但因 $v_0>0$ 而有 $\sin\varphi<0$,所以只能取 $\varphi=-\dfrac{\pi}{2}$.将 A、ω、φ 代入式⑤,即得物体的简谐运动方程为

$$x=0.1\cos\left(10t-\frac{\pi}{2}\right)(\mathrm{SI})$$

(2) 物体的速度和加速度分别为

$$v=\frac{\mathrm{d}x}{\mathrm{d}t}=-\omega A\sin(\omega t+\varphi)=-\sin\left(10t-\frac{\pi}{2}\right)(\mathrm{SI})$$

$$a=\frac{\mathrm{d}v}{\mathrm{d}t}=-\omega^2A\cos(\omega t+\varphi)=-10\cos\left(10t-\frac{\pi}{2}\right)(\mathrm{SI})$$

速度和加速度的最大值分别为

$$v_{\mathrm{m}}=\omega A=10\ \mathrm{rad\cdot s^{-1}}\times 0.1\ \mathrm{m}=1\ \mathrm{m\cdot s^{-1}}$$

$$a_{\mathrm{m}}=\omega^2A=(10\ \mathrm{rad\cdot s^{-1}})^2\times 0.1\ \mathrm{m}=10\ \mathrm{m\cdot s^{-2}}$$

(3) 最大回复力与最大位移相对应,即有

$$F_{\mathrm{m}}=kA=m\omega^2A=1.0\ \mathrm{kg}\times(10\ \mathrm{rad\cdot s^{-1}})^2\times 0.1\ \mathrm{m}=10\ \mathrm{N}$$

由此例可知,凡是**运动系统除本身的回复力之外还受恒力作用时,该系统仍做简谐运动**.只要以振子所受合力为零的位置作为坐标原点,则可按常规写出简谐运动方程.从数学上看,只是一个轴平移的坐标变换.

例 14.2 如图 14.4(a)所示,一根刚度系数为 k 的轻弹簧一端固定,另一端系一轻绳,通过定滑轮与质量为 m 的物体相连.已知滑轮的转动惯量为 J,半径为 R.托起物体后放手,物体就在竖直方向上下运动.设绳和滑轮间无相对滑动,忽略空气阻力和轴承的摩擦,试证物体做简谐运动,并求出振动周期.

解 先找平衡位置 O.设物体平衡时弹簧的伸长量为 l,则有 $mg=kl$,所以

$$l=\frac{mg}{k} \quad ①$$

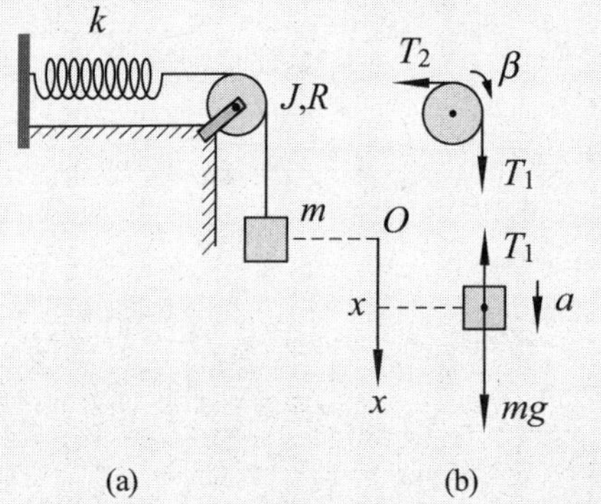

图 14.4

当物体相对 O 点的位移为 x 时,物体与定滑轮受力如图 14.4(b)所示(作用在滑轮上的重力及支持力对轴不产生力矩,未画出).对物体应用牛顿第二定律,对滑轮应用转动定律,得

$$mg-T_1=ma \quad ②$$

$$(T_1-T_2)R=J\beta=J\frac{a}{R} \quad ③$$

又有

$$T_2=k(l+x) \quad ④$$

联立以上四式,可解得

$$a=-\frac{k}{m+J/R^2}x=-\omega^2x$$

式中 $\omega^2=\dfrac{k}{m+J/R^2}$.可见物体的加速度与位移成正比而方向相反,因此物体做简谐运动.振动周期为

$$T=\frac{2\pi}{\omega}=2\pi\sqrt{\frac{m+J/R^2}{k}}$$

例 14.3　已知某质点做简谐运动，振动曲线如图 14.5 所示，试根据图中数据写出运动方程.

解　设质点的运动方程为 $x=A\cos(\omega t+\varphi)$，由图可见：$A=2$ m，当 $t=0$ 时，有

$$x_0=2\cos\varphi=\sqrt{2}\ \text{m} \quad ①$$

$$v_0=-2\omega\sin\varphi>0 \quad ②$$

由式①，$\varphi=\pm\frac{\pi}{4}$；由式②，$\sin\varphi<0$，所以取

$$\varphi=-\frac{\pi}{4}$$

当 $t=1$ s 时，有

$$x_1=2\cos\left(\omega-\frac{\pi}{4}\right)=0$$

$$v_1=-2\omega\sin\left(\omega-\frac{\pi}{4}\right)<0$$

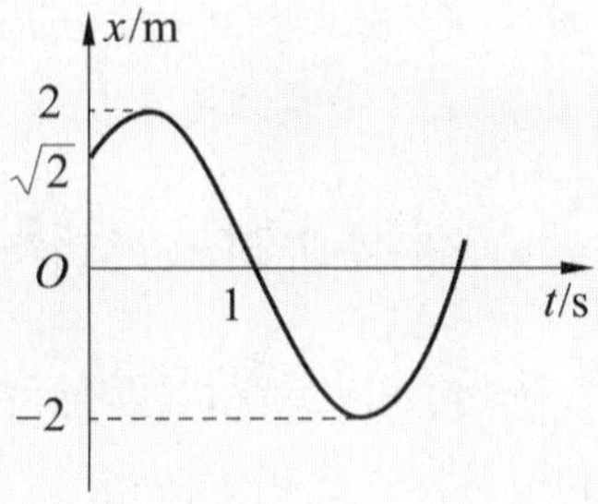

图 14.5

由图可见质点振动周期 $T=\frac{2\pi}{\omega}>2$ s，解得 $\omega=\frac{3\pi}{4}\ \text{s}^{-1}$，因此质点的简谐运动方程为

$$x=2\cos\left(\frac{3\pi}{4}t-\frac{\pi}{4}\right)(\text{SI})$$

广义地说，任何一个物理量，只要遵循式(14.2)和(14.3)的关系和变化规律，那么这个物理量就在做简谐运动. 尽管不同物理量的本质不同，但其随时间按余弦(或正弦)函数变化的数学规律是广泛适用的.

14.2　微振动的简谐近似

实际发生的振动问题并不像弹簧振子那么简单，大多是比较复杂的. 一方面回复力可能不是弹性力，而是重力、浮力等其他性质的力；另一方面回复力可能是非线性力，只在一定条件下才能近似当作线性回复力. 事实上，有些问题并不要求十分精确的结果. 因此，可根据问题的性质，突出主要因素，建立合理的物理模型，这会使具体计算大为简化. 下面讨论两个实际振动问题的近似处理.

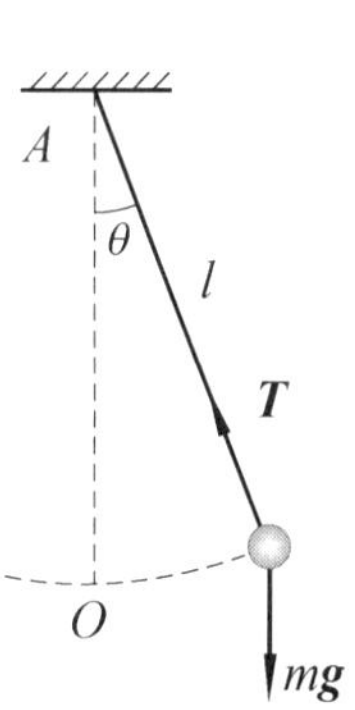

图 14.6

14.2.1　单摆

一根不能伸缩的细线，上端固定，下端悬挂一质量为 m 的重物，细线的质量和重物的体积均可忽略不计，如图 14.6 所示. 细线静止地处于铅直位置时，重物在位置 O. 此时，作用在重物上的合外力为零，位置 O 即为平衡位置. 重物受到扰动后，将在竖直平面内平衡位置 O 附近来回摆动，这样的系统称为**单摆**，也叫数学摆. 通常把重

物称为摆锤,细线称为摆线.

我们来计算单摆的周期.以摆锤为研究对象,摆锤绕水平轴 A 转动.假设某一时刻,单摆摆线与竖直方向成 θ 角,摆锤受重力 $m\boldsymbol{g}$ 和摆线的拉力 $\boldsymbol{T}$,其中 $\boldsymbol{T}$ 对轴 A 的力矩为零.取逆时针方向为转动的正方向,忽略阻力,并设摆线长为 l,则摆锤所受合外力矩为

$$M = -mgl\sin\theta$$

显然,这个方程与简谐运动动力学方程不同,因此摆锤的摆动一般不是简谐运动.考虑到

$$\sin\theta = \theta - \frac{\theta^3}{3!} + \frac{\theta^5}{5!} - \cdots$$

当 θ 很小时(小于 5°),可取 $\sin\theta\approx\theta$,则有

$$M = -mgl\theta \tag{14.14}$$

上式表明,单摆做微小摆动时,作用在摆锤上的合外力矩与摆锤相对平衡位置的角位移成正比而方向相反.

摆锤对轴 A 的转动惯量 $J = ml^2$,根据转动定律,可得摆锤的角加速度为

$$\frac{\mathrm{d}^2\theta}{\mathrm{d}t^2} = \frac{M}{J} = -\frac{g}{l}\theta$$

令 $\omega^2 = g/l$,可将上式写成

$$\frac{\mathrm{d}^2\theta}{\mathrm{d}t^2} + \omega^2\theta = 0 \tag{14.15}$$

式(14.15)与简谐运动微分方程式(14.2b)具有完全相同的形式.由此可知,当单摆的摆角很小时,其运动为简谐运动,周期为

$$T = \frac{2\pi}{\omega} = 2\pi\sqrt{\frac{l}{g}} \tag{14.16}$$

可见小角度摆动时,单摆的振动周期与摆锤的质量无关,与初始条件无关,仅由摆长和重力加速度确定,这一性质称为单摆的等时性.因此,单摆可以用来计时,并且通过精确测定单摆的摆长和振动周期,利用式(14.16),可以确定测量地点的重力加速度.这在地球物理等学科中有重要应用.

不难看出,方程(14.15)的解可写成如下形式:

$$\theta = \theta_{\mathrm{m}}\cos(\omega t + \varphi) \tag{14.17}$$

式中 θ_{m} 称为角振幅,φ 为初相位,均由初始条件确定.

顺便指出,具有式(14.14)这种特征的力矩或力,形如弹性力,而力的本质又与弹性力不同,称之为**准弹性力**.物体在准弹性力作用下也做简谐运动.

当 θ 不是很小时,可以证明其周期为

$$T = 2\pi\sqrt{\frac{l}{g}}\left(1 + \frac{1}{2^2}\sin^2\frac{\theta_{\mathrm{m}}}{2} + \frac{1}{2^2}\cdot\frac{3^2}{4^2}\sin^4\frac{\theta_{\mathrm{m}}}{2} + \frac{1}{2^2}\cdot\frac{5^2}{6^2}\sin^6\frac{\theta_{\mathrm{m}}}{2} + \cdots\right)$$

它与角振幅 θ_{m} 有关.式中含有 θ_{m} 的各项逐项变小,因此只要在括号内取足够多的项数,即可将 T 计算到要求的任何精度.不过,即使 $\theta = 15°$,实际周期与用 $T = 2\pi\sqrt{l/g}$ 算出的值相差也不超过 0.5%.

14.2.2　复摆

如图 14.7 所示，一任意形状的物体支在固定的水平轴 O 上，将它拉开一个角度后释放，若忽略阻力和摩擦力，物体将绕轴 O 自由摆动. 这样的系统称为**复摆**，也叫物理摆.

设物体质量为 m，对轴 O 的转动惯量为 J，质心 C 到轴 O 的距离为 $\overline{OC}=l$. 平衡时，OC 位于竖直位置，图中虚线所示竖直位置即为复摆平衡位置. 摆动时，OC 偏离平衡位置. 设任一时刻 t，OC 偏离平衡位置的角度为 θ，则由转动定律，物体绕轴 O 转动的微分方程为

$$J\frac{\mathrm{d}^2\theta}{\mathrm{d}t^2}=-mgl\sin\theta \tag{14.18}$$

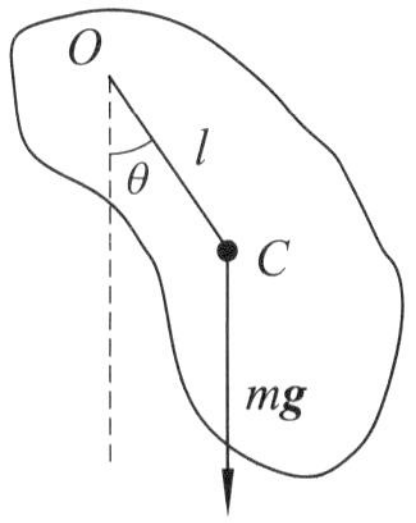

图 14.7

式中负号表示力矩的方向与角位移的方向相反. 若 θ 角很小，可取 $\sin\theta\approx\theta$，则有

$$J\frac{\mathrm{d}^2\theta}{\mathrm{d}t^2}=-mgl\theta \tag{14.19}$$

式中 J 和 mgl 为常量. 令 $\omega^2=mgl/J$，则可将上式写成

$$\frac{\mathrm{d}^2\theta}{\mathrm{d}t^2}+\omega^2\theta=0$$

显然，物体的小角度摆动是简谐运动，其周期为

$$T=\frac{2\pi}{\omega}=2\pi\sqrt{\frac{J}{mgl}} \tag{14.20}$$

不难看出，式(14.20)为我们提供了一种测量物体对转轴的转动惯量的方法.

实际上单摆是复摆的一个特例. 将 $J=ml^2$ 代入式(14.20)，即得单摆的周期表达式(14.16).

舰船在静止水中的摇摆，也相当于一个复摆. 当船的重心与浮心(浮力的作用点)在同一竖直线上时，船保持平正. 船倾斜时，重力和浮力就构成一对力偶，对船施加一个力矩，试图使船回到原来的平正状态，这样船就将左右摇摆，其振动周期可用复摆的周期公式求出. 由式(14.20)可见，船的转动惯量越大，重心越高，l 越小，则摆动周期长，频率低，摇摆就越缓和. 但重心高，舰船的稳定性就会差. 因此在设计舰船时要综合考虑船的稳定性和摇摆特性.

麦克斯韦摆

扭摆法测转动惯量

14.3　简谐运动的旋转矢量表示法

在 14.1 节中，我们介绍了用数学表达式以及用振动图线表示简谐运动的方法. 这一节将介绍用旋转矢量描述简谐运动. 这种方法不仅可以帮助我们形象地理解描述简谐运动的各个物理量，而且为研究简谐运动的合成提供了简捷的方法.

14.3.1　简谐运动的旋转矢量表示法

如图 14.8 所示，一长度等于振幅 A 的矢量 $\boldsymbol{A}$ 在纸平面内绕 O 点沿逆时针方

例 14.4 一质点沿 Ox 轴做简谐运动，振幅 $A=0.06$ m，周期 $T=2$ s，初始时质点位于 $x_0=0.03$ m 处且向 Ox 轴正向运动. 试求：(1) 初相位；(2) 在 $x_1=-0.03$ m处，且向 Ox 轴负方向运动时物体的速度和加速度，以及从这一位置回到平衡位置所需的最短时间.

解 (1) 取平衡位置为坐标原点，质点的运动方程可写为

$$x=A\cos(\omega t+\varphi)$$

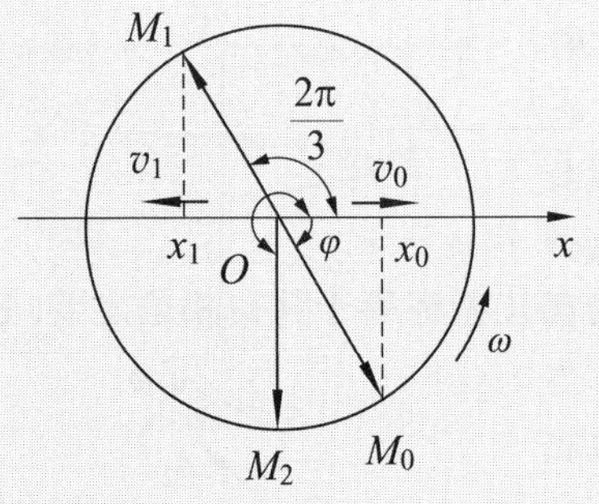

图 14.13

依题意，$A=0.06$ m，$T=2$ s，则 $\omega=2\pi/T=\pi\ \mathrm{s^{-1}}$. $t=0$ 时有

$$x_0=A\cos\varphi=(0.06\ \mathrm{m})\cos\varphi=0.03\ \mathrm{m}$$

$$v_0=-\omega A\sin\varphi>0$$

可得 $\cos\varphi=\frac{1}{2}$，$\sin\varphi<0$，所以取 $\varphi=-\frac{\pi}{3}$. 于是质点的运动方程为

$$x=0.06\cos\left(\pi t-\frac{\pi}{3}\right)(\mathrm{SI})$$

我们再用旋转矢量法求解. 根据初始条件，初始时刻旋转矢量 $\boldsymbol{A}$ 的矢端应在图 14.13 中的 M_0 位置，即有 $\cos\varphi=\frac{x_0}{A}=\frac{1}{2}$，且 φ 在第四象限，所以 $\varphi=-\frac{\pi}{3}$.

(2) 设 $t=t_1$ 时，$x_1=-0.03$ m，$v_1<0$. 这时旋转矢量 $\boldsymbol{A}$ 的矢端应在 M_1 位置，即有

$$x_1=(0.06\ \mathrm{m})\cos\left(\pi t_1-\frac{\pi}{3}\right)=-0.03\ \mathrm{m}$$

且 $(\pi t_1-\pi/3)$ 为第二象限的角，不妨取

$$\pi t_1-\frac{\pi}{3}=\frac{2}{3}\pi$$

此时质点的速度和加速度分别为

$$v=\left.\frac{\mathrm{d}x}{\mathrm{d}t}\right|_{t=t_1}=(-0.06\pi\ \mathrm{m\cdot s^{-1}})\sin\frac{2\pi}{3}=-0.16\ \mathrm{m\cdot s^{-1}}$$

$$a=\left.\frac{\mathrm{d}^2x}{\mathrm{d}t^2}\right|_{t=t_1}=(-0.06\pi^2\ \mathrm{m\cdot s^{-2}})\cos\frac{2\pi}{3}=0.30\ \mathrm{m\cdot s^{-2}}$$

从 $x_1=-0.03$ m 回到平衡位置 O，对应于旋转矢量 $\boldsymbol{A}$ 的矢端由 M_1 位置逆时针旋转到 M_2 位置. 由图可见，从 M_1 到 M_2 旋转矢量 $\boldsymbol{A}$ 转过的最小角度为 $\frac{3}{2}\pi-\frac{2}{3}\pi=\frac{5}{6}\pi$. 由于其角速度为 ω，因此所需的最短时间为

$$\Delta t=\frac{5\pi}{6\omega}=\frac{5\pi}{6\pi\ \mathrm{s^{-1}}}=0.83\ \mathrm{s}$$

可见用旋转矢量法求解是很直观方便的.

最美公式——欧拉公式

实际应用中，也常采用复指数形式来表示简谐运动，即

$$x=A\mathrm{e}^{\mathrm{i}(\omega t+\varphi_0)}\quad 或\quad x=A\mathrm{e}^{-\mathrm{i}(\omega t+\varphi_0)}$$

其实部或虚部均代表简谐运动. 采用这种复数表示法十分有利于后续的数

学处理. 本书在此不做详述.

14.4　简谐运动的能量

14.4.1　简谐运动的能量

做简谐运动的系统,除具有动能之外,还具有势能. 其总能量,就是动能和势能之和. 以弹簧振子为例,设在某一时刻 t,质量为 m 的物体的位移为 x,速度为 v,则由式(14.4)和式(14.5),系统的动能 E_k 和势能 E_p 分别为

$$E_k = \frac{1}{2}mv^2 = \frac{1}{2}m\omega^2 A^2 \sin^2(\omega t + \varphi) \tag{14.21}$$

$$E_p = \frac{1}{2}kx^2 = \frac{1}{2}kA^2 \cos^2(\omega t + \varphi) \tag{14.22}$$

系统的总机械能为

$$E = E_k + E_p = \frac{1}{2}m\omega^2 A^2 \sin^2(\omega t + \varphi) + \frac{1}{2}kA^2\cos^2(\omega t + \varphi)$$

将 $\omega^2 = k/m$ 代入上式,可得

$$E = \frac{1}{2}m\omega^2 A^2 = \frac{1}{2}kA^2 \tag{14.23}$$

可见,系统的动能和势能都随时间作周期性变化. 当物体的位移最大时,势能最大,而动能为零;当物体通过平衡位置时,势能为零,动能则达到最大值. 在运动过程中,动能和势能相互转换,但总能量保持恒定,如图 14.14 所示. 其原因是在运动过程中只有系统的保守内力做功. 由式(14.21)和式(14.22)可见,动能和势能的最大值相等. 由式(14.23)可知,**总能量与振幅的平方成正比**,这一结论对任何简谐运动系统都适用.

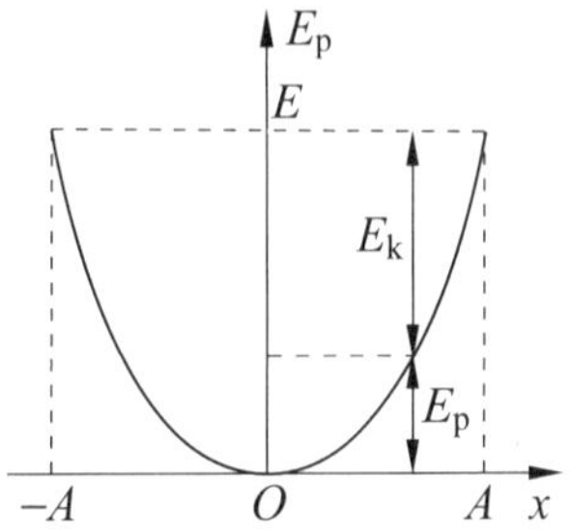

图 14.14

在忽略阻力的条件下,做简谐运动的系统只有动能 E_k 和势能 E_p(包括弹性势能和重力势能等),且二者之和保持不变,因此有

$$\frac{d}{dt}(E_k + E_p) = 0$$

将具体问题中的动能和势能表达式代入上式,经化简后,即可求得简谐运动的运动微分方程以及振动周期和频率等. 这种方法称为能量法,在工程实际中有着广泛的应用.

14.4.2　能量平均值

一个随时间 t 变化的物理量 $f(t)$ 在时间 T 内的平均值 $\bar{f}$ 定义为

$$\bar{f} = \frac{1}{T}\int_0^T f(t)\,dt \tag{14.24}$$

根据此定义,可得弹簧振子在一个周期内的平均动能和平均势能分别为

$$\bar{E}_k = \frac{1}{T}\int_0^T \frac{1}{2}m\omega^2 A^2 \sin^2(\omega t + \varphi)\,dt = \frac{1}{4}kA^2 \tag{14.25}$$

$$\overline{E}_{\mathrm{p}} = \frac{1}{T}\int_0^T \frac{1}{2}kA^2\cos^2(\omega t + \varphi)\mathrm{d}t = \frac{1}{4}kA^2 \tag{14.26}$$

可见,**简谐运动系统的动能和势能在一个周期内的平均值相等,它们都等于总能量的一半.**

值得指出,能量概念和与能量相关的定理、定律,在物理学中占有重要的地位.从能量及与之有关的基本定律出发,追寻能量变化的踪迹,可以帮助我们深入了解物质运动形态的变化、物质的内部结构以及相互作用规律等.

例 14.5 如图 14.15 所示,一密度均匀的"T"字形细尺由两根金属米尺组成.若它可绕通过 O 点且垂直于纸面的水平轴转动,求其微小振动的周期.

解 分析可知图中 $OADB$ 所示位置即"T"字形尺的平衡位置.设米尺长为 l,质量为 m.以地球和"T"字形尺为研究系统.当图 14.15 中的"T"字形尺绕通过 O 点且垂直于纸面的水平轴转动时,不计阻力的影响,则只有重力做功,系统的机械能守恒.取"T"字形尺处于平衡位置时系统的势能为零,当"T"字形尺转离平衡位置 θ 角时,系统的动能和势能分别为

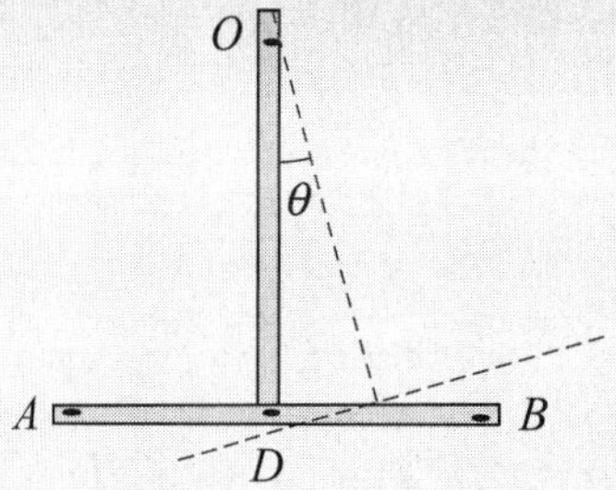

图 14.15

$$E_{\mathrm{k}} = \frac{1}{2}J\left(\frac{\mathrm{d}\theta}{\mathrm{d}t}\right)^2$$

$$E_{\mathrm{p}} = mg\,\frac{l}{2}(1-\cos\theta) + mgl(1-\cos\theta)$$

$$= \frac{3}{2}mgl(1-\cos\theta)$$

其中 J 是"T"字形尺对轴 O 的转动惯量.据平行轴定理,有

$$J = \frac{1}{3}ml^2 + \left(\frac{1}{12}ml^2 + ml^2\right) = \frac{17}{12}ml^2$$

因此有

$$E = E_{\mathrm{k}} + E_{\mathrm{p}} = \frac{1}{2}\cdot\frac{17}{12}ml^2\cdot\left(\frac{\mathrm{d}\theta}{\mathrm{d}t}\right)^2 + \frac{3}{2}mgl(1-\cos\theta) = 常量$$

将上式对时间 t 求导,有

$$\frac{17}{12}ml^2\,\frac{\mathrm{d}\theta}{\mathrm{d}t}\cdot\frac{\mathrm{d}^2\theta}{\mathrm{d}t^2} + \frac{3}{2}mgl\sin\theta\,\frac{\mathrm{d}\theta}{\mathrm{d}t} = 0$$

因为是微小角振动,所以 $\sin\theta\approx\theta$,代入上式可得

$$\frac{17}{12}ml^2\,\frac{\mathrm{d}\theta}{\mathrm{d}t}\cdot\frac{\mathrm{d}^2\theta}{\mathrm{d}t^2} + \frac{3}{2}mgl\theta\,\frac{\mathrm{d}\theta}{\mathrm{d}t} = 0$$

整理后即得

$$\frac{\mathrm{d}^2\theta}{\mathrm{d}t^2} = -\frac{18g}{17l}\theta = -\omega^2\theta$$

式中 $\omega^2 = \dfrac{18g}{17l}$,可见系统做简谐运动,其振动周期为

$$T = \frac{2\pi}{\omega} = 2\pi\sqrt{\frac{17l}{18g}} = 2\times 3.14\times\sqrt{\frac{17\times 1\ \mathrm{m}}{18\times 9.8\ \mathrm{m\cdot s^{-2}}}} = 1.95\ \mathrm{s}$$

例 14.6　刚度系数为 k、原长为 l、质量为 m 的均匀弹簧，一端固定，另一端系有一质量为 M 的物体，在光滑的水平面上做直线运动. 求解其运动.

解　设物体在 O 点受力平衡，O 点为其平衡位置. 此时弹簧保持原长. 取 O 为坐标原点，向右为 x 轴正方向，如图 14.16 所示. 设 $m<M$，且振幅不大. 这样，可认为弹簧上各点随物体同步运动，相位相同. 弹簧固定端振幅为零，与物体相连的一端振幅与物体的振幅相同，其他各点的位移与其处于平衡状态时到固定端的距离 s $(0<s<l)$ 成正比. 如图所示，在 s 处取弹簧元 $\mathrm{d}s$，其质量 $\mathrm{d}m=\dfrac{m}{l}\mathrm{d}s$. 当物体的位移(亦即坐标)为 x 时，该弹簧元的位移为 $\dfrac{s}{l}x$，其速度为 $\dfrac{s}{l}\dfrac{\mathrm{d}x}{\mathrm{d}t}$，而 $\dfrac{\mathrm{d}x}{\mathrm{d}t}$ 正是物体的速度 v，因此弹簧元 $\mathrm{d}s$ 的动能为

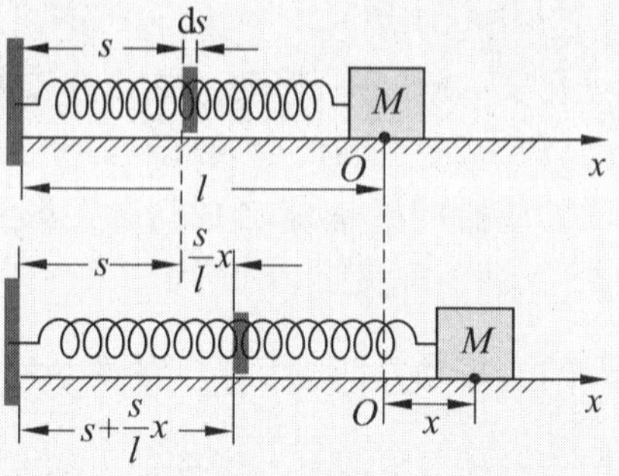

图 14.16

$$\mathrm{d}E_{\mathrm{k1}}=\frac{1}{2}\left(\frac{m}{l}\mathrm{d}s\right)\left(\frac{s}{l}v\right)^2=\frac{ms^2v^2}{2l^3}\mathrm{d}s$$

整个弹簧的动能为

$$E_{\mathrm{k1}}=\int_0^l \mathrm{d}E_{\mathrm{k1}}=\int_0^l \frac{ms^2v^2}{2l^3}\mathrm{d}s=\frac{1}{6}mv^2$$

此时物体的动能和系统的弹性势能分别为(以平衡状态为势能零点)

$$E_{\mathrm{k2}}=\frac{1}{2}Mv^2,\quad E_{\mathrm{p}}=\frac{1}{2}kx^2$$

若忽略阻力，系统的机械能守恒，即

$$\frac{1}{6}mv^2+\frac{1}{2}Mv^2+\frac{1}{2}kx^2=\text{常量}$$

将上式对时间求导，整理后可得

$$\left(M+\frac{m}{3}\right)\frac{\mathrm{d}v}{\mathrm{d}t}+kx=0$$

或写成

$$\frac{\mathrm{d}^2x}{\mathrm{d}t^2}+\omega^2x=0$$

式中 $\omega^2=\dfrac{k}{M+m/3}$. 可见，当弹簧质量小于物体质量，且系统做微振动时，弹簧振子的运动仍可认为是简谐运动. 振动周期为

$$T=\frac{2\pi}{\omega}=2\pi\sqrt{\frac{M+m/3}{k}}$$

显然，T 比不计弹簧质量时要大. 需要指出，这一结果虽是在 $m<M$ 的情况下得到的，但即使 $m=M$，与严格计算结果相比较，误差也不会大于 1%.

14.5 振动方向相互平行的简谐运动的合成

在实际问题中，振动系统常参与多个振动，根据运动叠加原理，此时系统的振动就是诸多振动的合成. 振动合成在声学、光学、无线电技术和电工学中有着广泛的应用，但一般的合成问题比较复杂，我们仅对几种比较简单的情况进行讨论.

14.5.1 振动方向相互平行的两个同频率简谐运动的合成

设某质点同时参与了振动方向相互平行(常说成是同方向)的两个同频率的简谐运动，这两个运动方程分别为

$$\begin{cases} x_1 = A_1\cos(\omega t + \varphi_1) \\ x_2 = A_2\cos(\omega t + \varphi_2) \end{cases} \tag{14.27}$$

式中 A_1、A_2 和 φ_1、φ_2 分别为两个分振动的振幅和初相位，x_1、x_2 表示相对同一平衡位置的位移. 在任一时刻，合振动的位移为

$$\begin{aligned} x &= x_1 + x_2 = A_1\cos(\omega t + \varphi_1) + A_2\cos(\omega t + \varphi_2) \\ &= (A_1\cos\varphi_1 + A_2\cos\varphi_2)\cos\omega t - (A_1\sin\varphi_1 + A_2\sin\varphi_2)\sin\omega t \end{aligned} \tag{14.28}$$

引入常量 A 和 φ，并令

$$\begin{cases} A_1\cos\varphi_1 + A_2\cos\varphi_2 = A\cos\varphi \\ A_1\sin\varphi_1 + A_2\sin\varphi_2 = A\sin\varphi \end{cases} \tag{14.29}$$

将式(14.29)代入式(14.28)可得

$$x = A\cos\varphi\cos\omega t - A\sin\varphi\sin\omega t = A\cos(\omega t + \varphi) \tag{14.30}$$

上式表明，**振动方向相互平行的两个同频率的简谐运动的合运动仍为该方向同一频率的简谐运动**. 合振动的振幅 A 和初相位 φ 分别由式(14.29)解出

$$A = \sqrt{A_1^2 + A_2^2 + 2A_1A_2\cos(\varphi_2 - \varphi_1)} \tag{14.31}$$

$$\tan\varphi = \frac{A_1\sin\varphi_1 + A_2\sin\varphi_2}{A_1\cos\varphi_1 + A_2\cos\varphi_2} \tag{14.32}$$

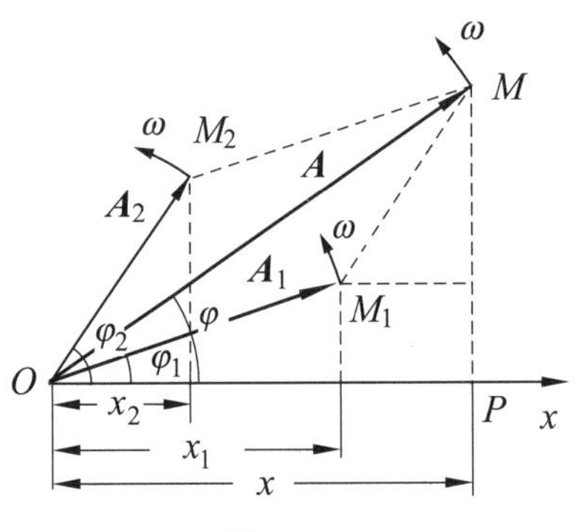

图 14.17

以上结果，是应用三角公式得到的，若用旋转矢量法则更加方便和直观. 如图 14.17 所示，矢量 $\boldsymbol{A}_1$ 和 $\boldsymbol{A}_2$ 以角速度 ω 绕 O 点沿逆时针方向旋转. $t=0$ 时，$\boldsymbol{A}_1$ 和 $\boldsymbol{A}_2$ 与 Ox 轴的夹角分别为 φ_1 和 φ_2，随后 $\boldsymbol{A}_1$、$\boldsymbol{A}_2$ 保持夹角不变，以共同的角速度 ω 旋转，$\boldsymbol{A}_1$ 和 $\boldsymbol{A}_2$ 在 Ox 轴上的投影分别代表由式(14.27)所描述的两个同方向、同频率的简谐运动.

由平行四边形定则，可以作出 $t=0$ 时的合矢量$\boldsymbol{A}=\boldsymbol{A}_1+\boldsymbol{A}_2$. 由于 $\boldsymbol{A}_1$ 和 $\boldsymbol{A}_2$ 大小不变，且以共同的角速度 ω 旋转，它

们的相对位置不变，所以 **A** 大小不变，同样以角速度 ω 绕 O 做逆时针旋转. 在任意时刻，**A** 在 Ox 轴上的投影为 $x=x_1+x_2$，因此合矢量 **A** 即为合振动所对应的旋转矢量. $t=0$ 时，**A** 与 Ox 轴夹角即为合振动的初相位 φ. 在 $\triangle OMM_1$ 中用余弦定理可得合振动振幅 A 的表达式，结果与式(14.31)相同；由 $\triangle OMP$，可求得合振动初相位 φ 的正切表达式，结果与式(14.32)相同.

由式(14.31)可以看出，合振动的振幅不仅与两个分振动的振幅有关，还与它们的相位差 $\Delta\varphi=\varphi_2-\varphi_1$ 有关. 我们讨论如下几种特殊情形：

(1) 当 $\Delta\varphi=\varphi_2-\varphi_1=2k\pi\ (k=0,\pm1,\pm2,\cdots)$ 时，$\cos(\varphi_2-\varphi_1)=1$，则有

$$A=\sqrt{A_1^2+A_2^2+2A_1A_2}=A_1+A_2 \tag{14.33}$$

即两分振动同相时，合振幅等于两个分振幅之和. 这是合振幅的最大值.

(2) 当 $\Delta\varphi=\varphi_2-\varphi_1=(2k+1)\pi\ (k=0,\pm1,\pm2,\cdots)$ 时，$\cos(\varphi_2-\varphi_1)=-1$，则有

$$A=\sqrt{A_1^2+A_2^2-2A_1A_2}=|A_1-A_2| \tag{14.34}$$

即两分振动反相时，合振幅等于两个分振动振幅之差的绝对值，这是合振幅的最小值. 特别地，如果 $A_1=A_2$，则 $A=0$，说明两个振幅相等而反相的分振动合成的结果使质点静止.

(3) 一般情况下，相位差可取任意值，合振幅则在 A_1+A_2 和 $|A_1-A_2|$ 之间.

以上讨论说明，相位差在简谐运动的合成问题中起着十分重要的作用.

例 14.7 质点同时参与两个简谐运动，它们的运动方程为

$$x_1=5\times10^{-2}\cos\left(10t+\frac{3}{4}\pi\right)(\mathrm{SI})$$

$$x_2=6\times10^{-2}\cos\left(10t+\frac{\pi}{4}\right)(\mathrm{SI})$$

(1) 求合振动的振幅和初相位；

(2) 另有一同方向的简谐运动

$$x_3=7\times10^{-2}\cos(10t+\varphi_3)(\mathrm{SI})$$

问 φ_3 为何值时，x_1+x_3 的振幅最大？φ_3 为何值时，x_2+x_3 的振幅最小？幅值各为多少？

解 (1) 这是同方向同频率简谐运动的合成问题，合振动仍为简谐运动.

将 $A_1=5\times10^{-2}$ m，$A_2=6\times10^{-2}$ m，$\varphi_1=\dfrac{3}{4}\pi$，$\varphi_2=\dfrac{\pi}{4}$ 代入式(14.31)和式(14.32)，得

$$A=\sqrt{A_1^2+A_2^2+2A_1A_2\cos(\varphi_2-\varphi_1)}=7.8\times10^{-2}\ \mathrm{m}$$

$$\tan\varphi=\frac{A_1\sin\varphi_1+A_2\sin\varphi_2}{A_1\cos\varphi_1+A_2\cos\varphi_2}=11$$

考虑到 φ 的量值在 φ_1 和 φ_2 之间，所以取 $\varphi=84°48'$.

(2) 当 x_3 振动和 x_1 振动同相,即当 $\varphi_3=\varphi_1=\frac{3}{4}\pi$ 时,它们的合振幅最大,即

$$A_{13}=A_1+A_3=5\times10^{-2}\ \mathrm{m}+7\times10^{-2}\ \mathrm{m}=12\times10^{-2}\ \mathrm{m}$$

当 x_3 振动和 x_2 振动反相,即当 $\varphi_3=\varphi_2\pm\pi=\frac{\pi}{4}\pm\pi$ 时,它们的合振幅最小,即

$$A_{23}=|A_2-A_3|=7\times10^{-2}\ \mathrm{m}-6\times10^{-2}\ \mathrm{m}=1\times10^{-2}\ \mathrm{m}$$

若质点同时参与 N 个同方向、同频率、振幅相等、初相位依次相差一个常量 $\Delta\varphi$ 的简谐振动,各振动表达式可假设为

$$x_1=A\cos\omega t$$
$$x_2=A\cos(\omega t+\Delta\varphi)$$
$$\cdots\cdots$$
$$x_N=A\cos[\omega t+(N-1)\Delta\varphi]$$

则合振动 $x_{\mathrm{sum}}=\sum\limits_{n=1}^{N}x_n$. 这时采用旋转矢量法进行合成,可以避免繁琐的三角函数运算. 各振动在 $t=0$ 时刻的振幅矢量 $\boldsymbol{A}_1,\boldsymbol{A}_2,\cdots,\boldsymbol{A}_N$ 的合成矢量即合成振动 $t=0$ 时刻的振幅矢量 $\boldsymbol{A}_{\mathrm{sum}}$.

根据矢量合成法则,将 $\boldsymbol{A}_1,\boldsymbol{A}_2,\cdots,\boldsymbol{A}_N$ 首尾相接, 则从 $\boldsymbol{A}_1$ 矢量的起点指向 $\boldsymbol{A}_N$ 矢量终点的有向线段就是合成矢量 $\boldsymbol{A}_{\mathrm{sum}}$. 由几何关系可见,N 个首尾相接的矢量长度相等,依次转过 $\Delta\varphi$ 的角度(即相邻矢量之间夹角为 $\Delta\varphi$), 它们恰好构成正多边形的一部分,因此容易算出合成矢量 $\boldsymbol{A}_{\mathrm{sum}}$ 的大小及其与 $\boldsymbol{A}_1$ 矢量的夹角为

$$A_{\mathrm{sum}}=A\frac{\sin\frac{N\Delta\varphi}{2}}{\sin\frac{\Delta\varphi}{2}},\quad \varphi_{\mathrm{sum}}=\frac{N-1}{2}\Delta\varphi$$

故合振动的表达式为 $x_{\mathrm{sum}}=A\dfrac{\sin\frac{N\Delta\varphi}{2}}{\sin\frac{\Delta\varphi}{2}}\cos\left(\omega t+\dfrac{N-1}{2}\Delta\varphi\right)$.

14.5.2 振动方向相互平行的两个不同频率简谐运动的合成 拍现象

振动方向平行但频率不同的两个简谐运动合成时不像同频率那么简单. 设这两个不同频率的振动方程分别为

$$\begin{cases}x_1=A_1\cos(\omega_1 t+\varphi_1)\\ x_2=A_2\cos(\omega_2 t+\varphi_2)\end{cases}\tag{14.35}$$

它们的相位差为

$$\Delta\varphi=(\omega_2 t+\varphi_2)-(\omega_1 t+\varphi_1)=(\omega_2-\omega_1)t+(\varphi_2-\varphi_1)$$

可见 $\Delta\varphi$ 是一个随时间变化的量. 反映在旋转矢量图上则表现为两个振幅矢量

$\boldsymbol{A}_1$ 和 $\boldsymbol{A}_2$ 的夹角随时间变化，因而合矢量 $\boldsymbol{A}$ 的大小和转动角速度也要不断变化，所以，**振动方向相互平行的两个不同频率的简谐运动的合运动不再是简谐运动**. 颇为重要的一种情况是两个频率都较大又极为接近的简谐运动的合成，我们对此进行讨论. 为简单起见，不妨设两个振动的振幅相等、初相位均为零，即 $A_1=A_2$，$\varphi_1=\varphi_2=0$，且有 $\omega_2>\omega_1$，则合振动的位移为

$$x=x_1+x_2=A_1(\cos\omega_1 t+\cos\omega_2 t)$$

利用三角函数的和差化积公式可得合振动的振动方程为

$$x=\left(2A_1\cos\frac{\omega_2-\omega_1}{2}t\right)\cos\frac{\omega_2+\omega_1}{2}t \tag{14.36}$$

可以看出，式(14.36)中右边两部分分别代表简谐运动. 由于 $|\omega_2-\omega_1|\ll\omega_2+\omega_1$，因此前面部分随时间变化要比后面部分慢得多，两部分的乘积表示一个高频振动受一个低频振动的调制. $\cos\frac{\omega_2-\omega_1}{2}t$ 称为**调制因子**，$\frac{\omega_2-\omega_1}{2}$ 称为**调制频率**，高频振动频率 $\frac{\omega_2+\omega_1}{2}$ 称为**载频**. 因此，合振动是这样一种振动，振动的角频率 $\frac{\omega_2+\omega_1}{2}$ 保持不变，但其振幅被调制. 由于调制频率很小，因此振幅随时间按余弦函数规律缓慢地由 $2A_1$ 到 0 再到 $2A_1$，作周期性变化，如图 14.18 所示. 我们把两个频率都较大，而频率差很小、振动方向平行的简谐运动合成时，所产生的合振幅时大时小的周期性变化的现象称为**拍**. 例如两个频率相差很小的音叉同时振动时，所听到的时强时弱的声音就是拍音.

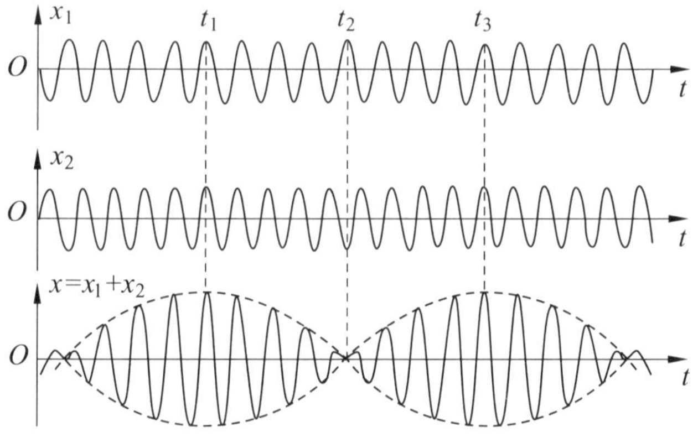

图 14.18

合振幅从一次极大到相邻的另一次极大所需的时间称为拍的周期，而合振幅变化的频率则称为**"拍频"**，它是周期的倒数，分别以 T 和 ν 表示. 振幅均为正值. 由于余弦函数的绝对值以 π 为周期，即

$$\left|2A_1\cos\frac{\omega_2-\omega_1}{2}t\right|=\left|2A_1\cos\left(\frac{\omega_2-\omega_1}{2}t+\pi\right)\right|=\left|2A_1\cos 2\pi\frac{\nu_2-\nu_1}{2}\left(t+\frac{1}{\nu_2-\nu_1}\right)\right|$$

可见拍的周期为 $T=1/(\nu_2-\nu_1)$，由此可得拍频为

$$\nu=\nu_2-\nu_1 \tag{14.37}$$

用旋转矢量法很容易理解上述结果. 在图 14.17 中，若 $\boldsymbol{A}_2$ 比 $\boldsymbol{A}_1$ 转得快，即

$\omega_2 > \omega_1$，则当 $\boldsymbol{A}_2$ 转到与 $\boldsymbol{A}_1$ 反方向位置时，合振幅最小，当 $\boldsymbol{A}_2$ 转到与 $\boldsymbol{A}_1$ 同方向位置时，合振幅最大，并且这种变化是周期性的.

拍现象有许多实际的应用. 如用音叉的振动来校准乐器；利用拍的规律测定超声波的频率. 在无线电技术中也常利用拍现象来测定无线电波频率以及调制高频振荡的振幅和频率等.

前面讨论的都是简谐振动，但实际振动往往比较复杂. 与振动的合成相反，一个复杂振动也可以分解为一系列不同频率的简谐振动的叠加，由此可获得复杂振动的频率结构信息.

由傅里叶级数展开定理可知，任一周期性函数（频率为 ω）都可以用下列形式的三角函数表示：

$$f(t) = A_0 + \sum_{n=1}^{\infty} A_n \cos(n\omega t + \varphi_n), \quad n = 1,2,3,\cdots$$

式中 $A_0, A_1, A_2, \cdots, A_n$ 称为傅里叶系数.

可见，利用傅里叶级数，任一周期振动都可以分解成几个甚至无穷多个简谐振动，它们的频率为原周期性振动频率的整数倍，$n=1$ 的简谐振动称为基频振动；$n=2,3,\cdots$ 的简谐振动分别称为 2 次、3 次……谐频振动. 这种分解方法称为傅里叶变换.

以频率为横坐标、各谐频成分对应的振幅为纵坐标作图，就得到谐频振动的振幅分布图，这称为频谱. 从频谱图可以看出各谐频成分在实际振动中所占的比例. 由于各谐频成分的频率都是基频的整数倍，所以周期性振动的频谱是离散谱.

不同的周期运动具有不同的频谱. 比如不同乐器奏出的同一音调的音色各不相同，就是由于各种乐器产生的振动频率相同，但频谱不同，各次谐频振动的振幅不同. 当钢琴和提琴发出同为 261.6Hz 的 C 调“do”音，人们就很容易利用高次谐频的差异区分出不同乐器.

频谱分析是研究振动性质的重要方法之一，广泛应用在声学、光学和无线电技术等方面. 在工程上已可以应用快速傅里叶变换来获得一个复杂振动的频谱，本书对此不做深入探讨.

14.6 振动方向相互垂直的简谐运动的合成

14.6.1 振动方向相互垂直的两个同频率简谐运动的合成

当质点同时参与两个不在同一方向上的振动时，一般情况下，合运动将变为平面曲线运动. 现在讨论最简单的情况，即相互垂直的两个同频率简谐运动的合成. 设两个振动分别沿 Ox、Oy 轴方向进行，其运动方程分别为

$$\begin{cases} x = A_1 \cos(\omega t + \varphi_1) \\ y = A_2 \cos(\omega t + \varphi_2) \end{cases} \tag{14.38}$$

事实上，(x,y) 就是时刻 t 质点在 Oxy 平面上的位置坐标. 由上式消去 t，即可得到合运动的轨道方程

$$\frac{x^2}{A_1^2}+\frac{y^2}{A_2^2}-2\frac{xy}{A_1A_2}\cos(\varphi_2-\varphi_1)=\sin^2(\varphi_2-\varphi_1) \tag{14.39}$$

这是一个椭圆方程，具体形状由两个分振动的振幅及它们之间的相位差决定．对此，我们仅讨论几种特殊情况．

（1）$\varphi_2-\varphi_1=0$，即两个分振动相位相同．直接由式（14.38）可得

$$y=\frac{A_2}{A_1}x \tag{14.40}$$

表明质点运动的轨迹是一条通过坐标原点且位于第一、三象限的直线，其斜率为 A_2/A_1．在任一时刻 t，质点离开坐标原点的位移为

$$s=\sqrt{A_1^2+A_2^2}\cos(\omega t+\varphi_1)$$

所以合运动是简谐运动，其振幅为

$$A=\sqrt{A_1^2+A_2^2}$$

角频率和初相位均与分振动相同，如图 14.19(a)所示．

（2）$\varphi_2-\varphi_1=\pi$，即两个分振动相位相反．式（14.38）中，y 方向的振动为

$$y=A_2\cos(\omega t+\varphi_1+\pi)=-A_2\cos(\omega t+\varphi_1)$$

因此有

$$y=-\frac{A_2}{A_1}x \tag{14.41}$$

这种情况与 $\varphi_2=\varphi_1$ 的情况类似，质点运动轨迹为直线，合运动仍为简谐运动，振幅为 $A=\sqrt{A_1^2+A_2^2}$，如图 14.19(b)所示．

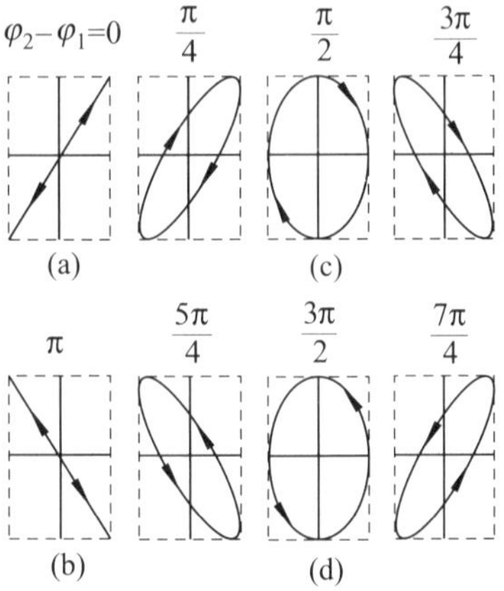

图 14.19

（3）$\varphi_2-\varphi_1=\frac{\pi}{2}$．由式（14.39），可得合运动的轨道方程为

$$\frac{x^2}{A_1^2}+\frac{y^2}{A_2^2}=1 \tag{14.42}$$

这是以坐标轴为主轴的椭圆．由于 y 方向的振动相位比 x 方向的超前 $\pi/2$，当质点在 x 方向达到最大位移时，在 y 方向质点正通过原点向负方向运动．因此，质点沿椭圆轨道运动的方向是顺时针的，或者说是右旋的．如图 14.19(c)所示．

激光振动合成

单向旋转磁场

（4）$\varphi_2-\varphi_1=\frac{3}{2}\pi$．这种情况与相位差等于 $\frac{\pi}{2}$ 时类似，只是质点沿椭圆轨道运动的方向是逆时针的，或者说是左旋的．如图 14.19(d)所示．

一般说来，当两个分振动的相位差取其他任意值时，质点的运动轨道将是不同方位的椭圆．当 $A_1=A_2$ 时，正椭圆轨道将变成圆轨道，即质点做圆周运动．可见，一个沿直线的简谐振动、圆周运动、椭圆运动都可看成是两个相互垂直的简谐运动的合成．

综上所述，对于**两个振动方向相互垂直的同频率简谐运动的合成，仅当分振动同相或反相时，合运动才是简谐运动**，否则，合成结果都不是简谐运动．

14.6.2 振动方向相互垂直的两个不同频率简谐运动的合成

振动方向相互垂直而频率不同的简谐运动合成时情况比较复杂，并且运动轨道一般是不稳定的，我们在此只讨论两种最简单的情况.

(1) 两个分振动的频率相差很小. 这种情况可以近似地看成是同频率振动的合成，但它们的相位差随时间缓慢地变化，于是合运动的轨道将按图 14.19 所示的顺序，由直线变为椭圆，又由椭圆变为直线，并循环地改变下去.

(2) 两个分振动的频率相差很大，但有简单的整数比关系. 在这种情况下，合运动的轨道是稳定的封闭曲线. 这种图形称为**李萨如图形**. 图 14.20 画出了 y 轴方向、x 轴方向振动的频率比 $\omega_2 : \omega_1$ 分别为 1∶2、1∶3 和 2∶3 时质点的运动轨道. 可以看出，平行于 x 轴的直线和李萨如图形的最多交点数 K_1 与平行于 y 轴的直线和图形的最多交点数 K_2 之比，恰好等于沿 y 轴方向的振动角频率 ω_2 与沿 x 轴方向的振动角频率 ω_1 之比，即 $K_1 : K_2 = \omega_2 : \omega_1$. 初相位差不同，李萨如图形不同，但交点数的比是确定的.

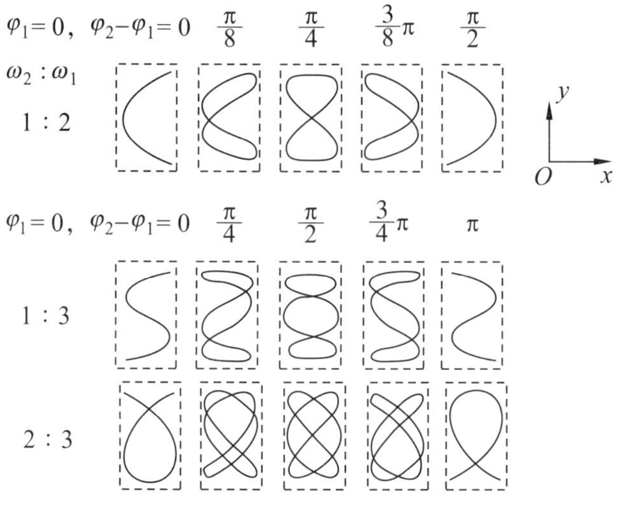

图 14.20

在工程技术中，利用李萨如图形能比较方便地测定未知简谐运动的频率，还能测定相互垂直的两个简谐运动的相位差.

两个频率比不为整数的相互垂直的简谐振动的合成运动轨迹为永不闭合的曲线，也就是说合成运动为非周期运动. 这种情况在天体力学、近代物理中都存在.

*14.7 阻尼振动 受迫振动 共振

前面讨论的做简谐运动的物体只受弹性力或准弹性力作用，系统机械能守恒，振幅都不随时间变化. 这是理想情况，称之为无阻尼自由振动. 事实上，任何振动系统都会受到阻力作用，系统的能量将因不断克服阻力做功而损耗，导致振幅逐渐减小.这种振幅随时间减小的振动称为阻尼振动.为了获得所需的稳定振动,必须克服阻力的影响而对系统施以周期性外力作用,这种振动称为受迫振动.

14.7.1　阻尼振动

造成振动系统能量消耗的作用有两种.一是摩擦阻尼,这是系统与周围介质或系统内部相互之间的摩擦,使系统的能量变为热能;二是辐射阻尼,这是振动引起邻近质点的振动而向外辐射能量,使系统的能量变为波动能量.本节只讨论在第一种阻尼作用下系统的振动情况.

假设在振动过程中,振子除受弹性力作用外,还受到黏性阻力作用.我们知道,当物体速度不太大时,其所受黏性阻力 f 与速度大小 v 成正比,而方向相反.即

$$f=-\gamma v=-\gamma\frac{\mathrm{d}x}{\mathrm{d}t}$$

式中 γ 称为**阻力系数**,其值由物体的形状、大小和周围介质的性质而定.在有阻力作用时,根据牛顿第二定律,应有

$$m\frac{\mathrm{d}^2x}{\mathrm{d}t^2}=-\gamma\frac{\mathrm{d}x}{\mathrm{d}t}-kx$$

令 $\omega_0^2=\frac{k}{m}$,$\beta=\frac{\gamma}{2m}$,则上式可写成

$$\frac{\mathrm{d}^2x}{\mathrm{d}t^2}+2\beta\frac{\mathrm{d}x}{\mathrm{d}t}+\omega_0^2x=0 \tag{14.43}$$

式中 $\omega_0=\sqrt{\frac{k}{m}}$ 是振动系统的固有角频率,由系统本身的性质决定;β 称为**阻尼因子**,对一给定的振动系统,它由阻力系数决定.根据微分方程理论,对于大小不同的阻力,式(14.43)的解有三种不同的形式,代表着振动系统的三种运动方式.

1. *弱阻尼*

当阻尼较小而 $\beta<\omega_0$ 时,式(14.43)的解为

$$x=A_0\mathrm{e}^{-\beta t}\cos(\omega t+\varphi) \tag{14.44}$$

式中 $\omega=\sqrt{\omega_0^2-\beta^2}$,为阻尼振动的角频率,它既与振动系统的固有角频率有关,又与阻尼因子有关;A_0 和 φ 是两个积分常量,由初始条件确定.图 14.21 画出了阻尼振动的位移随时间变化的曲线,称为阻尼振动曲线.可以看出,阻尼振动的振幅 $A_0\mathrm{e}^{-\beta t}$ 随时间做指数衰减,阻尼越大,振幅衰减得越快.因此阻尼振动不是简谐运动,可以视为振幅逐渐减小的周期性运动,其周期为

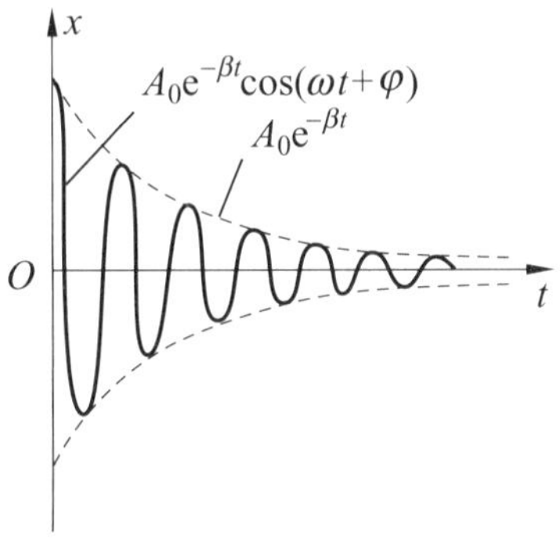

图 14.21

$$T=\frac{2\pi}{\omega}=\frac{2\pi}{\sqrt{\omega_0^2-\beta^2}} \tag{14.45}$$

显然，有阻尼时，系统的振动周期大于系统的固有周期，即振动变慢了. 我们称此时的阻尼为**弱阻尼**.

由图 14.21 可以看到，振动物体的位移在每一周期后并不能恢复原值，因此阻尼振动不是严格意义上的周期运动，通常称之为准周期运动.

2. 临界阻尼和过阻尼

在 $\beta<\omega_0$ 的情况下，虽然周期增大，但振子还可以做往复运动. 当阻力很大，使得 $\beta>\omega_0$ 时，偏离平衡位置的振子只能缓慢地回到平衡位置，不再做往复运动. 这种情形称为**过阻尼**. 显然，这是一种非周期运动. 当阻力由小变大，使得 $\beta=\omega_0$ 时，这时振子恰好从准周期振动转变为非周期运动，这种情况称为**临界阻尼**. 与弱阻尼和过阻尼比较，在临界阻尼情况下，振子回到平衡位置而静止下来所需时间最短. 图 14.22 描绘了弱阻尼、过阻尼和临界阻尼条件下振动物体的运动情况.

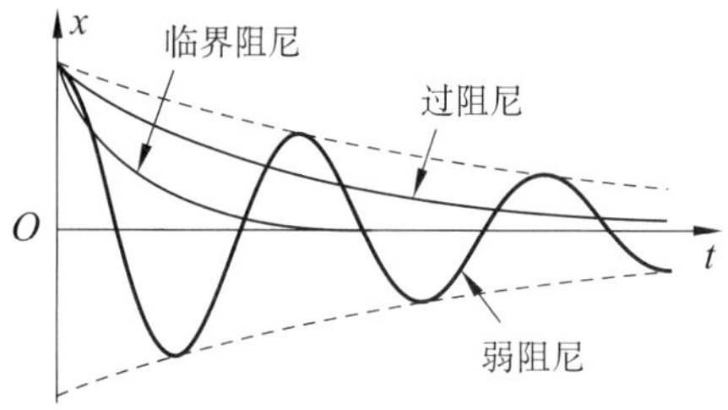

图 14.22

必须指出，在过阻尼和临界阻尼的情况下，方程(14.43)的解都不是式(14.44)的形式，可应用微分方程的理论另行求解.

在某些科学研究与工程技术中，常根据不同的需求，用改变阻尼大小的方法来控制系统的振动. 如各类机器的避震器，多数采用一系列的阻尼装置，使频繁的撞击变为缓慢的振动，并迅速衰减，以保护机器. 例如，灵敏电流计和精密天平，为了防止指针长时间摆动，就要使仪器在临界阻尼状态下工作，这样指针就能尽快回到平衡位置，既节约时间，又便于测量.

例 14.8 如图 14.23 所示，有一单摆在空气(室温 20℃)中做小角度摆动，其摆线长 $l=1.0\ \mathrm{m}$，摆锤是一半径 $r=5.0\times10^{-3}\ \mathrm{m}$ 的铅球. 根据斯托克斯公式，作用于球的黏性阻力 f 与球的速度 v 的关系为 $f=-6\pi\eta rv$. 已知 20℃时空气的黏度 $\eta=1.78\times10^{-5}\ \mathrm{Pa\cdot s}$. 铅球的密度为 $\rho=2.65\times10^{3}\ \mathrm{kg\cdot m^{-3}}$. (1) 写出此摆的运动微分方程；(2) 求固有角频率、阻尼因子和摆动周期；(3) 求能量减少 10% 所需的时间.

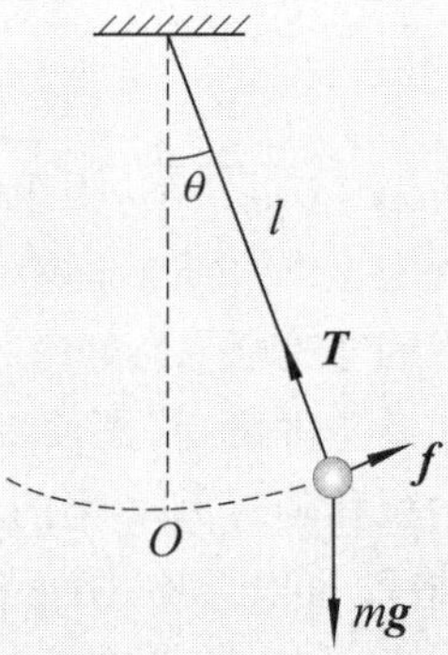

图 14.23

解 (1) O 点为摆球平衡位置. 取 O 点为参考点，逆时针为转动正方向. 摆线偏离平衡位置 θ 角时，摆球受重力 $m\boldsymbol{g}$、摆线拉力 $\boldsymbol{T}$ 以及黏性阻力 $\boldsymbol{f}$，对转轴的力矩为

$$M_g = -mgl\sin\theta \approx -mgl\theta$$

$$M_f = -6\pi\eta rlv$$

根据转动定律，有

$$ml^2 \frac{\mathrm{d}^2\theta}{\mathrm{d}t^2} = M_g + M_f = -mgl\theta - 6\pi\eta rl\left(l\frac{\mathrm{d}\theta}{\mathrm{d}t}\right) \qquad ①$$

其中摆球的质量 $m=\frac{4}{3}\pi r^3\rho$，速度 $v=l\frac{\mathrm{d}\theta}{\mathrm{d}t}$. 将 m、v 代入式①，整理得

$$\frac{\mathrm{d}^2\theta}{\mathrm{d}t^2} + \frac{9\eta}{2r^2\rho}\cdot\frac{\mathrm{d}\theta}{\mathrm{d}t} + \frac{g}{l}\theta = 0 \qquad ②$$

这就是摆球的运动微分方程.

（2）将式②与阻尼振动方程

$$\frac{\mathrm{d}^2x}{\mathrm{d}t^2} + 2\beta\frac{\mathrm{d}x}{\mathrm{d}t} + \omega_0^2 x = 0$$

进行比较，得单摆的固有角频率为

$$\omega_0 = \sqrt{\frac{g}{l}} = \sqrt{\frac{9.8\ \mathrm{m\cdot s^{-2}}}{1.0\ \mathrm{m}}} = 3.13\ \mathrm{s^{-1}}$$

阻尼因子为

$$\beta = \frac{9\eta}{4r^2\rho} = \frac{9\times(1.78\times10^{-5}\ \mathrm{Pa\cdot s})}{4\times(5\times10^{-3}\ \mathrm{m})^2\times2.65\times10^3\ \mathrm{kg\cdot m^{-3}}} = 6.04\times10^{-4}\ \mathrm{s^{-1}}$$

可见 $\beta \ll \omega_0$，于是 $\omega=\sqrt{\omega_0^2-\beta^2}\approx\omega_0$，因而有阻尼时摆的周期为

$$T = \frac{2\pi}{\omega} \approx \frac{2\pi}{\omega_0} = \frac{2\pi}{3.13\ \mathrm{s^{-1}}} \approx 2\ \mathrm{s}$$

（3）在有阻尼的情况下，单摆的振幅 $A=A_0\mathrm{e}^{-\beta t}$. 因为能量与振幅的二次方成正比，所以有

$$\frac{E}{E_0} = \frac{(A_0\mathrm{e}^{-\beta t})^2}{(A_0)^2} = \mathrm{e}^{-2\beta t}$$

假设能量减少 10% 所需的时间为 Δt，则有

$$\mathrm{e}^{-2\beta\Delta t} = 0.9$$

$$\Delta t = \frac{\ln\frac{1}{0.9}}{2\beta} = \frac{\ln\frac{1}{0.9}}{2\times6.04\times10^{-4}\ \mathrm{s^{-1}}} = 87\ \mathrm{s}$$

由以上结果可见，空气的黏性对单摆的周期几乎没有影响，但对能量却有显著的影响. $\Delta t\approx 44T$，即摆来回振动大约 44 次，其能量就减少了 10%，因此要维持等幅振动，就要设法补充能量.

14.7.2　受迫振动

在实际的振动系统中，阻尼总是客观存在的，振动最终将因能量的损耗而停止下来. 为使振动持续下去，要给系统补充能量，通常是对振动系统施加一周期性的外力，这种周期性外力称为**驱动力**，也叫**强迫力**. 在驱动力作用下系统所发生的振动称为受迫振动. 如扬声器中纸盆的振动、机器运转时引起基座的振动等都是

受迫振动.

设振子质量为 m,除受弹性力 $-kx$、阻尼力 $-\gamma v$ 作用外,还受驱动力 $F_0\cos\Omega t$ 作用. F_0 是驱动力的最大值,称为力幅,Ω 是驱动力的角频率. 根据牛顿第二定律,有

$$m\frac{d^2x}{dt^2}=-kx-\gamma v+F_0\cos\Omega t$$

令 $\omega_0^2=\dfrac{k}{m}$,$2\beta=\dfrac{\gamma}{m}$则上式可写成

$$\frac{d^2x}{dt^2}+2\beta\frac{dx}{dt}+\omega_0^2x=\frac{F_0}{m}\cos\Omega t \tag{14.46}$$

这是受迫振动的运动微分方程. 在阻尼较小的情况下,式(14.46)的解为

$$x=A_0e^{-\beta t}\cos(\omega t+\varphi')+A\cos(\Omega t+\varphi) \tag{14.47}$$

即受迫振动是阻尼振动 $A_0e^{-\beta t}\cos(\omega t+\varphi')$ 和等幅振动 $A\cos(\Omega t+\varphi)$ 的合成. 在驱动力开始作用阶段,受迫振动是很复杂的,经过一定的时间后,阻尼振动将衰减到可以忽略不计,式(14.47)中只剩下第二项,受迫振动达到稳定状态,其运动方程为

$$x=A\cos(\Omega t+\varphi) \tag{14.48}$$

弹簧片的受迫振动与共振

不难理解,在受迫振动过程中,系统一方面因阻尼而损耗能量,另一方面又因周期性外力做功而获得能量. 初始时,驱动力所做的功往往大于阻尼消耗的能量,所以总的趋势是能量逐渐增大. 由于阻尼一般随速度的增大而增大,随着振动加强,因阻尼而消耗的能量也要增多. 当补充的能量与损耗的能量相等时,系统最终达到一个稳定的振动状态,形成等幅振动.

将式(14.48)代入式(14.46)即可算出稳定后的振幅

$$A=\frac{F_0}{m\sqrt{(\omega_0^2-\Omega^2)^2+4\beta^2\Omega^2}} \tag{14.49}$$

受迫振动位移与驱动力之间的相位差 φ 满足

$$\tan\varphi=-\frac{2\beta\Omega}{\omega_0^2-\Omega^2} \tag{14.50}$$

需要指出的是,式(14.48)虽与无阻尼自由振动的运动方程相同,都是简谐运动形式,但实质不同. 其一,稳定状态下受迫振动的角频率不是振动系统的固有角频率,而是驱动力的角频率;其二,受迫振动的振幅 A 和初相位 φ 与系统的初始条件无关,而是依赖于系统的性质、阻尼的大小和驱动力的特征.

14.7.3 共振

由式(14.49)可见,在稳定状态下受迫振动的振幅 A 与驱动力的角频率 Ω 密切相关,图 14.24 画出了阻尼不同时 A 随 Ω 变化的关系曲线,其中 ω_0 是振动系统的固有角频率. 当驱动力的角频率 Ω 与固有角频率 ω_0 相差较大时,受迫振动的振幅 A 较小,而当 Ω 接近 ω_0 时,A 逐渐增大,当 Ω 为某一定值时, A 达到最大值. 我们把受迫振动的振幅达到最大值的现象称为**共振**. 系统发生共振时驱动力的角频率称为**共振角频率**,用 Ω_r 表示. 用求极值的方法,即令

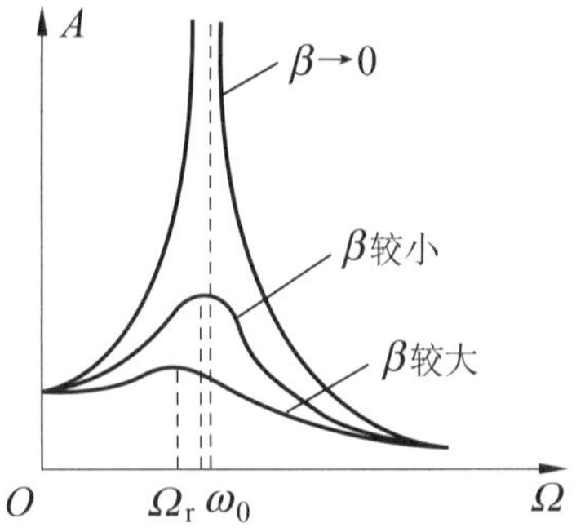

图 14.24

桥梁共振

$$\frac{\partial A}{\partial \Omega}=0$$

可得共振角频率为

$$\Omega_{\mathrm{r}}=\sqrt{\omega_0^2-2\beta^2} \tag{14.51}$$

将 Ω_{r} 代入式(14.49)可得共振时的振幅为

$$A_{\mathrm{r}}=\frac{F_0}{2m\beta\sqrt{\omega_0^2-\beta^2}} \tag{14.52}$$

将 Ω_{r} 代入式(14.50),可得共振时受迫振动位移与驱动力之间的相位差为

$$\varphi_{\mathrm{r}}=\arctan\left(\frac{-\sqrt{\omega_0^2-2\beta^2}}{\beta}\right) \tag{14.53}$$

可见 β 越小,共振角频率 Ω_{r} 越接近受迫振动系统的固有角频率 ω_0,共振振幅 A_{r} 越大. 当阻尼因子 β 趋近于零而发生共振现象时,Ω_{r} 趋近 ω_0,这时 A_{r} 将趋于无穷大(如图 14.24). 这种情况叫做**尖锐共振**. 这时受迫振动位移与驱动力之间的相位差为

$$\varphi_{\mathrm{r}}=\arctan(-\infty)=-\frac{\pi}{2}$$

此时振动物体的速度为

$$v=\frac{\mathrm{d}x}{\mathrm{d}t}=-A\Omega_{\mathrm{r}}\sin(\Omega_{\mathrm{r}}t+\varphi_{\mathrm{r}})=A\Omega_{\mathrm{r}}\cos\Omega_{\mathrm{r}}t$$

上式表明,当 $\beta\to 0$ 时,在共振情况下,速度与驱动力的相位相同. 因此驱动力的方向永远与振动物体运动的方向相同,驱动力始终对物体做正功,所以输入振动系统的能量最大,振幅具有最大值.

共振现象普遍存在于声、光、无线电等各个领域以至微观世界,在实际中有着广泛的应用. 例如收音机利用电磁共振进行选台,一些乐器利用共振来提高音响效果,原子核内的核磁共振被用来进行物质结构的研究以及医疗诊断等. 共振也会造成破坏. 例如 1906 年,一队俄国士兵以整齐步伐通过彼得堡的一座桥时,由于产生共振而使桥坍塌;1940 年美国华盛顿州的塔科马悬索桥,因大风引起的振荡作用和桥的固有频率相近,产生共振而导致毁坏;又如汽车行驶时,若发动机的频率接近车身的固有频率,车身也会产生强烈的振动而受到损坏.为了避免共振现象,可采取一些办法,如破坏外力的周期性;改变系统的固有频率或改变外力的频率;增大系统的阻尼等.

14.7.4 振动控制

研究振动的一个主要目的就是要进行振动控制.振动控制是指通过一系列技术手段来减少或消除振动对系统或环境的影响,确保系统或设备能够在预定的振动水平下正常运行.振动控制技术分为两大类,一类是被动控制技术,主要包括消振、隔振、吸振、阻振等;另一类则是把控制理论、电子计算机技术同机械振动理论与测试技术相结合形成的主动控制技术.

消振 振源是系统产生过度振动的根源,若能减小振源的激励能量,则系统过度的振动就不会发生.可通过修改受控对象的动力学特性参数(如质量、刚度、阻尼等)或结构,使其振动满足预定的要求.这是治本的方法,但是一般无法使振源的激振能量减小到理想的程度.

隔振 振源与受控对象之间加一个子系统(弹性装置或隔振器),以隔离振动源与受控对象之间的振动传递.

吸振 在受控对象上附加一个子系统(动力吸振器),用它产生与振源相反的振动力,以抵消或减弱振源的振动,从而减小受控对象对振源激励的响应.

阻振 又称阻尼减振.在受控对象上附加阻尼器(非材料阻尼)或阻尼元件(材料阻尼,由黏弹性阻尼材料以及复合材料制成),通过消耗能量(大多是从机械能转化为热能)来减小振动振幅和振动速度,使受控对象对振源激励的响应减小.

振动主动控制 它是利用传感器、控制器和执行器(作动器)等元件组成主动控制系统,实时监测并应用一定的控制策略驱动执行器对受控对象施加影响,以达到抑制或消除振动的目的.如图 14.25 所示为在隔振装置基础上加装的振动主动控制系统示意图.

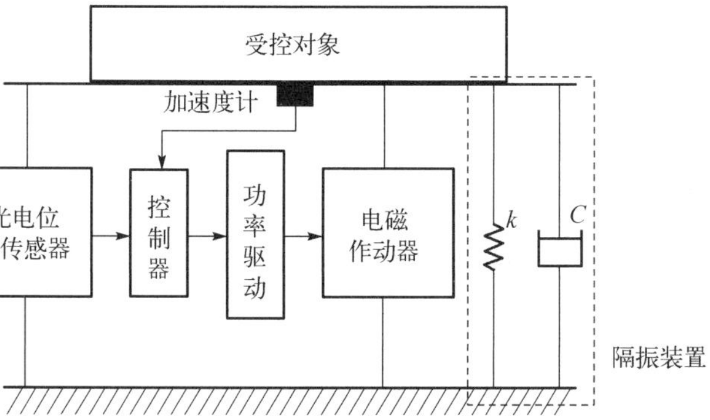

图 14.25

潜艇在水下活动,振动噪声带来的危害极为严重.强烈的振动会使潜艇内的精密设备受损,影响其正常运行,而噪声更是潜艇的致命弱点,一旦被敌方声呐探测到,就面临着被攻击的巨大风险,“被发现就等于被消灭”.所以,潜艇进行减振降噪至关重要.根据噪声来源,目前关注的潜艇噪声及相应的控制方法有以下几种.

1.机械噪声及控制

机械噪声指由主辅机及其系统工作产生的水下噪声,可以分为不平衡噪声、电磁力脉动噪声、齿轮噪声、轴承噪声、管系通过基座与非支撑件激励艇体振动产生的噪声.

一般通过减振降噪和消声两个途径来降低潜艇机械噪声.减振降噪是将机械设备安装在浮筏隔振系统上,通过机械绝缘和减振的方法来减小机械振动,降低潜艇的辐射噪声.消声技术可分为艇内消声和艇外消声.通过在壳体内部和舱壁上敷设吸声材料,在噪声强的设备上加装隔声罩、消声器,设立独立隔声室等,可实现艇内消声.一些新型潜艇还采用了有源主动消声技术.艇外消声技术,如加装消声瓦,不仅能有效吸收潜艇自身的噪声,还能吸收对方声呐等探测设备发出的超声波,增强潜艇的隐身性能.

2.螺旋桨噪声及控制

螺旋桨是潜艇航行时的主要噪声源.由于螺旋桨叶片周向载荷不均匀,旋转时会产生空泡、鸣音和振动,发出高强度的噪声.

降低螺旋桨噪声的主要措施包括:改进螺旋桨结构,采用大直径、多叶片的螺旋桨设计,如七叶大侧斜螺旋桨.采用高阻尼材料制造螺旋桨,抑制桨叶振动,如英国研制的锰铜铸造合金、日本研制的铁铬铝合金等,减振效果明显;采用新型推进系统,如磁流体推进、电力推进、泵喷推进等.另外,在螺旋桨工作区域内注入一定压力的气体,延缓空泡的产生,可减少噪声辐射,这称为气幕降噪技术.

3.水动力噪声及控制

潜艇在潜水状态运行时辐射噪声的一部分由艇体和附体周围的流场生成,凡是由流场产生的噪声统称为水动力噪声.水动力噪声是水分子的湍流噪声,主要发生在艇体表面的孔穴、突出体、指挥台围壳和艉部等部位.水动力噪声不是潜艇的主要噪声源,但也足以为敌方声呐所发现.特别是在高速航行时,这部分噪声更为突出.

减少水动力噪声的主要方法是改进外部设计.如外形采用水滴型,尽量做到艇体表面光滑,减少突出体;艇上开孔数量尽量减少;艇体结合处采用弧形圆滑过渡等.

4.管道系统振动噪声及控制

研究发现,当螺旋桨噪声、水动力噪声和设备机座机械噪声被有效抑制后,管道系统便成为"安静型"潜艇的主要噪声源之一.舰艇管路系统中,如液压系统、燃油系统、冷却水系统,由于工作过程的不完善,伴有工作介质的振荡或脉动,使管路及其连接的附件形成振动.管道减振降噪的主要对策是提高管系结构的刚度,调整管系结构的阻尼,消除管系的激振力,避免共振的产生.

在潜艇的噪声控制方面,据公开报道,近年来中国工程院院士何琳带领他的团队取得了显著进展,噪声水平相比传统潜艇大幅降低,极大地提高了潜艇的隐蔽性和生存能力.

内容提要

1. 简谐运动

1) 简谐运动的特征

动力学特征： $F=-kx$.

运动学特征： $x=A\cos(\omega t+\varphi)$.

能量特征： $E=E_k+E_p=\frac{1}{2}kA^2$， $\bar{E}_k=\bar{E}_p=\frac{1}{2}E=\frac{1}{4}kA^2$.

2) 表示方法

数学解析法、图形法、旋转矢量法.

3) 速度和加速度

$$v=\frac{dx}{dt}=-\omega A\sin(\omega t+\varphi),\quad v_m=\omega A$$

$$a=\frac{dv}{dt}=-\omega^2 A\cos(\omega t+\varphi),\quad a_m=\omega^2 A$$

4) 特征量的确定

振幅 A、初相位 φ 由初始条件 $\begin{cases}x_0=A\cos\varphi\\ v_0=-\omega A\sin\varphi\end{cases}$ 确定.

角频率 ω 或(T、ν)由系统确定，$\omega=\frac{2\pi}{T}=2\pi\nu$.

单摆 $T=2\pi\sqrt{\frac{l}{g}}$， 复摆 $T=2\pi\sqrt{\frac{J}{mgl}}$.

2. 简谐运动的合成

(1) 振动方向相互平行的两个同频率简谐运动的合成仍是简谐运动.

分振动： $x_1=A_1\cos(\omega t+\varphi_1)$， $x_2=A_2\cos(\omega t+\varphi_2)$.

合振动： $x=x_1+x_2=A\cos(\omega t+\varphi)$.

$$A=\sqrt{A_1^2+A_2^2+2A_1A_2\cos(\varphi_2-\varphi_1)}$$

$$\tan\varphi=\frac{A_1\sin\varphi_1+A_2\sin\varphi_2}{A_1\cos\varphi_1+A_2\cos\varphi_2}$$

(2) 振动方向相互平行的两个不同频率简谐运动的合成不是简谐运动.

当 ω_1 和 ω_2 都很大，但 $|\omega_2-\omega_1|$ 很小时，产生拍现象. 拍频 $\nu=\nu_2-\nu_1$.

(3) 振动方向相互垂直的两个同频率简谐运动的合成不一定是简谐运动.

$$\varphi_2-\varphi_1=\begin{cases}0\text{ 或 }\pi\text{，合运动是简谐运动}\\ \frac{\pi}{2}\text{ 或 }\frac{3}{2}\pi\text{，合运动轨道为正椭圆}\\ \text{其他值，合运动轨道为斜椭圆}\end{cases}$$

（后两种情况）不是简谐运动

(4) 振动方向相互垂直的两个不同频率简谐运动的合成不是简谐运动.

3. 阻尼振动　受迫振动　共振

系统做阻尼振动时，振幅不断减小，能量不断损失.

系统在强迫力作用下的振动叫受迫振动，稳定时与简谐运动同型，其振动角频率等于强迫力的角频率 Ω. 当 $\Omega=\Omega_r=\sqrt{\omega_0^2-2\beta^2}$ 时，发生共振现象，这时受迫振动的振幅达到最大值.

习　题

(一) 选择题和填空题

14.1 一弹簧振子，当把它水平放置时，它做简谐运动. 若把它竖直放置或放在光滑斜面上，则下列说法正确的是[　]

(A) 竖直放置做简谐运动，在光滑斜面上不做简谐运动.

(B) 竖直放置不做简谐运动，在光滑斜面上做简谐运动.

(C) 两种情况都做简谐运动.

(D) 两种情况都不做简谐运动.

14.2 如图所示，在一竖直悬挂的弹簧下系一质量为 m 的物体，再用此弹簧改系一质量为 $4m$ 的物体，最后将此弹簧截断为两个等长的弹簧并联后悬挂质量为 m 的物体，则这三个系统的周期值之比为[　]

(A) $1:2:\sqrt{\frac{1}{2}}$.　(B) $1:\frac{1}{2}:2$.

(C) $1:2:\frac{1}{2}$.　(D) $1:2:\frac{1}{4}$.

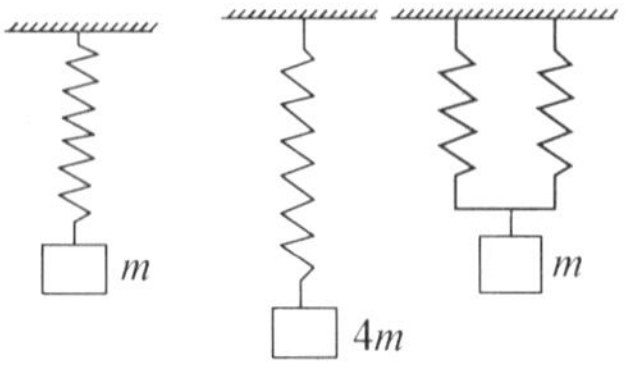

题 14.2 图

14.3 一个质点做简谐运动，周期为 T，当质点由平衡位置向 x 轴正方向运动时，由平衡位置到二分之一最大位移处所需要的最短时间为[　]

(A) $T/4$.　(B) $T/12$.　(C) $T/6$.　(D) $T/8$.

14.4 一质点沿 x 轴做简谐运动，振动中心点为 x 轴的原点. 已知周期为 T，振幅为 A. 若 $t=0$ 时质点过 $x=0$ 处且向 x 轴正方向运动，则谐振动方程为________；若 $t=0$ 时质点位于 $x=A/2$ 处且向 x 轴负方向运动，则谐振动方程为________.

14.5 质量为 m 的物体和一轻弹簧组成弹簧振子，其固有振动周期为 T. 当它做振幅为 A 的简谐运动时，其能量 $E=$________.

14.6 振子做简谐运动，运动方程为 $x=A\cos\omega t$，如图所示，利用旋转矢量图与简谐运动的振动曲线间的对应关系，找出 $0\sim T$ 时间内各旋转矢量在振动曲线上的对应点.

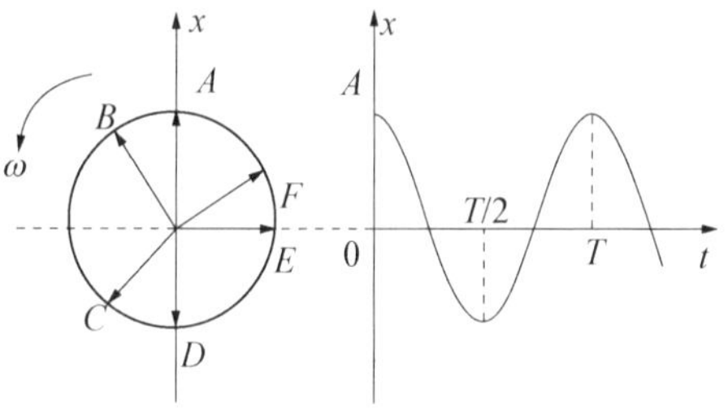

题 14.6 图

(二) 问答题和计算题

14.7 若简谐运动方程为 $x=2.40\times10^{-2}\cos(4\pi t+\pi)$(SI)，求：(1) 振幅、频率、角频率、周期和初相位；(2) $t=2$ s 时的相位、位移、速度和加速度.

14.8 如图所示，一质量为 m、直径为 D 的塑料圆柱体一部分浸入密度为 ρ 的液体中，另一部分浮在液面上. 如果用手轻轻向下按动圆柱体，放手后圆柱体将上下振动. 试证明该振动为简谐运动，并求振动周期(圆柱体表面与液体的摩擦力忽略不计).

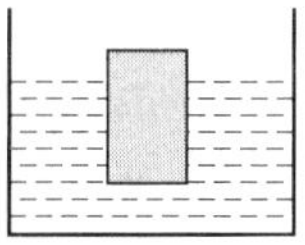
题 14.8 图

14.9 一质点做简谐运动，求下列情况下的运动方程. (1) $\omega=\pi\ \text{rad}\cdot\text{s}^{-1}$，$t=0$ 时，$x_0=l$，

$v_0=0$; (2) $\omega=\pi\ \mathrm{rad\cdot s^{-1}}$, $t=0$ 时, $x_0=0$, $v_0=0.01\pi\ \mathrm{m\cdot s^{-1}}$; (3) $T=2\ \mathrm{s}$, $t=0$ 时, $x_0=0.06\ \mathrm{m}$, $v_0=0.33\ \mathrm{m\cdot s^{-1}}$.

14.10 有一弹簧,当其下端挂一质量为 m 的物体时,伸长量为 9.8×10^{-2} m. 若使物体上下振动,且规定向下为正方向,求以下两种情况的运动方程. (1) $t=0$ 时,物体在平衡位置上方 8.0×10^{-2} m 处,由静止开始向下运动; (2) $t=0$ 时,物体在平衡位置并以 $0.60\ \mathrm{m\cdot s^{-1}}$ 的速度向上运动.

14.11 一质点沿 x 轴做简谐运动. 位移为 x_1 时,速度为 v_1; 位移为 x_2 时,速度为 v_2. 求该质点的振动周期.

14.12 如图所示,一质点在一直线上做简谐运动. 选取该质点向右运动通过 A 点时为计时零点($t=0$),经 2 s 后质点第一次通过 B 点,再经 2 s 后质点第二次通过 B 点. 已知该质点在 A、B 两点具有相同的速率,且 $\overline{AB}=10$ cm,求: (1) 质点的运动方程; (2) 质点在 A(或 B)处的速率.

题 14.12 图

14.13 做简谐运动的物体由平衡位置向 x 轴正方向运动,振幅为 A,周期为 T. 试问经过下列路程所需最短时间各是多少? (1) 从平衡位置到 $x=A/2$ 处; (2) 从平衡位置到 $x=A$ 处; (3) 从 $x=A/2$ 到 $x=A$ 处.

14.14 一质量 $m=2.0\times10^{-2}$ kg 的质点做简谐运动,振动曲线如图所示. 求: (1) 振动方程; (2) a、b、c、d、e 各点的相位及到达这些状态的时刻; (3) 作用于质点的最大回复力.

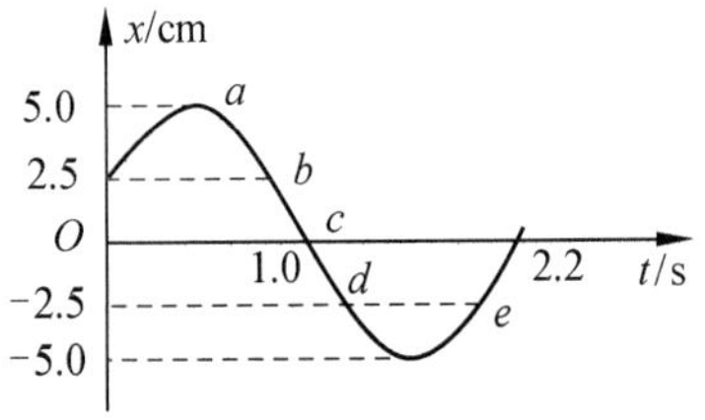

题 14.14 图

14.15 手持一块平板,平板上放一质量为 0.5 kg 的砝码,现使平板在竖直方向做简谐运动,其频率为 2 Hz,振幅为 0.04 m. 问: (1) 位移最大时,砝码对平板的正压力多大? (2) 以多大振幅振动时,会使砝码脱离平板? (3) 如果振动频率加大 1 倍,则砝码随板一起振动的振幅上限为多少?

14.16 如图所示,试分别求系统的振动频率,其中 m 为物体的质量,k_1、k_2 分别为两根轻弹簧的刚度系数,不计摩擦.

14.17 如图所示,一匀质细棒 AB 的两端,用长度均为 l 且不计质量的细线悬挂起来. 当棒以微小角度绕中心轴 OO' 扭动时,试证其运动周期为 $T=2\pi\sqrt{\dfrac{l}{3g}}$.

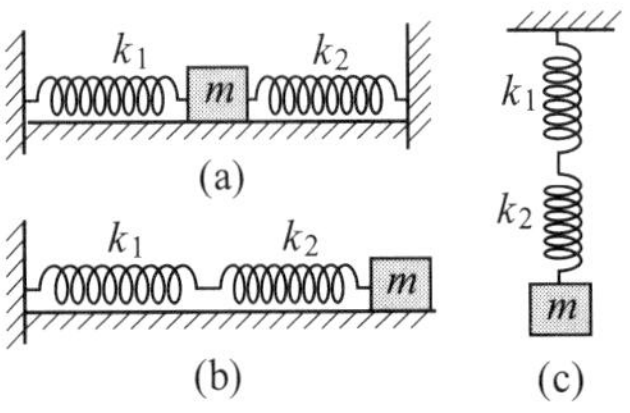

题 14.16 图

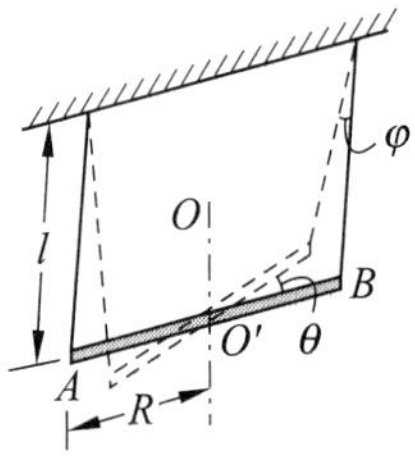

题 14.17 图

14.18 当重力加速度 g 改变 $\mathrm{d}g$ 时,单摆周期 T 的变化 $\mathrm{d}T$ 是多少? 写出 $\mathrm{d}T/T$ 与 $\mathrm{d}g/g$ 之间的关系式. 一只摆钟(看作单摆),在 $g=9.800\ \mathrm{m\cdot s^{-2}}$ 处走时准确,移到另一地点后每天快 10 s,求该处重力加速度.

14.19 如图所示,刚度系数为 k 的轻弹簧下端挂一质量为 M 的盘. 一质量为 m 的物体由距盘底 h 高处自由下落,与盘做完全非弹性碰撞,并与盘一起振动. 求: (1) 系统的振动周期,并与空盘子振动时的周期进行比较; (2) 系统的振动方程.

14.20 如图所示,刚度系数为 k 的轻弹簧,系一质量为 M 的物体,在水平面上做简谐运动. 有一质量为 m 的黏土,从高度为 h 处自由下落,正好在(a)物体通过平衡位置时,(b)物体在最大位移时,落在物体 M 上. 问: (1) 振动周期有何变化? (2) 振幅有何变化?

14.21 如图所示,一刚度系数为 $k=312\ \mathrm{N\cdot m^{-1}}$ 的轻弹簧,一端固定,另一端连接一质量 $M=0.30$ kg 的物体 A,放在光滑的水平桌面上. 物体 A 上再放置质量为 $m=0.20$ kg 的物体 B,已知 A、B 间摩擦系数为 $\mu=0.50$,求两物体间无相对运动时,系统的最大能量.

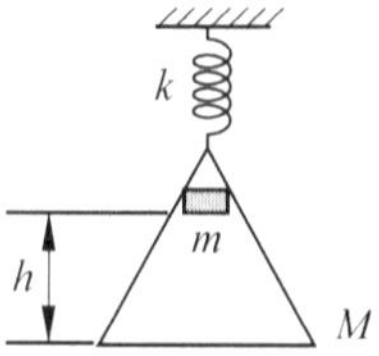

题 14.19 图

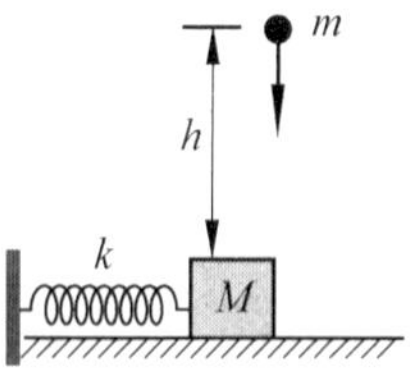

题 14.20 图

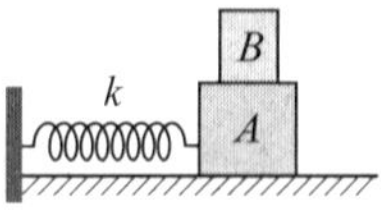

题 14.21 图

14.22 1851 年傅科用单摆做证明地球自转的实验，已知摆长 l 为 69 m，下悬重球的质量 m 为 28 kg，振幅为 $5.0°$，求其周期和振动的总能量(设重球最低处重力势能为零).

14.23 一物体悬挂于轻弹簧的下端并做简谐运动. 当物体的位移大小是振幅的一半时，系统的动能占总能量多大比例？势能占总能量多大比例？位移为多大时，动能和势能各占总能量的一半？

14.24 一质点同时参与同一直线上两个同频率的简谐运动：$x_1 = 4\cos\left(3t+\dfrac{\pi}{2}\right)$(SI)，$x_2 = 3\cos 3t$(SI)，求合振动方程.

14.25 同一直线上有两个同频率的简谐运动，其合振动振幅为 0.20 m，合振动与第一个振动的相位差为 $\pi/6$，第一个振动的振幅为 0.173 m，求第二个振动的振幅及两振动的相位差.

14.26 求简谐运动的合运动：$x = \sum\limits_{k=0}^{4} a\cos\left(\omega t + \dfrac{k\pi}{4}\right)$.

14.27 将频率为 373 Hz 的标准音叉振动与一待测频率的音叉振动合成，测得拍频为3.0 Hz. 若在待测音叉的一端加上一小块物体，则拍频将减小，求待测音叉的固有频率.

14.28 质量为 0.1 kg 的质点同时参与相互垂直的两个振动，其振动方程分别为

$$x = 0.06\cos\left(\frac{\pi}{3}t+\frac{\pi}{3}\right)(\mathrm{SI}),\quad y = 0.03\cos\left(\frac{\pi}{3}t-\frac{\pi}{3}\right)(\mathrm{SI})$$

求：(1) 质点运动的轨道方程，并画出图形，指明是左旋还是右旋；(2) 质点在任一位置所受作用力的大小.

14.29 一弹簧振子系统，物体的质量 $m=1.0$ kg，弹簧的刚度系数 $k=900\ \mathrm{N\cdot m^{-1}}$. 系统振动时受到阻尼作用，其阻尼系数为 $\beta=10.0\ \mathrm{s^{-1}}$. 为了使振动持续，现加一周期性外力 $F=100\cos 30t$(SI) 作用. (1) 求振子达到稳定时的振动角频率；(2) 若外力的角频率可以改变，则当其值为多少时系统出现共振现象？其共振振幅为多大？

14.30 如图所示，一质量为 m 的船，其平均水平截面积为 S，吃水深度为 h，如不计水的阻力，试分析说明此船在竖直方向可做简谐运动，并求出其振动周期. 设水的密度为 ρ.

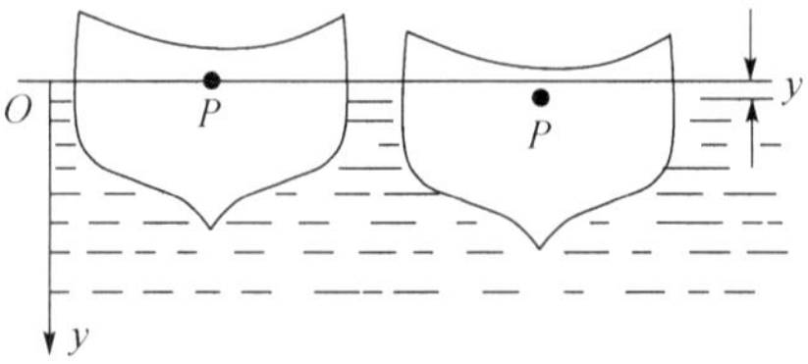

题 14.30 图

阅读材料 9

混沌简介

“混沌”译自英语“chaos”一词，原意是混乱、无秩序. 这一词在现代非线性理论中频频出现，也是指混乱吗？那是一种什么样的状态？它有什么基本特征？系统又是如何从非混沌状态向混沌状态演化的呢？

1. 确定论的可预测性

我们知道，应用牛顿定律求解系统的运动时，如果已知物体的受力情况和初始条件，那么物体以后的运动状态就完全确定，或者说完全可以预测. 这种认识被称为确定论的可预测性. 验证这种认识的最简单例子是抛体运动. 物体受的重力是已知的，一旦给定初始条件(抛出点的位置和抛出时的速度)，就可确定物体此后任何时刻的位置和速度. 物体在弹力作用下的运动也是如此，它们在任何时刻的运动状态由已

知力和初始条件完全确定.1758年,哈雷彗星在预定的时间回归;1846年,海王星在预言的方位上被发现,也都惊人地证明了这种认识.由于牛顿力学对大量经典系统的动力学行为的描述获得了巨大的成功,人们对自然现象的确定论的可预测性深信不疑.法国数学家拉普拉斯曾断言:给定宇宙的初始条件,我们就能预言它的未来!

但是,这种确定论的观点在20世纪60年代遇到了严重的挑战.人们发现许多由牛顿力学支配的系统,虽然其运动是由外力决定的,但是在一定条件下,却是完全不能预测的.一般说来,那些受力与位置或速度有线性关系的系统才显示出确定论的可预测性.这样的系统叫线性系统.对于受力较复杂的非线性系统,情况就不那么简单.

从数学上说,"线性"和"非线性"的区别在于函数对自变量的依赖关系.线性函数 $y=kx+b$ 给出一条直线,而一切高于 x 一次方的多项式和其他函数则都是非线性的.对于微分方程来说,变量以及变量的各阶导数都以一次方出现就是线性的.因此可以说,如果系统的动力学方程是线性的,该系统就是线性系统,否则就是非线性系统.

事实上,大自然本质上是非线性的,以往处理过的线性系统,往往是真实系统在一定条件下的简化和近似.因此,从非线性角度研究系统的运动规律,具有更为普遍和重要的意义.

2. 确定论的不可预测性

我们以单摆为例说明非线性系统在一定条件下的不可预测性.

1) 小角度无阻尼单摆

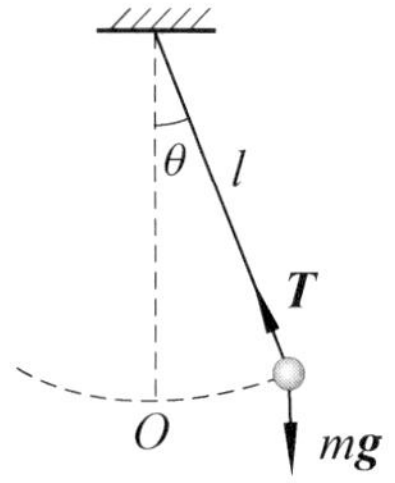

图 14.26

设单摆摆长为 l、摆锤质量为 m,如图14.26所示.摆锤受重力和摆线的拉力,由转动定律,有

$$-mgl\sin\theta=ml^2\frac{d^2\theta}{dt^2}$$

令 $\omega^2=g/l$,则可将上式写成

$$\frac{d^2\theta}{dt^2}+\omega^2\sin\theta=0 \qquad ①$$

这就是无阻尼单摆的运动微分方程,显然是非线性的.由于

$$\sin\theta=\theta-\frac{\theta^3}{3!}+\frac{\theta^5}{5!}-\cdots$$

当 θ 很小时,$\sin\theta\approx\theta$,所以有

$$\frac{d^2\theta}{dt^2}+\omega^2\theta=0 \qquad ②$$

可见小角度无阻尼单摆是线性系统.解得 $\theta=\theta_m\cos(\omega t+\varphi)$.

将角速度写成 $\dot{\theta}$,则有 $\dot{\theta}=d\theta/dt=-\theta_m\omega\sin(\omega t+\varphi)$.于是可得

$$\frac{\theta^2}{\theta_m^2}+\frac{\dot{\theta}^2}{(\theta_m\omega)^2}=1 \qquad ③$$

若以角位移 θ 为横坐标,角速度 $\dot{\theta}$ 为纵坐标,则式③描绘的曲线是一个椭圆,如图14.27所示.可以看出,摆锤的运动周期性重复.

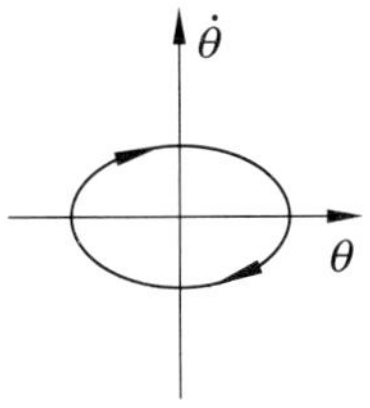

图 14.27

我们把角位移和角速度两个力学量构成的平面称为相平面.显然,相平面上的每一点(相点)表示系统在某一时刻的运动状态,相点的移动则表示系统状态随时间变化,其轨迹称为相轨线.用相空间的轨线描述系统运动状态的方法现在已被广泛使用.

2) 小角度弱阻尼单摆

为了考察阻尼对单摆轨线的影响,在保持小角度摆动的条件下,对摆施加一个与角速度成正比的阻尼力,根据14.7节所学知识,可写出其运动微分方程,即

$$\frac{d^2\theta}{dt^2}+2\beta\frac{d\theta}{dt}+\omega_0^2\theta=0 \qquad ④$$

在弱阻尼条件下,阻尼因子 β 可视为常量,因此小角度弱阻尼摆仍然是一个线性系统.图14.28是该系统的相

轨线，它不再有周期性，而是一条盘旋缩小、最终静止在原点的螺旋线．与图14.27相比，阻尼使闭合的椭圆轨线破裂．

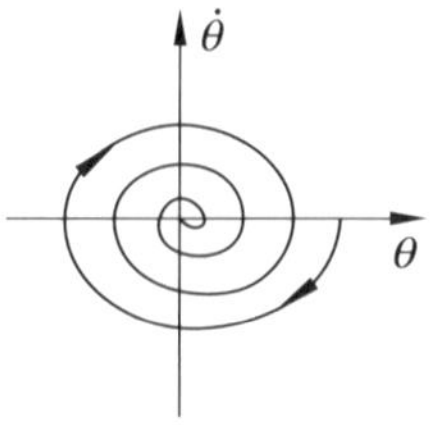

图14.28

3）阻尼受迫振动单摆

如果再对摆施加周期性的驱动力 $F\sin\Omega t$，根据14.7节所学知识，其运动微分方程为

$$\frac{\mathrm{d}^2\theta}{\mathrm{d}t^2}+2\beta\frac{\mathrm{d}\theta}{\mathrm{d}t}+\omega_0^2\sin\theta=M\sin\Omega t \quad ⑤$$

式中 $\omega_0^2=g/l$，$M=F/(ml)$，M 随力 F 的增大而增大．为了简单起见，将驱动力的频率 Ω 和阻尼因子 β 取为定值．显然，式⑤是非线性方程．因此受迫振动摆是一个非线性系统．

随着 M 的增大，摆锤的运动变得复杂起来，相图也随之变化．图14.29给出了在 M 增大过程中的三个相图．图(a)的轨线偏离了原来的椭圆形状，并且变得左右不对称；图(b)的轨线在一定范围内或疏或密地、永不重复地绕来绕去，但始终无法达到周期重复的状态．图(c)只是轨线在 $[-\pi,\pi]$ 内的环绕情况，实际上已不限于 $[-\pi,\pi]$ 范围，系统的运动变得完全混乱了，摆锤的运动似乎进入了随机运动的状态．

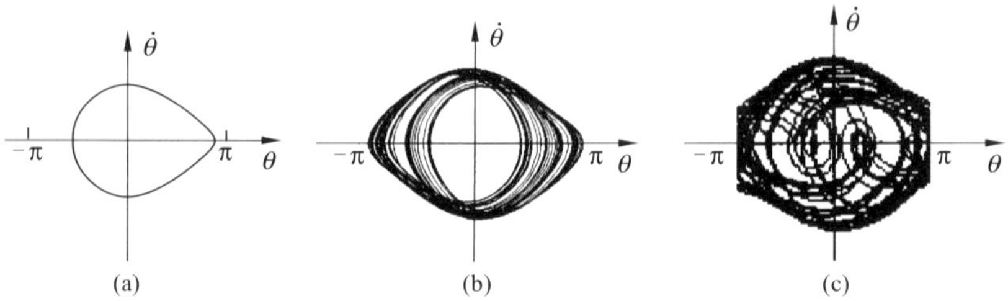

图14.29

3. 混沌

在现代非线性理论中，混沌泛指在确定论系统中出现的貌似无规的类随机行为．如上面讨论的受迫振动摆，描述它的运动方程⑤是确定的，而在某些 M 值处，其运动却呈现出不规则状态，表现出不可预测的"随机性"．

确定论系统对初值有两种依赖情况．一种是初值完全确定过去和将来的状态，这种情况表现为对初值依赖关系不敏感，其运动表现为可重复、可预测和确定．另一种对初值的依赖关系是，当初值有微小改变时，会导致运动的大改变，表现为对初值有敏感依赖．因为每次实验的初值不可能完全相同(即完全确定)，因此在这种情况下，由实验观察系统的运动，得到的结果是不可重复的、不可预测的，表现出"随机性"，这就是混沌状态．

这种确定论的不可预测性思想是由法国数学家庞加莱(J. Poincaré)于19世纪末提出的，由于数学的奇特和艰难，长期未引起物理学家的足够关注．计算机的出现使得混沌的概念得以复苏，借助电子计算机可以方便地对确定论微分方程应用数值解法来研究非线性系统的运动．

1）对初值的敏感性

对初值的极端敏感性是混沌运动的普遍的基本特征．两次只是初值不同的混沌运动，它们的差别随时间的推移会越来越大．美国气象学家洛伦茨(E. Lorenz)在1961年就断言：长期的天气预报是不可能的．他在一次演讲中对上述敏感性作了一个生动的比喻："一只蝴蝶在巴西拍动一下翅膀，使大气状态发生了微小的变化，也许将会在美国引起一场龙卷风．"因此，常把这种对初值的敏感性叫做"蝴蝶效应"．

为了能够理解这种对初值的敏感性，我们直接引入一个非线性迭代方程

$$x_{n+1}=\lambda x_n(1-x_n) \quad ⑥$$

式中变量 x_n 的初值范围为[0,1]．设 λ 取定值4，给出三种不同的初值 x_0，进行迭代运算，其结果如表14.1所示．

从表14.1可以看出，尽管初值的差别仅在小数点后第七位、第八位，而50次以后的迭代结果却出现很大

差别，并且表现出飘忽不定的随机性. 因为迭代方程⑥中并不含有随机项或随机系数，所以这种初值敏感性也称为内在随机性.

表 14.1 初值敏感性

n	$x_{n+1}=4x_n(1-x_n)$		
0	$x_0=0.1$	$x_0=0.100\ 000\ 01$	$x_0=0.100\ 000\ 1$
1	0.36	0.360 000 003 2	0.360 000 032 0
2	0.921 6	0.921 600 035 8	0.921 600 358 4
⋮	⋮	⋮	⋮
10	0.147 836 559 9	0.147 823 444 9	0.147 715 428 1
⋮	⋮	⋮	⋮
50	0.277 569 081 0	0.435 057 399 7	0.973 249 588 2
51	0.802 094 386 2	0.983 129 834 6	0.141 393 091 0
52	0.634 955 927 4	0.066 342 251 5	0.373 177 253 6

必须指出，表现为内在随机性的混沌现象不等同于混乱和无规律，例如对于确定的 λ 和初值 x_0，第 n 次迭代的结果是完全确定的. 混沌运动表现出的一个特点在于：由于每次实验的初值不可能完全相同，甚至这种不同造成的差别也不可能完全确定(例如在小数点后第 8 位有不同)，从而在非线性系统中导致运动的不可重复、不可预测性，即表现出随机性.

2) 倍周期分岔

非线性系统从非混沌状态向混沌状态的演化过程是多种多样的. 例如由倍周期分岔向混沌态的演化过程、阵发性混沌过程、从准周期到混沌的过程等，而且有些过程中有多种过程交替出现的现象，其中倍周期分岔是许多非线性动力学过程中常见的现象，也是目前已知的进入混沌的一种典型方式.

我们仍以方程⑥为例，了解从倍周期分岔向混沌态的演化过程. 在方程⑥中，λ 的取值范围为[0,4]，变量 x_n 的初值范围为[0,1]. 限 λ 在 $1<\lambda<4$ 中从小到大演变，计算出对应各 λ 值的 x_n 在 $n\to\infty$ 时的迭代极限，并描绘出 x_n-λ 图，如图14.30所示. 图形展示了混沌发生的过程. 当$1<\lambda<3$ 时(图中未全部画出)，不论初值为何值，迭代极限是一确定值，即一不动点，但此值与 λ 取值有关，且与 λ 值有一一对应关系. 这种情况称为周期 1 轨道；当 $\lambda=3$ 时，曲线开始分岔，当$3<\lambda<3.449$ 时，与一个 λ 值对应有两个迭代极限，迭代的终值在这两个一大一小的定值之间轮流取值. 这种情况为周期 2 轨道；当 λ 进入范围 $3.449<\lambda<3.544$ 时，曲线进一步分岔，与一个 λ 值对应有四个迭代极限，迭代的终值在这四个定值之间上下起伏，每隔四次出现重复，则为周期 4 轨道；随 λ 增大继续分岔为周期 8 轨道，周期 16 轨道……当 λ 从 3.569 逐步接近 4 时，周期变为无穷，迭代极限可取无穷多个各种不同的数值，即出现混沌现象.

需要指出，进入混沌状态后，并不总是混乱的. 在图 14.30 的混沌区内，初看似乎模糊一片，但细看不难发现，在模糊图像的深浅程度上仍然存在着一定的层次；此外还可见到区域中有一些大大小小的窗口，表明这些区域中仍存在规则运动，展现出规则—随机—规则—随机……交织起来的丰富多彩的图像，说明混沌是一种特殊的、包含着无穷层次的运动形态. 对于这种无穷层次的运动形式，还可用分形理论作进一步的分析.

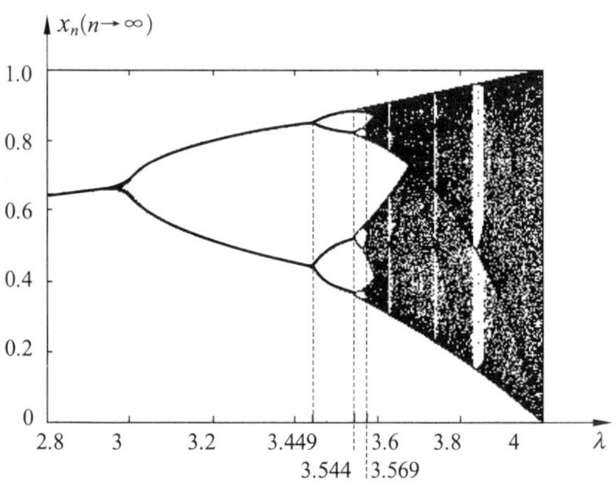

图 14.30

4. 蔡氏电路

迄今为止，最丰富的混沌现象是借助非线性振荡电路观察得到的，这是因为可以通过对电路元件参数的精密控制得到丰富的实验结果. 蔡氏电路(Chua's circuit)，是目前在非线性电路中产生复杂动力学行为的最为有效和简单的电路之一，1983 年由华裔科学家蔡少棠设计，利用它可以观察标准的混沌行为.

在表现出混沌行为之前，一个由标准元件(电阻、电容、电感)构成的自激电路必须满足下述条件：

必须包含有一个或者多个的非线性元件；

必须包含有一个或者多个有源电阻；

必须包含有三个或者更多个能量存储元件.

蔡氏电路是满足这些条件的最简单的电子线路. 如图 14.31 所示，能量存储元件为两个电容(C_1 和 C_2)和一个电感(L_1)，有一个线性电阻(R)，还有一个用两个二极管(VD_1 和 VD_2)制作的非线性电阻. 图 14.31 的最右边是一个负阻抗转换器，它是由三个线性电阻和一个运算放大器构成. 虚线框内元件共同构成一个有源非线性负阻.

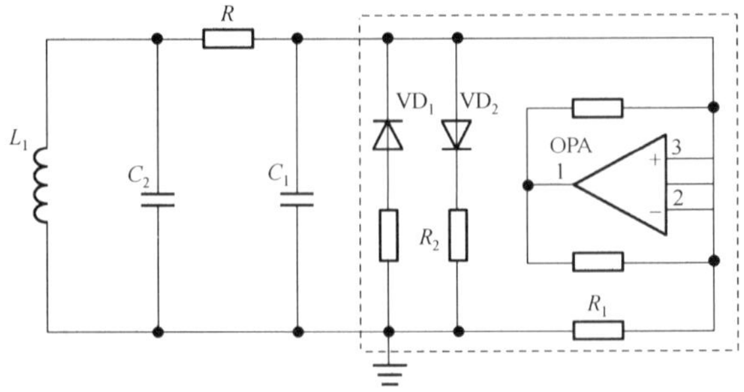

图 14.31

这个电路制作的容易程度使它成为现实世界中混沌无处不在的一个例证，被称为是“混沌系统的典范”. 电阻 R 的作用是移相，即调节 C_1、C_2 上的电压的相位差. 因此. 若把 C_1 和 C_2 两端的电压分别输入到示波器的 X、Y 通道，并采用 X-Y 观察方式，则显示的李萨如图形即是两路信号的相图. 改变 R，可以观察到倍周期分岔、单吸引子和双吸引子等混沌典型现象，如图 14.32 所示.

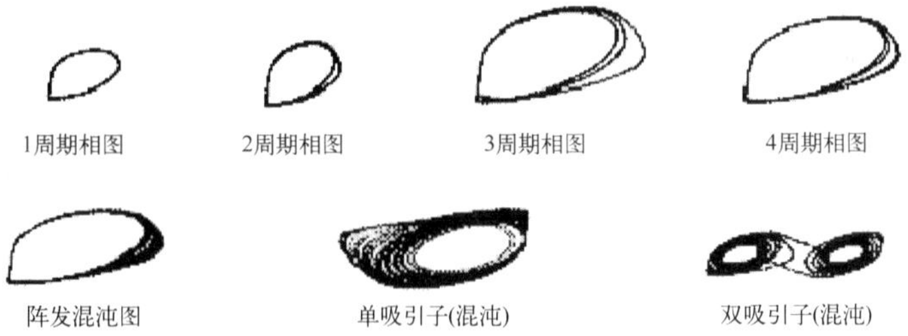

图 14.32

综上所述，混沌仅出现在由确定论描述的非线性系统中，是一种貌似无规的类随机的运动形式，是由某些确定论系统本身具有的内在随机性引起的，它对初始条件极为敏感，因此不可能对系统未来的长期行为作出确定的预测.

混沌理论近年来发展迅速，正在形成一门新学科. 其不但在自然科学领域受到人们的极大关注，而且已扩展到经济学、社会学等人文学科.

第15章 波　　动

振动状态在空间的传播过程称为波动,简称波.波动是自然界常见的一种物质运动形式.机械振动在弹性介质中的传播称为机械波,如声波、水波、地震波等.交变电磁场在空间的传播称为电磁波,如无线电波、光波、X射线等.虽然它们的本质不同,但具有波的共性,例如它们有类似的波动方程;都能产生反射、折射、干涉和衍射等现象,这些性质叫做波动性.20世纪上半叶,德布罗意提出波粒二象性是一切物质的共同特性,并得到实验的验证,也就是微观粒子也有波动性.虽然德布罗意波是概率波,与机械波、电磁波本质不同,但仍具有某些共同的性质并服从某些相同规律.由于机械波的传播机制和物理图像比较明晰,因此,我们将通过对机械波的研究来揭示各类波动的共性和规律.

15.1　机械波的一般概念

15.1.1　机械波的产生

气体、液体或固体统称为弹性介质,组成介质的质元之间以弹性力相互联系着.如果介质中某一质元 P 因受到外界的扰动而偏离平衡位置,由于形变,相邻质元就将对它施以弹性力作用,使它回到平衡位置.由于惯性的存在,质元 P 回到平衡位置后,并不停止下来,而是继续向相反方向偏离.于是该质元就在平衡位置附近振动起来.与此同时,质元 P 也对其相邻质元施以弹性力作用,带动相邻质元也在自己的平衡位置附近振动起来.因此,介质中一个质元的振动会引起邻近质元的振动,而邻近质元的振动又会引起较远质元的振动.这样,振动就以一定的速度在介质中由近及远地传播出去,从而形成波动.

可见,**要产生机械波必须具备两个条件,一是要有做机械振动的物体,即振源,或称波源;二是要有传播这种机械振动的弹性介质**.只有通过介质质元间的相互作用,才能将机械振动传播出去.例如各种发声器都是波源,空气则是传播振动的介质.

需要指出,波动传播的是波源的振动状态以及振动能量,介质中的质元并不随波前进,它们只在各自的平衡位置附近往复运动.由于振动状态常用相位来描述,所以波动也是振动相位的传播.

15.1.2　横波和纵波

按照介质中质元的振动方向和波的传播方向的关系,机械波可分为横波和纵波,这是波的两种最基本的形式.

如果在波动中质元的振动方向与波的传播方向垂直，则称为**横波**. 例如，将一根有一定弹性的绳子的一端固定，用手握着另一端并不停地上下抖动时，可以看到振动沿着绳子传播而形成凹凸起伏的横波. 如图 15.1(a)所示，波形凸起部分叫波峰，凹下部分叫波谷.

纵横波演示

如果在波动中质元的振动方向与波的传播方向平行，则称为**纵波**. 例如，一端固定的轻弹簧，用手拉住另一端，当手不断地拉伸和压缩弹簧使它沿水平方向左右振动时，可以看到振动沿弹簧传播而形成疏密相间的纵波，如图 15.1(b)所示.

横波的传播表现为波峰、波谷沿波传播方向移动；纵波的传播则表现为疏、密状态沿波传播方向移动. 根据机械波产生机理，要产生横波需要介质内部有垂直于波的传播方向的切向弹性力. 通常在气体和液体内部不能产生这种切向弹性力，所以在气体和液体内部只能传播纵波. 在固体内部则既能传播纵波又能传播横波. 例如地壳中传播的地震波既有横波，又有纵波；又如声波是纵波，既能在空气、水中传播，也能在其他固体中传播. 还有一些波，例如水面波，其形成原因很复杂，水的质元既不做纯横向运动，也不做纯纵向运动，而是沿椭圆轨道运动，如图 15.2 所示. 因此水面波既不是横波也不是纵波，这种特性是与水的不可压缩性和流动性相联系的.

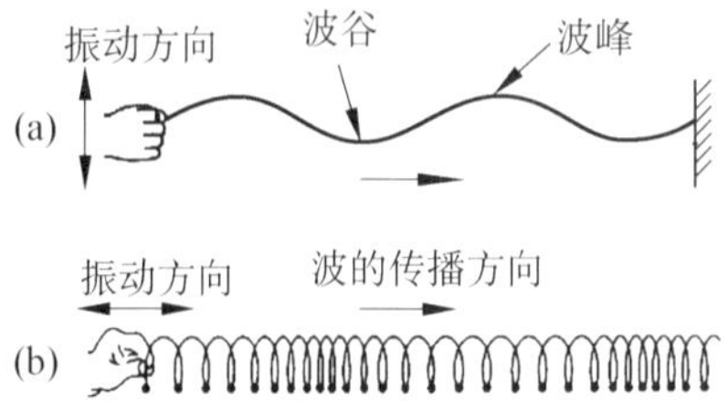

图 15.1

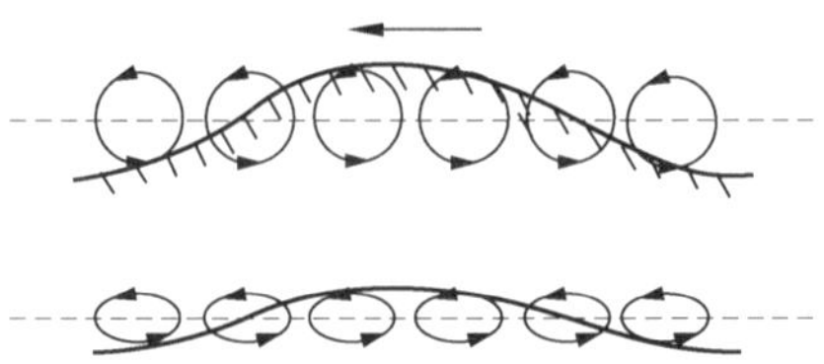
图 15.2

15.1.3　波线和波面

波在一维介质中传播，只有正反两个方向. 但在高维介质中，从振源出发的波动可以沿各种不同的方向传播. 为了形象地描绘波在空间的传播情况，通常沿波的传播方向作一些带箭头的线，称为**波线**或**波射线**，波线的指向表示波的传播方向. 在任一时刻，波动传播到的空间中，振动相位相同的点构成的曲面称为**波阵面**或**波面**. 在任一时刻，波面有无数多个. 最前方的波面叫**波前**，因此在任何时刻，波前只有一个. 在各向同性介质中，波线恒与波面垂直. 按波面的形状，波可分为平面波、球面波和柱面波. 波面为平面的波称为平面波，如图 15.3(a)；波面为球面的波称为球面波，由点波源产生，如图 15.3(b). 波面为圆柱面的波称为柱面波，由线状波源产生，如图 15.3(c). 当球面波或柱面波传播到极远处时，对某一局部区域而言，均可认为是平面波.

波还有许多其他分类方式，如行波和驻波、线性波和非线性波、脉冲波和持续波、简谐波和非简谐波等等. 同一列波可以属于不同的几类，例如从远方传来的声波是纵波，也是行波，还可看成平面波. 需要指出的是，这些分类不仅对机械波，而且对其他性质的波动也是适用的.

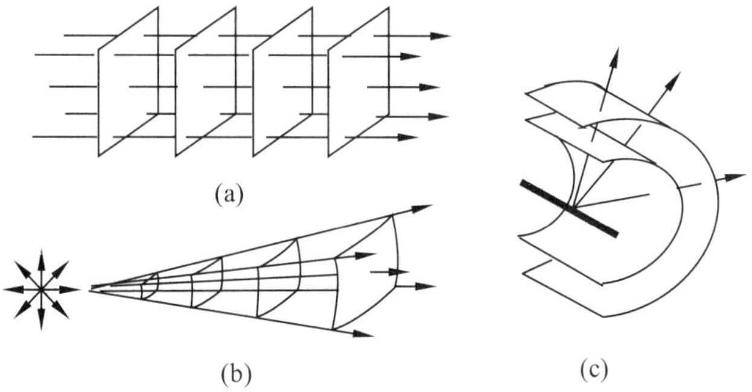

图 15.3

15.1.4 描述波动的特征量

1. 波长

波传播时,同一波线上相位差为 2π 的两个质元之间的距离定义为**波长**,用 λ 表示.例如横波的波长等于相邻的两个波峰或波谷之间的距离,纵波的波长等于相邻的两个密部或疏部对应点之间的距离.可见波长就是一个"完整波"的长度,它反映了波动的空间周期性.

2. 波的周期和频率

波传播时,波前进一个波长的距离所经历的时间称为波的**周期**,用 T 表示.它反映了波动的时间周期性,与表征空间周期性的波长密切相关.波的频率等于波动在单位时间内传播的完整波的数目,它等于周期的倒数,用 ν 表示,即

$$\nu = \frac{1}{T} \tag{15.1}$$

由于波源完成一次完全振动,波动便沿波线前进一个波长的距离,所以波的周期或频率也就是波源以及介质中各质元的振动周期或频率.

3. 波速

波速是描述振动状态在介质中传播快慢程度的物理量.它的定义是单位时间内某一振动状态所传播的距离,用 u 表示.由于振动状态的传播也就是振动相位的传播,所以这里的波速又称为波的**相速度**,简称**相速**.波速的大小取决于介质的性质.在不同的介质中,波速是不同的.在标准状态下,声波在空气中传播的速度为 $331\ \mathrm{m\cdot s^{-1}}$,而在氢气中传播的速度则为 $1263\ \mathrm{m\cdot s^{-1}}$.

波长、波的周期(或频率)和波速都是描述波动的重要物理量,称为波的特征量.它们之间的关系为

$$u = \frac{\lambda}{T} = \lambda\nu \tag{15.2}$$

式(15.2)表示波的空间周期性、时间周期性、波速三者之间的关系,对各类波都适用,因此具有普遍的意义.

由于波速取决于介质,频率取决于波源,所以**某一波源发出的波在不同介质中传播时,频率不变,但波速不同,因而波长也不相等**.

理论和实验都表明,机械波的波速由传播介质的弹性和惯性决定,具体说,

就是取决于介质的密度和弹性模量.下面介绍几个在各向同性的均匀介质中的波速公式.

(1) 绳或弦上横波的波速

$$u=\sqrt{\frac{T}{\rho}} \tag{15.3}$$

式中 T 为绳或弦中的张力,ρ 是单位长度的绳或弦的质量.

(2) 固体中的波速

$$u=\sqrt{\frac{G}{\rho}} \quad (横波) \tag{15.4}$$

$$u=\sqrt{\frac{Y}{\rho}} \quad (纵波) \tag{15.5}$$

式中 G 和 Y 分别为介质的切变模量和杨氏模量,ρ 为介质的质量密度.需要指出,式(15.5)是近似的,仅当纵波沿细棒长度方向传播时才是准确的.

(3) 液体和气体中纵波的波速

$$u=\sqrt{\frac{B}{\rho}} \tag{15.6}$$

式中 B 为介质的体变模量.

对于理想气体,根据热力学和气体动理论,由式(15.6)可得其中纵波的波速为

$$u=\sqrt{\frac{\gamma RT}{\mu}}=\sqrt{\frac{\gamma p}{\rho}} \tag{15.7}$$

式中 μ 为气体的摩尔质量,γ 为比热容比,R 为普适气体常量,T、p 和 ρ 分别为气体的温度、压强和密度.表 15.1 列出了几种介质中的机械波速度.

表 15.1 几种介质中的机械波波速

介质	机械波波速/($m\cdot s^{-1}$)
空气	331(0℃,1 atm)
海水	1531(25℃)
木材	3400~4700(纵波,沿纤维方向)
钢	5854(纵波),3150(横波)
地表	8000(纵波),4450(横波)

下面简单介绍介质的杨氏模量 Y、体变模量 B 和切变模量 G.

我们知道,物体在外力作用下要发生形变.最简单的形变有长度和体积的改变,简称长变和体变;还有一种是物体内各物质层发生相对位移,称为切变.

杨氏模量 如图 15.4(a)所示,若在截面积为 S、长为 l 的细棒的两端施以大小相等、方向相反的轴向拉力 $\boldsymbol{F}$ 时,棒伸长了 Δl.实验证明,在弹性限度内,应力 F/S 与应变 $\Delta l/l$ 成正比,即

$$\frac{F}{S}=Y\frac{\Delta l}{l} \tag{15.8}$$

比例系数 Y 称为杨氏模量,其大小由材料的弹性决定.

切变模量 如图 15.4(b)所示,柱体的上下底面积为 S,若在其上施以大小相等、方向相反的切向力 $\boldsymbol{F}$ 时,柱体发生了切变.实验证明,在弹性限度内,切应力 F/S 与切应变 $\varphi=\Delta x/d$

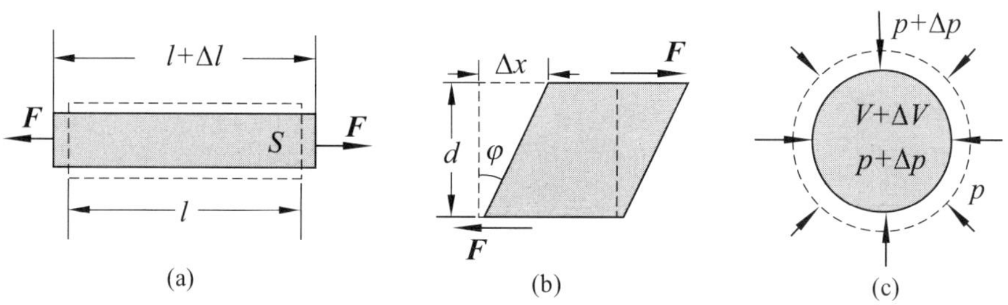

图 15.4

成正比,即

$$\frac{F}{S}=G\varphi=G\frac{\Delta x}{d} \tag{15.9}$$

比例系数 G 称为切变模量,其大小由材料的性质决定.

体变模量 如图 15.4(c)所示,若流体的体积在压强为 p 时等于 V,当压强增为 $p+\Delta p$ 时,体积变为 $V+\Delta V$. 实验证明,在通常压强范围内有

$$\Delta p=-B\frac{\Delta V}{V} \tag{15.10}$$

比例系数 B 称为体变模量,它的大小因物质种类不同而异. 式中负号表示压强增大时体积减小.

15.2 平面简谐波的波函数

现在讨论如何定量地描述一个波动过程. 我们已经知道,机械波是机械振动在弹性介质中的传播,它是弹性介质中大量质元参与的一种集体运动. 因此,我们的任务就是要寻找一个函数,这个函数应能表示波传播方向上任一质元在任何时刻的位移. 这样的函数称为波函数. 一般的波动过程,其波函数是很复杂的,我们只讨论最简单的情况,即波源做简谐运动,因而波动所到之处的各质元也做简谐运动. 这样的波称为简谐波,又叫余弦波或正弦波,它是最简单最基本的行波(行波是指前进波,是振动状态或振动能量由波源向外传播的波). 正像复杂的振动可以看成由许多简谐运动合成一样,任何复杂的波也可看成由许多简谐波叠加而成. 因此,研究简谐波的规律具有重要意义.

15.2.1 平面简谐波的波函数

为简单起见,我们讨论平面简谐波,即波面是平面的简谐波,并且假定波在理想的、均匀无吸收的无限大介质中传播. 由图 15.5 不难看出,平面简谐波所有波线上波动传播情况完全相同,因此,任一条波线上的波都能代表整个介质中的波动.

如图 15.6 所示,取任一波线为 Ox 轴,平面简谐波以波速 u 沿 Ox 轴正方向传播,介质中各质元都在各自的平衡位置附近做同一频率的简谐运动. 为下文表述简便起见,设 O 点处质元的振动初相位为零,则其振动方程可写为

$$y_O=A\cos\omega t \tag{15.11}$$

式中 y_O 表示 O 处质元在时刻 t 相对平衡位置的位移,A 是振幅,ω 是角频率.

由于研究的是平面波，且在无吸收的均匀介质中传播，所以各质元的振幅相等. 为了写出 Ox 轴上所有质元在任一时刻的位移，我们在 Ox 轴正方向上任取一点 P，其坐标为 x. 显然，当振动从 O 点传播到 P 点时，P 处质元将以相同的振幅和频率重复 O 处质元的振动，但在时间上要落后 $\tau = x/u$，或者说，P 处振动的相位要比 O 处相位落后 $\omega\tau$. 因此，P 点处质元的振动方程可写为

$$y_P = A\cos(\omega t - \omega\tau) = A\cos\omega\left(t - \frac{x}{u}\right)$$

考虑到 P 点在 Ox 轴上的任意性，可以去掉下标 P，而将上式写成

$$y = A\cos\omega\left(t - \frac{x}{u}\right) \tag{15.12a}$$

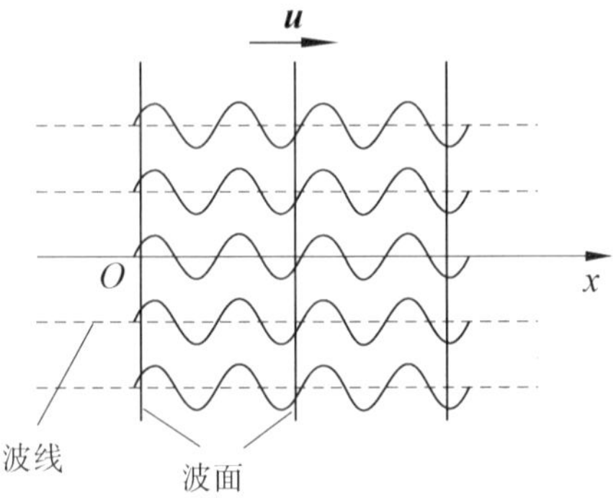

图 15.5

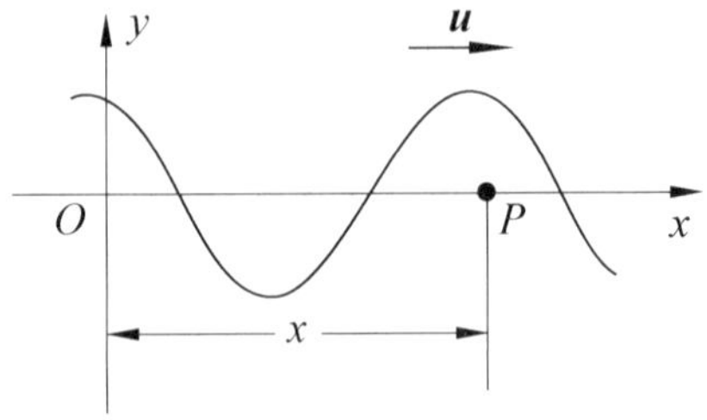

图 15.6

因为在所有波线上平面简谐波的传播情况完全相同，任一条波线上的波都能代表整个介质中的波动，所以式(15.12a)就是沿 Ox 轴正方向传播的平面简谐波的波函数，也常称为平面简谐波的波动方程或表达式.

利用 $\omega = 2\pi\nu = 2\pi/T$ 和 $u = \lambda\nu$，式(15.12a)又可有如下两种常用形式：

$$y = A\cos 2\pi\left(\frac{t}{T} - \frac{x}{\lambda}\right) \tag{15.12b}$$

$$y = A\cos 2\pi\left(\nu t - \frac{x}{\lambda}\right) = A\cos(\omega t - kx) \tag{15.12c}$$

式中 $k = \dfrac{2\pi}{\lambda}$，称为**角波数**，表示单位长度上波的相位变化.

与简谐运动可以用复指数表示一样，上述波函数也可以表示为

$$y = A\mathrm{e}^{\mathrm{i}(\omega t - kx)} \quad 或 \quad y = A\mathrm{e}^{-\mathrm{i}(\omega t - kx)}$$

实部即代表平面简谐波波函数. 量子力学中，物质波是概率波，其波函数只能采取复指数形式，如本书 20.5.3 节所述.

15.2.2 波函数的物理意义

波函数中含有两个变量 x 和 t，即位移 $y = f(x, t)$. 其中 x 表示的是波线上各质元平衡位置的坐标，t 表示的是波传播过程中的任一时刻. 为了进一步理解该函数的物理意义，我们作如下讨论.

(1) x 一定. 如 $x = x_1$，则位移 y 仅是 t 的函数，即

$$y = A\cos\left(\omega t - 2\pi \frac{x_1}{\lambda}\right) \tag{15.13}$$

显然这是 x_1 处质元的振动方程. 这如同我们"盯"住介质中 x_1 处的质元，看到的是该处质元在它的平衡位置附近以振幅 A、角频率 ω 做简谐运动. 以 t 为横坐标，y 为纵坐标，可画出 x_1 处质元的**振动曲线**，它描绘出 x_1 处质元在不同时刻相对其平衡位置的位移，如图 15.7 所示. 这是专为 x_1 处质元的运动情况拍摄的"录像".

(2) t 一定. 如 $t=t_1$，则位移 y 仅是 x 的函数，即

$$y = A\cos\left(\omega t_1 - 2\pi \frac{x}{\lambda}\right) \tag{15.14}$$

它描述的是给定时刻波线上各质元的位移分布. 以 y 为纵坐标，x 为横坐标，可得到一条余弦曲线，它是 t_1 时刻波线上各质元相对各自平衡位置的位移所构成的**波形曲线**，如图 15.8 所示. 这是在 t_1 时刻给波线上的所有质元拍摄的"集体照片".

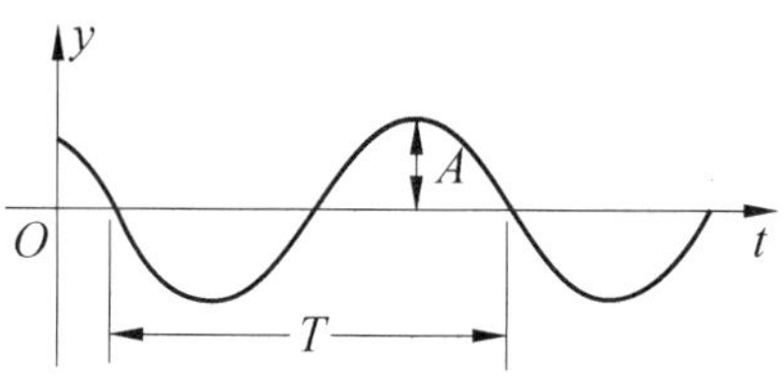

图 15.7

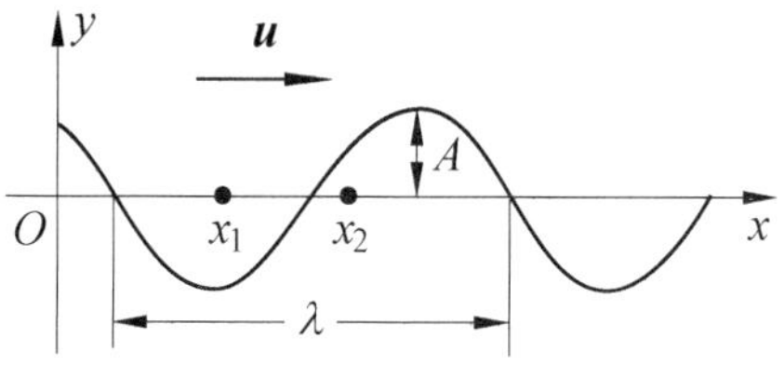

图 15.8

在某一给定时刻 t_1，同一波形上坐标分别为 x_1 和 x_2 的两个质元，它们的相位是不同的. 由式(15.14)可以得出它们振动的相位差为

$$\Delta\varphi_{21} = \left(\omega t_1 - 2\pi \frac{x_2}{\lambda}\right) - \left(\omega t_1 - 2\pi \frac{x_1}{\lambda}\right) = -2\pi \frac{(x_2 - x_1)}{\lambda}$$

注意到相位相减和坐标相减次序的一致性，上式可简写为

$$\Delta\varphi_{21} = -2\pi \frac{\Delta x_{21}}{\lambda} \tag{15.15}$$

式中 $\Delta x_{21} = x_2 - x_1$ 称为**波程差**. 若 $x_2 > x_1$，则 $\Delta\varphi_{21} < 0$，即 x_2 处的相位落后于 x_1 处的相位，这正表明了在波的传播方向上各质元振动相位依次落后. 显然，波线上相距一个波长的两质元间的振动相位差等于 2π.

(3) x 和 t 都变化. 在这种情况下，波函数表示的是波线上所有质元的位移随时间变化的整体情况. 如图 15.9 所示，实线表示 t 时刻的波形，虚线表示经过 Δt 时间后，即 $t+\Delta t$ 时刻的波形. 从图中可见，t 时刻 x 处质元的振动状态经过 Δt 时间沿波线传播到了 $x+\Delta x$ 处，整体上看，t 时刻的波形经过 Δt 时间后，顺着波的传播方向向前平移了 $\Delta x = u\Delta t$ 的距离.

从相位的角度来看，有

$$\omega\left(t - \frac{x}{u}\right) = \omega\left[(t+\Delta t) - \frac{(x+\Delta x)}{u}\right] = \omega\left(t - \frac{x}{u} + \Delta t - \frac{\Delta x}{u}\right)$$

可见当波速为 u 时，t 时刻 x 处质元的振动相位与 $t+\Delta t$ 时刻 $x+\Delta x$ 处质元的振动相位相等，因此这两个振动状态完全相同，也就可以理解为 t 时刻 x 处质

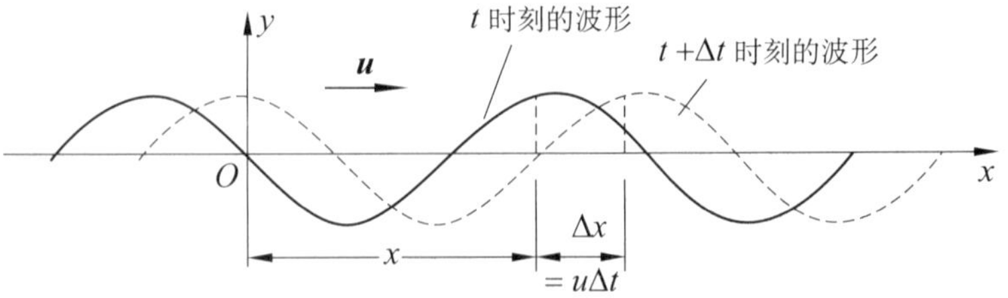

图 15.9

元的振动状态经过 Δt 时间沿波线传播到了 $x+\Delta x$ 处.

上述分析说明，波的传播是相位在空间的传播，也是振动这种运动形式的传播，或者说是整个波形的传播. 波速 u 就是相速，也是波形向前传播的速度. 显然，波函数描述了波的传播过程. 这种波称为**行波**.

以上讨论表明，相比于振动的时间周期性，波动具有时空双重周期性，式(15.12b)直接显示了波动的这一时空属性.

15.2.3　波动中质元振动的速度和加速度

由式(15.12a)对 t 求偏导数，得 x 处质元振动的速度和加速度分别为

$$v=\frac{\partial y}{\partial t}=-\omega A\sin\omega\left(t-\frac{x}{u}\right) \tag{15.16}$$

$$a=\frac{\partial^2 y}{\partial t^2}=-\omega^2 A\cos\omega\left(t-\frac{x}{u}\right) \tag{15.17}$$

可见，介质中各质元振动的速度和加速度也是空间位置 x 和时间 t 的函数，读者可仿照讨论位移的方法来讨论式(15.16)和式(15.17)的意义. 应当注意的是，质元的振动速度 v 和波速 u 是完全不同的两个概念. v 是坐标为 x 处质元的运动速度，它是时间的函数. 而波速 u，对于特定介质而言，是一个与时间无关的常量.

15.2.4　沿 Ox 轴负方向传播的平面简谐波波函数

当波沿 Ox 轴负方向传播时，图 15.6 中 P 处质元的振动要比 O 处质元的振动早开始一段时间 τ，或者说，P 点振动的相位比 O 点相位超前 $\omega\tau$. 若已知 O 处质元的振动方程为

$$y_O=A\cos\omega t$$

类似的计算可得沿 Ox 轴负方向传播的平面简谐波波函数为

$$y=A\cos(\omega t+\omega\tau)=A\cos\omega\left(t+\frac{x}{u}\right) \tag{15.18}$$

以上讨论的是由原点 O 处质元的振动方程写出波函数. 更一般地，若已知坐标为 x_0 处的质元 Q 的振动方程为

$$y_Q=A\cos(\omega t+\varphi)$$

则沿 Ox 轴正方向传播的波函数为

$$y=A\cos\left[\omega\left(t-\frac{x-x_0}{u}\right)+\varphi\right] \tag{15.19}$$

沿 Ox 轴负方向传播的波函数为

$$y=A\cos\left[\omega\left(t+\frac{x-x_0}{u}\right)+\varphi\right] \tag{15.20}$$

式中 $\omega(x-x_0)/u$ 就是任意点 x 处的振动比已知点 x_0 处的振动落后或超前的相位. 当 $x_0=0$, $\varphi=0$ 时, 式(15.19)和式(15.20)即为式(15.12)和式(15.18).

不难看出,写出平面简谐波波函数的**关键是写出波线上任意点的振动比已知点的振动超前或落后的相位**. 根据具体条件,利用 ω、λ、ν、u 之间的关系,超前或落后的相位可以写成

$$\omega\tau=\omega\frac{\Delta x}{u}=2\pi\frac{\Delta x}{\lambda} \tag{15.21}$$

另外,不论正方向还是负方向传播的波,都可以采用下述方法写出波函数. 顺着波的传播方向,在已知振动的点 x_0(波源)的前方任取一点 x(P 点),则 P 点质元的振动方程可写为

$$\begin{aligned}y&=A\cos\left[\omega\left(t-\frac{|\Delta x|}{u}\right)+\varphi\right]\\&=A\cos\left[\omega\left(t-\frac{|x-x_0|}{u}\right)+\varphi\right]\end{aligned}$$

此即为波函数,其中$\dfrac{|x-x_0|}{u}$为 P 点起振落后的时间,可根据实际情况写出.

15.2.5 平面波的波动微分方程

将式(15.12)分别对 x 和 t 求二阶偏导数,有

$$\frac{\partial^2 y}{\partial x^2}=-A\frac{\omega^2}{u^2}\cos\omega\left(t-\frac{x}{u}\right)$$

$$\frac{\partial^2 y}{\partial t^2}=-A\omega^2\cos\omega\left(t-\frac{x}{u}\right)$$

比较以上两式,可得平面波的波动微分方程

$$\frac{\partial^2 y}{\partial x^2}=\frac{1}{u^2}\frac{\partial^2 y}{\partial t^2} \tag{15.22}$$

无论平面简谐波沿 Ox 轴正方向传播,还是沿 Ox 轴负方向传播,都满足这个微分方程. 虽然它是从平面简谐波的波函数出发,经求导拼凑出来的,但数学上可以证明,它是各种平面波必须满足的微分方程,而且平面波波函数就是它的解. 它的普遍意义在于:任何物理量 y,不论是力学量、电学量或其他的量,只要它与时间和坐标的关系满足方程式(15.22),则这一物理量就按波的形式传播,具有波动性,并且$\dfrac{\partial^2 y}{\partial t^2}$前系数的倒数的平方根就是这种波的传播速度.

例 15.1 一平面简谐波的波函数为 $y=0.01\cos\pi\left[10\,t-\dfrac{x}{10}\right]$(SI). 求:(1) 该波的波速、波长、周期和振幅;(2) $x=10$ m 处质元的振动方程及该质元在 $t=2$ s 时的振动速度;(3) $x=20$ m、$x=60$ m 两处质元的相位差.

解 (1) 将波函数写成标准形式

$$y = 0.01\cos 2\pi\left(5t - \frac{x}{20}\right)(\text{SI}) \qquad ①$$

与式(15.12b)

$$y = A\cos 2\pi\left(\frac{t}{T} - \frac{x}{\lambda}\right)$$

比较可得

$$\text{振幅}\ A = 0.01\ \text{m}, \quad \text{波长}\ \lambda = 20\ \text{m}$$

$$\text{周期}\ T = \frac{1}{5\ \text{s}^{-1}} = 0.2\ \text{s}, \quad \text{波速}\ u = \frac{\lambda}{T} = 100\ \text{m}\cdot\text{s}^{-1}$$

上述各量也可由它们的定义求解.振幅 A 是质元振动位移的最大值,所以 $A=0.01$ m;波长 λ 是指同一时刻 t,波线上相位差为 2π 的 x_1、x_2 两点间的距离,有

$$\pi\left(10t - \frac{x_1}{10}\right) - \pi\left(10t - \frac{x_2}{10}\right) = 2\pi \qquad ②$$

可得

$$\lambda = x_2 - x_1 = 20\ \text{m}$$

周期 T 为相位传播一个波长所需的时间,即 t_1 时刻 x_1 处的相位在 $t_2=t_1+T$ 时刻传播至 $x_2=x_1+\lambda$ 处,因此有

$$\pi\left(10t_1 - \frac{x_1}{10}\right) = \pi\left(10t_2 - \frac{x_1+\lambda}{10}\right) \qquad ③$$

代入波长 $\lambda=20$ m,可得

$$T = t_2 - t_1 = 0.2\ \text{s}$$

波速 u 为振动状态(相位)传播的速度,t_1 时刻 x_1 处的相位在 t_2 时刻传播至 x_2 处,由式③得

$$u = \frac{x_2 - x_1}{t_2 - t_1} = \frac{\lambda}{T} = 100\ \text{m}\cdot\text{s}^{-1}$$

(2) 将 $x=10$ m 代入式①,整理后可得该处质元的振动方程为

$$y = 0.01\cos(10\pi t - \pi)(\text{SI}) \qquad ④$$

将式④对时间求导,可得距原点 10 m 处质元的振动速度为

$$v = -0.1\pi\sin(10\pi t - \pi)(\text{SI})$$

将 $t=2$ s 代入上式得 $v=0$.

(3) 令 $x_1=20$ m,$x_2=60$ m,则两处质元的相位差为

$$\Delta\varphi_{21} = -\frac{2\pi}{\lambda}\Delta x_{21} = -\frac{2\pi}{\lambda}(x_2 - x_1) = -\frac{2\pi}{20}(60-20) = -4\pi$$

结果表明,x_2 处质元的振动相位比 x_1 处质元落后 4π.

例 15.2 一向右传播的平面简谐波在 $t=0$ 和 $t=1$ s 时的波形如图 15.10 所示,周期 $T>1$ s.求:(1) 波的角频率和波速;(2) 以 O 为坐标原点写出波函数;(3) 以 P 为坐标原点,写出波函数.

解 (1) 由图可见振幅和波长分别为 $A=0.1$ m,$\lambda=2.0$ m.在 $t=0$ 到 $t=1$ s时间内,波形沿 x 轴正方向移动了 $\lambda/4$,故波的周期和角频率分别为

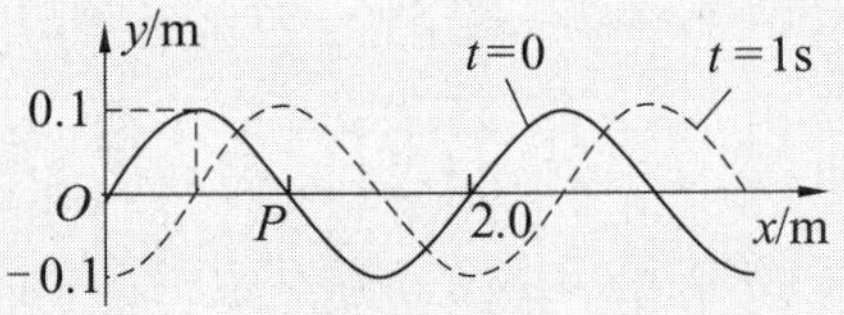

图 15.10

$$T=4\ \mathrm{s},\quad \omega=\frac{2\pi}{T}=\frac{\pi}{2}\ \mathrm{rad\cdot s^{-1}}$$

由此可得波速为

$$u=\frac{\lambda}{T}=0.5\ \mathrm{m\cdot s^{-1}}$$

(2) 设原点 O 处质元的振动方程为

$$y_O=A\cos(\omega t+\varphi)$$

由图可见,$t=0$ 时,O 处质元的振动位移和振动速度分别为

$$y_0=A\cos\varphi=0$$

$$v_0=-\omega A\sin\varphi<0$$

解得 $\varphi=\pi/2$,于是有

$$y_0=A\cos\left(\frac{\pi}{2}t+\frac{\pi}{2}\right)$$

坐标为 x 的任意质元比 O 处质元落后的振动相位为 $2\pi x/\lambda$,所以,此简谐波的波函数为

$$y=A\cos\left(\frac{\pi}{2}t+\frac{\pi}{2}-2\pi\frac{x}{\lambda}\right)=0.1\cos\left(\frac{\pi}{2}t-\pi x+\frac{\pi}{2}\right)(\mathrm{SI})$$

(3) 由图可见,P 点距原点 O 半个波长,由于波自左向右传播,P 处质元的振动相位比 O 处质元落后 π,因此其振动方程为

$$y_P=0.1\cos\left(\frac{\pi}{2}t+\frac{\pi}{2}-\pi\right)=0.1\cos\left(\frac{\pi}{2}t-\frac{\pi}{2}\right)$$

因此,若以 P 点为坐标原点,此简谐波的波函数为

$$y=0.1\cos\left(\frac{\pi}{2}t-\frac{\pi}{2}-2\pi\frac{x}{\lambda}\right)=0.1\cos\left(\frac{\pi}{2}t-\pi x-\frac{\pi}{2}\right)(\mathrm{SI})$$

15.3 波的能量

机械波在介质中传播时,波动传到的各质元都在各自的平衡位置附近振动.由于各质元有振动速度,因而它们具有振动动能.同时因介质产生形变,它们还具有弹性势能.下面以棒中传播的纵波为例,对波的能量做简单分析.

15.3.1 波的能量

1. 介质中质元的能量

如图 15.11 所示,一细棒沿 Ox 轴放置,其质量密度为 ρ,截面积为 S,弹性模量为 Y.当平面纵波以波速 u 沿 Ox 轴正方向传播时,棒中每一小段将不断受到压缩和拉伸.设棒中波函数为

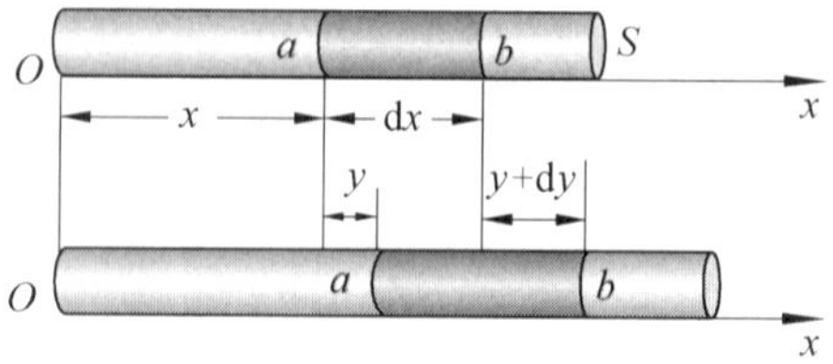

图 15.11

$$y=A\cos\omega\left(t-\frac{x}{u}\right)$$

在棒上任取一质元 ab，棒中无波动传播时，两端面 a 和 b 的坐标分别为 x 和 $x+\mathrm{d}x$，则质元的自然长度为 $\mathrm{d}x$，质量 $\mathrm{d}m=\rho\mathrm{d}V=\rho S\mathrm{d}x$. 当有波动传到该质元时，其振动速度为

$$v=\frac{\partial y}{\partial t}=-\omega A\sin\omega\left(t-\frac{x}{u}\right)$$

因此，这段质元的振动动能为

$$\mathrm{d}E_{\mathrm{k}}=\frac{1}{2}(\mathrm{d}m)v^2=\frac{1}{2}(\rho\mathrm{d}V)\omega^2A^2\sin^2\omega\left(t-\frac{x}{u}\right) \tag{15.23}$$

设在时刻 t 该质元正在被拉长，两端面 a 和 b 的位移分别为 y 和 $y+\mathrm{d}y$，则质元 ab 的实际伸长量为 $\mathrm{d}y$. 由式(15.8)可知，由于形变而产生的弹性回复力 $\boldsymbol{F}$ 的量值为

$$F=YS\frac{\mathrm{d}y}{\mathrm{d}x}$$

式中 $\frac{\mathrm{d}y}{\mathrm{d}x}$ 即为 x 处质元在时刻 t 的应变. 根据胡克定律，有 $F=k\mathrm{d}y$，两式比较可得 $k=\frac{YS}{\mathrm{d}x}$. 因此，该质元的弹性势能为

$$\mathrm{d}E_{\mathrm{p}}=\frac{1}{2}k(\mathrm{d}y)^2=\frac{1}{2}\frac{YS}{\mathrm{d}x}(\mathrm{d}y)^2=\frac{1}{2}YS\mathrm{d}x\left(\frac{\mathrm{d}y}{\mathrm{d}x}\right)^2 \tag{15.24}$$

式中 $S\mathrm{d}x$ 为质元 ab 的体积 $\mathrm{d}V$. 由于 y 是 x 和 t 的函数，因此 $\frac{\mathrm{d}y}{\mathrm{d}x}$ 实际上应是 y 对 x 的偏导数. 由波函数可得

$$\frac{\partial y}{\partial x}=\frac{\omega A}{u}\sin\omega\left(t-\frac{x}{u}\right)$$

而固体中纵波的速度为 $u=\sqrt{\frac{Y}{\rho}}$，因此，式(15.24)可写成

$$\mathrm{d}E_{\mathrm{p}}=\frac{1}{2}(\rho\,\mathrm{d}V)\omega^2A^2\sin^2\omega\left(t-\frac{x}{u}\right) \tag{15.25}$$

质元的机械能为

$$\mathrm{d}E=\mathrm{d}E_{\mathrm{k}}+\mathrm{d}E_{\mathrm{p}}=\rho\omega^2A^2(\mathrm{d}V)\sin^2\omega\left(t-\frac{x}{u}\right) \tag{15.26}$$

由式(15.23)和式(15.25)可见，**在波传播过程中，介质中任一质元的动能和势能同相地随时间变化，二者同时达到最大值，又同时为零，它们在任一时刻都有完全相同的值**. 振动动能和弹性势能的这种关系是波动中质元不同于孤立振动系统的一个重要特点. 由式(15.26)可见，任一质元的机械能是不守恒的，而是

随时间作周期性变化.对于给定的时刻,不同位置处质元的机械能又随 x 作周期性变化.当质元从最大位移处回到自己的平衡位置时,机械能从零逐渐增大到最大值,对应于能量输入过程;当质元从平衡位置运动到最大位移处时,机械能从最大变为零,对应于能量输出过程.这表明,沿着波传播的方向,每一质元都在不断地从后方质元获得能量,使能量从零逐渐增大到最大值,又不断地把能量传递给前方质元,使能量从最大变为零.如此周期性地重复,能量就随着波动过程,从介质的这一部分传到另一部分,所以波动是能量传递的一种方式.

需要说明的是,上述结论虽然是以棒中纵波为例得出的,但对于其他纵波以及横波同样适用.

2. 波的能量密度

为了描述波动中的能量分布,引入波的**能量密度**概念,把单位体积介质中的波动能量称为波的能量密度,用 w 表示.由式(15.26)可得

$$w=\frac{\mathrm{d}E}{\mathrm{d}V}=\rho A^2\omega^2\sin^2\omega\left(t-\frac{x}{u}\right) \tag{15.27}$$

可见,介质中任一点处波的能量密度是随时间作周期性变化的.能量密度在一个周期 T 内的平均值称为平均能量密度,以 $\overline{w}$ 表示.由式(15.27)可得

$$\overline{w}=\frac{1}{T}\int_0^T\rho A^2\omega^2\sin^2\omega\left(t-\frac{x}{u}\right)\mathrm{d}t=\frac{1}{2}\rho A^2\omega^2 \tag{15.28}$$

上式表明,波的平均能量密度与介质的密度、振幅的平方以及频率的平方成正比.

15.3.2 波的能流和能流密度

1. 能流

行波在传播的同时伴随着能量的传播,犹如能量在介质中流动一样.为了表述波动能量的这一特性,引入能流概念,即单位时间内通过介质中某一面积的能量.这个能量是随时间周期性变化的,通常我们把单位时间内通过介质中某一面积的平均能量称为通过该面积的**平均能流**,亦称**波的功率**,用 $\overline{P}$ 表示.如图 15.12所示,如果在介质中垂直于波速方向取一面积 S,则在单位时间内通过 S 面的平均能量应等于该面后方体积为 uS 的介质中的平均能量,即

$$\overline{P}=\overline{w}uS=\frac{1}{2}\rho A^2\omega^2uS \tag{15.29}$$

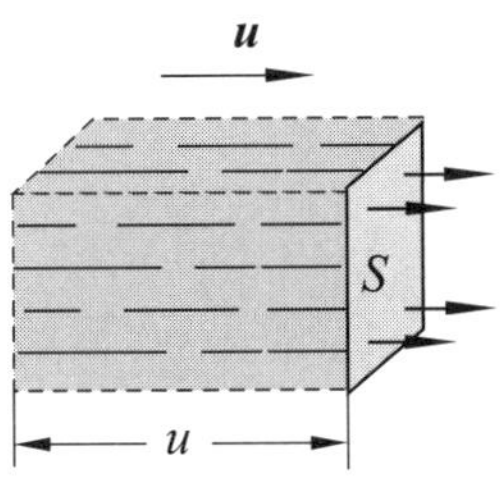

图 15.12

2. 能流密度

为了描述能流的空间分布和方向,引入**能流密度**矢量,即单位时间内通过与波传播方向相垂直的单位面积上的能量,其方向与波的传播方向一致.把单位时间内通过与波传播方向相垂直的单位面积的平均能量,称为平均能流密度,或**波的强度**,用 $\boldsymbol{I}$ 表示.由式(15.29)得 $\boldsymbol{I}$ 的大小为

$$I=\frac{\bar{P}}{S}=\bar{w}u=\frac{1}{2}\rho A^2\omega^2 u \tag{15.30a}$$

$\boldsymbol{I}$ 的方向就是波速 $\boldsymbol{u}$ 的方向，可将上式写成矢量式

$$\boldsymbol{I}=\bar{w}\boldsymbol{u}=\frac{1}{2}\rho A^2\omega^2\boldsymbol{u} \tag{15.30b}$$

可见，平均能流密度与振幅的平方、频率的平方、介质的密度以及波速的大小成正比. 平均能流密度越大，单位时间内通过单位面积的能量就越多，波就越强. 因此平均能流密度也称为波的强度，其单位是瓦每二次方米，符号为 $W\cdot m^{-2}$.

15.3.3 波的吸收

在导出平面简谐波的波函数时，我们假定波是在均匀无吸收的介质中传播，从波的能量保持不变的角度可知介质中各质元振动的振幅不变. 如图 15.13 所示，在垂直于波传播方向上取两个平行截面 S_1 和 S_2. 设 A_1 和 A_2 分别为两平面处质元振动的振幅，则由式(15.29)，通过这两个平面的平均能流分别为

$$\bar{P}_1=\frac{1}{2}uS_1\rho A_1^2\omega^2$$

$$\bar{P}_2=\frac{1}{2}uS_2\rho A_2^2\omega^2$$

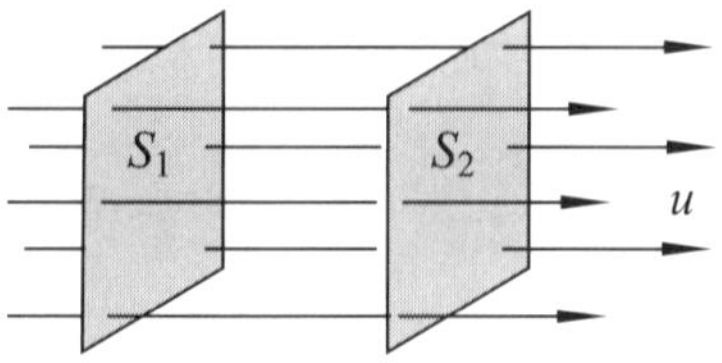

图 15.13

由于介质无吸收，因此 $\bar{P}_1=\bar{P}_2$；又由于是平面波，因此 $S_1=S_2$，故有 $A_1=A_2$，即质元振动的振幅不变.

事实上，波在介质中传播时，介质总要吸收波的一部分能量，转换成热能或介质的内能，使得波的振幅或强度逐渐减小. 这种现象称为波的吸收. 如图 15.14所示，设平面简谐波在有吸收的介质中传播，在原点 O 处，振幅为 A_0，在距 O 点 x 处，振幅变为 A. 设波通过厚为 dx 的一薄层介质后振幅变为 $A+dA$，显然 $dA<0$，并且振幅减小的量值应正比于 x 处的振幅 A 和介质的厚度 dx，即

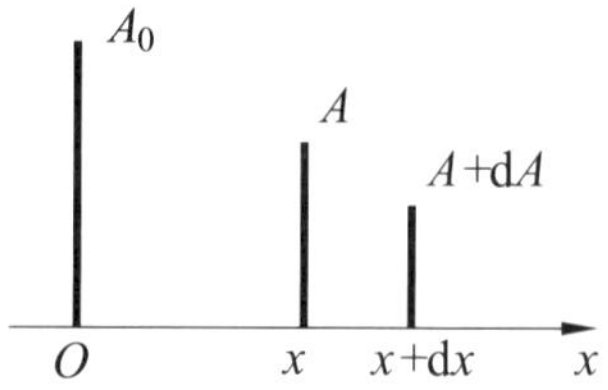

图 15.14

$$-dA=\alpha A\,dx$$

或

$$\frac{dA}{A}=-\alpha dx$$

式中 α 称为介质的**吸收系数**. 在 α 可视为常量的情况下，将上式积分，得到

$$A=A_0 e^{-\alpha x} \tag{15.31}$$

可见波在有吸收的介质中传播时，其振幅按指数规律衰减.

在图 15.14 中，设原点 O 处波的强度为 I_0，在距 O 点 x 处，波的强度为 I，由式(15.30a)可得

$$I=\frac{1}{2}u\rho A^2\omega^2=\frac{1}{2}u\rho A_0^2\omega^2 e^{-2\alpha x}$$

由于 $I_0=\frac{1}{2}u\rho A_0^2\omega^2$，故上式可写为

$$I = I_0 e^{-2\alpha x} \tag{15.32}$$

可见平面波在介质中传播时，波的强度也按指数规律衰减，且比振幅衰减得更快.

例 15.3 一球面波在均匀无吸收的介质中以波速 u 传播. 在距波源 1 m 处质元振动的振幅为 A. 设波源振动的角频率为 ω，初相位为 φ，试写出球面简谐波的波函数.

解 依题意，点波源处在均匀、无吸收的介质中，因此从点波源发出的波沿各方向传播的速度均相等，使得波的能量均匀地分布在球面上. 现以点波源 O 为中心，分别作半径为 r_1 和 r_2 的两个球面，如图 15.15 所示. 由于介质不吸收波的能量，因此，单位时间内通过两个球面的平均能量应该相等. 根据式(15.30a)，有

$$I_1 S_1 = I_2 S_2$$

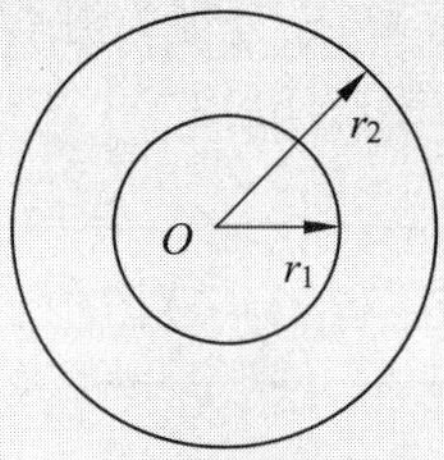

图 15.15

式中 $S_1 = 4\pi r_1^2$，$S_2 = 4\pi r_2^2$，I_1、I_2 分别为距波源 r_1、r_2 处波的强度. 将 $I = \dfrac{1}{2}\rho\omega^2 A^2 u$ 代入上式，整理后得可得

$$A_1 r_1 = A_2 r_2$$

即球面波振幅与离开点波源的距离成反比. 令 $r_1 = 1$ m，则 $A_1 = A$. 在距波源 r 处的振幅为 $\dfrac{A}{r}$，相位比波源落后 $\omega\dfrac{r}{u}$，所以球面简谐波的波函数为

$$y = \frac{A}{r}\cos\left[(\omega t + \varphi) - \omega\frac{r}{u}\right] = \frac{A}{r}\cos\left[\omega\left(t - \frac{r}{u}\right) + \varphi\right]$$

15.4 惠更斯原理

波在各向同性的均匀介质中传播时，波速、波面形状、波的传播方向等均保持不变. 但是，如果波在传播过程中遇到障碍物或传到不同介质的界面时，则波速、波面形状以及波的传播方向等都将发生改变，产生反射、折射、衍射、散射等现象. 在这种情况下，一般难以通过求解波动微分方程来预言波的行为. 惠更斯原理提供了一种定性的几何作图方法，在很广泛的范围内解决了波的传播方向问题.

15.4.1 惠更斯原理

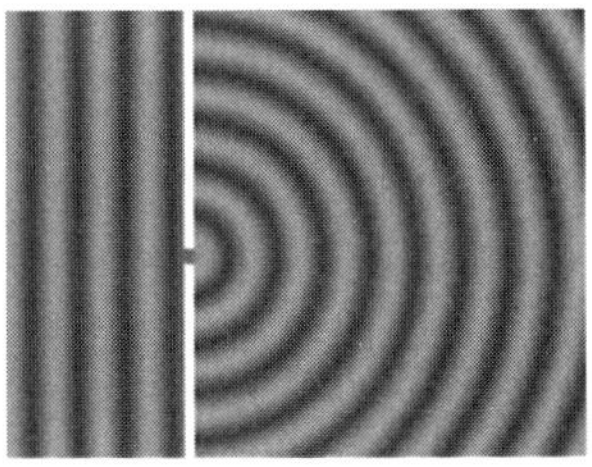

图 15.16

当波在弹性介质中传播时，介质中任一点 P 的振动，将直接引起其邻近质元的振动. 就引起邻近质元的振动而言，P 点和波源并没有本质上的区别，即 P 点可以看作新的波源. 例如，在图 15.16中，水面波传播时，遇到一开孔障碍物，

当障碍物上小孔的大小与波长相差不多时，就会看到穿过小孔后的波阵面是圆弧形的，与原来波阵面的形状无关，就像以小孔为波源产生的波动一样.

在总结这类现象的基础上，荷兰物理学家惠更斯(C. Huygens)于 1678 年首先提出：**介质中波动传播到的各点，都可以看成是发射子波(或称次波)的波源；在其后的任一时刻，这些子波的包络面就是新的波前.**

惠更斯原理不论对机械波还是对电磁波，也不论波动所经过的介质是均匀的还是非均匀的、是各向同性的还是各向异性的，都是适用的. 只要知道某一时刻的波前与波速，就可以根据这一原理，用几何作图方法决定下一时刻的波前，从而确定波的传播方向. 例如点波源 O 发出的波，以波速 u 在均匀各向同性介质中传播，在时刻 t 的波前是半径为 R_1 的球面 S_1，如图 15.17(a)所示. 根据惠更斯原理，S_1 上各点都可以看成是发射子波的波源. 以 S_1 面上各点为中心，以 $u\Delta t$ 为半径可以画出许多球形的子波，这些子波行进前方的包络面 S_2 就是 $t+\Delta t$ 时刻的波前. 显然，S_2 是以 $R_1+u\Delta t$ 为半径的球面. 又如，若已知平面波在时刻 t 的波前 S_1，用同样的方法也可求得 $t+\Delta t$ 时刻的波前 S_2，如图 15.17(b)所示. 显然，当波动在无障碍物的均匀各向同性介质中传播时，根据惠更斯原理，波面的几何形状将保持不变，传播方向也将保持不变.

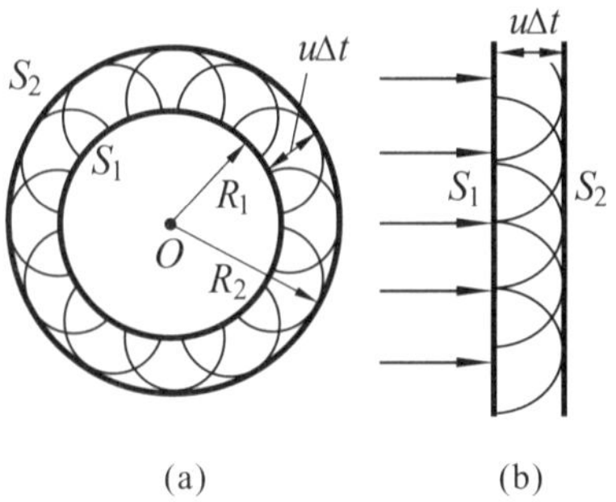

图 15.17

15.4.2 惠更斯原理的应用

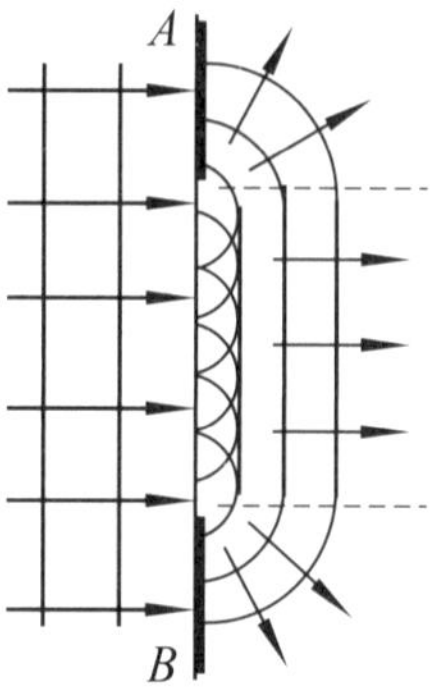

图 15.18

波在传播过程中遇到障碍物时，能绕过障碍物继续前进的现象，称为波的**衍射**(或绕射). 用惠更斯原理很容易解释这一现象. 如图 15.18所示，当平面波到达障碍物 AB 上的狭缝时，缝上各点可看成是发射子波的波源，向外发出球形子波. 这些子波的包络面已不再是平面. 靠近狭缝的边缘处，波面弯曲，波线改变了原来的方向，即波绕过了障碍物继续前进. 如果障碍物的缝更窄，衍射现象就更为显著.

若波在传播过程中遇到小颗粒，波将以小颗粒为中心发出球面子波，沿各个方向传播出去，这就是波的**散射**.

用惠更斯原理还能方便地说明波的反射和折射现象. 需要注意的是，反射波和入射波是在同一种介质中传播，因此波速相同，在同一时间内波行进的距离相等；而折射波和入射波是在两种不同的介质中传播，因此波速不同，在同一时间内，波行进的距离不等. 读者可自行分析.

应当指出，惠更斯原理没有说明子波的强度分布，也没有说明子波为什么只向前传播而不会后退. 后来菲涅耳(A. Fresnel)对惠更斯原理作了重要补充，形成了惠更斯-菲涅耳原理，成为解决波衍射问题的理论基础. 这些将在光学部分进行介绍.

15.5 波的干涉

现在研究几列波同时在介质中传播并相遇时,介质中质元的运动情况及波的传播情况.

15.5.1 波的叠加原理

欣赏音乐时,尽管诸乐器产生的声波在空间同时传播,但人耳仍能分辨出各种乐器所演奏的旋律;平静的水面上两个石子激起的圆形水波,当它们彼此穿过又分开之后,仍能保持以原有石子为中心的圆形波各自独立地传播;收音机能从空间同时传播的许多无线电波中任意挑选出某一电台的广播……通过对这些现象的观察和研究,人们总结出如下规律:

(1) **几列波在同一介质中传播而相遇时,将各自保持其原有的特性(频率、波长、振动方向等)不变,并按照原来的方向继续传播,好像其他波不存在一样.**

(2) **在相遇区域内,介质中任一质元的振动均为各列波单独存在时在该点引起振动的合振动.**

这一规律称为波的叠加原理,又称波的独立传播原理. 图 15.19 展示的是几列振动方向平行、传播方向相同、频率关系简单的波在不同条件下的叠加情况,每一个小图的最下方波形是其上方两列或三列波叠加的结果.

一般来说,几列波在空间相遇时叠加的情况要比图 15.19 所示的结果复杂得多. 我们主要讨论最简单而又具有实用价值的一种情形,就是振动方向平行、频率相同、相位相同或相位差恒定的两列波的叠加.

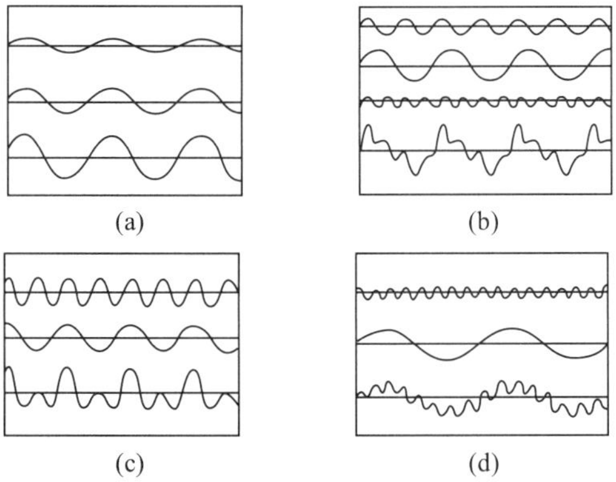

图 15.19

必须指出,波的叠加原理并不是普遍成立的. 研究表明,对于各种介质中的机械波或电磁波,只有当波的强度较小时. 它才是正确的. 这样的波称为**线性波**. 如果波的强度很大,例如爆炸中的声波或强激光在介质中传播时,相遇波之间会有相互作用,波不再是线性的,这时叠加原理就不成立.

15.5.2 波的干涉

1. 波的干涉现象

我们先观察水波的干涉实验. 把两个小球装在同一支架上,使小球的下端紧靠水面.当支架沿垂直水面方向以一定的频率振动时,两小球和水面的接触点就成了两个频率相同、振动方向平行、相位相同的波源,各自发出一列圆形的水面波.在它们相遇的水面上,呈现出如图15.20所示的现象.由图可以看出,有些地方水面起伏得很厉害(图中亮处),说明这些地方振动加强;而有些地方水面只有微弱的起伏,甚至平静不动(图中暗处),说明这些地方振动减弱,甚至完全抵消.也就是说,在这两列波相遇的区域内,振动的强弱是按一定规律分布的.

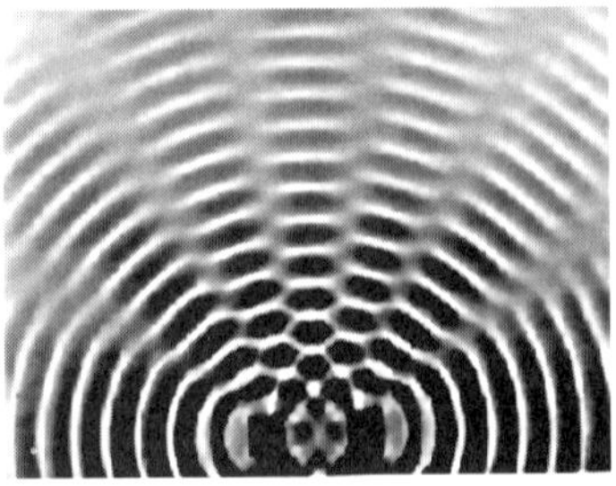
图15.20

人们把两列波在空间相遇时,使某些点的振动始终加强,另外一些点的振动始终减弱,形成一种稳定的强弱分布的现象,称为波的干涉现象.干涉现象是波动的基本特征之一.

频率相同、振动方向平行、相位相同或相位差恒定的条件称为相干条件.满足相干条件的波称为**相干波**,相应的波源称为**相干波源**.

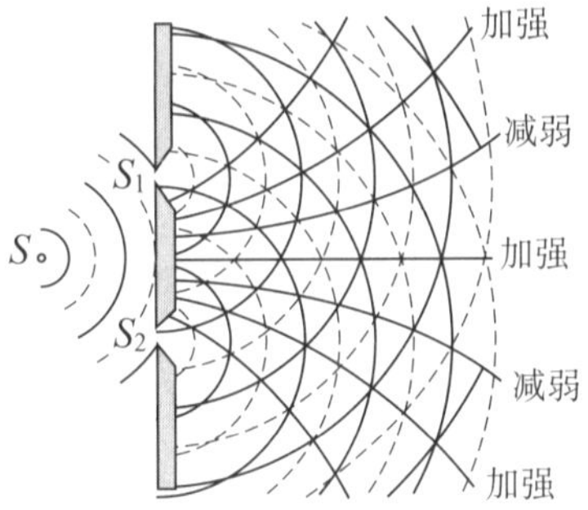

图15.21

图15.21画出了用单一波源产生两列相干波,实现波的干涉的一种方法.在波源 S 附近放置一开有两个小孔 S_1 和 S_2 的障碍物,并且 $\overline{SS_1}=\overline{SS_2}$.根据惠更斯原理,$S_1$ 和 S_2 可看成是同一波面上的两个子波源,它们发出的子波具有频率相同、振动方向平行、相位相同的特性,是相干波.因此,这两列波叠加后会产生干涉现象.从图可见,由 S_1 和 S_2 分别发出一系列的球形波面,其波峰和波谷分别用实线和虚线的圆弧表示.当两列波在空间相遇时,若它们的波峰与波峰或波谷与波谷相重合,则振动始终加强,合振幅最大;若两波的波峰与波谷相重合,则振动最弱,合振幅最小.

2. 干涉结果分析

如图15.22所示,设两个相干波源 S_1 和 S_2 的振动方程分别为

$$y_{10}=A_{10}\cos(\omega t+\varphi_1)$$

$$y_{20}=A_{20}\cos(\omega t+\varphi_2)$$

式中 A_{10} 和 A_{20} 为振幅,ω 和 φ_1、φ_2 分别为两波源的角频率及初相位.设波源 S_1 和 S_2 发出的两列波在均匀且各向同性介质中传播.P 是两列波相遇区域内的任一点,它与两波源的距离分别为 r_1 和 r_2,根据沿波的传播方向相位依次落后的规律,可以得出 S_1 和 S_2 单独存在时,在 P 点引起的振动分别为

$$y_1=A_1\cos\left(\omega t+\varphi_1-\frac{2\pi r_1}{\lambda}\right)$$

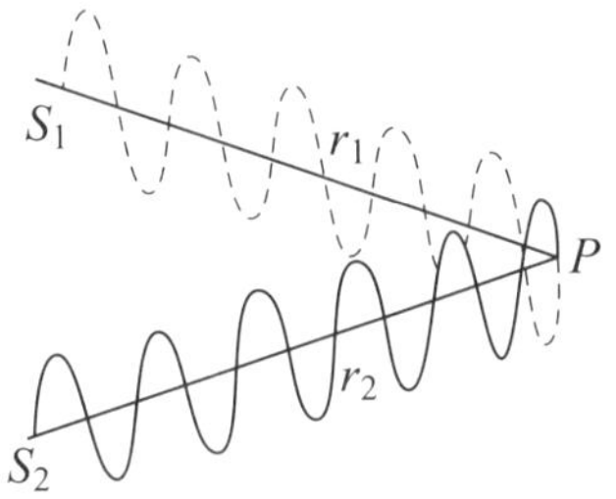

图15.22

$$y_2 = A_2 \cos\left(\omega t + \varphi_2 - \frac{2\pi r_2}{\lambda}\right)$$

式中 A_1 和 A_2 分别为两振动的振幅，λ 为波长. P 处质元要同时参与这两个振动. 根据两个同方向同频率简谐运动的合成规律，P 点的合振动仍为简谐运动，其方程为

$$y = y_1 + y_2 = A\cos(\omega t + \varphi)$$

合振动的振幅 A 由下式确定：

$$A = \sqrt{A_1^2 + A_2^2 + 2A_1A_2\cos\Delta\varphi} \tag{15.33}$$

由于波的强度与振幅的平方成正比，若以 I_1 和 I_2 分别表示两列波单独存在时在 P 点的强度，则叠加后的强度为

$$I = I_1 + I_2 + 2\sqrt{I_1 I_2}\cos\Delta\varphi \tag{15.34}$$

上式右边第三项取决于相位差 $\Delta\varphi$，称为干涉项. 可见叠加后波的强度出现了重新分布，这称为相干叠加. $\Delta\varphi$ 为

$$\Delta\varphi = \left(\varphi_2 - \frac{2\pi r_2}{\lambda}\right) - \left(\varphi_1 - \frac{2\pi r_1}{\lambda}\right)$$

即

$$\Delta\varphi = \varphi_2 - \varphi_1 - 2\pi\frac{r_2 - r_1}{\lambda} \tag{15.35}$$

式(15.35)是两列波在 P 点所引起的两个分振动的相位差，其中 $\varphi_2 - \varphi_1$ 为两个波源的初相位差，$2\pi\frac{r_2 - r_1}{\lambda}$是由于波程(波的传播路程)不同而引起的相位差. 可见，对于叠加区域内任一确定点来说 $\Delta\varphi$ 为一常量，即相位差恒定. 因此，叠加区域内各点的强度都是恒定的，即在空间形成稳定的强弱分布，这正是干涉现象.

由以上讨论可知，当振幅一定时，两列相干波叠加区域内的各点，其合振幅或强度主要取决于相位差 $\Delta\varphi$. 有如下结论：

(1) 当 $\Delta\varphi = 2k\pi(k = 0, \pm1, \pm2, \cdots)$时，合振幅最大，其值为 $A = A_1 + A_2$. 这些点振动最强，称为**干涉相长**.

(2) 当 $\Delta\varphi = (2k+1)\pi(k = 0, \pm1, \pm2, \cdots)$时，合振幅最小，其值为 $A = |A_1 - A_2|$. 这些点振动最弱，称为**干涉相消**.

在 $\Delta\varphi$ 为其他值的空间各点，合振幅介于 $|A_1 - A_2|$ 和 $A_1 + A_2$ 之间.

如果两相干波源的振动初相位相同，即 $\varphi_1 = \varphi_2$，则相位差为 $\Delta\varphi = -2\pi\frac{r_2 - r_1}{\lambda}$，完全取决于两相干波源到 P 点的波程差 $r_2 - r_1$. 若以 δ 表示波程差，则上述结论简化为

(1) 当 $\delta = k\lambda\ (k = 0, \pm1, \pm2, \cdots)$时，干涉相长.

(2) 当 $\delta = (2k+1)\frac{\lambda}{2}(k = 0, \pm1, \pm2, \cdots)$时，干涉相消.

结果表明，当两相干波源振动同相时，在两波叠加区域内，波程差为零或等于波长整数倍的各点，强度最大；波程差等于半波长奇数倍的各点，强度最小.

应该指出，如果在同一介质中传播的两列波不是相干波，则不会产生干涉现象. 其合成波强度等于相遇的两列波强度之和，即 $I = I_1 + I_2$，又称为**非相干叠加**.

例 15.4　如图 15.23 所示，相干波源 S_1 和 S_2 相距 $\lambda/4$（λ 为波长），S_1 的相位比 S_2 的相位超前 $\pi/2$，每一列波的振幅均为 A，并且在传播过程中保持不变. P、Q 为 S_1 和 S_2 连线外侧的任意点. 求 P、Q 两点的合成振幅.

解　波源 S_1 和 S_2 的振动同时传播到空间任意一点引起的两个分振动的相位差为

$$\Delta\varphi=\varphi_2-\varphi_1-\frac{2\pi}{\lambda}\Delta r \qquad ①$$

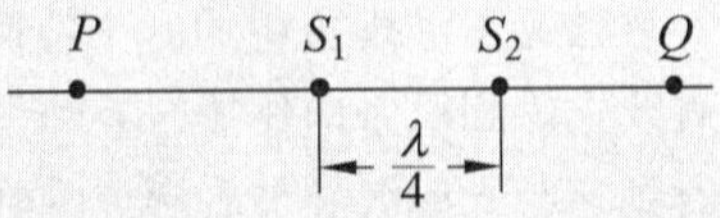

图 15.23

由题意，$\varphi_2-\varphi_1=-\frac{\pi}{2}$. 对于 P 点，波程差为

$$\Delta r=\overline{S_2P}-\overline{S_1P}=\frac{\lambda}{4}$$

代入式①，有

$$\Delta\varphi=-\frac{\pi}{2}-\frac{2\pi}{\lambda}\cdot\frac{\lambda}{4}=-\pi$$

即 S_1 和 S_2 的振动传到 P 点时相位相反，所以 P 点的合振幅为

$$A_P=|A_2-A_1|=0$$

可见在 S_1 和 S_2 连线的左侧延长线上各点，均因干涉而静止.

同理，对于 Q 点，$\Delta r=\overline{S_2Q}-\overline{S_1Q}=-\frac{\lambda}{4}$，则有

$$\Delta\varphi=-\frac{\pi}{2}-\frac{2\pi}{\lambda}\cdot\left(-\frac{\lambda}{4}\right)=0$$

即 S_1 和 S_2 的振动传到 Q 点时相位相同. 所以 Q 点的合振幅为

$$A_P=A_2+A_1=2A$$

可见在 S_1 和 S_2 连线的右侧延长线上各点，均因干涉而加强.

例 15.5　如图 15.24 所示，S_1 和 S_2 为同一介质中的两个相干波源，其振幅均为 5 cm，频率均为 100 Hz，当 S_1 为波峰时，S_2 恰为波谷，波速为 $10\ \text{m}\cdot\text{s}^{-1}$. 设 S_1 和 S_2 的振动均垂直于纸平面，试求它们发出的两列波传到 P 点时的干涉结果.

解　由题意，$A_1=A_2=5\ \text{cm}$，$\nu_1=\nu_2=100\ \text{Hz}$，$\varphi_1-\varphi_2=\pi$（设 S_1 比 S_2 的振动相位超前），$u=10\ \text{m}\cdot\text{s}^{-1}$. 因此波长为

$$\lambda=\frac{u}{\nu_1}=\frac{10\ \text{m}\cdot\text{s}^{-1}}{100\ \text{Hz}}=0.10\ \text{m}$$

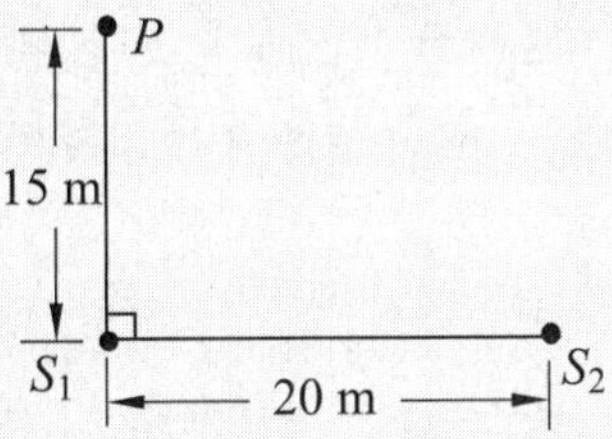

图 15.24

由图可知，$\overline{S_1P}=15\ \text{m}$，$\overline{S_1S_2}=20\ \text{m}$，故 $\overline{S_2P}=25\ \text{m}$，于是两波传到 P 点引起振动的相位差为

$$\Delta\varphi=\varphi_2-\varphi_1-2\pi\frac{\overline{S_2P}-\overline{S_1P}}{\lambda}$$

$$=-\pi-2\pi\frac{25\ \text{m}-15\ \text{m}}{0.10\ \text{m}}=-201\pi$$

合振幅为

$$A=\sqrt{A_1^2+A_2^2+2A_1A_2\cos\Delta\varphi}=|A_1-A_2|=|5\text{ cm}-5\text{ cm}|=0$$

可见在 P 点因干涉而静止.

15.6 驻　　波

驻波是干涉现象中的一个特例. 在同一介质中两列振幅相同的相干波，在同一直线上沿相反方向传播时叠加形成驻波. 例如海波从悬崖或码头反射的时候，能看到它与入射波叠加后形成的驻波. 在乐器中，管、弦、膜、板的振动也都是驻波引起的振动. 驻波理论在声学、光学、原子物理等学科以及工程技术中都有广泛的应用.

15.6.1　驻波的形成

图 15.25 是演示弦线上驻波的实验示意图. 弦线的一端系在一个固定的音叉 B 上，另一端跨过定滑轮 C 吊一重物 m，使弦线中有一定张力，D 是一支点，弦线在 D 处不能振动. 当音叉振动时，引起弦线中有自 B 向 D 传播的波，设此波为入射波. 入射波传到 D 点，并在 D 点反射，形成自 D 向 B 传播的反射波. 假定能量没有损失，于是弦线上就有振幅相同、频率相同、振动方向相同且具有恒定相位差的两列波沿着相反方向传播. 调节弦线中张力或调节 D 的位置改变弦线长度，可使 BD 弦上形成稳定的振动状态. 这时我们看不到波的传播，只看到弦线分段振动，某些点振幅很大，某些点几乎不动，这就是驻波.

弦驻波

弹簧纵驻波

鱼洗

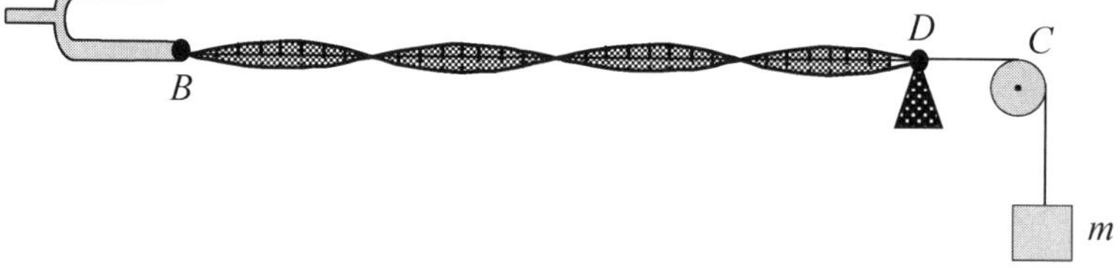

图 15.25

图 15.26 画出了驻波形成的物理过程，其中短虚线表示向右传播的波，长虚线表示向左传播的波，实线表示这两个波的合成结果. 图 15.26(a)、(b)、(c)、(d)、(e)依次表示 $t=0, T/8, T/4, 3T/8, T/2$ 各时刻各质元的分位移和合位移. 由图可见，叠加后"●"点始终不动，称为**波节**，也称节点；而"○"点振幅始终最大，称为**波腹**. 相邻两波节间的各质元做同相振动，波节两侧各质元做反相振动，合成波的波形并不沿 Ox 轴移动.

15.6.2　驻波的特征

1. 驻波的波函数

设两列振幅相等的相干波沿 Ox 轴正方向和负方向传播，它们的波函数分别为

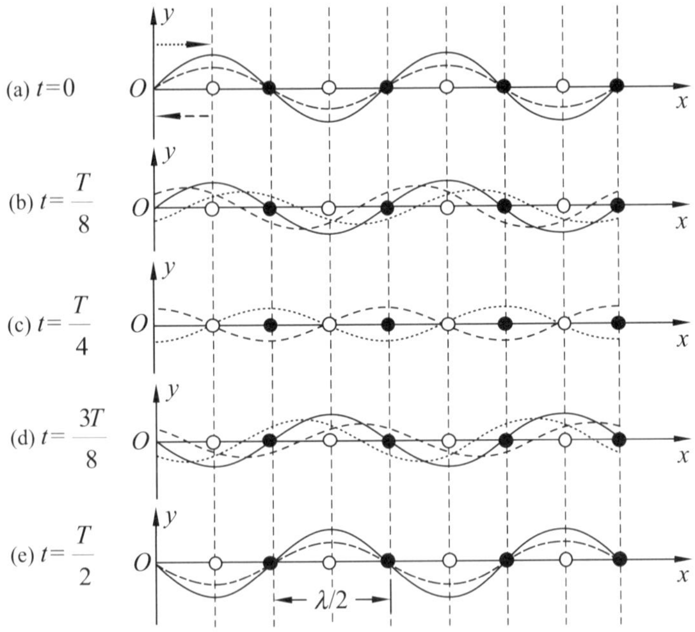

图 15.26

$$y_1 = A\cos\left(\omega t - \frac{2\pi}{\lambda}x + \varphi_1\right)$$

$$y_2 = A\cos\left(\omega t + \frac{2\pi}{\lambda}x + \varphi_2\right)$$

合成波的波函数为

$$y = y_1 + y_2 = A\cos\left(\omega t - \frac{2\pi}{\lambda}x + \varphi_1\right) + A\cos\left(\omega t + \frac{2\pi}{\lambda}x + \varphi_2\right)$$

利用三角函数和差化积公式，可得

$$y = 2A\cos\left(\frac{2\pi}{\lambda}x + \frac{\varphi_2 - \varphi_1}{2}\right)\cos\left(\omega t + \frac{\varphi_2 + \varphi_1}{2}\right) \tag{15.36}$$

上式实际上是一个振动方程，它表明，两列振幅相同、沿相反方向传播的相干波合成后，各质元都做同频率的简谐运动，其振幅由 $\left|2A\cos\left(\frac{2\pi}{\lambda}x + \frac{\varphi_2 - \varphi_1}{2}\right)\right|$ 决定. 由于变量 x 和 t 分别出现在两个余弦函数因子中，不表现为 $\left(t \pm \frac{x}{u}\right)$ 的形式，因此合成波没有一般波动意义下的波形、相位或能量的传播，它有波之形而无波之实，故称之为“驻波”. 式(15.36)就是驻波的波函数，或称为驻波方程，实际上是介质中各质元的振动方程.

喷气式战斗机尾焰中的马赫环是什么？

2. 驻波的特征

为简化表述，在下文分析驻波特征时，将式(15.36)中的 φ_1、φ_2 均取为 0.

1) 振幅分布

驻波的振幅为 $\left|2A\cos\frac{2\pi}{\lambda}x\right|$，可见 Ox 轴上任一质元都有确定的振幅，最大为 $2A$，最小为零，其余在 $0\sim2A$ 之间，而且这种分布在空间上呈周期性变化.

在波腹处，$\left|\cos\frac{2\pi}{\lambda}x\right|=1$，则 $\frac{2\pi}{\lambda}x=k\pi$，所以波腹的位置为

$$x=k\frac{\lambda}{2},\quad k=0,\pm1,\pm2,\cdots$$

相邻两波腹间的距离为

$$x_{k+1}-x_k=\frac{\lambda}{2}$$

在波节处，$\cos\frac{2\pi}{\lambda}x=0$，则 $\frac{2\pi}{\lambda}x=(2k+1)\frac{\pi}{2}$，所以波节的位置为

$$x=(2k+1)\frac{\lambda}{4},\quad k=0,\pm1,\pm2,\cdots$$

显然相邻两波节之间的距离也等于 $\lambda/2$，相邻的波腹和波节之间的距离则为 $\lambda/4$.

驻波振幅分布的这一特征，为我们提供了一种测量波长的方法. 只要测出波节或波腹之间的距离，就可确定波长.

2）相位分布

设在某一时刻 t，$\cos\omega t>0$，此时驻波的波形如图 15.27 所示. 在波节处，$\cos\frac{2\pi}{\lambda}x=0$；在相邻的两个波节之间，$\cos\frac{2\pi}{\lambda}x$ 有相同的符号，这表明两个相邻波节间的所有质元的振动相位相同；在波节的两侧，$\cos\frac{2\pi}{\lambda}x$ 有相反的符号，这表明，波节两侧质元的振动相位相反.

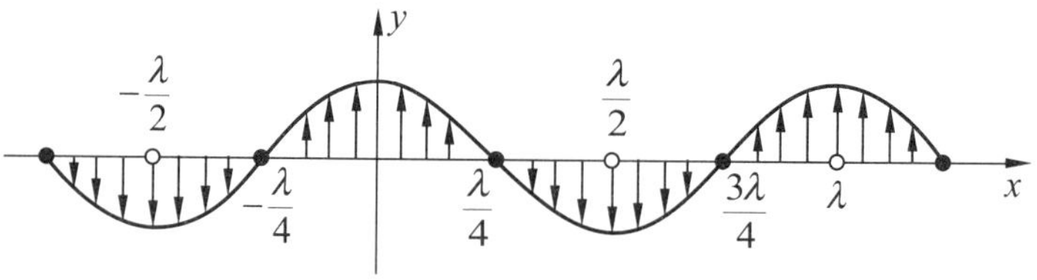

图 15.27

这一点也可以从驻波方程出发来加以分析. 取波节点 $\left(x=\frac{3}{4}\lambda\right)$ 两侧的两段质元 $\frac{\lambda}{4}<x_1<\frac{3}{4}\lambda$ 和 $\frac{3}{4}\lambda<x_2<\frac{5}{4}\lambda$，第一段质元的振动方程为

$$\begin{aligned}y_1&=2A\cos\left(\frac{2\pi}{\lambda}x_1\right)\cos\omega t=-\left|2A\cos\left(\frac{2\pi}{\lambda}x_1\right)\right|\cos\omega t\\&=\left|2A\cos\left(\frac{2\pi}{\lambda}x_1\right)\right|\cos(\omega t+\pi)\end{aligned}$$

第二段质元的振动方程为

$$y_2=2A\cos\left(\frac{2\pi}{\lambda}x_2\right)\cos\omega t=\left|2A\cos\left(\frac{2\pi}{\lambda}x_2\right)\right|\cos\omega t$$

两段质元振动相位相差 π，也就是说振动相位相反. 可见当驻波形成时，介质在做**分段振动**. 同一段内各质元的振动步调一致，同时达到正向最大位移，同时通过平衡位置，又同时达到负方向最大位移，只是各质元振幅不同；

相邻两段质元的振动步调相反，同时沿相反方向达到最大位移，又同时以方向相反的速度通过平衡位置. 每一段中质元都以确定的振幅在各自的平衡位置附近独立地振动着，只有段与段之间的相位突变，没有像行波那样的相位和波形的传播. 严格地说，驻波不是波动，而是一种特殊形式的振动.

3）能量分布

当介质中各质元的位移都达到最大值时，质元有最大形变，但它们的速度均为零，因此这时驻波的全部能量都是势能. 波节附近相对形变最大，所以势能最大，而波腹附近相对形变最小，所以势能最小，可见此时驻波的能量集中在波节附近. 当所有质元同时到达平衡位置时，介质的形变为零，故势能为零，这时驻波的能量全部都是动能. 波腹处质元的速度最大，所以动能最大，而波节处质元的速度为零，所以动能为零，可见此时驻波的能量集中在波腹附近. 介质在振动过程中动能和势能不断转换，在转换过程中，能量不断地由波腹附近转移到波节附近，再由波节附近转移到波腹附近. 由于形成驻波的两列相干波的平均能流密度量值相等，但传播方向相反，因此合成波的平均能流密度为零，即不存在沿单一方向的能流. 故**驻波不传播能量**.

15.6.3 相位突变

在图 15.25 所示的实验中，波在固定支点 D 处反射，在反射点只能形成波节；若弦线在 D 处可自由振动，波在自由端反射，则会在反射点形成波腹. 一般情况下，在两种介质的分界面处究竟形成波节还是波腹，这与波的种类、两种介质的性质以及入射角的大小有关. 研究证实，对机械波而言，它由介质的密度 ρ 与波速 u 的乘积 ρu（称为波阻）决定. 我们把 ρu 较大的介质叫做**波密介质**，ρu 较小的介质叫做**波疏介质**. 波垂直于界面入射并发生反射时，若从波疏介质传向波密介质，在反射点将形成波节；相反，若从波密介质传向波疏介质，在反射点则形成波腹.

在两种介质的分界面上若形成波节，说明入射波与反射波在此处的相位总是相反，即反射波在分界面上的相位较入射波突变了 π. 由于同一波线上相距半个波长的两点的相位差为 π，因此波从波疏介质入射到波密介质，在界面上反射时，如同损失（或增加）了半个波长的波程. 我们将这种现象称为**相位突变**，也常常形象地叫做**半波损失**.

必须指出，对于两端固定的弦线，并非任何波长（或频率）的波都能在弦线上形成驻波. 因为两相邻波节或两相邻波腹之间的距离都是半波长，所以，只有当弦线长 l 等于半波长的整数倍，即当

$$l = n\frac{\lambda_n}{2}, \quad n = 1, 2, \cdots \tag{15.37}$$

时，才能形成驻波. 式中 λ_n 表示与某一 n 值对应的驻波波长. 图 15.28 画出了弦线上三种可能的波长. 当弦线上的波速 u 一定时，利用 $\lambda_n = u/\nu_n$，可以求得与 λ_n 对应的可能频率为

$$\nu_n = n\frac{u}{2l}, \quad n = 1, 2, \cdots \tag{15.38}$$

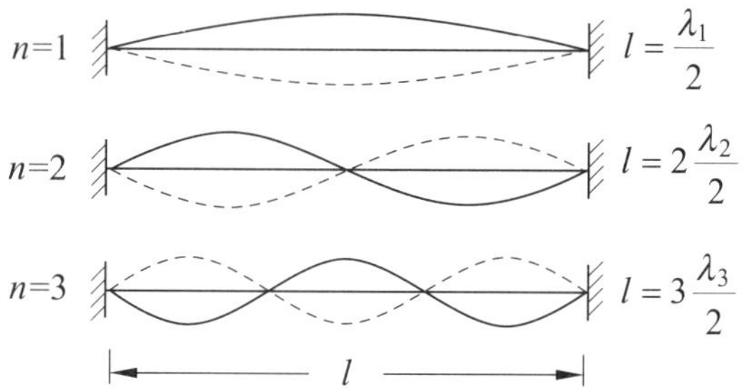

图 15.28

上式表明,只有振动频率为$u/(2l)$的整数倍的那些波,才能在弦上形成驻波.式(15.37)称为**驻波条件**.它在量子力学创立过程中曾起到启发作用.

例 15.6 如图 15.29 所示,有一平面简谐波 $y_{入}=A\cos 2\pi\left(\frac{t}{T}-\frac{x}{\lambda}\right)$向右传播,在距坐标原点 O 为 $l=5\lambda$ 的 B 点被垂直界面反射.设反射处有半波损失,反射波的振幅近似等于入射波振幅.试求:(1)反射波的波函数;(2)驻波的波函数;(3)在原点 O 到反射点 B 之间各个波节和波腹的位置坐标.

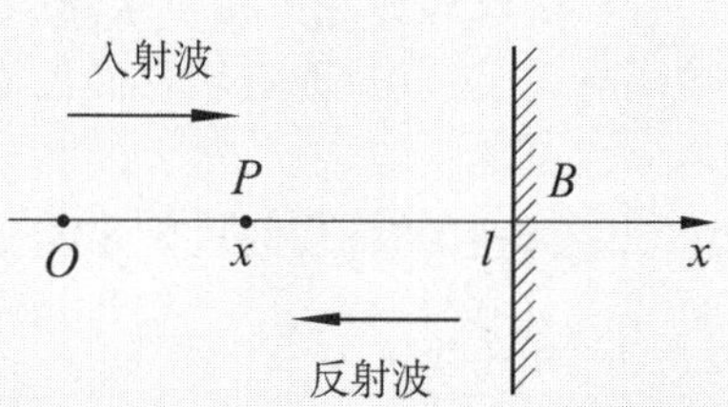

图 15.29

解 (1) 要写出反射波的表达式,首先要写出反射波在某点的振动方程,这一点就选在反射点 B.依题意,入射波在 B 点的振动方程为

$$y_{入B}=A\cos 2\pi\left(\frac{t}{T}-\frac{l}{\lambda}\right)$$

由于在 B 点反射时有半波损失,所以反射波在 B 点的振动方程为

$$y_{反B}=A\cos\left[2\pi\left(\frac{t}{T}-\frac{l}{\lambda}\right)-\pi\right]$$

在反射波行进的方向上任取一点 P,其坐标为 x.P 点的振动比 B 点的振动相位落后 $2\pi\frac{l-x}{\lambda}$,由此可得反射波的波函数为

$$y_{反}=A\cos\left[2\pi\left(\frac{t}{T}-\frac{l}{\lambda}\right)-\pi-2\pi\frac{l-x}{\lambda}\right]$$

将 $l=5\lambda$ 代入上式得

$$y_{反}=A\cos\left(2\pi\frac{t}{T}-21\pi+2\pi\frac{x}{\lambda}\right)=-A\cos 2\pi\left(\frac{t}{T}+\frac{x}{\lambda}\right)$$

反射波波函数也可以一步写出.入射波经过 P 点,传播到 B 点反射,反射波再经过 P 点,引起 P 点的振动.反射波引起的 P 点的振动相比于入射波引起的 P 点的振动,仅仅只是相位落后,落后的相位一方面来自于传播距离 $2(l-x)$,另一方面来自于反射点的半波损失.$y_{入}$ 即入射波引

起的 P 点的振动方程,因此可以写出反射波引起的 P 点的振动方程为

$$
\begin{aligned}
y_{反} &= A\cos\left[2\pi\left(\frac{t}{T}-\frac{x}{\lambda}\right)-\frac{2\pi}{\lambda}\cdot 2(l-x)-\pi\right] \\
&= A\cos\left(\frac{2\pi}{T}t+\frac{2\pi}{\lambda}x-\frac{4\pi}{\lambda}\cdot l-\pi\right) \\
&= -A\cos 2\pi\left(\frac{t}{T}+\frac{x}{\lambda}\right)
\end{aligned}
$$

此即反射波波函数.

(2) 驻波的波函数为

$$
\begin{aligned}
y = y_{入}+y_{反} &= A\cos 2\pi\left(\frac{t}{T}-\frac{x}{\lambda}\right)-A\cos 2\pi\left(\frac{t}{T}+\frac{x}{\lambda}\right) \\
&= 2A\sin\frac{2\pi}{\lambda}x\cdot\sin\frac{2\pi}{T}t
\end{aligned}
$$

(3) 在 O 点到 B 点之间,$0\leqslant x\leqslant 5\lambda$. 由 $\sin\frac{2\pi}{\lambda}x=0$,即由

$$2\pi\frac{x}{\lambda}=k\pi,\quad k=0,1,2,\cdots,10$$

得波节坐标为

$$x=k\frac{\lambda}{2}$$

即 $x=0,\frac{\lambda}{2},\lambda,\frac{3}{2}\lambda,2\lambda,\frac{5}{2}\lambda,3\lambda,\frac{7}{2}\lambda,4\lambda,\frac{9}{2}\lambda,5\lambda$.

由 $\left|\sin\frac{2\pi}{\lambda}x\right|=1$,即由

$$\frac{2\pi}{\lambda}x=(2k+1)\frac{\pi}{2},\quad k=0,1,2,\cdots,9$$

得波腹坐标为

$$x=(2k+1)\frac{\lambda}{4}$$

即 $x=\frac{\lambda}{4},\frac{3}{4}\lambda,\frac{5}{4}\lambda,\frac{7}{4}\lambda,\frac{9}{4}\lambda,\frac{11}{4}\lambda,\frac{13}{4}\lambda,\frac{15}{4}\lambda,\frac{17}{4}\lambda,\frac{19}{4}\lambda$.

*15.7　声　　波

15.7.1　声波的传播

在弹性介质中传播的机械纵波,一般通称为**声波**. 其中能引起人听觉的频率范围大约为 20～20 000 Hz,就是通常所说的可听声波或可闻声波,简称声波. 低于 20 Hz 的称为**次声波**,高于 20 000 Hz 的称为**超声波**.

声波具有一般波动所共有的特征,能产生反射、折射、衍射、干涉等现象. 声波是机械纵波,根据式(15.7),可知声波在理想气体中的传播速度为

$$u = \sqrt{\frac{\gamma p}{\rho}} = \sqrt{\frac{\gamma RT}{\mu}}$$

式中 γ 为比热容比，p 为无声波存在时气体的静压强，R 为普适气体常量，μ、T 和 ρ 分别为气体的摩尔质量、温度和密度. 例如空气的 $\gamma=1.4$，在标准状态下空气中的声速为

$$u = \sqrt{\frac{1.4\times 1.013\times 10^5\ \text{Pa}}{1.293\ \text{kg}\cdot\text{m}^{-3}}} = 331.2\ \text{m}\cdot\text{s}^{-1}$$

一般来说，在同一温度下，声波在固体和液体中的传播速度要大于在气体中的传播速度. 表 15.2 列出了一些介质中的声速.

表 15.2　一些介质中的声速

介质	温度/℃	速率/(m·s⁻¹)	介质	温度/℃	速率/(m·s⁻¹)
空气(1atm)	0	331	海水	25	1531
空气(1atm)	20	343	花岗岩	20	6000
氢(1atm)	0	1270	铁	20	5130
纯水	25	1493	铜	20	3750

15.7.2　声强和声强级

声强就是声波的平均能流密度，即单位时间内通过垂直于声波传播方向单位面积的平均能量. 由式(15.30a)，声强为

$$I = \frac{1}{2}\rho u A^2 \omega^2$$

可见声强与频率和振幅的平方成正比. 超声波的频率高，因而声强大. 爆炸声、炮声等声波的振幅大，其声强也大.

实验表明，要使人对声波引起听觉，不仅要求满足一定的频率范围，而且要求满足一定的声强范围. 对于一定频率的声波，声强太小，不能引起听觉；声强太大，也不能引起听觉，只能使耳朵产生痛觉. 这就是说，对于一定频率的声波，能引起听觉的声强有上下两个限度. 对于不同频率的声波，声强的上下限是不同的. 引起人们听觉的声强变化范围很大，约为 $10^{-12}\sim 1\ \text{W}\cdot\text{m}^{-2}$，数量级相差很大. 因此，为了比较介质中各点声波的强度，不是使用声强，而是使用**声强级**. 声强级指的是两声强之比的以 10 为底的对数. 我们规定声强的基准值为 $I_0=10^{-12}\ \text{W}\cdot\text{m}^{-2}$，这是相当于 1000 Hz 的声波能引起听觉的最弱声强(可计算出此时声波的振幅仅约 6.8 Å，即 6.8×10^{-10} m，可见人耳感知声振动的能力是很强的). 把声强 I 与基准声强 I_0 之比的对数称为相应于声强 I 的声强级，用 L 表示，即

$$L = \lg\frac{I}{I_0} \tag{15.39a}$$

声强级的单位为贝尔，符号为 B. 因这一单位太大，通常采用贝尔的 1/10，即分贝(dB)为单位，则

$$L = 10\lg\frac{I}{I_0}\ (\text{dB}) \tag{15.39b}$$

人耳感觉到的声音响度与声强级有一定的关系，声强级越高，人耳感觉越响. 适中正常的声强级约为 40～60 dB. 表 15.3 列出了经常遇到的一些声音的声强、声强级和响度，以便对声强级和响度有比较具体的认识.

表 15.3 几种声音近似的声强、声强级和响度

声源	声强 /($W\cdot m^{-2}$)	声强级 /dB	响度
引起痛觉的声音	1	120	
炮声	1	120	
铆钉机	10^{-2}	100	震耳
交通繁忙的街道	10^{-5}	70	响
通常谈话	10^{-6}	60	正常
耳语	10^{-10}	20	轻
树叶沙沙声	10^{-11}	10	极轻
引起听觉的最弱声音	10^{-12}	0	

15.7.3 超声波与次声波

1. 超声波的传播特性与应用

利用石英晶体的弹性振动可产生 10^9 Hz 甚至更高频率的超声波. 由于频率高，波长短，超声波具有许多一般声波所没有的特性，因而得到广泛的应用.

1）方向性好

由于超声波的波长短，衍射现象不显著，所以可近似认为超声波沿直线传播，即传播的方向性好. 因此，容易得到定向而集中的超声波束，能够产生反射、折射，也能被聚焦. 超声波的这一特性，称为束射特性.

2）功率密度大

超声波的传播过程也是能量的传播过程. 超声波的声强，即超声波的能流密度，也称为波的功率密度，它与波的频率的平方成正比. 超声波的频率高，故超声波的功率密度比一般声波大得多.

3）穿透力强

实验发现，超声波的穿透本领很大，特别在液体和固体中传播时，吸收较之气体中少得多. 即使在不透明的固体中，也能穿透几十米的厚度.

利用超声波的定向发射特性，可以探测鱼群，测量海深，研究海底的起伏等. 由于海水有良好的导电性，对电磁波的吸收很强，因而电磁雷达无法使用. 利用声波雷达——声呐，可以探测潜艇的方位和距离. 因超声波能在不透明材料中传播，所以还可用于超声探伤，在工业上用以检查金属零件内部的缺陷（如砂眼、气泡、裂缝等）；在医学上则用以探测人体内部的病变等. 利用超声波能量大而集中的特点，在工业上可用来切割、焊接、钻孔、清洗、粉碎. 此外，人们还利用超声波在介质中传播的声学量与介质的各种非声学量间的关系，通过测量声学量的办法，间接测量其他物理量，这就是非声学量的声学测量法.

超声波已经给人类带来了许多有价值的实用技术. 此外，科学家们也用超声的方法研究气体、液体和固体的物理性质，物质的分子结构及分子运动规律等，形成一门边缘学科——分子声学.这门学科的理论研究和实际应用都显示了强大的生命力.

2. 次声波的传播特性与应用

频率低于 20 Hz 的机械纵波称为**次声波**,又称**亚声波**.目前已知的次声源有爆发的火山、地震、大气湍流、坠入大气层的流星、雷暴、磁暴、海啸、台风、龙卷风等.与可听声波相比,次声波频率低而波长长,大气吸收很小,可以远距离、长时间传播自然信息.如 1883 年 8 月 27 日印度尼西亚的苏门答腊和爪哇之间发生的一次火山爆发,其产生的次声波传播了 10 余万公里,历时 100 余小时.因此次声波已经成为研究地球、海洋、大气等大规模运动的有力工具.

次声的军事应用前景也十分诱人.其应用方向之一是军事侦察.与可听声波相比,次声在介质中传播时能量衰减缓慢,运动快,且隐蔽性好,不易为敌人察觉.故可利用次声接收器和其他辅助设备,很快侦察到敌情,从而作出识别和判断.另一个可能应用方向是杀伤,即利用次声武器消灭敌人的有生力量.

15.8 多普勒效应

在 15.1 节曾经指出,在波的传播过程中,波的频率等于波源振动的频率,所以观察者接收到的波的频率与波源的振动频率相同.这是指波源与观察者相对介质静止而言的.但在日常生活中,常遇到波源与观察者之间有相对运动的情形,例如当一列火车迎面驶来时,听到火车汽笛的音调变高,即频率增大;当火车远离而去时,听到汽笛的音调变低,即频率减小.这种**由于波源与观察者的相对运动而使观测到的波的频率发生变化的现象称为多普勒效应**.这是奥地利物理学家多普勒(C. Doppler)在 1842 年首先发现的.

现在以声波为例讨论多普勒效应.为简单起见,假定波源与观察者在同一直线上运动,观察者相对于介质的运动速度为 v_O,波源相对于介质的运动速度为 v_S,声波在介质中的传播速度为 u, 波源的频率、波的频率以及观察者接收到的频率分别用 ν、ν_B 和 ν' 表示.波源的频率 ν 是指波源的振动频率,它等于波源在单位时间内发出的完整波的数目;观察者接收到的频率 ν' 是指观察者在单位时间内接收到的完整波的数目;波的频率 ν_B 是指单位时间内通过介质中某点的完整波的数目,它等于波速 u 除以介质中的波长 λ ,即 $\nu_B=u/\lambda$.这三个频率可能各不相同,若波源相对介质静止,则 $\nu=\nu_B$;若观察者相对介质静止,则 $\nu'=\nu_B$.也就是说, 波源和观察者,哪一个相对介质静止,那么它的频率就与介质中波的频率 ν_B 相等.为此,我们分三种情况进行讨论.为方便起见,先作如下约定:当观察者 O 向着波源运动时, $v_O>0$,背着波源运动时, $v_O<0$;当波源 S 向着观察者运动时, $v_S>0$,背着观察者运动时, $v_S<0$;波速 u 恒取正值.

1. 波源 S 相对介质静止,而观察者 O 以速度 v_O 相对介质运动

如图 15.30 所示,图中两相邻波面间的距离为一个波长 λ.当观察者 O 向着波源运动时,在单位时间内,原来处在观察者 O 处的波面向右传播了 u 的距

离，同时 O 向左移动了 v_O 的距离，这就相当于波在单位时间内通过观察者 O 的总距离为 $u+v_O$. 又因波源相对介质静止，$\nu_B=\nu$，所以在单位时间内观察者所接收到的完整波的数目为

$$\nu' = \frac{u+v_O}{\lambda} = \frac{u+v_O}{u/\nu_B} = \frac{u+v_O}{u/\nu}$$

即

$$\nu' = \frac{u+v_O}{u}\nu \qquad (15.40)$$

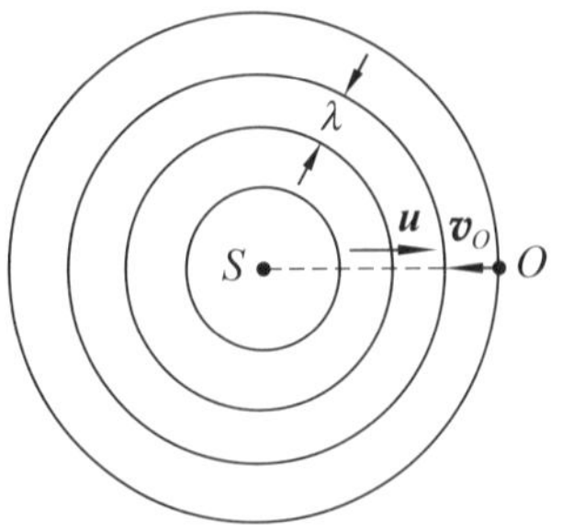

图 15.30

可见观察者接收到的声波频率比波源的频率高，等于波源频率的$\left(1+\frac{v_O}{u}\right)$倍.

当观察者 O 以 v_O 背着波源运动时，同样的分析可以得到式(15.40)，只是式中的 v_O 为负. 显然，在这种情况下，观察者 O 接收到的频率比波源的频率要低.

2. 观察者 O 相对介质静止，而波源 S 以速度 v_S 相对介质运动

如图 15.31 所示，设波源 S 向着观察者 O 运动. 因为波在介质中的传播速度 u 与波源的运动无关，振动一旦从波源发出，它就在介质中以球面波的形式向四周传播，球心就在发生该振动时波源所在的位置. 经过一个周期 T 的时间，波源向右移动了一段距离 $v_S T$. 显然下一个波面的球心也向右移动 $v_S T$ 的距离. 以后每个波面的球心都将向右移动 $v_S T$ 的距离，使得依次发出的波面都向右挤压，因此介质中相邻两波面之间的距离，即波长由 λ 变为

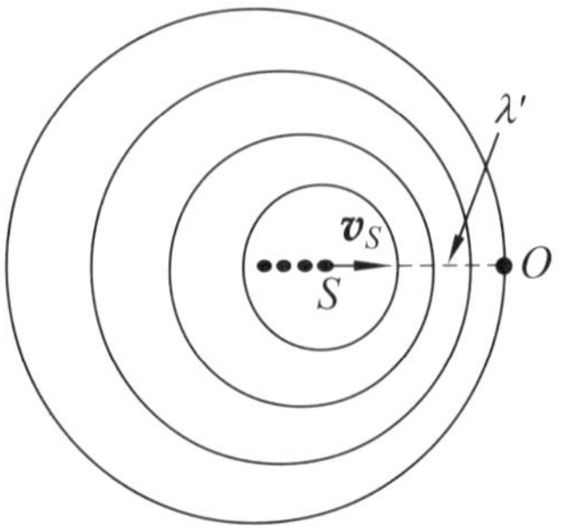

图 15.31

$$\lambda' = \lambda - v_S T = \frac{u-v_S}{\nu}$$

可见由于波源在介质中的运动，介质中的波长缩短了. 由于观察者 O 静止，因此观察者接收到的频率就是介质中波的频率 ν_B，即

$$\nu' = \nu_B = \frac{u}{\lambda'} = \frac{u}{u-v_S}\nu \qquad (15.41)$$

可见观察者接收到的声波频率比波源的频率高，等于波源频率的$\frac{1}{1-v_S/u}$倍.

当波源 S 背着观察者运动时，上式中 v_S 为负. 显然，在这种情况下，观察者接收到的频率比波源的频率要低.

3. 波源 S 与观察者 O 同时相对介质运动

根据以上讨论可知，使得观察者接收到的频率不同于波源的频率的原因有两个：一是观察者的运动，使波在单位时间内通过观察者的总距离变为 $u+v_O$；二是波源的运动使介质中的波长变为 $\lambda'=\lambda-v_S T$. 所以观察者接收到的声波

频率为

$$\nu' = \frac{u + v_O}{u - v_S}\nu \tag{15.42}$$

式中 v_O 与 v_S 的正负取值和前面的约定一致.

不难看出,**当波源和观察者相互接近时,就会产生频率升高的多普勒效应;波源和观察者彼此离开时,则会产生频率降低的多普勒效应**.

由式(15.41),当波源向着观察者的运动速度 v_S 超过波速 u 时,有 $\nu'<0$. 事实上,在这种情况下,此式已失去意义,因为任一时刻波源本身将超过它此前发出的波的波前,在波源前方不可能有任何波动产生,所有的波前将被挤压而聚集在一圆锥面上,这种波称为**冲击波**或**激波**. 当飞机、炮弹超音速飞行时就会在空气中激起冲击波,地面上的人先看到它们无声地掠过,然后才听到愈来愈大的轰轰巨响. 其波面到达之处,空气压强突然增大,强度过大时甚至会造成损害,这种现象称为**声爆**.

当观察者以比波速大的速度背离波源时,式(15.40)也出现 $\nu'<0$. 在这种情况下,若观察者前方已有波阵面在推进,他将追赶波阵面,好像波从前方迎面传来;除此以外,观察者观测不到波源传出来的波动.

如果运动不是发生在波源和观测者连线的方向上,那么只需将上述公式中的 v_O 与 v_S 理解为观察者和波源的速度在两者连线方向的分量即可.

需要指出,以上结论是由机械波得出的,实际上多普勒效应也是波动特征之一,包括光波在内的电磁波也具有多普勒效应. 但由于电磁波的波速恒为 c,与波源和观察者是否运动无关,电磁波的传播也不需要介质,也就不存在波源或观察者相对于介质运动的速度问题,只有波源和观察者的相对速度才需要考虑. 研究电磁波的多普勒效应必须以狭义相对论为基础,本书在此不深入讨论,只给出结论.

当电磁波源(频率为 ν)和观察者的相对速度为 v 时,观察者接收到的电磁波的频率为

$$\nu' = \nu\sqrt{\frac{c - v}{c + v}}$$

波源和观察者相互远离时,$v>0$,$\nu' < \nu$,也就是接收到的电磁波频率变小、波长变长,又称为"红移";波源和观察者相互靠近时,则 $\nu' > \nu$,又称为"蓝移".

天文学家将来自其他星球的光谱与地球上同种元素的光谱进行比较,发现星球光谱几乎都发生了"红移",由此可推断这些星球都向着背离地球的方向在运动,即"退行",并由此计算出了这些星球的退行速度. 这一结果被视为宇宙大爆炸理论的重要证据.

多普勒效应有很多应用,如交通上用来监测车辆的行驶速度,医学上用来测量人体的血流速度,工业上用来测定管道中污水的流速等. 利用多普勒效应还可测量人造卫星的运行速度,在光谱学、天体物理等学科中都有广泛应用.

多普勒声呐是利用多普勒效应原理制成的一种声呐设备. 通过测量相对于

海底或水团的多普勒频移,可以精确计算出船舶或水下航行体的运动参数,如速度、位移和偏航角等. 也可以通过向海底发射声波并接收其回波来完成海底地形的测绘,为海洋科学研究、资源勘探和工程建设提供重要数据支持. 由于声波能够穿透水体,所以军事上还可以利用多普勒声呐,实现对水下目标的探测、定位及跟踪,如潜艇、水下航行器、水雷等.这对于海上作战、反潜作战和水下安全具有重要意义.

2020 年 11 月 10 日,中国自主研发的"奋斗者"号载人潜水器成功坐底马里亚纳海沟,深度达到 10909 m,创造了世界载人深潜的新纪录.此次任务中,其搭载的多普勒声呐发挥了重要作用,为潜水器的测速、定位、导航、海流监控、航迹计算等提供了重要的技术支持,确保了航行安全与深海科考作业的完成.

例 15.7　车上一警笛发射频率为 1500 Hz 的声波,该车正以 20 $m\cdot s^{-1}$ 的速度向某方向运动,某人以 5 $m\cdot s^{-1}$ 的速度跟踪其后.已知空气中的声速为 330 $m\cdot s^{-1}$,求该人听到的警笛发声频率以及在警笛后方空气中声波的波长.

解　假设没有风.已知 $\nu = 1500\ \mathrm{Hz}$, $u = 330\ \mathrm{m\cdot s^{-1}}$,观察者向着警笛运动,应取 $v_O = 5\ \mathrm{m\cdot s^{-1}}$,而警笛背着观察者运动,应取 $v_S = -20\ \mathrm{m\cdot s^{-1}}$.将这些数据代入式(15.42),即得该人听到的频率为

$$\nu'_O = \frac{u + v_O}{u - v_S}\nu = \frac{330\ \mathrm{m\cdot s^{-1}} + 5\ \mathrm{m\cdot s^{-1}}}{330\ \mathrm{m\cdot s^{-1}} + 20\ \mathrm{m\cdot s^{-1}}} \times 1500\ \mathrm{Hz} = 1436\ \mathrm{Hz}$$

警笛后方的空气是静止的,因此空气中声波的频率为

$$\nu' = \frac{u}{u - v_S}\nu = \frac{330\ \mathrm{m\cdot s^{-1}}}{330\ \mathrm{m\cdot s^{-1}} + 20\ \mathrm{m\cdot s^{-1}}} \times 1500\ \mathrm{Hz} = 1414\ \mathrm{Hz}$$

相应的波长为

$$\lambda' = \frac{u}{\nu'} = \frac{330\ \mathrm{m\cdot s^{-1}}}{1414\ \mathrm{Hz}} = 0.233\ \mathrm{m}$$

*15.9　电　磁　波

前几节讨论了机械波,本节讨论电磁波.按照麦克斯韦电磁理论,若在空间某区域有交变的电场,则在它邻近的区域就会产生交变的磁场;交变的磁场又在较远的区域产生新的交变电场.如此继续下去,其结果是变化的电场和变化的磁场不断地交替产生,并且由近及远地传播出去,这种变化的电磁场在空间以一定的速度传播的过程就是**电磁波**.

15.9.1　电磁波的产生与传播

1. 电磁振荡

如上所述,电磁波实际上就是变化的电磁场在空间的传播,是电流、电压、电场或磁场强度的周期性变化传播出去的结果.我们把迅速的周期性变化称为

电磁振荡.因此,讨论电磁波如何产生,首先必须研究电磁振荡.

考虑一个由自感线圈 L 和电容器 C 组成的回路,若回路中电阻 $R=0$,则这个回路称为 LC 回路.将电容器 C 充电后与自感线圈 L 连接,由于 $R=0$,又无辐射及阻尼存在,所以振荡过程没有能量损失,任何时刻电场能和磁场能总和保持不变,即

$$\frac{1}{2C}Q^2+\frac{1}{2}LI^2=\text{常量}$$

式中 Q 为某一时刻电容器极板所带的电量,I 为该时刻回路中的电流.将上式对 t 求导,可得

$$\frac{Q}{C}\frac{\mathrm{d}Q}{\mathrm{d}t}+LI\frac{\mathrm{d}I}{\mathrm{d}t}=0$$

因为 $I=\frac{\mathrm{d}Q}{\mathrm{d}t}$,所以上式可写成

$$\frac{\mathrm{d}^2Q}{\mathrm{d}t^2}+\frac{1}{LC}Q=0$$

令 $\omega^2=\frac{1}{LC}$,则有

$$\frac{\mathrm{d}^2Q}{\mathrm{d}t^2}+\omega^2Q=0 \tag{15.43}$$

这个方程和简谐运动微分方程式(14.2b)的形式完全相同.它的解为

$$Q=Q_0\cos(\omega t+\varphi) \tag{15.44}$$

可见极板所带电量作周期性变化,其固有角频率为

$$\omega=\frac{1}{\sqrt{LC}} \tag{15.45}$$

式中电量振幅 Q_0 和初相位 φ 由电路的初始条件确定.

将式(15.44)两边对 t 求导数,即得电路中电流随时间作周期性变化的规律.

2. 电磁波的产生与传播

要想有效地把电路中的电磁能量发射出去,除了电路中必须有不断的能量补充之外,还需要具备以下条件.

(1) 频率必须足够高.

理论已经证明,振荡偶极子在单位时间内辐射的能量与频率的四次方成正比,只有振荡电路的固有频率足够高,才能有效地把电磁能量发射出去.式(15.45)表明,要增大振荡频率,必须减小电路中的 L 和 C 的值.

(2) 电路必须开放.

由于电容器和自感线圈的结构,使得电能、磁能只能被局限在电容器和线圈中.为了能将电磁能量发射出去,需要改造电路元件.设想按图 15.32 所示的趋势改造电路,使电容器极板面积越来越小,而极板间的距离越来越大,同时减少自感线圈的匝数,最后振荡电路完全退化为一根直导线.这样,电场和磁场便分散到周围空间,并且由于 L 和 C 的减小,也提高了电路的振荡频率.所以在直线形的电路上引起电磁振荡,其两端就会交替出现等量异号电荷,这就是

振荡偶极子，或称**偶极振子**. 这样的电路可作为发射电磁波的振源. 广播电台或电视台的天线，实际上都可以看成是这类偶极振子.

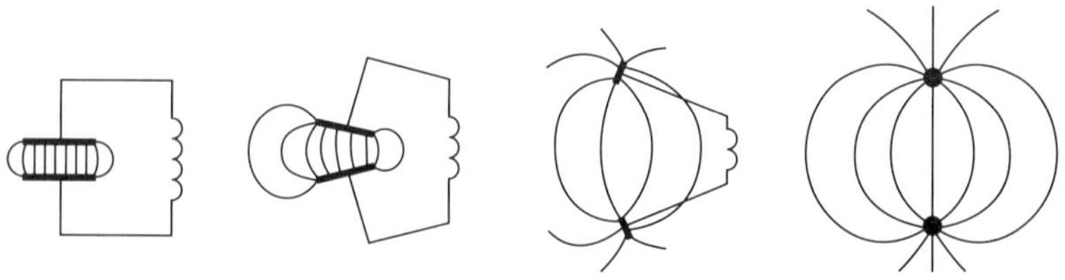

(a)　(b)　(c)　(d)

图 15.32

赫兹振荡器

1886～1888 年，赫兹持续进行了关于电磁波的多次实验，从而验证了电磁波的存在.

我们以振荡偶极子为例，说明电磁波的产生与传播. 设振荡偶极子的电偶极矩 p_e 为

$$p_e = p_0 \cos\omega t \tag{15.46}$$

式中 p_0 是电偶极矩的振幅，ω 是角频率.

振荡偶极子产生的电场和磁场的函数表达式可由麦克斯韦方程计算得到（推导从略）. 我们只给出离振荡偶极子足够远的区域内的结果.

如图 15.33 所示，振荡偶极子位于原点 O，电偶极矩 $\boldsymbol{p}_0$ 的方向沿图中极轴方向. 在球面上任取一点 Q，其径矢 $\boldsymbol{r}$（也是波的传播方向）与极轴方向的夹角为 θ，计算结果表明：Q 点的 $\boldsymbol{E}$、$\boldsymbol{H}$ 和 $\boldsymbol{r}$ 三个矢量互相垂直，并成右手螺旋关系. Q 点的 $\boldsymbol{E}$ 和 $\boldsymbol{H}$ 的量值分别为

$$E(r,t) = \frac{\mu p_0 \omega^2 \sin\theta}{4\pi r}\cos\omega\left(t - \frac{r}{u}\right) \tag{15.47}$$

$$H(r,t) = \frac{\sqrt{\varepsilon\mu}\, p_0 \omega^2 \sin\theta}{4\pi r}\cos\omega\left(t - \frac{r}{u}\right) \tag{15.48}$$

式中 u 为电磁波的传播速度，它与介质的电容率 ε 和磁导率 μ 的关系为

$$u = \frac{1}{\sqrt{\varepsilon\mu}} \tag{15.49a}$$

真空中 u 的量值为

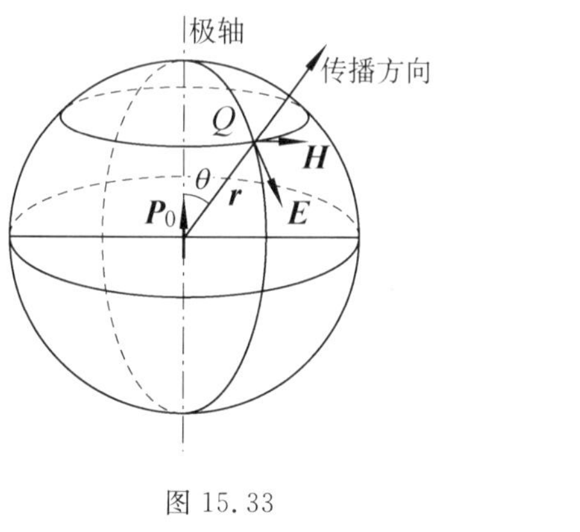

图 15.33

$$u=\frac{1}{\sqrt{\varepsilon_0\mu_0}}=2.998\times10^8\ \mathrm{m\cdot s^{-1}} \tag{15.49b}$$

该值等于光在真空中的速率,表明**光波是一种电磁波**.

由式(15.47)和式(15.48)可知,$\boldsymbol{E}$ 和 $\boldsymbol{H}$ 的量值都与 θ 角有关,表明振荡偶极子的辐射具有明显的方向性.

振荡偶极子辐射的电磁波是球面波,但在距偶极子足够远处,则可看作是平面波,其波函数为

$$E=E_0\cos\omega\left(t-\frac{r}{u}\right) \tag{15.50}$$

$$H=H_0\cos\omega\left(t-\frac{r}{u}\right) \tag{15.51}$$

上述结论虽然是从振荡偶极子得出的,但具有普遍性,适用于任何作加速运动的电荷所辐射的电磁波.

15.9.2 电磁波的性质

在距振源足够远的区域内,电磁波可视为平面波,具有如下基本性质:

(1) 电磁波是横波.$\boldsymbol{E}$、$\boldsymbol{H}$ 都和传播方向垂直,且 $\boldsymbol{E}$、$\boldsymbol{H}$ 与传播方向三者满足右手螺旋关系,如图 15.34 所示.

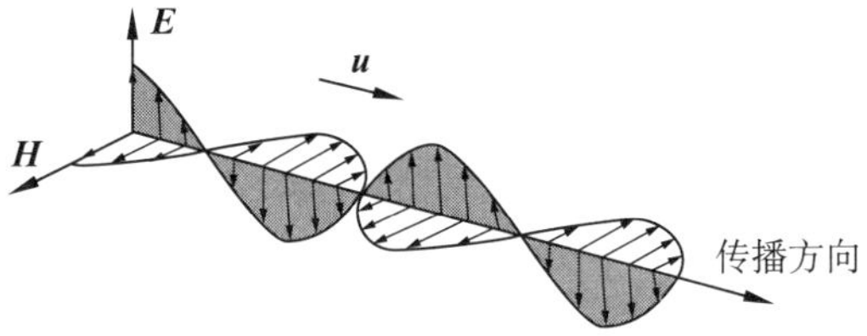

图 15.34

(2) 电磁波具有偏振性.沿某确定方向传播的电磁波,$\boldsymbol{E}$ 和 $\boldsymbol{H}$ 分别在各自的平面内振动.

(3) $\boldsymbol{E}$ 和 $\boldsymbol{H}$ 振动相位相同,并且幅值间的关系为 $\sqrt{\varepsilon}E=\sqrt{\mu}H$.

(4) $\boldsymbol{E}$ 和 $\boldsymbol{H}$ 以相同的速度 $u=\frac{1}{\sqrt{\varepsilon\mu}}$ 传播.真空中电磁波的速度等于光速.

15.9.3 电磁波的能量

我们知道,电磁场具有能量,随着电磁波的传播,就伴随着能量的传播.这种以电磁波形式传播出去的能量叫做**辐射能**.显然,在各向同性介质中,辐射能传播的速度和方向就是电磁波传播的速度和方向.

在电场和磁场共存的空间,总能量密度应为电场和磁场的能量密度之和,即电磁波的**能量密度**为

$$w=w_{\mathrm{e}}+w_{\mathrm{m}}=\frac{1}{2}\varepsilon E^2+\frac{1}{2}\mu H^2 \tag{15.52}$$

同样可以定义电磁波的**能流密度**,指单位时间内通过垂直于传播方向单位面积的能量,用 S 表示.其大小为

$$S = wu \tag{15.53}$$

将式(15.49)和式(15.52)代入上式,可得

$$S = \frac{1}{\sqrt{\varepsilon\mu}}\left(\frac{1}{2}\varepsilon E^2 + \frac{1}{2}\mu H^2\right) = \frac{1}{2}\left(\sqrt{\frac{\varepsilon}{\mu}}E^2 + \sqrt{\frac{\mu}{\varepsilon}}H^2\right)$$

将$\sqrt{\varepsilon}E = \sqrt{\mu}H$ 代入上式,化简可得

$$S = EH \tag{15.54}$$

能流密度是矢量,电磁波的能流密度也称为**坡印亭矢量**.由于能流密度的方向就是波的传播方向,并且 $\boldsymbol{E}$、$\boldsymbol{H}$ 和传播方向构成右手螺旋关系,因此可用矢量表示为

$$\boldsymbol{S} = \boldsymbol{E} \times \boldsymbol{H} \tag{15.55}$$

将式(15.47)和式(15.48)代入式(15.54),得振荡偶极子辐射的电磁波的能流密度为

$$S = EH = \frac{\sqrt{\varepsilon\mu^3}\, p_0^2\omega^4\sin^2\theta}{16\pi^2 r^2}\cos^2\omega\left(t - \frac{r}{u}\right)$$

振荡偶极子在单位时间内辐射出去的能量,叫做辐射功率,用 P 表示.将上式在以振荡偶极子为中心、半径为 r 的球面上积分,并把所得结果取时间平均值,则得振荡偶极子的平均辐射功率为

$$\overline{P} = \frac{\mu p_0^2\omega^4}{12\pi u}$$

上式表明,平均辐射功率与振荡偶极子频率的四次方成正比.可见,振荡偶极子的辐射功率随着频率的增高而迅速增大.

根据狭义相对论,电磁波还具有一定的动量.单位体积中电磁场的动量为

$$g = \frac{w}{c} = \frac{S}{c^2}$$

写成矢量式,为

$$\boldsymbol{g} = \frac{1}{c^2}\boldsymbol{S}$$

电磁波入射到物体上时,也伴随着动量的传递,因而对物体表面产生辐射压力.可以计算,若太阳光垂直照射物体表面并全部被吸收时,给予物体表面的辐射压强约为 4.7×10^{-6} Pa,虽然远小于地面大气压强(约 10^5 Pa),但目前人们认为它是使经过太阳附近的彗星尾巴背离太阳的原因之一.1899 年俄国物理学家列别捷夫对光压进行了实验测定,证明了辐射压强的存在.

15.9.4 电磁波谱

自从赫兹用电磁振荡的方法产生了电磁波,并证明它的性质和光波的性质完全相同之后,物理学家又做了许多实验,不仅证明了光波是电磁波,而且证明

了后来发现的伦琴射线、γ射线等都是电磁波，它们在真空中的传播速度都等于光速，并具有电磁波的共性.

电磁波的范围很广，为了便于比较，对各种电磁波有较全面的了解，我们按照波长(或频率)大小，把它们依次排列成谱，称为电磁波谱，如图15.35所示.

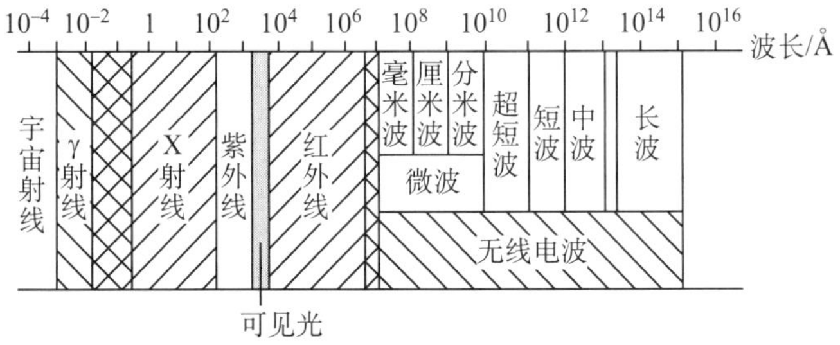

图15.35

在电磁波谱中，波长最长的是无线电波.一般的无线电波是由电磁振荡通过天线发射的，波长可从几千米到几毫米，其间又分为长波(3000 m以上)、中波(3000～200 m)、中短波(200～50 m)、短波(50～10 m)、超短波(10～1 m)和微波(1～0.001 m)几个波段.长波主要用于远洋长距离通信和导航；中波多用于航海和航空定向，以及一般无线电广播；短波多用于无线电广播、电报通信等；超短波、微波多用于电视、雷达、无线电导航以及其他专门用途等.

红外线，可见光和紫外线的波长比无线电波短得多.能引起视觉的电磁波称为可见光，其波长在0.76～0.40 μm之间.波长在600～0.76 μm之间的为红外线，它不能引起视觉.波长在0.40～0.005 μm之间的为紫外线，也不能引起视觉.

红外线的波长比红光长，主要由炽热物体辐射，普通白炽灯除辐射可见光外，也辐射红外线，它最显著的性质是热作用.在生产中常用红外线的热效应烘烤物体和食品等.在国防上，可利用红外线通过特制的透镜或棱镜(氯化钠或锗等材料做成)成像或色散，使特制的底片感光等特性，制造夜视器材和进行红外照相，用作夜间侦察.红外雷达、红外通信等都是利用定向发射的红外线，在军事上有重要用途.

紫外线波长比紫光的波长更短，有明显的生理作用.可用来杀菌、诱杀昆虫，在医疗上应用也很广.炽热物体的温度很高时就会辐射紫外线，太阳光和汞灯中都有大量的紫外线.

X射线又叫伦琴射线，波长从5 nm到4×10^{-2} nm，是由于原子中内层电子的跃迁发射出来的.X射线具有很强的穿透能力，广泛用于人体透视和晶体结构分析.

γ射线的波长比X射线的波长更短，其波长在4×10^{-2} nm以下，是从放射性原子核中发射出来的. γ 射线具有比 X 射线更强的穿透本领,许多放射性同位素都发射 γ 射线,它广泛应用于金属探伤和研究原子核的结构.

各种电磁波的波长(或频率)范围不同,它们的特性也有很大差别,从而导致各自的特殊功能.

近年来引起广泛关注的是频率在 0.1～10THz(1THz＝10^{12} Hz)范围内的电磁波,又称太赫兹(terahertz,THz)波,对应波长范围为 3000～30μm,位于毫米波和红外光之间. 这一频段电磁波既表现出宏观经典理论的特性,又开始向微观量子理论过渡,处在电子学与光子学的交叉区域. 长期以来由于缺乏有效的太赫兹辐射产生和检测方法,使得太赫兹成为电磁波谱中最后一个未被全面研究的频率窗口,被称为电磁波谱中的“太赫兹空隙”(terahertz gap).

已有研究表明,太赫兹波具有一系列独特的物理特性. 如太赫兹波对许多介电材料和非极性物质具有良好的穿透性,可对不透明物体进行透视成像;太赫兹光子能量约为 X 射线光子能量的 1%,不会因光致电离而破坏被检物质,非常适用于生物样本的活体检查; 太赫兹脉冲的典型脉宽在皮秒数量级, 抗背景杂波干扰能力强;水对太赫兹辐射有极强的吸收,这为检测含水物体内部结构提供了可能;大多数极性分子和生物大分子的振动和转动能级间距都处在太赫兹波段,通过特有的光谱特征可以识别分子结构并分析物质成分,具有指纹般的唯一性等.

这些特性使得太赫兹波在环境监测、医疗诊断、射线天文、宽带通信、雷达、遥感以及生命科学等领域具有重大的科学价值和广阔的应用前景. 作为一个尚待深入开发的频段资源,太赫兹波在军事上的潜在应用也十分引人注目.

太赫兹波在沙尘暴、浓烟浓雾等复杂作战环境中传输损耗较少,可以穿透阻挡探测隐蔽的武器、伪装埋伏的武装人员,是复杂战场环境下寻敌成像的理想技术,也可以用于全天候导航系统.

利用太赫兹波方向性强、能量集中的特点,可制作高分辨率的战场雷达和低仰角的跟踪雷达. 同时太赫兹波的频谱宽,可跨越目前隐身技术所能对抗的全部波段,使通过特殊外形设计和涂覆吸波材料来隐身的目标“无处遁形”.

太赫兹频段位于红外线和高频无线电之间,是目前手机通信频带宽度的 1000 倍左右,是很好的宽带信息载体,且传输速度快,而且有极高的方向性和较强的云雾穿透能力,适合于高保密卫星通信及战地高速短距离无线通信.

太赫兹波的非电离性和强穿透性使其在炸药探测、生化武器监测和反恐领域具有广泛应用. 许多爆炸物及其相关成分在太赫兹波段都有指纹谱,利用太赫兹成像技术可以进行有效的成像鉴别. 利用强太赫兹辐射照射地表,还可以远距离探测地下的雷场分布.

可以预见,随着材料科学、微纳加工技术的不断进步以及太赫兹源、探测器等关键器件性能的持续提升,太赫兹技术的应用将更加广泛而深入.

内容提要

1. 机械波

1) 产生的条件

波源和弹性介质.

2) 描述波动的特征量

波速 u、波长 λ、波的周期 T(或频率 ν、角频率 ω).

关系式: $\lambda = uT$, $\omega = 2\pi\nu = \dfrac{2\pi}{T}$.

2. 平面简谐波

1) 平面简谐波的波函数(波动方程、表达式)

沿 Ox 轴正方向传播: $y = A\cos\left[\omega\left(t - \dfrac{x}{u}\right) + \varphi\right]$.

沿 Ox 轴负方向传播: $y = A\cos\left[\omega\left(t + \dfrac{x}{u}\right) + \varphi\right]$.

2) 平面简谐波的波动微分方程

$$\frac{\partial^2 y}{\partial x^2} = \frac{1}{u^2}\frac{\partial^2 y}{\partial t^2}$$

3) 平面简谐波的能量

波动过程是振动状态(相位)和能量的传播过程.波动中任一质元的动能和势能时时都相等;质元的机械能不守恒.

能量密度: $\overline{w} = \dfrac{1}{2}\rho A^2\omega^2$.

平均能流密度(波的强度): $\boldsymbol{I} = \overline{w}\boldsymbol{u} = \dfrac{1}{2}\rho A^2\omega^2\boldsymbol{u}$.

波的吸收: $A = A_0 e^{-\alpha x}$, $I = I_0 e^{-2\alpha x}$.

3. 惠更斯原理和波的叠加原理

1) 惠更斯原理

波动传到的各点都可看成是发射球面子波的波源,任一时刻这些子波的包络面就是新的波前.

2) 波的叠加原理

几列波可以各自保持其原有特性通过同一介质,好像其他波不存在一样.在它们相遇的区域内,任一点的振动均为各列波单独存在时在该点引起振动的合成.

4. 波的干涉

1) 相干条件

在相遇点振动方向平行、频率相同、相位相同或相位差恒定.

2) 干涉相长和干涉相消的条件

$$\Delta\varphi_{21} = \varphi_2 - \varphi_1 - 2\pi\frac{r_2 - r_1}{\lambda} = \begin{cases} 2k\pi,\ k = 0, \pm 1, \pm 2, \cdots (\text{干涉相长}) \\ (2k+1)\pi,\ k = 0, \pm 1, \pm 2, \cdots (\text{干涉相消}) \end{cases}$$

若 $\varphi_1 = \varphi_2$,可用波程差表示,即

$$\delta = r_2 - r_1 = \begin{cases} k\lambda, & k = 0, \pm 1, \pm 2, \cdots(\text{干涉相长}) \\ (2k+1)\dfrac{\lambda}{2}, & k = 0, \pm 1, \pm 2, \cdots(\text{干涉相消}) \end{cases}$$

5. 驻波

1）形成驻波的条件

两列振幅相同的相干波，在同一直线上沿相反方向传播时，叠加形成驻波.

2）驻波的特征

有波节和波腹，相邻波节或相邻波腹之间的距离为 $\lambda/2$；相邻波节间各点相位相同，波节两侧各点相位相反；没有能量和波形的传播. 驻波实际上是分段稳定的振动.

6. 声波

1）频率范围

20～20 000 Hz 为可听声波；低于 20 Hz 为次声波；高于 20 000 Hz 为超声波.

2）声强和声强级

$$\boldsymbol{I} = \frac{1}{2}\rho A^2\omega^2\boldsymbol{u}, \quad L = 10\lg\frac{I}{I_0}(\text{dB})$$

7. 多普勒效应（机械波）

观察者 O 和波源 S 相对介质运动时，接收到波的频率为 $\nu' = \dfrac{u+v_O}{u-v_S}\nu$.

8. 电磁波

1）平面电磁波的性质

（1）平面电磁波是横波. $\boldsymbol{E}\perp\boldsymbol{u}$，$\boldsymbol{H}\perp\boldsymbol{u}$，且 $\boldsymbol{E}\perp\boldsymbol{H}$.

（2）平面电磁波具有偏振性. 沿给定方向传播的电磁波，$\boldsymbol{E}$ 和 $\boldsymbol{H}$ 分别在各自的平面内振动.

（3）$\boldsymbol{E}$ 和 $\boldsymbol{H}$ 相位相同，并且幅值间的关系为 $\sqrt{\varepsilon}E = \sqrt{\mu}H$.

（4）$\boldsymbol{E}$ 和 $\boldsymbol{H}$ 以相同的速度 $u = \dfrac{1}{\sqrt{\varepsilon\mu}}$ 传播. 真空中电磁波的速度等于光速.

2）电磁波的能流密度

$$\boldsymbol{S} = \boldsymbol{E}\times\boldsymbol{H}$$

习　题

（一）选择题和填空题

15.1　一个平面简谐波沿 x 轴负方向传播，波速 $u = 10\ \text{m}\cdot\text{s}^{-1}$. 已知 $x=0$ 处，质点的振动曲线如图所示，则该波的表达式为[　]

（A）$y = 2\cos\left(\dfrac{\pi}{2}t + \dfrac{\pi}{20}x + \dfrac{\pi}{2}\right)$ (SI).

（B）$y = 2\cos\left(\dfrac{\pi}{2}t + \dfrac{\pi}{20}x - \dfrac{\pi}{2}\right)$ (SI).

（C）$y = 2\sin\left(\dfrac{\pi}{2}t + \dfrac{\pi}{20}x + \dfrac{\pi}{2}\right)$ (SI).

（D）$y = 2\sin\left(\dfrac{\pi}{2}t + \dfrac{\pi}{20}x - \dfrac{\pi}{2}\right)$ (SI).

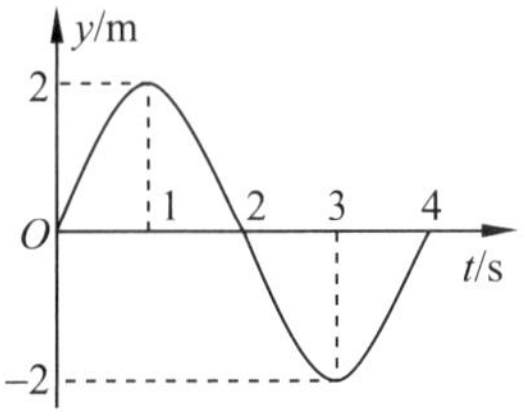

题 15.1 图

15.2　当一平面简谐机械波在弹性介质中传播时，下述结论正确的是[　]

(A) 介质质元的振动动能最大时,其弹性势能减小,总的机械能守恒.

(B) 介质质元的振动动能和弹性势能都作周期性变化,但二者的相位不相同.

(C) 介质质元的振动动能和弹性势能的相位在任意时刻都相同,但二者的数值不相同.

(D) 介质质元在其平衡位置处的弹性势能最大.

15.3 两列波在同一弦上传播,其方程为

$$y_1 = 6.0\cos\frac{\pi}{2}(0.02x - 8.0t)\ (\text{SI}), \quad y_2 = 6.0\cos\frac{\pi}{2}(0.02x + 8.0t)\ (\text{SI})$$

则节点位置为(取 $x \geqslant 0$) [ ]

(A) $x=100k, k=0,1,2,\cdots$　　(B) $x=50(2k+1), k=0,1,2,\cdots$

(C) $x=50k, k=0,1,2,\cdots$　　(D) $x=100(2k+1), k=0,1,2,\cdots$

(E) $x=25(2k+1), k=0,1,2,\cdots$

15.4 如图所示,波源 S_1 和 S_2 发出的波在 P 点相遇,P 点距波源 S_1 和 S_2 的距离分别为 3λ 和 $10\lambda/3$(λ 为两列波在介质中的波长).若 P 点的合振幅总是极大值,则两波源振动方向________(填相同或不同),振动频率________(填相同或不同),波源 S_2 的相位比 S_1 的相位超前________.

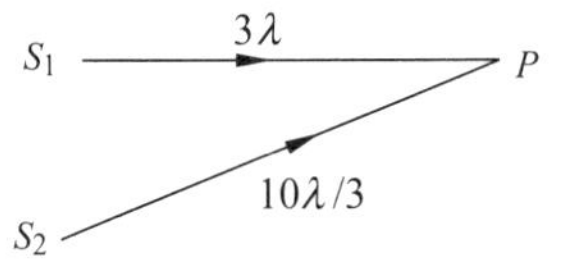

题 15.4 图

15.5 如果入射波的波动方程为 $y_1 = A\cos 2\pi\left(\frac{t}{T}+\frac{x}{\lambda}\right)$,在 $x=0$ 处发生反射后,形成驻波,反射点为波腹.设反射后波的强度不变,则反射波的方程为________,在 $x=2\lambda/3$ 处质点的合振幅等于________.

15.6 蝙蝠视力很弱,但在空中飞行时不会撞到障碍物,还能自如地边飞行边捕食蚊虫.设蝙蝠发出频率一定的超声波,当该超声波分别遇到固定的障碍物、与蝙蝠同向飞行的蚊虫以及迎面飞来的蚊虫时,它接收到的三种超声波频率 f_1、f_2、f_3 从高到低排列的顺序为______.

(二) 问答题和计算题

15.7 在波动方程 $y=A\cos\left[\omega\left(t-\frac{x}{u}\right)+\varphi\right]$中,$y$、$A$、$\omega$、$u$、$x$、$\varphi$ 的意义是什么?$\frac{x}{u}$的意义是什么?如果将波动方程写成 $y=A\cos\left(\omega t-\frac{\omega x}{u}+\varphi\right)$,$\frac{\omega x}{u}$的意义又是什么?

15.8 在某弹性介质中,波源做简谐运动,并产生平面余弦波.波长为 λ,波速为 u,频率为 ν.问在同一介质内,这三个量哪一个是不变量?当波从一种介质进入另一种介质时,哪些是不变量?波速与波源振动速度是否相同?

15.9 已知平面简谐波的波动方程为

$$y = A\cos(Bt - Cx)$$

式中 A、B、C 为正值常量.试求:(1) 波的振幅、波速、频率、周期和波长;(2) 在传播方向上距原点 l 处质元的振动方程;(3) 任意时刻在传播方向上相距 d 的两点间的相位差.

15.10 已知 $t=0$ 时刻的波形如图所示,试求 O 点的振动方程和此波的波动方程.

15.11 如图所示,已知 $t=0$ 和 $t=0.5$ s时的波形曲线分别为图中曲线Ⅰ和Ⅱ,波沿 Ox 轴正向传播.根据图中给出的条件,求:(1)波动方程;(2)P 点的振动方程.

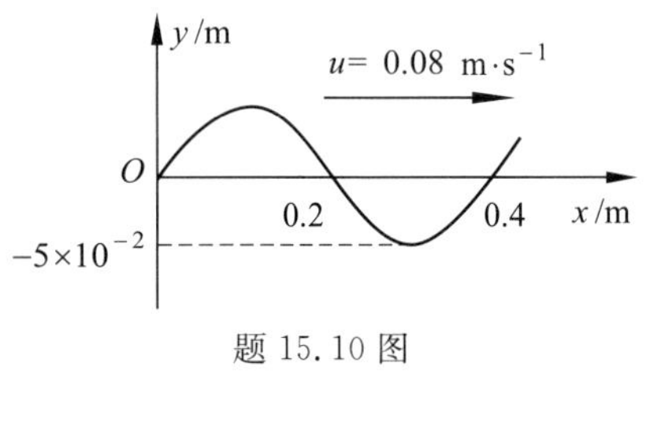

题 15.10 图

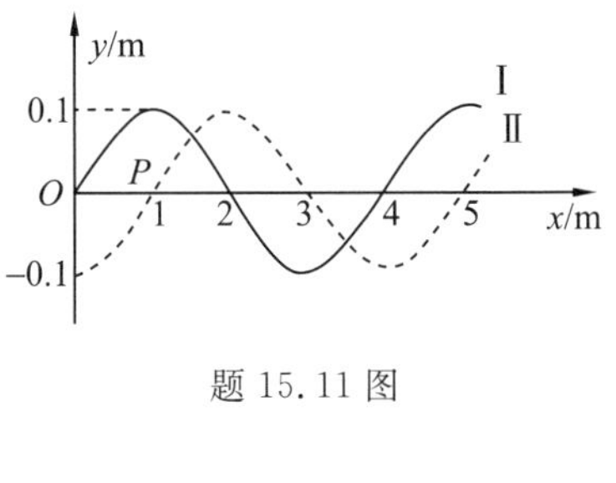

题 15.11 图

15.12 平面简谐波以速度 $u=20\ \mathrm{m\cdot s^{-1}}$ 沿 Ox 轴负方向传播，轴上 A、B 两点间的距离 $s=5.0\ \mathrm{m}$，如图所示. 已知 A 点的振动方程为 $y_A=3.0\cos 4\pi t$(SI)，分别以 A、B 为坐标原点写出波动方程.

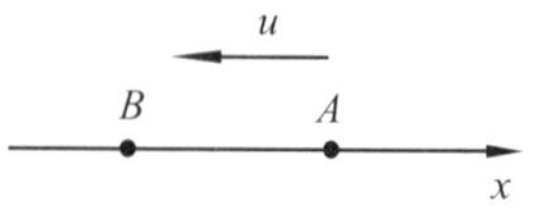

题 15.12 图

15.13 一列横波沿绳传播，其波动方程为

$$y=0.05\cos(10\pi t-4\pi x)\text{(SI)}$$

试求：(1)波的振幅、波速、频率和波长；(2)绳上各点振动时的最大速度和最大加速度；(3)$x=0.2$ m处质元在 $t=1$ s时的相位；此相位是原点处质元在哪一时刻的相位？这一相位在 $t=1.25$ s时传到了哪一点？

15.14 波源的简谐运动周期 $T=0.01$ s，振幅 $A=0.4$ m. $t=0$ 时，位移为正最大值. 设振动以速度 $u=400\ \mathrm{m\cdot s^{-1}}$ 沿 x 轴正方向传播. 求：(1) 波动方程；(2) 距波源 2 m 和 16 m 处质元的振动方程和初相位；(3) 距波源15 m和 16 m 处质元振动的相位差.

15.15 平面简谐波的能量与简谐运动中的能量有何不同？波动过程中体积元内的总能量随时间而变化，这和能量守恒是否矛盾？

15.16 波在介质中以波速 $u=1.0\times10^3\ \mathrm{m\cdot s^{-1}}$ 传播，振幅 $A=1.0\times10^{-4}$ m，频率 $\nu=1.0\times10^3$ Hz. 已知介质密度 $\rho=8.0\times10^2\ \mathrm{kg\cdot m^{-3}}$. 求：(1) 波的平均能流密度；(2) 1 分钟内垂直通过面积 $S=4.0\times10^{-4}\ \mathrm{m^2}$ 的总能量.

15.17 设某声波是平面简谐波，频率 $\nu=500$ Hz，波速 $u=340\ \mathrm{m\cdot s^{-1}}$，空气密度 $\rho=1.29\ \mathrm{kg\cdot m^{-3}}$，此波到达人耳时的振幅$A=10^{-6}$ m. 求人耳中的平均能量密度和平均能流密度.

15.18 如图所示，地面上波源 S 与高频率波探测器 D 之间的距离为 d，从 S 直接发出的波与从 S 发出经高度为 H 的水平层反射后的波在 D 处加强，反射波及入射波的传播方向与水平层所成的角度相同. 当水平层逐渐升高 h 距离时，在 D 处测不到信号. 不考虑大气的吸收，求：此波源 S 发出波的波长.

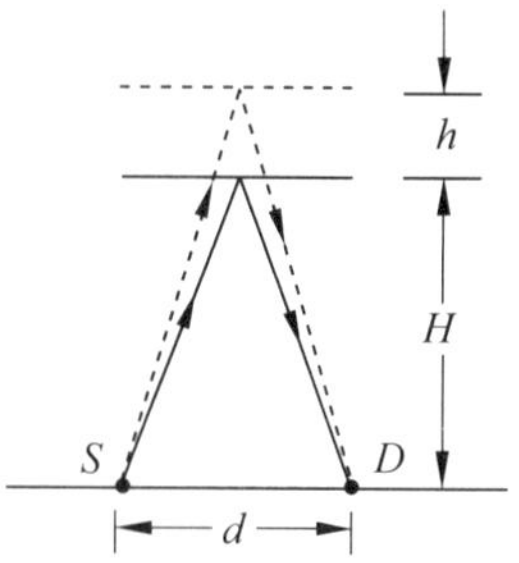

题 15.18 图

15.19 如图所示，相距 $l=30$ m 的两个相干波源 a 和 b，振动频率均为 100 Hz，b 超前于 a 的相位为π，波速为 $400\ \mathrm{m\cdot s^{-1}}$. 设两波源的振幅均为 A，试求：(1)a、b 连线外侧的任一点 P 和 Q 的合振幅；(2)a、b 连线上因干涉而静止的各点的坐标(取波源 a 所在处为坐标原点).

15.20 如图所示，平面简谐波沿 S_1P 方向传播，它在 S_1 点的振动方程为 $y_1=2.0\times10^{-2}\cos 2\pi t$(SI)；另一平面简谐波沿 S_2P 方向传播，它在 S_2 点的振动方程为 $y_2=2.0\times10^{-2}\cos(2\pi t+\pi)$(SI). 已知两波振动方向相同，$r_1=0.40$ m，$r_2=0.50$ m，波速 $u=0.20\ \mathrm{m\cdot s^{-1}}$. (1)写出这两列波的波动方程；(2)说明两列波在 P 点的干涉情况；(3)P 点的合振幅有多大？

15.21 设入射波的波动方程为 $y_1=A\cos 2\pi\left(\dfrac{t}{T}+\dfrac{x}{\lambda}\right)$，它在 $x=0$ 处发生反射，反射点为自由端. (1)求反射波的波动方程；(2)求驻波(合成波)方程；(3)哪些点是波腹？哪些点是波节？

15.22 如图所示，平面余弦波沿 Ox 轴正向垂直于介质分界面传播，在 B 点反射形成波节. 已知 $L=1.75$ m，波长 $\lambda=1.4$ m，入射波在原点 O 处的振动方程为

$$y_0=5.0\times10^{-3}\cos\left(500\pi t+\frac{\pi}{4}\right)\text{(SI)}$$

设反射波不衰减. 求：(1)入射波的波动方程；(2)反射波的波动方程；(3)O、B 间其余波节的位置；(4)$x=0.875$ m 处质元的振幅.

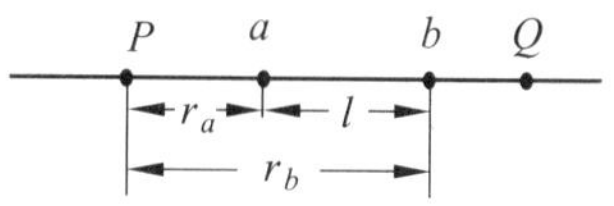

题 15.19 图

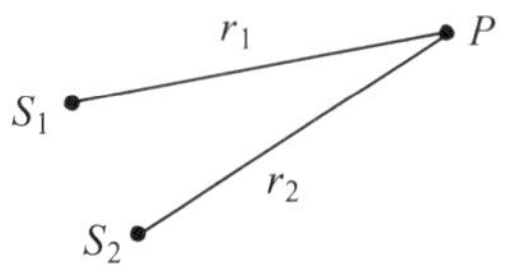

题 15.20 图

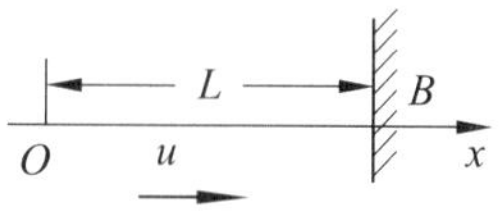

题 15.22 图

15.23 一驻波方程为 $y=0.02\cos 20x\cos 750t$(SI)，求：(1)形成此驻波的两列行波的振幅和波速；(2)相邻

两波节间距离.

15.24 在空气中,一声源向各个方向均匀发射频率 $\nu=440$ Hz 的声波.若空气密度 $\rho=1.29\ \mathrm{kg\cdot m^{-3}}$,声速 $u=331\ \mathrm{m\cdot s^{-1}}$,与声源相距 5 m 处的声强级 $L=80$ dB,问:(1)该处声波动的振幅有多大?(2)声强级 $L'=60$ dB处离声源有多远?

15.25 观察者 A 和 B 各自携带频率为 $\nu=1000$ Hz 的声源,声音在空气中的速率 $u=330\ \mathrm{m\cdot s^{-1}}$.(1)若 A 不动,B以 $10\ \mathrm{m\cdot s^{-1}}$的速率向 A 运动,A 和 B 听到的拍频各是多少?(2)若 B 以 $10\ \mathrm{m\cdot s^{-1}}$的速率离开 A,A 和 B 听到的拍频又是多少?

15.26 利用多普勒效应可以监测汽车行驶的速度.现有一固定波源,发出频率 $\nu=100$ kHz 的超声波.当汽车迎着波源驶来时,与波源安装在一起的接收器接收到从汽车反射回来的超声波频率为 $\nu'=110$ kHz,已知空气中的声速 $u=330\ \mathrm{m\cdot s^{-1}}$.求汽车行驶的速度.

15.27 已知自由空间中向 z 轴正方向传播的 $\boldsymbol{E}=E_{\mathrm{m}}\sin\omega\left(t-\dfrac{z}{c}\right)\boldsymbol{i}$,试求 $\boldsymbol{D}$、$\boldsymbol{B}$ 和 $\boldsymbol{H}$.

15.28 真空中,一平面电磁波的电场由下式给出:

$$E_y=6.0\times10^{-2}\cos\left[2\pi\times10^{8}\left(t-\frac{x}{c}\right)\right](\mathrm{SI}),\ E_x=E_z=0$$

求:(1)波长和频率;(2)传播方向;(3)磁感强度的大小和方向.

15.29 一平面电磁波电场强度的最大值是 $1.00\times10^{-4}\ \mathrm{V\cdot m^{-1}}$,求磁场强度的最大值.

15.30 一广播电台的广播辐射功率为 10 kW,假定辐射场均匀地分布在以电台为中心的半球面上.(1)求距离电台 $r=10$ km 处的坡印亭矢量的平均值;(2)若在上述距离处的电磁波可以看作平面波,求该处电场强度和磁场强度的振幅.

阅读材料 10

次声武器

1. 自然界中的次声波

我们知道,频率低于 20 Hz 的机械纵波称为次声波,它广泛存在于自然界之中.1883 年,印度尼西亚的克拉托火山大爆发,激起强大的次声波,它绕了地球 3 圈,被远离火山几万千米的观测站测到,这是世界上首次记录的次声波.1948 年,一艘名为"乌兰格梅奇号"的荷兰货船,在通过马六甲海峡时,突然遇到海上风暴,当救助人员赶到时,船上所有人员都已莫名其妙地死亡.后经科学家们调查,才发现造成这场海难的罪魁是风暴与海面惊涛引起的次声波.自然界中,海上风暴、火山爆发、大陨石落地、海啸、电闪雷鸣、波浪击岸、水中旋涡、空中湍流、龙卷风、磁爆、极光等等都可能伴有次声波的发生.另外,在人类活动中,诸如核爆炸、导弹飞行、火炮发射、轮船航行、汽车急驰、高楼和大桥摇晃,甚至像鼓风机、搅拌机、扩音喇叭等也都能产生次声波.

2. 次声波对人体的影响

次声波是频率为 0.000 1～20 Hz 的声波,这个频段人耳是听不到的.由于人体各部位都存在细微而有节奏的脉动,这种脉动频率一般为 2～16 Hz,正好在次声波的频率范围内,因此一旦大功率的次声波作用于人体,就会引起人体强烈的共振,从而造成极大的伤害.鉴于次声波的生物学效应,其军事应用价值已引起世界各国的高度重视,同时为了减少次声波带来的损害,目前有的国家已经建立了预报次声波的机构.

3. 次声武器的种类

次声武器就是利用频率低于 20 Hz 的次声波与人体发生共振,进而造成人体损伤以致死亡的一种武器.

以次声波产生的方式分类,次声武器大致可分为以下几种:

1) 气爆式次声武器

这种次声武器将压缩空气、高压蒸汽或高压燃气有控制地以脉冲式突然放出,利用高速排出的气体激发周围介质的低频振动,形成所需的次声波.这种次声装置因体积小、频率低、易控制,近年发展较快.但其次声波强度较低,近距离使用才有效.

2）爆弹式次声武器

这种次声武器也称为次声弹，它是利用爆炸产生强次声波.爆炸所释放的能量约有50%形成冲击波，冲击波衰减后又产生次声波.目前的新型次声弹是将已有的燃料空气弹加以改进，使原来只能形成一个云雾团变成可以形成若干云雾团，并能连续多次引爆.只要控制好云雾团的数量和起爆时间间隔，就能获得所需频率的次声波.

3）管式次声武器

其构造和工作原理很像乐器中的笛子，当管中空气柱的振动与管子本身固有频率相同时，就可产生较强的次声波.在管子一端装上一个活塞，用电动机驱动或用气流激励，当1/4波长与管子长度相等时，可获得最强的次声波.但要产生次声波，管子必须足够长.

4）扬声器式次声武器

其工作原理与扬声器相似.采用特殊的振动膜片，膜片振动可产生一定频率的次声波.但要产生一定强度的次声波，除要求较大的振幅外，还必须使振动膜面积足够大，其周长大致要与次声波波长相当.

5）频率差拍式次声武器

这种次声武器采用两个不同频率的声波发生器同时工作，利用它们的频率差来获得需要的低频次声波.其中有一种方法是利用压电晶体产生两束频率稍有差异的超声波，两者作用产生高频和低频声波，高频声波的频率是两者频率之和，低频声波的频率是两者频率之差.高频声波在空气中很快衰减，低频声波（次声波）则直达目标.这种方式能量转换率高，并可制成小型武器.

从目前研制的情况看，次声武器的关键技术主要有两项，一项是高功率次声发生器，另一项是次声波的聚焦发射.由于这些关键性技术尚待进一步研究，所以真正应用于战争的次声武器还不多见.据说，第一台次声波发生器是由法国人在1972年发明的，它产生的次声波可以损害5 km以外的人.发明者还得出结论：频率为7 Hz的次声波可对人体造成致命的打击.有报道称，美军在干预索马里期间已经试用过某些音响或声音武器的样品.

4. 次声武器的特点

1）突袭性

次声波在空气中的传播速度为每秒300多米，在水中传播更快，每秒可达1500 m左右.次声波是常人听不到、看不见的，故除了传播迅速之外，次声波又具有良好的隐蔽性.如在海警船上装备次声武器，当遇到非法入侵或挑衅行为时，可以次声武器进行警告或驱赶，避免直接冲突或人员伤亡.

2）作用距离远

根据物理学原理，声波的频率越低，传播时介质对它的吸收就越小，波的传播距离也就越远.比如，炮弹产生的可听声波，由于衰减快，在几千米外就听不到了，但它产生的次声波，可传到80 km以外；而氢弹产生的次声波可绕地球传播好几圈，行程十几万千米.故高强度的次声武器具有洲际作战能力.也可以利用次声波的远距离传播来探测并识别火箭，或者跟踪拦截敌方舰艇、鱼雷等水下目标.

3）穿透力强

传播介质对低频率的声波吸收较小，故次声波具有很强的穿透能力.一般的可听声波，一堵墙即可将其挡住，而实验表明，次声波能穿透几十米厚的钢筋混凝土.因此，无论敌人是在掩体内躲藏，还是乘坐在坦克中，或在深海的潜艇里，都难以逃脱次声武器的袭击.

4）不污染环境，不破坏设施

次声波在杀伤敌人的同时，不会造成环境污染，不破坏对方的武器装备.

正是次声武器具有这些特点，军事科学家已把它列为未来战争中新概念武器的重要成员.

第16章 光的干涉

光学是物理学中发展最早的学科之一. 早在两千多年前，人们就总结出了光的直线传播规律. 人类对光本性的探索，则经历了一个漫长的过程. 从17世纪开始"波粒之争"，到19世纪末认识到光是一种电磁波，再到20世纪初发现了光的粒子性，人们对光本性的认识不断深入，最终认识到光具有波粒二象性. 在光学研究领域中，基于光的波动性研究光在传播过程中发生的现象及规律的学科称为波动光学，基于光的粒子性研究光与物质相互作用的微观机制及遵从规律的学科称为量子光学，二者统称为物理光学. 20世纪60年代激光问世. 激光技术带动了傅里叶光学、非线性光学、全息光学、集成光学、光子学、光信息技术等的快速发展，形成现代光学，成为现代物理学和现代科学技术前沿的重要组成部分.

波动光学主要介绍光的干涉、衍射和偏振. 本章学习光的干涉，主要讨论双缝干涉、薄膜干涉，简要介绍迈克耳孙干涉仪的工作原理及应用.

16.1 光矢量 光程

16.1.1 光

作为电磁波谱中的一部分，光与无线电波、X射线和γ射线等其他电磁波的区别只是频率不同，其中能引起人眼视觉的那部分电磁波称为**可见光**.

光的颜色由光的频率决定，频率一般只由光源决定，而与介质无关，因而光通过不同介质时，虽然波速和波长要改变，但频率通常不变. 由于光的频率ν和它在真空中的波长λ以及真空中光速c的关系为$c=\lambda\nu=$常量，因而人们常用真空中的波长反映光的颜色. 光的波长常用纳米(nm)或埃(Å)作单位. 它们和米的关系为

$$1\ \text{nm}=10^{-9}\ \text{m},\quad 1\ \text{Å}=0.1\ \text{nm}=10^{-10}\ \text{m}$$

可见光的波长范围无严格界线，图16.1中提供的数据可作为参考. 只含有单一波长的光称为**单色光**，不同波长单色光的混合称为**复色光**. 波动光学中所谓的**白光**是复色光，白光中含有可见光范围内所有波长的光. 太阳光就是一种波长值连续分布的白光.

光在真空中的速率等于c，根据**折射率**的定义，可得光在折射率为n的均匀介质中的速率

$$v=\frac{c}{n} \tag{16.1}$$

真空的折射率等于 1,空气的折射率略大于 1,无特别说明时,也取为 1. 一般介质的折射率都大于 1. 两种介质相比较,n 较大的称为**光密介质**,n 较小的称为**光疏介质**. 如水相对于空气是光密介质,但相对于玻璃则为光疏介质. 显然,n 越大,v 越小.

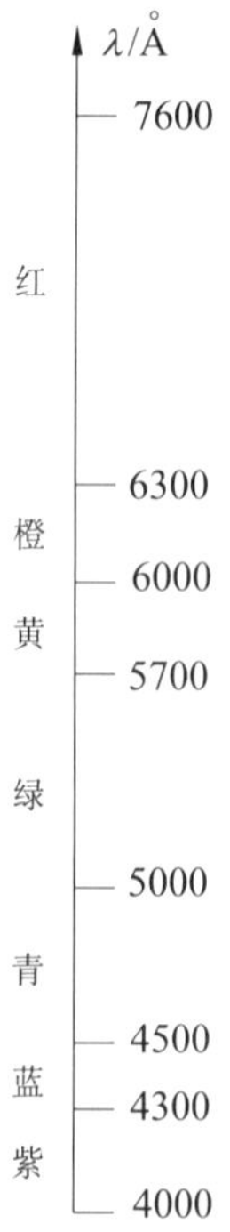

图 16.1

16.1.2　光矢量

一个复杂的波在一般情况下可看成由频率不同的简谐波叠加而成,我们仅限于讨论平面简谐电磁波的情况.

由于光是一种电磁波,所以在光到达的每一处,都伴有作高频同相位简谐运动而方向相互垂直的电场强度 $\boldsymbol{E}$ 和磁场强度 $\boldsymbol{H}$. 实验证明,电磁波中能引起视觉和使感光材料感光的主要是电场强度 $\boldsymbol{E}$,另外带电粒子运动时($v \ll c$)所受洛伦兹力总是比它受的电场力要小得多. 因此,在分析光现象时,我们只关心 $\boldsymbol{E}$ 的振动,并把 $\boldsymbol{E}$ 的简谐运动称为**光振动**,场强 $\boldsymbol{E}$ 称为**光矢量**. 事实上,光振动并不是真实点在振动,而是电场强度按简谐运动的规律作周期性变化.

需要指出,波动光学中常常涉及的光强,通常是指光的相对强度. 因为在做波动光学实验时,重要的是比较各处光的相对强弱,并不需要知道各处光强的绝对数值是多少. 根据波的强度与其振幅平方成正比的关系,可将光强表示为

$$I = E_0^2 \tag{16.2}$$

式中 E_0 是光矢量 $\boldsymbol{E}$ 的振幅.

16.1.3　光程

设频率为 ν 的单色光在折射率为 n 的介质中的传播速率为 v,波长为 λ',则 $v=\lambda'\nu$. 而该光在真空中的速率 $c=\lambda\nu$,将 v、c 代入式(16.1)可得

$$\lambda' = \frac{\lambda}{n} \tag{16.3}$$

由于 $n>1$,因此同一光波在介质中的波长要比在真空中的波长短. 并且,因不同介质 n 不同,故单色光的波长并非定值.

光波在传播过程中相位的变化,与介质的性质以及传播的距离有关. 无论是在真空中还是在介质中,光波每传播一个波长的距离,相位都要改变 2π. 如果光波通过几种不同的介质,则因波长的改变而给相位变化的计算增加麻烦. 不过,在引入光程概念后,这种麻烦可以避免.

当真空中波长为 λ 的光通过折射率为 n、厚度为 r 的均匀介质时,波长变为$\lambda'=\lambda/n$,在介质中的波长数为 $r/\lambda'=nr/\lambda$,因而相位改变量为 $2\pi nr/\lambda$,通过介质所用时间 $\Delta t=r/v=nr/c$. 当该光波在真空中通过几何路程 nr 时,波长数亦为nr/λ,相位改变量同样为 $2\pi nr/\lambda$,所用时间也是 $\Delta t=nr/c$. 从这种等量关系出发,我们将介质折射率 n 与光在该介质中通过的几何路程 r 的乘积定义为

光程,用 L 表示,即

$$L = nr \tag{16.4}$$

由上述分析可知,引入光程的概念后,相当于把光在不同介质中的传播都折算为光在真空中的传播. 即光在折射率为 n 的介质中以速率 v 通过几何路程 r 时,相当于同一时间内在真空中以速率 c 通过了几何路程 nr. 这种折算方法所包含的等量关系是相同时间内的相位改变量相同.

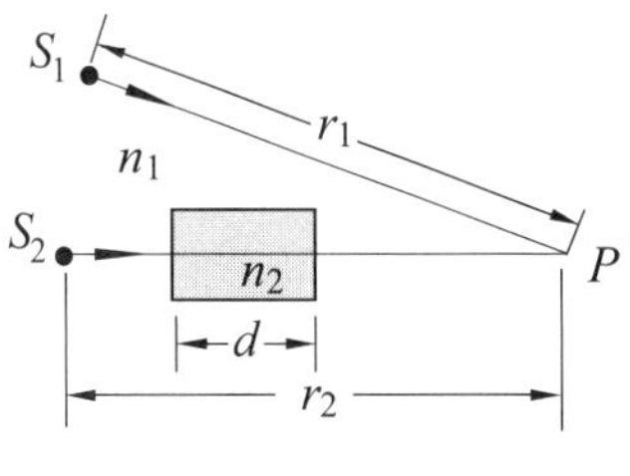

图 16.2

两列光波的光程之差称为**光程差**,记为 δ. 在图 16.2 所示的介质中,当两光波从相位相同的 S_1 和 S_2 处分别经历不同的路程传到 P 点时,它们的光程差为

$$\delta = L_2 - L_1 = [n_1(r_2 - d) + n_2 d] - n_1 r_1 = n_1(r_2 - r_1) + (n_2 - n_1)d$$

16.1.4 薄透镜的等光程性

中央厚度比球面半径小得多的透镜称为**薄透镜**. 这是常用的光学元件,它可以改变光的传播方向,对光进行会聚、发散,或产生平行光. 在图 16.3 中,近轴平行光经透镜后,会聚于焦平面的 P 点. P 点的位置可由作图确定:因通过透镜光心的光线方向不变,故可作通过透镜光心 O 且平行于入射光的辅助线(图中虚线),该线与焦平面的交点即为 P 点.

理论和实验都证明,薄透镜具有等光程性. 即当光路中放入薄透镜后,通过透镜的近轴光线不会因为透镜而产生附加光程差. 在图 16.3 中,垂直于平行光的 GG' 面是同相面,从同相面上的 A、B、C、D 各点经透镜到达 P 点的各光线,虽然几何路程长度不等,但几何路程较长的在透镜内的路程较短,而几何路程较短的在透镜内的路程较长,其总的效果是:从同相面上各点到达 P 点的光程总是相等的,因此各光线在 P 点同相叠加,P 点为一亮点.

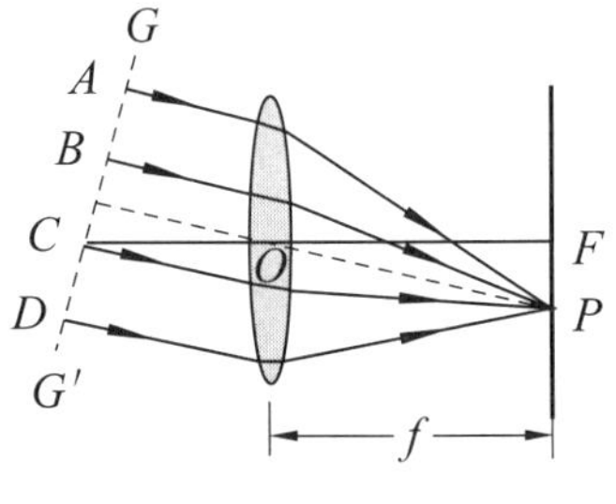

图 16.3

16.2 光的干涉现象 相干光

16.2.1 光的干涉现象

干涉是波动的基本特征之一. 根据波的独立传播原理,当两束波相遇时,在相遇处要发生波的叠加. 叠加结果有两种,一种是发生干涉,另一种是不发生干涉. 因此,波的叠加不一定能发生干涉,而干涉则必定是在一定条件下波的叠加结果.

与机械波的干涉相似,光的干涉现象表现为在相遇区域中形成稳定的有强有弱的光强分布. 这种有强有弱的光强分布,不论是以明暗条纹形式出现,还是以没有明暗条纹的光强重新分布形式出现(如后文中的增反膜、增透膜以及偏振光的干涉等情况),它们都是干涉的结果,是光的干涉造成了光能重新分布的具体表现.

若两束光波相遇后能发生干涉，则称它们为**相干光**，相应的光源称为**相干光源**.

16.2.2　相干条件

1. 相干叠加和非相干叠加

根据机械波一章中关于同频率简谐运动的合成规律，两束频率相同、振动方向平行的简谐光波在相遇点的光矢量合振幅 E_0 满足

$$E_0^2 = E_{10}^2 + E_{20}^2 + 2E_{10}E_{20}\cos\Delta\varphi$$

式中 E_{10}、E_{20} 分别为两束光波单独存在时的光矢量振幅，$\Delta\varphi$ 是两束光波在相遇点的相位差. 由于实际观察到的光强是在一段较长时间内的平均光强，因此，需将上式对一段时间求平均值，即

$$I = \frac{1}{\tau}\int_0^{\tau} E_0^2\,\mathrm{d}t$$

通过计算，可得两束光在相遇点的平均光强为

$$I = I_1 + I_2 + 2\sqrt{I_1 I_2}\,\overline{\cos\Delta\varphi} \tag{16.5}$$

式中 $I_1 = E_{10}^2$，$I_2 = E_{20}^2$，是两束光在相遇点单独存在时的光强，$\overline{\cos\Delta\varphi}$ 是 $\Delta\varphi$ 的余弦在 τ 时间内的平均值. 右边第三项称为干涉项，它决定两束光叠加的性质.

若相位差 $\Delta\varphi$ 可取一切可能的值并随时间迅速变化，则有 $\overline{\cos\Delta\varphi} = 0$. 在这种情况下，$I = I_1 + I_2$. 这意味着在相遇点合成光波的光强简单地等于两束光单独存在时的光强之和，并不出现光强有强有弱的稳定分布，因而没有干涉现象发生. 这样的叠加称为**非相干叠加**.

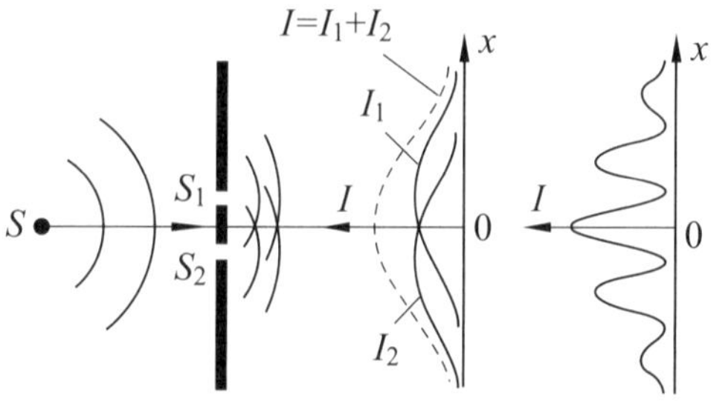

图 16.4

若两束光在相遇点的相位差 $\Delta\varphi$ 不随时间变化，则 $\overline{\cos\Delta\varphi} = \cos\Delta\varphi$. 在这种情况下，合成光波的光强随各点相位差的不同而出现稳定的有强有弱的分布. 这样的叠加称为**相干叠加**. 图 16.4 表示了这两种叠加的区别.

2. 相干条件

由式(16.5)可见，两束相干光在相遇点合成波的光强在 I_1、I_2 一定时仅由两束光到达相遇点时的相位差 $\Delta\varphi$ 确定. 当 $\Delta\varphi = \pm 2k\pi$ ($k = 0, 1, 2, \cdots$) 时，光强最大，有

$$I_{\max} = I_1 + I_2 + 2\sqrt{I_1 I_2}$$

当 $\Delta\varphi = \pm(2k+1)\pi$ ($k = 0, 1, 2, \cdots$) 时，光强最小，有

$$I_{\min} = I_1 + I_2 - 2\sqrt{I_1 I_2}$$

当 $I_1 = I_2$ 时，则有

$$I = 2I_1(1 + \cos\Delta\varphi) = 4I_1\cos^2\frac{\Delta\varphi}{2}$$

此时 $I_{max}=4I_1, I_{min}=0$. 显然,当两束光强度相等时,合成波光强的强弱对比最为明显.

根据以上讨论,对光的干涉可以得出如下结论:

(1) 频率相同、振动方向平行且相位差恒定的两束光是相干光;

(2) 相长干涉(光强最大)和相消干涉(光强最小)的条件为

$$\Delta\varphi=\begin{cases}\pm 2k\pi, & k=0,1,2,\cdots \quad (\text{相长干涉})\\ \pm(2k+1)\pi, & k=0,1,2,\cdots \quad (\text{相消干涉})\end{cases} \tag{16.6}$$

显然,这也是明暗纹条件.

相长干涉形成明纹中心,相消干涉形成暗纹中心.通常也用式中的 k 来表示条纹级次.

(3)两束光到达相遇点时的相位差一部分来自于光源的初相位差,一部分来自于传播路径不同所带来的相位差.考虑相位差与光程差的关系,可写为

$$\Delta\varphi=\varphi_{20}-\varphi_{10}-2\pi\frac{\delta}{\lambda} \tag{16.7}$$

一般来说,观察点固定时,两束光的传播路径是确定的,因此相位差是否不随时间变化取决于光源初相位差是否恒定.在初相位差为零的情况下,相位差 $\Delta\varphi$ 与光程差 δ 之间的关系为

$$\Delta\varphi=2\pi\frac{\delta}{\lambda} \tag{16.8a}$$

由此得到用波长表示的相长干涉和相消干涉的条件为

$$\delta=\begin{cases}\pm k\lambda, & k=0,1,2,\cdots \quad (\text{相长干涉})\\ \pm(2k+1)\dfrac{\lambda}{2}, & k=0,1,2,\cdots \quad (\text{相消干涉})\end{cases} \tag{16.8b}$$

应用式(16.8)时需要注意以下几点:

(1) 引入光程概念意味着把光在介质中的传播折算为在真空中的传播,因此与光程差相联系的应该是光在真空中的波长.

(2) 若两束光的初相位不同,则在计算光程差时,除了计入两束光因传播路径不同而产生的光程差外,还应计入与初相位差相对应的光程差.

(3) 若遇到光有半波损失时,则应计入相应的光程差 $\lambda/2$.

16.2.3 获得相干光的方法

在 1960 年发明第一台激光器之前,历史上观察光的干涉现象时,用的都是普通光源,如白炽灯、钠光灯、太阳等光源.大量实验发现,两个独立的普通光源或同一光源的不同部分发出的光一般都不是相干光,因此它们不能产生干涉.这是由普通光源的发光机理确定的.

当普通光源中大量的原子(或分子)受外来激励而处于激发态时,由于处于激发态的原子是不稳定的,它要自动地向低能态跃迁,并同时向外辐射电磁波.当这种电磁波的波长在可见光范围内时,即为可见光波.原子的每一次跃迁经历的时间极短,约为 10^{-8} s,因此,每个原子每一次发光只能发出频率一定、振动方向一定而长度有限的光波,这一段光波称为一个**波列**.由于原子发光的无

规则性，同一原子先后发出的波列之间，以及不同原子发出的波列之间都没有固定的相位关系，且振动方向和频率也不尽相同，这就决定了两个独立的普通光源发出的光不是相干光，因而不能产生干涉.

要想由普通光源获得相干光，一种方法是设法从光源发出的同一波列的波阵面上取出两个子波源，另一种方法是设法把同一波列的波分为两束光波. 前一种称为**分波阵面法**，后一种称为**分振幅法**. 经分波阵面或分振幅后所得的两束光，不仅频率相同、振动方向平行（或有平行分量），并且在相遇时总有恒定的相位差，因而在叠加区域能观察到稳定的干涉图样.

16.3 双缝干涉

16.3.1 杨氏双缝干涉实验

1. 用分波阵面法获得相干光

1801年英国物理学家托马斯·杨（T. Young）首先用实验方法研究了光的干涉现象，有力地证明了光的波动性. 这也是最早利用单一光源形成相干光并获得干涉现象的典型实验. 实验装置如图16.5所示，由单色光源 S_0 发出的光经透镜成平行光后，垂直射到开有单狭缝 S 的板上. 单缝后放置开有双狭缝 S_1 和 S_2 的板，两缝等宽，均与缝 S 平行，且 $\overline{SS_1}=\overline{SS_2}$. 当这些缝的宽度足够小时，在屏上就能呈现出一组明暗相间的条纹.

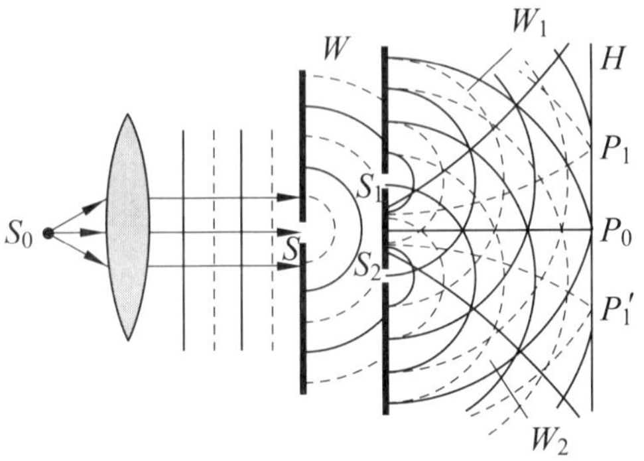

图16.5

根据惠更斯原理，单缝 S 的每一点都可看成是新的波源，并发出柱面波 W 传到双缝 S_1 和 S_2. 双缝作为两个新的波源，各自发出柱面波 W_1 和 W_2. 显然，这对新的波源取自同一波阵面，是相干光源. 这种获得相干光的方法就是分波阵面法.

2. 干涉条纹的特征

由干涉的明暗纹条件式(16.8)可知，相同的光程差对应于同一级条纹. 因此，要定量讨论条纹的特征，关键是写出光程差 δ.

如图16.6所示，O 为屏幕中心，即 $\overline{OS_1}=\overline{OS_2}$. 设双缝间距为 d，双缝各自到屏的垂直距离为 D，且 $D\gg d$. S_1 和 S_2 到屏上 P 点的距离分别为 r_1 和 r_2，P 到 O 点的距离为 x. 因整个装置置于真空或空气中，两波源间无相位差，故两光波在 P 点的光程差 $\delta=r_2-r_1\approx d\sin\theta$. 因 $d\ll D$，且 θ 很小，$\sin\theta\approx\tan\theta=x/D$，故有

$$\delta=r_2-r_1=\frac{d}{D}x \tag{16.9}$$

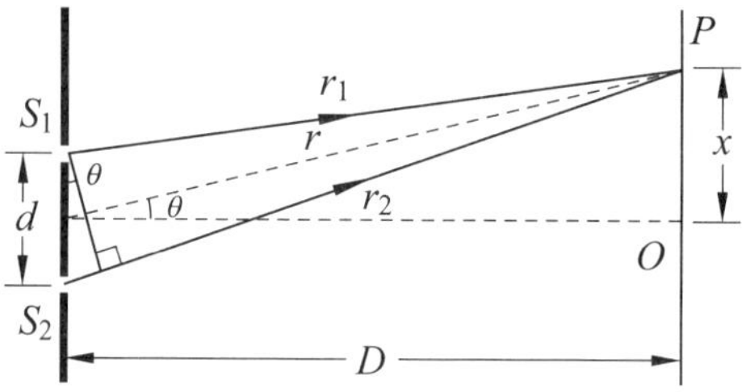

图 16.6

由图 16.6 也可对式(16.9)简单推导如下：

$$r_2^2 = r^2 + \left(\frac{d}{2}\right)^2 - 2r\cdot\frac{d}{2}\cdot\cos\left(\frac{\pi}{2} + \theta\right)$$

$$r_1^2 = r^2 + \left(\frac{d}{2}\right)^2 - 2r\cdot\frac{d}{2}\cdot\cos\left(\frac{\pi}{2} - \theta\right)$$

两式相减，得

$$r_2^2 - r_1^2 = (r_2 + r_1)(r_2 - r_1) = 2rd\sin\theta$$

考虑到实验装置的特殊性，有

$$r_1 \approx r_2 \approx r$$

故

$$r_2 - r_1 \approx d\sin\theta \approx d\,\frac{x}{D}$$

根据式(16.8)，P 点处产生明纹的条件是

$$\delta = \frac{d}{D}x = \pm k\lambda$$

由此得到明纹中心的位置

$$x = \pm k\,\frac{D}{d}\lambda,\quad k = 0,1,2,\cdots \tag{16.10a}$$

式中正负号表示屏上干涉条纹在 O 点两侧呈对称分布. $k=0$，$x=0$，表示屏幕中心为零级明纹，也称中央明纹，它所对应的光程差 $\delta=0$. $k=1,2,\cdots$ 的明纹分别称为第一级、第二级、……明纹.

P 点处产生暗纹的条件为

$$\delta = \frac{d}{D}x = \pm(2k+1)\,\frac{\lambda}{2}$$

由此得到暗纹中心的位置为

$$x = \pm(2k+1)\,\frac{D}{d}\cdot\frac{\lambda}{2},\quad k = 0,1,2,\cdots \tag{16.10b}$$

条纹间距指的是相邻明纹中心或相邻暗纹中心之间的距离，它反映干涉条纹的疏密程度. 由式(16.10)可得明纹间距和暗纹间距均为

$$\Delta x = \frac{D}{d}\lambda \tag{16.11}$$

可见，杨氏双缝干涉条纹间距与级次 k 无关.

由式(16.10)和式(16.11)可见，双缝干涉条纹有以下特征.

(1) 当干涉装置和入射光波长一定，即 D、d、λ 一定时，Δx 也一定，表明双缝干涉条纹是明暗相间的等间距的直条纹.

(2) 当 D、λ 一定时，Δx 与 d 成反比. 所以观察双缝干涉条纹时，双缝间距要足够小，否则因条纹过密而不能分辨. 例如，当 $\lambda=500\ \text{nm}$、$D=1\ \text{m}$，而要求 $\Delta x>0.5\ \text{mm}$时，必须有 $d<1\ \text{mm}$.

(3) 因条纹中心位置 x 和条纹间距 Δx 都与 λ 成正比，所以当用白光照射时，除中央因各色光重叠仍为白光外，两侧则因各色光波长不同而呈现出彩色条纹，并且同一 k 级明条纹形成一个内紫外红的彩色色带，称为第 k 级光谱.

若将双缝干涉装置置于折射率为 n 的介质中，则有

$$\delta = n(r_2 - r_1) = \begin{cases} \pm k\lambda & \text{（明纹）} \\ \pm(2k+1)\dfrac{\lambda}{2} & \text{（暗纹）} \end{cases} \tag{16.12}$$

或用入射光在介质中的波长 λ' 表示为

$$r_2 - r_1 = \begin{cases} \pm k\dfrac{\lambda}{n} = \pm k\lambda' \\ \pm(2k+1)\dfrac{\lambda}{2n} = \pm(2k+1)\dfrac{\lambda'}{2} \end{cases}$$

例 16.1 用白光作双缝干涉实验时，能观察到几级清晰可辨的彩色光谱?

解 用白光照射时，除中央明纹为白光外，两侧形成内紫外红的对称彩色光谱. 当 k 级红色明纹位置 $x_{k红}$ 大于 $k+1$ 级紫色明纹位置 $x_{(k+1)紫}$ 时，光谱就发生重叠. 根据式(16.10a)，由 $x_{k红}=x_{(k+1)紫}$ 的临界条件可得

$$k\lambda_{红} = (k+1)\lambda_{紫}$$

将 $\lambda_{红}=760\ \text{nm}$，$\lambda_{紫}=400\ \text{nm}$ 代入得 $k=1.1$，这说明 $k=1$ 级红色明纹处未发生条纹重叠.

这一结果表明，在中央白色明纹两侧，只有第一级彩色光谱清晰可辨.

例 16.2 当双缝干涉装置的一条狭缝后面盖上折射率为 n 的云母薄片时，观察到屏幕上干涉条纹移动了 9 个条纹间距. 已知 $\lambda=550\ \text{nm}$，求云母片的厚度 b.

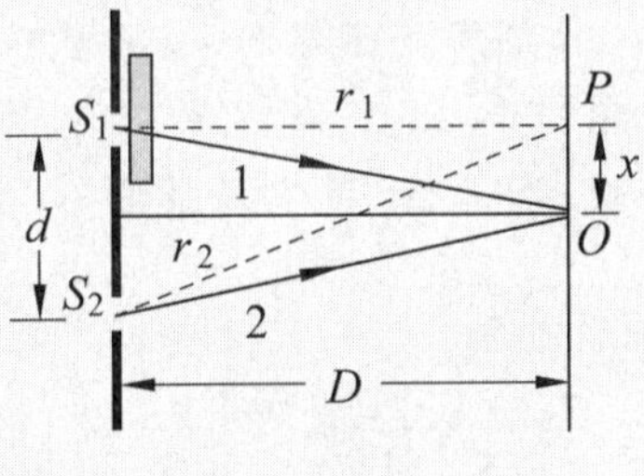

图 16.7

散射光干涉

解 如图 16.7 所示，未盖云母片时，零级明纹在 O 点. 当 S_1 缝盖上云母片后，光线 1 的光程增大. 因零级明纹所对应的光程差为零，所以这时零级明纹只有移到 O 点上方才有可能使光线 1 和 2 的光程差为零. 依题意，S_1 盖上云母片后，零级明纹由 O 点向上移到了原来第九级明纹所在的 P 点. 由于 $D\gg d$，且屏幕上一般只能在 O 点两侧有限的范围内才呈现清晰可辨的干涉条纹，即 x 值较小，因此，由 S_1 发出的光可近似看作垂直通过云母片. 未盖云母片时有

$$r_2 - r_1 = k\lambda$$

盖上云母片后有

$$r_2 - (r_1 - b + nb) = 0$$

联立可得

$$(n-1)b = k\lambda, \quad k = 9$$

由此解得

$$b = \frac{9\lambda}{n-1} = \frac{9 \times 5500 \times 10^{-10}\ \mathrm{m}}{1.58 - 1} = 8.53 \times 10^{-6}\ \mathrm{m}$$

当两束光的光程差改变时，屏上的明暗分布将发生改变. 在光程差改变一个真空波长的过程中，原来明纹之处由明变暗后再变明，原来暗纹之处则由暗变明后再变暗，看起来好像是干涉条纹移动了一个条纹间距. 因此，随着光程差的不断改变，屏上将形成此亮彼暗、此暗彼亮的交替过程. 由此可见，例 16.2 中所说的条纹移动，只是光程差改变的外在表现，是屏上各处明暗交替过程引起的视觉效应. 利用光程差的变化量和条纹移动之间的关系，可以重解例 16.2.

盖上云母片后，光程差变化量为$(n-1)b$，对应于条纹移动了 9 条，故有

$$(n-1)b = 9\lambda$$

同样可解得云母片厚度 b.

除了杨氏双缝干涉实验是用分波阵面法获得相干光之外，还有菲涅耳双面镜实验、菲涅耳双棱镜实验、劳埃德镜实验等也是用分波阵面法获得相干光，它们的干涉条纹与杨氏双缝干涉条纹分布有相似的特征.

16.3.2 菲涅耳双面镜干涉实验

实验装置如图 16.8 所示. 光源 S 发出的光波(挡板 B 使光不能直接射到屏上)被两块夹角 ε 很小的平面镜 M_1 和 M_2 反射而分成两部分，从而获得相干光，显然属于分波阵面干涉. 两束光在屏幕上的重叠区域将产生干涉条纹. 图中 S_1、S_2 分别为 S 在 M_1 和 M_2 镜中所成的虚像，因而经反射的两束光可看作是由虚光源 S_1 和 S_2 发出. 把相位相同的虚光源 S_1 和 S_2 比作杨氏干涉装置中的两条狭缝，那么，杨氏双缝干涉公式就可用于双面镜干涉，只是这里的 $d \approx 2r\sin\varepsilon \approx 2r\varepsilon$，$r$ 为光源到两镜面交点 A 的距离，而 $D = r + l$. 式中 l 是 A 至屏幕的距离.

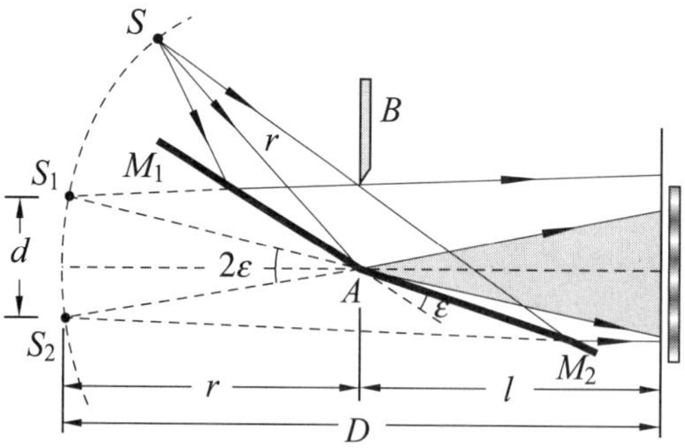

图 16.8

菲涅耳双棱镜是由两个顶角 ε 很小、底面相接的薄棱镜组合而成. 通过双棱镜的折射可将一个光源发出的波阵面分成两部分，相当于两个相干的虚光源发出的光，在重叠区内产生干涉. 读者可自行分析.

16.3.3 劳埃德镜实验

实验装置如图16.9所示，M为一平面镜，S为一与M平行的狭缝光源. 由光源S发出的波阵面一部分直接射到屏上，另一部分以接近于90°的入射角射向平面镜后被反射到屏上，从而在屏上出现干涉条纹. S和它在镜M中的虚像S'可看作一对相干光源. 同样可类比杨氏双缝干涉来分析劳埃德镜实验现象. 但有一特殊现象需要关注.

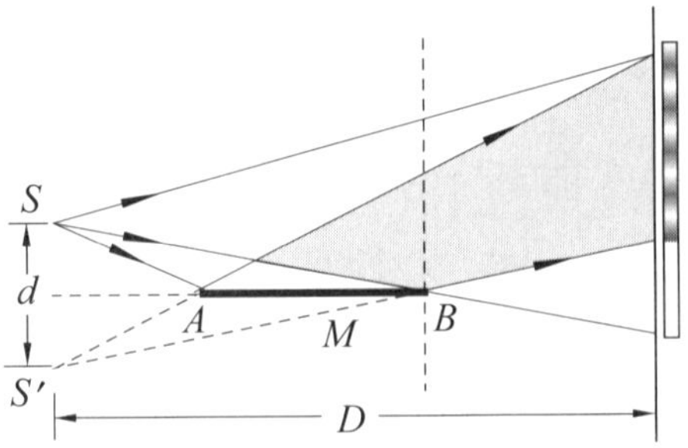

图16.9

在劳埃德镜实验中，当将屏移到镜面的B端而处于图中虚线位置时，在屏与镜面接触点B处，入射光和反射光的光程相等，应该出现明纹，但实验中观察到的却是暗纹. 这个不一致的实验现象可由电磁理论作出解释. 根据这种解释，当光以$i=0°$或接近于90°的入射角由光疏介质(折射率较小)射向光密介质(折射率较大)时，反射光要发生π的相位突变. 从光程的角度看，相当于改变了半个波长. 这一现象称为**半波损失**. 需要指出，当光从光密介质射向光疏介质时，反射光没有半波损失，另外透射光均没有半波损失.

16.4 薄膜的等倾干涉

薄膜是指透明介质形成的厚度很薄的一层介质膜. 在日光照射下，肥皂膜、油膜或金属表面氧化层薄膜等表面上会出现彩色花纹，这些都是薄膜上的干涉现象引起的.

当一束光射到两种透明介质的分界面上时，将被分成两束，一束为反射光，另一束为折射光. 二者为相干光. 从能量守恒角度来看，反射光和折射光的振幅都小于入射光的振幅，这相当于振幅被“分割”了，因而这种方法被称为分振幅法. 各种薄膜干涉都属于用分振幅法获得相干光. 薄膜干涉现象的详细分析比较复杂，实际应用较多且相对比较简单的是等倾干涉和等厚干涉. 本书重点介绍这两种干涉现象.

16.4.1 等倾干涉明暗纹条件

采用单色面光源照射厚度均匀的薄膜，可在无穷远处形成等倾干涉条纹. 一般可借助透镜，在透镜的焦平面上观察.

如图16.10所示，有一厚度e处处相等、折射率为n_2的平行平面薄膜，薄膜上方介质的折射率为 n_1，下方介质的折射率为 n_3，设 $n_1<n_2$，$n_2>n_3$. 有一单色面光源，其上 S 点发出的光束以入射角 i 射到薄膜上表面 A 点后，分成两束光，一束是直接由上表面反射的光束 a_1，另一束是以折射角 r 进入薄膜后，由下表面 E 点反射到达 B 点，再折射进入原介质而成的光束 a_2. a_1 和 a_2 平行，由透镜会聚到位于焦平面的屏幕上的 P 点. a_1 和 a_2 来自光源上同一波列，为相干光，可在屏幕上产生干涉图样. 从 B 点作 $BB'\perp AB'$. 由于透镜不产生附加光程差，所以由 B 和 B' 到 P 点的光程相等. a_1 和 a_2 的光程差仅为 a_1 从 A 点反射后到 B' 的光程和 a_2 从 A 到 E 再到 B 的光程之差，即

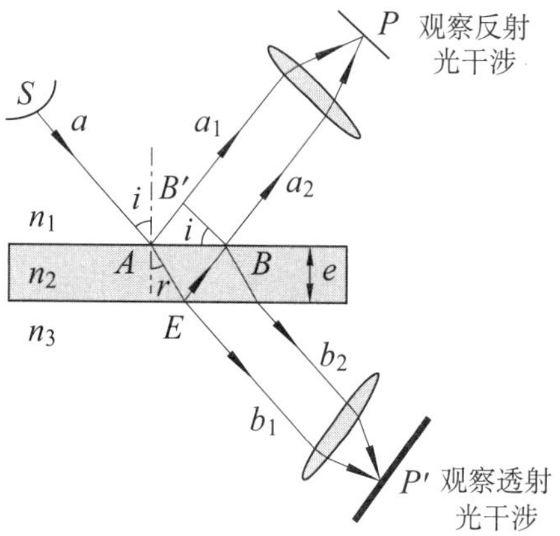

图 16.10

$$\delta = n_2(\overline{AE}+\overline{EB}) - n_1\overline{AB'} + \frac{\lambda}{2}$$

式中 $\lambda/2$ 是因为光 a_1 在 A 点反射时存在半波损失而另外计入的附加光程差. 据几何关系，有

$$\overline{AE} = \overline{EB} = \frac{e}{\cos r}$$

$$\overline{AB'} = \overline{AB}\sin i = 2e\tan r\sin i$$

可得

$$\delta = 2n_2\overline{AE} - n_1\overline{AB'} + \frac{\lambda}{2} = 2n_2\frac{e}{\cos r} - 2n_1 e\tan r\sin i + \frac{\lambda}{2}$$

$$= 2n_2\frac{e}{\cos r}(1-\sin^2 r) + \frac{\lambda}{2} = 2n_2 e\cos r + \frac{\lambda}{2}$$

由折射定律 $n_1\sin i = n_2\sin r$，上式又可写成

$$\delta = 2e\sqrt{n_2^2 - n_1^2\sin^2 i} + \frac{\lambda}{2} \tag{16.13}$$

由此得 P 点的明暗纹条件为

$$\delta = 2e\sqrt{n_2^2 - n_1^2\sin^2 i} + \frac{\lambda}{2} = \begin{cases} k\lambda, & k=1,2,3,\cdots \quad (\text{明纹}) \\ (2k+1)\dfrac{\lambda}{2}, & k=0,1,2,\cdots \quad (\text{暗纹}) \end{cases} \tag{16.14}$$

需要指出，式(16.14)的 δ 中的 $\lambda/2$ 这一项是在一个反射点有半波损失而另一个反射点没有半波损失时产生的附加光程差. 如果两束相干光在反射点都有或都没有半波损失，那么在计算光程差 δ 时，就不会出现 $\lambda/2$ 项. 据此，可以得出如下规律：

(1) 当 $n_1<n_2<n_3$ 或 $n_1>n_2>n_3$ 时，δ 中不计入 $\lambda/2$ 项.

在这两种情况下，两束光都从光疏介质入射到光密介质并在界面上反射，或者都从光密介质入射到光疏介质并在界面上反射，反射条件相同，显然 δ 中不出现 $\lambda/2$ 项.

(2) 当 $n_1<n_2$，$n_2>n_3$ 或 $n_1>n_2$，$n_2<n_3$ 时，δ 中应计入 $\lambda/2$ 项.

在这两种情况下，两束光分别从光疏介质入射到光密介质和从光密介质入

射到光疏介质并在界面上反射，反射条件不同. 一个反射点上有半波损失时，另一个反射点上没有半波损失，因此 δ 中必然出现 $\lambda/2$ 这一项.

另外，在图 16.10 中，两束透射光 b_1 和 b_2 也是相干光，也能产生干涉. 由透射光的光程差及半波损失的判断方法可以得到与式(16.14)类似的公式. 只不过在反射光干涉中，一束在 A 点反射，另一束在 E 点反射，而透射光则分别在 E 点和 B 点反射. 由于 A 点和 B 点的反射条件总是不同的，即在 A 点的反射若是由光疏介质到光密介质，则在 B 点的反射必定是由光密介质到光疏介质. 因此，若在反射光光程差中出现 $\lambda/2$ 项，则在透射光光程差中就不出现 $\lambda/2$ 项，反之亦然. 这意味着反射光的干涉图样与透射光的干涉图样是互补的.

这也说明薄膜干涉引起了反射光和透射光光强的重新分布.

由式(16.14)可见，当薄膜的折射率和周围介质确定后，对某一波长的入射光来说，两相干光的光程差取决于膜厚 e 和入射角 i. 当薄膜厚度均匀时，干涉条纹仅由入射角 i 决定，同一入射角的光线光程差相等，将形成同一级条纹，这种干涉称为等倾干涉.

16.4.2 等倾干涉现象

为了获得等倾干涉条纹，必须具备两个条件：一是要有厚度均匀的薄膜，二是入射到薄膜上的光束要有各种不同的入射角. 图 16.11 是观察反射光等倾干涉条纹的实验装置. 图中 S 是点光源，M 是成 45°放置的半反射镜，可以使入射光一半反射一半透射，L 是会聚透镜，其光轴与薄膜表面垂直. 为了便于说明，图 16.11(a)只画出了光源 S 发出的一条光线，这条光线由 M 反射，并以入射角 i 入射到薄膜上，经薄膜上下表面反射后，形成一对平行的相干光，其条纹定域在无穷远处，可借助于透镜 L 在焦平面上进行观察. 在焦平面上的会聚点 P' 的位置可由虚线所示的副光轴 PP'(通过透镜光心且与反射的一对相干光平行的直线)与焦平面的交点确定. 当入射角 i 改变时，P' 与中心 O' 的距离随之改变. 显然入射角越小，P' 越靠近 O'. 由图 16.11(b)可见，以同一倾角(入射角) i 入射到薄膜上的光线有许多条，它们构成了一个圆锥面，这些入射线各自经薄膜上下表面的反射、透镜的会聚，最后在透镜的焦平面上形成一个以 O' 为中心、$O'P'$ 为半径的圆环. 对应不同的倾角，则形成半径不同的同心圆环. 因此，我们观察到的是一组同心的环状条纹，如图 16.11(c)所示，入射角越小，半径越小.

由式(16.14)不难看出，入射角越小的光线形成的圆环级次越高，因此内环级次比外环高. 此外，因级次 k 与入射角 i 不呈线性关系，故等倾干涉条纹的间距不等. 因此等倾干涉条纹是一系列**内疏外密的同心环状条纹**.

如果使用面光源，其上每一点在位于透镜焦平面的屏上各自产生一组干涉条纹. 入射角为 i 的所有光线，它们的反射光经透镜会聚后都落在同一级干涉圆环上，因此面光源上各点发出的光所产生的等倾干涉条纹相互重合，其结果使明纹更加明亮. 这就是实际应用中总是采用面光源来产生等倾条纹的原因. 需要指出的是，这只是非相干叠加的结果. 因为来自普通面光源上不同点的光不是相干光，它们在相遇点不能产生干涉现象.

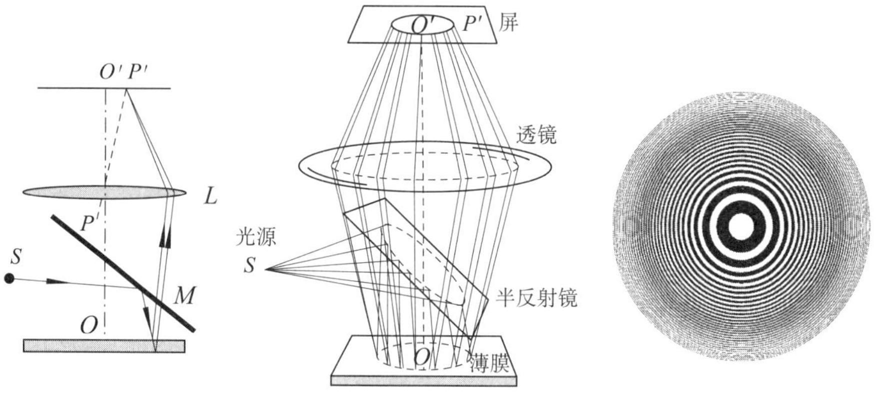

(a) (b) (c)

图 16.11

例 16.3 如图 16.12 所示，在折射率为 1.50 的平板玻璃表面有一层厚度为300 nm、折射率为 1.22 的均匀透明油膜. 用白光垂直射向油膜. 问：(1)哪些波长的可见光在反射光中产生相长干涉？(2)哪些波长的可见光在透射光中产生相长干涉？(3)若要使反射光中 $\lambda=550$ nm 的光产生相消干涉，油膜的最小厚度为多少？

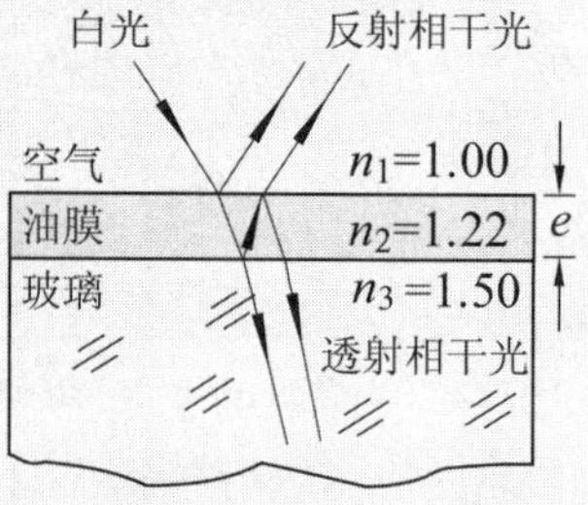

图 16.12

解 (1) 因 $n_1<n_2<n_3$，两束光的反射条件相同，故反射光的光程差中不出现 $\lambda/2$ 项. 垂直入射时$i=0$，可得反射光相长干涉的条件为

$$\delta_{反} = 2n_2 e = k\lambda$$

因膜厚 $e\neq 0$，故 k 不能取 0，取 $k=1,2,\cdots$. 由上式得

$$\lambda = \frac{2n_2 e}{k}$$

$k=1$ 时，$\lambda_1=2\times 1.22\times 300\ \text{nm}=732\ \text{nm}$，是红光；$k=2$ 时，$\lambda_2=1.22\times 300\ \text{nm}=366\ \text{nm}$，不是可见光. 故反射光中红光产生相长干涉.

(2) 因透射的两束光的反射条件不同，故透射光的光程差中应有 $\lambda/2$ 项，则透射光相长干涉的条件为

$$\delta_{透} = 2n_2 e + \frac{\lambda}{2} = k\lambda$$

可得

$$\lambda = \frac{4n_2 e}{2k-1}, \qquad k = 1,2,3,\cdots$$

$k=1$ 时，$\lambda_1=4n_2e=4\times 1.22\times 300\ \text{nm}=1464\ \text{nm}$，不是可见光；$k=2$ 时，$\lambda_2=\lambda_1/3=488\ \text{nm}$，是青色光；$k=3$ 时，$\lambda_3=\lambda_1/5=293\ \text{nm}$ ，不是可见光. 故透射光中青色光产生相长干涉.

(3) 由反射光相消干涉条件

$$\delta_{反} = 2n_2 e = (2k+1)\frac{\lambda}{2}$$

得

$$e=\frac{(2k+1)\lambda}{4n_2},\quad k=0,1,2,\cdots$$

显见 $k=0$ 时所对应的厚度最小，故

$$e_{\min}=\frac{\lambda}{4n_2}=\frac{550\ \text{nm}}{4\times1.22}=113\ \text{nm}$$

16.4.3 增透膜和增反膜

由于薄膜干涉可引起反射光和透射光光强的重新分布，因此在现代光学仪器中，为减少入射光能量在透镜等光学元件的玻璃表面上反射引起的损失，常在镜面上镀一层厚度均匀的透明薄膜(如氟化镁 MgF_2)，其折射率介于空气和玻璃之间. 膜的厚度适当时，可使某种波长的反射光因干涉而减弱，从而使更多的光透过元件. 这种使透射光增强的薄膜称为增透膜.

在照相机、电视摄像机、潜望镜等光学仪器的镜头表面镀上 MgF_2 薄膜后，能使对人眼视觉最灵敏的黄绿光反射减弱而透射增强. 这样的镜头在白光照射下，常给人以蓝紫色的视觉，这是因为其反射光中缺少了黄绿光的缘故.

与增透膜相反，当镜面上镀上透明薄膜后，能使某些波长的反射光因为发生干涉而增强，从而使该波长的光能得到更多的反射，这样的薄膜称为增反膜.

为了达到更好的增反效果，现代光学仪器中常采用在玻璃表面交替镀上高折射率和低折射率的膜层，这样的多层膜称为**高反射膜**. 图 16.13 表示用 MgF_2(折射率为 1.38)和 ZnS(折射率为 2.32)交替镀于玻璃表面，这时入射光在三个膜层中的任一层膜的两个表面上反射时，因反射条件不同而都有 $\lambda/2$ 的附加光程差. 入射光垂直入射时，各层膜两个表面上反射光的光程差分别为

$$\delta_1=2n_1e_1+\lambda/2$$

$$\delta_2=2n_2e_2+\lambda/2$$

$$\delta_3=2n_3e_3+\lambda/2$$

按相长干涉条件 $\delta=k\lambda$，δ_1、δ_2、δ_3 均应为 λ 的整数倍. 若 e_1、e_2、e_3 代表各层膜的最小厚度，则各层膜的最小厚度之间，以及与入射光波长之间应满足关系

$$n_1e_1=n_2e_2=n_3e_3=\lambda/4$$

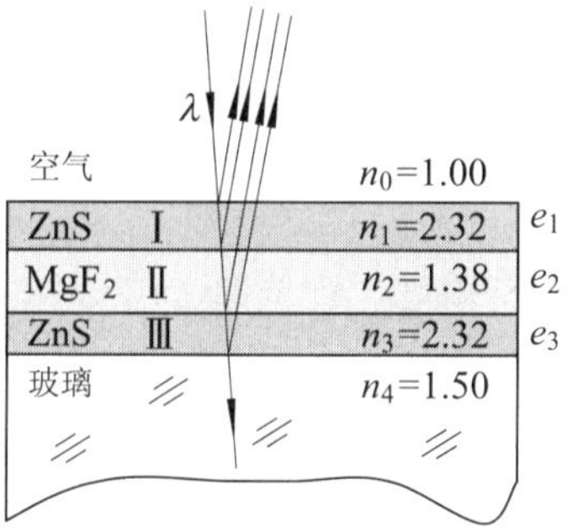

图 16.13

玻璃表面不镀膜时，反射率小于 5%. 镀上如图 16.13 所示的三层膜时，反射率可达 70%. 激光器谐振腔的反射镜要求很高的反射率，其表面镀膜多达 15 层，反射率可高达 99%，入射光几乎全部被反射.

16.5 薄膜的等厚干涉

上节我们讨论了薄膜厚度均匀时的等倾干涉现象，本节讨论等厚干涉，即对某一波长 λ 的平行入射光来说，两相干光的光程差 δ 只由薄膜的厚度 e 决定，因此膜厚相同处的反射相干光将有相同的光程差，产生同一级干涉条纹. 或

者说,同一级干涉条纹是由薄膜上厚度相同处所产生的反射光形成的,这样的条纹称为等厚干涉条纹.

薄膜等厚干涉是测量和检验精密机械零件或光学元件的重要方法,在现代科学技术中有广泛的应用.

16.5.1 劈尖干涉

劈尖是指薄膜两表面互不平行,且成很小角度的劈形膜,如图 16.14 所示.为方便读者看清楚,以下各图中的 θ 都进行了放大.图(a)所示的是干涉条纹在劈尖的下方 P 处,而图(b)则说明干涉条纹在劈尖上方的 P 处.当劈形膜很薄时,只要光在膜面的入射角不大,则可认为条纹位于膜的表面.可以证明,这种情况下形成劈尖上方干涉条纹的两反射光线的光程差仍可用式(16.13)来计算.

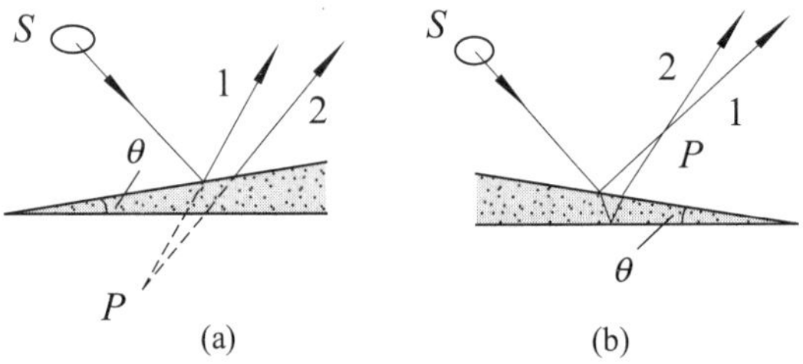

图 16.14

用单色平行光垂直照射折射率为 n 的劈尖时,由式(16.14),代入 $i=0$,可得因干涉而产生的明、暗纹条件为

$$\delta = 2ne + \frac{\lambda}{2} = \begin{cases} k\lambda, & k = 1,2,\cdots(\text{明纹}) \\ (2k+1)\dfrac{\lambda}{2}, & k = 0,1,2,\cdots(\text{暗纹}) \end{cases} \tag{16.15}$$

可见膜厚相同的地方形成同一级条纹,也就是说等厚干涉条纹的形状取决于薄膜上厚度相同处的轨迹,因此劈尖的等厚干涉条纹是一系列**明暗相间的与棱边平行的等间距的直条纹**,与薄膜的等厚线形状一致,如图 16.15 所示.

设相邻明纹或相邻暗纹之间劈形膜的厚度差为 Δe,则由式(16.15),可得

$$\Delta e = e_{k+1} - e_k = \frac{\lambda}{2n} \tag{16.16}$$

在没有附加光程差即 $\delta=2ne$ 时,上式也成立.

设明纹或暗纹间距为 l,则有

$$\Delta e = l\sin\theta \approx l\theta$$

由此得

$$l = \frac{\lambda}{2n\theta} \tag{16.17}$$

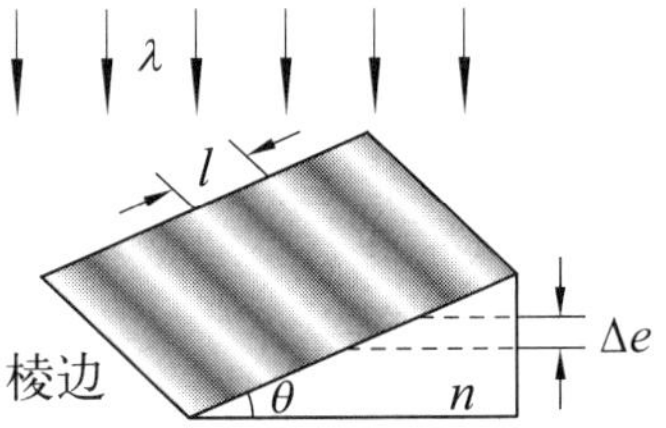

图 16.15

显然,劈尖角 θ 越大则条纹越密,条纹过密则不能分辨.通常 $\theta<1°$.

图 16.16(a)表示用两块平板玻璃以很小夹角使其间的空气形成空气劈尖.如使平板玻璃一端叠合,另一端夹一薄纸片或一细丝,此时两玻璃板之间的空气薄膜即为空气劈尖.因空气的折射率 $n=1$,故有 $\Delta e=\lambda/2$.这表明相邻明纹或相邻暗纹所对应的空气层厚度差等于半个波长.空气劈尖的条纹间距为 $l=\lambda/2\theta$.

空气劈尖的棱边即两玻璃板相交处,$e=0$,$\delta=\lambda/2$,所以棱边呈现暗纹.当将玻璃板 B 向上平移时,如图 16.16(b)所示,空气层厚度增大,原来处在厚度 e_k 处

的条纹 E 向左移到了 E' 位置. 所以,当空气层厚度增加时,等厚干涉条纹向棱边方向移动. 反之,当厚度减小时,条纹将向远离棱边方向移动. 当玻璃板 B 绕棱边向上转动时,如图 16.16(c)所示,条纹在向棱边移动的同时,间距也在缩小.

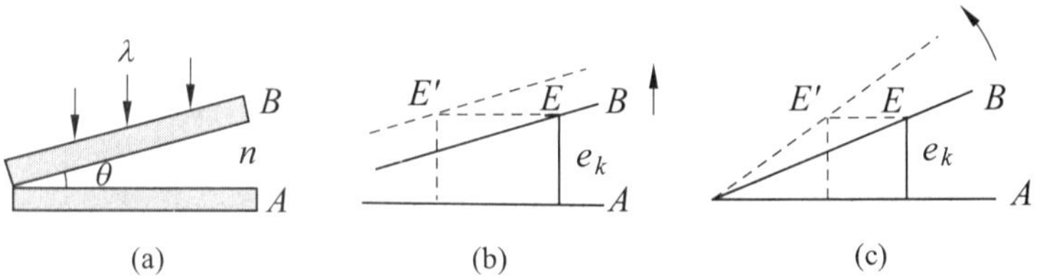

图 16.16

例 16.4　在折射率为 2.35 的介质板上涂有一层均匀的透明保护膜,其折射率为 1.76. 为测出保护膜的厚度,将其磨成劈尖状,如图 16.17 所示. 当用波长为 589 nm 的钠光垂直照射时,观察到膜层劈尖部分的全部范围内共有 6 条等厚干涉暗纹,其中 A 端为暗纹,B 端为明纹. 求保护膜的厚度 e_A.

解　由 $n_1<n_2<n_3$ 知,两反射相干光的反射条件相同,故无附加光程差 $\lambda/2$. 由式(16.15),得暗纹条件为

$$\delta = 2n_2 e = (2k+1)\frac{\lambda}{2}, \quad k = 0,1,2,3,4,5$$

式中 $\lambda = 589$ nm,$n_2 = 1.76$. $k=0$ 时为第 1 条暗纹,故 A 点处的第 6 条暗纹对应于 $k=5$,因此有

图 16.17

$$e_A = \frac{(2k+1)\lambda}{4n_2} = \frac{11\lambda}{4n_2} = 920 \text{ nm}$$

此题也可利用 Δe 求解. 由图可知劈尖上共有 5.5 个条纹间距,因相邻条纹间保护膜的厚度差为 $\Delta e = \lambda/(2n_2)$,所以 $e_A = 5.5\Delta e = 11\lambda/(4n_2)$.

例 16.5　为了测量一根金属细丝的直径 D,按图 16.18 的方法形成空气劈尖. 用单色光垂直照射形成等厚干涉条纹,用读数显微镜测出干涉条纹的间距就可以算出 D. 已知 $\lambda = 589.3$ nm,测量的结果是:金属丝距劈尖棱边 $L = 28.880$ mm,第 1 条明纹到第 31 条明纹的距离为 4.295 mm,求 D.

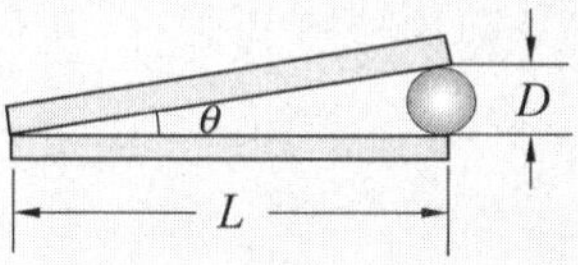

图 16.18

解　由题意得相邻明纹的间距为

$$l = \frac{4.295 \text{ mm}}{30} = 0.143\,17 \text{ mm}$$

因为劈尖角 θ 很小,所以可取 $\sin\theta \approx D/L$. 由式(16.17),有

$$l\sin\theta = l\frac{D}{L} = \frac{\lambda}{2}$$

故金属细丝的直径为

$$D = \frac{L}{l}\cdot\frac{\lambda}{2} = \frac{28.880}{0.143\,17} \times \frac{1}{2} \times 589.3 \times 10^{-6} \text{ mm} = 0.059\,44 \text{ mm}$$

以上两个例子是利用劈尖干涉原理进行微小长度(膜厚、细丝直径)的测量. 反过来,利用式(16.17),在已知其他参数的情况下,也可以对波长、劈尖顶角或介质折射率进行测量.

不仅如此,劈尖干涉也常用来检查工件表面的平整度. 如果某处的条纹发生了畸变,说明该处表面有凹凸形变.

通过观察劈尖干涉条纹的变化,还可以测量微小的线度变化量. 由式(16.16)可见,针对空气劈尖,膜厚每增加 $\lambda/2$,条纹将向棱边移动一条,膜厚每减少 $\lambda/2$,条纹将背离棱边移动一条. 利用这个特性,可以制成干涉膨胀仪,测量很小的固体样品的线膨胀系数. 对微小伸长量的感知精度可达波长数量级.

16.5.2 牛顿环

牛顿环

将一曲率半径很大的平凸透镜的曲面与一平板玻璃接触,其间形成一层平凹球面形的薄膜,如图 16.19(a)所示. 单色平行光照射,也会观察到等厚干涉条纹. 显然,这种薄膜厚度相同处的轨迹是以接触点为中心的同心圆. 因此,若以单色平行光垂直投射于透镜上,则会在反射光中观察到一系列以接触点 O 为中心的明暗相间同心圆环. 这种等厚干涉条纹称为**牛顿环**,如图 16.19(b)所示.

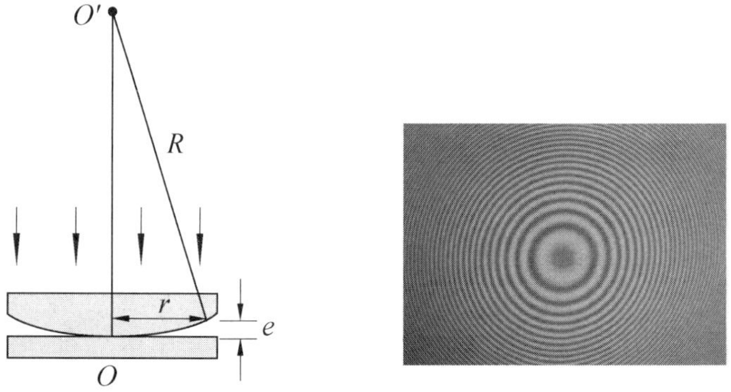

(a) (b)

图 16.19

设透镜球面的球心为 O',半径为 R,距 O 为 r 处薄膜厚度为 e. 由几何关系得

$$(R-e)^2+r^2=R^2$$

因 $R \gg e$,故上式展开后略去高阶小量 e^2,可得

$$e=\frac{r^2}{2R} \tag{16.18}$$

设薄膜折射率为 n,则 δ 与 r 的关系为

$$\delta=2ne+\frac{\lambda}{2}=\frac{nr^2}{R}+\frac{\lambda}{2} \tag{16.19}$$

将相长干涉条件 $\delta=k\lambda$ 及相消干涉条件 $\delta=(2k+1)\lambda/2$ 分别代入上式，可得牛顿环半径为

$$r=\begin{cases}\sqrt{\left(k-\dfrac{1}{2}\right)\dfrac{R\lambda}{n}}, & k=1,2,3,\cdots(\text{明环})\\ \sqrt{k\dfrac{R\lambda}{n}}, & k=0,1,2,\cdots(\text{暗环})\end{cases}\tag{16.20}$$

由此可见，暗环的半径与 k 的平方根成正比，随着 k 的增大，相邻明环或暗环的半径之差越来越小，所以牛顿环是一系列内疏外密的同心圆环.

根据式(16.19)和式(16.20)，e 值大对应的 k 值也大，表明级次高的圆环条纹半径大，这与等倾干涉条纹相反. 如果连续增大或减小平凸透镜的曲面与平板玻璃间的距离，则能观察到圆环条纹向内收缩，不断向中心湮没，或者观察到圆环条纹一个个从中心冒出，并向外扩张.

在实验室中，常用牛顿环测定光波波长或平凸透镜的曲率半径. 在光学元件加工车间，常用牛顿环快速检测透镜的曲率半径及其表面是否合格.

例 16.6 观察牛顿环的装置如图 16.20 所示. 波长 $\lambda=589$ nm 的钠光平行入射，经半反半透平面镜 M 反射后，垂直入射到牛顿环装置上. 今用读数显微镜 T 观察牛顿环，测得第 k 级暗环半径 $r_k=4.00$ mm，第 $k+5$ 级暗环半径 $r_{k+5}=6.00$ mm. 求平凸透镜 A 的球面曲率半径 R 及暗环的 k 值.

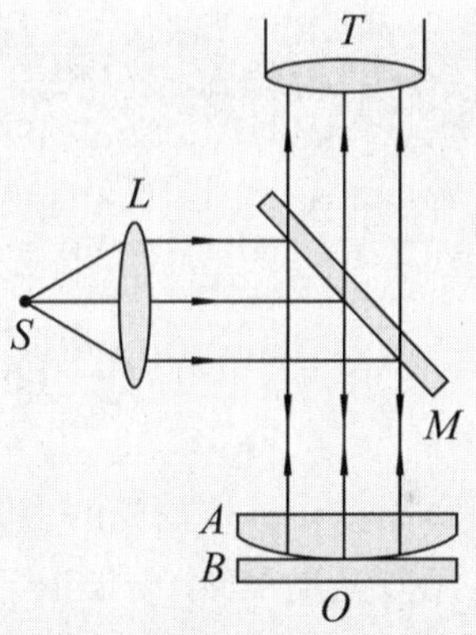

图 16.20

解 按题意，这是空气薄膜牛顿环，其折射率 $n=1$. 据式(16.20)，暗环半径为

$$r_k=\sqrt{kR\lambda},\quad r_{k+5}=\sqrt{(k+5)R\lambda}$$

消去 k 可得

$$R=\frac{r_{k+5}^2-r_k^2}{5\lambda}=\frac{(6.00^2-4.00^2)\times10^{-6}\ \text{m}^2}{5\times589\times10^{-9}\ \text{m}}=6.79\ \text{m}$$

将此结果代入 $r_k=\sqrt{kR\lambda}$ 中，得

$$k=\frac{r_k^2}{R\lambda}=4$$

即半径为 4.00 mm 的暗环是第 4 级暗环.

例 16.7 设平凸透镜的凸面是一标准样板，其曲率半径 $R_1=102.3$ cm，而另一凹面是一待测面，半径为 R_2，如图 16.21 所示. 若在牛顿环实验中，垂直入射的单色光波长 $\lambda=589.3$ nm，测得第 4 级暗环的半径 $r_4=2.250$ cm，求 R_2.

解 如图所示,在与第 k 级暗条纹所对应的空气膜处,先计算两个高度 h_1 和 h_2. 利用球面和平面间距关系式(16.18),有

$$h_1=\frac{r_k^2}{2R_1},\quad h_2=\frac{r_k^2}{2R_2}$$

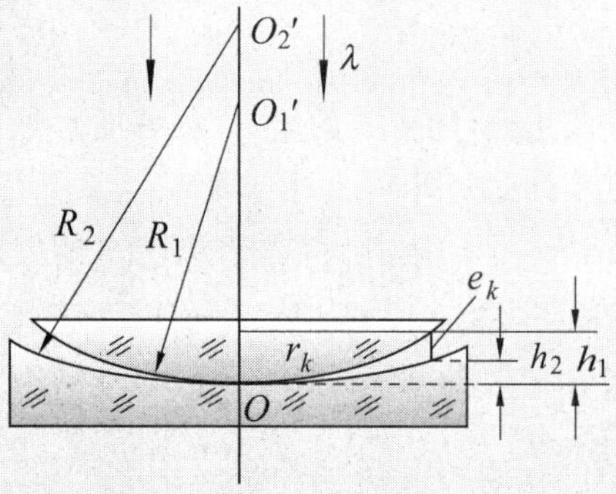

图 16.21

式中 r_k 为第 k 级暗环半径. 由此可得该处空气膜厚度为

$$e_k=h_1-h_2=\frac{r_k^2}{2}\left(\frac{1}{R_1}-\frac{1}{R_2}\right)\text{①}$$

由暗纹条件

$$2e_k+\frac{\lambda}{2}=(2k+1)\frac{\lambda}{2}$$

则有

$$e_k=\frac{k\lambda}{2}\qquad\text{②}$$

式中 $k=0,1,2,\cdots$. 联立式①和式②,并代入 $k=4$,解得

$$\frac{1}{R_2}=\frac{1}{R_1}-\frac{k\lambda}{r_k^2}=\frac{1}{102.3\ \text{cm}}-\frac{4\times589.3\times10^{-7}\ \text{cm}}{(2.250\ \text{cm})^2}=9.728\times10^{-3}\ \text{cm}^{-1}$$

$$R_2=\frac{1}{9.728\times10^{-3}\ \text{cm}^{-1}}=102.8\ \text{cm}$$

16.6 迈克耳孙干涉仪

干涉仪是根据光的干涉原理制成的精密仪器. 现有的各种干涉仪中,大多采用双光束干涉. 本节介绍最常用的一种双光束干涉仪——迈克耳孙干涉仪,是 100 多年前由美国物理学家迈克耳孙(A. Michelson)设计制成的. 这是一种比较典型的干涉仪,是许多近代干涉仪的原型.

迈克耳孙干涉仪是用分振幅法产生双光束干涉的仪器,其构造示意图如图 16.22所示. 图中 S 为光源,N 为毛玻璃片,M_1 和 M_2 是两块精密磨光的平面反射镜,分别安装在相互垂直的两臂上. 其中 M_1 固定,M_2 通过精密丝杠的带动,可以沿臂轴方向移动. 在两臂相交处放一与两臂成 45°角的平行平面玻璃

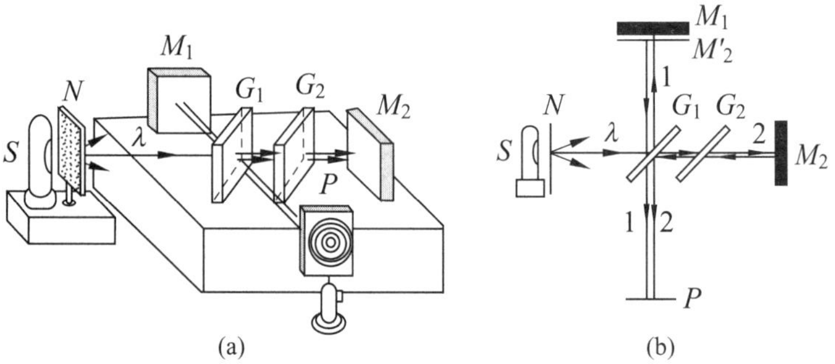

图 16.22

板 G_1. 在 G_1 的后表面镀有一层半透明半反射的薄银膜,银膜的作用是将入射光束分成振幅近似相等的反射光束 1 和透射光束 2,因此 G_1 称为**分光板**.

由扩展面光源 S 发出的光,射向分光板 G_1 经分光后形成两部分. 反射光 1 垂直地射到平面反射镜 M_1 后,经 M_1 反射透过 G_1 射到 P 处. 透射光 2 通过另一块与 G_1 完全相同且平行于 G_1 放置的玻璃板 G_2(无银膜)射向 M_2,经 M_2 反射后又经过 G_2 到达 G_1,再经半反射膜反射后到达 P 处. 在 P 处可以观察两相干光束 1 和 2 的干涉图样.

由光路图可以看出,因玻璃板 G_2 的插入,使得光束 1 和光束 2 通过玻璃板的次数相同(3 次). 这样一来,两光束的光程差就和玻璃板中的光程无关. 因此,称玻璃板 G_2 为**补偿板**.

由于分光板后表面的半反射膜实质上是反射镜,它使 M_2 在 M_1 附近形成一个虚像 M_2',因而,光在迈克耳孙干涉仪中自 M_1 和 M_2 的反射,相当于自 M_1 和M_2'的反射. 于是,迈克耳孙干涉仪中所产生的干涉图样就如同由 M_1 和 M_2' 之间的空气薄膜产生的一样. 当 M_1 和 M_2 严格垂直时,M_1 和 M_2'之间形成平行平面空气膜,用面光源照射时,可以观察到等倾干涉条纹;当 M_1 和 M_2 不严格垂直时,M_2'和 M_1 之间形成空气劈尖,用平行光入射时,则可观察到等厚干涉条纹.

因干涉条纹特征取决于光程差,所以当 M_2 移动时,在 P 处能观察到干涉条纹的变化. 当 M_1 和 M_2'严格平行时,这种变化表现为等倾干涉的圆环形条纹不断地从中心冒出或向中心收缩. 当 M_1 和 M_2'不严格平行时,则表现为等厚干涉条纹相继移过视场中的某一标记位置. 由于光在空气膜中经历往返过程,因此,当 M_2 平移 $\lambda/2$ 距离时,相应的光程差就改变一个波长 λ,条纹将移过一个条纹间距. 由此得到动镜 M_2 平移的距离与条纹移动数 N 的关系为

$$d = N\frac{\lambda}{2} \tag{16.21}$$

迈克耳孙干涉仪的最大优点是两相干光束在空间是完全分开的,互不扰乱,因此可用移动反射镜或在单独的某一光路中加入其他光学元件的方法改变两光束的光程差,这就使干涉仪具有广泛的应用. 如用于测长度、测折射率和检查光学元件表面的平整度等,测量的精度很高. 1881 年迈克耳孙曾用干涉仪做了著名的迈克耳孙-莫雷实验,测定不同惯性系中光速的差异,其否定结果为相对论的实验基础之一. 1892 年迈克耳孙精确测量了镉(Cd)红线的波长,为利用波长定义长度基准奠定了基础. 1907 年,为表彰迈克耳孙在精密光学仪器研制及在光谱学、计量学研究中的卓越贡献,瑞典皇家科学院授予他诺贝尔物理学奖. 迈克耳孙干涉仪及其变形在近代科技中所展示的功能也是多种多样的. 例如,光调制的实现、光拍频的实现以及激光波长的测量等.

例 16.8 在迈克耳孙干涉仪中,M_2 反射镜移动 0.2334 mm 的距离时,可以数出移动了 792 条条纹,求所用光的波长.

解 当平面镜 M_2 移动 $\lambda/2$ 的距离(即改变薄膜厚度 $\lambda/2$)时,相应的光程差改变为 λ,条纹将移过一个间距.根据式(16.21),可得所用光的波长为

$$\lambda=\frac{2d}{N}=\frac{2\times 0.2334\times 10^{-3}\ \mathrm{m}}{792}=5.894\times 10^{-7}\ \mathrm{m}$$

16.7 光源的相干性

前面讨论了产生干涉的必要条件和获得相干光的基本方法,然而,这并不意味着凡是有相干光传播的空间都一定能产生干涉现象.因为光干涉现象能否发生,还与光源发光过程的时间特性以及光源上不同部分发光的空间特性有关,这两者可分别归结为光源的时间相干性和空间相干性.

16.7.1 时间相干性

时间相干性问题来源于光源中微观发光过程在时间上的非连续性,也就是说,从光源中发出的各个独立波列的长度是有限的.图 16.23(a)表示从光源 S 发出的一列有限长的光波,经双缝 S_1、S_2 分割波阵面后得到两列有限长相干波列.如果这两波列沿 S_1P 和 S_2P 两波线传播,光程差较小,它们有机会在 P 点相遇而发生干涉.如果沿 S_1Q 和 S_2Q 波线传播,光程差较大,以致其中一个波列已完全通过 Q 点时,另一个波列尚未到达,它们因为没有机会相遇而无法发生干涉.图 16.23(b)是分振幅干涉中的情形,波列 1、2 和 3 都是由同一入射波列 K 经不同界面分振幅而获得的相干波列.当上面一块玻璃板较厚而两玻璃板间的空气层很薄时,波列 1 和 2 的光程差较小,能在 P 点相遇而发生干涉.但当它们到达 P 点时,波列 3 则早已通过 P 点,因而没有机会与 1、2 波列相遇,从而无法参与干涉.这就是用普通光源观察薄膜干涉时,要求膜很薄的原因所在.

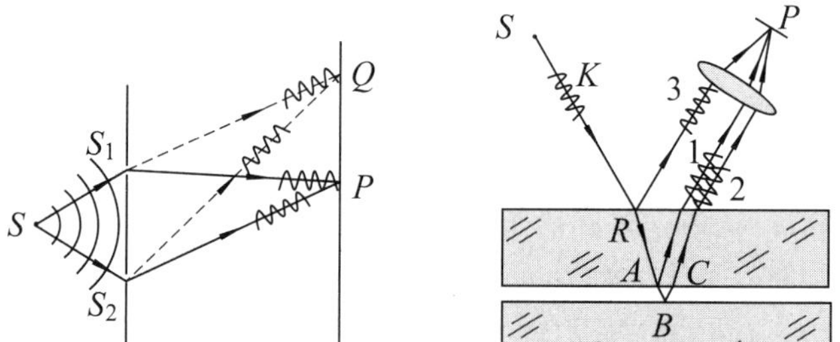

图 16.23

为了便于分析,我们将光源中原子每次发光的持续时间称为**相干时间**,用 τ_0 表示,则每一波列在真空中的长度为 $L_0=c\tau_0$,c 为真空中光速,L_0 称为光源的**相干长度**,它等于真空中的波列长度.由图 16.23(a)、(b)所示的两种情况可知,若两相干波列传播路径的光程差为 δ,则只有在 $L_0>\delta$ 时两波列才有机会相遇而发生干涉.所以 L_0 越长,产生干涉所允许的光程差就越大,而 L_0 的长短

取决于光源的相干时间 τ_0. 我们将光源的这种相干性称为**时间相干性**. 普通光源的相干长度只有毫米到厘米数量级. 激光的相干长度较长，但因激光器的类型及设计标准不同而有较大差异，从米数量级到百米或更高的数量级，所以激光光源的时间相干性好.

另外，从光谱分析的理论和实验发现，光源的时间相干性与光源的光谱结构特点有密切关系. 相干长度较长的光源，所发出来的光频率成分较单纯，即以某一中心频率的光强为主，而高于和低于这一中心主频率的其他光波的光强下降得很快，亦即所谓光源的单色性好. 由此可知，单色性好的光源，其时间相干性也好.

16.7.2 空间相干性

在使用普通光源做杨氏双缝干涉实验时，总是先用一条狭缝对光源进行限制，才能获得清晰的干涉条纹. 如果将缝的宽度逐渐扩大，将会发现干涉条纹逐渐变得模糊，当缝宽达到一定程度时，干涉条纹完全消失. 这就是所谓光源的**空间相干性问题**.

如图 16.24 所示，S 是一宽光源. 假定当入射屏 P_1 上的缝宽扩大到 b 时，观察屏上的干涉条纹恰好完全消失. 这时，我们可以针对图中光路，对这一现象作如下解释：在宽度为 b 的光源上各点独立发出波长为 λ 的光波，经双缝 S_1、S_2 分波阵面后，各自在观察屏上产生自己的一套干涉条纹，其在 x 轴上的条纹间距 $\Delta x = D\lambda/d$. 若 b 上任取一对相距为 $b/2$ 的点光源，例如图中 S' 和 S''，它们在 x 轴上产生的零级明纹恰好相互错开半个条纹间距，即 $\overline{O'O''} = \Delta x/2$. 此时一组干涉条纹的明纹与另一组干涉条纹的暗纹相互重叠（如图中的虚线曲线与实线曲线所示），结果就观察不到这两组干涉条纹. 由于在 b 上连续分布的各对相距 $b/2$的点光源都会出现上述情况，所以在屏上只能看到均匀的光强分布. 由图中几何关系并考虑到通常的实验条件是 $b \ll R$ 和 $\Delta x \ll D$，可以得出

$$\frac{b/2}{R} = \frac{\Delta x/2}{D}$$

将 $\Delta x = D\lambda/d$ 代入上式，得到干涉条纹恰好消失时光源的最大宽度为

$$b = \frac{R}{d}\lambda \tag{16.22}$$

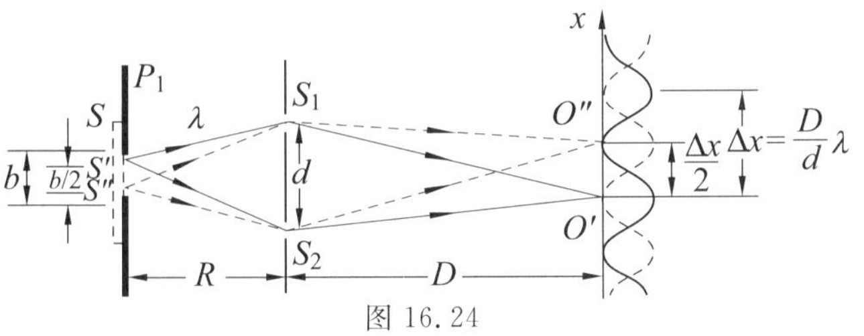

图 16.24

当单缝 S 的缝宽等于或大于 b 时，就不能观察到干涉条纹. 当 R、d、λ 给定时，可由式(16.22)算出 b 值，从而对光源宽度做出限制. 反之，对于某一宽度为 b 的光源（它发出波长为 λ 的光波），要想在杨氏双缝干涉实验中观察到干涉条纹，则应对比值 R/d 做出限制，即要求 $R/d > b/\lambda$.

内容提要

1. 相干光

1) 相干光的条件

频率相同、振动方向平行、相位差恒定.

2) 获得相干光的方法

分波阵面法和分振幅法.

3) 明暗纹条件

$$\Delta\varphi = 2\pi\frac{\delta}{\lambda} = \begin{cases} \pm 2k\pi, & k=0,1,2,\cdots \quad (\text{明纹}) \\ \pm(2k+1)\pi, & k=0,1,2,\cdots \quad (\text{暗纹}) \end{cases}$$

$$\delta = \begin{cases} \pm k\lambda, & k=0,1,2,\cdots \quad (\text{明纹}) \\ \pm(2k+1)\dfrac{\lambda}{2}, & k=0,1,2,\cdots \quad (\text{暗纹}) \end{cases}$$

2. 杨氏双缝干涉(分波阵面法获得相干光)

光程差： $\delta=\dfrac{d}{D}x$.

条纹： 明暗相间的等间距直条纹.

条纹间距： $\Delta x=\dfrac{D}{d}\lambda$.

3. 薄膜干涉(分振幅法获得相干光)

1) 薄膜干涉的光程差与明暗纹条件(δ 中计入 $\lambda/2$)

$$\delta = 2e\sqrt{n_2^2-n_1^2\sin^2 i}+\frac{\lambda}{2} = \begin{cases} k\lambda, & k=1,2,3,\cdots \quad (\text{明纹}) \\ (2k+1)\dfrac{\lambda}{2}, & k=0,1,2,\cdots \quad (\text{暗纹}) \end{cases}$$

2) 等倾干涉条纹(薄膜厚度均匀)

同心圆环.同一条纹由来自同一倾角的入射光形成,半径小的圆环级次高.反射光的干涉图样与透射光的干涉图样明暗互补.

3) 等厚干涉条纹(光线垂直入射)

劈尖： 与棱边平行的明暗相间的等间距的直条纹.

条纹间距： $l=\dfrac{\lambda}{2n\sin\theta}\approx\dfrac{\lambda}{2n\theta}$.

相邻明(暗)纹之间劈尖的厚度差： $\Delta e=e_{k+1}-e_k=\dfrac{\lambda}{2n}$.

牛顿环： 内疏外密的同心圆环,半径大的圆环级次高.

牛顿环半径(δ 中计入 $\lambda/2$)：

$$r = \begin{cases} \sqrt{\left(k-\dfrac{1}{2}\right)\dfrac{R\lambda}{n}}, & k=1,2,3,\cdots \ (\text{明环}) \\ \sqrt{k\dfrac{R\lambda}{n}}, & k=0,1,2,\cdots \ (\text{暗环}) \end{cases}$$

4. 迈克耳孙干涉仪

动镜移动距离与条纹移动数的关系： $d=N\lambda/2$.

习　题

(一)选择题和填空题

16.1 如图所示，在双缝干涉实验中，屏幕 H 上的 P 点处是明纹. 若将缝 S_2 盖住，并在 S_1、S_2 连线的垂直平分面处放一高折射率介质反射面 M，则此时[　].

(A) P 点处仍为明纹.　　(B) P 点处为暗纹.

(C) 不能确定 P 点处是明纹还是暗纹.　　(D) 无干涉条纹.

16.2 如图所示，单色平行光垂直照射在薄膜上，经上下两表面反射的两束光发生干涉. 若薄膜厚度为 e，且 $n_1<n_2$，$n_2>n_3$，λ_1 为入射光在 n_1 中的波长，则两束反射光的光程差为[　]

(A) $2n_2e$.　　(B) $2n_2e-\lambda_1/(2n_1)$.

(C) $2n_2e-n_1\lambda_1/2$.　　(D) $2n_2e-n_2\lambda_1/2$.

16.3 检验滚珠大小的干涉装置示意如图(a)所示. S 为光源，L 为会聚透镜，M 为半透半反镜. 在平晶 T_1、T_2 之间放置 A、B、C 三个滚珠，其中 A 为标准件，直径为 d_0. 用波长为 λ 的单色光垂直照射平晶，在 M 上方观察到等厚条纹如图(b)所示. 轻压 C 端，条纹间距变大，则 B 珠的直径 d_1、C 珠的直径 d_2 与 d_0 的关系分别为[　]

(A) $d_1=d_0+\lambda$, $d_2=d_0+2\lambda$.　　(B) $d_1=d_0-\lambda$, $d_2=d_0-2\lambda$.

(C) $d_1=d_0+\lambda/2$, $d_2=d_0+\lambda$.　　(D) $d_1=d_0-\lambda/2$, $d_2=d_0-\lambda$.

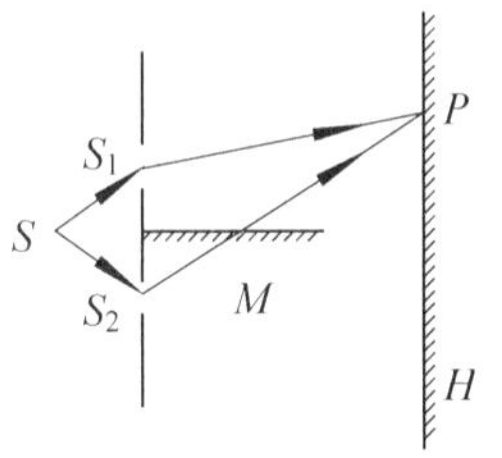

题 16.1 图

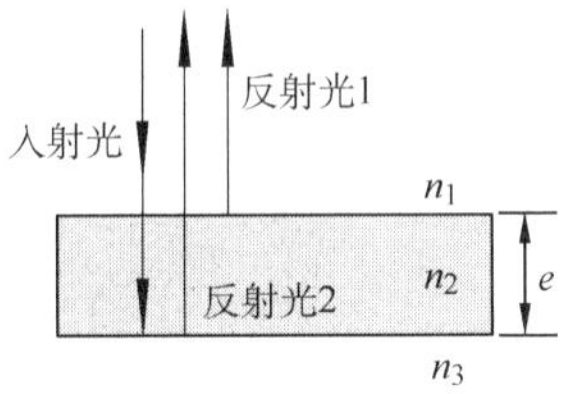

题 16.2 图

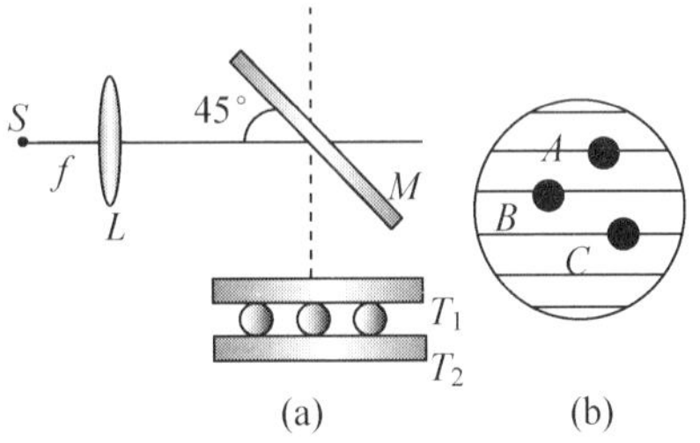

题 16.3 图

16.4 在玻璃(折射率 $n_3=1.60$)表面镀一层 MgF_2(折射率 $n_2=1.38$)薄膜作为增透膜. 为了使波长为 500 nm(1 nm$=10^{-9}$ m)的光从空气($n_1=1.00$)正入射时尽可能少反射，MgF_2 薄膜的最少厚度应是[　]

(A) 78.1 nm.　(B) 90.6 nm.　(C) 125 nm.　(D) 181 nm.　(E) 250nm.

16.5 维纳光驻波实验装置示意如图所示. MM' 为金属反射镜，NN' 为涂有极薄感光层的玻璃板. MM' 与 NN' 之间夹角 $\varphi=3.0\times10^{-4}$ rad，波长为 λ 的平面单色光通过 NN' 板垂直入射到 MM' 金属反射镜上，则反射光与入射光在相遇区域形成光驻波，NN' 板的感光层上形成对应于波腹波节的条纹. 实验测得两个相邻的驻波波腹感光点 A、B 的间距 $\overline{AB}=1.0$ mm，则入射光波的波长为________mm.

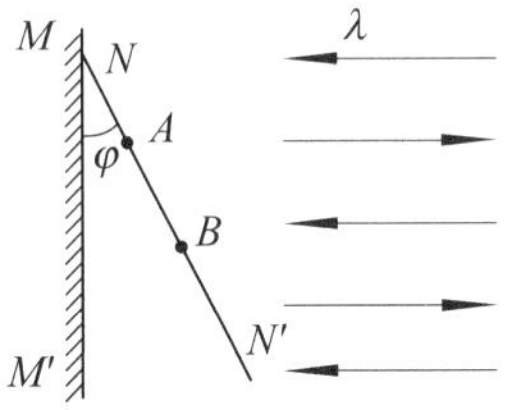

题 16.5 图

16.6 在牛顿环装置的平凸透镜和平板玻璃间充以某种透明液体，观测到第 10 个明环的直径由充液前的 14.8 cm 变成充液后的 12.7 cm，则这种液体的折射率 n 为________.

16.7 白色平行光(波长 400～760 nm)垂直入射间距为 0.2 mm 的双缝，距缝 2 m 处设置观察屏，第三级明纹彩带的宽度 $\Delta L=$________.

(二)问答题和计算题

16.8 在杨氏双缝干涉实验中:(1)如果把光源 S 向上移动,则干涉图样将发生怎样的移动?(2)当双缝间距不断增大时,则干涉图样中相邻明纹之间距离将发生什么变化?(3)若每条狭缝都加宽 1 倍,干涉图样中相邻明纹之间的距离将发生什么变化?

16.9 窗玻璃也是一块透明薄板,但在通常的日光下,为什么我们观察不到干涉现象?有时取两块窗玻璃的碎片叠合起来,会观察到无规则形状的彩色条纹,这现象如何解释?

16.10 在杨氏双缝实验中,双缝间距为 0.1 mm,双缝与屏幕的距离为 3 m. 对下列三条典型谱线求出干涉条纹的间距:(1)蓝线(486.1 nm);(2)黄线(589.3 nm);(3)红线(656.3 nm).

16.11 在一双缝实验中,双缝间距为 5.0 mm,双缝离屏 1.0 m,在屏上可见到两套干涉图样. 一套是由 480.0 nm的光产生,另一套由 600.0 nm 的光产生. 问在屏上两套干涉图样的第三级干涉明条纹间的距离是多少?

16.12 双缝干涉实验中,在相干光束之一的光路中放入一块玻璃片,结果使中央明纹中心移到原来第六级明纹中心的位置上. 设光线垂直射入薄片,薄片的折射率 $n=1.6$,波长 $\lambda=6.6\times10^2$ nm. 求薄片的厚度.

16.13 在菲涅耳双镜干涉实验中,单色光源($\lambda=600.0$ nm)放在距双镜交线 0.10 m 处,光屏放在距双镜交线 2.07 m 处. 已知双镜的夹角 ε 为 $10'$,如图所示. (1)求屏上相邻两干涉条纹间的距离;(2)如果光源与双镜交线的距离增加到0.20 m,则屏上干涉条纹之间的距离有什么变化?

16.14 如图所示,湖面上方 $h=0.50$ m 处放一电磁波接收器. 当某射电星从地平面渐渐升起时,接收器可测到一系列极大值. 已知射电星发射的电磁波波长为 0.20 m,求出现第一个极大值时射电星的射线与铅垂线间的夹角 θ(湖水可看成是电磁波的反射体).

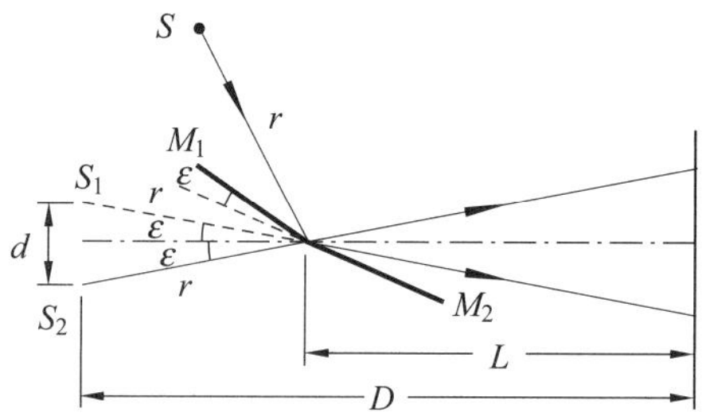

题 16.13 图

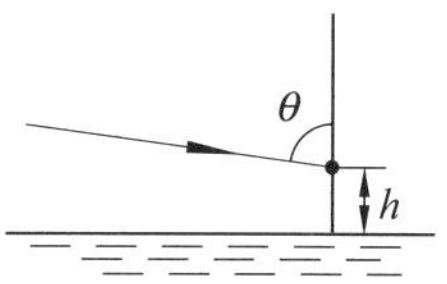

题 16.14 图

16.15 一平面单色光波垂直照射在厚度均匀的薄油膜上,油膜覆盖在玻璃板上. 所用单色光的波长可连续变化,观察到 500 nm 和 700 nm 两个波长的光相继在反射中消失. 油的折射率为 1.30,玻璃的折射率为 1.50,试求油膜的厚度.

16.16 空气中有一层油膜,其折射率为 1.3,当观察方向与膜面法线方向成 30°角时,可看到从油膜反射的光呈绿色(波长 $\lambda=500$ nm). 试问:(1)油膜的最小厚度为多少?(2)如果从膜面的法线方向观察,则反射光的颜色如何?

16.17 如图所示,把直径为 D 的细丝夹在两块平玻璃砖的一边,形成劈尖形空气层,在钠黄光($\lambda=589.3$ nm)垂直照射下形成如图上方所示的干涉条纹,求 D 的值.

16.18 利用劈尖的等厚干涉条纹,可测量很小的角度. 在如图所示的劈尖上,垂直入射光的波长为 589.3 nm,并测得其中相邻两条明纹的位置 $d_A=15.8$ mm,$d_B=16.0$ mm. 求劈尖的夹角.

16.19 利用空气劈尖的等厚干涉条纹,可测量精密加工工件表面极小纹路的深度. 测量时,把待测工件放在测微显微镜的工作台上,使待测表面向上. 在工件表面上放一平板玻璃使其间形成空气劈尖,单色光垂直照射到玻璃片上,在显微镜中观察干涉条纹. 由于工件表面不平,观察到干涉条纹如图所示. 试根据条纹弯曲的方向,说明工件表面上纹路是凹的还是凸的,并证明纹路深度可用下式表示:

$$H=\frac{a}{b}\cdot\frac{\lambda}{2}$$

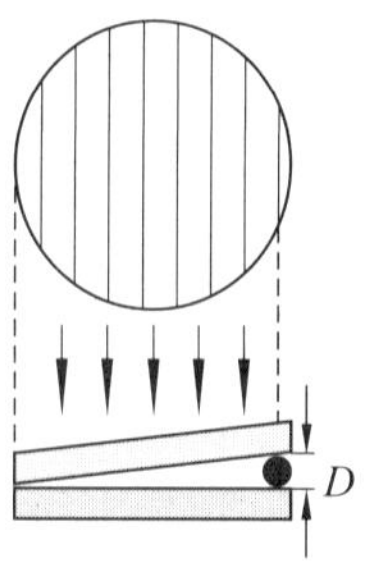

题 16.17 图

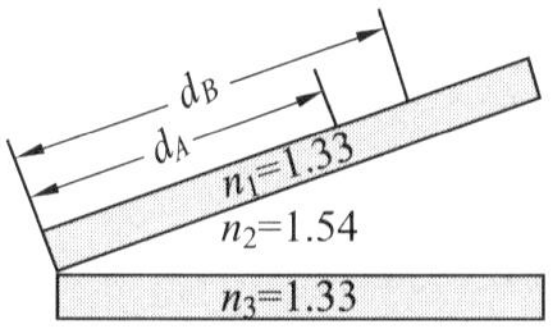

题 16.18 图

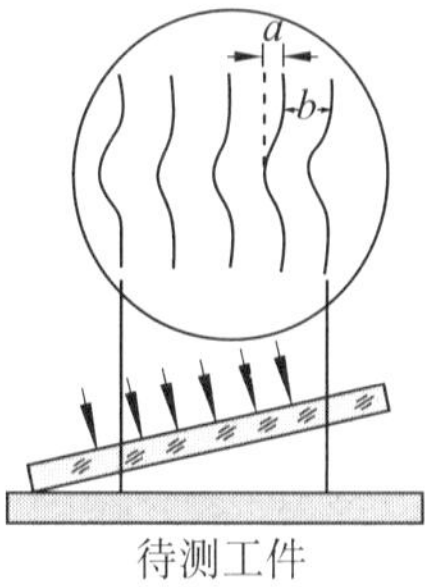

题 16.19 图

16.20　一玻璃劈尖放在空气中，其末端厚度 $h=0.005$ cm，折射率 $n=1.5$. 现用波长 $\lambda=700$ nm 的平行单色光，以 $i=30°$ 入射角射到劈尖的上表面. (1)试求玻璃劈尖上表面形成的干涉明纹数目；(2)若以尺寸完全相同的两块玻璃片形成的空气劈尖代替上述的玻璃劈尖，则产生的明纹数目是多少？

16.21　检验透镜曲率的干涉装置如图所示. 在波长为 λ 的钠黄光垂直照射下显示出图上方的干涉图样，设图中线条为明条纹. 你能否判断透镜的下表面与标准模具之间气隙的厚度最多不超过多少？

16.22　当盛于玻璃器皿中的水绕中心轴以匀角速度 ω 旋转时，水面和器皿水平底面的截面如图所示. 现以波长 $\lambda=640.0$ nm 的单色光垂直入射，观察到中心为明纹，第 30 级明纹的半径为 10 mm. 已知水的折射率 $n=4/3$，求 ω.

16.23　牛顿环的实验装置如图所示. 设玻璃板由两部分组成(冕牌玻璃 $n_1=1.50$ 和火石玻璃 $n_2=1.75$)，透镜是冕牌玻璃制成的，而透镜和玻璃板之间的空间充满二硫化碳($n_3=1.62$). 试问在反射光中看到干涉图样的情况如何？

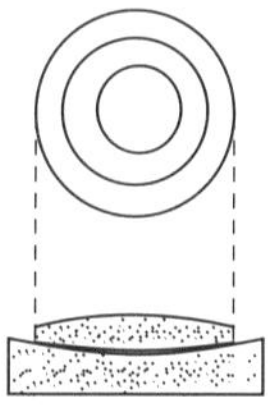

题 16.21 图

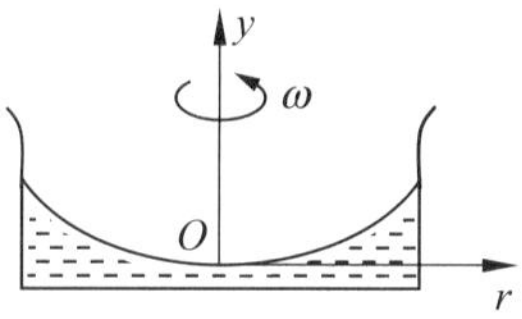

题 16.22 图

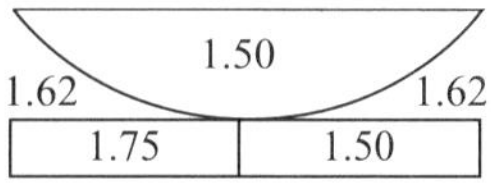

题 16.23 图

16.24　用波长 $\lambda=589.3$ nm 的钠黄光观察牛顿环，测得某一明环直径为 2.00 mm，而其外第四个明环直径为 6.00 mm，求凸透镜的曲率半径.

16.25　用钠黄光(波长为 589.3 nm)照射迈克耳孙干涉仪. 当把折射率 $n=1.4$ 的薄膜放在干涉仪的一条光路中时，测得干涉条纹移动了 7.0 条，试求薄膜的厚度.

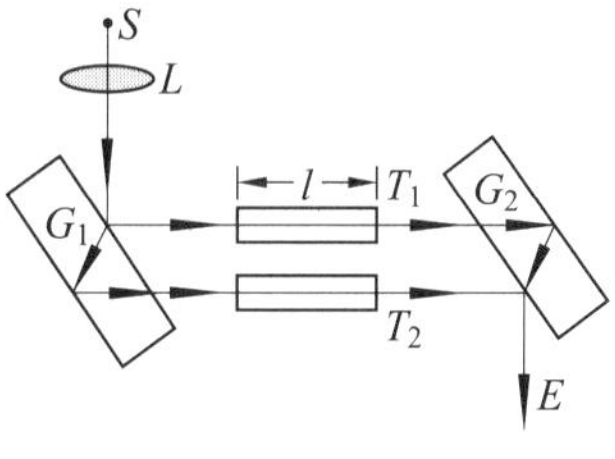

题 16.26 图

16.26　测定气体折射率的干涉仪(雅敏干涉仪)的光路如图所示. 图中 S 为光源，L 为聚光透镜，G_1、G_2 为两块等厚而且平行的玻璃板，T_1、T_2 为等长的两个玻璃管，长度为 l. 测量时，先将两管抽空，然后将待测气体徐徐充入一管中，在 E 处观察干涉条纹的变化，即可测得气体折射率. 某次测量时，将待测气体充入 T_2 管中，从开始进气到标准状态过程中，在 E 处看到共移过 98 条干涉条纹. 若光源波长 $\lambda=589.3$ nm，$l=0.20$ m，试求该气体在标准状态下的折射率.

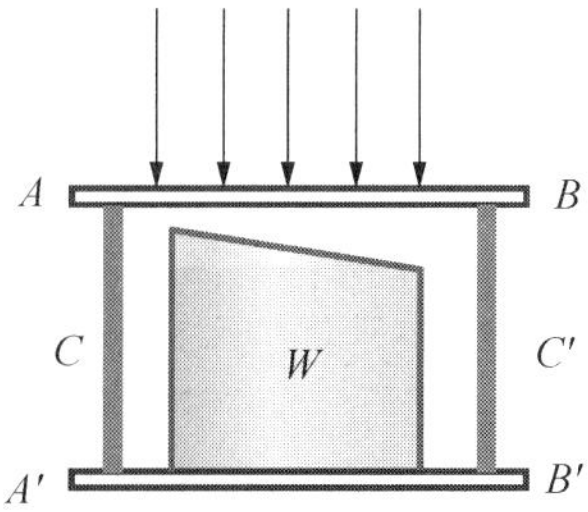

题 16.27 图

16.27　根据薄膜干涉原理制成的测定固体线膨胀系数的干涉膨胀仪，其构造如图所示，AB 和 $A'B'$ 均为平玻璃板，CC' 为热膨胀系数极小的石英圆环(其长度可视为不随温度变化而变化)，W 为待测热膨胀系数的样品，其上表面与玻璃板 AB 的下表面形成空气劈尖. 以波长为 λ 的单色光自上而下垂直照射，设在温度为 T_0 时测得 W 的长度为 L. 若在温度升高至 T 的过程中，观察到有 N 条干涉条纹从视场中某一固定刻线通过. 试证明样品的线膨胀系数为

$$\alpha=\frac{N\lambda}{2L_0(T-T_0)}$$

阅读材料 11

光学陀螺

陀螺仪是一种能够精确测定运动物体方位的仪器，它是现代航空、航海、航天和国防工业中广泛使用的一种惯性导航仪器，对一个国家的工业、国防和其他高科技的发展具有十分重要的战略意义. 传统的惯性陀螺仪主要指机电式陀螺仪，它离不开高速转动的刚性转子，结构复杂、加工工艺要求高，精度受到了很多方面的制约.

1913 年，法国物理学家萨尼亚克(G. Sagnac)发现了萨尼亚克效应，使人们意识到可以利用环形光的干涉来测量旋转角速度. 1960 年激光出现，优质光源用于萨尼亚克干涉仪使得测量精度大大提高，1963 年第一个激光陀螺模型在实验室诞生. 1966 年，英籍华人科学家高锟提出光导纤维的设想，使得光在玻璃纤维中的传播成为可能，10 年之后，世界上第一个光纤陀螺原理样机面世. 自此，传统的惯性导航技术得到全面革新.

激光陀螺和光纤陀螺都是利用环形光的干涉来完成转速和方位的测定，这样的光学器件称为光学陀螺. 和传统的机电陀螺相比，光学陀螺因其具有的高稳定性、高可靠性、抗冲击、动态范围大、数字化、低成本、无需温控和启动时间短等一系列优点，在惯性技术领域获得了越来越广泛的应用. 目前激光陀螺由于精度及稳定性更优，已能成熟地应用于捷联惯导系统，成为纯惯性远程军用武器系统的优选对象. 我国经过国防科技大学等单位 40 余年的艰苦攻关，已成为世界上第四个能独立研制激光陀螺的国家. 高伯龙院士被尊称为“中国激光陀螺奠基人”.

不论是激光陀螺还是光纤陀螺，其基本原理都是利用萨尼亚克效应，所不同的只是传输介质及检测方式不同，下面分别进行介绍.

1. 萨尼亚克效应

所谓萨尼亚克效应，是指在任意形状的闭合光路中，从某一观测点出发的一对光波沿相反方向传播一周后又回到该观测点时，如光路相对惯性空间存在着转动角速度，则沿正、反向传播的光束之间会产生光程差，且光程差与转动角速度成正比. 也就是说，转动角速度对光的干涉现象会产生影响，因此，若能测出光程差或对应的相位差的信息，即可得到转动角速度.

萨尼亚克效应表明，利用无运动部件的光学系统同样能够检测相对惯性空间的旋转.

2. 激光陀螺

激光陀螺的核心元件是环形激光谐振腔，它是由石英制成的三角形或正方形的闭合环形光路，内有一个或几个装有氦氖混合气体的管子、两个全反射镜和一个半反射镜，如图 16.25 所示. 用高频电源或直流电源激发混合气体，产生氦氖激光，并经两个全反射镜反射形成沿相反方向传输的 a、b 两束光. 如环形光路对应的光程为光波波长的整数倍，则可实现谐振，形成两束激光. 最后用半反射镜将两束激光导出回路，并经直角棱镜使两束光干涉.

若环形光路不转动，则 a、b 两束光光程相等，无干涉现象. 而形成激光，需要满足谐振条件 $L=n\lambda=nc/\nu$，式中 L 为环形光路一圈的光程，n 为正整数，λ 为激光波长，c 为真空中光速，ν 为光波频率.

若环形光路随载体以角速度 ω 转动，则因光束 a、b 绕行方向不同，绕行一圈回到分束点时的光程就不相等，由此产生光程差，如图 16.26 所示.

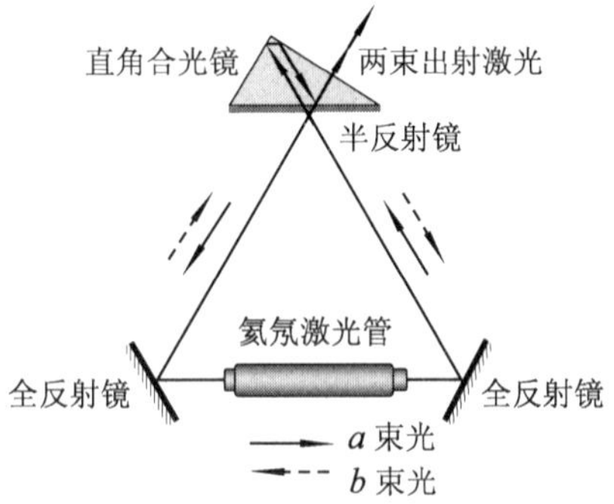

图 16.25

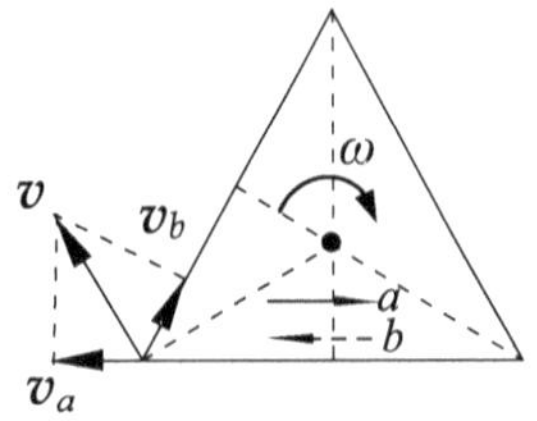

图 16.26

不难看出，分束点相对惯性空间的线速度 v 在 a、b 两束光的光路上的投影为

$$v_a = v_b = \left(\frac{L}{6}\cdot\frac{1}{\cos 30°}\right)\omega\cdot\cos 60° = \frac{L}{6\sqrt{3}}\omega$$

因光束 a 逆行，光束 b 顺行，故绕行一圈的实际光程为

$$L_a = L - v_a L_a/c,\quad L_b = L + v_b L_b/c$$

解出 L_a、L_b，并算出两者的光程差 ΔL 分别为

$$L_a = \frac{L}{1 + L\omega/(6\sqrt{3}c)},\quad L_b = \frac{L}{1 - L\omega/(6\sqrt{3}c)} \tag{①}$$

$$\Delta L = L_b - L_a = \frac{L^2\omega/(3\sqrt{3}c)}{1 - (L\omega)^2/(6\sqrt{3}c)^2} \tag{②}$$

考虑到 $c \gg L\omega$，则式②可近似为

$$\Delta L \approx L^2\omega/(3\sqrt{3}c) = \frac{4A}{c}\omega$$

其中 A 为三角形回路的面积. 由于光束 a、b 均满足谐振条件，有 $L_a = n\lambda_a = nc/\nu_a$，$L_b = n\lambda_b = nc/\nu_b$，因此两束光的频率差（拍频）为

$$\nu_a - \nu_b = nc\left(\frac{\Delta L}{L_a L_b}\right) \approx \frac{4A}{L\lambda}\omega \tag{③}$$

可见，只要测得逆、顺两光束的拍频，由式③即可确定载体相对惯性空间的角速度 ω. 如三角形谐振腔边长 111.76mm，氦氖激光波长 0.6328μm，仪器测得两束光的拍频 7.43Hz，则可算出地球自转角速度为 $7.29\times10^{-5}\,\mathrm{rad\cdot s^{-1}}$. 在实际应用中，式③对其他形状环路的激光陀螺也适用.

3. 光纤陀螺

光纤陀螺本质上就是一个环形干涉仪，它采用多匝光纤线圈来增强相对惯性空间的旋转引起的萨尼亚克效应，并通过测量两束相干光的相位差来确定转动角速度，其基本结构如图 16.27 所示. 分束器将光束一分为二，在光纤环中形成正反向传播的两束光. 当光纤环以角速度 ω 转动时，类似于激光陀螺的计算，两束光的光程差 ΔL 和相位差 $\Delta\varphi$ 分别为

$$\Delta L = \frac{4NA}{c}\omega,\quad \Delta\varphi = \frac{2\pi}{\lambda}\cdot\frac{4NA}{c}\omega \tag{④}$$

式中 N 为光纤匝数，A 为光纤环面积. 式④表明相位差与旋转角速度之间有一定的内在联系，通过对相位差的提取，即可确定旋转角速度.

光学陀螺通过测定频率差或相位差可算出旋转角速度 ω. 将 ω 对时间积分，即可得到载体相对于初始位置转过的角度 θ. 如在载体上沿相互垂直的三个方向各固定一个光学陀螺，就可随时测定载体沿三个方向各自转过的角度，也就实时测定了载体的方位.

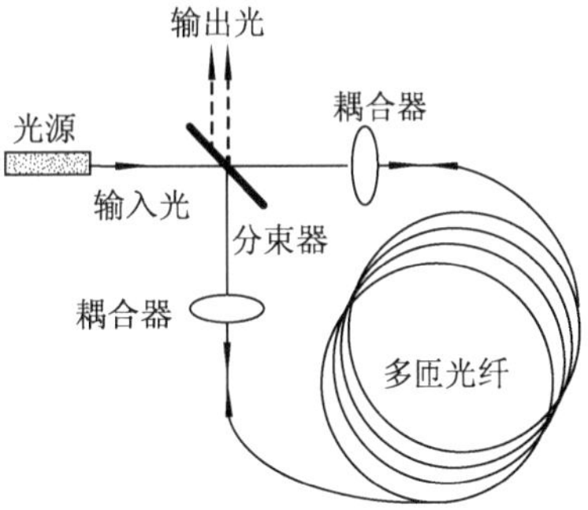

图 16.27

第17章　光的衍射

衍射和干涉一样，是波动的基本特征.本章以惠更斯-菲涅耳原理为基础，介绍光的衍射，着重讨论单缝衍射和光栅衍射的特点和规律，简要介绍圆孔衍射、光学仪器的分辨本领和X射线的衍射.

17.1　光的衍射现象　惠更斯-菲涅耳原理

17.1.1　光的衍射现象

如图17.1(a)所示，一束平行光通过一个宽度可调的狭缝 K，若缝的宽度比光的波长大很多，则屏幕 H 上将呈现出与缝等宽且边界清晰的亮区，两侧是几何阴影，这是光的直线传播性质的表现.若将缝的宽度不断缩小，则当缝很窄时，光将进入几何阴影区域，这时中央亮区亮度降低而范围扩大，并且在其两侧的阴影区域出现明暗相间的条纹，如图17.1(b)所示.这种光波遇到障碍物时偏离直线传播，进入几何阴影区域，使光强重新分布的现象称为光的**衍射**.

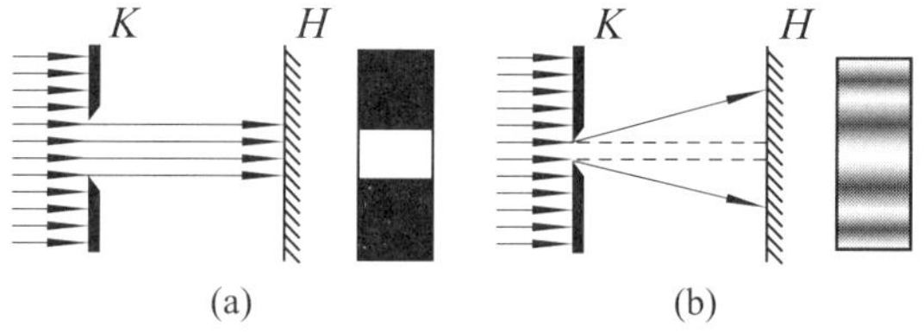

图 17.1

光遇到小孔、小圆屏等其他障碍物时，也能发生衍射.衍射现象是否显著，取决于障碍物的线度与光的波长的相对比值，只有当障碍物的线度比光的波长大得不多时，衍射现象才显著.当障碍物的线度小到与光的波长完全可以相比时，衍射范围将弥漫整个视场.

17.1.2　惠更斯-菲涅耳原理

我们知道，应用惠更斯原理，可以定性地从某时刻的已知波阵面求出其后另一时刻的波阵面.但因惠更斯原理的子波假设不涉及子波的强度和相位，所以无法解释衍射形成的光强不均匀分布现象.法国物理学家菲涅耳(A. Fresnel)在惠更斯的子波假设基础上，提出“子波相干叠加”的思想，从而建立了反映光的衍射规律的惠更斯-菲涅耳原理.该原理指出：**波阵面上任一点均可视为能发射子波的波源，波阵面前方空间某点处的光振动取决于到达该点的所有子波的相干叠加.**

根据惠更斯-菲涅耳原理，将图 17.2 中的波阵面 S 分割为无限多个面元，每个面元 dS 都是一个子波源，P 点的光振动取决于 S 面上所有面元发出的子波在该点的相干叠加.

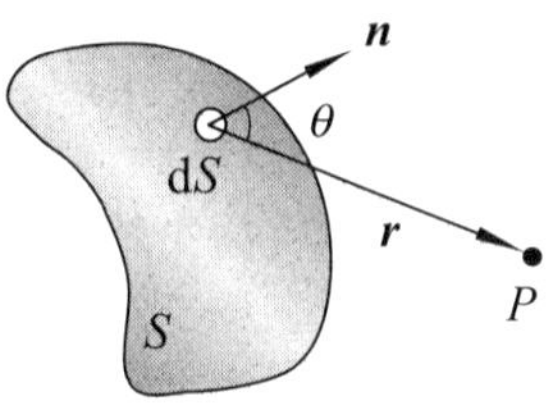

图 17.2

对于任一面元 dS 发出的子波在 P 点引起的光振动的振幅和相位，菲涅耳有如下假设：

(1) 面元 dS 发出的子波在 P 点引起的光振动的振幅，与 dS 的大小成正比，与 dS 到 P 点的距离 r 成反比，并与 $\boldsymbol{r}$ 和面元 dS 的法线 $\boldsymbol{n}$ 方向之间的夹角 θ 有关，θ 越大振幅越小；

(2) 因波阵面 S 是一同相面，所以任一面元 dS 在 P 点引起的光振动的相位由 r 决定.

根据以上假设，并引入比例常数 C，dS 发出的子波在 P 点引起的光振动可写成

$$dE = C\frac{K(\theta)}{r}\cos\left(\omega t - 2\pi\frac{r}{\lambda}\right)dS$$

式中 $K(\theta)$ 是随 θ 增大而缓慢减小的函数，称为**倾斜因子**. 对上式积分，就得到波阵面 S 在 P 点引起的合振动，即

$$E = \int_S C\frac{K(\theta)}{r}\cos\left(\omega t - 2\pi\frac{r}{\lambda}\right)dS \tag{17.1}$$

这就是惠更斯-菲涅耳原理的数学表达式，称为菲涅耳衍射积分.

菲涅耳用倾斜因子来说明子波不能向后传播，假设当 $\theta \geqslant \pi/2$ 时，$K(\theta)=0$，因而子波振幅为零. 借助于惠更斯-菲涅耳原理，原则上可定量地描述光通过各种障碍物所产生的衍射现象，但对一般的衍射问题，积分计算相当复杂. 我们将在 $K(\theta)$ 和 r 为常量的简单情况下，用它计算单缝衍射的光强分布.

17.1.3　衍射的分类

根据光源、障碍物、观察屏三者的相对位置，可将衍射分为两类.

当光源和屏，或两者之一与障碍物之间的距离为有限远时，所产生的衍射称为**菲涅耳衍射**，如图17.3(a)所示. 当光源和屏与障碍物之间的距离均为无限远时，所产生的衍射称为**夫琅禾费**(Fraunhofer)衍射，如图 17.3(b)所示. 这时，光到达障碍物和到达观察屏的都是平行光. 显然可用透镜实现夫琅禾费衍射，如图 17.3(c)所示.

本章只讨论夫琅禾费衍射，因为这种衍射计算比较简单，且有一定的实用价值.

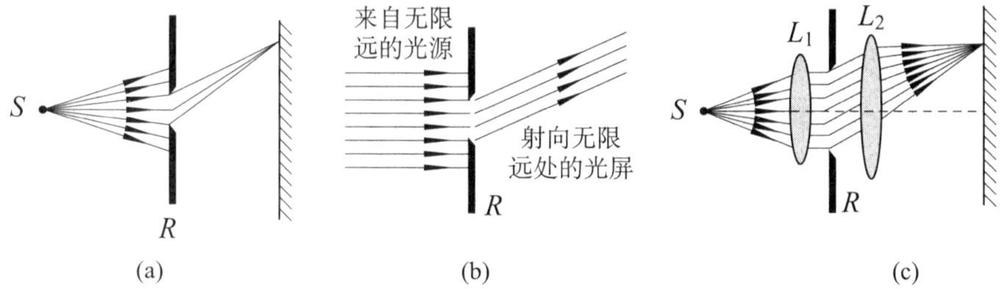

图 17.3

17.2 单缝的夫琅禾费衍射

17.2.1 单缝的夫琅禾费衍射现象

宽度远小于长度的矩形孔称为单缝.单缝的夫琅禾费衍射如图 17.4 所示.单缝 K 垂直于纸面,观察屏 H 位于透镜 L_2 的焦平面上.若 S 为点光源,则在 H 上形成如图(a)所示的衍射图样;若 S 为平行于狭缝的线光源,则形成如图(b)所示的衍射图样.可见条纹明暗相间,中央明纹最宽最亮,其他明纹的光强随级次增大而迅速减小.

对于单缝衍射条纹的形成,我们首先用菲涅耳半波带法进行研究.

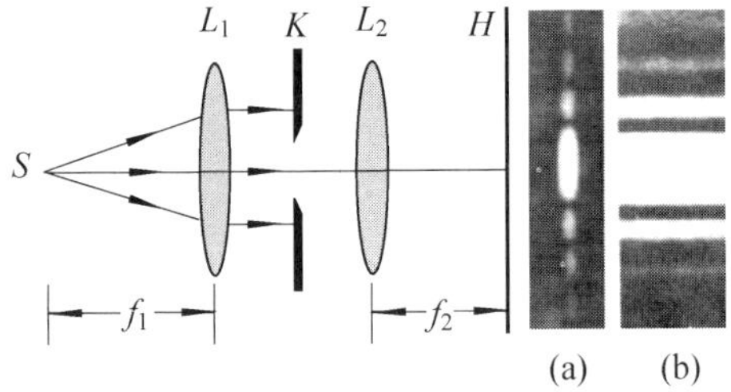

图 17.4

17.2.2 半波带法

1. 菲涅耳半波带

根据惠更斯-菲涅耳原理,单缝面上每一面元都是子波源,它们各自向各方向发出子波,形成衍射光线.衍射光线和缝面法线的夹角称为**衍射角**,记为 θ.经透镜会聚后,凡有相同衍射角的光线将会聚于屏上的同一点.如图 17.5(a)所示,其中平行衍射光 1 的衍射角 $\theta=0$,经透镜会聚于 P_0 点.由于这组平行光从 AB 面发出时相位相同,而透镜又不产生附加光程差,因此,这组平行光到达 P_0 点的光程相等,干涉相长,即在 P_0 点形成中央明纹.

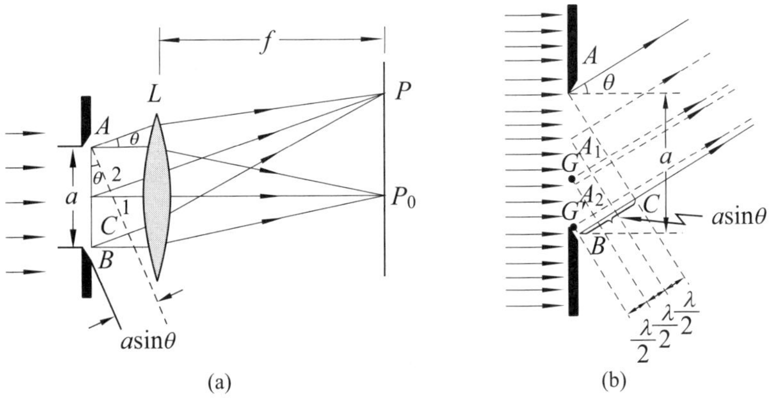

图 17.5

衍射角为 θ 的平行衍射光 2 经透镜后会聚于 P 点. 作 $AC \perp BC$，则由 AC 面上各点到达 P 点的光程相同，因而这组平行光在 P 点的光程差仅取决于它们从缝面各点到达 AC 面时的光程差. 从单缝两端点 A 和 B 发出的两衍射光的光程差最大. 设缝宽为 a，则最大光程差 $BC = a\sin\theta$.

设想作相距半个波长且平行于 AC 的平面，并且这些平面恰好能把 BC 分成 N 个相等的部分，则这些平面同时也将单缝处的波阵面 AB 分成面积相等的 N 个波带，这样的波带称为菲涅耳**半波带**. 显然半波带两端点发出的子波的光程差为 $\lambda/2$. 并且由于观察点 P 到单缝中心的距离远大于缝的宽度，所以从各半波带发出的子波在 P 点的强度可近似认为相等.

图 17.5(b)表示单缝处波面正好分成 $N=3$ 个半波带 AA_1、A_1A_2、A_2B. 两个相邻半波带的任意两个对应点，如 G 和 G'、A_1 和 A_2 所发出的衍射光到达 P 点时，光程差都是 $\lambda/2$，它们将相互干涉抵消. 因此，**两个相邻半波带所发出的衍射光在 P 点都将干涉相消**，这是半波带的基本特点.

由此可知，对给定的衍射角 θ，若 BC 正好等于半波长的偶数倍，即单缝正好能分成偶数个半波带，则干涉相消后在 P 点出现暗纹；若 BC 正好等于半波长的奇数倍，即单缝正好能分成奇数个半波带，则两两相消后总要剩下一个半波带的光在 P 点没有被抵消，因而 P 点出现明纹；若 BC 不能正好等于半波长的整数倍，则 P 点的光强将介于最明和最暗之间.

2. 明暗纹条件

根据以上分析，在垂直入射时，单缝在衍射方向上形成明暗纹的条件是

$$a\sin\theta = \begin{cases} 0, & \text{（中央明纹）} \\ \pm 2k\left(\dfrac{\lambda}{2}\right), & k = 1,2,3,\cdots \quad \text{（暗纹）} \\ \pm(2k+1)\dfrac{\lambda}{2}, & k = 1,2,3,\cdots \text{（明纹）} \end{cases} \tag{17.2a}$$

式中 k 称为衍射级次($k \neq 0$)，$2k$ 和 $2k+1$ 是单缝面上可分出的半波带数目，正负号表示各级明暗条纹对称分布在中央明纹两侧. 相应的衍射角 θ 的范围理论上为 $\left(-\dfrac{\pi}{2}, \dfrac{\pi}{2}\right)$.

设透镜焦距为 f，由于透过透镜光心的衍射光保持直线传播，也将会聚到 P 点，因此可得相应的明暗纹中心位置为

$$x = f\tan\theta \approx f\sin\theta = \begin{cases} 0, & \text{（中央明纹）} \\ f\dfrac{k\lambda}{a}, & k = 1,2,3,\cdots \text{（暗纹）} \\ f\dfrac{(2k+1)\lambda}{2a}, & k = 1,2,3,\cdots \text{（明纹）} \end{cases} \tag{17.2b}$$

将单缝衍射的明暗纹条件式(17.2a)与上一章中双缝干涉的明暗纹条件作对比，可见两者的明暗条件正好相反. 这一矛盾的产生在于光程差的含义不同. 在双缝干涉中的光程差是指两缝所发出的光波在相遇点的光程差，而在单缝衍射中的光程差，是指衍射角为 θ 的一组平行衍射光中的最大光程差，即单缝边缘那两束衍射线的光程差.

3. 衍射图样的特点

用半波带法可以大致说明衍射条纹的光强分布. 对应于中央明纹中心 P_0，单缝处波面发出的所有子波在该点干涉相长，因而光振动合振幅最大，光强也最大. 对应于一级明纹，波阵面 AB 分成 3 个半波带，因而第一级明纹是由只占单缝三分之一面积的一个半波带发出的子波所引起的振动合成，其光强要比中央明纹小很多. 级次越高，θ 越大，分成的半波带数目就越多，因而未被抵消的一个半波带面积占单缝面积的比例就越小，在屏上的相应明纹的光强就越小.

更深入的理论计算可得到单缝衍射的光强分布如图 17.6 所示. 可以看出单缝衍射图样的特点：**中央明纹最亮，其他明纹的光强随级次增大而迅速减小**. 由式(17.2b)可计算明暗纹条纹间距及条纹宽度. $k \neq 0$ 时，相邻明纹或相邻暗纹之间的条纹间距均为 $\Delta x = f\dfrac{\lambda}{a}$. 各级明纹都有一定的宽度，第 k 级明纹两侧暗纹间的距离即为明纹宽度，因此相邻暗纹对应的衍射角之差即为明纹的角宽度，也经常被表述为第 k 级明纹对透镜光心的张角. 因此 $k \neq 0$ 时的明纹宽度为 $f\dfrac{\lambda}{a}$，衍射角很小时，角宽度约为 $\dfrac{\lambda}{a}$.

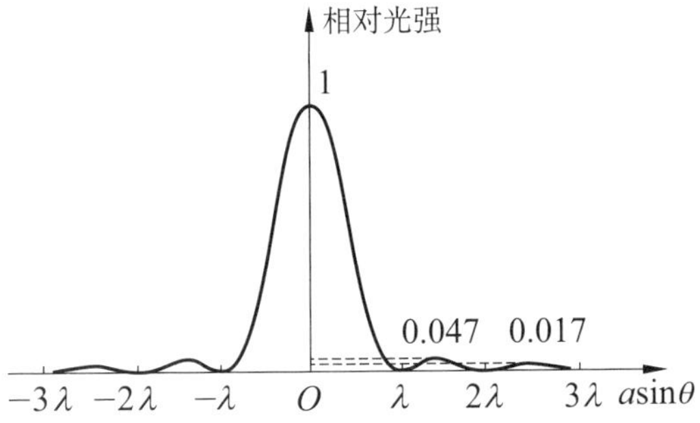

图 17.6

而对中央明纹，可以计算中央明纹宽度，即两个一级暗纹中心的距离为

$$\Delta x_0 = 2f\frac{\lambda}{a} \tag{17.3}$$

也可计算中央明纹的半角宽度(角宽度的一半，也就是中央明纹对透镜光心张角的一半)为

$$\theta_0 \approx \sin\theta_0 = \frac{\lambda}{a} \tag{17.4}$$

由式(17.3)可见，中央明纹的宽度为其他明纹宽度的 2 倍，正比于入射光波长 λ，反比于缝宽 a. 对于一定的波长 λ，a 越小，衍射越显著，但当 $a \ll \lambda$ 时，一级暗纹不出现，因而在屏上观察不到明暗相间条纹. 反之，a 越大，各级明纹就越向屏幕中央靠拢，衍射就越不明显，当 $a \gg \lambda$ 时，条纹过于密集而不能分辨，形成光的直线传播. 因此可以说光的直线传播规律是波动光学在 $\lambda/a \to 0$ 时的极限情形.

由式(17.2b)，当 a 一定时，明纹所对应的衍射角 θ 与 λ 成正比. 因此，若用白光照射单缝，衍射图样的中央仍为白光，其两侧则呈现出由紫到红排列的彩色条纹.

由以上讨论可知,光的衍射和干涉一样,本质上都是光波相干叠加的结果.一般来说,干涉是指有限个分立的光束的相干叠加,衍射则是连续的无限多个子波的相干叠加.干涉强调的是不同光束相互影响而形成相长和相消的现象,衍射强调的是光偏离直线传播而能进入阴影区域.事实上,干涉和衍射往往是同时存在的.平行光入射到双缝上,每一缝都要向一个较大角度内发出光线,这是衍射造成的.如果没有衍射,则光沿直线传播,在屏上只能形成边缘清晰的双缝像,它们不会相遇,也就不会发生干涉.可见双缝干涉的图样实际上是两个缝发出的光束的干涉和每个缝自身发出的光的衍射的综合效果.我们在上一章分析杨氏双缝干涉时,仅考虑了"两个缝",而没有考虑缝宽.

例 17.1 用单色平行可见光垂直照射到缝宽为 $a=0.5$ mm 的单缝上,在缝后放一焦距 $f=100$ cm 的透镜,则在位于焦平面的观察屏上形成衍射条纹.已知屏上距中央明纹中心 1.5 mm 处的 P 点为明纹,求:(1)入射光的波长;(2)P 点的明纹级次和对应的衍射角,以及此时单缝波面可分出的半波带数;(3)中央明纹的宽度.

解 (1) 对于 P 点,有

$$\tan\theta = \frac{x}{f} = \frac{1.5\ \text{mm}}{1000\ \text{mm}} = 1.5\times10^{-3} \qquad ①$$

可见 θ 角很小,因而 $\tan\theta\approx\sin\theta\approx\theta$.根据明暗纹条件式(17.2),可得

$$\lambda = \frac{2a\sin\theta}{2k+1} = \frac{2a\tan\theta}{2k+1}$$

k 取不同值,代入上式,$k=1$ 时,有

$$\lambda_1 = \frac{2a\tan\theta}{2k+1} = \frac{2\times0.5\ \text{mm}\times1.5\times10^{-3}}{2\times1+1} = 5\times10^{-4}\ \text{mm} = 500\ \text{nm}$$

类似地,$k=2$ 时,可算出 $\lambda_2=300$ nm.显然,λ_2 不是可见光,所以入射光波长为500 nm.

(2) 因 $k=1$,故 P 点明纹为第一级明纹,与明纹对应的半波带数为 $2k+1$,故半波带数为 3.

其衍射角为

$$\theta\approx\sin\theta = \frac{(2k+1)\lambda}{2a} = \frac{3\times5\times10^{-4}\ \text{mm}}{2\times0.5\ \text{mm}} = 1.5\times10^{-3}\ \text{rad} = 5.2'$$

衍射角也可以由式①得到.

(3) 中央明纹宽度

$$\Delta x = 2f\frac{\lambda}{a} = 2\times1000\ \text{mm}\times\frac{5\times10^{-4}\ \text{mm}}{0.5\ \text{mm}} = 2\ \text{mm}$$

17.2.3 用菲涅耳积分法讨论单缝衍射

半波带法只能大致说明单缝衍射现象,而菲涅耳积分法则可较为精确地给出单缝衍射规律.

如图 17.7 所示,a 为单缝宽度,O'为缝的中点,薄透镜 L 将衍射角为 θ 的平行光会聚于屏上的 P 点,设 O'点到 P 点的光程为 r_0. 考虑到薄透镜不产生附加光程差,故在下面的讨论中,我们忽略透镜的厚度.

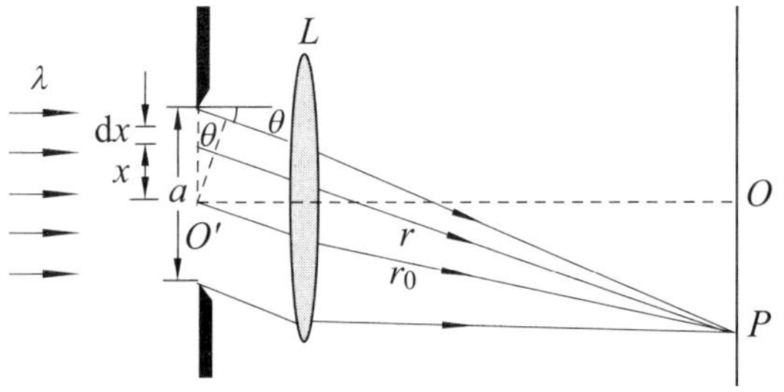

图 17.7

单缝面上离 O'点 x 处取一宽度为 $\mathrm{d}x$ 的面元,其面积 $\mathrm{d}S=b\mathrm{d}x$,式中 b 为缝的长度. 因 $a\ll r_0$,所以单缝面上各面元到 P 点的距离 r 相差极小,则在菲涅耳积分式(17.1)的振幅中,r 可视为常量. 此外,我们所考虑的仅是各面元在同一方向的子波在 P 点的叠加,因此倾斜因子 $K(\theta)$不随 x 变化. 然而,在式(17.1)的余弦函数中,虽然 r 变化不大,但因 λ 很小,$\cos(\omega t-2\pi r/\lambda)$的变化可能很大,故此处的 r 不能视为常量. 于是可写成

$$E=C'\int_{-\frac{a}{2}}^{\frac{a}{2}}\cos\left(\omega t-2\pi\frac{r_0+x\sin\theta}{\lambda}\right)\mathrm{d}x$$

式中常量 $C'=bCK(\theta)/r$. 因

$$\cos\left(\omega t-2\pi\frac{r_0+x\sin\theta}{\lambda}\right)=\cos\left(\omega t-2\pi\frac{r_0}{\lambda}-2\pi\frac{x\sin\theta}{\lambda}\right)$$

$$=\cos\left(\omega t-2\pi\frac{r_0}{\lambda}\right)\cos\frac{2\pi x\sin\theta}{\lambda}+\sin\left(\omega t-2\pi\frac{r_0}{\lambda}\right)\sin\frac{2\pi x\sin\theta}{\lambda}$$

而

$$\int_{-\frac{a}{2}}^{\frac{a}{2}}\sin\left(\frac{2\pi x\sin\theta}{\lambda}\right)\mathrm{d}x=0$$

所以有

$$E=C'\cos\left(\omega t-2\pi\frac{r_0}{\lambda}\right)\int_{-\frac{a}{2}}^{\frac{a}{2}}\cos\left(\frac{2\pi x\sin\theta}{\lambda}\right)\mathrm{d}x$$

$$=C'\cos\left(\omega t-2\pi\frac{r_0}{\lambda}\right)\left[\frac{\sin\frac{2\pi x\sin\theta}{\lambda}}{\frac{2\pi\sin\theta}{\lambda}}\right]_{-\frac{a}{2}}^{\frac{a}{2}}=\left[C'a\frac{\sin\frac{\pi a\sin\theta}{\lambda}}{\frac{\pi a\sin\theta}{\lambda}}\right]\cos\left(\omega t-2\pi\frac{r_0}{\lambda}\right)\tag{17.5}$$

单缝边缘与中点 O'处所发出的沿 θ 方向的子波在 P 点的光程差为

$$\delta=\frac{a}{2}\sin\theta$$

由 $\Delta\varphi=2\pi\delta/\lambda$ 可得与上式对应的相位差为

$$\beta = \frac{\pi a \sin\theta}{\lambda} \tag{17.6}$$

式(17.5)中余弦函数前括号内的量为 P 点光矢量的振幅. 将式(17.6)代入其中,因光强与光矢量振幅平方成正比,所以 P 点处光强为

$$I = I_0 \frac{\sin^2\beta}{\beta^2} \tag{17.7}$$

式中 $I_0=(C'a)^2$. 由上式可知,具有相同 θ 值的屏上各点具有相同的光强,因而屏上的衍射条纹平行于狭缝,且对称分布在中央明纹两侧. $\frac{\sin^2\beta}{\beta^2}$ 称为单缝衍射因子.

我们用菲涅耳积分法得出了单缝衍射的光强公式(17.7),下面对此式进行讨论.

当 $\theta=0$ 时,$\beta=0$,此时 $I=I_0$. 这表明式(17.7)中的 I_0 为中央明纹中心的光强,是衍射条纹中的最大光强,其值正比于单缝宽度的平方.

当 $\beta=\pm k\pi$ 时, 即

$$a\sin\theta = \pm k\lambda, \quad k = 1,2,3,\cdots$$

由式(17.7)得 $I=0$,这意味着上式为单缝衍射的暗纹条件,显然,与式(17.2a)一致.

对于其他各级明纹中心,其光强 I 相对于 β 有极大值. 根据极值条件有

$$\frac{\mathrm{d}I}{\mathrm{d}\beta} = I_0 \frac{\mathrm{d}}{\mathrm{d}\beta}\left(\frac{\sin^2\beta}{\beta^2}\right) = 0$$

解得

$$\beta = \tan\beta \tag{17.8}$$

上式是数学上的一个超越方程,可用近似法或作图法求解. 图 17.8 所示的是用作图法求解,两曲线 $y=\beta$ 和 $y=\tan\beta$ 的交点所对应的横坐标,就是方程(17.8)的解.

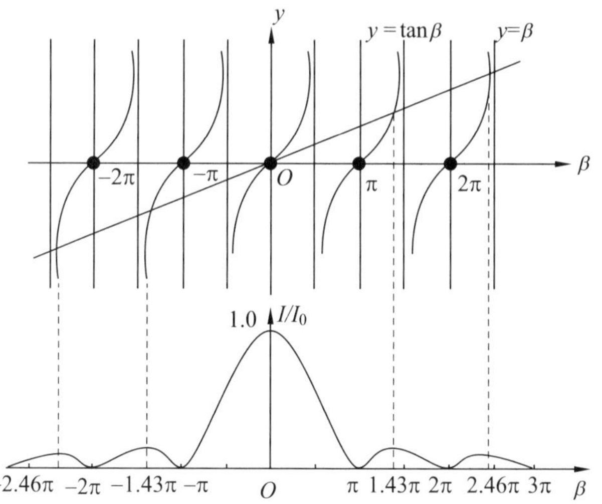

图 17.8

与实验结果比较,积分法较半波带法精确,但后者要简便得多.由表 17.1 可以看出,与半波带法相比,除中央明纹外,由菲涅耳积分法算出的各级明纹都要稍微向中央明纹靠近一些.

由式(17.7)可计算出相对光强 I/I_0 的分布图,如图 17.6 所示.

表 17.1 单缝的夫琅禾费衍射

衍射级次	β 值(积分法)	$a\sin\theta$ 值 $\left(=\frac{\beta\lambda}{\pi}\right)$	$a\sin\theta$ 值(半波带法)
0	0	0	0
1	$\pm 1.43\pi$	$\pm 1.43\lambda$	$\pm 1.5\lambda$
2	$\pm 2.46\pi$	$\pm 2.46\lambda$	$\pm 2.5\lambda$
3	$\pm 3.47\pi$	$\pm 3.47\lambda$	$\pm 3.5\lambda$

17.3 圆孔衍射 光学仪器的分辨本领

17.3.1 圆孔的夫琅禾费衍射

将夫琅禾费单缝衍射实验中的狭缝换成小圆孔,则可发现观察屏上形成的并不是简单的几何圆斑,而是一些明暗相间的同心圆环,如图 17.9 所示.这种现象称为圆孔的夫琅禾费衍射.在圆孔衍射中,圆环中心的亮斑最亮,称为**艾里(Airy)斑**.与单缝衍射一样,也可用惠更斯-菲涅耳积分公式求出圆孔衍射图样的光强分布规律.计算结果表明,艾里斑上分布的光能占通过圆孔总光能的 84%左右.艾里斑所对应的角半径 θ,即第一级暗纹的角位置满足关系式

$$\sin\theta = 0.61\frac{\lambda}{a} = 1.22\frac{\lambda}{D} \tag{17.9}$$

式中 λ 为入射光波长,a 和 D 分别为圆孔的半径和直径.

由图 17.9 可见,艾里斑的直径 $d=2f\tan\theta\approx 2f\sin\theta$,式中 f 为透镜的焦距.再将式(17.9)代入,可得艾里斑对透镜光心的张角为

$$2\theta \approx 2\sin\theta = \frac{d}{f} = 2.44\frac{\lambda}{D} \tag{17.10}$$

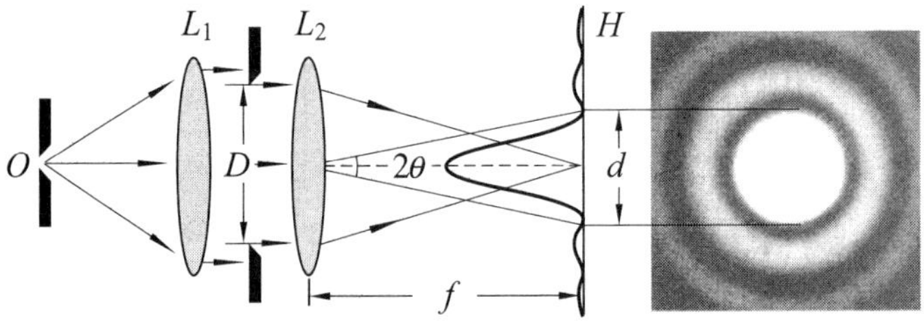

图 17.9

17.3.2 光学仪器的分辨本领

大多数光学仪器,如望远镜、照相机、摄像机等,都是由一些透镜组成的光学系统,每一系统都可等效成一个透镜,而透镜实际上相当于一个圆孔.因此,

一个物点通过光学仪器成像时，由于光的衍射，像点已不再是一个几何点，而是一个有一定大小的衍射斑，这种由衍射引起的“像差”是不能通过调整仪器或改变透镜的曲率等方法消除的.

用透镜观察远处两物点 S_1、S_2 时，在透镜焦平面处的屏上将呈现两个衍射像斑. 因 S_1、S_2 不相干，所以屏上各点的总光强等于两个衍射像斑在该点的光强之和. 人眼能否从总光强分布中分辨出两个物点的像，取决于两个艾里斑的重叠程度，重叠过多时，就不能分辨出两个物点.

通常用发光强度相同的两个物点 S_1、S_2 对透镜光心的张角 θ 的大小衡量艾里斑的重叠程度. 当 θ 大于某个角度 θ_0 时，如图 17.10(a)所示，两艾里斑只有小部分重叠，因而可以分辨出这是两个物点形成的艾里斑. 当 $\theta<\theta_0$ 时，如图 17.10(c)所示，两艾里斑重叠过多而无法分辨. 当 $\theta=\theta_0$ 时，如图 17.10(b)所示，从衍射图样来看，这时 S_1 的艾里斑中心恰好与 S_2 的第一级暗环重合，而 S_2 的艾里斑中心恰好与S_1的第一级暗环重合. 也就是说，一个艾里斑的中心恰好落在另一个艾里斑的边缘. 在这种情况下，对视力正常的人来说，恰好能分辨出是两个物点. 瑞利(L. Rayleigh)据此提出了作为确定光学仪器分辨极限的标准，称为**瑞利判据**. 这个判据规定，如果一个物点在像平面上形成的艾里斑中心恰好落在另一物点衍射图样的第一级暗环上，则认为这两个物点恰能被光学仪器所分辨. 这时两物点对透镜光心的张角 θ_0 称为光学仪器的**最小分辨角**，其倒数 $1/\theta_0$ 称为光学仪器的**分辨本领**或**分辨率**. 显然，θ_0 等于艾里斑半径对透镜光心的张角，由式(17.9)可得最小分辨角为

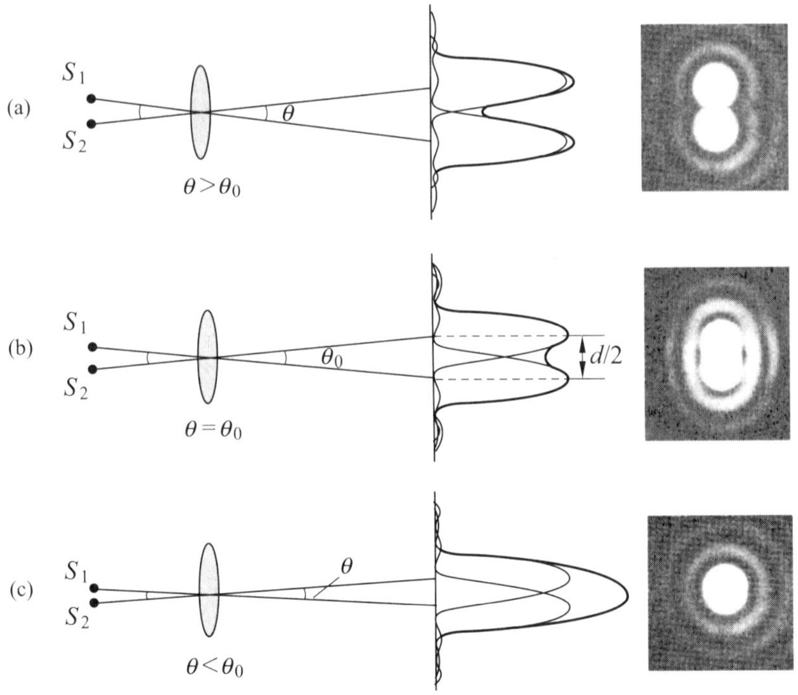

图 17.10

$$\theta_0 = 1.22\frac{\lambda}{D} \tag{17.11}$$

用 R 表示分辨本领,则有

$$R = \frac{1}{\theta_0} = \frac{D}{1.22\lambda} \tag{17.12}$$

由式(17.12)可见,仪器的分辨本领与其通光孔径 D 成正比,与入射光波长 λ 成反比.用作天文观测的望远镜,为提高分辨本领采用了大直径的物镜.如哈勃太空望远镜的主反射镜直径为 2.4 m,最小分辨角约为 0.01″,其继任者詹姆斯·韦伯太空望远镜的主反射镜口径更高达 6.5 m,而位于我国贵州的 500 米口径球面射电望远镜(five-hundred-meter aperture spherical radio telescope,FAST),其天线口径达 500 m,理论上可以检测到 137 亿光年以外的电磁信号,几乎接近宇宙的可观测边界,被誉为“中国天眼”.

对显微镜,则要通过采用极短波长的光来提高分辨率.工作在可见光波段的光学显微镜,其分辨率因受光的衍射效应的限制,最小可分辨距离约为最短可见光波长的一半,理论极限约为 200 nm.而利用电子束波动性成像的电子显微镜,由于电子波波长远小于可见光波长,分辨本领大大提高.例如在 1 万伏高压加速下,电子波波长约 0.117 nm,理论上最小可分辨距离可达亚纳米级.这意味着它们能够分辨出仅几个原子宽度的细节.这种极高的分辨能力使得电子显微镜成为研究材料科学、纳米技术、生物学等领域中原子和分子尺度结构的重要工具.

例 17.2 在通常亮度下,人眼瞳孔的直径约为 3 mm,求人眼的最小分辨角.若黑板上有一个横线间相距 2 mm 的等号“=”,则距黑板多远处的学生恰能分辨?取人眼最敏感的黄绿光波长 $\lambda=550$ nm 进行计算.

解 人眼瞳孔相当于一个有圆形通光孔径的透镜,由 $D=3$ mm 得最小分辨角

$$\theta_0 = 1.22\frac{\lambda}{D} = 1.22\times\frac{550\times10^{-9}\ \text{m}}{3\times10^{-3}\ \text{m}} = 2.2\times10^{-4}\ \text{rad} \approx 1'$$

设学生离黑板的距离为 s,等号两横线间距为 l,则等号两横线对瞳孔中心的张角为 $\theta=l/s$.根据瑞利判据,当 $\theta=\theta_0$ 时,等号恰能分辨,因而有

$$s = \frac{l}{\theta_0} = \frac{2\times10^{-3}\ \text{m}}{2.2\times10^{-4}} \approx 9.1\ \text{m}$$

17.4 光栅衍射

利用多缝衍射原理使光发生色散的元件称为衍射光栅.它是光谱仪、单色仪及许多光学精密测量仪器的重要元件,广泛应用于物理学、化学、天文、地质等基础学科和近代生产技术的许多部门.

17.4.1 光栅

由一组相互平行的等宽等间隔的狭缝构成的光学器件就是光栅.在一块透

明玻璃平板上等宽等间隔地刻划大量相互平行的刻线，即制成一个光栅．刻痕相当于毛玻璃，不透光，相邻刻痕间可透光，则成为狭缝．这种光栅称为**透射光栅**．光栅种类很多，除了透射式以外，还有反射式的、平面和凹面的等等，它们的衍射现象和分析方法都是相似的，我们仅讨论平面透射光栅．

若刻痕间的透光部分（狭缝）宽度为 a，刻痕宽度为 b，则 $d=a+b$ 称为**光栅常量**．显然 d 也是相邻两缝对应点之间的距离．通常，光栅常量很小，如在 1 cm 内刻有 400 条狭缝，则 $d=1/400\ \text{cm}=2.5\times10^{-3}\ \text{cm}$．光栅常量是表征光栅性能的重要参数．随着近几十年来光栅刻制技术的飞速发展，迄今已能在 1 mm 内刻制数千条线，总缝数可达 10^5 条量级．

17.4.2　光栅衍射的特点

如图 17.11(a)所示，平行单色光垂直照射到光栅上，从各缝发出的衍射角 θ 相同的平行光通过透镜 L 会聚在焦平面处屏上的同一点，衍射角不同的各组平行光则会聚于不同的点，从而形成衍射图样．一般来说，光栅衍射条纹的主要特点是：**明纹细而明亮，明纹间暗区较宽**，如图 17.11(b)所示．

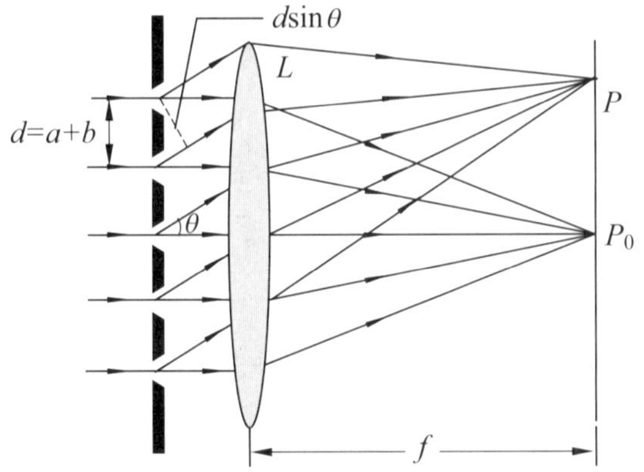

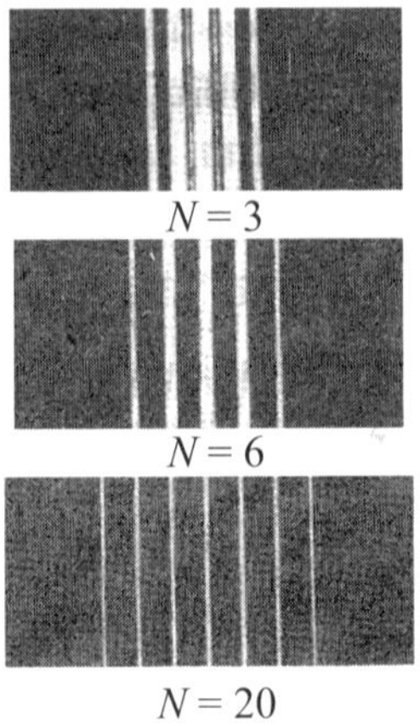

图 17.11

光栅衍射条纹与单缝衍射条纹比较有明显的差别，原因在于当光栅上的每一条缝按单缝衍射规律对入射光进行衍射时，因各缝发出的光是相干光，故在相遇区域里还要发生缝间干涉，所以，**光栅衍射图样是衍射和干涉的综合结果**．

1．缝间干涉决定主极大明纹

各缝发出的光在相遇区域的干涉属于多光束干涉问题．对于双缝干涉来说，根据简谐运动合成规律，两束相干光在相遇点的叠加对应于旋转矢量图上两个光矢的振幅矢量的合成．如图 17.12(a)所示，$\boldsymbol{a}_1$、$\boldsymbol{a}_2$ 是两个沿 x 方向振动的光矢量的振幅矢量，它们大小相等，即 $a_1=a_2=a$，相位差为 $\Delta\varphi$．图中 $\boldsymbol{A}$ 的大小就是合振动的振幅．

对于有 N 条狭缝的光栅来说，将有 N 束相干光在相遇点叠加，对应于旋

转矢量图上 N 个光矢的振幅矢量的合成. 设它们都沿 x 方向振动,振幅矢量分别为 $\boldsymbol{a}_1,\boldsymbol{a}_2,\cdots,\boldsymbol{a}_N$,并且大小相等,即 $a_1=a_2=\cdots=a_N$. 而相邻两缝发出的光束之间的相位差 $\Delta\varphi$ 也相同. 如图 17.11(a)所示,当光垂直入射时,有

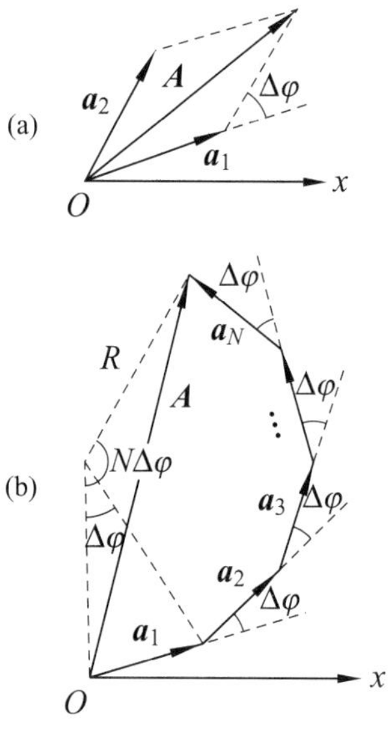

图 17.12

$$\Delta\varphi=\frac{2\pi\delta}{\lambda}=\frac{2\pi d\sin\theta}{\lambda} \tag{17.13}$$

式中 $\delta=d\sin\theta$ 为相邻两缝发出的平行衍射线之间的光程差. 这时可采用矢量多边形法则,如图 17.12(b)所示,最后的闭合矢量 **A** 的大小即为合振动的振幅. 由图 17.12(b)中的几何关系,容易得到合振动振幅为

$$A=2R\sin\frac{N\Delta\varphi}{2}=a_1\frac{\sin\frac{N\Delta\varphi}{2}}{\sin\frac{\Delta\varphi}{2}}$$

相应的光强为

$$I=I_1\left(\frac{\sin\frac{N\Delta\varphi}{2}}{\sin\frac{\Delta\varphi}{2}}\right)^2=I_1\frac{\sin^2 N\alpha}{\sin^2\alpha}$$

I_1 为通过单个狭缝后衍射角为 θ 时衍射线的强度,即式(17.7). 由此可得光栅衍射光强为

$$I=I_0\frac{\sin^2 N\alpha}{\sin^2\alpha}\cdot\frac{\sin^2\beta}{\beta^2} \tag{17.14}$$

其中 $\alpha=\frac{\Delta\varphi}{2}=\frac{\pi d\sin\theta}{\lambda}$, $\beta=\frac{\pi a\sin\theta}{\lambda}$. I_0 为通过单个狭缝后衍射角为 0 时衍射线的光强. 式(17.14)中, $\frac{\sin^2\beta}{\beta^2}$ 为单缝衍射因子, $\frac{\sin^2 N\alpha}{\sin^2\alpha}$ 来源于多缝干涉,称为缝间干涉因子.

不难看出:

(1) 当 $\Delta\varphi=\pm 2k\pi(k=0,1,2,\cdots)$时, $A=A_{\max}=Na_1$,对应于**主极大明纹**. 显然,总缝数 N 越多,主极大明纹越亮.

(2) 当 $\Delta\varphi$ 的值使各振幅矢量首尾相接组成封闭多边形时, $A=0$,对应于暗纹. 由此得到暗纹条件为

$$N\Delta\varphi=\pm m\cdot 2\pi$$

式中 $m=1,2,\cdots,(N-1),(N+1),\cdots,(2N-1),(2N+1),\cdots$.

当 $m=kN(k=0,1,2,\cdots)$时, $\Delta\varphi=\pm 2k\pi$,这正是主极大明纹条件. 因此上式中 m 的取值是不包括 $kN(k=0,1,2,\cdots)$的.

可以看出,在相邻的两个主极大明纹之间,有 $N-1$ 个暗纹,相应地还有 $N-2$ 个光强很小的**次极大明纹**,以致在缝数很多的情况下,两个主极大明纹之间实际上形成一片暗区.

2. 单缝衍射的调制作用

由于单缝衍射使光强重新分布，不同 θ 角的衍射线强度不同，如式(17.7)，这就影响了缝间相干光的光强. 式(17.14)表明，缝间干涉形成的主极大光强受单缝衍射光强分布的调制，使得各级主极大的光强大小不等.

图 17.13 是根据式(17.14)画出的光强分布，$N=5$，$d=a+b=3a$. 其中图(a)和图(b)分别表示单缝衍射和缝间干涉形成的光强分布；图(c)则为光栅衍射的光强分布，它综合反映了光栅衍射谱线的主要特点：

(1) 主极大明纹的位置与缝数 N 无关，它们对称地分布在中央明纹的两侧，中央明纹光强最大.

(2) 在相邻的两个主极大明纹之间，有 $N-1=4$ 个极小(暗纹)和 $N-2=3$ 个光强很小的次极大. 当 N 很大时，在相邻的主极大明纹之间实际上形成一片暗区. 从而获得又细又亮、暗区很宽的衍射条纹.

(3) 单缝衍射限制了光栅衍射中光强分布曲线的外部轮廓；在本图条件下，第 3、第 6、第 9……级主极大明纹没有出现.

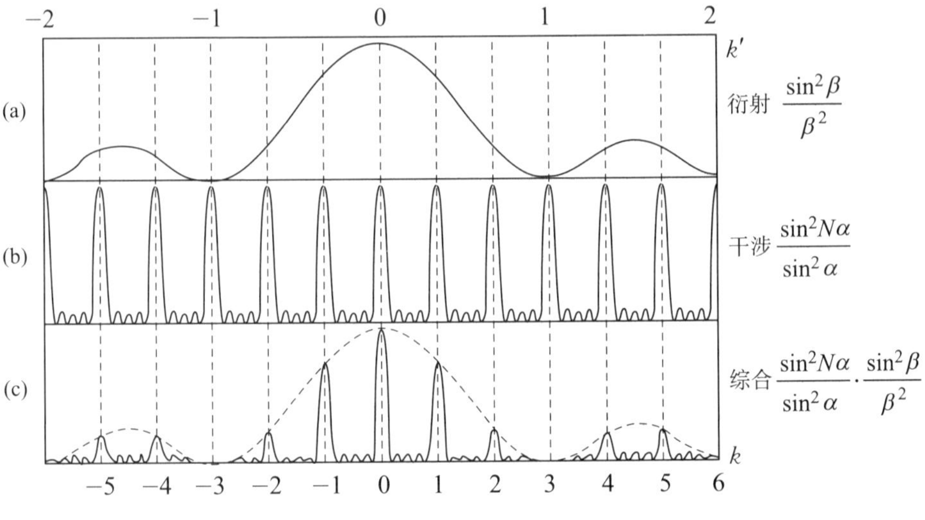

图 17.13

17.4.3　光栅方程

1. 垂直入射时的光栅方程

由前可知，当相邻两缝发出的衍射角 θ 的衍射线之间的相位差为 $\Delta\varphi=\pm 2k\pi$，($k=0,1,2,\cdots$) 时，P 点将出现第 k 级主极大. 考虑到式(17.13)，这也意味着光栅的明纹条件为

$$d\sin\theta=\pm k\lambda,\quad k=0,1,2,\cdots \tag{17.15}$$

上式称为光栅方程.

光栅的明纹条件由图 17.11 也容易理解. 由图 17.11 可知，当光垂直射向光栅时，沿 θ 方向的衍射光经透镜均会聚于 P 点，其中任意两个相邻狭缝发出的光到达 P 点的光程差均为 $\delta=d\sin\theta$，若这一光程差等于入射光波长 λ 的整

数倍，各缝发出的、会聚于 P 点的衍射光自然会因相干叠加得到加强，从而在 P 点形成明纹.

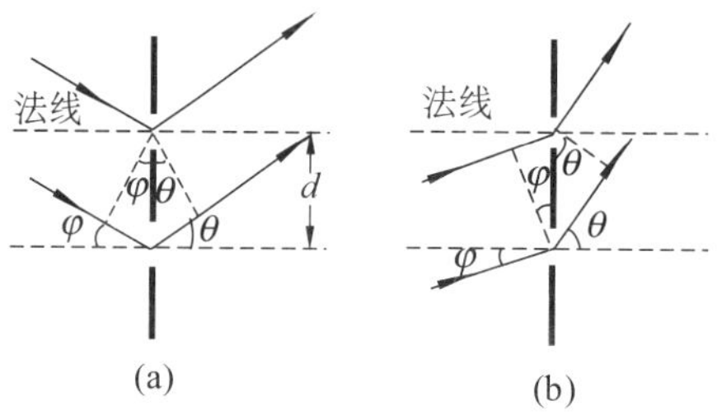

图 17.14

2. 斜入射时的光栅方程

设平行光以入射角 φ 倾斜地射向光栅. 图 17.14 表示光栅上任意两个相邻的狭缝，它们发出的沿 θ 方向的衍射光会聚时的光程差 $\delta=d(\sin\theta\pm\sin\varphi)$，光线以图(a)方式入射时，取"+"，以图(b)方式入射时，取"−". 因此斜入射时的光栅方程为

$$d(\sin\theta\pm\sin\varphi)=\pm k\lambda,\quad k=0,1,2,\cdots \tag{17.16}$$

当 $\varphi=0$ 时，上式即为垂直入射时的光栅方程(17.15). θ 从 $-\frac{\pi}{2}$ 变到 $\frac{\pi}{2}$，对应于屏幕上从下至上的全部可能明纹.

3. 缺级现象

平行光垂直入射时，按光栅方程，光栅的明纹条件为

$$d\sin\theta=\pm k\lambda,\quad k=0,1,2,\cdots$$

当 θ 方向的衍射光满足光栅明纹条件时，如果也满足单缝衍射的暗纹条件，即

$$a\sin\theta=\pm k'\lambda,\quad k'=1,2,3,\cdots$$

那么，尽管在 θ 衍射方向上各缝间的干涉是加强的，但由于各单缝本身在这一方向上的衍射光强度为零，使得该方向上的主极大明纹强度为 0，也就是该明纹最终不能出现. 这种满足光栅明纹条件而实际上明纹并不出现的现象称为**缺级**.

由以上两式可得光栅的缺级级次为

$$k=\frac{d}{a}k',\quad k'=1,2,3,\cdots \tag{17.17}$$

上式为缺级公式. 因 $k>k'$，所以光栅的中央明纹不会发生缺级.

需要注意的是，"缺级"缺的是第 k 级主极大明纹，k' 是该处单缝衍射暗纹的级次. 例如在图 17.13 中，$d/a=3$，发生 $k=3,6,9,\cdots$ 的明纹缺级. 又如当 $d/a=4/3$ 时，将 $k'=1,2,3,\cdots$ 代入式(17.17)，只有当 $k'=3,6,9,\cdots$ 时，k 才是整数，因而所缺的明纹级次为 $k=4,8,12,\cdots$. 这时的实际情况是光栅的第 4、第 8、第 12……级主极大明纹与单缝衍射的第 3、第 6、第 9……级衍射极小的位置重合.

例 17.3 用波长为 500 nm 的单色光垂直照射到每毫米有 500 条刻痕的光栅上. (1)求第一级和第三级明纹的衍射角；(2)若缝宽与缝间距相等，则用此光栅最多能看到几条明纹？

解 (1)光栅常量为

$$d = \frac{1\times10^{-3}\ \text{m}}{500} = 2\times10^{-6}\ \text{m}$$

光栅方程为

$$d\sin\theta = \pm k\lambda$$

将 $k=1,3$ 分别代入光栅方程，可得第一级和第三级明纹的衍射角为

$$\sin\theta_1 = \pm\frac{\lambda}{d} = \pm 0.25,\quad \theta_1 = \pm 14^\circ 28'$$

$$\sin\theta_3 = \pm\frac{3\lambda}{d} = \pm 0.75,\quad \theta_3 = \pm 48^\circ 35'$$

(2) 理论上能看到的最高级谱线极限对应于 $\theta=90^\circ$，代入光栅方程得

$$k_{\max} = \frac{d}{\lambda} = 4$$

但由于 ±4 级明纹对应于衍射角 $\pm\frac{\pi}{2}$，实际上看不到，因此本题最多能看到第 ±3 级明纹. 分析实际出现多少条明纹时，还需要考虑是否缺级. 因 $a=b$，所以 $d=a+b=2a$，由缺级公式(17.17)，有

$$k=\pm 2k',\quad k'=1,2,3,\cdots$$

可见第二、第四级明纹缺级. 因而实际出现的只有 $0,\pm1,\pm3$ 级，即只能看到 5 条明纹.

例 17.4　用白光垂直照射光栅时，一级光谱和二级光谱是否重叠？二级和三级呢？

解　因谱线(各种色光的衍射主极大)两侧对称，故只需考虑一侧情况. 设光栅常量为 d，则有

$$d\sin\theta = k\lambda,\quad k=0,1,2,\cdots$$

当 d 和 k 一定时，衍射角 θ 满足 $\sin\theta\propto\lambda$. 因而用白光照射光栅时，除中央明纹为白光外，两侧同一级谱线将形成内紫外红的彩色光带，这些光带称为**光栅光谱**.

一级光谱中最大衍射角为

$$\sin\theta_{1\max} = \frac{\lambda_{红}}{d} = \frac{760.0\ \text{nm}}{d}$$

二级光谱中最小衍射角为

$$\sin\theta_{2\min} = \frac{2\lambda_{紫}}{d} = \frac{800.0\ \text{nm}}{d}$$

因 $\theta_{2\min} > \theta_{1\max}$，所以第一、二级光谱不发生重叠. 类似地有

$$\sin\theta_{2\max} = \frac{2\lambda_{红}}{d} = \frac{1520.0\ \text{nm}}{d},\quad \sin\theta_{3\min} = \frac{3\lambda_{紫}}{d} = \frac{1200.0\ \text{nm}}{d}$$

因 $\theta_{3\min} < \theta_{2\max}$，所以第二、第三级光谱已发生部分重叠. 光栅光谱的重叠如图 17.15所示. 图中只画出了中央明纹一侧的光栅光谱.

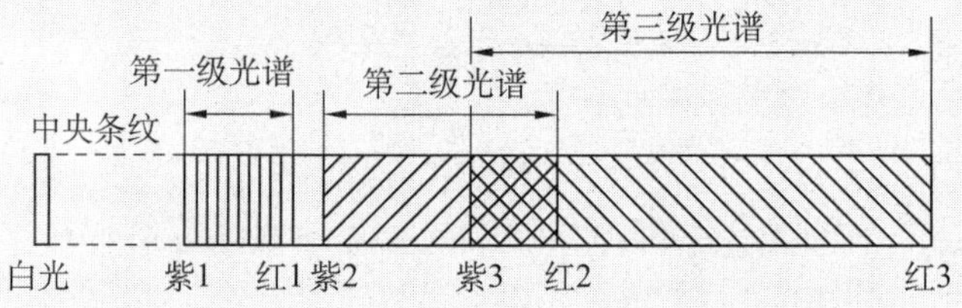

图 17.15

光栅衍射
测光波长

研究表明,每一元素激发后发出的光都有自己的特征光谱线.由一定物质发出的光,其衍射光谱是一定的,测定其光栅衍射光谱中各谱线的波长及其相对光强,可以确定发光物质的成分和含量.这种物质分析方法称为光谱分析.光谱分析已广泛应用于科学研究和工业技术等方面,如利用光栅衍射测定物质光谱线的精细结构,使人们深入了解了物质的微观结构.

17.5 X射线衍射

17.5.1 X射线的衍射现象 劳厄实验

X射线是一种波长很短(10^{-10} m数量级)的电磁波,一般由高速电子撞击金属产生.按照波动的观点,X射线也应有衍射现象,但普通光栅的光栅常量的数量级远大于X射线的波长,因而无法用于观察X射线的衍射现象.因此,在1895年德国物理学家伦琴(W. Röntgen)发现X射线后的10多年里,X射线的波动性质一直未经实验证实.直到1912年,德国物理学家劳厄(M. Laue)考虑到晶体中原子排列成有规则的空间点阵,某些晶体内原子间距为10^{-9} m数量级,与X射线的波长同数量级,因此可用作X射线衍射的天然光栅.根据劳厄的设想设计的X射线衍射实验称为劳厄实验,装置如图17.16(a).一束X射线穿过铅板上的小孔后射向一单晶片,经晶片衍射后使底片感光,结果在底片上得到一些规则分布的斑点,称为**劳厄斑点**,如图17.16(b)所示.

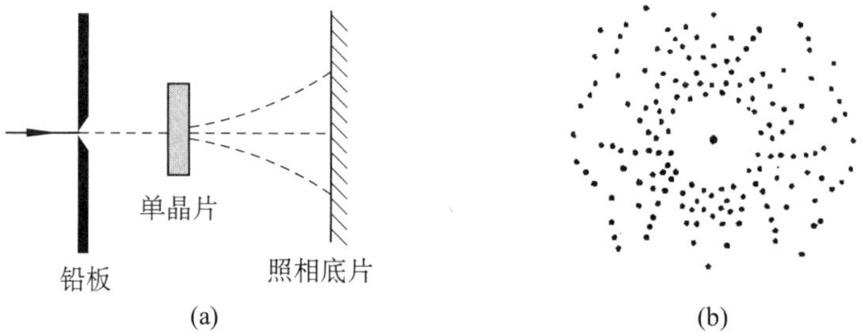

图 17.16

劳厄实验显示了X射线的衍射现象,不仅证实了X射线的波动性,同时还证实了晶体中的原子(离子或分子)是按一定规则排列的,其间隔与X射线的波长同数量级. 对劳厄斑点的位置及强度进行研究,可推断晶体中的原子排列. 关于劳厄斑点的解释比较复杂,这里不作介绍,读者可阅读相关文献.

17.5.2 布拉格公式

英国物理学家布拉格父子(W. H. Bragg, W. L. Bragg)于 1913 年提出一种较为简单的研究 X 射线衍射的方法. 他们认为晶体由一系列平行原子层组成,这些原子层称为晶面,如图 17.17 所示,其中小圆点表示原子. 在 X 射线照射下,晶体表面和内部每一原子层的原子都成为子波中心,向各方向发出 X 射线,这种现象称为**散射**. 这些散射的 X 射线彼此相干,在空间产生干涉现象.

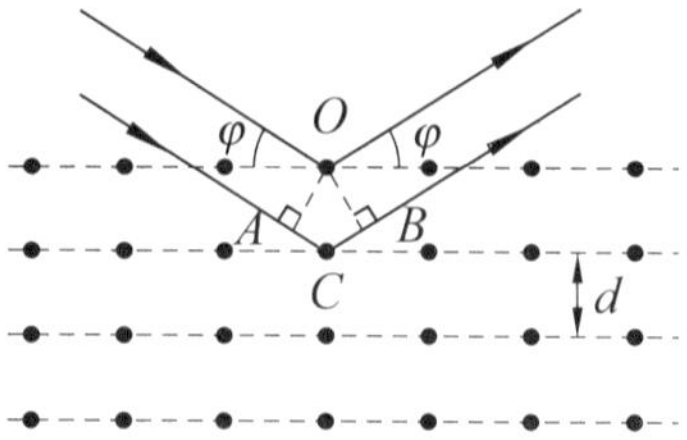

图 17.17

对于同一层晶面来说,被不同原子散射的 X 射线相干叠加的结果是在按反射定律所确定的方向上强度最大. 晶面好像是一个平面镜,在符合镜面反射定律的方向上,散射的 X 射线强度最大.

对于不同晶面所散射的 X 射线,其相干叠加后的强度由相邻两束"反射线"的光程差确定. 由图 17.17 可见,相邻两原子层产生的"反射线"的光程差为

$$\overline{AC}+\overline{CB}=2d\sin\varphi$$

式中 d 为各原子层之间的距离,称为**晶格常数**,φ 为掠射角. 当光程差符合下述条件时,各层的"反射线"互相加强,形成亮点. 即

$$2d\sin\varphi=k\lambda,\quad k=1,2,3,\cdots \tag{17.18}$$

上式称为布拉格公式.

应用布拉格公式也可解释劳厄实验. 如图 17.18 所示,晶体内有许多取不同方向的原子层组,各原子层组的晶格常数 d 各不相同. 当 X 射线从一定方向入射晶体表面时,对不同原子层组的掠射角 φ 也各不相同. 因此从不同的原子层组散射出去的 X 射线,只有当 φ 和 d 满足式(17.18)时,才能相互加强,在底片上形成劳厄斑点.

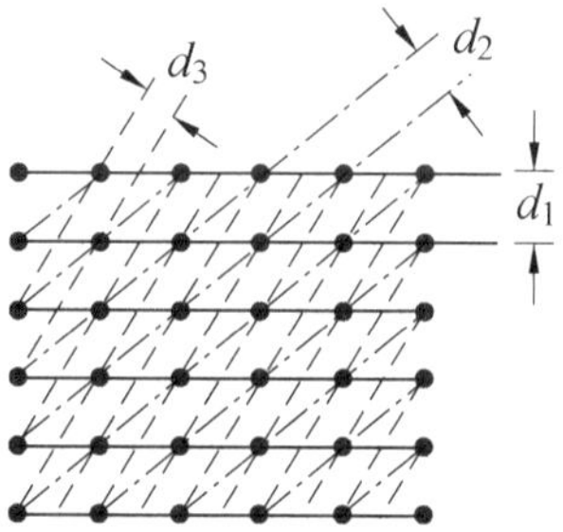

图 17.18

从布拉格公式可见,若晶体结构即 d 已知,那么,只需测得衍射光强为极大时的掠射角 φ,就可计算出 X 射线的波长,这就是 X 射线的光谱分析法. 若入射 X 射线的波长已知,通过测定掠射角 φ,则可确定晶体的晶格常数,这种方法可用来分析晶体的结构.

X 射线衍射还成功地用于生物分子结构的研究. 例如脱氧核糖核酸(DNA)的双螺旋结构就是 1953 年通过观察并分析其 X 射线衍射图案推断得到的.

内容提要

1. 惠更斯-菲涅耳原理

波阵面上各点都可看作子波波源,其后波场中各点波的强度由各子波在该点的相干叠加决定.

2. 单缝夫琅禾费衍射

衍射图样的特点: 条纹平行于狭缝,明暗相间,中央明纹最宽最亮.

单色光垂直照射时,明暗纹条件(半波带法):

$$a\sin\theta=\begin{cases}\pm 2k\left(\dfrac{\lambda}{2}\right), & k=1,2,3,\cdots \quad (\text{暗纹})\\ \pm(2k+1)\dfrac{\lambda}{2}, & k=1,2,3,\cdots \quad (\text{明纹})\end{cases}$$

中央明纹的半角宽度: $\theta_0\approx\dfrac{\lambda}{a}$, 线宽度: $\Delta x_0\approx 2f\dfrac{\lambda}{a}$.

3. 圆孔夫琅禾费衍射

艾里斑半角宽度: $\theta_0=1.22\dfrac{\lambda}{D}$.

光学仪器的分辨本领: $\dfrac{1}{\theta_0}=\dfrac{D}{1.22\lambda}$.

4. 光栅衍射

衍射图样的特点: 明纹细而明亮,明纹间暗区宽,有缺级现象.

光垂直入射时的光栅方程: $d\sin\theta=(a+b)\sin\theta=\pm k\lambda$, $k=0,1,2,\cdots$.

光斜入射时的光栅方程: $d(\sin\theta\pm\sin\varphi)=\pm k\lambda$, $k=0,1,2,\cdots$.

缺级公式: $k=\dfrac{a+b}{a}k'$, $k'=1,2,3,\cdots$, k 取整数.

5. X 射线衍射

晶体的点阵结构可看作三维光栅,能使波长极短的 X 射线产生衍射,其衍射极大值满足布拉格方程

$$2d\sin\varphi=k\lambda,\quad k=1,2,3,\cdots \quad (\varphi\text{ 为掠射角})$$

习 题

(一)选择题和填空题

17.1 在如图所示的单缝夫琅禾费衍射装置中,将单缝宽度 a 稍稍变窄,同时使会聚透镜 L 沿 y 轴正方向做微小平移(单缝与屏幕位置不动),则屏幕 C 上中央衍射条纹将[ ]

(A) 变宽,同时向上移动.　(B) 变宽,同时向下移动.

(C) 变宽,不移动.　(D) 变窄,不移动.

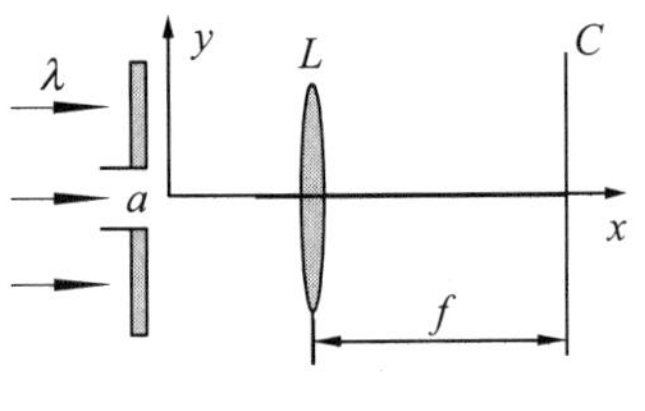

题 17.1 图

17.2　在光栅光谱中，假如所有偶数级次的主极大都恰好在单缝衍射的暗纹方向上，因而实际上不出现，那么此光栅每个透光缝宽度 a 和相邻两缝间不透光部分宽度 b 的关系为［　］

(A) $a=b$.　　(B) $a=\frac{1}{2}b$.

(C) $a=2b$.　　(D) $a=3b$.

17.3　某元素的特征光谱中含有波长分别为 $\lambda_1=450$ nm 和 $\lambda_2=750$ nm 的光谱线. 在光栅光谱中，这两种波长的谱线有重叠现象，重叠处 λ_2 的谱线的级数将是［　］

(A) 2，3，4，5，…　　(B) 2，5，8，11，…

(C) 2，4，6，8，…　　(D) 3，6，9，12，…

17.4　若星光的波长按 550 nm 计算，孔径为 127 cm 的大型望远镜所能分辨的两颗星的最小角距离 θ(从地上一点看两星的视线间夹角)是［　］

(A) 3.2×10^{-3} rad.　　(B) 1.8×10^{-4} rad.

(C) 5.3×10^{-7} rad.　　(D) 5.3×10^{-5} rad.

17.5　在单缝夫琅禾费衍射实验中，屏上第三级暗纹对应的单缝处波面可划分为________个半波带，若将缝宽缩小一半，原来第三级暗纹处将是________纹.

17.6　在单缝夫琅禾费衍射示意图中，所画出的各条正入射光线间距相等，那么光线 1 与 2 在幕上 P 点相遇时的相位差为________，P 点应为________点.

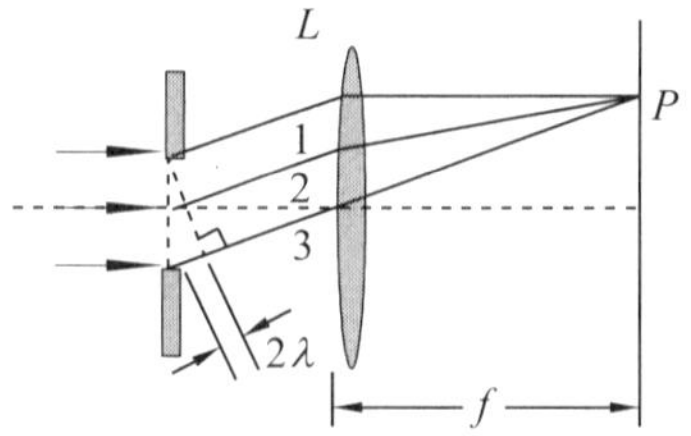

题 17.6 图

17.7　用波长为 λ 的单色平行光垂直入射在一块多缝光栅上，其光栅常量 $d=3$ μm，缝宽 $a=1$ μm，则在单缝衍射的中央明纹中共有________条谱线(主极大).

(二)问答题和计算题

17.8　在单缝夫琅禾费衍射中，为保证在衍射图样中至少出现衍射光强的第一级极小，单缝的宽度不能小于多少？为什么用 X 射线而不用可见光衍射作晶体结构分析？

17.9　试讨论单缝夫琅禾费衍射实验装置有如下变动时衍射图样的变化. (1)增大透镜 L 的焦距；(2)将观察屏做垂直于透镜光轴的移动(不超出入射光束的照明范围)；(3)将观察屏沿透镜光轴方向前后平移. 在以上哪些情形里，零级衍射明纹的中心发生移动？

17.10　假如人眼的可见光波段不是 0.55 μm 左右，而是移到毫米波段，眼的瞳孔仍保持3 mm左右的孔径，那么，人们所看到的外部世界将是一幅什么景象？

17.11　在光栅衍射中，衍射屏的缝宽 a、缝数 N 和光栅常量 d 是衍射屏的三个结构参数，试分别讨论每一个参数的变化是如何影响主极大明纹的位置和宽度的.

17.12　单色平行光垂直入射到一个宽度为 0.5 mm 的单缝上，缝后置一焦距为 1 m 的透镜，在焦平面上观察衍射条纹. 若中央明纹的线宽度为 2 mm，试求：(1)该光的波长；(2)中央明纹与第三级暗纹之间的距离.

17.13　已知单缝的宽度为 0.7 mm，会聚透镜的焦距为 40 cm. 光线垂直照射缝面，在屏上距中央明纹的中心 1.2 mm 处有一明纹，试求：(1)入射光的波长和该明纹的衍射级次；(2)与形成该明纹对应的缝面所能划分的半波带数.

17.14　在白光形成的单缝夫琅禾费衍射图样中，某一波长的第二级明纹与波长为 500 nm 的第三级明纹重合，求该光的波长.

17.15　在单缝夫琅禾费衍射实验中，波长为 λ 的单色平行光垂直射到宽度为 10λ 的单缝上，在缝后放一焦距为 1 m 的凸透镜，在透镜的焦平面上放一观察屏，问观察屏上最多可出现第几级明纹？

17.16 用 $\lambda=480$ nm 的平行光，垂直照射到宽度为 0.4 mm 的狭缝上，会聚透镜的焦距为 60 cm，如图所示. 试计算当狭缝的上下两边发出的光线 AP 和 BP 之间的相位差为 $\pi/2$ 时，P 点到焦点 O 的距离.

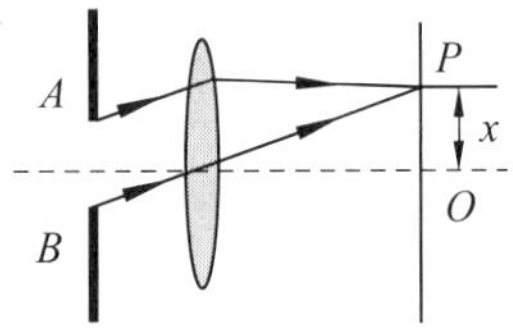

题 17.16 图

17.17 氦氖激光器($\lambda=632.8$ nm)的输出孔径为 2 mm，把激光射向月球，问在月球上得到的光斑直径有多大？若把望远镜颠倒过来，用作扩束装置，把激光束直径扩大为 5 m，再把光束射向月球，月球上的光斑直径又为多大？已知地面到月球的距离为 3.76×10^5 km.

17.18 已知天空中两颗星相对于望远镜的角距离为 4.84×10^{-6} rad，由它们发出的光波波长 $\lambda=5.50\times10^{-5}$ cm. 问望远镜物镜的口径至少要多大，才能分辨出这两颗星？

17.19 单色平行光垂直入射到光栅上，在下列方向产生衍射主极大：$6°40'$，$13°30'$，$20°20'$，$35°40'$. 在 $0°$ 和 $35°40'$ 之间无其他主极大出现，光栅中相邻两缝的中心距离为 5.04×10^{-4} cm. 求：(1)入射光波长；(2)光栅的最小缝宽；(3)在 $90°>\theta>-90°$ 的范围内实际呈现的全部明纹级数.

17.20 图示为多缝夫琅禾费衍射的光强随衍射角 θ 变化的图形. 已知入射光波长为600 nm，试问：(1)此为几条狭缝的衍射？(2)每条狭缝的宽度为多少？(3)相邻两缝的间距为多少？

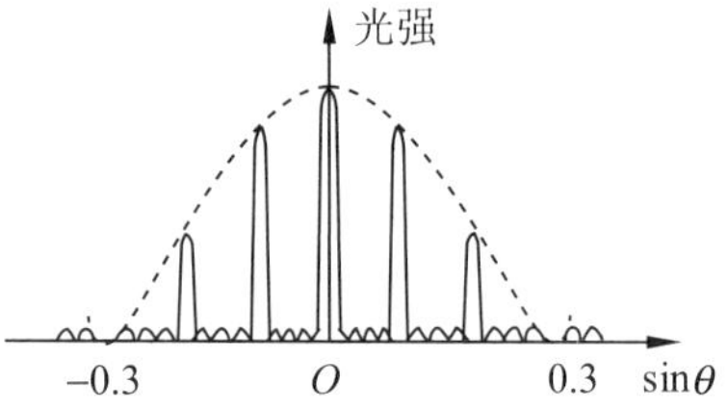

题 17.20 图

17.21 一双缝的缝间距 $d=0.1$ mm，缝宽 $a=0.02$ mm，用波长 $\lambda=480$ nm的单色平行光垂直入射双缝，双缝后放一焦距为 50 cm 的透镜. 试求：(1)透镜焦平面上干涉条纹的间距；(2)单缝衍射中央明纹的宽度；(3)单缝衍射的中央明纹包络线内包含的干涉主极大的数目.

17.22 用白光(波长从 400 nm 到 760 nm)垂直照射每毫米有50 条刻痕的光栅，在光栅后面放一焦距 $f=200$ cm 的凸透镜. 试问：在位于透镜焦平面处的观察屏上，第一级和第二级衍射光谱的宽度各是多少？

17.23 如图所示，单色平行光以入射角 θ_0 投射于衍射光栅，在和光栅平面法线成 $11°$ 和 $53°$ 的方向上分别出现第一级光谱线，并且两谱线位于法线的两侧. 问：(1)入射角 θ_0 有多大？(2)此时能观察到哪几级谱线？

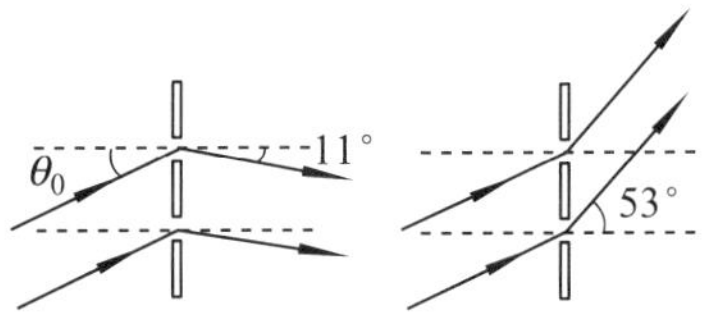

题 17.23 图

17.24 波长为 600 nm 的单色平行光垂直入射在光栅上，第三级明条纹出现在 $\sin\theta=0.30$ 处，第四级为缺级. 试问：(1)光栅上相邻两缝的间距为多少？(2)光栅上狭缝的最小宽度为多少？(3)按以上算得的 a、b 值，求观察屏上实际呈现的全部明纹级次.

17.25 某一单色 X 射线在掠射角 $30°$ 处给出第一级衍射极大，另一波长为 0.097 nm 的 X 射线在同一族晶面上掠射角为 $60°$ 处给出第三级衍射极大，求该 X 射线的波长.

17.26 已知波长为 0.296 nm 的 X 射线投射到一晶体上，所产生的第一级反射极大的方向偏离原射线方向 $31.7°$. 求相应于此反射极大的原子平面之间的间距.

17.27 用振幅矢量合成方法证明式(17.7)，即 $I=I_0\dfrac{\sin^2\beta}{\beta^2}$，其中 $\dfrac{\pi a\sin\theta}{\lambda}=\beta$，表示单缝上、下边缘发出的两条衍射线(衍射角为 θ)之间相位差的一半，I_0 为单缝衍射中央明纹中心的光强.

17.28 雷达通过发射电磁波并接收其回波，能够实现对空中、海上、陆地乃至太空目标的远距离探测、跟踪和识别，为军事指挥系统提供实时、准确的情报信息，是现代战争中不可或缺的“电子眼”.

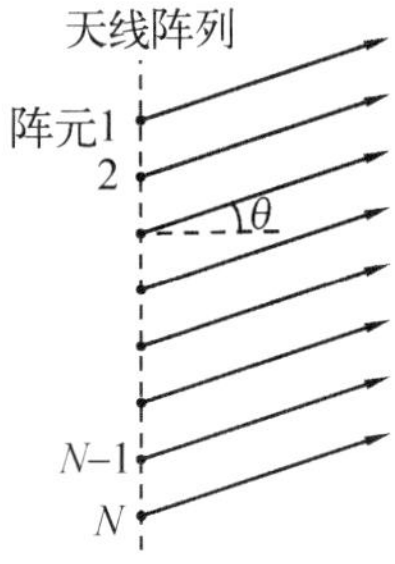

题 17.28 图

雷达天线是雷达系统中用以辐射和接收电磁波并决定其探测方向的设备，在发射时，天线将电磁波能量集中辐射到需要照射的方向；在接收时，则尽可能只接收探测方向的回波，同时分辨出目标的方位和仰角. 雷达天线类型很多，按其结构形式，主要有反射面天线和阵列天线两大类. 雷达阵列天线由多个辐射单元(也称为阵元,可以是天线振子或其他辐射结构)组成，按照一定的规则排列在平面上. 这种排列方式有助于实现波束的定向和扫描.

设 N 根天线沿一水平直线等距离排列组成天线阵列,相邻阵元间距 $d=\lambda/2$,如图所示. 每根天线发射同一波长 λ 的球面波,从第 1 根天线到第 N 根天线,相位依次落后 $\pi/2$. 试问在什么方向(即与天线阵列法线的夹角 θ 为多少)上,天线阵列发射的电磁波最强?

阅读材料 12

全息照相

为了提高电子显微镜的分辨本领,英籍匈牙利人伽博(D. Gabor)于 1948 年提出了全息照相(简称全息)原理,随后,他用汞灯作光源拍摄了第一张全息照片. 在此后相当长的时间里,由于没有足够强的相干光源,这方面的工作进展缓慢. 20 世纪 60 年代初,激光的问世为全息技术提供了理想的光源,这项技术才得以迅速发展,现在已成为光学的一个十分活跃的分支,应用于近代科学技术的许多领域.

1. 全息的记录

全息记录就是拍摄和制备全息照片. 拍摄全息照片的光路原理大致如图 17.19(a)所示. 来自同一激光光源、波长为 λ 的光分成两部分,一部分直接照射到照相底片上,称为参考光;另一部分用来照明被摄物体(直接照射或经平面镜反射后照射),物体表面上各处散射的光也射到照相底片上,这部分光称为物光. 参考光和物光在底片上相遇时发生干涉,干涉条纹既记录了来自物体各处光波的强度,也记录了这些光波的相位.

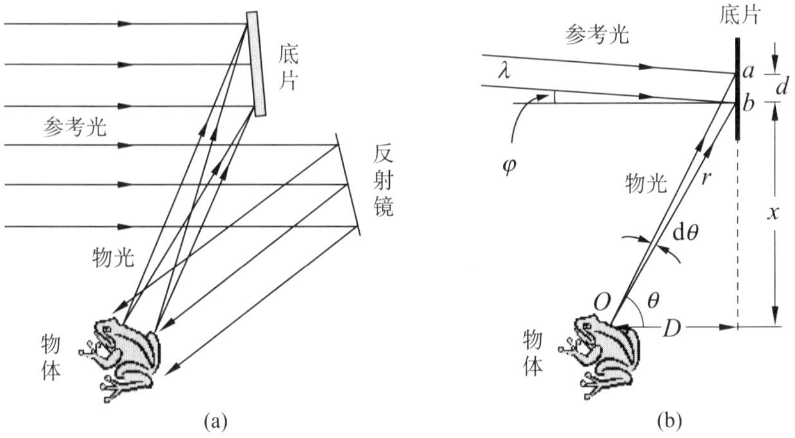

图 17.19

照射到底片上的参考光的强度处处相同,而物光来自物体上不同的点,其强度则因点而异;由于底片上的感光乳胶发生化学反应的深度随照射光强度的增大而增大,因此,参考光和物光叠加形成的干涉条纹在底片上各处不同的浓暗程度,就反映了物体上各处发光的强度. 这就是干涉条纹记录光波强度的原理.

干涉条纹记录相位的原理如图 17.19(b)所示. 设 O 为物体上一发光点,来自 O 点的物光和参考光分别从底片法线的两侧入射到底片上,入射角分别为 θ 和 φ, a、b 为它们干涉形成的两条相邻暗纹(底片冲洗后变为透光条纹). 由于相邻两条暗纹的光程差为 λ,因此, a、b 间的距离为

$$d=\frac{\lambda}{\sin\theta-\sin\varphi}$$

对于给定的参考光,φ 是一个常量. 上式告诉我们,一方面,在底片上的不同点,来自物体上同一点的物光,因入射角 θ 不同,它与参考光形成的干涉条纹的间距就不同;另一方面,在底片上的同一点,来自物体上不同点的物光,

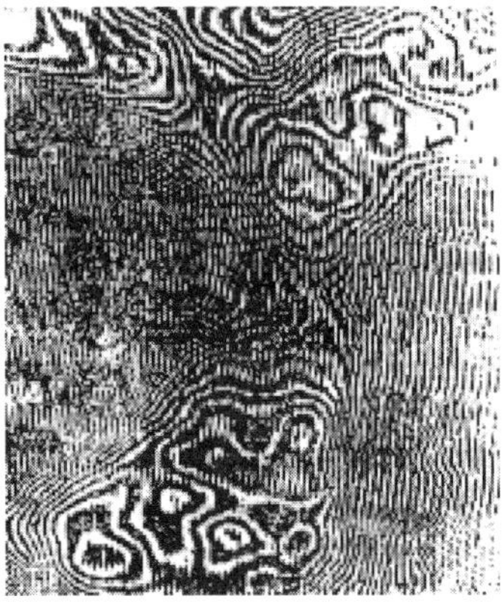

图 17.20

由于入射角 θ 不同，与参考光形成的干涉条纹的间距也不同. 另外，θ 反映的是物体上各点相对底片的方位和距离底片的远近，θ 不同，说明物体上各点相对底片的方位和距离底片的远近不同，即物体各点光波相位的不同. 由于来自物体上同一点的物光与参考光在底片上形成一幅干涉图样，而整个底片上形成的干涉条纹实际上是来自物体上各点的物光与参考光所形成的干涉条纹的叠加，因此，底片上各处干涉条纹的间距及形状反映了物光光波的相位不同，实际上也就反映了物体上各发光点的位置(前后、上下、左右)不同.

底片经过适当的处理，就是一张全息照片. 它没有物体的图像，记录的只是包含物体光波全部信息的干涉条纹. 表面上看，除了灰蒙蒙的一张半透明底片外，什么景象也看不到，在显微镜下才能看到细密复杂的条纹. 图 17.20是一张放大了的全息照片的一部分.

实际所用仪器设备以及被拍摄物体的尺寸都比较大，因而要求光源有很好的时间相干性和空间相干性，普通光源很难实现. 激光的相干性很好，能够满足这些要求，因此，激光出现后全息技术才得到长足的发展.

2. 全息的再现

全息照片相当于一块复杂的透射光栅，全息再现所利用的正是光的衍射现象. 观察一张全息照片时，用波长同为 λ 的照明光沿原参考光的方向照射照片(也可以用其他的相干光束，甚至可以用与参考光不同波长的相干光束，但用原参考光作照明光效果最好)，从照片的背面向照片看过去，就可以看到在原位置处原物体的完整的立体形象，如图 17.21 所示.

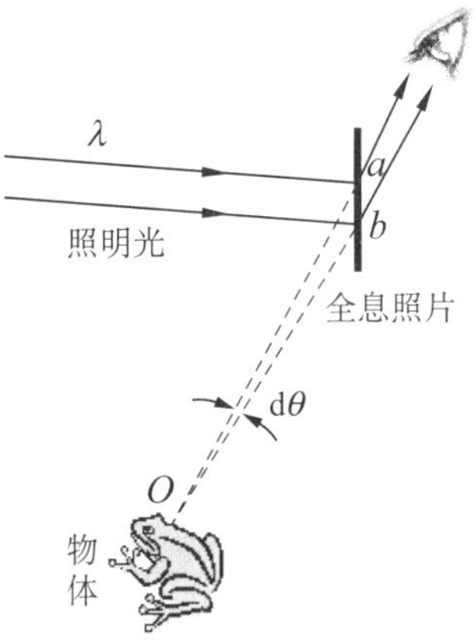

图 17.21

上述的两相邻暗纹 a 和 b，经底片冲洗后，变成了两条透光条纹. 显然，经透光条纹 a、b 衍射后，沿原来拍摄照片时出自 O 点的物光方向的那两束衍射光的光程差也等于波长 λ，它们经人眼会聚叠加形成极大，该极大正好对应于 O 点. 全息记录时来自 O 点的各个方向的物光与参考光干涉形成的透光条纹对再现照明光衍射的结果，使人感到在原来 O 点处有一发光点 O'；而来自物体上各点的光和参考光干涉产生的所有透光条纹对再现照明光的衍射，使人眼看到一个位于原位置处的原物的完整的立体虚像.

3. 全息照相的特点

全息照相有着普通照相没有的特点. 首先，普通照相以几何光学的规律为基础，为一步成像过程，其底片上记录的仅是物体各点的振幅；而全息照相则以干涉、衍射的波动光学规律为基础，分记录和再现两步成像过程，记录了物体各点的全部信息，包括振幅和相位，其底片上记录的是物光和参考光的干涉条纹. 普通照片只是物体二维的平面图像，而全息照相则产生十分逼真的立体像，这种立体像和直接观察物体时一样，有明显的视差和纵深视角效应，移动眼睛改变观察方位，就可以看到物体的不同侧面形象，甚至在某一角度被物遮住的东西也可以从另一角度看到它. 在普通照相中，物体和底片之间是点点对应关系，而在全息照相中，物体和底片之间却是点面对应关系，即来自物体上每个点的光和参考光的干涉条纹遍布于底片之上. 换言之，全息照片中每一局部都包含了物体上各点的光信息，因此全息照片的每一部分，不论大小，都能再现原物的整个图像，这就是全息照片的每一块碎片都能重现物体全貌的道理.

另外，用再现光照射全息照片时，还可以得到一个原物的实像. 如图 17.22 所示，再现照明光经前述透光条纹 a、b 衍射后，沿原来物光关于底片对称的方向传播的那两束光，其光程差也等于波长 λ，它们将在和 O' 点关于底片对称的 O'' 点相遇叠加形成极大，O'' 点就是和物体上 O 点对应的实像. 因此，底片上的所有干涉条纹对再现光的衍射就形成原物的实像. 由于该实像与人对原物的观察不相符合而成为一种“幻视像”，因此实际上很少应用.

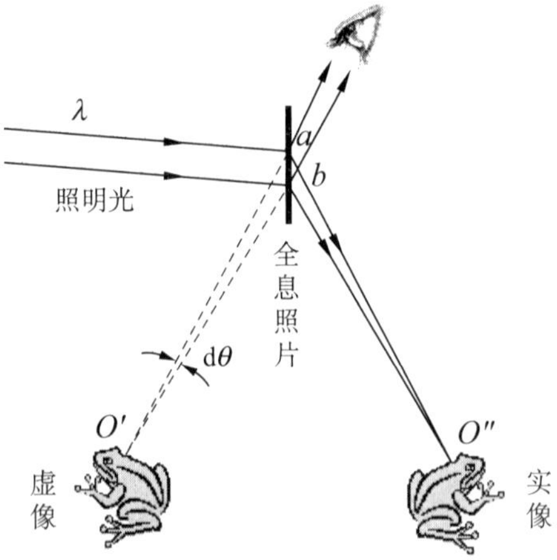

图 17.22

4. 全息照相技术的应用

全息照相技术发展到现阶段，已发现它可能有大量的应用，如全息显微术、全息干涉计量术、全息X射线显微镜、全息存储、特征字符识别、全息电视、全息电影等.

例如全息干涉测量，它不需要高质量的光学仪器，就可以对任意形状、任意表面(如凝聚物、岩石、金属件、电子元件以及风洞中的冲击波和流线等高速运动现象)进行测量和研究. 又如全息存储器，它具有巨大的信息存储量，在一张全息底板上可以并存许多全息图，利用角度选择可以依次读出不同的信息. 如在面积为 1 nm^2 的全息照相存储器底片上可以存储 10^7 个信息，比其他存储器的容量高两个数量级，工作周期仅为 50 ns. 因为这种存储器是用照相的方法将信息固定在全息图上的，所以信息的可靠性很高，不易丢失，显然满足计算机对存储器高速度、大容量、可靠性高的需求. 再者，用激光全息技术进行水下观察，可以在较大的视野内获得水下物体清晰的像. 这对于探测海水中失落物体、海底地形测绘、江岸码头等水下建筑测量、海洋资源考察、救生以及舰船导航和操纵潜艇在狭窄海峡内航行都是十分有价值的. 这显然在军事上很有意义.

总之，全息技术可能的应用是多方面的. 除以上介绍的应用之外，现在还发展了红外、微波和超声全息技术，利用它们全息照相所提供的目标立体形象，能在侦察、监视和识别飞机、导弹、舰艇等军事目标方面发挥出很大作用.

第18章　光的偏振

光的干涉和衍射现象揭示了光的波动性，光的偏振现象则证明了光的横波性质. 本章主要讨论偏振光的产生和检验、偏振光遵从的基本规律，并简要介绍双折射现象和偏振光的干涉.

18.1　自然光和偏振光

光波是横波，是指光矢量 $\boldsymbol{E}$ 的振动方向总是与光的传播方向垂直. 光矢量的这种横向振动状态，相对于传播方向可能不具有对称性. 这种光矢量的振动对于传播方向的不对称性，称为光的偏振. 偏振是横波具有的特性，纵波的振动方向总是与传播方向平行，因此，纵波不存在偏振性.

根据光矢量对传播方向的不对称情况，可分为线偏振光、自然光、部分偏振光以及椭圆偏振光和圆偏振光.

18.1.1　线偏振光

在垂直于传播方向的平面内，若光矢量只沿一个固定方向振动，则称为**线偏振光**，又称**平面偏振光**或**完全偏振光**. 光矢量的振动方向和光传播方向构成的平面称为振动面. 线偏振光的振动面是固定不变的，如图 18.1(a)所示. 图(b)是线偏振光的图示法，短线表示光的振动在纸面内，圆点表示振动垂直于纸面. 显然，发光体中一个原子发出的一列光波是线偏振光，激光是良好的线偏振光光源.

穿墙而过

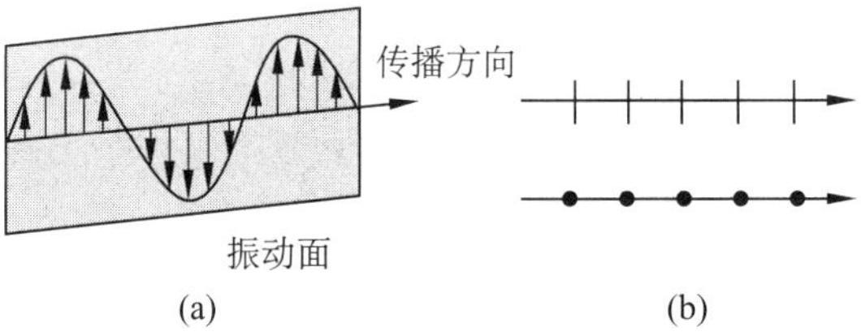

图 18.1

18.1.2　自然光

普通光源中含有大量的原子，在每一时刻都有大量的原子在发光，各原子发出的光的波列不仅初相位互不相关，而且振动方向也随机分布. 因此普通光源发出的光实际上包含了一切可能的振动方向，而且平均说来，没有哪个方向上的振动比其他方向占有优势，因而在垂直于光传播方向的平面内表现为不同方向有相同的振幅，显示不出任何偏振性，如图 18.2(a)所示. 这样的光称为**自然光**，也称天然光.

若将自然光各方向的光矢量在垂直于传播方向的平面内沿任意两个垂直方向作正交分解，得到的两个分量互相垂直、振幅相等，并且相互独立(没有固定相位关系，振动频率各不相同)．因此，我们可以用两个相互独立的、振动方向相互垂直的等幅线偏振光来表示自然光，各占自然光总能量的一半．如图 18.2(b)所示，短线和圆点数量相等，均匀交替．

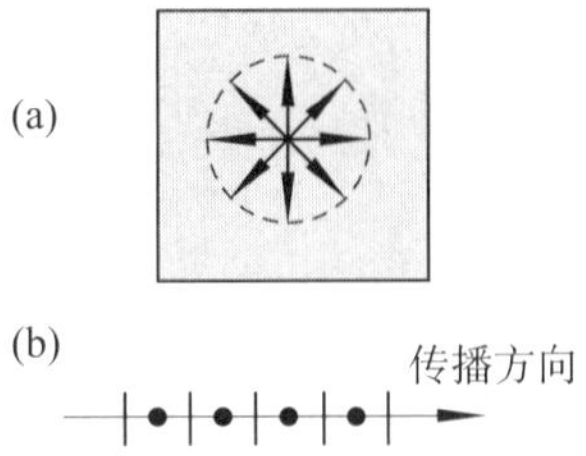

图 18.2

18.1.3　部分偏振光

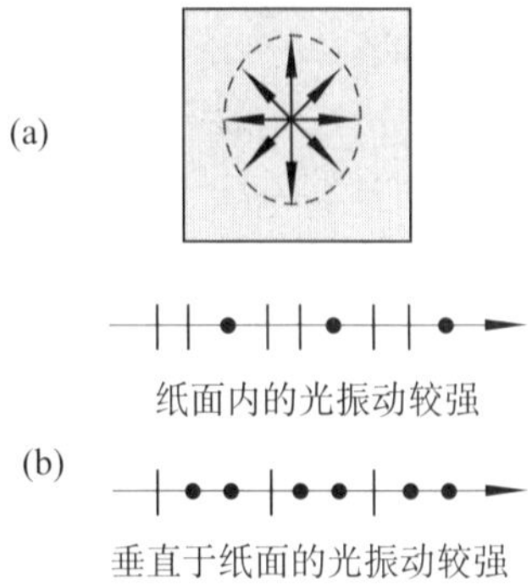

图 18.3

若在垂直于光传播方向的平面内，各个方向的光振动都存在，但不同方向的振幅不等，在某一方向的振幅最大，而在与之垂直的方向上的振幅最小，则这种光称为**部分偏振光**，如图 18.3 所示．显然，部分偏振光的偏振性介于线偏振光和自然光之间，可看作由自然光和线偏振光混合而成．对于部分偏振光，两个相互垂直的光振动也没有固定的相位关系．

若与最大振幅和最小振幅对应的光强分别为 $I_{\max}$ 和 $I_{\min}$，则**偏振度**定义为

$$P=\frac{I_{\max}-I_{\min}}{I_{\max}+I_{\min}} \tag{18.1}$$

自然光 $I_{\max}=I_{\min}$，偏振度为零；线偏振光 $I_{\min}=0$，$P=1$，偏振度最大；部分偏振光 $0<P<1$.

18.1.4　椭圆偏振光和圆偏振光

这两种光的特点是光矢量的端点绕波的传播方向做螺旋形旋转，如图 18.4所示．在垂直于光传播方向的平面内，光矢量 $\boldsymbol{E}$ 的端点的轨迹是椭圆的称为**椭圆偏振光**，轨迹为圆的则称为**圆偏振光**．根据光矢量的旋转方向还分为右旋(迎着光的传播方向看为顺时针旋转)和左旋(逆时针旋转)偏振光．由于两个相互垂直的同频率的简谐运动可以合成椭圆运动，因此椭圆偏振光可以看成是由两个相互垂直、相位差恒定的线偏振光叠加而成．

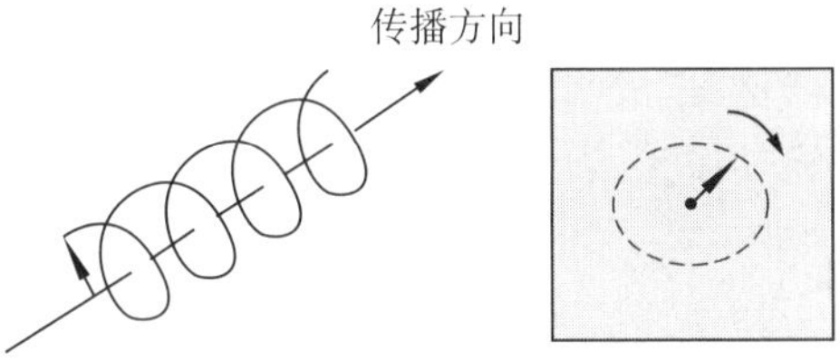

图 18.4

需要指出,所谓光矢量端点的轨迹,实际上反映的是 $\boldsymbol{E}$ 的方向和量值随时间变化,它不是真实的点的运动,也不是合成光的亮点在投影面上作椭圆或圆周运动.

18.2 起偏和检偏 马吕斯定律

18.2.1 起偏和检偏

普通光源发出的光是自然光,用于从自然光获得线偏振光的器件称为**起偏器**,常用的起偏器有偏振片、尼科耳棱镜等.用于鉴别光的偏振状态的器件称为**检偏器**.一般说来,能用作起偏器的也可以用作检偏器,而人的眼睛是不能区分自然光和偏振光的.本节以偏振片为例,介绍起偏和检偏过程.

偏振片是一种人工制造的膜片,膜片中有大量按一定规则排列的微小晶粒,它们对不同方向的光振动有选择性吸收的性能,从而使膜片中有一个特殊的方向.当一束自然光投射到膜片上时,与此特殊方向垂直的光振动分量全被吸收,而平行于该方向的光振动分量则可通过,因此出射光为线偏振光.膜片中这一特殊方向称为偏振片的**偏振化方向**或**透振方向**.图 18.5(a)中,P_1 为偏振片,"↕"表示偏振化方向.当入射于起偏器的自然光光强为 I_0 时,若不考虑起偏器对平行于偏振化方向光振动分量的吸收和介质表面的反射,则从起偏器出射的线偏振光的光强为 $I_1=I_0/2$.

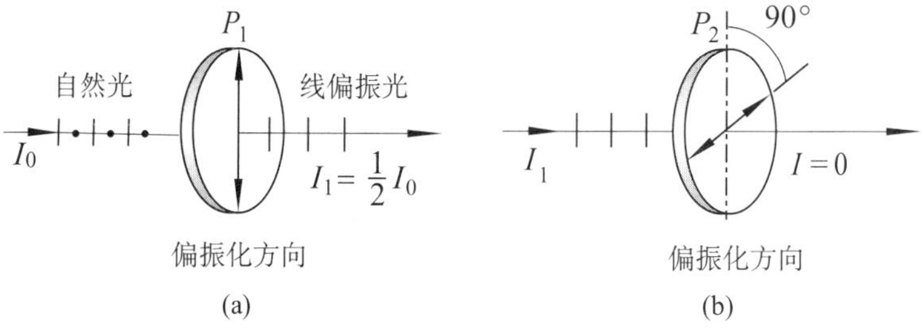

图 18.5

起偏器不但能使自然光变为线偏振光,还可用来检查某束光是否为线偏振光.如图 18.5 所示,若偏振片 P_1、P_2 的偏振化方向相互平行,则透过 P_1 的线偏振光将全部透过 P_2,透射光强最强,照射到 P_2 后面的屏幕上则为最明;若 P_1、P_2 的偏振化方向相互垂直,则透过 P_1 的线偏振光完全不能透过 P_2,透射光强为零(屏幕上无光,称为消光现象).因此,将 P_2 以光的传播方向为轴旋转,如果透过 P_2 的光强呈现出"最明→无光→最明→无光→最明"交替变化,那么,照射到 P_2 上的就是线偏振光,否则就不是线偏振光.

18.2.2 马吕斯定律

如图 18.6(a)所示,P_1 为起偏器,P_2 为检偏器,它们的偏振化方向分别为 MM' 和 NN',两者间的夹角为 α.自然光通过 P_1 后成为线偏振光.设入射到检

偏器 P_2 的线偏振光的振幅为 A_0，则 A_0 可分解为平行和垂直于 NN'的两个分量，如图 18.6(b)所示. 显然有

$$A_{/\!/} = A_0\cos\alpha,\quad A_{\perp} = A_0\sin\alpha$$

由于只有平行分量可通过检偏器，故通过 P_2 的透射光的振幅为 $A_0\cos\alpha$. 因光强正比于振幅平方，所以透射光的光强 I 和入射线偏振光的光强 I_0 之比为

$$\frac{I}{I_0} = \frac{(A_0\cos\alpha)^2}{A_0^2}$$

因此有

$$I = I_0\cos^2\alpha \tag{18.2}$$

光的偏振

上式称为马吕斯(Malus)定律. 式中 α 为入射线偏振光的振动方向与检偏器的偏振化方向间的夹角. 可见，当检偏器 P_2 以入射光为轴旋转时，根据式(18.2)，透射光强将随之变化. 当 P_2 与 P_1 的偏振化方向平行即 $\alpha=0$ 时，透射光强最大，它等于入射线偏振光的光强. 随着 α 的增大，透射光逐渐变弱；当转至 $\alpha=90°$时，透射光强为零.

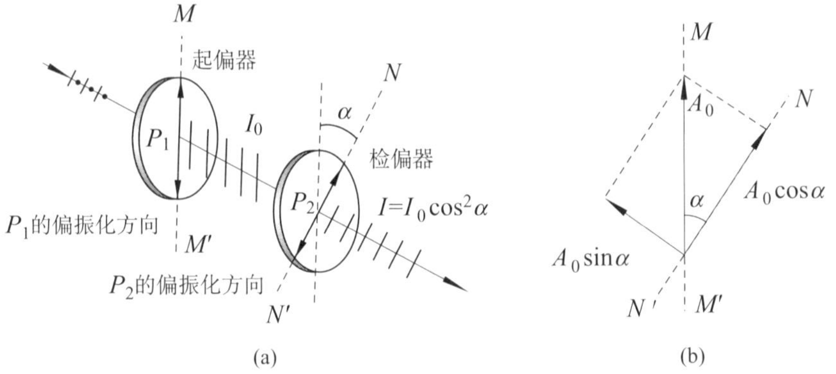

图 18.6

例 18.1　自然光垂直入射到互相重叠的两个偏振片上，若(1)透射光强为透射光最大光强的三分之一；(2)透射光强为入射光强的三分之一. 则这两个偏振片的偏振化方向间的夹角分别为多大？

解　设自然光光强为 I_0，通过第一个偏振片后，光强为 $I_0/2$，因此，通过第二个偏振片后的最大光强为 $I_0/2$，根据题意和马吕斯定律有

(1) $\dfrac{I_0}{2}\cos^2\alpha=\dfrac{1}{3}\cdot\dfrac{I_0}{2}$，解得 $\alpha=\pm 54°44'$.

(2) $\dfrac{I_0}{2}\cos^2\alpha=\dfrac{I_0}{3}$，解得 $\alpha=\pm 35°16'$.

18.3　反射和折射时的偏振　布儒斯特定律

18.3.1　反射和折射时的偏振

早在 19 世纪初，实验就已经发现自然光在两种各向同性介质的分界面上反射和折射时，不但光的传播方向要发生改变，光的偏振状态也要改变，反射光

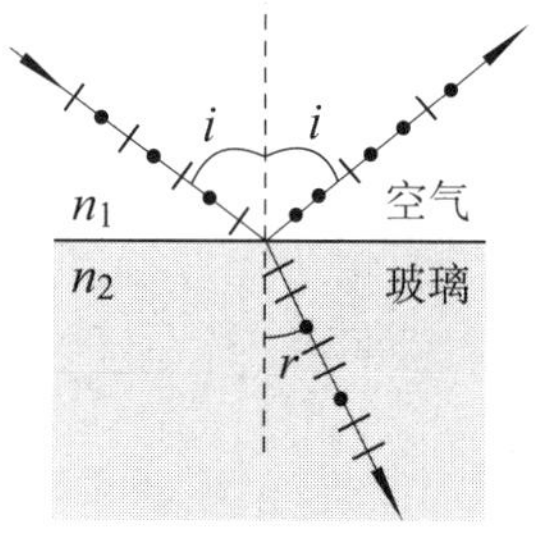

图 18.7

和折射光不再是自然光，折射光变为部分偏振光，反射光一般也是部分偏振光. 其偏振状态是：反射光是以垂直于入射面的光振动为主的部分偏振光；折射光是以平行于入射面的光振动为主的部分偏振光. 如图 18.7 所示.

18.3.2 布儒斯特定律

反射光的偏振化程度与入射角有关. 实验发现，当入射角等于某一特定角度 i_0 时，如图 18.8 所示，有如下现象：

(1) 反射光是线偏振光，其振动方向垂直于入射面；

(2) 折射光和反射光的传播方向相互垂直.

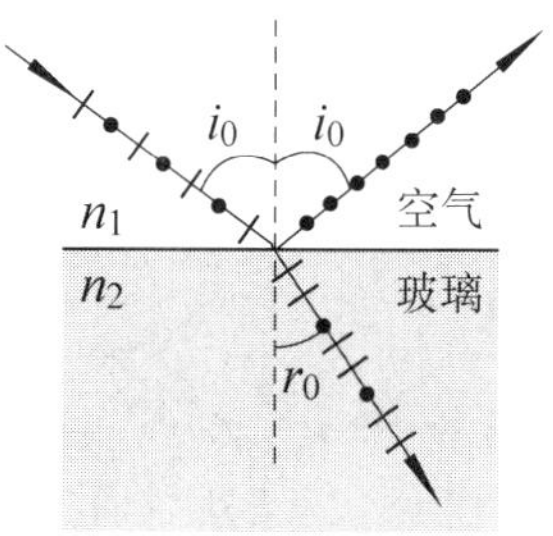

图 18.8

设入射角 $i=i_0$ 时折射角为 r_0，则有 $i_0+r_0=90°$. 根据折射定律有

$$n_1\sin i_0 = n_2\sin r_0 = n_2\cos i_0$$

由此得

$$\tan i_0 = \frac{n_2}{n_1} \qquad (18.3)$$

上式称为布儒斯特(Brewster)定律，i_0 称为**起偏角**或**布儒斯特角**，n_1 和 n_2 分别为入射光和折射光所在介质的折射率.

当自然光以起偏角 i_0 入射时，从能量角度看，反射光中虽然只有垂直于入射面的光振动，但其能量只占入射光中垂直于入射面的光振动能量的很小一部分. 例如，实验结果显示，自然光以 i_0 从空气射向玻璃表面时，反射光的能量只占入射光中垂直于入射面的光振动能量的 15%，即占入射光总能量的 7.5%. 换句话说，入射光中垂直于入射面的光振动能量的绝大部分和平行于入射面的光振动能量的全部，都被折射而进入第二介质. 因此，折射光是一束比反射光更强的部分偏振光.

为了增大反射光的强度和折射光的偏振化程度，可以用若干相互平行的、由相同玻璃片组成的玻璃片堆，如图 18.9 所示. 当自然光以 i_0 入射时，光在各层玻璃面上反射和折射，可使反射光增强，而折射光中的垂直于入射面的振动也因多次反射而减弱. 当玻璃片较多时，不但反射光为线偏振光，经玻璃片堆透射出来的光也接近为线偏振光，而且透射光和反射光的振动方向相互垂直.

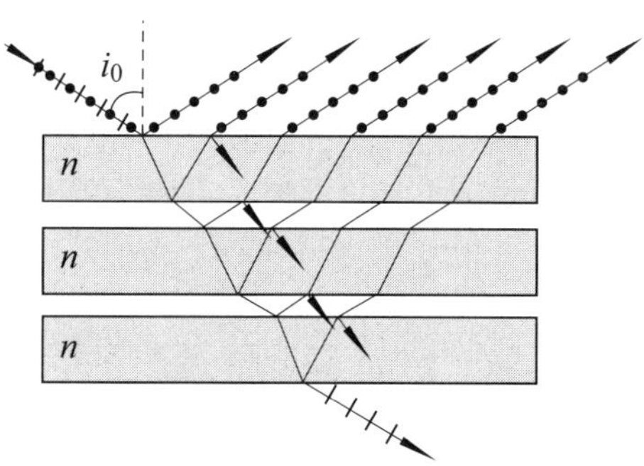

图 18.9

图 18.10 所示的是激光器中的布儒斯特窗装置，它用两个玻璃片 B_1 和 B_2 作起偏器，借助于全反射镜 M 和部分反射镜 G，使光往返地在 B_1 和 B_2 的上、

下表面发生反射，最后从 G 射出. 当入射角等于起偏角 i_0 时，从 G 出射的光就成为偏振化程度很高的激光束.

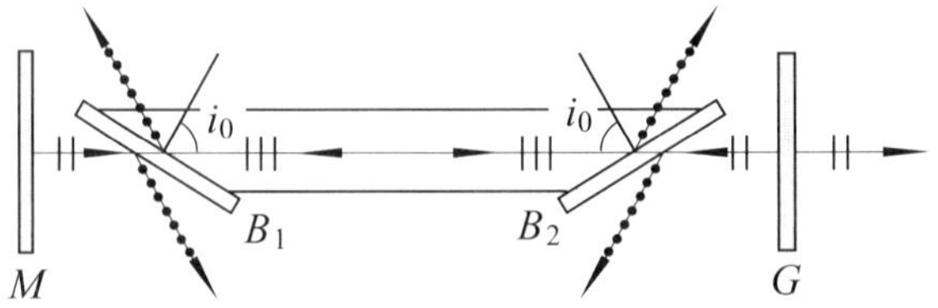

图 18.10

例 18.2 如图 18.11 所示，入射光线 1 以起偏角 i_0 入射. 试证明，沿折射光逆向入射的光线 2，其入射角 r_0 也是起偏角.

证 根据折射定律有

$$n_2 \sin r_0 = n_1 \sin i_0$$

因 $i_0 + r_0 = 90°$，故有

$$n_2 \sin r_0 = n_1 \cos r_0$$

可得

$$\tan r_0 = \frac{n_1}{n_2}$$

结果表明，r_0 是入射光线 2 的起偏角.

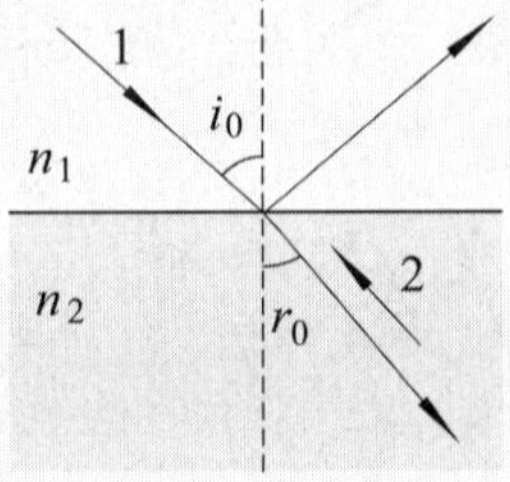

图 18.11

18.4 双折射现象

18.4.1 晶体的双折射现象

一束自然光从空气射向水、玻璃等各向同性介质(其物理性质与方向无关)时，在这些介质中只有一束折射光. 但如果射向石英晶体、方解石等各向异性介质时，其折射光有两束，如图 18.12(a)所示. 一束入射光经折射后分成两束的现象称为**双折射**. 透过这种有双折射性质的晶体看其背后的一个字时，将观察到该字的双重像.

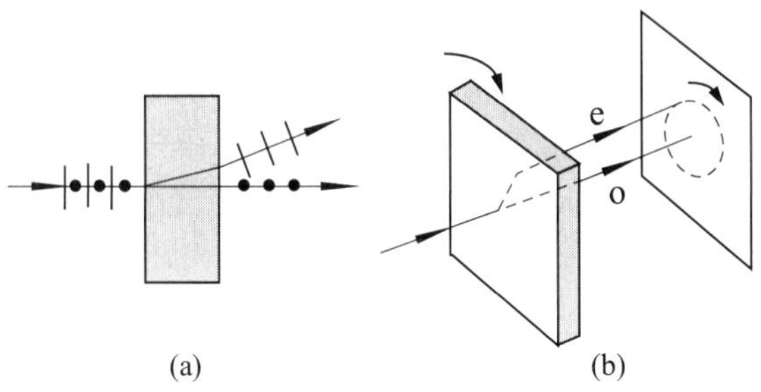

图 18.12

在各向异性晶体的双折射现象中，若任意改变入射光的入射角，可发现有一

条折射光线始终遵守折射定律,其折射率不随入射方向而改变,即 $\sin i/\sin r$=常数,且折射线总是在入射面内.这条光线称为**寻常光线**(ordinary ray),用 o 表示,简称 o 光.另一条折射线不遵守折射定律,其折射率随入射方向而改变,即 $\sin i/\sin r'\neq$常数,且折射线不一定在入射面内.这条光线称为**非常光线**(extraordinary ray),用 e 表示,简称 e 光.在图 18.12(b)中,自然光垂直入射,如果将晶体绕入射光线旋转,o 光的传播方向不变,而 e 光将绕 o 光旋转.

18.4.2 o 光和 e 光的传播方向

1. 晶体的光轴和主截面

产生双折射现象的原因是 o 光和 e 光在晶体内有不同的传播速度.o 光在晶体中沿各个方向的传播速度相同,而 e 光的传播速度却随方向而改变.实验发现,某些晶体内有一个确定的方向,沿这个方向,o 光和 e 光的传播速度相等,这个方向称为晶体的**光轴**.图 18.13表示的是方解石($CaCO_3$,又称冰洲石)晶体的光轴,其方向平行于 A、B 两顶点的连线.

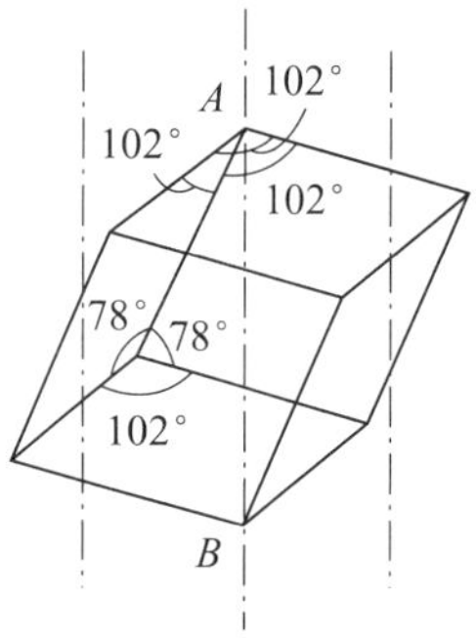

图 18.13

应当注意的是,光轴是指一个方向,而不是某一固定直线.晶体内与该方向平行的直线,都可代表晶体的光轴.方解石、石英等只有一个光轴,称为**单轴晶体**.云母、硫黄晶体等有两个光轴,称为**双轴晶体**.本章只讨论单轴晶体的双折射现象.

由光轴和晶体表面法线组成的平面,称为晶体的**主截面**.对晶体的每个表面,光轴和法线可以画出无数条,所以对晶体的一个表面来说,主截面是由许多平行平面构成的平面簇.

2. 光的主平面

由光轴和晶体内已知光线组成的平面,称为该光线的主平面.一条光线只有一个主平面,所以晶体内 o 光和 e 光有各自的主平面.实验证明,o 光和 e 光都是线偏振光,但光矢量的振动方向不同.o 光的振动方向垂直于自己的主平面,而 e 光的振动方向则平行于自己的主平面.

当入射光的入射面和晶体的主截面重合时,o 光和 e 光都在入射面内,这时 o 光和 e 光的振动方向互相垂直.在一般情况下,o 光和 e 光的振动方向并不严格垂直,而是有一个不大的夹角,且 e 光不在入射面内.

严格地说,所谓 o 光和 e 光,只是相对于晶体而言的.在光线透出晶体后,它们只是振动方向不同的线偏振光,也就无所谓 o 光和 e 光了.不过,为表述简便,常把 o 光从晶体出射后的线偏振光仍记为 o 光,e 光出射后的线偏振光仍记为 e 光.

3. 作图法确定 o 光和 e 光的传播方向

根据惠更斯原理,自然光射向晶体时,波面上的每一点都可看作子波源.由于 o 光和 e 光在晶体内的传播速率不同,因而在单轴晶体内将形成两种不同的波阵面.o 光沿不同方向的速率相同,在晶体内形成的子波波阵面是球面.e 光沿不同方向的速率不同，在晶体内的子波波阵面则是以光轴为轴的旋转椭球面. 由于在光轴方向上 o 光和 e 光的速率相等，所以两种波阵面在光轴方向上相切，如图 18.14 所示.

可以看出，o 光在晶体内的速率 v_o 和折射率 $n_o=c/v_o$ 与方向无关，而 e 光在与光轴垂直的方向上传播速率和 v_o 相差最大. e 光在垂直于光轴方向上的折射率称为 e 光的**主折射率**，用 n_e 表示；以 v_e 表示 e 光在该方向的传播速率，则 $n_e=c/v_e$. 在其他方向上，e 光的速率介于 v_o 和 v_e 之间. 几种常见双折射晶体的 n_o 和 n_e（对波长为 589.3nm 的钠黄光）分别为

$$\begin{aligned} \text{冰：}\quad & n_o = 1.309, \quad n_e = 1.313 \\ \text{石英：}\quad & n_o = 1.544, \quad n_e = 1.553 \\ \text{电气石：}\quad & n_o = 1.669, \quad n_e = 1.638 \\ \text{方解石：}\quad & n_o = 1.658, \quad n_e = 1.486 \end{aligned}$$

根据 v_o 和 v_e 的大小关系，晶体可分为**正晶体**和**负晶体**两类. $v_o>v_e$（或 $n_o<n_e$）的为正晶体，如石英；$v_o<v_e$（或 $n_o>n_e$）的为负晶体，如方解石. 由图 18.14可见，正晶体的波阵面是 o 光的球面包围 e 光的椭球面，而负晶体则是 e 光的椭球面包围 o 光的球面.

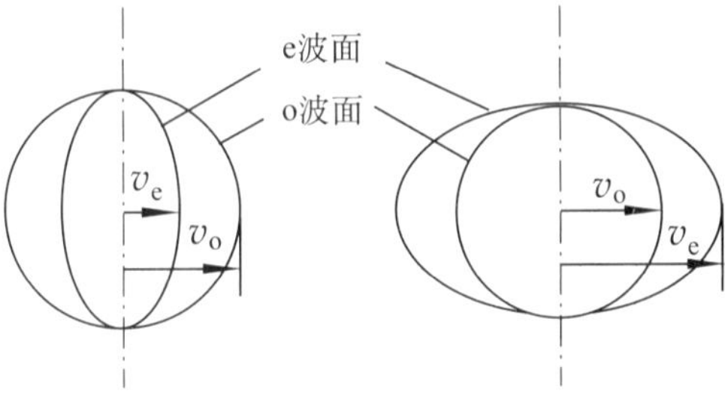

(a) 正晶体　　(b) 负晶体

图 18.14

根据以上所述，我们可用作图法确定 o 光和 e 光在单轴晶体内的传播方向. 下面以方解石晶体为例进行讨论.

在图 18.15 所示的四种情况中，光轴都在入射面内. 其中(a)表示光轴与晶体表面斜交，光线斜入射；而(b)、(c)、(d)分别表示光轴与晶体表面平行、垂直和斜交，但光线都是正入射.

在图(a)中，AB 是某时刻的波阵面，该波阵面上各点发出的子波不能同时到达晶面. 当 B 点发出的子波经 Δt 时间到达晶面 C 点时，A 点发出的子波已在晶体内形成 o 光和 e 光的波阵面. o 光的波阵面是以 A 为球心、$v_o\Delta t$ 为半径的半球面，e 光的波阵面是半个椭球面. 因方解石为负晶体，$v_o<v_e$，故在与光轴垂直的方向上为椭球的半长轴，其长度为 $v_e\Delta t$. 两波阵面在光轴方向上的 D 点相切. 从 C 点作两平面分别与球面和椭球面相切于 F 点和 E 点，则 CF 和 CE 分别为晶体内 o 光和 e 光的新波阵面，AF 和 AE 方向就代表 o 光和 e 光的传播方向. o 光和 e 光的振动方向分别与入射面垂直和平行，o 光的传播方向与

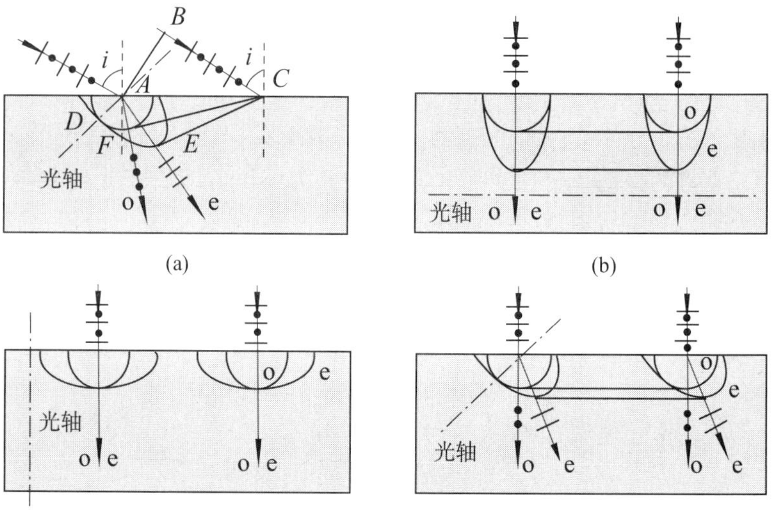

图 18.15

它的波阵面 CF 垂直,但 e 光的传播方向并不与它的波阵面 CE 垂直.

用类似的方法,可求得其他三种情况下 o 光和 e 光的传播方向.在图(b)中,光轴与晶面平行,且光正入射,这时 o 光和 e 光的传播方向相同,它们不能分开,因而不出现双折射现象.但由于它们的传播速度不同,o 光和 e 光间将出现光程差,所以还是隐含有双折射的性质.在图(c)中,光沿光轴方向入射,这时完全不产生双折射.在图(d)中,o 光沿入射方向传播,而 e 光则偏离入射方向传播.

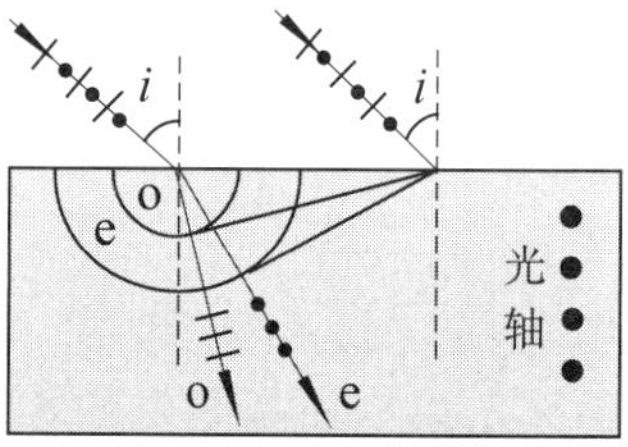

图 18.16

图 18.16 也是用作图法确定方解石晶体中 o 光和 e 光的传播方向.这里,由于光轴与入射面垂直,因而 o 光和 e 光的波阵面被入射面截成的都是半圆形.图中 o 光的振动方向用短线表示,而 e 光则用圆点表示,这与图 18.15 中正好相反.不过,这种相反所依据的规则是相同的,即 o 光的振动方向垂直于自己的主平面,e 光的振动方向平行于自己的主平面.

应当指出,图 18.15 和图 18.16 分别属于入射面与晶体主截面平行和垂直两种情况.在这些情况中,不但 o 光在入射面内,而且 e 光也在入射面内.如果入射面与主截面既不平行,也不垂直,则 e 光不在入射面内,这时就无法用作图法得出 e 光的实际传播方向.所以,上述作图法仅在入射面与主截面平行或垂直的情况下才能得出正确的 e 光传播方向.

18.4.3 偏振棱镜

偏振棱镜是利用晶体的双折射性质获得线偏振光的器件.目前已有多种偏振棱镜,这里简要介绍其中的尼科耳(Nicol)棱镜和沃拉斯顿(Wollaston)棱镜.

1. 尼科耳棱镜

尼科耳棱镜是将一块方解石晶体的天然晶面作适当加工后，沿一定切面剖成对称的两半，然后再用加拿大树胶（折射率一般认为在 1.52～1.54 之间）黏合而成的，如图 18.17 所示. 图中 AN 为树胶层，平面 $ACNM$ 为其主截面. 当自然光沿棱镜长边方向入射时，在前半个棱镜中形成 o 光和 e 光，它们都在主截面内. 由于树胶的折射率小于方解石对 o 光的折射率，所以 o 光是在由光密介质到光疏介质的界面上反射，且入射角又大于全反射的临界角，于是 o 光在胶合面上发生全反射而不能进入后半个棱镜. o 光被胶合面反射后又被棱镜涂黑的侧面吸收. 对 e 光来说，方解石对其传播方向的折射率小于树胶的折射率，e 光在胶合面上不发生全反射，可进入后半个棱镜，出射后就成为振动方向与主截面平行的线偏振光.

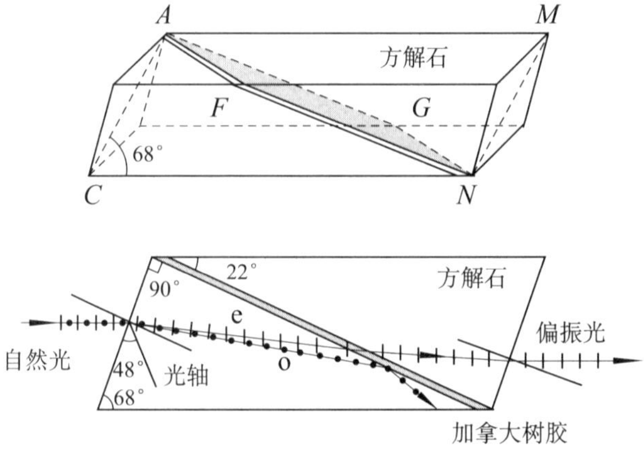

图 18.17

用两个尼科耳棱镜 N_1 和 N_2 分别代替图 18.6 中的偏振片 P_1 和 P_2，即 N_1 用作起偏器，N_2 用作检偏器，则 N_2 的出射光光强也可由式(18.2)求得，不过这时的 α 角应为 N_1 和 N_2 的主截面间的夹角.

2. 沃拉斯顿棱镜

用尼科耳棱镜可获得一束有固定振动方向的线偏振光，而用沃拉斯顿棱镜则可获得振动方向相互垂直的两束线偏振光.

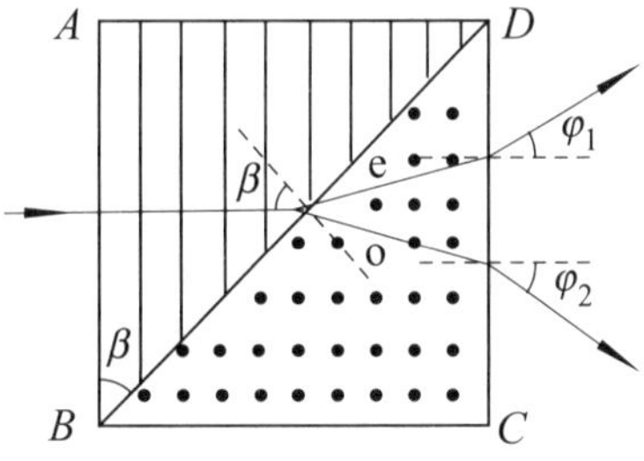

图 18.18

沃拉斯顿棱镜的构造如图 18.18 所示，它由两块方解石直角棱镜胶合而成. 第一棱镜 ABD 的光轴平行于直角边 AB，第二棱镜 BCD 的光轴垂直于图面. 自然光垂直于 AB 入射时，由图 18.15(b)可知，在第一棱镜中的 o 光和 e 光并不分开，但传播速率不同，即方解石晶体对 o 光和 e 光有不同的折射率. 由于两棱镜的光轴相互垂直，所以在第一棱镜中的 o 光对第二棱镜来说变为 e 光；反之，第一棱镜中的 e 光对第二棱镜来说变为 o 光. 随着进入两棱镜分界面前后 o 光和 e 光性质的变化,它们的折射率也相应发生了变化.由于方解石是负晶体,$n_o>n_e$,第一棱镜中的 o 光在第二棱镜中变为 e 光后要远离 BD 面的法线传播.而第一棱镜中的 e 光在第二棱镜中变为 o 光后要靠近 BD 面的法线传播.于是,两束线偏振光在第二棱镜中分开传播,它们经 CD 面射出进入空气时,都是由光密介质进入光疏介质,从而将进一步分开传播.

18.4.4 人造偏振片

利用某些晶体的**二向色性**也能获得线偏振光.所谓二向色性,是指晶体对互相垂直的 o 光振动和 e 光振动具有选择吸收的性质.电气石是一种典型的二向色性晶体,它对 o 光有强烈吸收作用,最后只剩下 e 光透出,从而获得线偏振光.但天然的二向色性晶体太小,因而从实用角度来看有一定局限性.人们常用的是另一类具有二向色性的有机化合物,例如,碘化硫酸奎宁小晶体,通过特殊加工,将其有序地排列在透明塑料薄膜上,成为面积较大的人造偏振片.另外,还可以将聚乙烯醇加热,沿一个方向拉伸,使其分子在拉伸方向排成长链,再浸入碘溶液中形成碘链.这种薄膜也具有二向色性,也是常用的一种人造偏振片.

*18.5 偏振光的干涉

18.5.1 用偏振片和晶片获得椭圆偏振光和圆偏振光

如图 18.19 所示,P 为偏振片,R 为光轴与表面平行的晶片(由具有双折射性质的晶体制成的薄片),P 与 R 平行放置.单色自然光垂直通过 P 后,成为振动方向与 P 的偏振化方向平行的线偏振光.这一线偏振光进入晶片 R 后,因 o 光和 e 光传播速度不同,所以在晶片内虽然不发生双折射,但实际上已分成两束光.它们沿同一方向从 R 出射后,便成为两束线偏振光,振动方向分别与 R 的光轴垂直和平行.这两束光的频率相同,相位差恒定,但因振动方向相互垂直而不能发生干涉,只能发生非相干叠加,也就是两个振动方向相互垂直、频率相同、有一定相位差的简谐振动的合成.图 18.20 中,CC' 为晶片的光轴方向,MM' 代表 P 的偏振化方向,两方向间夹角为 α,A 为由 P 出射的线偏振光的振

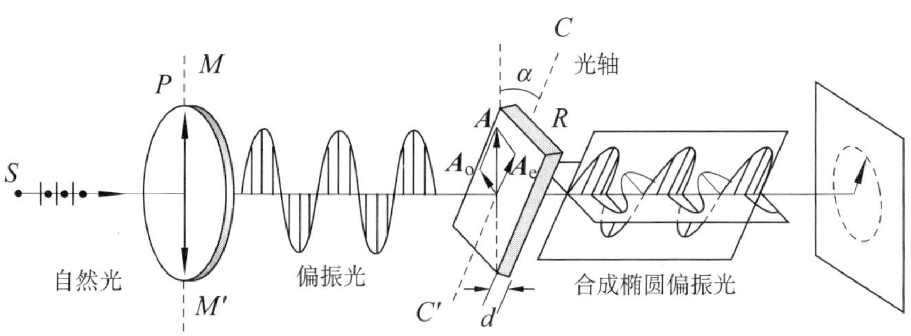

图 18.19

幅. 由图可知，出晶片后两束偏振光的振幅分别为

$$A_o = A\sin\alpha, \quad A_e = A\cos\alpha$$

因折射率不同，o 光和 e 光通过厚度为 d 的晶片时要产生 $\delta = (n_o - n_e)d$ 的光程差，与此相应的相位差为

$$\Delta\varphi = \frac{2\pi}{\lambda}(n_o - n_e)d \tag{18.4}$$

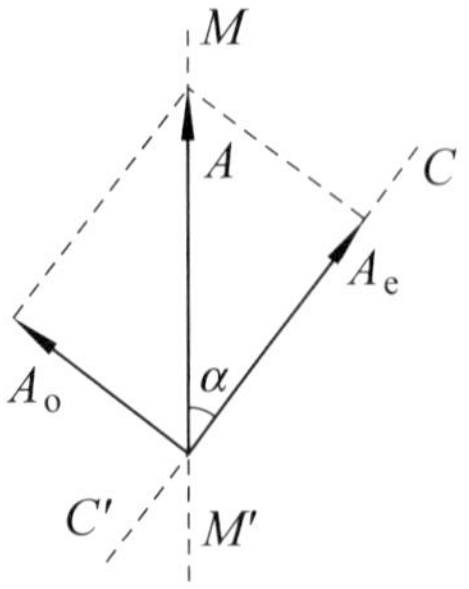

图 18.20

设从 R 出射后的两束偏振光的光矢量分别为 $\boldsymbol{E}_o$ 和 $\boldsymbol{E}_e$，则 $\boldsymbol{E}_o \perp \boldsymbol{E}_e$，并且有

$$E_o = A_o\cos(\omega t + \varphi_1)$$

$$E_e = A_e\cos(\omega t + \varphi_2)$$

根据振动方向相互垂直的两个同频率谐振动的合成规律，$\boldsymbol{E}_o$ 和 $\boldsymbol{E}_e$ 的合成光矢量 $\boldsymbol{E}$ 的端点轨迹方程[见式(14.39)]为

$$\frac{E_o^2}{A_o^2} + \frac{E_e^2}{A_e^2} - 2\frac{E_oE_e}{A_oA_e}\cos\Delta\varphi = \sin^2\Delta\varphi$$

$\Delta\varphi = \varphi_2 - \varphi_1$ 为相位差. $\Delta\varphi$ 不同，合成结果不同：

$$\Delta\varphi = \begin{cases} \pm k\pi, & \text{合成光为线偏振光} \\ \pm(2k+1)\dfrac{\pi}{2}, & \text{合成光为正椭圆偏振光} \\ \text{其他值}, & \text{合成光为斜椭圆偏振光} \end{cases}$$

式中 $k = 0, 1, 2, \cdots$. 图 18.21(a)、(b)为第一种情况，图(c)和图(d)则分别为第二种和第三种情况，其中正椭圆偏振光的长轴或短轴与晶片 R 的光轴方向 CC' 平行.

由上述结果可知，当 $\alpha = 45°$ 时，$A_o = A_e$，因而正椭圆偏振光将变为圆偏振光. 所以从晶片 R 出射的光成为圆偏振光的条件是 $\alpha = 45°$，且 $\Delta\varphi = \pm(2k+1)\pi/2$.

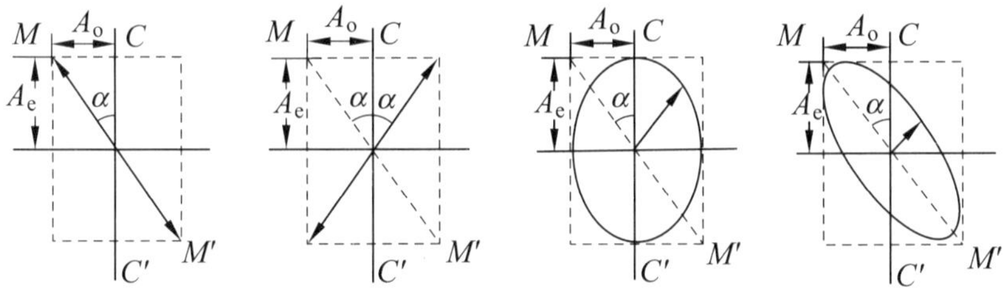

$\Delta\varphi = \pm 2k\pi$　　$\Delta\varphi = \pm(2k+1)\pi$　　$\Delta\varphi = \pm(2k+1)\pi/2$　　$\Delta\varphi$ 为其他值

(a)　　(b)　　(c)　　(d)

图 18.21

应当明确，事实上，随着光的传播，合成光矢量 $\boldsymbol{E}$ 的端点描绘出的是椭圆形螺旋线或圆形螺旋线. 只是在与传播方向垂直的平面内，$\boldsymbol{E}$ 的端点的投影在旋转，它所描绘出的轨迹为椭圆或圆，如图 18.19 所示. 另外需注意旋转方向(顺时针或逆时针，又称右旋或左旋)与相位差的关系.

18.5.2 波片

波片是厚度均匀、光轴与表面平行的晶体薄片.它可以使 o 光和 e 光产生确定的相位差,因而也叫**相位延迟器**.常用的波片有 **1/4 波片**和**半波片**.

能使出射的两束线偏振光产生$\pm(2k+1)\pi/2(k=0,1,2,\cdots)$相位差的波片称为 1/4 波片.根据$\Delta\varphi=2\pi\delta/\lambda$的关系,它能使两束光产生$\delta=\pm(2k+1)\lambda/4$的光程差.根据式(18.4),1/4 波片的厚度为

$$d_{1/4}=(2k+1)\frac{1}{|n_o-n_e|}\frac{\lambda}{4},\quad k=0,1,2,\cdots \tag{18.5}$$

由$k=0$得 1/4 波片的最小厚度为

$$(d_{1/4})_{\min}=\frac{1}{|n_o-n_e|}\frac{\lambda}{4}$$

由图 18.20 可见,一束线偏振光通过 1/4 波片后,出射光的偏振状态由α确定.当$\alpha=0°$时,$A_o=0$,$A_e=A$,出射光是与晶体中 e 光相同的线偏振光.当$\alpha=90°$时,$A_o=A$,$A_e=0$,出射光是与晶体中 o 光相同的线偏振光.当$\alpha=45°$时,出射光是圆偏振光.$\alpha\neq0°,45°,90°$时,出射光为椭圆偏振光.

能使出射的两束线偏振光产生$\pm(2k+1)\pi(k=0,1,2,\cdots)$相位差的波片称为半波片,它能产生$\delta=\pm(2k+1)\lambda/2$的光程差,其厚度为

$$d_{1/2}=(2k+1)\frac{1}{|n_o-n_e|}\frac{\lambda}{2},\quad k=0,1,2,\cdots \tag{18.6}$$

由$k=0$得半波片的最小厚度为

$$(d_{1/2})_{\min}=\frac{1}{|n_o-n_e|}\frac{\lambda}{2}$$

由图 18.21(b)可见,一束线偏振光通过半波片后,出射光仍为线偏振光,但容易证明其振动方向转至MM',也就是说其振动方向却转过了2α角.所以,半波片常用于改变线偏振光的振动方向.

通常所说的波片厚度,一般指其最小厚度.应当指出,波片厚度是针对一定波长而言的,对于不同的波长,同一种波片的厚度是不同的.

例 18.3 一般说来,用一个已知偏振化方向的偏振片和一个已知光轴方向的 1/4 波片,就可从出射光强度的变化鉴别入射光的偏振状态.试说明鉴别方法.

解 鉴别可分步进行.

第一步 只用偏振片.让偏振片垂直于入射光的传播方向,并以光线为轴旋转,如图 18.22(a)所示.在偏振片转动一周过程中,若出射光:

(1) 有两明两无(消光)变化,则入射光为线偏振光;

(2) 无明暗变化,则入射光为自然光或圆偏振光;

(3) 有两明两暗(有光,但较暗)变化,则入射光为部分偏振光或椭圆偏振光.这时可利用偏振片确定入射光通过时的最明(或最暗)位置.

第二步 在偏振片之前插入 1/4 波片,再让偏振片以入射光线为轴旋转,如图 18.22(b)所示.在偏振片转动一周过程中,若出射光:

(1) 无明暗变化，则入射光为自然光. 因为自然光通过任何晶片后仍为自然光.

(2) 有两明两无变化，则入射光为圆偏振光. 这是因为圆偏振光是由两个振动方向相互垂直而振幅相等、相位差为 $\pi/2$ 的线偏振光合成的，经 1/4 波片后又产生 $\pi/2$ 的相位差，所以总相位差为 0 或 π，由图 18.21可知，这时圆偏振光经 1/4 波片后已变为线偏振光.

(3) 有两明两暗变化，则入射光为部分偏振光或椭圆偏振光.

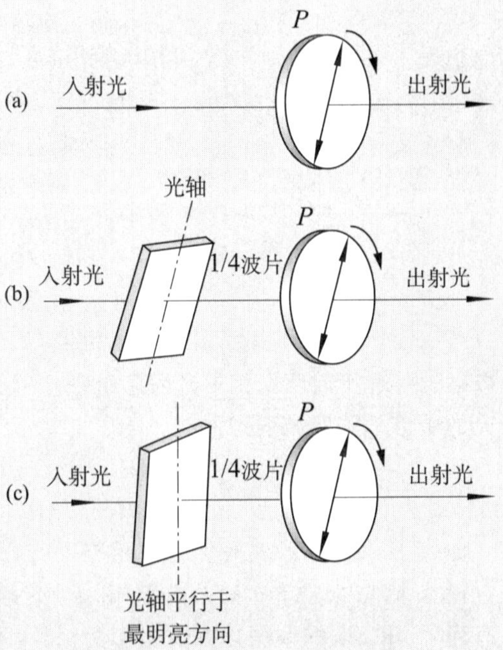

图 18.22

由第一步可鉴别出线偏振光，第二步可鉴别出自然光和圆偏振光. 若入射光为部分偏振光或椭圆偏振光，需进行第三步鉴别.

第三步　同第二步，但要使 1/4 波片的光轴与第一步中找到的最明(或最暗)方位一致，如图 18.22(c)所示. 这时，对椭圆偏振光来说，它的长轴与光轴方向一致，由图18.21可知，这时入射的椭圆偏振光对 1/4 波片的光轴形成一正椭圆偏振光，它由相位差为 $\pi/2$ 的两个振动方向相互垂直的线偏振光合成，经 1/4 波片后又产生 $\pi/2$ 的相位差，所以总相位差为 0 或 π，这表明，此时椭圆偏振光经 1/4 波片后已变为线偏振光. 因此，在转动偏振片时若有两明两无变化，则入射光为椭圆偏振光，否则为部分偏振光.

18.5.3　偏振光的干涉

在图 18.19 中，单色自然光经偏振片后成为线偏振光，然后通过一个光轴与表面平行的晶片后就得到两束线偏振光，但因振动方向相互垂直而不能发生干涉. 如果再通过一偏振片，就能得到频率相同、振动方向平行而相位差恒定的相干光，从而可产生偏振光干涉.

如图 18.23 所示，MM'、NN'分别为两个正交偏振片 P_1 和 P_2 的偏振化方向，CC'为晶片 R 的光轴方向，α 为 P_1 的偏振化方向与 R 的光轴方向的夹角，A_1 是通过 P_1 后的线偏振光的振幅. 通过 R 后，两束线偏振光的振幅分别为

$$A_o = A_1 \sin\alpha \,, \quad A_e = A_1 \cos\alpha$$

通过 P_2 后两束相干光的振幅分别为

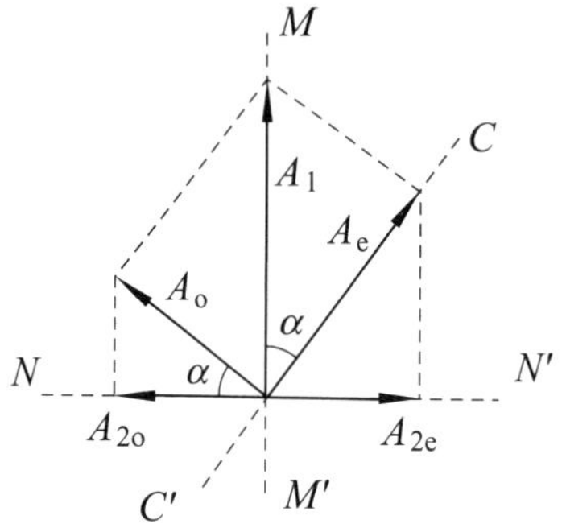

图 18.23

$$A_{2o} = A_o\cos\alpha = A_1\sin\alpha\cos\alpha$$

$$A_{2e} = A_e\sin\alpha = A_1\sin\alpha\cos\alpha$$

由此可见，在 P_1 和 P_2 的偏振化方向正交的情况下，通过 P_2 后的两束相干光的振幅相等，即 $A_{2o}=A_{2e}$.

两束光在晶片 R 中产生的相位差为

$$\Delta\varphi_1 = \frac{2\pi}{\lambda}(n_o - n_e)d$$

d 为晶片厚度. 由图 18.23 可知，$\boldsymbol{A}_{2o}$ 和 $\boldsymbol{A}_{2e}$ 的方向相反，表明通过 P_2 时又要产生附加相位差 $\Delta\varphi_2=\pi$，所以两束相干光的总相位差为 $\Delta\varphi=\Delta\varphi_1+\Delta\varphi_2$. 设 $n_o>n_e$，根据相干光的干涉加强和减弱条件有

$$\Delta\varphi = \frac{2\pi}{\lambda}(n_o - n_e)d + \pi = \begin{cases} 2k\pi, & k = 1,2,3,\cdots \quad (\text{加强}) \\ (2k+1)\pi, & k = 1,2,3,\cdots \quad (\text{减弱}) \end{cases} \tag{18.7}$$

如果 P_1 和 P_2 的偏振化方向相互平行，则上式中的附加相位差 π 不复存在，可见，附加相位差 π 确是因 P_1 和 P_2 的偏振化方向相互垂直引起的. 另外，只有当 P_1 和 P_2 的偏振化方向相互垂直时，才有 $A_{2o}=A_{2e}$，此时干涉图样最为清晰.

在偏振光干涉中：

(1) 对一定波长的入射光来说，屏幕上的明暗情况由晶片厚度 d 决定. 当晶片厚度均匀且连续可调时，屏上将发生整体的由明到暗、由暗到明的光强变化，这种变化正是偏振光干涉的结果. 当晶片厚度不均匀时，屏上可出现有明有暗的不规则条纹分布.

(2) 在晶片厚度均匀的情况下，用白光进行实验时，由于对不同波长的光，干涉加强和减弱的条件不能同时满足，结果在屏上显示出彩色，称之为**色偏振**. 这种色偏振不是有序列的彩色条纹. 如果将图 18.23 中的晶片换成厚度不等的劈形晶片，则在屏上出现彩色条纹.

目前在矿物学、冶金学和生物学等领域使用的偏振光显微镜，其基本原理就是利用偏振光的干涉，在其他如光测弹性方法中，也涉及偏振光干涉.

例 18.4 在图 18.23 中，若晶片厚度 $d=0.025$ mm，对 o 光的折射率和 e 光的主折射率之差 $n_o-n_e=0.172$(该差值视为不随波长改变)，则在可见光范围内，屏上将缺少哪些波长的光？

解 根据干涉减弱条件式(18.7)，有

$$\Delta\varphi = \frac{2\pi}{\lambda}(n_o - n_e)d + \pi = (2k+1)\pi, \quad k = 1,2,3,\cdots$$

可得

$$k = \frac{(n_o - n_e)d}{\lambda} \qquad ①$$

将可见光长波极限 $\lambda=760$ nm 代入式①，得

$$k=\frac{0.172\times0.025\times10^{-3}\ \text{m}}{760\times10^{-9}\ \text{m}}=5.7$$

类似地，将可见光短波极限 $\lambda=400$ nm 代入式①，得 $k=10.8$. 由此可见，发生相消干涉时可能的 k 的取值为 $k=6,7,8,9,10$. 将 k 的可取值代入式①，算出屏上消失的波长依次为 716.7 nm、614.3 nm、537.5 nm、477.8 nm、430.0 nm.

*18.6 人工双折射 旋光现象

18.6.1 人工双折射

某些各向同性介质在外力(如机械力、电场力等)作用下会变成各向异性介质，从而可产生双折射现象；而有些各向异性介质在外力作用下会改变其双折射性质，这类现象称为**人工双折射**. 我们仅简单介绍以下两种人工双折射及其应用.

1. 光弹性效应

玻璃、塑料等非晶体在通常情况下是各向同性的，但在机械应力(拉力或压力)作用下会变成各向异性而显示出双折射现象，这种现象称为**光弹性效应**. 实验表明，这些物体受到应力后，表现出单轴正(或负)晶体的性质，其光轴在应力方向上. 在一定应力范围内，o 光的折射率与 e 光的主折射率之差与应力 P 成正比，即

$$n_o-n_e=KP \tag{18.8}$$

式中 K 是与材料性质有关的常量，P 为应力.

观察应力双折射的实验装置如图 18.24 所示. 把某种人工双折射材料放在两正交偏振片 P_1 和 P_2 之间，沿 OO' 方向加一压力 F(OO' 方向与任一偏振片的偏振化方向都不重合). 单色光经 P_1 后成为线偏振光，它在产生了应变的物体内分解成 o 光与 e 光，并以不同速度传播，经过厚度为 d 的人工双折射材料后产生的相位差为

$$\Delta\varphi=\frac{2\pi}{\lambda}(n_o-n_e)d=\frac{2\pi}{\lambda}KPd \tag{18.9}$$

于是光线在通过 P_2 之后产生偏振光干涉. 干涉的色彩和条纹的分布情况决定于应力分布. 应力集中处干涉条纹紧密，所以从干涉条纹分布情况可以分析应

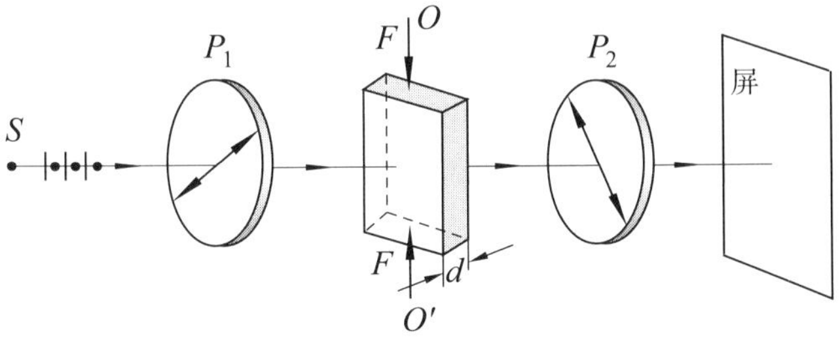

图 18.24

图 18.25

力分布情况.

利用光弹性效应研究应力分布已经发展成为一门学科,称为光测弹性学.它在工程设计中有广泛的应用.例如为了设计一个机械工件、桥梁或水坝,可以用透明塑料制成模型,放在两正交偏振片之间,根据实际使用情况按比例地对模型施力,从观察到的干涉条纹就可确定出各部分的受力情况.图 18.25 所示的是一块圆环状有机玻璃板受到径向压力时,所观察到的光弹性条纹分布图样.由于光测弹性法具有直观、可靠等特点,在工程技术上已得到广泛的应用.

2. 电光效应

有些各向同性介质(如硝基苯、二氯甲烷等)在外界电场作用下会变为各向异性而产生双折射,而有些各向异性介质在电场作用下会改变其原有的双折射性质,这种现象称为**电光效应**.据此,电光效应可分为两类:一类叫做**克尔**(Kerr)**效应**,另一类叫**泡克耳斯**(Pockels)**效应**.

观察克尔效应的实验装置如图 18.26 所示.在一个有透明窗和一对平行板电极的盒(又叫克尔盒)内,装入硝基苯液体,然后放在两正交偏振片 P_1 和 P_2 之间.电极平面与偏振片的偏振化方向成 45°角.当电极上不加电压时,无光从 P_2 射出,加上适当电场时就有光从 P_2 射出.实验发现,在电场作用下,硝基苯变成单轴双折射介质,其光轴沿电场方向.在单色光照射下,o 光的折射率与 e 光的主折射率之差与电场强度 E 的平方成正比,即

$$n_o - n_e = kE^2 \tag{18.10}$$

式中 k 称为**克尔常数**,只和液体的种类有关.光通过厚度为 d 的液体后,o 光和 e 光的相位差为

$$\Delta\varphi = \frac{2\pi}{\lambda}(n_o - n_e)d = 2\pi dkE^2/\lambda$$

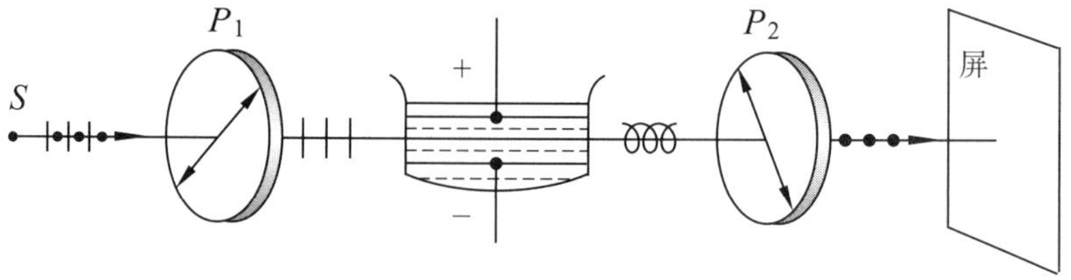

图 18.26

设平行板间距为 l,所加电压为 U,则有

$$\Delta\varphi = \frac{2\pi kdU^2}{\lambda l^2} \tag{18.11}$$

由上式可知,o 光与 e 光的相位差 $\Delta\varphi$ 与外加电压(或电场强度)的平方成正比,所以克尔效应又称为二级电光效应.对硝基苯而言,当电极长度为几个厘米时,

使克尔盒产生半个波长的光程差所需外加电场强度约为 $3\times10^4\ \text{V}\cdot\text{cm}^{-1}$.

克尔效应的响应时间极短，即随着电场的建立与消失，双折射现象也很快地产生与消失，其间的时间延迟小于 10^{-9} s，因此可利用克尔效应制作高速电光开关，在高速摄影、激光测距等方面有广泛应用. 利用克尔效应还可制成电光调制器，这种电光调制器是激光通信和激光电视中的重要器件.

泡克耳斯效应是另一类电光效应. 有些晶体如磷酸二氢铵、磷酸二氢钾等，本是单轴双折射晶体，不加电场时，光沿光轴方向传播不发生双折射现象. 在光轴方向加上电场以后，却发现它变成了双轴晶体，光沿原光轴方向传播时，将分成振动面互相垂直的两束光，它们的相位差 $\Delta\varphi$ 与电场强度的一次方成正比，因此泡克耳斯效应又称为一级电光效应.

泡克耳斯效应的响应时间也很短. 此外，与克尔效应相比它还有如下几个优点. 首先，$\Delta\varphi$ 与电场强度的一次方成正比，在电光转换中比较方便；其次，在相同尺寸的装置中，要产生相同的相位差，所需外加电压只有克尔效应的1/5～1/10；再者，用于克尔效应的常用液体如硝基苯（它的克尔常数最大）有剧毒，且易爆炸，因此作为电光开关和电光调制器，克尔盒已逐渐被泡克耳斯盒所代替. 目前，在军用固体激光测距仪中采用的快速电光开关，就是由泡克耳斯盒构成的.

18.6.2　旋光现象

1811 年法国物理学家阿拉果（D. Arago）发现，当线偏振光沿石英晶体的光轴方向传播时，透射光虽然仍是线偏振光，但其振动面相对于入射光的振动面却旋转了一个角度，这种现象称为旋光现象. 后来在许多其他晶体以及某些液体（如松节油、糖溶液和酒石酸溶液等）中也发现了这种现象. 我们把这些能产生旋光现象的物质称为**旋光物质**. 旋光物质通常分为两类，迎着光的传播方向观看，使振动面按顺时针方向旋转的称为右旋物质，反之称为左旋物质. 葡萄糖为右旋物质，而果糖为左旋物质. 石英却有右旋与左旋两种.

观察旋光现象的实验装置如图 18.27 所示. F 为滤光器，可用来获得单色光. 让自然光射入两正交偏振片的第一个偏振片 P_1，这时没有光从第二个偏振片 P_2 射出. 然后在两偏振片中间插入一块光轴垂直于表面的石英晶片 R，使其表面与两偏振片平行，这时就有光射出. 如果把第二个偏振片旋转一个角度，则又没有光射出. 这个实验表明，线偏振光经过石英晶体后振动面旋转了一个角度.

应用上述装置，所得实验结果指出：

(1) 对于晶体类的旋光物质，振动面的旋转角 φ 与光在物质中所经过的距离 l 成正比，即

$$\varphi = \alpha l \tag{18.12}$$

式中 α 是一个与物质性质及入射光波长有关的常量，称为该旋光物质的**旋光率**. 同一旋光物质，对于不同波长的光有不同的旋光率，如石英，对黄色光（$\lambda=589.3$ nm）的 $\alpha=21.7°/\text{mm}$，对紫色光（$\lambda=405$ nm）的 $\alpha=48.9°/\text{mm}$. 旋光率随

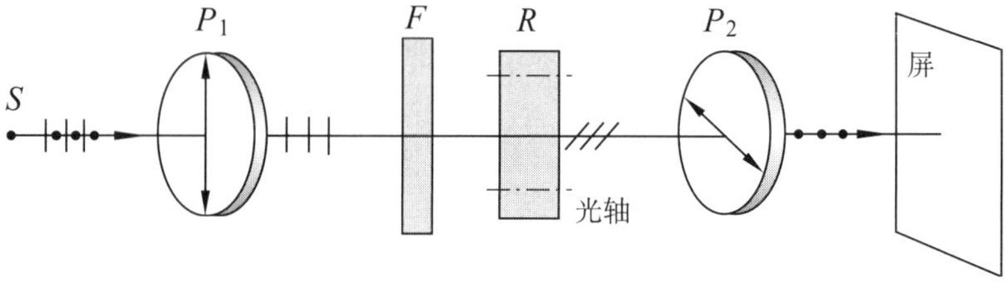

图 18.27

波长而改变的现象称为**旋光色散**. 当用白色光入射时,由于对不同波长光的旋光率不同,只有某些波长的光可以通过 P_2,故透射光呈现一定的颜色,旋转 P_2 时,颜色随着变化.

(2) 对于松节油和糖溶液等液体类的旋光物质,振动面旋转的角度 φ 与光在物质中所经过的距离 l,以及溶液浓度成正比,即

$$\varphi = \alpha l C \tag{18.13}$$

式中 C 为溶液浓度;α 为溶液的旋光率,与溶液性质、温度及光的波长有关. 测出 α 以后,可根据 φ 的数值算出溶液的浓度.

在制糖工业中,测定糖溶液浓度的糖量计,就是根据糖溶液的旋光性而设计的一种仪器. 用一个装有糖溶液的容器代替图 18.27 中的晶片 R,就可构成一个糖量计. 由式(18.13)可知,溶液浓度 C 与振动面的旋转角 φ 成一一对应关系,所以通常在检偏器 P_2 的刻度盘上,直接标出糖溶液的浓度.

例 18.5 试设计三种使线偏振光的振动面转过 90°的方法.

解 (1) 用旋光物质(如石英). 光所通过的晶体类旋光物质厚度 l 与线偏振光振动面转过角度 φ 的关系为 $\varphi=\alpha l$,式中 α 为旋光率(度/毫米). 要使振动面转过 90°所需晶体厚度为 $l=90°/\alpha$.

(2) 用半波片. 半波片不改变入射线偏振光的偏振性质,但可使其振动面转过 2α 角. 当半波片的光轴与入射线偏振光的振动方向成 $\alpha=45°$ 角时,振动面就转过 90°.

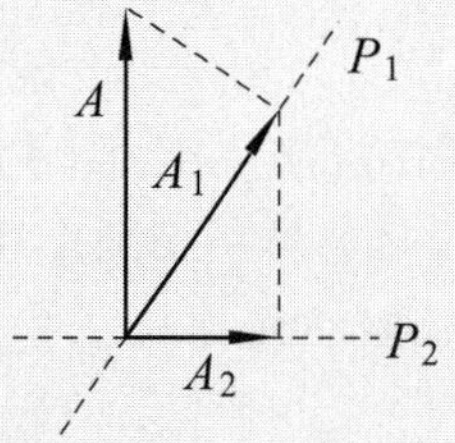

图 18.28

(3) 用两个偏振片 P_1 和 P_2. 先让 P_2 绕光的传播方向转动,并停在出射光强为零的位置上,此时 P_2 的偏振化方向与入射线偏振光的振动方向相互垂直. 然后在 P_2 前面插入 P_1,只要 P_1 与 P_2 的偏振化方向既不垂直也不平行,那么由 P_2 出射的线偏振光的振动方向对入射线偏振光的振动方向转过 90°. 其振幅矢量如图 18.28 所示. 图中 A 为入射线偏振光的振幅.

正如可用人工方法产生双折射一样,也可以用人工方法使物质具有旋光性. 其中最重要的是磁致旋光,通常被称为法拉第效应. 在两个相互正交的偏振片之间放置样品(如玻璃、二硫化碳等),沿光的传播方向加上磁场,则会发现线偏振通过样品后其振动面转过了一定角度,且转过的角度正比于样品长度和磁感应强度.

内容提要

1. 五种光

自然光、线偏振光、部分偏振光、椭圆偏振光和圆偏振光.

2. 获得线偏振光的方法

利用二向色性物质的选择吸收获得线偏振光.

利用反、折射获得线偏振光.

利用晶体的双折射获得线偏振光.

3. 马吕斯定律和布儒斯特定律

1）马吕斯定律

$$I=I_0\cos^2\alpha \quad (I_0\text{ 为入射到检偏器上的偏振光光强})$$

2）布儒斯特定律

$$\tan i_0=\frac{n_2}{n_1} \quad (n_1\rightarrow n_2,\ i_0\text{ 为起偏角，可从反射光获得线偏振光})$$

4. 双折射现象

o光和e光：光射入各向异性晶体后分成两束，其中o光遵从折射定律，e光不遵从折射定律. o光和e光都是线偏振光. 应用惠更斯原理确定o光和e光在单轴晶体中的传播方向.

晶体的光轴：o光和e光传播速度相等的方向.

晶体的主截面：光轴和晶面法线组成的平面.

主平面：晶体内已知光线和光轴组成的平面. o光的振动方向垂直于自己的主平面，e光的振动方向平行于自己的主平面.

人工双折射：光弹性效应、电光效应（克尔效应和泡克耳斯效应）.

5. 旋光现象

线偏振光通过旋光物质时，振动面旋转一定角度.

6. 波片

1/4 波片：　$\Delta\varphi=\pm(2k+1)\dfrac{\pi}{2}$，　$d_{\min}=\dfrac{\lambda}{4|n_o-n_e|}$.

半波片：　$\Delta\varphi=\pm(2k+1)\pi$，　$d_{\min}=\dfrac{\lambda}{2|n_o-n_e|}$.

半波片不改变入射线偏振光的偏振状态，但可使其振动面转过一定角度.

7. 偏振光的干涉

在两个正交偏振片之间放置一块晶片，可从自然光获得相干的偏振光.

习　　题

（一）选择题和填空题

18.1　两偏振片堆叠在一起，一束自然光垂直入射时没有光线通过. 当其中一偏振片慢慢转动 180°时，透

射光强度的变化为[ ]

(A) 光强单调增加.

(B) 光强先增加,后又减小至零.

(C) 光强先增加,后减小,再增加.

(D) 光强先增加,然后减小,再增加,再减小至零.

18.2 某种透明介质对于空气的临界角(指全反射)等于45°,光从空气射向此介质时的布儒斯特角是[ ]

(A) 35.3°. (B) 40.9°. (C) 45°. (D) 54.7°. (E) 57.3°.

18.3 自然光以60°的入射角照射到两介质界面时,反射光为完全线偏振光,则折射光为[ ]

(A) 完全线偏振光,并且折射角是30°.

(B) 部分偏振光,并且只在该光由真空入射到折射率为$\sqrt{3}$的介质时,折射角是30°.

(C) 部分偏振光,但须知两种介质的折射率才能确定折射角.

(D) 部分偏振光,并且折射角是30°.

18.4 波长为600 nm的单色光,垂直入射到某种双折射材料制成的1/4波片上.已知该材料对非寻常光的主折射率为1.74,对寻常光的折射率为1.71,则此波片的最小厚度为______.

18.5 一束光垂直入射在偏振片P上,以入射光线为轴转动P,观察通过P的光强的变化过程.若入射光是________光,则将看到光强不变;若入射光是________,则将看到明暗交替变化,有时出现全暗;若入射光是________,则将看到明暗交替变化,但不出现全暗.

18.6 如图所示的杨氏双缝干涉装置,若用单色自然光照射狭缝S,在屏幕上能看到干涉条纹.若在双缝S_1和S_2的一侧分别加一同质同厚的偏振片P_1、P_2,则当P_1与P_2的偏振化方向相互________时,在屏幕上仍能看到很清晰的干涉条纹.

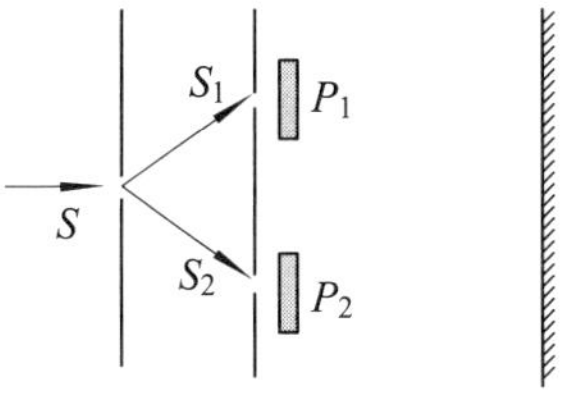

题18.6图

(二)问答题和计算题

18.7 如图所示,偏振片M作为起偏器,N作为检偏器,使M和N的偏振化方向互相垂直.今以单色自然光垂直入射于M,并在M、N中间平行地插入另一偏振片C,C的偏振化方向与M、N均不相同.(1)求透过N后的透射光强度.(2)若偏振片C以入射光线为轴转一周,试定性画出透射光强随转角变化的函数曲线.设自然光强度为I_0并且不考虑偏振片对光的吸收.

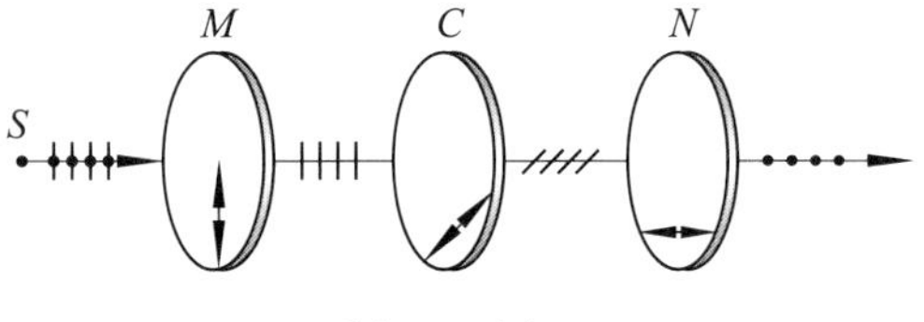

题18.7图

18.8 一束线偏振光投射到两块偏振片上,第一块的偏振化方向相对于入射光的偏振方向成θ角,第二块的偏振化方向相对于入射光的偏振方向成90°,透射光强是入射光强的1/10.试求θ角的大小.

18.9 有一束线偏振光和自然光的混合光,通过一理想的偏振片.当偏振片转动时,发现最大透射光强是最小透射光强的5倍,求入射光束中线偏振光与自然光的强度之比.

18.10 两尼科耳棱镜的主截面间的夹角由30°转到45°.(1)当入射光是自然光时,求转动前后透射光的强度之比;(2)当入射光是线偏振光时,求转动前后透射光的强度之比.

18.11 两偏振片平行放置,它们的偏振化方向成60°角,自然光垂直入射.(1)如果两偏振片对光振动平行于其偏振化方向的光线均无吸收,则透射光的光强与入射光的光强之比是多少?(2)如果两偏振片对光振动平行于其偏振化方向的光线分别吸收了10%的能量,则上述比值又是多少?

18.12 如图所示,自然光由空气入射到水面上,折射光再投向在水中倾斜放置的玻璃片上.若使从水面与玻璃片上反射的光均为线偏振光,求玻璃片与水面

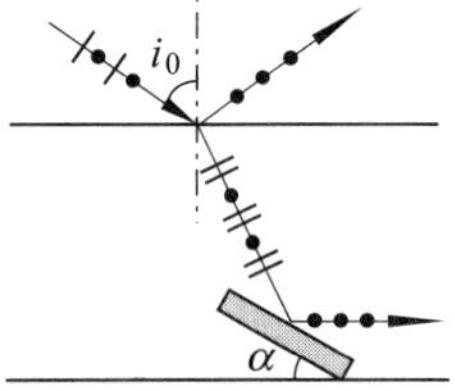

题18.12图

的夹角 α（$n_{水}=1.33$，$n_{玻}=1.50$）.

18.13　一束太阳光以某一入射角入射到平面玻璃上时，反射光为线偏振光，透射光的折射角为 32°. 求：(1)太阳光的入射角；(2)玻璃的折射率.

18.14　自然光或线偏振光按如图所示的各种情况入射到两种介质的分界面上，折射光和反射光各属于什么性质的光？在图中的折射线和反射线上标出光矢量的振动方向$\left(i_0=\arctan\dfrac{n_2}{n_1}, i\neq i_0\right)$.

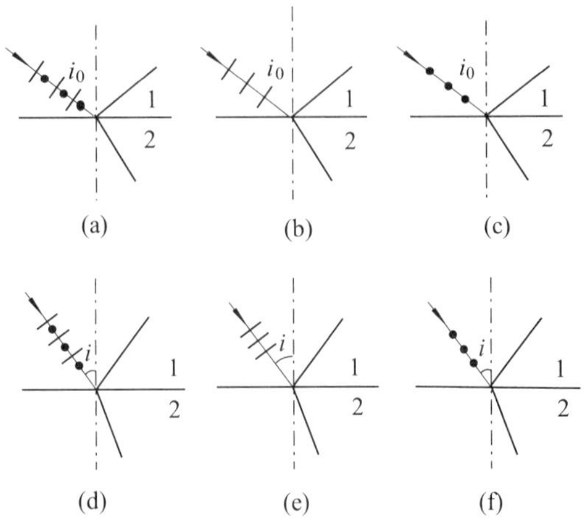

题 18.14 图

18.15　当单轴晶体的光轴方向与晶体表面成一定角度时，一束与光轴方向平行的光入射到晶体表面，这束光射入晶体后，是否会发生双折射？

18.16　如图所示，zz' 代表晶体的光轴方向. 试由折射情况判断晶体的正负.

18.17　如图所示，用方解石割成一个 60°的正三角形棱镜，光轴垂直于棱镜的正三角形截面. 设自然光的入射角为 i，而 e 光在棱镜内的折射光线与棱镜底面平行，试求：(1)入射角 i；(2)o光的折射角，画出 o 光的光路图($n_o=1.658$，$n_e=1.486$).

18.18　图示为一沃拉斯顿棱镜的截面，它是由两个锐角均为 45°的直角方解石棱镜黏合其斜面而构成的，并且棱镜 ABC 的光轴平行于 AB，棱镜 ADC 的光轴垂直于图中的截面. (1)当自然光垂直于 AB 入射时，试在图中画出 o 光和 e 光在第一、第二块棱镜中的传播路径及振动方向. (2)当入射光是波长为 589.3 nm 的钠光时，求 o、e 光线在第二个棱镜中的夹角 α(方解石中$n_o=1.658$，$n_e=1.486$).

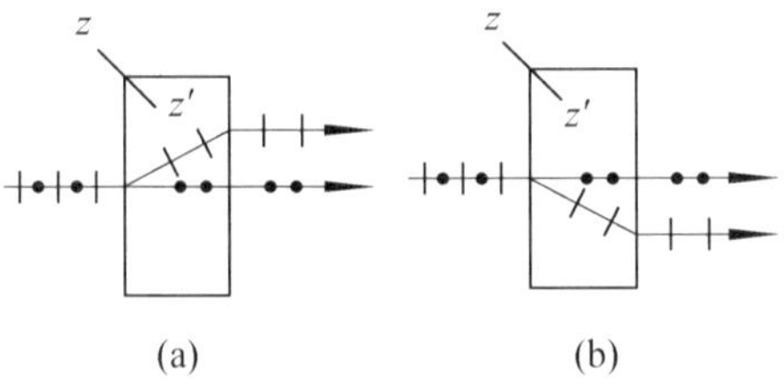

题 18.16 图

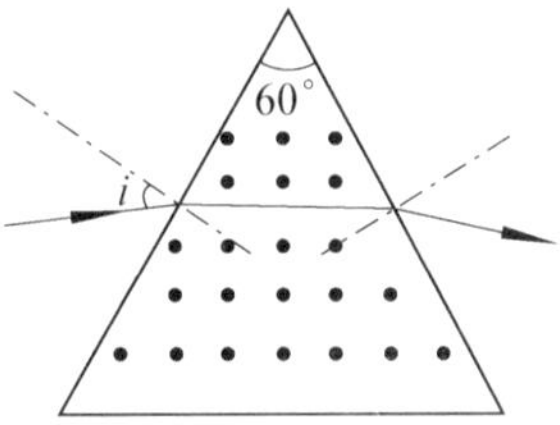

题 18.17 图

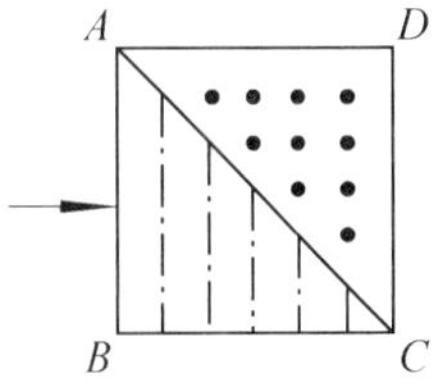

题 18.18 图

18.19　如果一个半波片或 1/4 波片的光轴与起偏器的偏振化方向成 $\pi/6$ 角度，试判断用半波片还是 1/4 波片可获得：(1)透射光为线偏振光；(2) 透射光为椭圆偏振光.

18.20　在偏振光干涉实验装置中，一方解石晶片的光轴与晶面平行，放在两个正交尼科耳棱镜之间，方解石晶片的主截面与起偏棱镜的主截面成 35°角. 设入射光通过起偏棱镜后振幅为 A，光强为 I，试求：(1)通过晶片后，o 光与 e 光的振幅及强度；(2)经过检偏棱镜后两相干光的振幅.

18.21　厚度为 0.025 mm 的方解石晶片，其表面平行于光轴，放在两个正交偏振片之间，光轴与两个偏振片的偏振化方向成 45°角，如射入第一个偏振片的光是波长为 400～760 nm 的可见光，问透出第二个偏振片的光中，缺少哪些波长的光($n_o=1.658$，$n_e=1.486$)？

18.22　将厚度为 1 mm 且垂直于光轴切出的石英晶片，放在两平行的偏振片之间，对某一波长的光波，经过晶片后振动面旋转了 20°，问石英晶片的厚度变为多少时，该波长的光将完全不能通过？

18.23　自然光通过两正交偏振片后，在下列情况下，透射光的明暗如何变化？并加以说明. (1)在两偏振片之间放置一块玻璃片. (2)以糖溶液代替玻璃片. (3)以一偏振片代替玻璃片.

18.24 将 14.5 g 蔗糖溶于水得到 60 cm^3 的溶液，在 15 cm 长的糖量计中测得纳光的振动面旋转了 16.8°. 已知蔗糖溶液的旋光率为 66.5°/(dm·g·cm^{-3})，求该蔗糖中所含非旋光性杂质的百分比.

阅读材料 13

液　晶

早在 1888 年，澳大利亚植物学家莱尼茨尔(F. Reinitzer)就发现了一种类似液体的物质，加热到熔点以后会经历一个不透明的浑浊液态阶段. 后来德国物理学家莱曼(O. Lehamnn)发现它能产生双折射现象，认为是一种具有流动性的晶体，进而取名为“液晶”. 20 世纪 60 年代以后，液晶在显示工业中才开始崭露头角.

1. 液晶的结构

液晶是介于液态和结晶态之间的物质状态. 根据生成的环境条件的不同，液晶可分为两大类，一类是只存在于某一温度范围的热致液晶，另一类是由某些化合物溶解于水或有机溶剂后形成的溶致液晶.

目前发现的液晶物质基本上都是有机化合物，液晶分子多为细长棒状. 根据分子排列方式的不同，液晶可以分为近晶相、向列相和胆甾相三种，其中后两种应用较多.

1) 近晶相液晶

近晶相液晶分子的质心分层排列，层内分子指向(长轴方向)互相平行，但分子质心在本层内的位置无规律可循. 近晶相液晶层内分子间的相互作用强于层间相互作用，所以分子难以在层间活动，但各层之间很容易地相对滑动.

根据层内分子排列的不同，近晶相液晶又可分为近晶相 A、近晶相 B 等多种.

图 18.29(a)表示的是近晶 A 相液晶的分子排列. 其分子指向矢 $\boldsymbol{n}$ 垂直于层面，形成一层层的二维流体. 分子层的厚度大约是单个分子长度的 1～2 倍. 近晶 A 相液晶可以通过降低一些向列相液晶的温度而得到，也可以通过降低一些各向同性液体材料的温度直接获得.

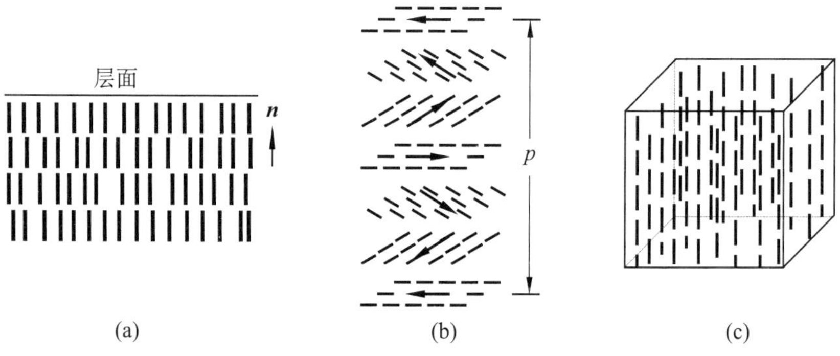

图 18.29

2) 胆甾相液晶

胆甾相液晶是最早发现的一种液晶，是乳白色黏稠状液体. 胆甾相液晶分子也是分层排列，逐层叠合，每层中分子的质心排列是无序的，但分子的指向矢 $\boldsymbol{n}$ 大致彼此平行，而且与层面平行. 不同层中分子指向矢方向不同，分子指向矢逐层依次向右或向左旋转过一个角度. 从整体上看，分子指向矢形成螺旋状，如图 18.29(b)所示. 分子指向矢是左旋还是右旋，取决于其构成分子.

一般胆甾相液晶的螺距 p 约为 0.3 μm，接近可见光波长. 在合适的温度条件下，常可以看到从胆甾相液晶中布拉格反射出来的光.

3) 向列相液晶

向列相液晶分子质心的排列混乱无序而且不分层，但分子的指向矢 $\boldsymbol{n}$ 的方向大体一致，如图 18.29(c) 所示.

2. 液晶的光学性质

液晶具有一些常见的性质，如近晶相和胆甾相的分子层间相互作用很弱、向列相的分子质心完全无规则排列，使其具有流动性；分子指向的有序排列，使其具有晶体的各向异性等. 除此之外，液晶还有其独特的性质.

1) 液晶的双折射和旋光现象

沿不同的方向，液晶的介电常量和折射率不同，使得其电学和光学性质也不同. 如以 $\varepsilon_{/\!/}$ 和 $\varepsilon_{\perp}$ 分别表示平行和垂直于分子指向矢 $\boldsymbol{n}$ 方向上的介电常量，则 $\varepsilon_{/\!/}>\varepsilon_{\perp}$ 的液晶称为正性或 p 型液晶，$\varepsilon_{/\!/}<\varepsilon_{\perp}$ 的液晶称为负性或 n 型液晶. 多数液晶只有一个光轴方向，且与 $\boldsymbol{n}$ 平行. 当光不沿光轴方向传播时，将发生双折射现象，如图 18.30 所示.

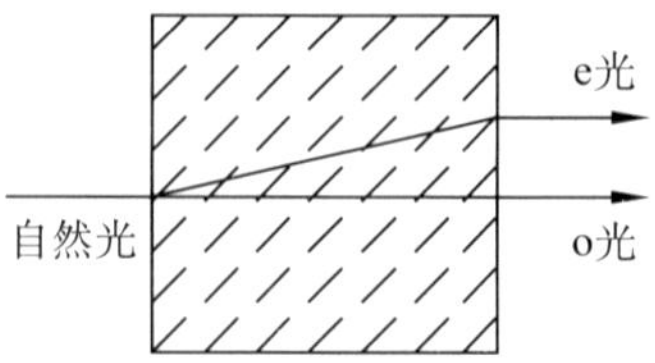

图 18.30

胆甾相液晶的光轴垂直于分子层面，其分子指向矢的螺旋状结构使其具有强旋光性，旋光率可达 $40000°\,\mathrm{mm}^{-1}$.

2) 胆甾相液晶的选择反射

如图 18.31 所示，以 λ、p、n 和 φ 分别表示光波在真空中的波长、胆甾相液晶的螺距、平均折射率和入射光的掠射角，当它们之间满足布拉格公式时，即

$$2np\sin\varphi=k\lambda \quad (k=1,2,3,\cdots)$$

反射光得到加强. 可见，在不同的角度可观察到不同的色光，即胆甾相液晶在白光照射下，会呈现美丽的色彩.

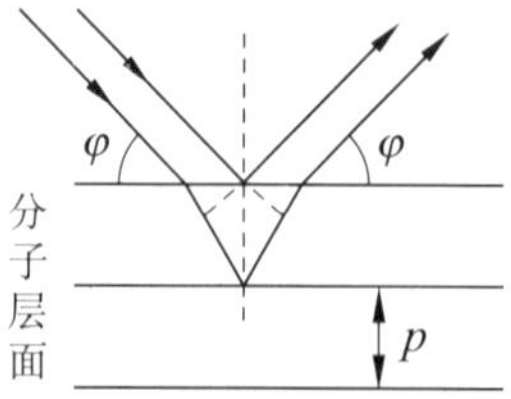

图 18.31

由于胆甾相液晶的螺距对温度很敏感，当温度改变时，满足上式的波长随之变化，色彩也随之变化，这就是它的选择反射.

实验表明，胆甾相液晶的反射光和透射光都是圆偏振光.

3. 液晶的电光效应

在电场作用下，液晶的光学特性发生变化，这种现象称为电光效应.

1) 电控双折射效应

把液晶注入一个很薄的玻璃盒中，对玻璃表面进行处理(如摩擦等)来控制盒内液晶分子的排列. 当分子指向矢垂直于表面时，称为垂面排列；平行于表面时，称为沿面排列. 再在玻璃表面涂上二氧化锡等透明导电薄膜，可使玻璃片成为透明电极. 这就制成了液晶盒.

如图 18.32 所示，把垂面排列的 n 型向列相液晶盒放在两个正交的偏振片 P_1 和 P_2 之间. 未加电场时，通过 P_1 的偏振光在液晶内沿光轴方向传播，不发生双折射，不能透过偏振片 P_2，如图(a)所示. 外加电场，当场强超过阈值时，液晶分子轴向发生倾斜，通过 P_1 的偏振光在液晶内发生双折射，部分光能透过 P_2，装置由不透明变为透明.

光轴的倾斜随电场的变化而变化，双折射两光束的强度及它们之间的相位差也随之变化，因而液晶盒可以影响偏振光的干涉；当入射光是复色光时，出射光的颜色也随之变化. 用沿面排列的 p 型向列相液晶同样能观察到电控双折射效应.

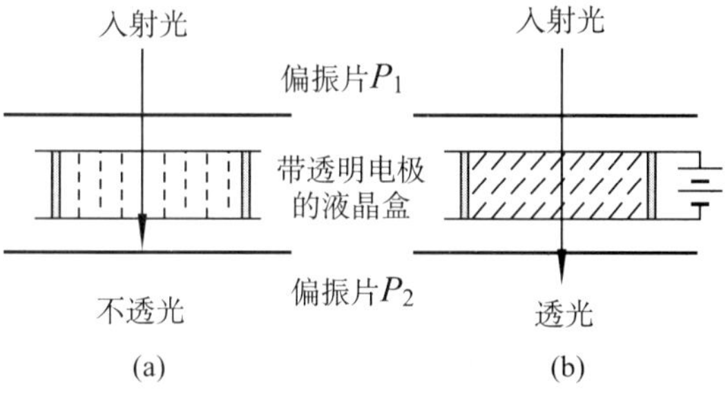

图 18.32

2) 液晶的动态散射

把向列相液晶注入带有透明电极的盒内时，无论是垂面排列还是沿面排列，未加电场时，液晶盒均透明；当施加电场并超过阈值时，液晶盒变为不透明，这种现象称为动态散射. 动态散射是因为在电场作用下，离子和液晶分子互相碰撞，使液晶分子产生紊乱运动(尤其是轴向紊乱)，折射率持续不断地变化，因而使光发生强烈散射的结果. 去掉电场，液晶盒即恢复透明. 如果在向列相液晶中混合适量的胆甾相液晶，则动态散射可以保留一段时间，这种现象称为有存储的动态散射.

4. 液晶的应用

由于其独特的物理、化学性质,液晶在多个领域都发挥着重要作用.

1)显示技术

液晶分子在电场的作用下能够改变其排列方式,从而改变其光学性质,这一特性是液晶显示技术的基础.具体来说,液晶材料被夹在两个平行的玻璃基板之间,这两个基板的内侧分别涂有透明的导电电极,通电后形成电场.同时,在液晶层的两侧还分别贴有偏振方向相互垂直的偏振片.没有电场作用时,液晶分子保持其原始的排列状态,使得背光源发出的光线大部分无法穿过液晶层和偏振片,因此屏幕呈现暗态或某种特定的灰度.在电极上施加电压后,液晶分子受到电场的作用而发生排列变化,使得原本被阻挡或散射的光线能够按照特定的方向透过偏振片,从而在屏幕上形成亮态或改变原有的灰度.

控制电路根据输入的图像信号,在电极上施加相应的电压,以精确控制液晶分子的排列状态,从而实现图像的动态显示.

2)传感器

利用胆甾相液晶的螺距随温度变化的特性,可以制作微温传感器,常用于电子零件、机械零件的无损探伤以及人体表面体温分布的测量.液晶分子在受到压力作用时,其排列状态会发生变化,进而影响其光学性质.这为压力传感器的设计提供了可能性.液晶分子在电场作用下会发生取向变化,这一性质可用于制作电场传感器和电压传感器.

3)光学调制

利用液晶可以制成液晶空间光调制器,通过改变液晶分子的排列状态来调控入射光的振幅、相位和偏振态等参数,进而在光通信、光学成像、光信息处理、微纳加工、光学捕获等领域实现多种应用.如利用液晶空间光调制器可实现光场的振幅、相位和偏振态等的精确调控;可以用于生成复杂的相位掩模,提高光学相干断层成像的分辨率和对比度;调制激发光的空间分布,提高光声成像的灵敏度和深度;生成高精度的全息图,实现三维图像的实时显示和动态调控;通过光镊效应实现对微小粒子的精确捕获和操纵.

利用液晶空间光调制器的高分辨率和动态调控能力,还可以实现对量子态的精确调控,从而为量子信息处理和量子计算提供有力支持.

4)生命科学

在细胞生物学领域,液晶被用来模拟细胞膜的流动性和通透性;用于细胞成像和标记,通过与特定的生物分子结合,实现对细胞内部结构和动态过程的可视化观察.

在分子生物学领域,液晶技术被用于研究DNA、RNA等生物大分子的结构和功能.通过液晶与生物大分子的相互作用,揭示它们的空间构象、稳定性以及与其他分子的相互作用规律.这些研究对于理解生命的基本过程和疾病的发生机制具有重要意义.

在生物医学工程领域,基于液晶的智能材料可以用于制备生物医用材料,如人工关节、血管支架等.可以用于制备光控药物释放系统,通过控制光的照射来实现药物的精确释放和定位治疗.还可用于药物筛选,通过构建基于液晶的药物筛选平台,实现对大量潜在药物分子的快速筛选和评估.

5)化学工业

液晶作为有序溶剂,能够促进有机化学中的定向反应、立体异构选择、旋光物质的富集和分离,使得化学反应能够更高效、更精确地进行.

液晶作为气相色谱固定液,其高度的选择性使得它可以分离一些沸点极为相近、难以分离的物质,能够显著提高色谱的选择性和分离效率.

液晶高分子材料是液晶技术与高分子化学相结合的产物,具有优异的力学性能、热稳定性、耐辐射和耐化学腐蚀性,在航空航天、汽车、机械、电子等领域具有广泛应用前景.

第 19 章　相对论基础

19 世纪末，人们普遍认为物理学已发展到相当完善的阶段. 研究机械运动的牛顿力学、研究热运动的热力学和统计力学、研究电磁运动的麦克斯韦电磁场理论，都已有了各自的理论体系. 这些理论统称为经典物理. 当时，众多学者认为经典物理已是终极理论. 但是，随着实验技术的进步，当物理学的研究深入到高速和微观领域后，用经典物理不能做出圆满解释的问题不断出现，如迈克耳孙-莫雷实验的零结果、热辐射的紫外灾难，以及光电效应、原子的光谱线系等. 正是这些问题的出现，导致了 20 世纪的一场物理学革命，并由此促进了近代物理理论体系的建立.

相对论前言

适用于高速运动的相对论和适用于微观体系的量子力学是近代物理的两大理论支柱. 它们已广泛应用于物理学各专门学科，如固体物理、原子物理、原子核物理、粒子物理等，这些都属于近代物理学范畴.

爱因斯坦于 1905 年提出狭义相对论，又于 1915 年建立广义相对论. 前者只适用于惯性系，后者则推广到非惯性系. 本章介绍狭义相对论的基本原理、洛伦兹变换、时空观以及相对论动力学的主要结论，最后简单介绍广义相对论及宇宙学.

19.1　伽利略变换　经典时空观

19.1.1　伽利略变换

在第 1 章的 1.6 节，我们曾介绍过在不同惯性系中同一质点的速度、加速度的关系. 现在再作进一步的讨论.

设 S 和 S' 系是两个相对做匀速直线运动的惯性系. 为了便于定量讨论，我们对 S 和 S' 系作如下约定：在 S 和 S' 系中分别建立直角坐标系 $Oxyz$ 和 $O'x'y'z'$，相应的坐标轴保持平行，且 Ox 和 $O'x'$ 轴共线；S' 系相对于 S 系以速度 u 沿 Ox 轴正向做匀速直线运动；当原点 O 和 O' 重合时，两系中的时钟各自开始计时，即此时 $t=t'=0$. 符合上述约定的 S 和 S' 系或相应的一对坐标系称为**约定系统**，如图 19.1所示. 如无特别说明，本章的变换式都是对约定系统而言的.

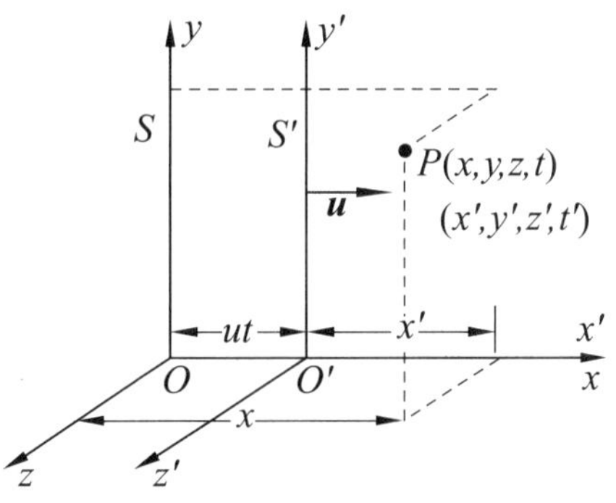

图 19.1

按习惯说法，在 S 系中，一个质点 t 时刻位于 (x,y,z) 点，而在 S' 系中观测，是在 t' 时刻位于 (x',y',z') 点. 现在我们说成：在 S 系中有一个**事件** P 发生于 (x,y,z,t)，同一事件在 S' 系中则发生于 (x',y',z',t'). 四维时空坐标 (x,y,z,t) 和 (x',y',z',t') 分别由 S 系和 S' 系的观测者记录. 这里的“事件”一词是相对论常用的术语，它是从物质运动中抽象出来的. 比如列车的出站和进站，光的发射和接收等都可称作事件. 任何一个事件都有时间和空间坐标，而一个物理过程可以看成是一系列事件的集合.

牛顿力学认为，时间和空间的量度都是绝对的，与参考系无关. 牛顿在他的《自然哲学的数学原理》中写道：“绝对空间就其本性来说与外界任何事物毫无关系，它永远是同一的、不动的”“绝对的、真实的数学时间本身按其本性来说是均匀流逝的，与任何外界事物无关”. 因此，同一事件在约定系统中，S 系和 S' 系记录的时间总是相同的，恒有 $t=t'$，空间坐标则恒有 $y=y'$，$z=z'$，而 $x'=x-ut$（见图 19.1）. 上述关系就是 S 系与 S' 系之间的时空坐标变换式，即

$$S\rightarrow S'\begin{cases}x'=x-ut\\y'=y\\z'=z\\t'=t\end{cases}\qquad S'\rightarrow S\begin{cases}x=x'+ut'\\y=y'\\z=z'\\t=t'\end{cases}\tag{19.1}$$

式(19.1)称为**伽利略时空坐标变换式**. 利用变换式可由已知的在某一惯性系中的时空坐标求得同一事件在另一惯性系中的时空坐标.

速度分量是坐标对时间的一阶导数，注意到 $\mathrm{d}t'=\mathrm{d}t$，则可由式(19.1)对时间求导数，得到 S 系与 S' 系之间的**伽利略速度变换式**，即

$$S\rightarrow S'\begin{cases}v_x'=v_x-u\\v_y'=v_y\\v_z'=v_z\end{cases}\qquad S'\rightarrow S\begin{cases}v_x=v_x'+u\\v_y=v_y'\\v_z=v_z'\end{cases}\tag{19.2}$$

式中 $v_x'=\mathrm{d}x'/\mathrm{d}t'$，$v_x=\mathrm{d}x/\mathrm{d}t$，其他分量与此类似. 将式(19.2)写成矢量式，从 $S'\rightarrow S$ 则为 $\boldsymbol{v}=\boldsymbol{v}'+\boldsymbol{u}$，这正是第 1 章 1.6 节中的变换关系式(1.38c). 显然，在不同的惯性系中质点的速度是不尽相同的.

将式(19.2)再对时间求导数，注意到 $u=$ 常量，得到加速度关系式

$$\begin{cases}a_x'=a_x\\a_y'=a_y\\a_z'=a_z\end{cases}\tag{19.3}$$

其矢量式为 $\boldsymbol{a}'=\boldsymbol{a}$. 可见，在不同惯性系中质点的加速度总是相同的. 即加速度对于伽利略变换来说是一个不变量.

19.1.2 力学相对性原理

在牛顿力学中，除了持有经典时空观外，还认为质点的质量是与运动状态无关的常量，即质量具有绝对性. 对于 S' 和 S 系，则恒有 $m'=m$. 再由式(19.3)可知，在两个相互做匀速直线运动的惯性系中，牛顿运动定律的形式也是相同的，即有如下形式：

$$\boldsymbol{F}=m\boldsymbol{a},\quad \boldsymbol{F}'=m\boldsymbol{a}'$$

结果表明，当由惯性系 S 变换到惯性系 S' 时，牛顿力学方程的形式不变，即牛顿力学方程对于伽利略变换来说是一个不变式. 由此不难推断，**在所有惯性系中，牛顿力学的规律具有相同的表达形式**. 或者说，**所有惯性系对力学规律来说都是等价的**. 这一规律称为力学相对性原理，该原理在宏观、低速范围内与实验结果相符.

按照力学相对性原理，没有一个惯性系处于特别优越的地位，因而就不可能通过在一个惯性系中所做的力学实验来确定该惯性系本身相对于其他惯性系的运动状态. 为说明这一点，我们不妨引述伽利略的一段叙述，这是关于在一条理想的大船中所能观察到的实验现象的描述.

在伽利略之前，曾有地动派和地静派的两派之争. 地动派主张地球是运动的，而地静派则反之. 当时，地静派用于反对地动派的一个强硬理由是“既然地球在高速地运动，为什么地面上的人一点也感觉不出来?”对于这个使地动派感到为难的质疑，伽利略通过在一条定名为“萨尔维阿蒂”大船的封闭船舱中进行的实验，做出了令人信服的回答. 他指出，当船以任何速度行驶时，只要船是匀速的，也不左右摇摆，那么，与船静止时相比，“所有上述现象丝毫没有变化，你无法从其中任何一个现象来确定船是在行驶还是停着不动”. 即使船走得很快，“在跳跃时，你跳过的距离仍同船静止时一样，跳向船尾不会比跳向船头远些，虽然你跳到空中时，脚下的船舱底板在向前移动”；你扔东西给朋友，不论他在船头或船尾，只要你自己站在他对面，“你也无需用更多的力”；从吊在船舱顶部的瓶中滴下的水，会竖直落入正下方的罐子里，“一滴也不会偏向船尾，虽然当水滴在空中时，船在行驶着”……

上述匀速而不摇摆的萨尔维阿蒂大船，实际上就是一个惯性系. 在这个惯性系中进行的所有实验都表明，地球和大船这两个惯性系对力学规律来说是等价的，人们无法通过这些实验来判断船自身相对于地面是在运动还是静止. 只有当你打开船舱见到外界的参考物体时，你才能知道船是在行驶还是停止不前.

力学相对性原理

如果把我们脚下的地球比作航行于太阳系中的大船，那么在“地球船”中也会像在萨尔维阿蒂船中一样，是不能通过在地球上所做的力学实验来判断地球相对于太阳系的运动状态的，虽然地球一直在太阳系中快速地运动着.

需要指出，对力学相对性原理内涵的认识，我们的祖先实际上比伽利略还要早. 在汉代的《尚书纬·考灵曜》中就有这样的记述：“地恒动而人不知，譬如人在大舟中，闭牖而坐，舟行而人不觉也.”

19.1.3　经典力学的绝对时空观

若两个事件 P_1 和 P_2 在 S 系中发生于同一时刻，则 $t_1=t_2$. 根据伽利略变换式 $t'=t$，可得 $t_1'=t_2'$. 结果表明在 S' 系中观察，这两个事件也是同时发生的. 由此可以推断，在一个惯性系中同时发生的两个事件，在其他惯性系中观察也是同时发生的，即**同时性是绝对的**.

若两个事件 P_1 和 P_2 在 S 系中先后发生，其时间间隔 $\Delta t=t_2-t_1$. 由变换式 $t'=t$ 可以得到这两个事件在 S' 系中的时间间隔 $\Delta t'=t_2'-t_1'=\Delta t$. 这说明在不同的惯性系中，**时间间隔的测量具有绝对性**.

为讨论长度测量的绝对性，我们先说明长度的定义及对长度测量的基本要求. 如图 19.2(a)所示，当杆沿 S 系的 Ox 轴放置时，其两端点坐标分别为 x_1 和 x_2，则坐标差 x_2-x_1 就是该杆在 S 系中的长度. 这就是说，杆的长度由其两端点的坐标差值确定.

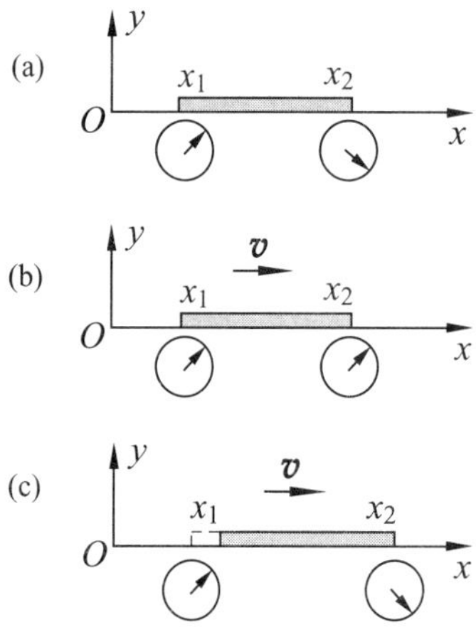

图 19.2

对于静止于 S 系的杆，由于端点坐标不随时间变化，因此两端点坐标可以在不同时刻测量. 但是，当杆相对于 S 系沿 Ox 轴运动时，只有同时测量端点坐标 x_1 和 x_2，所得的差值才是杆的长度，如图 19.2(b)所示. 如果不是同时测量，则由图 19.2(c)可见，x_2-x_1 就不是杆的长度了. 所以，测量动杆长度时，必须同时测量两端点的坐标.

根据上述关于长度的定义，设杆静止于 S' 系的 $O'x'$ 轴，S' 系测得长度为 $l'=x_2'-x_1'$. 在约定系统中由于杆随 S' 系相对 S 系运动，S 系应同时测出 x_1 和 x_2. 设测量时刻为 t，则由伽利略变换式(19.1)，得

$$x_1'=x_1-ut,\quad x_2'=x_2-ut$$

因此 S 系测得的此杆长度为

$$l=x_2-x_1=x_2'-x_1'=l'$$

这一结果表明，在彼此做相对运动的惯性系中，测得同一杆的长度总是相同的，因而**长度的测量具有绝对性**.

由上述讨论可知，伽利略变换实质上是以数学形式反映了牛顿力学的经典时空观. 这种时空观认为**自然界存在着与物质运动无关的绝对时间和绝对空间，时间和空间也彼此独立**. 于是，同时性、时间间隔和空间间隔都具有绝对性，它们均与参考系的相对运动无关.

19.2 洛伦兹变换

19.2.1 迈克耳孙-莫雷实验

光是电磁波，由麦克斯韦方程组可知，光在真空中的传播速率为

$$c=\frac{1}{\sqrt{\varepsilon_0\mu_0}}=2.998\times10^8\ \mathrm{m\cdot s^{-1}}\approx3\times10^8\ \mathrm{m\cdot s^{-1}}$$

光速是一个常量，表明光在真空中沿各个方向传播的速度大小与光源和观测者的相对运动无关，亦即与参考系无关. 但是按照伽利略速度变换式，不同惯性系中的观察者测定同一光束的传播速度时，所得结果应随光的传播方向而异. 这

表明，光速不服从伽利略速度变换！

光速与参考系无关出人意料. 由此推断：只有在一个特殊的惯性系（如“绝对静止”的参考系，被称为“以太”）中，麦克斯韦方程组才严格成立，或者说，在不同的惯性系中，宏观电磁现象所遵循的规律是不同的. 于是，对于不可能通过力学实验找到的这种特殊惯性系，现在似乎可以通过电磁学、光学实验找到. 例如，若能测出地球上各个方向光速的差异，就可以发现地球相对于上述特殊惯性系的运动.

为了发现不同惯性系中各方向上光速的差异，人们不仅重新分析了早期的天文观测资料，而且还设计了斐索实验等在地球上进行观察的各种新实验，其中最著名的是利用迈克耳孙干涉仪进行观察的迈克耳孙-莫雷(Michelson-Morley)实验. 这个实验是以伽利略速度变换为依据，观测不同方向上光速的差异，以确定出地球相对“以太”的运动速度. 该实验设计的巧妙之处是可以在随地球一起作公转运动的干涉仪中观察到干涉条纹的移动，并定量地发现不同方向上的光速差异. 如果地球上各方向的光速是不同的，那么，按照当时的实验安排，人们确信能观察到干涉条纹的移动. 然而，实验结果却是否定的，干涉仪中并没有出现预期的条纹移动. 人们把这一观察结果称为零结果.

迈克耳孙和莫雷采用的实验装置示意图如图 19.3 所示，此即迈克耳孙干涉仪原型. 作为估算，可设想“以太”相对于太阳固定，则地球相对于“以太”的速度就是地球相对于太阳的速度 $\boldsymbol{u}$. 设光相对地球的速度为 $\boldsymbol{v}$，由伽利略速度变换式(19.2)可知 $\boldsymbol{v}=\boldsymbol{c}-\boldsymbol{u}$.

可见 v 的大小应随光的传播方向而变化. 图 19.3 中，反射镜 1 的入射光线和反射光线的光速均为 $\sqrt{c^2-u^2}$，反射镜 2 的入射光线和反射光线的光速则应分别为 $c-u$ 和 $c+u$.

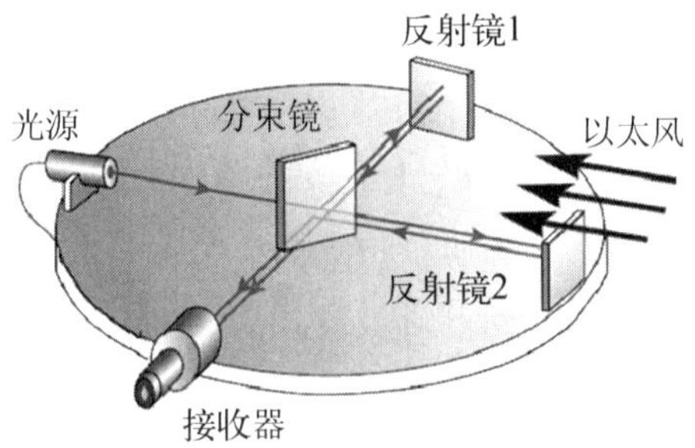

图 19.3

设干涉仪两臂长均为 L. 光束往返于分束镜和反射镜 1 之间所用的时间为

$$\Delta t_1=\frac{2L}{\sqrt{c^2-u^2}}\approx\frac{2L}{c}\left(1+\frac{u^2}{2c^2}\right)$$

光束往返于分束镜和反射镜 2 之间所用的时间为

$$\Delta t_2=\frac{L}{c-u}+\frac{L}{c+u}=\frac{2cL}{c^2-u^2}\approx\frac{2L}{c}\left(1+\frac{u^2}{c^2}\right)$$

上述两个式子中的近似是在 $u\ll c$ 条件下得到的. 两束光的相位差为

$$\Delta\varphi=\frac{2\pi}{\lambda}c(\Delta t_2-\Delta t_1)=\frac{2\pi}{\lambda}\frac{Lu^2}{c^2}$$

若把整个干涉仪绕中心轴旋转 90°，则前后两次的相位差改变了 $2\Delta\varphi=\frac{4\pi}{\lambda}\frac{Lu^2}{c^2}$，故

旋转过程中应看到干涉条纹的移动,移动的条纹数为 $\Delta N=\dfrac{2\Delta\varphi}{2\pi}=\dfrac{2}{\lambda}\dfrac{Lu^2}{c^2}$.

实验中所用光的波长为 $\lambda=5.5\times10^{-7}$ m , $L=11$ m , $u\approx3\times10^4$ m·s^{-1}. 代入上式可得 $\Delta N\approx0.4$,即旋转过程中应该观察到干涉条纹移动的条数约为 0.4.

在实验过程中,迈克耳孙和莫雷将干涉仪安装在一块平稳的大理石上,并让它漂浮在水银槽上,以确保仪器在转动时能够保持极高的稳定性. 他们让仪器连续旋转,并仔细观察干涉条纹的变化. 然而,实验的结果却令人惊讶! 无论仪器如何旋转,都没有观察到干涉条纹的任何移动.

因为这个"零结果"十分重要,迈克耳孙及其他众多科学家曾在不同地点、不同时间、不同气候条件下反复进行实验,近代甚至采用激光以提高实验精度,但观察到条纹移动的上限仅为 0.01. 排除实验误差,实际上没有观察到任何条纹的移动.

迈克耳孙和莫雷通过干涉仪实验没有测出地球相对于"以太"的运动速度,"零结果"说明光速在不同惯性系和不同方向上都是相同的,也意味着并不存在"以太"这一绝对参考系. 这使人们认识到,在一个惯性系内不可能通过光或电磁实验来确定该惯性系相对于其他惯性系的运动,即电磁现象也应该服从相对性原理;另外,既然电磁现象应服从相对性原理,那么反过来伽利略变换就不适用于电磁现象,光速也就不服从伽利略速度变换. 那么光速应满足什么样的变换规律呢? 既然电磁规律在所有惯性系中都相同,均由麦克斯韦电磁理论给出,则电磁波以恒定速度 c 传播这一结论很可能对所有惯性系都成立. 爱因斯坦正是把这两点作为基本假设提出来并在此基础上创立了狭义相对论,从而彻底否定了"以太"的存在并指出牛顿时空观的局限性,使人类时空观发生了根本的变革.

19.2.2 狭义相对论的两条基本假设

爱因斯坦坚信世界的统一性和合理性. 他在深入研究牛顿力学和麦克斯韦电磁场理论的基础上,在对各种实验和观测资料进行充分分析后,选择了一条独特的道路,大胆摆脱了经典时空观的束缚,于 1905 年在题为"论动体的电动力学"的论文中,提出了狭义相对论的两条基本假设:

(1) **爱因斯坦相对性原理:在所有惯性系中,物理定律的表达形式都相同.**

爱因斯坦推广了相对性原理,使它不仅适用于力学规律,而且也适用于至少包括电磁学在内的物理规律. 这就表明,所有惯性系对物理规律的描述都是等价的,不论设计力学实验还是电磁学实验,去寻找特殊惯性系是没有意义的.

(2) **光速不变原理:在所有惯性系中,光在真空中的速率都等于恒量 c.**

光速不变原理表明,真空中的光速具有绝对性,它与光源或观察者的运动以及光的传播方向都无关,即光速不依赖于惯性系的选择. 显然,这个结论与伽利略变换是不相容的.

19.2.3　洛伦兹变换

由于伽利略变换与狭义相对论的基本原理不相容，因此需要寻找一个新的时空坐标变换式. 根据狭义相对论的两条基本原理，爱因斯坦导出了这个变换式.

设在约定系统中，惯性系 S 系中有一事件 P 发生于(x,y,z,t)，同一事件在惯性系 S'系中则发生于(x',y',z',t'). 在 S 系和 S'系之间该事件的时空坐标变换式为

$$S \rightarrow S' \begin{cases} x' = \gamma(x - ut) \\ y' = y \\ z' = z \\ t' = \gamma\left(t - \dfrac{ux}{c^2}\right) \end{cases} \qquad S' \rightarrow S \begin{cases} x = \gamma(x' + ut') \\ y = y' \\ z = z' \\ t = \gamma\left(t' + \dfrac{ux'}{c^2}\right) \end{cases} \tag{19.4}$$

式中 γ 称为**相对论因子**. 令 $\beta = u/c$，则 γ 可写成

$$\gamma = \frac{1}{\sqrt{1 - \dfrac{u^2}{c^2}}} = \frac{1}{\sqrt{1 - \beta^2}} \tag{19.5}$$

通常把 $S \rightarrow S'$的变换称为正变换，而 $S' \rightarrow S$ 的变换称为逆变换.

可以看出，正变换和逆变换表达形式相同，符合相对性原理. $\pm u$ 的差别是因为S'系相对 S 系以速度 $\boldsymbol{u}$ 沿 Ox 轴运动，等价于 S 系相对 S'系以速度$-\boldsymbol{u}$ 沿 Ox'轴运动. 因此只要把正变换中的 u 改为$-u$，把带撇和不带撇的量作对应交换后，便可得到逆变换.

时空坐标变换式(19.4)称为**洛伦兹**(Lorentz)**变换**. 不难看出，在洛伦兹变换中的时间坐标和空间坐标有关. 这说明，在相对论中，时间和空间相互不能分离，这与伽利略变换是截然不同的.

洛伦兹变换

由洛伦兹变换可以得到以下结论：

(1) 当 $u \ll c$ 时，$\gamma \approx 1$，洛伦兹变换式即还原为伽利略变换式. 这说明经典的伽利略变换是洛伦兹变换在低速条件下的近似. 洛伦兹变换是一种普适的时空坐标变换，它既适用于高速运动，也适用于低速运动，但伽利略变换只适用于低速运动.

(2) 在洛伦兹变换式中，$\sqrt{1-\beta^2}$ 必须是实数才有意义，这就要求 $\beta = u/c \leqslant 1$，即 $u \leqslant c$. 由于参考系总是借助于一定的物体(或物体组)来建立，由此可知：**任何实际物体都不能作超光速运动. 或者说，真空中光速是一切实际物体运动的极限速度.**

洛伦兹变换的推导

设一质点在约定系统的 S 系中沿 Ox 轴做匀速运动，由于在 y 和 y'以及 z 和 z'方向没有相对运动，因此 $y' = y$ 和 $z' = z$ 是不言而喻的. 我们只要确立(x,t)与(x',t')之间的变换关系.

考虑到同一事件在 S 和 S' 系中观察，其结果必须一一对应，这就要求变换关系呈线性. 否则，在一惯性系中某时空出现的事件，在另一惯性系中，这一事件会在几个不同时空处出现，这与惯性系的等价性及时空的均匀性不符. 这种由 (x,t) 到 (x',t') 的线性变换一般表示为

$$x' = Ax + Bt,\quad t' = Dx + Et \qquad ①$$

对原点 O'，在 S' 系中恒有 $x'=0$，而在 S 系中则为 $x=ut$(见图 19.1). 将它们代入式①，得$B=-Au$，再代回式①，可得变换式的一般形式

$$x' = A(x - ut) \qquad ②$$

根据相对性原理，上式的逆变换可将 u 改为 $-u$、带撇和不带撇量作对应交换后写出，即

$$x = A(x' + ut') \qquad ③$$

式中 A 可由光速不变原理求出. 设当原点 O 和 O' 重合时(此时 $t'=t=0$)，由重合点沿 Ox 轴正向发出光信号. 据光速不变原理，光信号对 S 和 S' 系的速率均为 c，因而运动方程分别为

$$x = ct,\quad x' = ct' \qquad ④$$

将它们代入式②和式③中，可得

$$ct' = A(c-u)t,\quad ct = A(c+u)t'$$

两式相乘，经整理后得

$$A = \frac{1}{\sqrt{1-u^2/c^2}} = \frac{1}{\sqrt{1-\beta^2}} = \gamma$$

将这一结果代入式②和式③，得到洛伦兹变换式中的一对正、逆变换

$$x' = \gamma(x - ut),\quad x = \gamma(x' + ut')$$

将式④代入以上两式，即可得到另一对正、逆变换

$$t' = \gamma\left(t - \frac{ux}{c^2}\right),\quad t = \gamma\left(t' + \frac{ux'}{c^2}\right)$$

19.2.4 相对论速度变换

在 S 系中，质点运动速度的三个分量为

$$v_x = \frac{\mathrm{d}x}{\mathrm{d}t},\quad v_y = \frac{\mathrm{d}y}{\mathrm{d}t},\quad v_z = \frac{\mathrm{d}z}{\mathrm{d}t}$$

在 S' 系中，相应的三个速度分量则为

$$v'_x = \frac{\mathrm{d}x'}{\mathrm{d}t'},\quad v'_y = \frac{\mathrm{d}y'}{\mathrm{d}t'},\quad v'_z = \frac{\mathrm{d}z'}{\mathrm{d}t'}$$

对洛伦兹变换式(19.4)求微分，得

$$\mathrm{d}x' = \gamma(\mathrm{d}x - u\mathrm{d}t),\quad \mathrm{d}y' = \mathrm{d}y,\quad \mathrm{d}z' = \mathrm{d}z$$

$$\mathrm{d}t' = \gamma\left(\mathrm{d}t - \frac{u}{c^2}\mathrm{d}x\right)$$

由此可得该质点在 S' 系中的速度分量为

$$v'_x = \frac{\mathrm{d}x'}{\mathrm{d}t'} = \frac{\mathrm{d}x - u\mathrm{d}t}{\mathrm{d}t - (u/c^2)\mathrm{d}x} = \frac{(\mathrm{d}x/\mathrm{d}t) - u}{1 - (u/c^2)(\mathrm{d}x/\mathrm{d}t)} = \frac{v_x - u}{1 - (u/c^2)v_x}$$

类似地可算出 v'_y 和 v'_z. 把它们写在一起就是 S 系到 S' 系的速度正变换式. 同样的方法可以得到 S' 系到 S 系的速度逆变换式. 即

$$S \to S' \begin{cases} v'_x = \dfrac{v_x - u}{1 - \dfrac{u}{c^2} v_x} \\ v'_y = \dfrac{v_y \sqrt{1-\beta^2}}{1 - \dfrac{u}{c^2} v_x} \\ v'_z = \dfrac{v_z \sqrt{1-\beta^2}}{1 - \dfrac{u}{c^2} v_x} \end{cases} \qquad S' \to S \begin{cases} v_x = \dfrac{v'_x + u}{1 + \dfrac{u}{c^2} v'_x} \\ v_y = \dfrac{v'_y \sqrt{1-\beta^2}}{1 + \dfrac{u}{c^2} v'_x} \\ v_z = \dfrac{v'_z \sqrt{1-\beta^2}}{1 + \dfrac{u}{c^2} v'_x} \end{cases} \qquad (19.6)$$

式(19.6)即为**相对论速度变换式**.由此可知：

(1) 当速度 v_x(或 v'_x)和 u 远小于光速 c 时,各式中的分母均趋近于 1,相对论速度变换式即过渡到伽利略速度变换式(19.2).这表明伽利略速度变换是相对论速度变换在低速条件下的近似.

(2) 当一束光沿 $O'x'$轴传播时,其相对 S'系的速度为 $v'_x=c$.由式(19.6)可算出光对 S 系的速度为 $v_x=c$.这说明光速与 u 无关.这个结论符合光速不变原理.

(3) 在极限情况下,即当 $v'_x=c$ 和 $u=c$ 时,由式(19.6),仍有 $v_x=c$.这表明由相对论速度变换不可能得到大于 c 的速度,即相对论速度变换本身包含着光速极限概念.

例 19.1　设两飞船 A 和 B 分别以速度0.90c和$-$0.90c 相对于地面水平地向相反方向运动,如图 19.4 所示.求:(1)飞船 A 相对飞船 B 的速度;(2)地面观测飞船 A 相对飞船 B 的速度.

解　(1)设地面为 S 系,飞船 B 为 S'系,飞船 A 为运动物体,其飞行方向为 Ox 轴正向.依题意有 $u=-0.90c$,$v_x=0.90c$.代入式(19.6),可得

$$v'_x = \frac{v_x - u}{1 - \dfrac{u}{c^2} v_x} = \frac{1.80c}{1.81} = 0.994c$$

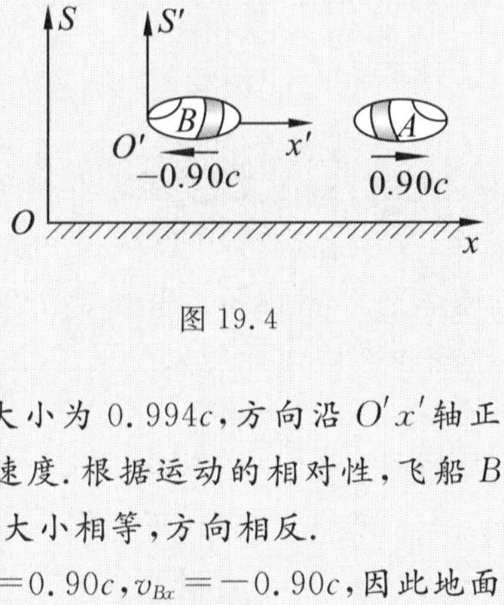

图 19.4

可见,飞船 A 相对于飞船 B (S'系)的速度大小为 0.994c,方向沿 $O'x'$轴正向.这是飞船 B 上的观察者测得飞船 A 的速度.根据运动的相对性,飞船 B 相对于飞船 A 的速度为$-$0.994c.即与前者大小相等,方向相反.

(2) 两飞船相对地面的速度分别为 $v_{Ax}=0.90c$,$v_{Bx}=-0.90c$,因此地面观测到 A 相对 B 的速度为

$$v_{AB} = v_{Ax} - v_{Bx} = 0.90c - (-0.90c) = 1.80c$$

显然,这个速度超过了光速,但并不与光速极限概念相矛盾.必须注意区分两类速度问题.第一类是"已知 A 和 B 对 C 的速度,求 A 对 B(或 B 对 A)的速度".这种情况是一个运动物体(A)两个参考系(C 和 B),属于速度变换问题,要用速度变换公式进行计算,所得结果是不会超过光速的.第二类是"已

知 A 和 B 对 C 的速度，求 C 观测到的 A 和 B 之间的相对速度”. 这种情况有两个运动物体(A 和 B)，一个参考系(C)，这不是速度变换问题，而是同一个参考系中两个速度的叠加问题，要应用矢量合成定则($\boldsymbol{v}_{AC}=\boldsymbol{v}_{AC}-\boldsymbol{v}_{BC}$)，所得结果不受光速极限的限制. 本例中的问题(1)和(2)分别属于第一、二类速度问题.

由此可见，光速极限不是一切速度的极限. 从根本上说，光速极限指的是物体相对于任何惯性系的运动速度都不会超过真空中的光速.

19.3 狭义相对论时空观

运用洛伦兹变换会得到与我们日常经验相违背的、令人惊奇的重要结论，这些结论后来被近代高能物理中许多实验所证实.

19.3.1 “同时”的相对性

设想有一车厢相对地面以速度 $\boldsymbol{u}$ 做匀速直线运动，车厢正中间有一闪光灯发出光信号，并同时向车厢两端传去，如图 19.5 所示. 现在讨论光信号是否同时到达车厢的前后壁.

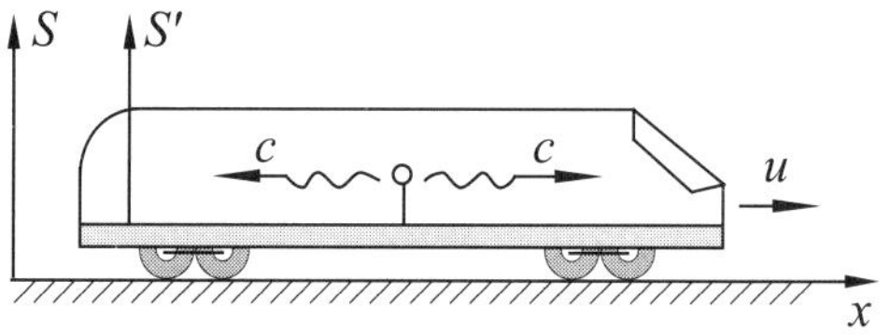

图 19.5

设地面为 S 系，车厢为 S' 系，光信号到达车厢后壁为事件 $P_1(x_1', t_1')$，到达前壁为事件 $P_2(x_2', t_2')$. 对 S' 系来说，光传向前后的速率均为 c，因此光信号将同时到达前后壁，即 P_1 和 P_2 是同时事件. 对 S 系来说，按光速不变原理，光传向前后的速率也为 c，但因车厢以速度 u 相对 S 系向前运动，所以在 S 系中观测到光相对后壁的速率为 $c+u$，而相对前壁的速率为 $c-u$. 因而 S 系的结论是：光信号到达后壁要比到达前壁早. 这表明，在 S' 系中不同地点同时发生的两个事件 P_1 和 P_2，在 S 系中观测却不是同时发生的.

同时性的相对性

仿照上述分析，不难对相反的情形得出相同的结论. 即在 S 系中不同地点同时发生的两个事件，在 S' 系中观测也不是同时发生的. 这说明“同时”具有相对性.

由洛伦兹变换同样能得到同时的相对性结论. 根据式(19.4)，有

$$t_2'-t_1'=\gamma\left[(t_2-t_1)-\frac{u}{c^2}(x_2-x_1)\right] \tag{19.7a}$$

$$t_2-t_1=\gamma\left[(t_2'-t_1')+\frac{u}{c^2}(x_2'-x_1')\right] \tag{19.7b}$$

由式(19.7b)知，若在 S' 系中同一地点同时发生两个事件，即 $x_2'=x_1'$ 和 $t_2'=t_1'$，则必有 $t_2=t_1$，这表明在 S 系中观测这两个事件也是同时发生的. 若两事件在 S' 系中不同地点同时发生，即 $x_2'\neq x_1'$，而 $t_2'=t_1'$，则 $t_2\neq t_1$，即在 S 系中观测这

两个事件不是同时发生的. 如果 $x_2'>x_1'$,则有 $t_2>t_1$. 这表明,t_1 记录的事件先发生. 对式(19.7a)也可做类似的分析. 因此,同时的相对性可概括为:**在一惯性系中同时同地发生的两个事件,在其他惯性系中观测一定是同时发生的;在一惯性系中同时不同地发生的两个事件,在其他惯性系中观测就不是同时发生的.**

需要指出,在相对论中,尽管"同时"具有相对的意义,但有因果关系的关联事件的时序绝不会因参考系的不同而颠倒. 如绝不会出现一个电磁波的接收先于它的发射,一个人的死亡先于他的出生等. 相对论可以证明,**关联事件的时序具有绝对性.**

例 19.2 在 S 系中,导弹发射基地位于 x_1 处,在 t_1 时刻发射一枚导弹,于 t_2 时刻击中 x_2 处的目标. 是否存在这样的惯性系,在该系中观察到的结果是导弹击中目标在先而导弹发射在后?

解 设 S' 系为所求的惯性系,它相对 S 系的运动速度为 u. 导弹发射为事件 P_1,它在 S 系和 S' 系中的时空坐标分别为 (x_1,t_1) 和 (x_1',t_1'),击中目标为事件 P_2,它在 S 系和 S' 系中的时空坐标分别为 (x_2,t_2) 和 (x_2',t_2'). 由洛伦兹变换,有

$$t_1'=\frac{t_1-\dfrac{ux_1}{c^2}}{\sqrt{1-\dfrac{u^2}{c^2}}},\quad t_2'=\frac{t_2-\dfrac{ux_2}{c^2}}{\sqrt{1-\dfrac{u^2}{c^2}}}$$

两式相减,得

$$t_2'-t_1'=\frac{t_2-t_1}{\sqrt{1-u^2/c^2}}\left(1-\frac{u}{c^2}\cdot\frac{x_2-x_1}{t_2-t_1}\right)$$

因为 $t_2-t_1>0$,所以,若在 S' 系中观察到 P_1 和 P_2 的时序被颠倒,即 $t_2'-t_1'<0$,必须有

$$\frac{u}{c^2}\cdot\frac{x_2-x_1}{t_2-t_1}=\frac{u}{c^2}\bar{v}_x>1$$

式中 $\bar{v}_x=\dfrac{x_2-x_1}{t_2-t_1}$ 是导弹的平均速度. 因为 $\bar{v}_x\not>c$,$u\not>c$,所以上式不可能成立. 即事件 P_1 和 P_2 的时序不可能被颠倒.

19.3.2 时间延缓

如图 19.6(a)所示,在约定系统的 S' 系中 O' 处有一信号机,近旁有一只钟 A',O' 上方相距 d 处有一反射镜 M'. 以信号机发出光信号为事件 P_1,信号经 M' 镜反射回来又被 O' 处信号机接收为事件 P_2. 在 S' 系中,P_1 和 P_2 发生在同一地点 O',且光沿线段 $\overline{O'D'}$ 往返传播,显然,由钟 A' 测得这两个事件的时间间隔为 $\Delta t'=2d/c$. 而在 S 系中,如图 19.6(b)所示,由于信号机以速度 u 运动,光信号的传播路径是折线 ODB,P_1 和 P_2 发生在不同地点 O 和 B. 在 S 系中,为了测量这一时间间隔 Δt,必须沿 Ox 轴配置许多静止于 S 系的经过

校准而同步的钟 A,P_1 和 P_2 的时间间隔即由钟 A_1 和 A_2 给出.根据光速不变原理,有

$$\Delta t=\frac{\overline{OD}+\overline{DB}}{c}=2\,\frac{\overline{OD}}{c}=\frac{2}{c}\sqrt{d^2+\left(\frac{u\Delta t}{2}\right)^2}$$

由此解得

$$\Delta t=\frac{2d/c}{\sqrt{1-u^2/c^2}}=\frac{\Delta t'}{\sqrt{1-u^2/c^2}}$$

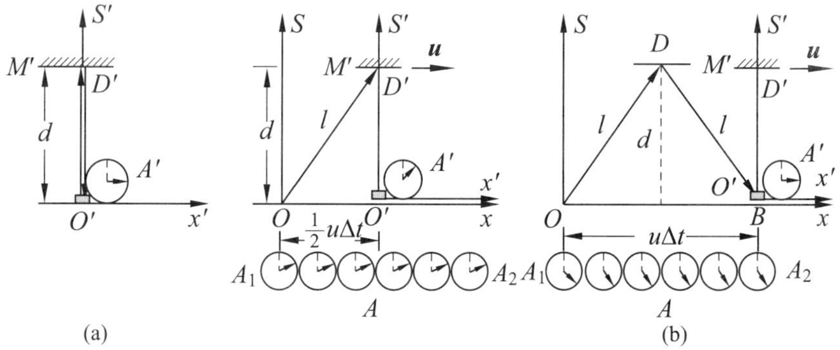

图 19.6

通常把 S'系中同一地点先后发生的两个事件之间的时间间隔 $\Delta t'$ 称为**固有时**(或**原时**),用 τ_0 表示.若 S 系中测得的同样两个事件之间的时间间隔 Δt 用 τ 表示,则可将上式写成

$$\tau=\frac{\tau_0}{\sqrt{1-u^2/c^2}}=\gamma\tau_0 \tag{19.8}$$

上式为时间间隔的相对论公式,表明时间间隔具有相对性.显然 $\tau>\tau_0$,即固有时最短.如果用钟走得快慢来说明式(19.8)所表示的关系,就是 S 系中的观测者把相对自己静止的钟 A 和相对 S'静止的钟 A'进行比较,认为那只相对自己运动的钟 A'走慢了.比如当自己的钟 A 走了 5 秒时,那只运动的钟 A'只走了 3 秒.这种效应称为**时间延缓**.

需要指出,时间延缓效应是相对的.将上述情况反过来,即当相对 S'系静止的钟 A'走了 5 秒时,S'系的观测者同样会认为 S 系的钟只走了 3 秒.读者可自行分析.可见,时间延缓效应并不是钟本身有什么故障,它只是一种相对论效应:运动使过程进展的时间节奏变慢.由此得出结论:**发生在同一地点的两个事件的时间间隔,以相对于该地点静止的惯性系中测得的时间 τ_0(固有时)为最短,而在相对于该地点运动的惯性系中测得的时间间隔为 τ_0 的 γ 倍.**

时间的相对性

由洛伦兹变换同样能得到时间延缓的结论.设两事件 P_1 和 P_2 在 S'系中先后发生在同一地点,时空坐标为(x',t_1')和(x',t_2'),则固有时 $\tau_0=t_2'-t_1'$.在 S 系中,它们发生在不同地点,时空坐标为(x_1,t_1)和(x_2,t_2).由洛伦兹变换可得

$$t_1=\gamma\left(t_1'+\frac{u}{c^2}x'\right),\quad t_2=\gamma\left(t_2'+\frac{u}{c^2}x'\right)$$

因此,S 系测得的时间间隔为

$$\tau = t_2 - t_1 = \gamma(t_2' - t_1') = \gamma\tau_0$$

这就是时间间隔相对论公式(19.8).

由式(19.8)可知,当 $u \ll c$ 时,$\gamma \approx 1$,则有 $\tau \approx \tau_0$.即在低速情况下,时间间隔与参考系无关,时间间隔具有绝对性,这正是经典时空观对时间间隔的认识.

例 19.3　设想有一光子火箭以 $v=0.95c$ 的速率相对地球做匀速直线运动,若火箭上宇航员的计时器记录火箭飞行了 10 min,则地球上的观察者认为火箭飞行了多少时间?

解　由题意,计时器相对宇航员静止,故测得的时间为固有时,即 $\tau_0 = 10\ \text{min}$,但计时器相对地球运动,所以地球上观察者测得的时间为

$$\tau = \gamma\tau_0 = \frac{\tau_0}{\sqrt{1 - v^2/c^2}} = \frac{10\ \text{min}}{\sqrt{1 - 0.95^2}} = 32\ \text{min}$$

例 19.4　来自外层空间的宇宙射线中有许多 μ 子,μ 子是不稳定的,静止时它的平均固有寿命为 2.20×10^{-6} s.实验发现,当 μ 子从高度约为 2 km 的空中以 $0.995c$ 速度飞向地面时,地面实验室中找到了这种来自宇宙射线的 μ 子.求地面实验室观测 μ 子的平均飞行距离.

解　μ 子的固有寿命为 $\tau_0 = 2.20\times10^{-6}$ s.如果按牛顿力学计算,μ 子向地面飞行的距离为 $0.995c\tau_0 = 6.57\times10^2\ \text{m} < 2\ \text{km}$.这意味着 μ 子不可能到达地面.但近代实验结果不容置疑,地面实验室确实找到了这种 μ 子,表明牛顿力学对高速粒子失效,对高速运动要用相对论来讨论.

以地面为 S 系,随 μ 子运动的坐标系为 S' 系,以竖直向下为正方向.由题意,μ 子相对 S 系的速度 $u=0.995c$,于是相对论因子 $\gamma = 1/\sqrt{1-u^2/c^2} = 10.0$.因 μ 子相对 S' 系静止,故 S' 系测得的平均寿命为固有寿命 τ_0,按式(19.8),地面实验室测得 μ 子的平均寿命 $\Delta t = \gamma\tau_0 = 2.20\times10^{-5}$ s.因此,地面测得 μ 子在其生存时间内飞行的平均距离为

$$l = u\Delta t = 0.995c \times 2.20 \times 10^{-5}\ \text{s} = 6.57 \times 10^3\ \text{m} > 2\ \text{km}$$

结果表明,μ 子确能到达地面.

同一种不稳定粒子,其运动寿命要比静止寿命长,这一理论预言已在高能物理实验中得到证实.

双生子佯谬

时间延缓效应说明了运动使时间节奏变慢.一切与时间流逝相关的物理、化学乃至生命过程,都会因运动而使进程变慢.这就引出了一个双生子佯谬问题.

有一对双胞胎甲和乙,同时出生在地球上.成年后他们约定,甲乘接近光速的飞船去作星际旅行,乙则留在家里.当甲旅行回来与乙重新相聚时,两人就开始比较彼此的年龄.根据时间延缓效应,乙认为甲的钟(飞船上的钟)是运动钟,它走得慢,因此,乙做出结论说甲要比自己年轻.但甲则认为乙的钟(地球上的钟)是运动钟,它走得慢,于是甲做出结论说乙要比自己年轻.两人的结论恰好相反,这就是著名的"双生子佯谬".所谓佯谬,是指对同一事物,用一种推理得出一个结论,而用另一种推理却得出相反的结论.

对于双生子佯谬，有人认为既然两种推论做出的结论是相反的，那么应该相信有第三种推论存在，这就是他们重新相聚时一样年轻. 如果承认这第三种推论，就等于回到了经典时空观而否定了相对论时空观. 但大量事实已经证明，经典时空观不适用于高速运动.

于是，问题又回到了甲乙两个人的结论上来. 在这两个相反结论中，应该只能有一个是正确的. 那么，究竟谁的结论正确？相对论做出的判断是：重新相聚时，旅行回来的甲要比在留在家里的乙年轻. 这里的关键在于，狭义相对论是在相对做匀速直线运动的惯性系条件下，得出运动钟变慢和一切惯性系对物理规律具有等价性结论的，甲乙两人也正是从这种等价性出发做出了各自的判断. 一旦出现了变速相对运动，这种等价性就不存在了. 在双生子问题中，两个参考系实际上并不具有等价性. 乙始终处在地球这个惯性系中，而甲乘坐的飞船起码要有加速起动和减速着陆过程，所以飞船实际上是一个非惯性系. 对于非惯性系，需要用广义相对论去讨论. 按照广义相对论的计算，旅行回来的甲确实要比留在家里的乙年轻. 这就是说，在加速系中时间延缓效应是绝对的.

双生子问题的这个结论，近年已被实验证实. 1971 年，完成了一个用仪器模拟的"双生子"实验. 将铯原子钟放在飞机上分别沿赤道向东和向西绕地球飞行一周回到原处，与静止在地面上的铯原子钟进行比较，经过测量和广义相对论理论计算，证实在实验误差范围内，实验结果与相对论预言值符合得很好.

19.3.3 长度收缩

按照相对论的观点，同时性是相对的，而测量运动杆长度又必须同时测出两端点坐标，因此长度的测量也必定是相对的. 长度测量与参考系的运动有何关系呢？

设一细杆 AB 静止于 S' 系，并沿 $O'x'$ 轴放置. 如图 19.7 所示，细杆端点的坐标分别为 x_1' 和 x_2'，则 S' 中杆的长度为 $l_0=x_2'-x_1'$. l_0 是在相对物体静止的惯性系中测得的长度，通常称为**固有长度**(或**原长**). 因杆相对 S 系运动，所以 S 系应同时测出两端点坐标. 设测量时刻为 t，则 S 系中这两个事件(测两端点坐标)的时空坐标分别为 (x_1,t)、(x_2,t)，S' 系中的时空坐标分别为 (x_1',t_1')、(x_2',t_2'). 由洛伦兹变换，有

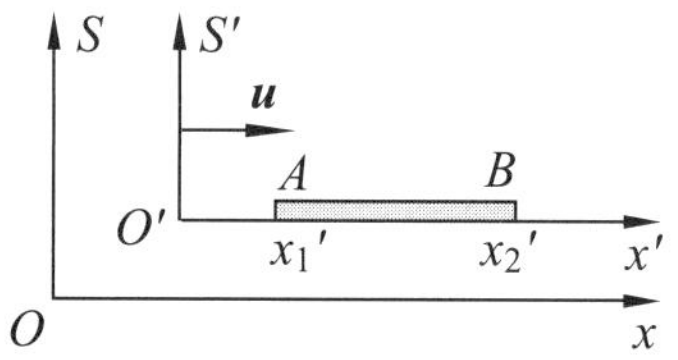

图 19.7

$$x_1'=\gamma(x_1-ut),\quad x_2'=\gamma(x_2-ut)$$

于是 S 系测得的杆长 $l=x_2-x_1=(x_2'-x_1')/\gamma$，即

$$l=\frac{l_0}{\gamma} \tag{19.9}$$

上式即为长度的相对论公式. 公式表明，长度是相对的. **相对于物体静止的惯性系中测得的长度(固有长度)最长，而在相对该物体运动的惯性系中测得的长度为固有长度的** $1/\gamma$，即运动杆的长度缩短了. 例如，静止于 S' 系的米尺，S 系的观察者所测长度不足一米. 反之，静止于 S 系的米尺，S' 系的观察者所测长度也不足一米. 这种效应称为**长度收缩**，或洛伦兹收缩.

在由洛伦兹变换得到式(19.9)的同时，我们也可以得到

$$t_2' - t_1' = -\gamma \cdot \frac{u}{c^2}(x_2 - x_1) \neq 0$$

也就是说，对 S'系而言，测两端点坐标这两个事件并不是同时发生的. 但由于杆相对于 S'系静止，尽管没有同时测两端点坐标，所得端点坐标之差仍为杆的原长.

空间的相对性

需要注意的是，因在约定系统中，恒有 $y'=y$ 和 $z'=z$，故**在与物体运动方向垂直的方向上长度不变，长度收缩只发生在运动方向上.**

由式(19.9)可知，当 $u \ll c$ 时，有 $\gamma \approx 1$，则有 $l \approx l_0$. 即在低速情况下，长度的测量与参考系无关，长度具有绝对性. 这正是经典时空观对空间量度的认识.

必须指出，所谓长度收缩，是指测量运动杆长度时，其长度的测量值小于其静止时测得的固有长度，它反映了长度的测量与杆相对于观测者的速度有关这一事实，所以，长度收缩完全是一种相对论效应. 长度收缩既不是作高速运动时杆的结构发生变化造成的，也不是受强大阻力作用而被压短产生的. 还要指出，测量值与"看"的结果是不一样的，也就是说"测量形象"与"视觉形象"是不同的. 我们曾强调，测量运动杆的长度必须同时测量两个端点坐标，"看"却不符合这个要求. 因为当眼睛看到一个物体时，意味着由物体各部分发出的光子同时到达人眼视网膜，从而形成了物体的像. 事实上，由于物体的不同部分离人眼的远近不同，因此，这些光子不是同时发出的，离人眼较远处较早发出，较近处则较晚发出. 即使在同一参考系中，在不同地点看到的"视觉形象"也是不一样的.

尽管时间延缓、长度收缩效应在日常生活中几乎无法察觉，但它对理解高速宇宙航行中的时间流逝、粒子加速器中粒子的行为以及 GPS 卫星的时间校正等至关重要. 以 GPS 卫星导航系统为例，GPS 卫星以约 $14000\text{km}\cdot\text{h}^{-1}$（约 $3.9\times10^3\ \text{m}\cdot\text{s}^{-1}$）的速度绕地球运行. 由于高速运动，其机载原子钟的走时要比地面时钟略慢一些. 根据狭义相对论，可以计算出二者的差值为

$$\Delta t = t - t_0 = \frac{t_0}{\sqrt{1-\left(\dfrac{3.9\times10^3}{3\times10^8}\right)^2}} - t_0 = 8.5\times10^{-11}t_0$$

也就是说一天后，机载原子钟将产生 $\Delta t = 8.5\times10^{-11}\times24\times60\times60\ \text{s}\approx7.5\ \mu\text{s}$ 的计时误差. 由于无线电波传播速率为光速 $c=3\times10^8\ \text{m}\cdot\text{s}^{-1}$，因此带来的距离误差累积将高达 $\Delta L = 7.5\times10^{-6}\times3\times10^8\ \text{m}\approx2.2\times10^3\ \text{m}$. 这将严重影响定位和导航精度，必须对其修正.

必须说明的是，实际上，由于 GPS 卫星位于距离地球表面约 20200 km 的高空，那里的引力场比地表弱. 而根据广义相对论，在较弱的引力场中，时间流逝得更快. 因此由于卫星处于较弱的引力场，其机载原子钟每天会快约 45.9 μs.

同时考虑两方面的影响，卫星时钟相对于地面时钟每天会快约 38.4 μs. 为了确保 GPS 系统的精度和可靠性，科学家必须同时考虑狭义相对论和广义相对论的影响，并对卫星时钟进行精确校正. 调整卫星时钟的计时基准是抵消这些相对论效应的方法之一. 如将卫星时钟的计时频率设置为略低于其标称值，以确保在考虑到相对论效应后，卫星时钟与地面时钟保持同步.

例 19.5 某飞船上安装有 1 m 长的天线,天线以 45°倾角伸出船体.求当飞船以$\sqrt{3}c/2$ 速度水平飞行时,地面观察者测得的天线长度及其与船体的交角.

解 以地面为 S 系,飞船为 S' 系,天线相对 S' 系静止,如图 19.8 所示.依题意,S' 系测得的天线长度为固有长度,其值 $l'=l_0=1$ m,固有交角$\theta'=45°$,而 $u=\sqrt{3}c/2$,算出

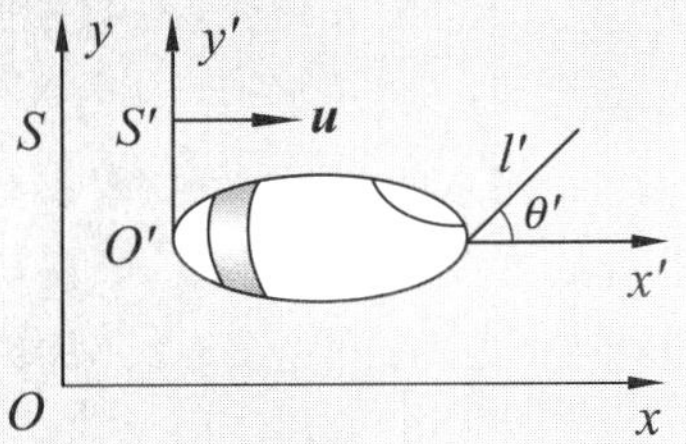

图 19.8

$$\gamma = \frac{1}{\sqrt{1-u^2/c^2}} = \frac{1}{\sqrt{1-3/4}} = 2$$

天线在 S' 系坐标轴上的投影为

$$l_x' = l_0\cos\theta',\quad l_y' = l_0\sin\theta'$$

设 S 系测得天线长度为 l,交角为 θ.因长度缩短只发生在运动方向上,所以天线在 S 系坐标轴上的投影为

$$l_x = l\cos\theta = \frac{l_x'}{\gamma} = \frac{l_0}{2}\cos 45° = \frac{\sqrt{2}}{4}\ \text{m}$$

$$l_y = l\sin\theta = l_y' = l_0\sin 45° = \frac{\sqrt{2}}{2}\ \text{m}$$

由此得到天线长度为

$$l = \sqrt{l_x^2+l_y^2} = \sqrt{\left(\frac{\sqrt{2}}{4}\right)^2+\left(\frac{\sqrt{2}}{2}\right)^2}\ \text{m} = 0.791\ \text{m}$$

天线的倾角为

$$\theta = \arctan\left(\frac{l_y}{l_x}\right) = \arctan 2 = 63°26'$$

可见,对地面观测者来说,运动着的斜置天线的长度缩短了,而倾角则因其在 Ox 方向投影的缩短而增大了.

例 19.6 一辆客车正以高速通过隧道,如图 19.9 所示.设客车和隧道的固有长度分别为 l 和 L,车速为 $\boldsymbol{v}$,试问从地面和客车上观测,客车全部通过隧道各需要多少时间?

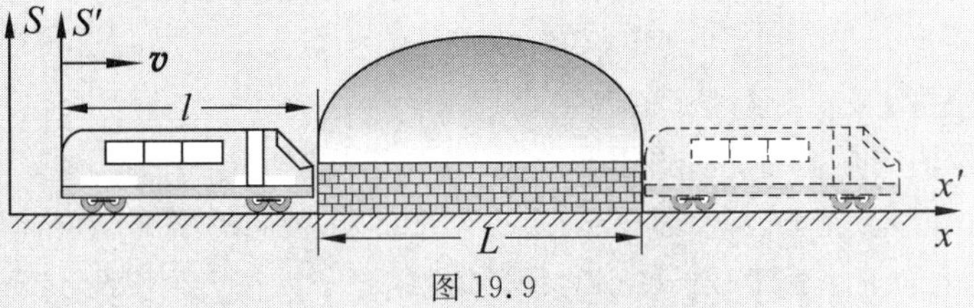

图 19.9

解 以地面参考系为 S 系,客车参考系为 S' 系.

地面上观测,客车的运动速率为 v,隧道长是固有长度,而车长是运动长度,应缩短为 $l'=l/\gamma$,所以测得客车通过隧道所用时间为

$$\Delta t = \frac{l\sqrt{1-v^2/c^2}+L}{v}$$

客车上观测，隧道的运动速率也是 v，车长是固有长度，而隧道长是运动长度，应缩短为 $L'=L/\gamma$，所以测得的时间为

$$\Delta t' = \frac{l+L\sqrt{1-v^2/c^2}}{v}$$

例 19.7　地面上有一跑道长 100m，运动员从起点跑到终点，用时 10s. 一飞船相对地面以 $0.8c$ 的速度沿跑道方向向前飞行. 试问：从飞船中观测 (1)跑道有多长？(2)运动员跑过的距离和所用时间是多少？

解　以地面参考系为 S 系，飞船参考系为 S' 系.

(1) 跑道固定在 S 系中，长度为 $l_0=100$ m. S' 系相对 S 系高速运动，其速度 $u=0.8c$，算出相对论因子 $\gamma=1/\sqrt{1-u^2/c^2}=1/\sqrt{1-(0.8)^2}=1/0.6$. 因此在 S' 系中观测的跑道长度为

$$l=\frac{l_0}{\gamma}=100\ \text{m}\times 0.6=60\ \text{m}$$

(2) 运动员起跑和到达终点是既不同时也不同地的两个事件，S' 系中观测运动员的位移 $\Delta x'$ 和所用时间 $\Delta t'$ 不能用式(19.9)和式(19.8)计算，只能用洛伦兹变换计算. 沿跑道建立 $O'x'$ 轴和 Ox 轴，则有

$$\Delta x'=\gamma(\Delta x-u\Delta t),\quad \Delta t'=\gamma\left(\Delta t-\frac{u}{c^2}\Delta x\right)$$

依题意，在 S 系中，$\Delta x=100$ m，$\Delta t=10$ s；又有 $u=0.8c$，$\gamma=1/0.6=5/3$. 代入以上两式，得

$$\Delta x'\approx -4.0\times 10^9\ \text{m},\quad \Delta t'\approx 16.7\ \text{s}$$

负号表明，在 S' 系中观测，运动员在做退行运动，距离为 4.0×10^9 m，所用时间为 16.7 s.

我们再讨论一个例子. 设一辆大货车静止时与一山洞等长. 货车以速度 u 运动，车头正好到达山洞出口处时，在山洞的入口和出口处同时打了两个雷. 地面观测者认为，由于货车运动，长度收缩，从而完全躲入山洞，不会遭雷击. 货车上的观测者却认为山洞变短，装不下货车，而必然遭雷击. 这两个完全不同的结论哪一个符合实际情况呢？仔细分析就会发现，对地面参考系而言，在山洞的入口和出口处打雷是同时不同地的两个事件，由于货车长度比山洞长度短，所以不会遭雷击. 对货车参考系来说，打雷并不是同时事件，车头的雷击在先，而此时车头在山洞内，车尾虽因山洞缩短还在山洞外，但车尾的雷击并未发生. 等到车尾的雷击发生时，车头已出山洞，车尾已躲入，也不会遭雷击. 可见，两个参考系描述不同，但事实结果是一样的，即车不会遭雷击.

19.3.4　狭义相对论时空观

前面已经指出，伽利略变换的核心是它以数学形式反映了经典时空观. 这

种时空观认为自然界存在着与物质运动无关、彼此独立的绝对时间和绝对空间,同时性、时间间隔和长度都具有绝对性.然而,从洛伦兹变换可以看出,这种对时空性质的认识必须改变.

与伽利略变换不同,洛伦兹变换有两个显著特点.其一是时间坐标和空间坐标彼此互为函数,$x'=f_1(x,t)$,$t'=f_2(x,t)$或$x=f_3(x',t')$,$t=f_4(x',t')$;其二是时间坐标和空间坐标都与惯性系间的相对速度u有关.这些特点说明相对论将时间和空间,以及时间、空间和物质运动不可分割地联系了起来,这种联系还进一步反映在同时性、时间间隔和长度具有相对性的性质上.因此,从本质上说,洛伦兹变换的核心是它以数学形式反映了狭义相对论的时空观.这种时空观认为**时间和空间的量度与参考系的选择有关,时间和空间不是彼此独立的,并且与物质运动有着不可分割的联系**.

由伽利略变换与洛伦兹变换的关系可知,经典时空观是相对论时空观在低速情况下的近似.

需要指出,在对时空性质的认识上,与牛顿力学一样,狭义相对论也承认时空的三个对称性,即时间平移对称性、空间平移对称性和空间转动对称性.所谓时间平移对称性,又称时间均匀性,是指一个现象的进展过程与该过程开始的具体时刻无关,时间总是均匀地流逝着,每个惯性系中的钟总是均匀地嘀嗒着,在其他影响不变的条件下,一个实际过程的进展不会因为该过程是开始于这一时刻或那一时刻而有所不同.所谓空间平移对称性,又称空间均匀性,是指一个现象的进展过程与该过程发生的具体空间位置无关,每个惯性系中各空间点的地位平等,在其他影响不变的条件下,一个实际过程的进展不会因为该过程是发生在参考系中的这一地点或那一地点而有所不同.所谓空间转动对称性,又称空间各向同性,是指一个现象的进展过程与该过程的空间取向无关,每个惯性系中空间各取向的地位平等,在其他影响不变的条件下,一个实际过程的进展不会因为该过程在参考系中是朝这个方向或那个方向而有所不同.近代理论指出,自然界的每一种对称性都对应着一条守恒定律.能量守恒定律对应于时间平移对称性,动量守恒定律对应于空间平移对称性,而角动量守恒定律则对应于空间转动对称性.由于狭义相对论和牛顿力学都承认这些时空对称性,因此,尽管牛顿定律的应用有一定局限性,但是牛顿力学给出的各个守恒定律却是普遍适用的.

19.4 狭义相对论动力学基础

在牛顿力学中,质量m被认为是一个不变量.按照这一认识,当质点受到与其运动方向一致的力持续作用时,其速度最终可以超过光速c,这与洛伦兹变换给出c是一切物体的极限速度相矛盾.因此,经典动力学要做相应的改变.

19.4.1 相对论质量

相对论认为物体的质量不是不变量,它要随物体运动速率的改变而改变.

相对论在承认系统的总质量守恒和总动量守恒为物理学普遍定律的前提下，可由洛伦兹变换导出这种质量随速率变化的关系式. 为简便起见，我们用一个特殊的完全非弹性碰撞过程进行讨论，这并不影响结果的普遍性.

设两个小球 A 和 B 静止时质量均为 m_0，在碰撞前，A 球静止于 S'系，而 B 球静止于 S 系，S'系相对 S 系沿 Ox 轴正向以速率 v 运动.

S 系中观测者认为，B 球静止，速率为零，质量为 m_0，而 A 球速率为 v，质量为 m，如图 19.10(a)所示. 碰后 A 和 B 合为一体，总质量为 m_0+m，相对 S 系的共同速度为 u_x. 根据动量守恒定律，有

$$(m+m_0)u_x=mv \tag{19.10}$$

S'系中观测者认为，A 球静止，速率为零，质量为 m_0，而 B 球速率为 v，质量为 m，如图19.10(b)所示. 碰后 A 和 B 合为一体，总质量为 m_0+m，相对 S'系的共同速度为 u_x'. 根据动量守恒定律，有

$$(m+m_0)u_x'=-mv$$

由以上两式可得 $u_x'=-u_x$. 根据相对论速度变换，有

$$u_x'=\frac{u_x-v}{1-\frac{v}{c^2}u_x}=-u_x$$

解得

$$\frac{v}{u_x}-1=1-\frac{vu_x}{c^2}=1-\left(\frac{u_x}{v}\right)\frac{v^2}{c^2}$$

将式(19.10)代入上式，得

$$\frac{m+m_0}{m}-1=1-\frac{m}{m+m_0}\cdot\frac{v^2}{c^2}$$

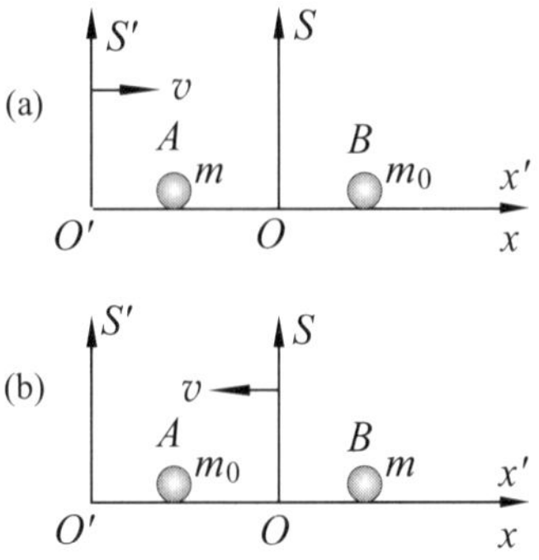

图 19.10

解出运动球的质量为

$$m=\frac{m_0}{\sqrt{1-\frac{v^2}{c^2}}}=\gamma m_0 \tag{19.11}$$

上式为相对论**质速关系**，它是相对论动力学的一个重要结果. 式中 m_0 是物体相对观测者静止时的质量，称为**静质量**. m 是物体相对观测者以速率 v 运动时的质量，称为**相对论质量**. 可见物体的质量随其速率的增大而增大.

由质速关系不难看出，当 $v\ll c$ 时，$m\approx m_0$，还原为牛顿力学的质量. 当 $v=c$ 时，只有 $m_0=0$ 才有意义. 这表明，**以光速运动的粒子**(如光子)**静止质量为零.** 另外，$v>c$ 时，将出现虚质量，这是没有意义的. 这表明，物体的运动速率不可能超过光速.

质速关系式(19.11)早在人们研究电子的运动时就被发现. 德国物理学家考夫曼(W. Kaufmann)曾观察不同速度的电子在磁场作用下的偏转，从而测定电子的质量. 实验结果表明电子的质量随速率不同而有不同的量值，且与式(19.11)十分吻合.

19.4.2 相对论动力学基本方程

在牛顿力学中,质点的质量是不依赖于速度的常量,并且在不同惯性系中,质点的速度遵从伽利略变换. 但在狭义相对论中,质量与速度有关,质点的速度遵从相对论速度变换. 若使动量守恒表达式在高速运动情况下仍然保持不变,根据狭义相对论的相对性原理,应将动量表达式修正为

$$\boldsymbol{p} = m\boldsymbol{v} = \frac{m_0 \boldsymbol{v}}{\sqrt{1-\frac{v^2}{c^2}}} = \gamma m_0 \boldsymbol{v} \tag{19.12}$$

式中 m 为相对论质量,并且 $m=\gamma m_0$.

当有外力 $\boldsymbol{F}$ 作用于质点时,由式(19.12),可得相对论动力学的基本方程

$$\boldsymbol{F} = \frac{\mathrm{d}\boldsymbol{p}}{\mathrm{d}t} = \frac{\mathrm{d}}{\mathrm{d}t}\left(\frac{m_0 \boldsymbol{v}}{\sqrt{1-\frac{v^2}{c^2}}}\right) \tag{19.13}$$

若作用于系统的合外力为零,则该系统的总动量为一守恒量. 即

$$\sum_i \boldsymbol{p}_i = \sum_i m_i \boldsymbol{v}_i = \sum_i \frac{m_{0i}\boldsymbol{v}_i}{\sqrt{1-\frac{v_i^2}{c^2}}} = \text{常矢量} \tag{19.14}$$

这就是在动量新表达式下的动量守恒定律.

当 $v \ll c$ 时,式(19.13)和式(19.14)均还原为牛顿力学的形式,即

$$\boldsymbol{F} = \frac{\mathrm{d}}{\mathrm{d}t}(m_0 \boldsymbol{v}) = m_0 \frac{\mathrm{d}\boldsymbol{v}}{\mathrm{d}t} = m_0 \boldsymbol{a}$$

$$\sum_i \boldsymbol{p}_i = \sum_i m_i \boldsymbol{v}_i = \sum_i m_{0i} \boldsymbol{v}_i = \text{常矢量}$$

总之,相对论的质量和动量的概念,以及相对论的动力学基本方程和动量守恒定律具有普遍意义,而牛顿力学则是相对论力学在物体低速运动条件下的近似.

19.4.3 相对论能量

1. 相对论动能

设质点在力 $\boldsymbol{F}$ 作用下由静止开始运动. 根据质点的动能定理,当质点的速率为 $\boldsymbol{v}$ 时,它所具有的动能 E_k 在量值上等于力 $\boldsymbol{F}$ 所做的功. 即

$$E_\mathrm{k} = \int \boldsymbol{F}\cdot\mathrm{d}\boldsymbol{r} = \int \frac{\mathrm{d}(m\boldsymbol{v})}{\mathrm{d}t}\cdot\mathrm{d}\boldsymbol{r} = \int \boldsymbol{v}\cdot\mathrm{d}(m\boldsymbol{v}) \tag{19.15}$$

式中

$$\boldsymbol{v}\cdot\mathrm{d}(m\boldsymbol{v}) = m\boldsymbol{v}\cdot\mathrm{d}\boldsymbol{v} + \boldsymbol{v}\cdot\boldsymbol{v}\,\mathrm{d}m = mv\,\mathrm{d}v + v^2\,\mathrm{d}m \tag{19.16}$$

由质速关系式(19.11)可得

$$m^2c^2 - m^2v^2 = m_0^2c^2$$

两边求微分,有

$$2mc^2\,\mathrm{d}m - 2mv^2\,\mathrm{d}m - 2m^2v\,\mathrm{d}v = 0$$

$$c^2\,\mathrm{d}m = v^2\,\mathrm{d}m + mv\,\mathrm{d}v \tag{19.17}$$

将式(19.17)代入式(19.16),可得

$$\boldsymbol{v}\cdot \mathrm{d}(m\boldsymbol{v}) = c^2 \mathrm{d}m$$

将上式代入式(19.15)并积分，得到**相对论动能**表达式

$$E_{\mathrm{k}} = \int_{m_0}^{m} c^2 \mathrm{d}m = mc^2 - m_0 c^2 \tag{19.18}$$

式中 m 为相对论质量，m_0 为静止质量. 当 $v \ll c$ 时，利用二项式公式，有

$$\frac{1}{\sqrt{1 - v^2/c^2}} = 1 + \frac{1}{2}\cdot\frac{v^2}{c^2} + \cdots \approx 1 + \frac{1}{2}\cdot\frac{v^2}{c^2}$$

于是相对论动能近似为

$$E_{\mathrm{k}} = \frac{m_0 c^2}{\sqrt{1 - v^2/c^2}} - m_0 c^2 \approx m_0 c^2\left(1 + \frac{v^2}{2c^2}\right) - m_0 c^2 = \frac{1}{2} m_0 v^2$$

结果表明，牛顿力学的动能表达式是相对论力学动能表达式在物体低速运动条件下的近似.

2. 能量和质量的关系

由式(19.18)可见，mc^2 和 $m_0 c^2$ 具有能量的量纲. 爱因斯坦做出了具有深刻意义的说明，他认为 mc^2 是物体运动时具有的能量，而 $m_0 c^2$ 则为物体静止时具有的能量，简称**静能**. 静能 $m_0 c^2$ 包括物体除了动能 E_{k} 以外的全部能量，而 mc^2 既包括静能，还包括动能，因此它是物体的总能量. 用 E 表示物体的总能量，E_0 表示物体的静能，则有

质能关系

$$E = mc^2, \quad E_0 = m_0 c^2 \tag{19.19}$$

式(19.19)就是相对论的**质能关系**，它是狭义相对论的一个重要结论，具有重要意义. 它揭示了物质的质量和能量的不可分割性，即一定的质量总是相应地联系着一定的能量，即使物体静止，仍具有静能.

必须指出，我们不能把质能关系理解为质量与能量可以相互转化，更不能说质量就是能量. 质量和能量是物质的两种不同属性，它们不仅单位不同，而且数值也不等，质量 m 乘以 c^2 才等于能量 E，反映了质量与能量在数量上存在当量关系.

当物体的总能量发生变化时，必将伴随着质量的变化，反之亦然. 其关系为

$$\Delta E = c^2 \Delta m \tag{19.20}$$

在日常生活中，观察物体能量的变化并非难事，但相应的质量变化却极其微小，以致实验中难以测出. 如将 10 kg 的水由 0℃加热至 100℃，其能量增量 $\Delta E = 4.18\times 10^6$ J，而相应的质量增量 $\Delta m = \Delta E/c^2$，只有 4.6×10^{-11} kg.

质能关系在原子核反应过程中得到了证实. 在某些过程如重核裂变和轻核聚变过程中，会发生静止质量减少的现象，称为**质量亏损**. 由质能关系可知，静能也相应地减少. 但在任何过程中，总质量和总能量都是守恒的，这意味着减少的静能有一部分转化为反应后粒子所具有的动能，而动能又可转变成其他形式的能量释放出来. 核裂变和核聚变能够释放出巨大能量的原因即在于此. 原子弹、核电站等能量来源于核裂变反应，氢弹和恒星能量来源于核聚变反应. 质能关系为人类利用核能奠定了理论基础，它是相对论对人类的一项重大贡献.

3. 能量和动量的关系

将动量的表达式两边平方，并代入质能关系式，可得

$$p^2=m^2v^2=\frac{m^2c^4}{c^4}v^2=\frac{E^2}{c^2}\cdot\frac{v^2}{c^2}$$

将质能关系式两边平方，有

$$E^2=m^2c^4=\frac{m_0^2c^4}{1-v^2/c^2}=\frac{E_0^2}{1-v^2/c^2}$$

由以上两式消去 v^2/c^2，可得

$$E^2=E_0^2+p^2c^2 \tag{19.21}$$

这就是相对论的**能量与动量关系**.

将上式改写为 $E^2-E_0^2=p^2c^2$，可得

$$E_k=E-E_0=\frac{p^2c^2}{E+E_0}=\frac{p^2}{m+m_0}$$

当 $v\ll c$ 时，$m\approx m_0$，上式还原为经典力学中动能与动量的关系式，即

$$E_k=\frac{p^2}{2m_0}$$

例 19.8 若电子的总能量等于它静止能量的 5 倍，求电子的动量和速率.

解 设电子运动的速率为 v，动量大小为 p. 依题意，$mc^2=5m_0c^2$，与 $m=\gamma m_0$ 对比，可得相对论因子 $\gamma=\dfrac{1}{\sqrt{1-v^2/c^2}}=5$，解出电子的速率为

$$v=\frac{\sqrt{24}}{5}c=0.98c$$

电子的动量为

$$p=mv=5m_0v=5\times9.11\times10^{-31}\ \text{kg}\times0.98c=1.34\times10^{-21}\ \text{kg}\cdot\text{m}\cdot\text{s}^{-1}$$

例 19.9 轻元素的原子核发生聚变反应时会释放出能量. 已知一氢弹爆炸过程的核聚变反应式为

$${}_1^2\text{H}(\text{氘})+{}_1^3\text{H}(\text{氚})\longrightarrow{}_2^4\text{He}(\text{氦})+{}_0^1\text{n}(\text{中子})$$

忽略反应前粒子的动能，试求这一聚变过程中释放的能量. 已知各粒子的静止质量分别为(用原子质量单位 u 表示，$1\ \text{u}=1.660552\times10^{-27}\ \text{kg}$)

$$m_0({}_1^2\text{H})=2.0141022\text{u},\quad m_0({}_1^3\text{H})=3.0160497\text{u}$$

$$m_0({}_2^4\text{He})=4.0026033\text{u},\quad m_0({}_0^1\text{n})=1.0086652\text{u}$$

核能利用

解 反应前、后粒子的静止质量之和分别为

$$\left(\sum m_0\right)_{\text{前}}=5.0301519\text{u},\quad \left(\sum m_0\right)_{\text{后}}=5.0112685\text{u}$$

与质量亏损所对应的静能减少量即粒子动能的增量，所以有

$$\Delta E_k=(\Delta m_0)c^2=\left[\left(\sum m_0\right)_{\text{前}}-\left(\sum m_0\right)_{\text{后}}\right]c^2$$

$$=0.0188834\text{u}\cdot c^2=1.759\times10^7\ \text{eV}=17.59\ \text{MeV}$$

为了验证这一预言，1919 年，两支科考队赴巴西和非洲对当年 5 月 29 日的日全食进行观测，以获得太阳附近的恒星发出光线的偏折角. 两支队伍都成功地拍摄到了日全食照片，并经过处理和计算，得到偏折角分别为 1.61″±0.30″和 1.98″±0.12″. 广义相对论首次得到验证.

3. 引力红移

广义相对论指出，引力场越强的地方时间延缓效应越明显，因此可以推断，从大质量天体发出的光由于处在强引力场中，其光振动的周期要比同种元素在地球上发出光的振动周期长，即谱线向红光波段偏移，这一现象称为引力红移. 爱因斯坦 1911 年在《引力对光传播的影响》一文中讨论了这个问题，并给出了引力红移公式. 如果将太阳的参数代入，可以预测太阳光谱线的红移约为红光波长的百万分之二. 从 1925 年起，天文学家们不断对引力红移现象进行观测，结果与广义相对论的预期基本相符. 2020 年，加拿大的一组研究人员采用高精度径向速度行星搜索器和激光频率梳分析从月球反射到地球的太阳光，获得了太阳光谱中铁元素的光谱线，以百万分之一的精度证明了引力红移的存在.

4. 雷达回波延缓

1964 年，夏皮洛(I. Shapiro)从地球上发射一束雷达波，其到达其他行星之后，反射回地球，再被雷达接收. 当电磁波来回路径远离太阳时，太阳的影响可以忽略不计；当电磁波来回路径经过太阳附近时，将受到引力场的作用. 后一种情况的回波应比前者延迟一些，这就是太阳引力场造成的传播时间加长，被称为雷达回波延缓. 夏皮洛和他的研究小组先后对水星、金星与火星进行了雷达实验，证明雷达回波确有延迟现象，地球与水星之间的雷达回波最大延迟时间可达 240 μs. 这是一个直接观测广义相对论时间延缓效应的实验.

5. 黑洞

黑洞的概念最早是由英国科学家米歇尔(J. Michell)1783 年提出. 爱因斯坦提出广义相对论后，预言当足够多的物质或能量被压缩到一个足够小的空间内时，它会导致时空的极端弯曲，形成一个连光都无法逃逸的区域.

虽然爱因斯坦的理论预言了这种极端的天文现象，但他并没有直接使用“黑洞”这个词来描述它. 1916 年，德国天文学家史瓦西(K. Schwarzschild)就得到了爱因斯坦场方程的第一个严格解，这个解被称为史瓦西解. 史瓦西解预言了不旋转、不带电的球对称黑洞的存在，并给出了黑洞的质量与其引力半径之间的关系即

$$R_s = \frac{2GM}{c^2} \tag{19.25}$$

式中，R_s 又称史瓦西半径. 对于一个质量为 M、半径小于 R_s 的星体来讲，任何物体(包括电磁辐射)都会被这种致密星体引力所吸引，无法逃逸. 这一理论成果在天体物理学和广义相对论领域具有重要的历史意义和学术价值. 本书 3.4.4节在对经典力学第二宇宙速度的讨论中也给出了结果.

20 世纪 30 年代，美国物理学家奥本海默(J. Oppenheimer)在研究中子星

时根据广义相对论提出,当中子星的质量超过某个临界值(即奥本海默极限)时,它会在自身引力的作用下坍缩,导致任何物体甚至是光子都不能从它的引力作用下逃逸出来,形成黑洞.

随着时间的推移,天文学家们逐渐获得了黑洞存在的间接证据,如来自黑洞边缘的强大喷流和辐射等现象. 1967 年,天文学家发现天鹅座方向有一颗星的光谱线出现周期性的变红和变紫. 经计算,这颗星附近有一颗质量很大、而半径很小的伴星,但观察不到这颗伴星的光谱线,因此天文学家猜测这颗伴星可能是一个超大质量致密天体,这是人类首次获得黑洞可能存在的证据. 2019 年 4 月 10 日,事件视界望远镜(Event Horizon Telescope, EHT)团队发布了人类历史上第一张黑洞照片,显示的是 M87 星系中心的超大质量黑洞边缘(事件视界)的模糊环状结构图像. 如本书 3.4.4 节中的图 3.18.

6. 引力波

在广义相对论框架下,"时空"如同蹦床,当宇宙中的物质加速运动时,就会引起时空的扰动,这种扰动就是**引力波**,它被称为弯曲时空中的"涟漪". 但是,只有质量非常大的天体才会发出较容易探测的引力波,如超新星爆发或两个黑洞相撞时,而这种情况非常罕见.

为了探测引力波,科学家们进行了长期的努力. 2015 年 9 月 14 日,激光干涉引力波天文台(Laser Interferometer Gravitational-Wave Observatory, LIGO)位于美国汉福德和利文斯顿的两台引力波探测器首次探测到了来自双黑洞合并的引力波信号. 2017 年,韦斯(R. Weiss)、巴里什(B. Barish)和索恩(K. Thorne)因"在 LIGO 探测器和引力波观测方面做出的决定性贡献"而获得 2017 年诺贝尔物理学奖.

2017 年 8 月 17 日,LIGO 捕获到一段很强的引力波,此后 2 秒,美国费米太空望远镜观测到同一来源发出的短伽马射线暴. 约 11 小时后,智利的 1 米直径斯沃普望远镜团队与其他几个团队先后观测到了光学、红外、紫外波段的千新星爆发,确认是同一天文现象的电磁对应体. 9 天后,钱德拉 X 射线天文台首次观测到成协的(与该天文现象相关联的)X 射线. 16 天后,美国的甚大天线阵观测到对应的射电余晖. 中国的"慧眼"卫星也第一时间对这一引力波事件进行了观测,并进行了几乎实时的数据分析. 2017 年 10 月 16 日 LIGO 与 Virgo(欧洲"室女座"引力波探测器)联合全球数十家天文机构共同宣布了这项重大天文学发现——人类首次直接探测到了由双中子星合并产生的引力波及其伴随的电磁信号. 同时,这是人类历史上第一次使用引力波天文台和电磁波望远镜同时观测到同一个天体物理事件,标志着多信使天文学时代的到来.

2023 年 6 月 29 日,中国脉冲星计时阵列(CPTA)研究团队发布了最新成果,他们利用"中国天眼"FAST 探测到了具有纳赫兹引力波特征的相关信号. "天琴计划"是中国自主开展的空间引力波探测计划,2014 年由中国科学院罗俊院士提出,拟在约 10 万公里高的地球轨道上,部署三颗全同卫星,构成边长约 17 万公里的等边三角形编队. 利用高精度星间激光干涉测量技术打开 0.1mHz～1Hz 频段的引力波探测窗口，在太空“感知”来自宇宙的引力波信号. 广义相对论的实验验证正逐步从理论预测走向精密测量时代.

广义相对论以其简洁而优美的理论揭示了质量、能量与时空之间错综复杂而又和谐统一的关系，重塑了人们对时空结构和宇宙演化过程的认识，是现代宇宙学和天体物理学的重要理论基础.

*19.6 宇　宙

宇宙(cosmos)的概念源自古希腊语中的“κόσμος”(kosmos)，意为“秩序”或“和谐”. 将宇宙作为一个科学概念来探讨的最早记录可以追溯到古希腊的自然哲学家泰勒斯(Thales)、毕达哥拉斯(Pythagoras)、亚里士多德(Aristotle)，他们的观点为后来的宇宙学发展奠定了基础，尽管他们所理解的“宇宙”与现代科学意义上的宇宙概念有很大的不同. 在中国古代，宇宙二字最早出现在战国时期尸佼的著作《尸子・卷下》篇：“上下四方曰宇，往古来今曰宙”. 宇宙两字合为一体则出现于《庄子・齐物论》中：“奚旁日月，挟宇宙”. “宇”表示四面八方的空间，“宙”指代古往今来的时间，概括在一起，宇宙是世间万物存在的一个时空连续系统，包括其间的所有物质、能量和事件. 宇宙学则是研究宇宙大尺度结构、起源、演化以及最终命运的学科.

19.6.1 人类对宇宙的认识

人类对宇宙的认识经历了一个漫长而复杂的过程. 在古代，人们凭借直观的观察与口口相传的神话故事来构建对宇宙的初步理解. 随着对天体观测的深入和天文数据的积累，人类的宇宙观念逐渐从神话和哲学思考转向科学探索. 公元 1～2 世纪，古希腊天文学家托勒密(C. Ptolemaeus)全面建立了统治天文学界长达 1400 年之久的地心说，对当时观测到的天文现象给出了充分的解释. 然而，随着观测精度的提高，地心说逐渐受到质疑，建立符合实际的宇宙体系已不可避免. 16 世纪上半叶，波兰天文学家哥白尼(N. Copernicus)提出了划时代的日心说，颠覆了长期以来被广泛接受的地心说，不仅使人们的思想从宗教的束缚下解放出来，也使自然科学包括天文学的发展从此走上科学的道路.

17 世纪初，德国天文学家开普勒(J. Kepler)根据他的老师——丹麦天文学家第谷・布拉赫(Tycho Brahe)的大量观测资料，总结出行星运动的三大定律. 1687 年英国物理学家牛顿(I. Newton)在他的《自然哲学的数学原理》一书中详细地阐述了万有引力定律和动力学三大定律，在解释太阳系内各类星体的运动规律方面取得了巨大的成功，而且也为后来的物理学和天文学研究提供了重要的理论基础，它标志着人类对自然界的认识达到了一个新的高度.

在牛顿的绝对时空观下，宇宙没有中心，只是一个存放物质的容器，无边无限. 1826 年德国天文学家奥伯斯(H. Olbers)提出了一个简单问题：“为什么夜晚的天空是暗的?”因为按照牛顿的均匀、无限的空间观念,则很容易证明,从地球上观测到的夜空应该是同白昼一样明亮. 这就是奥伯斯佯谬. 在人类认识宇宙的发展史中, 奥伯斯佯谬起到了“承前启后”的作用,它向经典的宇宙概念提出了挑战,要圆满地回答这一问题,无论从观测或理论上都必然导致现代宇宙论的诞生.

1915 年,爱因斯坦提出了广义相对论,它打破了长期以来传统的经典时空观念,为现代宇宙学的兴起提供了重要的数学工具和物理基础. 1929 年,美国天文学家哈勃(E. Hubble)在大量观测数据的基础上,揭示了宇宙的膨胀和大尺度结构,为现代宇宙学的研究提供了重要依据. 膨胀的宇宙和爱因斯坦的宇宙理论相结合,使人类对宇宙的认识产生了飞跃. 到 20 世纪中期,大爆炸理论逐步完善,人类对宇宙起源和演化又有了新的理解和定义. 尽管许多结论已经被证实或支持,大爆炸理论仍面临一些近代观测结果的挑战.

可以预计,随着观测技术的进步和理论物理的不断发展,人类将揭示宇宙更深层次的规律和结构,对宇宙的理解也将更加深入和全面.

19.6.2 宇宙的组成

在现代物理学和天文学中,宇宙指的是包括所有时空、物质、能量及它们的相互作用的整体. 天文学观测表明,宇宙的结构是一个复杂而多层次的系统,物质形态多样,且不断运动发展.

基于目前的观测数据和宇宙学模型,宇宙的组成包括由原子、分子构成的普通物质以及暗物质和暗能量. 普通物质只占宇宙组成的约 5%,其分布有着强烈的结团性,从而形成了行星、恒星、星系、星系团. 平均而言,每个星系团有百余个星系,直径达上千万光年,现已发现上万个星系团. 若干星系团集聚在一起构成更高层次超星系团. 超星系团往往具有扁长的外形,其长径可达数亿光年. 目前据大爆炸模型可推出可观测宇宙半径有 465 亿光年,直径可达 930 亿光年. 暗物质和暗能量在宇宙结构中占据了重要的地位. 暗物质是一种不发光、不发热、不与电磁波相互作用的物质,约占全部宇宙物质的 27%. 虽然无法直接观测到,但通过它对其他物质的引力作用可以推断其存在. 暗能量约占宇宙总质能的 68%,被认为是填充了整个宇宙、推动宇宙加速膨胀的能量. 暗物质和暗能量在宇宙结构和演化中的关键作用已经被广泛认可,其性质和作用机制仍然是科学家们研究的热点之一.

哈勃曾对天空各个方向的不同空间体积计算过遥远星系的数目,他发现体积越大,所包含的星系越多,并且星系的分布几乎不随方向改变. 后来更多的观测证明,任何时刻,宇宙在大尺度上是均匀而且各向同性的. 这一结论叫做宇宙学原理(cosmological principle). 宇宙学原理是研究宇宙结构和演化的基本前提和假设.

19.6.3　宇宙的起源与演化

1. 哈勃-勒梅特定律

20 世纪初，美国天文学家斯里夫尔（V. Slipher）发现很多星系光谱都存在着“红移”现象. 1929 年哈勃发表其观测结果，距离地球越远的星系谱线红移越大，退行越快，且星系的视向退行速度与它们和地球之间的距离满足简单的正比例函数关系，即

$$v = H_0 D \tag{19.26}$$

这一关系最初叫做哈勃定律，现名哈勃-勒梅特定律，以纪念更早发现宇宙膨胀的比利时天文学家勒梅特（G. Lemaître）. 式中 v 为星系远离速率，D 代表星系与地球间距离，比例系数 H_0 叫做哈勃常数（Hubble constant）. 不同的观测方法、样本选择和数据质量会使得到的 H_0 的值略有差异，如利用宇宙微波背景辐射（cosmic microwave background，CMB）获得的结果约为 $67.27\ \mathrm{km \cdot s^{-1} \cdot Mpc^{-1}}$①，也就是 $2.21\times10^{-18}\ \mathrm{s^{-1}}$；通过造父变星的测量结果约为 $73.2\ \mathrm{km \cdot s^{-1} \cdot Mpc^{-1}}$，也就是 $2.37\times10^{-18}\mathrm{s^{-1}}$. 直到今天，测定哈勃常数的“真”值，仍然是天文学家们的一项重要而艰巨的工作.

哈勃定律揭示了宇宙中的星系都在相互远离，即宇宙正在膨胀. 这为理解宇宙的起源和演化提供了关键性的线索.

2. 大爆炸宇宙学模型

1948 年美国物理学家伽莫夫（G. Gamow）、阿尔弗（R. Alpher）、贝特（H. Bethe）等人发挥了勒梅特的思想，把宇宙的膨胀与物质的演化联系起来，提出了“大爆炸宇宙学模型”，成为目前影响最大的宇宙学说.

根据大爆炸宇宙学模型，约（137.3±1.2）亿年前，宇宙从一个极端高密度、高温的状态开始膨胀. 在初始阶段，宇宙经历了一个暴胀（inflation）时期，这一快速指数膨胀极大地拉平了时空曲率，并产生了密度涨落的量子起源. 暴胀结束后，宇宙进入再加热（reheating）阶段，原初能量通过粒子的产生和相互作用重新加热宇宙，形成了高温的等离子体. 随着宇宙膨胀和冷却，粒子逐渐退耦（decoupling），夸克和胶子结合形成强子，随后强子又结合形成了质子和中子.

大爆炸后约 1 秒，宇宙进入了辐射主导期（radiation dominated era），此时宇宙的辐射密度（光子和中微子的能量密度）超过了物质的能量密度. 在这一时期，宇宙的温度极高，辐射场占据主导地位，基本粒子无法稳定结合形成复杂结构. 大爆炸后约 3～5 分钟，宇宙进一步冷却至 1 MeV 左右，核反应得以进行，质子和中子通过原初核合成（big bang nucleosynthesis，BBN）形成了氢、氦及少量锂等轻元素的原子核.

随着宇宙进一步膨胀和冷却，辐射密度逐渐减小，并在数万年后被物质密

① Mpc 是天文学中测量天体距离的单位，表示百万秒差距，1 Mpc 约等于 3.26×10^6 光年.

度超越，标志着宇宙从辐射主导期过渡到物质主导期(matter dominated era). 在这一过程中，当温度下降到 0.3 eV 左右，也就是大爆炸发生后约 38 万年，电子与原子核结合形成中性原子，而在此之前，宇宙处于高温高密的等离子体状态，电子与原子核和自由质子不断碰撞，使得光子频繁散射，这使得光子无法自由传播. 直到复合时，光子才开始自由传播并且可以在宇宙中沿直线行进，宇宙变得透明. 这也就是宇宙微波背景辐射的产生.

随着持续膨胀，宇宙温度进一步下降，最早的一批恒星慢慢形成. 随着这一批恒星的诞生与死亡，宇宙中又逐渐合成了碳、氧等元素，同时老一批恒星死去时形成的星际尘埃又为新一代恒星的诞生创造了原料，推动了星系的形成与演化.

需要说明的是，我们并不能将大爆炸开始的时间取为 $t=0$ 时刻. 由量子物理的基本原理，能量和时间不能同时完全确定；同时根据广义相对论，时钟速率在不同的引力场中是不一样的. 因此原则上不可能精确地确定时间. 时间测量精度的限制可以用普朗克常量 h 、真空光速 c 和引力常量 G 组成的一个具有时间量纲的量来表示，如下所示：

$$t_p=\left(\frac{hG}{c^5}\right)^{1/2}\approx 5.39\times 10^{-44}\,\mathrm{s}\approx 10^{-43}\,\mathrm{s} \tag{19.27}$$

这个时间被称为普朗克时间. 其含义是用任何方法也无法测量小于 t_p 的时间. 因此我们也无法知晓 10^{-43} 秒之前宇宙的情况. 在宇宙的演化过程中，这个时期被称为普朗克时期.

3. 宇宙微波背景辐射

中性原子合成时，释放来的光子由于不再受到电子、质子等重子的强烈散射，从而能够自由地在宇宙中穿行，形成现在宇宙中无处不在的背景辐射场. 经过 137 亿多年的空间膨胀，这些辐射的能量不断失去，光子频率逐渐红移到微波段，能够接受微波的天线都可收到它的信号，因此被叫做宇宙微波背景辐射.

1948 年，美国物理学家阿尔弗和赫尔曼(R. Herman)预言，中性原子合成时形成的辐射场到今天对应的温度应该为 3～5 K. 1964 年，美国贝尔实验室的工程师彭齐亚斯(A. Penzias)和威尔逊(R. Wilson)在使用一架工作波段为 7.35 cm的低噪声喇叭形反射天线与人造卫星进行通信联系时发现，当天线对准天空时，存在着一个无法消除的背景噪声. 反复观测后，他们确认了这个背景噪声实际上是来自宇宙各个方向的微波背景辐射，其温度约为 3.5 K(后订正为 3 K). 这一发现为宇宙大爆炸理论提供了强有力的证据，奠定了现代宇宙学的基础，彭齐亚斯和威尔逊于 1978 年获得了诺贝尔物理学奖.

自此后科学家们进行了大量的进一步观测和研究. 1989 年美国发射宇宙背景探测者卫星(Cosmic Background Explorer，COBE)，以前所未有的精度(能探测十万分之一变化的能力)搜寻和测量弥散的宇宙红外背景辐射. 观测结果表明，宇宙微波背景辐射是一个标准的黑体谱，其对应的普朗克温度为 $T=2.735$ K(后修正为 $T=2.725$ K). 美国科学家马瑟(J. Mather)和斯穆特

(G. Smoot)因利用 COBE 卫星所获得的数据来检验宇宙起源的大爆炸理论，共同获得了 2006 年的诺贝尔物理学奖.

由于在此之前的宇宙对于人类来说是完全不透明的，而在这之后，直到第一代恒星发光为止，宇宙中再没有别的辐射源，因此目前探测到的宇宙微波背景辐射不仅是人类观测到的最古老宇宙痕迹，也是迄今为止我们能望到的最遥远的宇宙边缘. 这个“背景”就像大爆炸的遗产，是曾经炽热的早期宇宙残存的印记，所以又被称为“遗留辐射”，也是“最早的”辐射.

19.6.4　宇宙的未来

宇宙的终极命运是宇宙学研究的重要问题之一. 目前宇宙终极命运的假说主要包括“大撕裂”“大冻结”“大坍缩”等.

1. “大撕裂”假说：暗能量不断增加使宇宙分崩离析

由于暗能量驱动宇宙加速膨胀，提供了“负引力”的效果，“大撕裂”假说认为如果暗能量不断增强且持续扩散，就会推动星系相互分离，紧接着推动行星远离恒星，并造成一系列类似变化. 最终，暗能量会强大到把质子、中子从原子核中撕扯出来，并撕裂宇宙间存在的一切，使宇宙分崩离析.

2. “大冻结”假说：宇宙温度趋近绝对零度生命不复存在

“大冻结”也被称为“热寂”. 有科学家表示，伴随着宇宙的不断进化——炽热气体逐渐形成恒星、行星，孕育人类和各种生命，熵也在逐渐增加. 当宇宙中的紊乱达到最大程度(熵达到最大)时，“大冻结”就会来临，宇宙将经历一个长期的、逐渐冷却的过程. 所有能量将被均匀地分布在整个宇宙内，但任何可重复使用的能量或热量将不复存在，这意味着宇宙间的一切终将停止运转，宇宙将陷入一个永恒的、寒冷而寂静的状态.

3. “大坍缩”假说：宇宙膨胀速度不断变慢从而发生坍缩

“大坍缩”假说认为，由于物质的引力作用，宇宙的膨胀速度会不断变慢，从而终将停止膨胀并发生坍缩. 然而在坍缩之后又将发生什么，尚不能确定，其中一种可能性就是宇宙坍缩到它的初始状态并再次发生大爆炸，从而使得宇宙处于“大爆炸”到“大坍缩”再到“大爆炸”这样一种循环的状态. 不过最近的宇宙学观测都表明宇宙的膨胀速度不仅不会变慢，而且由于暗能量的作用，膨胀速度在不断加快.

以上所有关于宇宙未来情景的描述都是基于现有观测结果和理论框架下的假设. 然而，由于我们对宇宙和物理定律的理解十分有限，这些情景都存在一定的不确定性和争议. 实际上，宇宙的未来可能远比我们目前所能想象的更为复杂多变，未来的宇宙将如何演变仍然是一个开放的问题，需要更多的科学研究和观测数据来揭示.

内容提要

1. 狭义相对论的基本假设

(1) 爱因斯坦的相对性原理：在所有惯性系中，物理定律的表达形式都相同.

(2) 光速不变原理：在所有惯性系中，光在真空中的速率都等于 c，与光源或观察者的运动无关.

2. 洛伦兹变换(对约定系统)

正变换：

$$\begin{cases} x' = \gamma(x - ut) \\ y' = y \\ z' = z \\ t' = \gamma\left(t - \dfrac{ux}{c^2}\right) \end{cases} \qquad \begin{cases} v_x' = \dfrac{v_x - u}{1 - \dfrac{u}{c^2}v_x} \\ v_y' = \dfrac{v_y\sqrt{1 - u^2/c^2}}{1 - \dfrac{u}{c^2}v_x} \\ v_z' = \dfrac{v_z\sqrt{1 - u^2/c^2}}{1 - \dfrac{u}{c^2}v_x} \end{cases}$$

$$\gamma = \frac{1}{\sqrt{1 - u^2/c^2}}$$

速度变换的特点：若在一惯性系中 $v<c$，则在任何惯性系中都有 $v<c$；若在一惯性系中 $v=c$(静质量为零的粒子)，则在任何惯性系中都有 $v=c$.

3. 狭义相对论时空观

(1)“同时”的相对性：在一惯性系中同时同地的两个事件，在其他惯性系中观测也是同时的；同时不同地的两个事件，在其他惯性系中观测是不同时的.

(2) 时间延缓： $\tau=\gamma\tau_0$ (τ_0 为原时，也称固有时).

(3) 长度收缩： $l=\dfrac{l_0}{\gamma}$ (l_0 为原长，也称固有长度).

4. 相对论质量、动量、能量和动力学方程

质量： $m=\dfrac{m_0}{\sqrt{1-v^2/c^2}}=\gamma m_0$， 动量： $\boldsymbol{p}=m\boldsymbol{v}=\dfrac{m_0\boldsymbol{v}}{\sqrt{1-v^2/c^2}}$.

总能量： $E=mc^2$， 静能： $E_0=m_0c^2$， 动能： $E_k=mc^2-m_0c^2$.

动力学方程： $\boldsymbol{F}=\dfrac{d\boldsymbol{p}}{dt}=\dfrac{d}{dt}\left(\dfrac{m_0\boldsymbol{v}}{\sqrt{1-v^2/c^2}}\right)$.

能量与动量关系： $E^2=p^2c^2+E_0^2$.

习 题

(一) 选择题和填空题

19.1 在狭义相对论中，下列说法中哪些是正确的？(1)一切运动物体相对于观测者的速度都不能大于真空中的光速；(2)质量、长度、时间的测量结果都是随物体与观测者的相对运动状态而改变的；(3)在一惯性系中同时不同地发生的两个事件在其他一切惯性系中都是同时发生的；(4)惯性系中的观测者观测一个相对他做匀速直线运动的时钟时，会说该时钟比相对他静止的相同的时钟走得慢[　]

(A) (1)(3)(4).　(B) (1)(2)(4).　(C) (1)(2)(3).　(D) (2)(3)(4).

19.2　一宇宙飞船相对地球以 $0.8c$(c 为真空中光速)的速度飞行，一光脉冲从船尾传到船头. 已知飞船上的观测者测得飞船长为 90 m，则地球上的观察者测得光脉冲从船尾发出和到达船头两个事件的空间间隔为[　]

(A) 90 m.　(B) 54 m.　(C) 270 m.　(D) 150 m.

19.3　把一个静止质量为 m_0 的粒子，由静止加速到 $0.6c$ 需要做的功是[　]

(A) $0.25m_0c^2$.　(B) $0.36m_0c^2$.　(C) $1.25m_0c^2$.　(D) $1.75m_0c^2$.

19.4　在约定系统的 S' 系中，两事件同时发生在 $O'x'y'$ 平面内的不同地点，那么 S 系的观测者对这两个事件同时性的判断结论是：若这两个不同地点有 $x'_1=x'_2$，$y'_1\neq y'_2$ 关系时，则为________发生的；若这两个不同地点有 $x'_1\neq x'_2$，$y'_1=y'_2$ 关系时，则为________发生的.

19.5　一长度为 5 m 的棒静止在 S 系中，棒与 Ox 轴成 30°角. S' 系以 $c/2$ 相对 S 系运动，则 S' 系的观察者测得此棒的长度约为________，与 Ox 轴的夹角约为________.

19.6　在 S 系中的 Ox 轴上相距 Δx 的两处有两只同步的钟 A 和 B，读数相同. 在 S' 系的 Ox' 轴上也有一只同样的钟 A'，若 S' 系相对于 S 系的运动速度为 v，沿 Ox 轴方向，且当 A' 与 A 相遇时，刚好两钟的读数均为零. 那么，当 A' 钟与 B 钟相遇时，在 S 系中 B 钟的读数是________，此时 S' 系中 A' 钟的读数是________.

19.7　在速度 $v=$________的情况下，粒子的动量等于非相对论动量的两倍；在速度 $v=$________情况下，粒子的动能等于它的静能.

(二)问答题和计算题

19.8　回答下列问题：(1)一条大船平稳地沿直线行驶，船舱中用轻线吊一小球. 若船是匀速行驶的，你能否通过观察吊线球的情况判断船速大小？若船是匀加速行驶的，你能否通过观察吊线球的情况判断出船的加速度的大小？(2)一光源不断发出光脉冲. 当观察者分别相对光源静止、以速率 $v=c/3$ 向着光源和背离光源运动时，他测得的真空光速各是多少？

19.9　回答问题并推导速度变换式. (1)相对论指出，在垂直于两惯性系相对运动方向的长度与参考系无关. 那么，为什么该方向的速度分量却又与参考系有关？(2)按问题(1)思路，导出对约定系统内 S 系速度分量 v_y 到 S' 系速度分量 v_y' 的变换式.

19.10　在 S 系中，一闪光灯在 $x=100$ km，$y=10$ km，$z=1$ km 处，于 $t=5\times10^{-4}$ s 时刻发出闪光. S' 系相对于 S 系以 $0.80c$ 的速率沿 Ox 轴负方向运动. 求这一闪光在 S' 系中发生的地点和发生的时刻.

19.11　惯性系 S 和 S' 为约定系统，$u=0.90c$. 在 S' 系的 $O'x'$ 轴上先后发生两个事件，其空间距离为 1.0×10^2 m，时间间隔为 1.0×10^{-6} s. 求在 S 系中观测到的时间间隔和空间间隔.

19.12　在 S 系中的同一地点发生两个事件，事件 2 比事件 1 晚 2 s，在 S' 系中观测到事件 2 比事件 1 晚 3 s. 求这两个事件在 S' 系中的空间间隔.

19.13　飞船 A 中宇航员观测到飞船 B 正以 $0.40c$ 速度尾随而来. 已知地面测得飞船 A 的速度为 $0.50c$. 求：(1)地面测得飞船 B 的速度；(2)飞船 B 中测得飞船 A 的速度.

19.14　两飞船 A 和 B 相对于地面的速率分别为 $0.80c$ 和 $0.60c$. 求下列情况下，飞船 B 观测到飞船 A 的速度大小和方向：(1)两飞船均向西飞行；(2)飞船 A 向北飞行，飞船 B 向西飞行.

19.15　一块正方形板 $ABCD$ 的边长 $a=20$ cm. 当飞船以 $0.60c$ 速度相对于板沿平行于 AB 边飞行时，求飞船上测得板的面积、两对角线 AC 和 BD 的夹角.

19.16　在约定系统中，一根米尺静止于 S' 系的 $O'x'y'$ 平面内，并与 $O'x'$ 轴成 30°角，而在 S 系中则测得该尺与 Ox 轴成 45°角. 求：(1)S' 系相对于 S 系的速度；(2)S 系中测得的尺长.

19.17 试问:(1)一飞船以 $0.60c$ 速度水平匀速飞行.若飞船上的钟记录飞船飞了 5 s,则地面上的钟记录飞船飞了多长时间?(2)π 介子静止时的平均寿命为 2.60×10^{-8} s,若实验室测得 π 介子在加速器中获得 $0.80c$ 的速度,那么实验室测得 π 介子的平均飞行距离有多大?

19.18 两飞船 A 和 B 的固有长度均为 100 m.当两飞船平行向前飞行时,飞船 A 中观察者测得自己通过飞船 B 的全长所用时间为$(5/3)\times10^{-7}$ s.求飞船 A 相对于飞船 B 的速度.

19.19 一均匀细棒的固有长度为 l_0,静质量为 m_0,因而线密度的固有值为 $\rho_0=m_0/l_0$.当棒以速率 v 相对于观察者运动时,在下列情况下:(1)棒沿着棒长方向运动;(2)棒沿着与棒垂直的方向运动,观察者测得的线密度是多少?

19.20 质子的静质量为 1.673×10^{-27} kg.求质子相对于实验室以 $0.995c$ 速度运动时,实验室测得质子的质量、能量、动量和动能.

19.21 电子的静质量 $m_0=9.11\times10^{-31}$ kg.求:(1)电子的静能;(2)从静止开始加速到$0.60c$的速度需做的功;(3)动量为 0.60 MeV/c 时的能量.

19.22 一列车在地面上以 $0.80c$ 速度行驶,车厢中沿运动方向放着一根细杆.车中观察者测得此杆的质量为 1 kg,长度为 1 m,求地面观察者测得此杆的质量、动量、能量和密度.

19.23 已知质子、中子和氦核的质量分别为 $m_p=1.00728$ u、$m_n=1.00865$ u、$m_\alpha=4.00150$ u.求两个质子和两个中子形成氦核${}_2^4\mathrm{He}$时释放的能量.

19.24 静止的正负电子对湮没时产生两个光子,若其中一个光子再与一个静止的电子相撞,求它能给予这个电子的最大速度.

19.25 质量为 m_0 的一个受激原子,静止在参考系 S 中,因发射一个光子而反冲,原子的内能(静止能量)减少了 ΔE,而光子的能量为 $h\nu$.试证:

$$h\nu=\Delta E\left(1-\frac{\Delta E}{2m_0c^2}\right)$$

第 20 章　量子物理基础

相对论和量子力学是近代物理的两大理论支柱，相对论适用于高速运动的物体，已在上一章做了初步介绍，量子力学讨论的是微观粒子运动的基本规律. 微观粒子与宏观物体不同，其突出的特点是具有明显的波粒二象性和量子性.

本章介绍量子理论基础，主要内容有：光和实物粒子的二象性、氢原子的玻尔理论、波函数及其遵从的薛定谔方程以及反映微观粒子运动特征的不确定关系. 此外还将介绍氢原子的量子特征和原子中的电子分布以及固体的能带结构等.

20.1　热辐射　普朗克能量子假设

20.1.1　热辐射

1. 热辐射

在任何温度下，一切宏观物体都要向外辐射各种波长的电磁波. 当物体的温度升高时，它辐射的电磁波能量越来越多，其颜色也将发生变化. 例如，当加热铁块时，随着温度的升高，铁块颜色逐渐地变为暗红、赤红、橙色，最后成为黄白光. 这种颜色的变化是由于在不同温度时所发出的电磁波的能量按波长有不同的分布造成的. 可见，物体向周围辐射电磁波能量的多少以及能量按波长的分布都与物体的温度有关. 这种与温度有关的电磁辐射称为**热辐射**. 太阳光能穿越广阔的真空空间传到地面上来，不是依靠介质的传导或空气的对流，而是直接依靠太阳的热辐射.

实验表明，物体在任何温度时，不但能辐射电磁波，还能吸收电磁波，好的辐射体也是好的吸收体. 对于某一物体来说，若它发射某一波长范围内的电磁波的能力越强，那么，它吸收该波长范围内的电磁辐射的能力也越强，反之亦然. 一般说来，入射到物体上的电磁辐射，只有一部分被物体所吸收，另一部分则被物体反射和透射. 如果在任一时间间隔内，物体向外发射的电磁波能量正好等于它从外界吸收的能量，则物体的热辐射达到动态平衡，此时物体温度保持恒定，这种状态的热辐射称为平衡热辐射.

2. 黑体

如果一个物体可在任何温度下，对任何波长的电磁波都能完全吸收，而不反射和透射，则该物体称为**绝对黑体**，简称**黑体**. 显然，在同一温度下，黑体发射或吸收电磁辐射的能力比任何物体都要强.温度相同时,一般物体辐射电磁波的能量多少及能量按波长分布是各不相同的,这与它们的组成材料有关.但对于黑体来说,不论其组成材料如何,它们在相同温度时发出同样形式的光谱,即所有黑体的辐射规律是相同的.因此,研究黑体辐射具有重要的理论意义和实用价值.

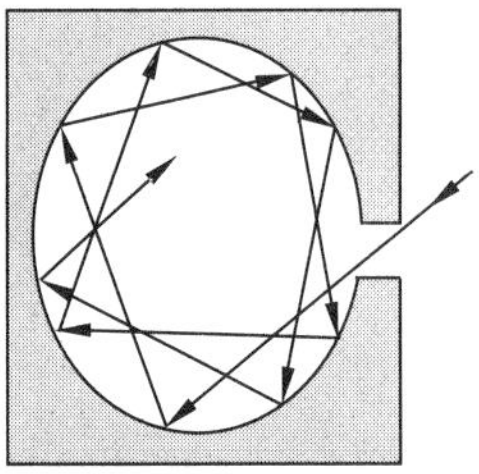

图 20.1

在自然界中,绝对黑体并不存在,因此和质点、刚体、理想气体等一样,黑体是一种理想模型.但可以人工制造一种黑体模型.如图 20.1 所示,用不透明材料制成一个开有小孔的空腔,该小孔就如同一个黑体的表面.这是因为从外界射入小孔的电磁辐射,在空腔内经过多次反射后,几乎全部被腔壁吸收,带小孔的空腔就近似为一个黑体.

在日常生活中,也能找到近似的黑体.例如,白天远望建筑物上的窗口时,会发现窗口很黑暗,这是因为光线进入窗口后,经墙壁多次反射吸收,很少再能从窗口射出,窗口就类似于黑体表面.在金属冶炼炉上开一个观察炉温的小孔,这里的小孔也可近似看成一个黑体的表面.

3.单色辐出度和辐出度

为了研究物体热辐射按波长分布的规律,引入物体的单色辐出度和辐出度两个概念.

单位时间内,温度为 T 的物体单位面积上发出的波长在 λ 到 $\lambda+\mathrm{d}\lambda$ 范围内的辐射能 $\mathrm{d}M_\lambda$ 与波长间隔 $\mathrm{d}\lambda$ 的比值称为物体的**单色辐出度**,用 $M_\lambda(T)$ 表示,即

$$M_\lambda(T)=\frac{\mathrm{d}M_\lambda}{\mathrm{d}\lambda} \tag{20.1}$$

单色辐出度的单位是瓦[特]每三次方米,符号为 $\mathrm{W\cdot m^{-3}}$.实验指出,物体的温度一定时,其单色辐出度随辐射波长而变化;当温度升高时,单色辐出度也随之增大.

温度 T 一定时,单位时间内从物体单位面积上发出的各种波长的总辐射能,称为物体的**辐出度**,用 $M(T)$ 表示.它与单色辐出度的关系为

$$M(T)=\int_0^\infty M_\lambda(T)\mathrm{d}\lambda \tag{20.2}$$

辐出度的单位是瓦[特]每二次方米,符号为 $\mathrm{W\cdot m^{-2}}$.

图 20.2 是测定黑体辐射的实验原理图.图中 A 是温度为 T 的空腔,空腔壁上有一小孔 S,从小孔向外辐射各种波长的电磁波.电磁波经过透镜 L_1 和平行光管 B_1 成为平行光束,再经三棱镜 P 折射后,不同波长的射线折向不同的方向.如果平行光管 B_2 对准某一方向,该方向上具有一定波长范围的射线将聚焦在热电偶 C 上,从而可以测出这个波长范围内的射线所辐射的能量 $\mathrm{d}M_\lambda$.调节 B_2 的方向,可测出不同波长范围射线的辐射能量.

实验表明,黑体的单色辐出度 $M_{b\lambda}(T)$ 与组成空腔器壁的材料无关,它

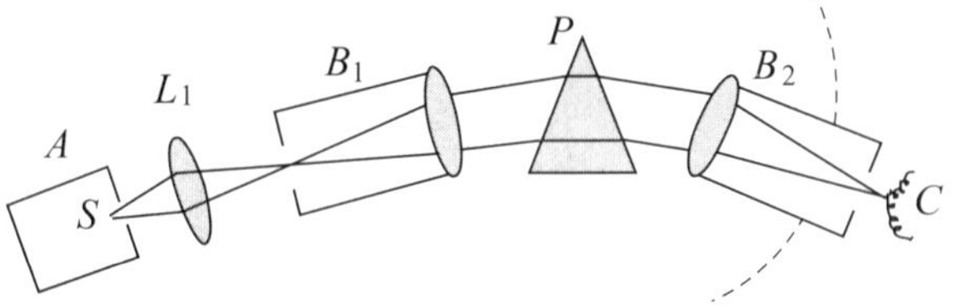

图 20.2

只是温度和波长的函数. 图 20.3 表示了由实验测得的黑体的 $M_{b\lambda}(T)$ 和 λ、T 的关系曲线. 根据式(20.2),图中每条曲线下的面积代表黑体在相应温度时的辐出度 $M_b(T)$. 温度越高,曲线所围面积越大,即 $M_b(T)$ 越大,总辐射能也就越多.

20.1.2 黑体辐射的实验定律

单色辐出度 $M_{b\lambda}(T)$ 随波长变化关系的实验曲线如图 20.3 所示. 容易看出,在一定温度下,$M_{b\lambda}(T)$-λ 曲线均有一最大值,与这一最大值对应的波长 λ_m 称为**峰值波长**,温度越高,峰值波长越短,热辐射中包含的短波成分越多. 此外,各种波长的单色辐出度 $M_{b\lambda}(T)$ 都随温度的升高而增大,而在 λ 很小或很大时,$M_{b\lambda}(T)$ 都趋于零.

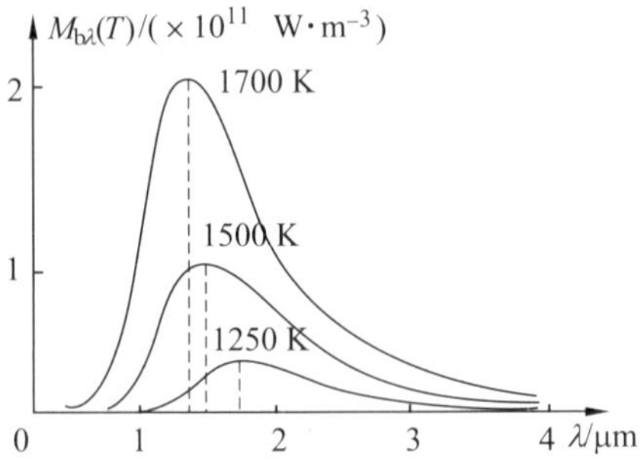

图 20.3

根据实验结果,总结出如下两条关于黑体辐射的定律.

1. 斯特藩(Stefan)-玻尔兹曼(Boltzmann)定律

黑体的辐出度 $M_b(T)$ 与其绝对温度 T 的四次方成正比,即

$$M_b(T) = \sigma T^4 \tag{20.3}$$

式中 σ 称为斯特藩常量,可由实验确定,其值为

$$\sigma = 5.67 \times 10^{-8}\ \mathrm{W \cdot m^{-2} \cdot K^{-4}}$$

从该定律可以看出,辐射功率随温度的升高而迅速增大. 需要指出,它只适用于黑体的平衡热辐射.

2. 维恩(Wien)位移律

黑体辐射的峰值波长 λ_m 与绝对温度 T 成反比,即

$$T\lambda_m = b \tag{20.4}$$

式中 b 是与温度无关的常量,由实验确定,其值为

$$b = 2.897 \times 10^{-3}\ \mathrm{m \cdot K}$$

该定律指出,绝对温度升高时,黑体单色辐出度的峰值波长向短波方向移动. 加热铁块时,热铁的颜色随温度变化正符合这一实验结果. 太阳表面温度很高,

接近 6000℃,其辐射的电磁波中主要是可见光和紫外光,而飞机、舰船的发动机温度不高,所以辐射的电磁波主要是不可见的红外光.白炽灯钨丝的温度在 3000 K左右,峰值波长在红外波段,可见光波段辐射能量少,因此发光效率低.

例 20.1 夜间地面由于辐射而损失能量,设其辐射与黑体辐射相似,求当地面温度为 10℃时,单位时间内单位面积上由于辐射损失的能量.

解 根据斯特藩-玻尔兹曼定律得

$$M_b = \sigma T^4 = 5.67 \times 10^{-8}\ \mathrm{W \cdot m^{-2} \cdot K^{-4}} \times 283^4\ \mathrm{K^4} = 364\ \mathrm{W \cdot m^{-2}}$$

黑体辐射规律是现代测温、遥感、红外追踪等技术的物理基础.例如,太阳的辐射光谱与已知温度的黑体辐射光谱非常接近,科学家们测得太阳光谱中辐射峰值波长 λ_m 约为 490 nm,因此可根据维恩位移律算出太阳表面温度近似为 5900K.又如地面的温度约为 300 K,可算得 λ_m 约为 10 μm,这说明地面的热辐射主要集中在 10 μm 附近的波段,而大气对这一波段的电磁波吸收极少,因此,地球卫星可利用热红外探测器收集、记录地表物体的热辐射信息,并利用这种信息来识别地表物体和反演地表参数.

1964 年,美国射电天文学家彭齐亚斯和威尔逊在研究从卫星上反射回来的信号时,接收到一种空间均匀分布的微波噪声.这种噪声不是天线或接收机本身的电噪声,他们把它称为宇宙背景辐射(cosmic background radiation).20 世纪 70 年代曾对这种辐射的能谱分布进行测量,发现峰值波长出现在 1.0mm 附近,对应于温度为 2.76 K 时的黑体辐射谱.1990 年,美国发射宇宙背景探测者号卫星(Cosmic Background Explorer,也称为探险家 66 号),对宇宙微波辐射背景进行了精密的观测,再度证实其辐射谱分布与 $T=(2.735\pm0.060)$ K 的黑体辐射谱完全吻合,由此证实了大爆炸宇宙论的预言,即由于初始的爆炸,在当前宇宙中应残留温度约为 2.7 K 的热辐射.

20.1.3 普朗克能量子假设

斯特藩-玻尔兹曼定律和维恩位移律是根据实验总结出来的规律,但两个定律都没有涉及 $M_{b\lambda}(T)$的具体函数形式.19 世纪末,许多物理学家企图从经典电磁理论和热力学理论出发,导出符合实验结果的 $M_{b\lambda}(T)$的函数表达式,并对黑体辐射按波长分布的实验结果做出理论解释.经典物理把组成黑体空腔壁的原子、分子等看作带电的线性谐振子,在振动过程中向外辐射电磁波.1900 年瑞利(L. Rayleigh)和金斯(J. Jeans)根据经典物理中能量按自由度均分原理,利用经典电磁理论和统计物理的理论得到一个公式

$$M_{b\lambda}(T) = \frac{2\pi c}{\lambda^4} kT \tag{20.5}$$

式中 c 为真空中的光速,k 为玻尔兹曼常量,上式称为瑞利-金斯公式.由图 20.4可见,这个公式在长波段与实验结果(图中用小圆圈表示) 相符,在短波段则完全不符.特别是当 λ 很小时,$M_{b\lambda}(T)$趋于无穷大,这显然是不合理的.物理学史上把这个理论公式与实验结果在短波段严重偏离的结果称为**“紫外灾难”**.

1896 年维恩(W. Wien)用辐射按波长分布类似于麦克斯韦分子速率分布的思想，也导出了一个 $M_{b\lambda}(T)$ 的理论公式，在图 20.4 中也绘出了这个公式的曲线. 与瑞利-金斯公式相反，维恩公式在短波段与实验值相符，在长波段则有明显偏离.

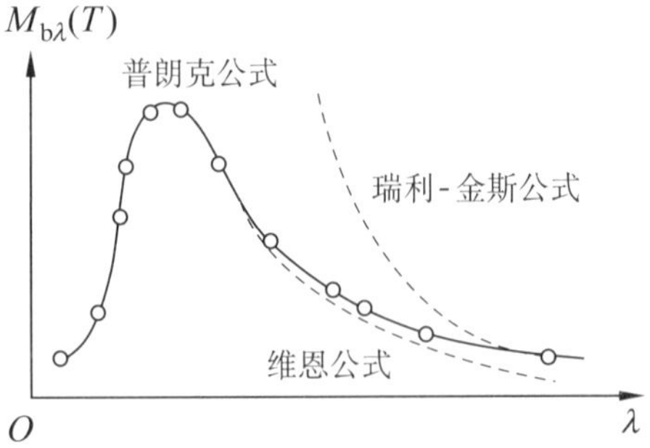

图 20.4

按照经典理论，电磁波的能量与谐振子振幅的平方成正比. 由于振幅可以连续变化，所以电磁波的能量也可以连续变化. 但是，从经典理论出发得到的维恩公式和瑞利-金斯公式与实验结果相比发生了偏离，这说明经典理论存在着某种缺陷. 因此英国物理学家开尔文勋爵(Lord Kelvin)认为黑体辐射实验是物理学晴朗天空中一朵令人不安的乌云. 为解决上述困难，德国物理学家普朗克(M. Planck)提出，经典理论之所以出现偏离，主要是它不适用于分子、原子的微观运动. 微观振子的能量不能像经典理论那样可以连续取值，而只能取特殊的分立值. 依据这一认识，普朗克在 1900 年 12 月 14 日提出了与经典物理学完全不相容的能量子假设：

(1) 谐振子的能量可取值只能是某一最小能量单元的整数倍，即

$$E = n\varepsilon, \quad n = 1, 2, 3, \cdots$$

ε 叫**能量子**，简称**量子**，n 为**量子数**，它只能取正整数. 这种能量不连续的现象称为**能量量子化**.

(2) 对于频率为 ν 的谐振子，最小能量为

$$\varepsilon = h\nu \tag{20.6}$$

式中 h 为普朗克常量，其值为

$$h = 6.63 \times 10^{-34}\ \text{J·s}$$

由此可见，**谐振子吸收或辐射的能量只能是 $h\nu$ 的整数倍**.

普朗克从他的能量子假设出发，应用玻尔兹曼统计规律和有关黑体辐射公式，得到黑体平衡热辐射的公式为

$$M_{b\lambda}(T) = \frac{2\pi hc^2}{\lambda^5} \cdot \frac{1}{e^{\frac{hc}{k\lambda T}} - 1} \tag{20.7}$$

上式称为普朗克黑体辐射公式，其中 c 为真空中光速，k 为玻尔兹曼常量. 在图 20.4中，实线即为普朗克公式曲线，可见与实验结果符合得很好.

由普朗克公式可以导出斯特藩-玻尔兹曼定律、维恩位移律和瑞利-金斯公式，表明普朗克量子假设和普朗克公式可从理论上说明黑体辐射的能量按波长分布的规律.

普朗克抛弃了经典物理学中能量可连续变化、物体辐射或吸收的能量可以是任意值的旧观念，第一次提出了微观粒子具有分立的能量值、物体辐射或吸收的能量只能是一份一份地按不连续方式进行的新观念，不仅成功地解决了热辐射中的难题，而且打开了人们认识微观世界的大门，开创了物理学研究的新局面，标志着人类

对自然规律的认识已经从宏观领域进入微观领域,为量子力学的诞生奠定了基础.由于对量子理论的卓越贡献,普朗克获得了1918年诺贝尔物理学奖.

例 20.2 有一竖直悬挂的弹簧振子,振子质量 $m=0.3\ \mathrm{kg}$,弹簧刚度系数 $k=3.0\ \mathrm{N\cdot m^{-1}}$,以初始振幅 $A=0.10\ \mathrm{m}$ 开始振动.在阻尼作用下,振动逐渐衰减.试以量子概念讨论该振子能量变化的连续性.

解 振子的固有频率为

$$\nu=\frac{1}{2\pi}\sqrt{\frac{k}{m}}=\frac{1}{2\pi}\sqrt{\frac{3.0\ \mathrm{N\cdot m^{-1}}}{0.3\ \mathrm{kg}}}=0.50\ \mathrm{Hz}$$

初始能量为

$$E_0=\frac{kA^2}{2}=\frac{3.0\ \mathrm{N\cdot m^{-1}}\times 0.10^2\ \mathrm{m^2}}{2}=1.5\times 10^{-2}\ \mathrm{J}$$

振子的能量耗散时,以 $h\nu$ 为最小能量单元不连续地改变,即每辐射一个能量子,能量的变化为

$$\Delta E=h\nu=3.3\times 10^{-34}\ \mathrm{J}$$

最小能量单元与初始能量之比为

$$\frac{\Delta E}{E_0}=\frac{3.3\times 10^{-34}\ \mathrm{J}}{1.5\times 10^{-2}\ \mathrm{J}}=2.2\times 10^{-32}$$

该结果表明,要想观察到宏观弹簧振子能量的不连续性,必须要求仪器能精确测量到 10^{-32} 的数量级.不但目前最精密的仪器达不到这个精度,在可以预期的将来也不能达到这个精度.因此,我们观察到的宏观弹簧振子的能量是连续变化的.由此可以说,微观领域中存在着不连续性,普朗克常量是这种不连续性的表征.但 h 值的数量级是如此之小,以致把宏观领域中的不连续性掩盖了,给人以能量连续变化的观念.

20.2 光电效应 爱因斯坦光子假设

1887年德国物理学家赫兹(H. Hertz)在开展电磁波实验时,首次发现光照会增强两接收电极之间的电火花.随后他的同事莱纳德(P. Lenard)测量了光照射金属表面后释放出来的粒子的荷质比,确认释放的粒子是电子.至1905年,爱因斯坦提出光子假设,才对这个现象进行了正确解释.

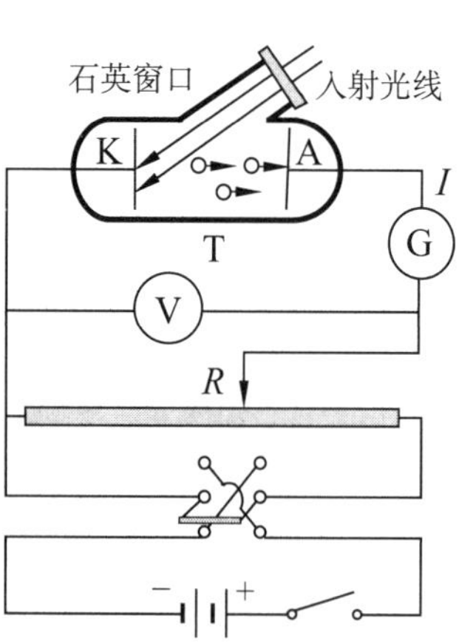

图 20.5

20.2.1 光电效应的实验规律

光照射到金属表面时,金属中有电子逸出的现象叫**光电效应**.所逸出的电子叫**光电子**,由光电子形成的电流叫**光电流**.使电子逸出某种金属表面所需的功称为该金属的**逸出功**.

图 20.5 是研究光电效应的实验装置示意图,

图中光电管 T 为抽成真空的玻璃管，管内装有两个金属电极，K 为阴极，A 为阳极. 单色光通过石英窗照射金属板 K 时，若 K、A 间加一电压 U，则由电流计 G 可观察到有光电流 I 通过. 随着 U 的改变，光电流 I 的大小发生变化，实验的伏安特性曲线如图 20.6 所示. 可以看出，开始时光电流随电压 U 的增大而增大，当 U 增加到一定值时，光电流达到饱和值 I_m（**饱和光电流**），这表明单位时间内从阴极 K 逸出的光电子全部到达阳极 A. 当电压 U 减小到零，并逐步增大反向电压时，光电流并不立刻降为零，表明从阴极 K 逸出的光电子具有一定的初动能，所以，尽管有电场阻碍它们运动，仍有部分光电子到达阳极 A. 直到反向电压增大到某一定值 U_a 时，光电流才降为零，该电压叫做**遏止电压**，此时，即使具有最大初动能的电子也不能到达阳极. 在 图 20.6 中，不同的光强对应相同的 U_a，表明遏止电压与光强无关.

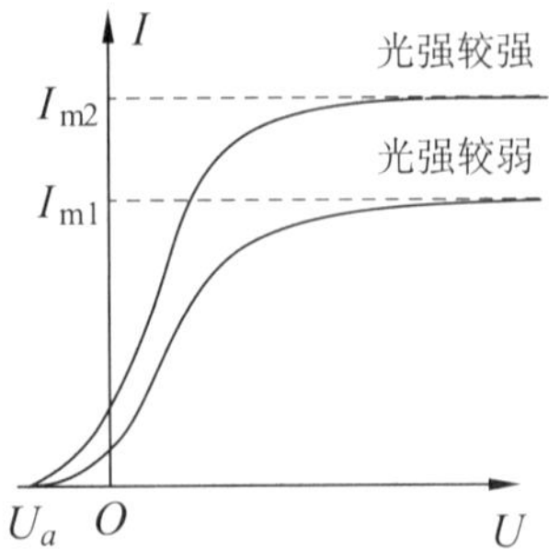

图 20.6

不难看出，根据遏止电压可以确定电子的最大初动能，即

$$\frac{1}{2}mv_m^2 = e\,|\,U_a\,| \tag{20.8}$$

式中 e 是电子电量的绝对值，m 为光电子的质量，v_m 是光电子逸出金属表面时的最大速率.

如果改变入射光的频率，实验结果是：当入射光频率小于某个最小值 ν_0 时，不论光强多强、照射时间多长，都没有光电流. ν_0 称为**截止频率**，或称**红限**（也常用对应的波长 λ_0 来表示），ν_0 的大小因金属而异. 图 20.7 给出了金属铯、钾和钨的 $|U_a|$-ν（$\nu>\nu_0$）曲线，其函数关系可表示为

$$|\,U_a\,| = K(\nu - \nu_0) \tag{20.9}$$

显然，曲线的斜率 K 是一个与材料性质无关的普适常量.

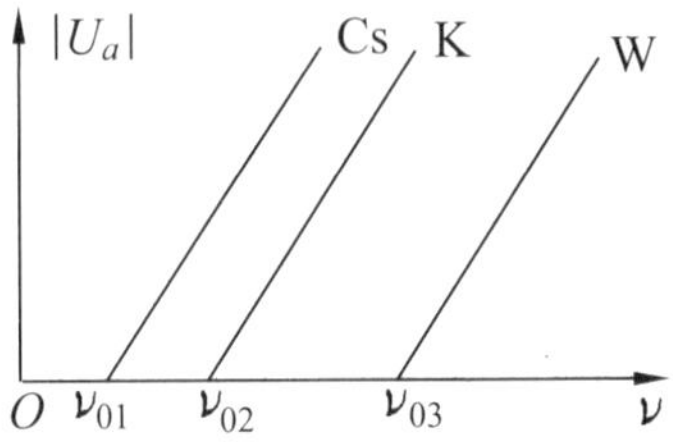

图 20.7

总结实验结果，光电效应的实验规律可以归纳为以下几点：

（1）饱和电流与入射光的强度成正比. 即单位时间内自金属表面逸出的光电子数与入射光的强度成正比.

（2）在光的频率大于截止频率 ν_0 的情况下，光电子的最大初动能随入射光频率的增加而线性增加，与入射光的强度无关.

（3）光电效应具有瞬时性. 只要其频率大于 ν_0，即使光的强度很弱，一旦光照到金属面上，立刻就有光电子产生，时间滞后不超过 10^{-9} s.

从经典电磁波理论看，受光照射的物质有电子逸出在预料之中，但根据这一理论做出的一些预言却和上述实验规律不符. 按照经典电磁理论，不论入射

光的频率如何，物质中的电子在电磁波作用下总能获得足够能量而逸出，因而不应存在红限；逸出电子的初动能应随入射光强的增大而增大，与入射光的频率无关；如果入射光的光强很小，那么物质中的电子必须经过较长时间的积累，才有足够能量而逸出，因而不应具有瞬时性. 可见，经典的电磁理论不能解释光电效应.

20.2.2 爱因斯坦光子假设

为了解释光电效应，1905 年爱因斯坦推广了普朗克的辐射能量子假设，提出了光子假设：**一束光就是一束在真空中以速度 c 运动的粒子流，这种粒子称为光量子，简称光子. 频率为 ν 的光的每一个光子所具有的能量为 $\varepsilon=h\nu$，它不能再分割，而只能整个地被吸收或产生出来.**

按照光子假设，当光子入射到金属表面时，一个光子的能量一次地被金属中的一个电子全部吸收. 这些能量的一部分消耗于自金属表面逸出所做的功，另一部分转变成电子离开金属表面后的初动能. 根据能量守恒定律，有

$$h\nu=\frac{1}{2}mv_{\mathrm{m}}^{2}+A \tag{20.10}$$

上式称为**爱因斯坦光电效应方程**. 其中 $mv_{\mathrm{m}}^{2}/2$ 为光电子的最大初动能，A 为金属的**逸出功**. 1916 年美国物理学家密立根(R. Millikan)对光电效应实验进行了精确测量，并在此基础上测定了普朗克常量 h，结果与用其他方法获得的 h 值十分一致，因而从实验上直接验证了光子假说和光电效应方程的正确性. 由于发现光电效应规律，爱因斯坦获得 1921 年诺贝尔物理学奖.

爱因斯坦光子理论成功地解释了光电效应的实验规律：

(1) 根据光子假设，入射光的强度由单位时间内到达金属表面的光子数目决定. 入射光强增大，单位时间内到达金属表面单位面积的光子数增多，因而产生的光电子数也增多. 这些光电子全部到达阳极 A 时形成饱和电流，所以饱和电流与入射光的强度成正比.

(2) 对于一定的金属，逸出功 A 为定值. 由式(20.10)可见，光子的频率 ν 越高，光电子的初动能越大；当入射光频率 ν 低于截止频率 ν_0，即 $h\nu<A$ 时，不会有光电子逸出，即使入射光强度很大(光子数很多)，也不会产生光电效应. 只有当 $\nu\geqslant A/h$ 时，电子才能逸出金属表面，故截止频率为

$$\nu_0=\frac{A}{h} \tag{20.11}$$

因为不同金属的逸出功不同，所以截止频率也因金属而异. 表 20.1 给出了几种金属的截止频率和逸出功的量值.

(3) 由于金属中的电子一次全部吸收入射光子的能量，因此，光电效应的产生无需积累能量的时间. 这就说明了光电效应的瞬时性.

根据光电效应原理可制成光电管和光电倍增管. 由于它们能够方便地将光信号转变为电信号，因此得到了广泛应用. 如自动控制、自动计数、电影、电视、工业检测等方面. 在军事上也有广泛应用，微光夜视仪、星光瞄准具等就

是应用光电倍增管在夜间将目标反射的微弱光信号加以放大，从而达到探测目的.

激光琴

无皮鼓

表 20.1　几种金属的截止频率和逸出功

金属	截止频率 ν_0/Hz	逸出功/eV
铯 Cs	4.8×10^{14}	1.9
铍 Be	9.4×10^{14}	3.9
钛 Ti	9.9×10^{14}	4.1
汞 Hg	1.09×10^{15}	4.5
金 Au	1.16×10^{15}	4.8
钯 Pd	1.21×10^{15}	5.0

例 20.3　波长 $\lambda=4.0\times10^{-7}$ m 的单色光照射到金属铯上，求铯释放的光电子的最大初速度.

解　由表 20.1 知，铯的截止频率 $\nu_0=4.8\times10^{14}$ Hz，与此对应的红限波长 $\lambda_0=c/\nu_0=6.25\times10^{-7}$ m. 根据爱因斯坦光电效应方程，光电子最大初动能为

$$\frac{1}{2}mv_{\mathrm{m}}^2 = h\nu - A$$

将 $\nu=c/\lambda$，$A=h\nu_0=hc/\lambda_0$ 代入上式，得光电子最大初速度为

$$v_{\mathrm{m}} = \sqrt{\frac{2hc}{m}\left(\frac{1}{\lambda}-\frac{1}{\lambda_0}\right)}$$

电子质量 $m=9.11\times10^{-31}$ kg，光速 $c=3\times10^8$ m·s^{-1}，$h=6.63\times10^{-34}$ J·s. 将这些数据代入上式，得

$$v_{\mathrm{m}} = 6.50\times10^5\ \mathrm{m\cdot s^{-1}}$$

近年来，强激光的出现丰富了人们对于光电效应的认识. 用强激光照射金属，由于其光子密度极大，一个电子在短时间内吸收多个光子成为可能，从而形成多光子光电效应，这已被实验所证实. 多光子光电效应在多光子光存储、强场物理中的电离研究、激光微纳加工、光催化反应增强中均有应用.

20.2.3　光的波粒二象性

光子假设不仅成功地解释了光电效应等实验，而且加深了人们对光本性的认识. 波动光学已指出，光是一种电磁波，具有干涉、衍射和偏振等波动特性. 现在从黑体辐射、光电效应等实验中，又看到光是粒子(光子)流，具有粒子性. 可见，光既具有波动性，又具有粒子性. 光所具有的这种双重特性，称为光的波粒二象性.

光子不仅具有能量，而且具有质量和动量等一般粒子共有的特性. 根据相对论的质能关系式，可得光子的质量为

$$m_{\varphi} = \frac{\varepsilon}{c^2} = \frac{h\nu}{c^2} \tag{20.12}$$

根据相对论能量与动量的关系,可得光子的动量为

$$p_{\varphi}=\frac{\varepsilon}{c}=\frac{h\nu}{c}=\frac{h}{\lambda} \tag{20.13}$$

光子具有动量已在光压实验中得到证实.

不难看出,普朗克常量 h 把描述光的粒子性的能量、质量、动量,与描述光的波动性的频率、波长联系了起来.

通常认为,在涉及光的干涉、衍射等与光的传播有关的现象中,光的波动性占优势,要用波动理论解释;在涉及光的辐射和光与物质相互作用这类问题时,光的粒子性占主导地位,要用光的量子论来解决.需要指出,这种区分只是侧重于从处理方法上考虑的,实际上光的波动性和粒子性总是相伴存在的.

20.3 康普顿效应

20.3.1 康普顿效应

1923 年,康普顿(A. Compton)在研究 X 射线被石墨散射时发现,单色 X 射线被物质散射时,散射线中除了有与入射线波长相同的成分外,还有波长较长的成分.这种波长变长的散射称为**康普顿散射**,或称**康普顿效应**.

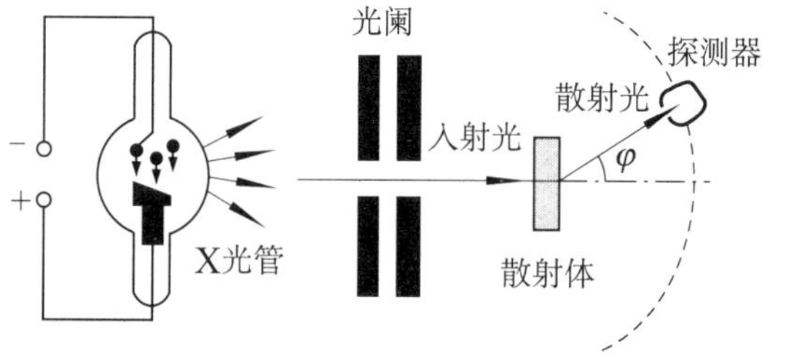

图 20.8

康普顿散射的实验装置如图 20.8 所示.X 光管发出的单色 X 射线经光阑入射到散射体(石墨)上,摄谱仪对准有确定散射角 φ 的散射线,并测出其波长及相对强度;然后改变散射角 φ,做同样的测量,测量结果如图 20.9 所示.实验发现,对一定的散射角 φ,既有与入射线相同的波长 λ,又有比入射线更长的波长 λ';$\Delta\lambda=\lambda'-\lambda$ 随 φ 角的增大而增大,但与 λ 无关.

1926 年,我国物理学家吴有训对不同物质发生的散射现象进行了研究,实验表明,同一散射角下,不同散射物质,波长的偏移量 $\Delta\lambda$ 是相同的,但原波长的谱线强度随散射物质的原子序数的增大而增加,新波长的谱线强度随之减小.

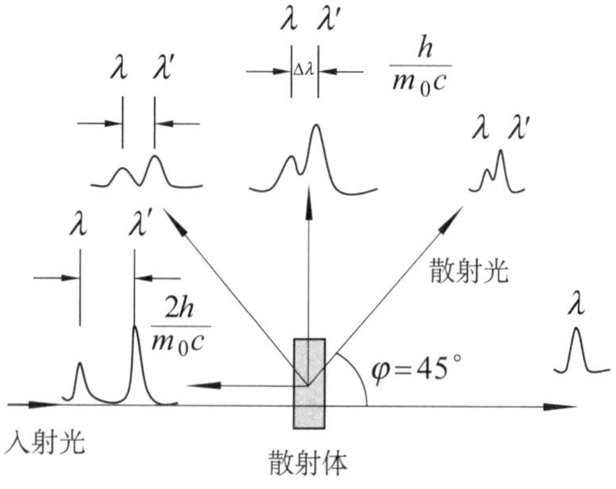

图 20.9

按照经典电磁理论,当电磁波通过散射物质时,物质中带电粒子受到入射电磁波的作用而作受迫振动.这种带电粒子要从

入射波中吸收能量，同时又作为新的波源向四周辐射电磁波，形成散射光. 以波动观点，带电粒子作受迫振动的频率应等于入射光的频率，所以散射光的频率或波长应与入射光的相同. 可见，光的波动理论只能解释波长不变的散射，却不能解释波长改变的康普顿效应.

20.3.2　光子理论解释康普顿效应

康普顿根据光的量子理论成功地解释了康普顿效应. 他认为这种散射是单个光子与物质中受原子核束缚较弱的电子相互作用的结果，在这个相互作用过程中，光子和电子系统的动量和能量都是守恒的.

按照光的量子理论，电磁辐射是光子流，每一光子都有确定的动量和能量. 入射 X 射线的光子能量较大，约为 $10^4 \sim 10^5$ eV，而散射物质中那些受原子核束缚较弱的电子，只需要 10～100 eV 的能量即可摆脱原子核的束缚，所以可忽略这些电子的束缚能而近似地认为它们是自由电子. 同样，由于这些电子的热运动能量也远小于 X 射线的光子能量，因此还可忽略电子的热运动而认为电子是静止的. 据此，入射 X 射线的光子与弱束缚电子的相互作用可近似看作光子与静止自由电子的弹性碰撞.

如图 20.10 所示，入射光子的动量为 $h\nu/c$，散射光子的动量为 $h\nu'/c$，碰撞后电子的动量为 mv. 图中 $\boldsymbol{n}$、$\boldsymbol{n}'$ 表示光子运动方向上的单位矢量. 根据动量守恒定律，有

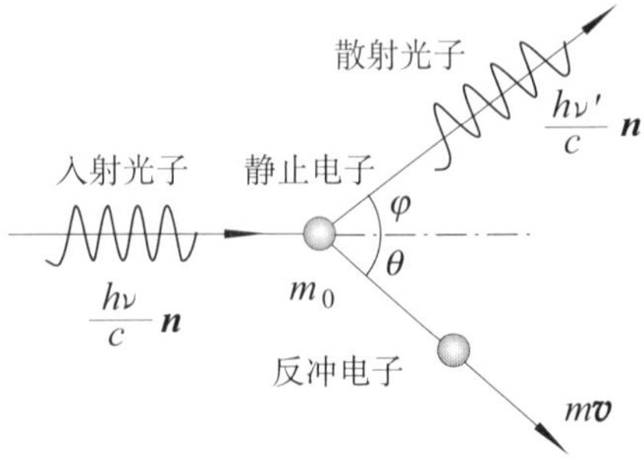

图 20.10

$$\frac{h\nu}{c} = mv\cos\theta + \frac{h\nu'}{c}\cos\varphi \tag{20.14}$$

$$0 = mv\sin\theta - \frac{h\nu'}{c}\sin\varphi \tag{20.15}$$

根据能量守恒定律，有

$$m_0c^2 + h\nu = h\nu' + mc^2$$

即

$$mc^2 = h(\nu - \nu') + m_0c^2 \tag{20.16}$$

式中 m_0 为电子的静止质量.

从式(20.14)和式(20.15)消去 θ，得

$$m^2v^2c^2 = h^2\nu^2 + h^2\nu'^2 - 2h^2\nu\nu'\cos\varphi \tag{20.17}$$

将式(20.16)两边平方后减去式(20.17)，可得

$$m^2c^2(c^2 - v^2) = m_0^2c^4 - 2h^2\nu\nu'(1-\cos\varphi) + 2hm_0c^2(\nu - \nu')$$

将 $m = \dfrac{m_0}{\sqrt{1-v^2/c^2}}$ 代入上式得

$$h\nu\nu'(1-\cos\varphi) = m_0c^2(\nu - \nu') \tag{20.18}$$

利用关系式 $\nu = \dfrac{c}{\lambda}$，$\nu' = \dfrac{c}{\lambda'}$，式(20.18)可写成

$$h(1-\cos\varphi) = m_0c(\lambda' - \lambda)$$

波长的改变量为

$$\Delta\lambda = \lambda' - \lambda = \frac{h}{m_0 c}(1-\cos\varphi) = \frac{2h}{m_0 c}\sin^2\frac{\varphi}{2} \tag{20.19}$$

上式就是康普顿效应的波长改变公式. 它表明,波长的改变量只与光子的散射角 φ 有关. 当 $\varphi=0$ 时,波长不变,φ 增大时 $\Delta\lambda$ 也增大,这一结论与图 20.9 所示的实验结果完全符合. 以上说明了光子与静止自由电子发生弹性碰撞时,散射线中有比入射线波长长的射线. 在散射线中还有与入射线波长相同的射线,这是因为光子除了与自由电子发生碰撞外,还要与原子中束缚很紧的电子发生碰撞,这种碰撞可以看作光子与整个原子的碰撞,因原子的质量比光子质量大得多,根据碰撞理论,光子碰撞后不会显著地失去能量,因而散射光子的频率几乎不变,所以在散射线中也有与入射线波长相同的射线. 对于轻核物质,原子核对大多数电子的束缚都较弱,因此波长变长的散射线相对较强;而对于原子序数大的重核物质,原子核对电子的束缚较强,因此波长变长的散射线相对较弱.

康普顿散射再一次证明了光子假设的正确性,同时也证实了在微观粒子相互作用过程中,同样严格地遵守能量守恒定律和动量守恒定律. 因发现此效应,康普顿获 1927 年诺贝尔物理学奖.

例 20.4 $\lambda=1.88\times10^{-12}$ m 的入射 γ 射线在碳块上散射,当散射角 $\varphi=\pi/2$ 时,求:(1) 波长的改变量 $\Delta\lambda$;(2)电子获得多大的动能.

解 (1)由式(20.19)知,波长的改变量为

$$\Delta\lambda = \lambda' - \lambda = \frac{h}{m_0 c}(1-\cos\varphi)$$

$$= \frac{6.63\times10^{-34}\ \text{J}\cdot\text{s}}{9.11\times10^{-31}\ \text{kg}\times3.0\times10^{8}\ \text{m}\cdot\text{s}^{-1}}\left(1-\cos\frac{\pi}{2}\right) = 2.43\times10^{-12}\ \text{m}$$

可见 $\Delta\lambda$ 与 λ 同数量级.

(2) 设电子获得的动能为 E_k,根据能量守恒定律,有

$$E_\text{k} = mc^2 - m_0c^2 = h\nu - h\nu' = hc\left(\frac{1}{\lambda}-\frac{1}{\lambda'}\right)$$

式中 $\lambda'=\lambda+\Delta\lambda$. 于是有

$$E_\text{k} = hc\left(\frac{1}{\lambda}-\frac{1}{\lambda+\Delta\lambda}\right) = \frac{hc\Delta\lambda}{\lambda(\lambda+\Delta\lambda)}$$

$$= \frac{6.63\times10^{-34}\ \text{J}\cdot\text{s}\times3.0\times10^{8}\ \text{m}\cdot\text{s}^{-1}\times2.43\times10^{-12}\ \text{m}}{1.88\times10^{-12}\ \text{m}\times(1.88+2.43)\times10^{-12}\ \text{m}}$$

$$= 5.96\times10^{-14}\ \text{J}$$

20.4 玻尔的氢原子理论

经典物理学不仅无法解释热辐射的实验规律,而且在说明原子光谱的线状结构及原子本身的稳定性方面同样遇到了不可克服的困难. 1911 年英国物理学家卢瑟福(E. Rutherford)在 α 粒子散射实验基础上提出了原子的有核模型,在普朗克的

能量子假设和爱因斯坦的光子假说提出以后，1913 年丹麦物理学家玻尔(N. Bohr)创立了关于氢原子结构的半经典量子理论，首次将量子化概念引入原子结构模型中，是近代原子结构理论发展过程中的重要转折点.

20.4.1　氢原子光谱的实验规律

利用光谱仪可以获得原子发光的光谱. 实验发现，各种元素的原子光谱都是线状光谱，它有两个特点：一定元素的原子光谱中包含了完全确定的波长成分，不同元素的光谱成分各不相同；每种元素的原子光谱中谱线按一定规则排列，这种有规则的光谱线组成**线系**.

氢原子是最简单的原子，其光谱也最为简单. 对氢原子光谱的研究是进一步研究原子分子光谱的基础，而后者在研究原子、分子结构以及分析物质等方面都具有重要的意义.

图 20.11 是用光谱仪观测氢放电管得到的氢原子光谱在可见光和紫外光区的谱线分布，其中 H_α，H_β，H_γ，…谱线的波长经光谱学测定，已标明在图中.

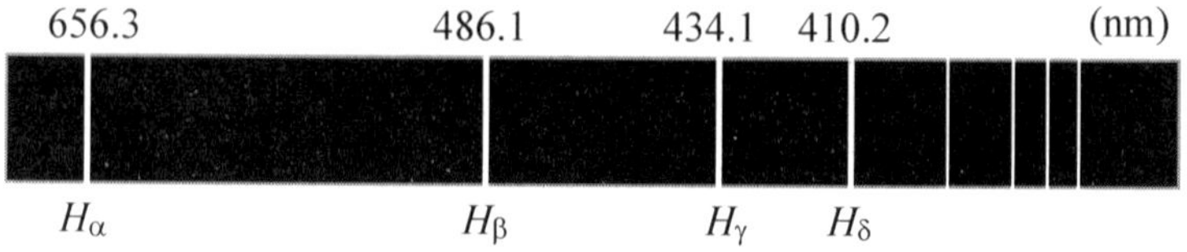

图 20.11

1885 年，瑞士的一位中学教师巴耳末(J. Balmer)发现，对当时已观测到的氢原子光谱中的谱线波长，可以归纳出一个简单的关系式

$$\lambda = B\frac{n^2}{n^2-4} \tag{20.20}$$

式中 B 是常量，其值为 364.57 nm，n 是大于 2 的正整数. 当 n 取 3,4,5,…时，上式分别给出氢原子光谱中 H_α、H_β、H_γ 等谱线的波长. 满足该关系式的谱线系称为巴耳末系.

1889 年瑞典物理学家里德伯(J. Rydberg)用波长的倒数替代巴耳末公式中的波长，并将 $\tilde{\nu}=\frac{1}{\lambda}$ 称为**波数**，从而得出

$$\tilde{\nu} = \frac{1}{\lambda} = R\left(\frac{1}{2^2}-\frac{1}{n^2}\right),\quad n = 3,4,5,\cdots \tag{20.21}$$

同时提出了氢原子光谱的普遍表达式.

$$\tilde{\nu} = \frac{1}{\lambda} = R\left(\frac{1}{m^2}-\frac{1}{n^2}\right),\quad \begin{cases} m = 1,2,3,\cdots \\ n = m+1, m+2, m+3,\cdots \end{cases} \tag{20.22}$$

式中 R 为里德伯常量，它的近代测量值为 $R=1.097\ 373\ 153\ 4\times10^7\ \mathrm{m^{-1}}$，一般计算时取 $1.097\times10^7\ \mathrm{m^{-1}}$. 式(20.22)称为氢原子光谱的里德伯公式.

式(20.22)这一经验公式成功地预言并指导人们找到了氢原子光谱中的其他线系. m 的不同取值对应于不同的线系，$n\to\infty$ 时的波长称为极限波长，简称线系限. 显然，巴耳末系是其中的一个线系，这个线系对应于 $m=2$，$n=3,4,$

5,6,…的波长分别为656.3 nm、486.1 nm、434.1 nm、410.2 nm等,该系的线系限为364.5 nm.可以看出,氢原子光谱在可见光区的谱线只有4条.类似地,当$m=1$时,算出的谱线在紫外区,称为莱曼(Lyman)系(1916年发现);与$m=3,4,5$对应的谱线系均在红外区,分别称为帕邢(Paschen)系(1908年发现)、布拉开(Brackett)系(1922年发现)、普丰德(Pfund)系(1924年发现).

应当指出,氢原子光谱的谱线规律发现以后,里德伯和里茨(W. Ritz)等又于1908年发现碱金属的线光谱也有类似于氢原子光谱的规律性.

毫无疑问,式(20.22)是氢原子所具有的内在规律性的表现,但却无法用经典理论解释.根据卢瑟福提出的原子有核模型,电子在原子中绕核转动,这种加速运动着的电子不断地向外辐射电磁波,其频率等于电子绕核转动的频率.由于原子不断地向外辐射能量,它的能量逐渐减少,电子绕核转动的频率也要逐渐地改变,因而原子发射的光谱应该是连续的.不仅如此,由于原子总能量的减少,电子将逐渐地接近原子核而最后落在核上,因而原子应是一个不稳定系统.

20.4.2 玻尔的氢原子理论

为了建立合理的原子内部结构模型,以解释原子光谱的规律,许多科学家都在积极探索.1913年,玻尔以卢瑟福的原子模型为基础,结合普朗克的量子概念和爱因斯坦的光子理论,提出了以下三个基本假设以克服经典理论的困难.

1. 定态假设

原子系统只能处于一系列不连续而又稳定的能量状态,称之为**稳定状态**,简称**定态**,相应的能量分别为$E_1,E_2,E_3,\cdots(E_1<E_2<E_3<\cdots)$.在这些状态中,核外电子虽作加速运动但不辐射电磁能量.

2. 角动量量子化条件

电子在半径为r的稳定圆轨道上运动时,其轨道角动量L必须等于$h/(2\pi)$的整数倍,即

$$L=mvr=n\frac{h}{2\pi}=n\hbar,\quad n=1,2,3,\cdots \tag{20.23}$$

式中$\hbar=h/(2\pi)=1.055\times10^{-34}\ \mathrm{J\cdot s}$,称为约化普朗克常量;$n$为正整数,称为**量子数**.式(20.23)称为角动量量子化条件.

3. 频率条件

当原子从具有较高能量E_n的定态跃迁到较低能量E_k的定态时,原子发射频率为ν_{kn}的光子,且满足频率条件

$$\nu_{kn}=\frac{E_n-E_k}{h} \tag{20.24}$$

反之,原子在较低能量E_k的定态时,若吸收频率为ν_{kn}的光子,就可跃迁到较高能量E_n的定态.实际上式(20.24)就是光辐射或吸收时的能量守恒定律.

现在我们从玻尔的三条假设出发推求氢原子能级公式,并解释氢原子光谱的实验规律.设电子的质量为m,绕原子核作圆周运动,其可能的稳定轨道半径为r,速度为v.根据牛顿运动定律,有

$$\frac{e^2}{4\pi\varepsilon_0 r^2} = m\frac{v^2}{r} \tag{20.25}$$

由式(20.23),可得

$$v_n = \frac{nh}{2\pi mr} \tag{20.26}$$

将式(20.26)代入式(20.25)并以 r_n 代替 r，解得

$$r_n = \frac{\varepsilon_0 h^2}{\pi me^2}n^2 = r_1 n^2, \quad n = 1,2,3,\cdots \tag{20.27}$$

式中 r_1 为 $n=1$ 时的轨道半径,称为第一玻尔轨道半径.代入已知数值,可得

$$r_1 = 5.29 \times 10^{-11}\ \mathrm{m}$$

这一结果和用其他方法求得的结果符合得很好.式(20.27)表明,原子中第 n 个稳定轨道的半径 r_n 与量子数 n 的平方成正比,其量值显然是不连续的,即是量子化的.

电子在第 n 个轨道上的总能量是动能和势能之和,即

$$E_n = \frac{1}{2}mv_n^2 - \frac{e^2}{4\pi\varepsilon_0 r_n}$$

利用式(20.26)和式(20.27),上式可写为

$$E_n = -\frac{1}{n^2}\cdot\frac{me^4}{8\varepsilon_0^2 h^2} = \frac{E_1}{n^2}, \quad n = 1,2,3,\cdots \tag{20.28}$$

这就是处在量子数为 n 的定态时原子系统的能量.由此可见,由于电子轨道角动量不能连续变化,氢原子的能量也只能取一系列不连续的值,称为**能量量子化**,量子数可取 1,2,3,…任意正整数.这种量子化的能量值称为**原子能级**(简称**能级**).式中 E_1 是 $n=1$ 时原子系统的能量,$E_1=-me^4/(8\varepsilon_0^2h^2)=-13.6\ \mathrm{eV}$,也是把电子从氢原子的第一玻尔轨道移到无限远处所需要的能量,称为**电离能**.此外,还可以看出,原子系统的能量均为负值,表明原子中的电子被束缚在原子核周围.

图 20.12 是氢原子能级与相应的电子轨道示意图.在正常情况下,氢原子处于最低能级 E_1,也就是电子处于第一轨道上.这个最低能级对应的状态叫做**基态**.电子受到外界激发时,可从基态跃迁到较高能级的 E_2,E_3,E_4,…上,这些能级对应的状态叫做**激发态**.

当电子从较高的能级 E_n 跃迁到较低能级的 E_k 时,由式(20.24)可得原子辐射的单色光频率为

$$\nu_{kn} = \frac{E_n - E_k}{h} = \frac{me^4}{8\varepsilon_0^2 h^3}\left(\frac{1}{k^2} - \frac{1}{n^2}\right) \quad (n > k)$$

因 $\lambda=c/\nu$，故有

$$\tilde{\nu} = \frac{1}{\lambda} = \frac{me^4}{8\varepsilon_0^2 h^3 c}\left(\frac{1}{k^2} - \frac{1}{n^2}\right) \quad (n > k) \tag{20.29}$$

式中 $\tilde{\nu}$ 为氢原子由高能级 E_n 跃迁到低能级 E_k 时,原子辐射单色光的波数.将式(20.29)与式(20.22)比较,得到里德伯常量的理论值为

$$R = \frac{me^4}{8\varepsilon_0^2 h^3 c} = 1.0973731 \times 10^7\ \mathrm{m^{-1}}$$

与实验值符合得很好.式(20.29)中 $k=1,2,3,\cdots$ 分别对应于莱曼系、巴耳末系、帕邢系……氢原子能级跃迁与光谱系之间的关系如图 20.12 所示.

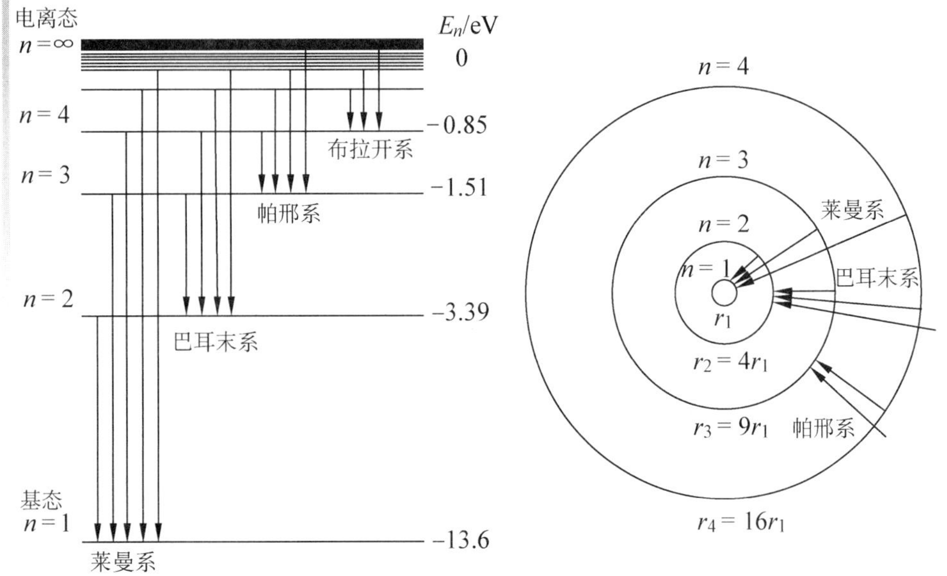

图 20.12

辉光球

例 20.5 试求:(1)氢原子巴耳末系中能量最小的光子的波长;(2)巴耳末系的极限波长.

解 (1)巴耳末系中能量最小的光子对应于从 $n=3$ 的激发态向 $n=2$ 的激发态的跃迁.由式(20.28),有 $E_n=E_1/n^2$,于是,光子的最小能量可写成

$$\Delta E_{\min}=E_3-E_2=E_1\left(\frac{1}{3^2}-\frac{1}{2^2}\right)=-13.6\ \text{eV}\left(\frac{1}{9}-\frac{1}{4}\right)=1.89\ \text{eV}$$

相应的波长为

$$\lambda=\frac{hc}{\Delta E_{\min}}=\frac{6.63\times10^{-34}\ \text{J}\cdot\text{s}\times3\times10^{8}\ \text{m}\cdot\text{s}^{-1}}{1.89\ \text{eV}\times1.60\times10^{-19}\ \text{J}\cdot(\text{eV})^{-1}}=0.66\ \mu\text{m}$$

(2) 巴耳末系的极限波长对应于从 $n=\infty$ 的电离状态向 $n=2$ 的激发态的跃迁,最大能量和相应的波长分别为

$$\Delta E_{\infty}=E_{\infty}-E_2=-E_1\cdot\frac{1}{2^2}=13.6\ \text{eV}\times\frac{1}{4}=3.40\ \text{eV}$$

$$\lambda=\frac{hc}{\Delta E_{\infty}}=\frac{6.63\times10^{-34}\ \text{J}\cdot\text{s}\times3\times10^{8}\ \text{m}\cdot\text{s}^{-1}}{3.40\ \text{eV}\times1.60\times10^{-19}\ \text{J}\cdot(\text{eV})^{-1}}=0.37\ \mu\text{m}$$

20.4.3 玻尔理论的局限性

玻尔理论圆满地解释了氢原子光谱的规律性,并从理论上算出了里德伯常量.但是,玻尔理论也有很大的局限性,如只能对只有一个价电子的原子或离子,即类氢离子光谱线进行计算,对其他稍微复杂的原子就无能为力了;另外,它完全没有涉及谱线的强度、宽度、偏振性等问题;再者,量子化条件的引进也

没有适当的理论解释.原因在于他一方面把微观粒子看成是遵守经典力学的质点,用了坐标和轨道的概念,并且还应用牛顿定律来计算电子轨道等;另一方面又加上量子条件来限制稳定运动状态的轨道.可见玻尔理论是经典理论加上量子条件的混合物,因此它远不是一个完善的理论.

后来在波粒二象性基础上建立起来的量子力学,以更正确的概念和理论完满地解决了玻尔理论所遇到的困难.即便如此,玻尔理论仍然是原子物理发展史上一个重要的里程碑,也大大推动了量子力学的建立和发展.玻尔理论的"定态""能级""能级跃迁决定辐射频率"等概念在量子力学中仍然是非常重要的概念.玻尔由于对原子结构和原子辐射的贡献,荣获 1922 年诺贝尔物理学奖.

20.5　德布罗意物质波假设　波函数

20.5.1　德布罗意假设

法国一位年轻人德布罗意(L. de Broglie)仔细分析了光的微粒说和波动说的历史,深入研究了光子假说.他认为,整个世纪以来,在光的研究中,人们只重视了光的波动性而忽略了它的粒子性,但在微观粒子的研究中却出现了相反的情况,只重视了微观粒子的粒子性,而忽略了它的波动性.1924 年,德布罗意从自然现象存在着一定对称性出发,在他的论文中大胆地提出了物质波假设.物理学家十分看重自然界的和谐与对称.运用对称性思想分析新现象、研究新问题、提出新观点,甚至取得科学上的突破性成就,这在物理学史上屡见不鲜.如电磁感应现象的发现及法拉第电磁感应定律的建立就是一个典型的例子.

德布罗意认为,**不仅光具有波粒二象性,一切实物粒子如电子、原子、分子等都具有波粒二象性**.一个质量为 m、速度为 v 的自由粒子,可用能量 E 和动量 p 来描述它的粒子性,还可以用频率 ν 和波长 λ 来描述它的波动性.它们之间的关系与光的二象性类似,即

$$E = h\nu \tag{20.30}$$

$$p = \frac{h}{\lambda} \tag{20.31}$$

以上两式称为德布罗意关系式或德布罗意假设.按照德布罗意假设,以动量 $\boldsymbol{p}$ 运动的实物粒子波的波长为 $\lambda=\dfrac{h}{p}$,式中 h 为普朗克常量.这种与实物粒子相联系的波称为**物质波**,或**德布罗意波**.应当指出,实物粒子的波动性和粒子性是统一在实物个体上的,也就是实物个体具有波粒二象性.

若一静质量为 m_0 的粒子以速率 v 运动,则按相对论定义,其动量为

$$\boldsymbol{p} = \frac{m_0 \boldsymbol{v}}{\sqrt{1-v^2/c^2}}$$

于是这种粒子的德布罗意波长为

$$\lambda = \frac{h}{p} = \frac{h}{m_0 v}\sqrt{1-v^2/c^2}$$

若 $v \ll c$,则有 $\lambda=\dfrac{h}{m_0 v}$.

例 20.6 计算:(1)电子通过 100 V 电压加速后的德布罗意波长;(2)质量$m=0.01$ kg、速度 $v=300\ \mathrm{m\cdot s^{-1}}$的子弹的德布罗意波长.

解 (1)电子经电压U加速后的动能为

$$\frac{1}{2}m_e v_e^2 = eU$$

解得电子的速度为

$$v_e = \sqrt{\frac{2eU}{m_e}} = \sqrt{\frac{2\times 1.6\times 10^{-19}\ \mathrm{C}\times 100\ \mathrm{V}}{9.1\times 10^{-31}\ \mathrm{kg}}} = 5.9\times 10^{6}\ \mathrm{m\cdot s^{-1}} \ll c$$

所以,被电压U加速的电子的德布罗意波长为

$$\lambda_e = \frac{h}{m_e v_e} = \frac{h}{\sqrt{2m_e e}}\cdot\frac{1}{\sqrt{U}} = \frac{1.225}{\sqrt{U}}\ \mathrm{nm}$$

$$\lambda_e = \frac{1.225}{\sqrt{100}}\ \mathrm{nm} = 0.1225\ \mathrm{nm}$$

(2) 子弹的德布罗意波长为

$$\lambda = \frac{h}{mv} = \frac{6.63\times 10^{-34}\ \mathrm{J\cdot s}}{0.01\ \mathrm{kg}\times 300\ \mathrm{m\cdot s^{-1}}} = 2.21\times 10^{-25}\ \mathrm{nm}$$

结果表明,电子的德布罗意波长与X射线的波长和晶体的晶格常数相近,所以利用晶体应该能观察到电子的衍射现象.但子弹的德布罗意波长是如此之短,以致在当今的任何实验中都不可能观测到它的波动性,表现出的只是粒子性.德布罗意因发现电子的波动性,获得了1929年的诺贝尔物理学奖.

20.5.2 电子衍射实验

德布罗意提出物质波假设后,曾预言可通过电子衍射实验验证他的假设.1927年,戴维孙(C. Davisson)和革末(L. Germer)做了电子束射向镍单晶靶的衍射实验,观察到了和X射线衍射类似的电子衍射现象,从而首先证实了电子波动性的存在.

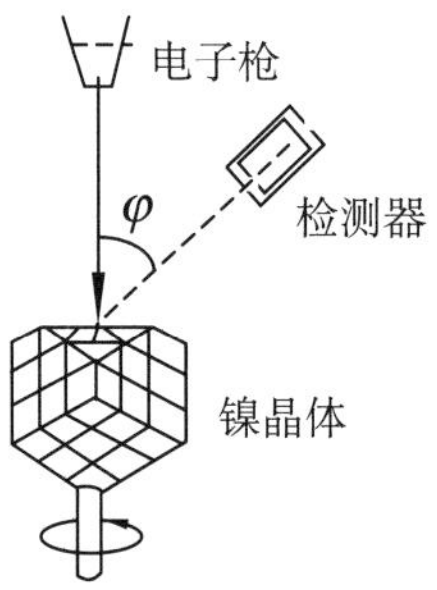

图 20.13

他们将一束电子射到镍晶体的特选晶面上,并用探测器测量沿不同方向散射的电子束强度,如图20.13所示.实验中发现,当入射电子的能量为54 eV时,在$\varphi=50^\circ$的方向上散射电子束的强度最大.类似于X射线在晶体表面衍射的分析,算出电子波长为1.65×10^{-10} m,而按德布罗意假设算得该电子波长为1.67×10^{-10} m,两者符合得很好.

同年,汤姆孙(G. Thomson)让电子束通过薄金箔后射到照相底片上,也得到了清晰的电子衍射图样.图20.14(a)是X射线的衍射图样,(b)是电子衍射图样.这足以表明,电子作为一种微观粒子,和X射线一样具有波动特性.戴维孙和汤姆孙因发现电子在晶体中的衍射现象,同获1937年诺贝尔物理学奖.

进入 20 世纪 30 年代以后，实验进一步发现，不但电子，而且一切微观粒子，如中子、质子、中性原子等都有衍射现象，从而表明它们都具有波动性.

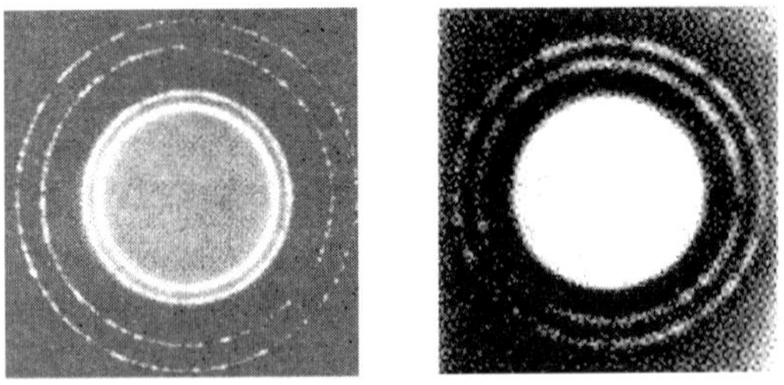

(a)　　(b)

图 20.14

前面已经指出，光作为一种电磁波，具有量子化的粒子性质，现在又看到电子等微观粒子也都具有波动的性质. 所以可以说，自然界中的一切微观粒子，不论它们的静止质量是否为零，都具有波粒二象性.

由于显微镜的分辨率与波长成反比，在德布罗意波被证实之后不久，人们发现电子的德布罗意波长远远小于可见光波长，因而想到可利用电子的波动性，即用电子束代替光束制成显微镜，以得到更高的分辨率. 1931 年德国人鲁斯卡(E. Ruska)制成了世界上第一台电子显微镜，开始只能放大几百倍，到 1933 年已提高到万倍以上，分辨率达 10^{-5} mm 以上. 电子显微镜的研制成功开创了物质微观世界研究的新纪元，鲁斯卡因这项贡献和电子光学的基础工作获得了 1986 年诺贝尔物理学奖. 现在透射电子显微镜分辨率可做到 0.1 nm.

德布罗意用物质波概念分析了玻尔量子化条件. 他将电子在玻尔轨道上的运动与电子的物质波沿轨道传播相联系，认为一个无辐射的稳定圆轨道的周长应等于电子物质波波长的整数倍，即满足驻波条件. 有

$$2\pi r = n\lambda, \quad n = 1,2,3,\cdots$$

代入德布罗意关系式，可得

$$mvr = n\frac{h}{2\pi} = n\hbar$$

此即玻尔理论中的角动量量子化条件.

20.5.3　物质波的波函数

既然一切微观粒子都具有波动性，那么如同机械波、电磁波可以用各自的函数式表示一样，与微观粒子相联系的物质波也可以用某种函数式表示. 这是 1925 年奥地利物理学家薛定谔(E. Schrödinger)首先建立的. 这个函数式称为物质波的波函数，或德布罗意波的波函数，它应为时间和空间坐标的函数，通常写作 $\Psi(\boldsymbol{r}, t)$ 或 $\Psi(x,y,z,t)$. 我们试从机械波的波函数入手，引入 $\Psi(\boldsymbol{r}, t)$的具体形式.

对于机械波，频率为 ν、波长为 λ、沿 Ox 轴正向传播的单色平面波波函数为

$$y(x,t) = A\cos 2\pi\left(\nu t - \frac{x}{\lambda}\right)$$

根据欧拉公式，也可将平面波的波函数改用复指数形式表示，即

$$y(x,t) = A\mathrm{e}^{-\mathrm{i}2\pi(\nu t - x/\lambda)}$$

余弦形式的波函数即为上述复函数展开后的实部.

现在讨论沿 Ox 轴正方向运动的自由粒子. 因不受外力作用，所以做匀速直线运动，其动量 p 和能量 E 都是常量. 由德布罗意关系式可知，与一个自由粒子相联系的物质波的频率和波长也都不随时间变化. 从波动观点看，频率和波长恒定不变的波是单色波，所以一个自由粒子的物质波对应于单色平面波. 在量子力学中采用复指数形式的波函数，这不仅是为了运算方便，也是因为只有这种形式才能适应微观粒子波粒二象性的理论要求. 即

$$\Psi(x,t) = \psi_0 e^{-i2\pi(\nu t - x/\lambda)}$$

将 $\nu = E/h$ 和 $\lambda = h/p$ 代入上式，得到沿 Ox 轴正方向运动的自由粒子的波函数为

$$\Psi(x,t) = \psi_0 e^{-\frac{i}{\hbar}(Et - px)} \tag{20.32}$$

式中 ψ_0 是波函数 $\Psi(x, t)$ 的振幅.

对于在三维空间沿 $\boldsymbol{r}$ 方向传播的自由粒子，只需将式(20.32)中的 px 改写成 $p_x x + p_y y + p_z z = \boldsymbol{p} \cdot \boldsymbol{r}$，即得自由粒子作三维运动时的波函数

$$\Psi(x,y,z,t) = \psi_0 e^{-\frac{i}{\hbar}(Et - \boldsymbol{p}\cdot\boldsymbol{r})} \tag{20.33}$$

20.5.4 波函数的统计解释

1. 两种不同的认识

式(20.32)或式(20.33)是我们从机械波的波函数入手引入的自由粒子的波函数，式中，E、p 是描述自由粒子具有粒子性的物理量. 但是，机械波表达式中的位移 $y(x,t)$ 是有直接物理意义的，这里的 $\Psi(\boldsymbol{r},t)$ 的含义是什么呢? 对于微观粒子的波粒二象性，历史上曾有两种不同的认识，甚至进行了一场激烈的争论.

神奇的单粒子双缝干涉实验

第一种认为波动性是基本的，粒子只是许多波组合起来的一个波包，波包的速度就是粒子的速度，波包的运动才表现出粒子性. 但这种认识被实验否定了. 因为波包是由不同频率的波组成的，不同频率的波在介质中的速度不同，因而一个波包在介质中会逐渐扩展而消失. 实验发现，电子作为一种实物粒子是不会在介质中扩展而消失的，而且对于波来说，它在两种介质的界面上要被反射和折射分为两部分，但一个电子是不可分的.

第二种认为粒子性是基本的，波是大量粒子分布密度不同的体现，但电子束的双缝衍射实验表明这种认识也不是完全恰当的. 当电子束通过双缝 1 和 2 后，在照片上显像后呈现出有强弱分布的衍射图样，如图 20.15 所示. 若减弱入射电子束的强度，即使减弱到每次只有一个电子通过其中一条狭缝，只要照射时间足够长，照片上依然能显示出衍射图样. 这表明，微观粒子的波动性并非同时存在大量粒子时才出现，而应该是每个粒子都具有的性质.

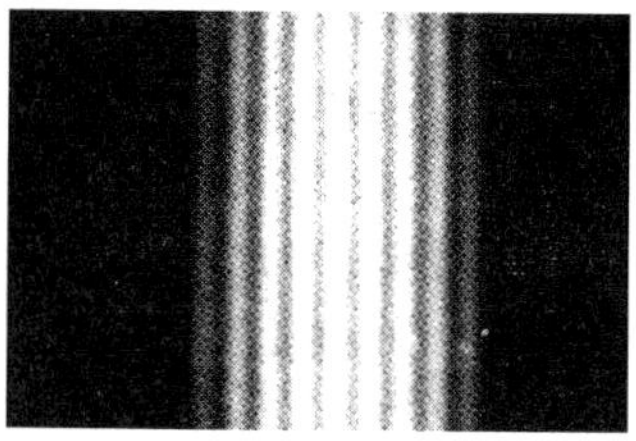

图 20.15

1926 年，玻恩(M. Born)提出了对波函数的统计解释，从而将实物粒子的波动性和粒子性有机地结合在一起. 玻恩因此荣获 1954 年

的诺贝尔物理学奖.

2. 波函数的统计解释

为了理解实物粒子的波动性，不妨重新审视光的衍射图样. 从波动性观点看，在衍射图样的明纹处，光的强度大，暗纹处，光的强度小，而光的强度是与光矢量振幅的平方成正比的；从粒子性观点看，某处光的强度大，表示单位时间内到达该处的光子多，某处光的强度小，则表明单位时间内到达该处的光子少. 从统计的观点看，自然是光子到达明纹处的概率要比到达暗纹处的概率大，因此可以说，光子在某处出现的概率与该处光的强度成正比. 或者说，与该处光矢量振幅的平方成正比.

我们应用上述观点来分析电子衍射图样. 从粒子性观点看，衍射图样的出现，是由于电子落到照相底片各处的概率不同引起的. 明纹处电子密集，表示电子出现的概率大，暗纹处则概率小. 从波动性观点看，电子密集的地方波的强度大. 所以电子在某处出现的概率和该处物质波的强度成正比. 或者说，与该处波函数振幅的平方成正比. 电子是如此，其他微观粒子也是如此. 从这个意义上说，**物质波是一种概率波**.

根据复数运算法则，$|\Psi|^2=\Psi\cdot\Psi^*=\psi_0^2$，其中 Ψ^* 是 Ψ 的共轭复数. 于是可进一步得出结论：**一个微观粒子在某处出现的概率正比于该处波函数绝对值的平方**.

考虑空间 $x\sim x+\mathrm{d}x, y\sim y+\mathrm{d}y, z\sim z+\mathrm{d}z$ 小区域，波函数 Ψ 可视为不变，因而粒子在区域 $\mathrm{d}V=\mathrm{d}x\mathrm{d}y\mathrm{d}z$ 内出现的概率 $\mathrm{d}W$ 与 $|\Psi(x,y,z,t)|^2$ 成正比，若取比例系数为 1，则粒子出现在该区域内的概率为

$$\mathrm{d}W=|\Psi(x,y,z,t)|^2\mathrm{d}V$$

显然 $\mathrm{d}W/\mathrm{d}V$ 是单位体积内的概率，称为**概率密度**，则由上式可以看出波函数 $\Psi(x,y,z,t)$ 的物理意义：**波函数模的平方** $|\Psi(x,y,z,t)|^2$ **表示某时刻** t **在空间点** (x, y, z) **附近单位体积内粒子出现的概率**. 即 $|\Psi|^2$ 表示概率密度.

不难看出，与机械波、电磁波有质的不同，物质波的波函数本身并没有直接的物理含义，它并不代表任何可观测的物理量，而且也不能通过实验直接测出 Ψ 的量值，但是其模的平方 $|\Psi|^2$ 有实际的意义. 只要知道了 Ψ 的具体形式，就可求出粒子的概率分布，因此，物质波是一种概率波.

3. 波函数的归一化条件和标准条件

由于 $|\Psi|^2$ 表示的是某时刻在空间某处附近单位体积内粒子出现的概率，所以波函数必须满足一些条件.

首先，任一时刻，粒子必定在整个空间的某一点出现，它不是在这里出现，就是在那里出现，所以概率总和为 1，即

$$\int_V |\Psi|^2\mathrm{d}V=1 \tag{20.34}$$

式中的积分对整个空间进行. 对波函数的这一要求，称为波函数的**归一化条件**.

其次，在任一时刻，任一区域内粒子出现的概率只能是单一的，并且概率是

连续分布的,不会在某处突变,也不能在某处变为无穷大.因此波函数必须满足单值、有限、连续的条件.这些条件称为波函数的**标准条件**.

例 20.7 作一维运动的粒子被束缚在 $0<x<a$ 的范围内.已知其波函数为

$$\Psi(x)=A\sin\frac{\pi x}{a}$$

试求:(1)常量 A;(2)粒子在 0 到 $a/2$ 区域内出现的概率;(3)粒子出现的概率最大的位置.

解 (1)由归一化条件

$$\int_0^{\infty}\Psi\Psi^*\,\mathrm{d}x=A^2\int_0^a\sin^2\frac{\pi x}{a}\mathrm{d}x=1$$

有 $A^2\cdot a/2=1$,于是得到常量 $A=\sqrt{2/a}$.

(2) 粒子的概率密度为

$$|\Psi(x)|^2=\frac{2}{a}\sin^2\frac{\pi x}{a}$$

在 $0<x<a/2$ 的区域内,粒子出现的概率为

$$\int_0^{\frac{a}{2}}|\Psi(x)|^2\mathrm{d}x=\frac{2}{a}\int_0^{\frac{a}{2}}\sin^2\frac{\pi x}{a}\mathrm{d}x=\frac{1}{2}$$

(3) 概率最大的位置应满足

$$\frac{\mathrm{d}\,|\Psi(x)|^2}{\mathrm{d}x}=\frac{2\pi}{a^2}\sin\frac{2\pi x}{a}=0$$

且

$$\frac{\mathrm{d}^2\,|\Psi(x)|^2}{\mathrm{d}x^2}=\frac{4\pi^2 x}{a^3}\cos\frac{2\pi x}{a}<0$$

则有

$$\frac{2\pi x}{a}=k\pi,\quad k=\pm1,\pm3,\cdots$$

因为 $0<x<a$,故得 $x=a/2$,即此处粒子出现的概率最大.

20.5.5 态叠加原理

与微观粒子相联系的物质波可以用波函数来描述,知道了波函数,就可以得到粒子出现在空间某处的概率密度,相应地也就可以确定粒子所有力学量取值的概率密度,因此可以说波函数描述了粒子的量子状态(量子态),所以波函数又被称为量子态函数,简称态函数.源于波函数的叠加性质,可以得到**态叠加原理**:在一般情况下,如果波函数 $\Psi_1,\Psi_2,\cdots,\Psi_n$ 都是体系的可能量子态,那么它们的线性叠加态

$$\Psi=c_1\Psi_1+c_2\Psi_2+\cdots+c_n\Psi_n$$

也是这个体系的一个可能的量子态,式中 $c_1,c_2,\cdots,c_n$ 为复数.这是量子力学的基本原理之一.

为了理解态叠加原理的深刻含义,我们对电子双缝衍射实验的结果进行

分析. 设双缝由狭缝 1 和狭缝 2 组成，先遮盖缝 2，电子穿过缝 1 到达照相底片上任一点 P 的状态为 Ψ_1；再遮盖缝 1，电子穿过缝 2 到达照相底片上 P 点的状态为 Ψ_2. 当双缝同时打开时，每个电子都可能以一定的概率穿过其中一个缝，即电子既可能处在 Ψ_1 态，也可能处在 Ψ_2 态，因此双缝同时打开时，电子的状态可以用它们的线性叠加态来表示. 由此可以得到电子在底片上 P 点出现的概率密度为

$$
\begin{aligned}
|\Psi|^2 &= |c_1\Psi_1 + c_2\Psi_2|^2 \\
&= (c_1^*\Psi_1^* + c_2^*\Psi_2^*)(c_1\Psi_1 + c_2\Psi_2) \\
&= |c_1\Psi_1|^2 + |c_2\Psi_2|^2 + c_1^*c_2\Psi_1^*\Psi_2 + c_1c_2^*\Psi_1\Psi_2^*
\end{aligned}
$$

上式表明，电子穿过双缝到达底片上任一点的概率密度 $|\Psi|^2$ 一般不等于电子只穿过缝 1 或缝 2 到达底片上该点的概率密度 $|c_1\Psi_1|^2$ 与 $|c_2\Psi_2|^2$ 之和，还要加上后面的相干项. 正是由于相干项的作用，才出现了干涉图样，这与实验结果非常吻合.

必须指出，量子力学和经典力学中波的叠加性有着本质的区别. 在量子力学中波的叠加性是指态的叠加性. 可以看出，态叠加原理是“波函数可以完全描述一个体系的量子态”与“波的叠加性”这两个概念的概括.

20.6　不确定关系

微观粒子具有波粒二象性，表明它与经典粒子有不同的属性，用于描述经典粒子运动的概念一般不适用于描述微观粒子的运动. 例如，在经典力学中，质点的运动都沿着一定的轨道，在任意时刻都有完全确定的位置和动量. 然而对于微观粒子来说，由于它具有明显的波动性，因而不可能在同一时刻准确地确定其位置和动量，或者说，微观粒子的位置和动量不可能同时具有确定的量值. 后面还将提到时间和能量也无法同时确定. 这被称为**不确定关系**.

我们以电子单缝衍射为例，讨论位置和动量的不确定关系. 如图 20.16所示，设有一束电子沿 Oy 轴射向 AB 屏上缝宽为 a 的狭缝，通过狭缝衍射后，在照相底板 CD 上可以观察到类似于光的单缝衍射的衍射图样. 当一个电子通过狭缝时，它可以从缝上任意一点通过，因此很难确切地回答电子在通过狭缝的瞬时其位置坐标 x 为多少，只能确定电子的坐标在 $\Delta x = a$ 的范围内. 其中 Δx 称为电子在 x 方向位置的不确定量. 显然，电子通过狭缝的瞬时，它在 Ox 方向上的位置可以准确到缝的宽度. 由于电子波的衍射，不能确切

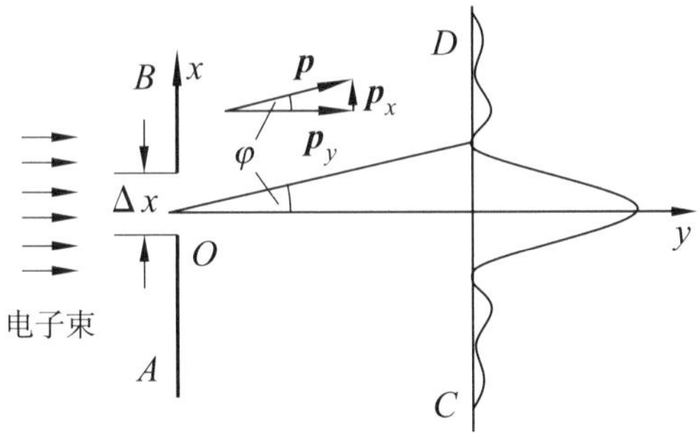

图 20.16

地知道电子将落到照相底板上的哪一点,但从底板 CD 上电子强度的分布看,可以认为电子落在中央明纹范围内较多,落在其他区域的电子很少.

我们对先落在一级极小(暗纹)范围以内的电子进行估算.设通过狭缝后电子的动量为 $\boldsymbol{p}$,则其在 Ox 轴上的分量为 $p_x = p\sin\varphi$.由此可见,落在中央明纹范围内的电子,其 p_x 值只能介于 0 与 $p\sin\varphi$ 之间,即

$$0 \leqslant p_x \leqslant p\sin\varphi$$

因此,电子在 Ox 方向动量分量 p_x 的不确定量为

$$\Delta p_x = p\sin\varphi \tag{20.35}$$

根据单缝衍射暗纹条件 $a\sin\varphi = k\lambda$,对第一级极小,有

$$\sin\varphi = \frac{\lambda}{a} = \frac{\lambda}{\Delta x} \tag{20.36}$$

用电子的德布罗意波长 $\lambda = h/p$ 代入,并联立式(20.35)和式(20.36),得到

$$\Delta x \cdot \Delta p_x = h$$

若将次级衍射考虑在内,有 $\sin\varphi > \lambda/a$,则 p_x 的不确定量为

$$\Delta p_x = p\sin\varphi > p\,\frac{\lambda}{a} = \frac{h}{\Delta x}$$

由此得到

$$\Delta x \cdot \Delta p_x \geqslant h$$

上式是借助于单缝衍射特例估算得到的结果.德国物理学家海森伯(W. Heisenberg)根据量子力学给出的一般关系为

$$\Delta x \cdot \Delta p_x \geqslant \frac{\hbar}{2} \tag{20.37}$$

上式称为**海森伯不确定关系**.海森伯是量子力学的主要创立者之一.由于在不确定关系方面的重大贡献,海森伯荣获 1932 年诺贝尔物理学奖.

不确定关系表明,粒子的位置和动量不可能同时被确定,粒子在某一方向的坐标测得越准确,则该方向上动量的不确定程度就越大.如电子单缝衍射实验,缝越窄,电子在照相底片上的分布就越宽.可见,对于具有波粒二象性的微观粒子,不可能用某一时刻的位置和动量描述其运动状态,轨道的概念已失去意义,经典力学规律已不再适用.

值得指出,不确定关系不仅存在于坐标和动量之间,能量和时间之间也有类似的不确定关系.即能量的不确定量 ΔE 和时间的不确定量 Δt 之间有

$$\Delta E \cdot \Delta t \geqslant \frac{\hbar}{2} \tag{20.38}$$

将其应用于原子系统可以解释原子受激态的**能级宽度** ΔE 和原子处于受激态的**平均寿命** Δt 之间的关系.原子通常处于能量最低的基态,在受到激发后将跃迁到各个能量较高的受激态,任何受激态都是不稳定的,停留一段时间又自发跃迁进入能量较低的定态.大量同类原子在同一高能级上停留时间长短不一,但平均停留时间为一定值,称为该能级的平均寿命.根据能量和时间不确定关系,平均寿命 Δt 越长的能级越稳定,能级宽度 ΔE 则越小,即能量越确定,因此基态能级的能量最确定.由于能级有一定宽度,两个能级间跃迁所产生的光谱

线也有一定宽度. 显然受激态的平均寿命越长，能级宽度越小，跃迁到基态所发射的光谱线的单色性也就越好. 原子中受激态的平均寿命通常为 $10^{-7}\sim10^{-9}$ s 数量级. 若 $\Delta t=10^{-8}$ s，则可算得能级宽度 $\Delta E=10^{-8}$ eV.

不确定关系是波粒二象性的必然反映，是由微观粒子的本性决定的，与测量仪器的精密度无关，也不是测量误差. 由于 h 是一个极为微小的常量，所以在宏观现象中，不确定关系并不给出有价值的结果，这也说明 h 可作为衡量量子效应是否显著的标尺.

不确定关系式是物理学中一个重要的基本规律，在微观世界的各个领域中有很广泛的应用. 需要说明的是，该式常用作数量级估算，有时也写成 $\Delta x\cdot\Delta p_x\geqslant\hbar$ 或 $\Delta x\cdot\Delta p_x\geqslant h$ 等形式.

例 20.8　设一个电子和一个质量为 10 g 的子弹速度均为 500 m·s^{-1}，速度的不确定量是速度的 0.01%. 求它们坐标的不确定量.

解　由不确定关系

$$\Delta x\cdot\Delta p_x=\Delta x\cdot m\Delta v\geqslant\frac{\hbar}{2}$$

可得

$$\Delta x\geqslant\frac{\hbar}{2m\cdot\Delta v}=\frac{1.055\times10^{-34}\ \mathrm{J\cdot s}}{2\times500\times0.01\%\ \mathrm{m\cdot s^{-1}}}\cdot\frac{1}{m}$$

对于电子，$m=9.11\times10^{-31}$ kg，得 $\Delta x\geqslant1.16\times10^{-3}$ m.

对于子弹，$m=0.01$ kg，得 $\Delta x\geqslant1.05\times10^{-31}$ m.

显然，电子坐标的不确定量比原子的线度 10^{-8} m 大得多，但子弹的坐标不确定量实在太小，即使用当今最精密的仪器也无法测出，因而不必考虑其波动性.

例 20.9　设一束光的波长为 500 nm，其波长不确定量为 2×10^{-8} nm，求光子的坐标不确定量.

解　由 $p=h/\lambda$ 可得光子动量的不确定量为

$$\Delta p=\frac{h}{\lambda^2}\Delta\lambda$$

因而有

$$\Delta x\geqslant\frac{\hbar}{2\Delta p}=\frac{\lambda^2}{4\pi\Delta\lambda}=\frac{(500\ \mathrm{nm})^2}{4\times3.14\times2\times10^{-8}\ \mathrm{nm}}=995\ \mathrm{m}$$

可见，光的单色性越好，即 $\Delta\lambda$ 越小，则光子的坐标不确定量就越大.

20.7　薛定谔方程

在经典力学中，如果已知宏观粒子的受力情况，就可由牛顿运动方程加上初始条件确定它的运动状态. 然而对于微观粒子来说，因为具有波粒二象性，其位置和动量无法同时确定. 只能用波函数 $\Psi(\boldsymbol{r},t)$来描述其状态. 但是 $\Psi(\boldsymbol{r},t)$ 满足什么样的方程呢？1926 年，薛定谔建立了描述微观粒子在外力场中运动的非相对论性微分方程，也就是物质波波函数 $\Psi(\boldsymbol{r},t)$ 所满足的方程，称为薛定谔方程.它在量子力学中的地位与牛顿运动方程在经典力学中的地位相当.薛定谔方程可以看成是量子力学的一个基本假设,因为它无法从更基本的原理经过逻辑推理得到,它的正确性只能靠实践来检验.

20.7.1 定态薛定谔方程

式(20.33)给出了具有能量 E 和动量 $\boldsymbol{p}$ 的自由粒子波函数.将之对时间做偏微分可得

$$\mathrm{i}\hbar\frac{\partial}{\partial t}\Psi = E\Psi$$

对坐标求二次偏微分可得

$$\frac{\partial^2\Psi}{\partial x^2}=-\frac{p_x^2}{\hbar^2}\Psi,\quad \frac{\partial^2\Psi}{\partial y^2}=-\frac{p_y^2}{\hbar^2}\Psi,\quad \frac{\partial^2\Psi}{\partial z^2}=-\frac{p_z^2}{\hbar^2}\Psi$$

即

$$\left(\frac{\partial^2}{\partial x^2}+\frac{\partial^2}{\partial y^2}+\frac{\partial^2}{\partial z^2}\right)\Psi = \nabla^2\Psi=-\frac{p^2}{\hbar^2}\Psi$$

式中,$\nabla^2=\left(\frac{\partial^2}{\partial x^2}+\frac{\partial^2}{\partial y^2}+\frac{\partial^2}{\partial z^2}\right)$ 为拉普拉斯算符.

考虑到自由粒子的能量和动量之间的关系为

$$E=\frac{p^2}{2m}$$

由以上等式,可得自由粒子波函数所满足的偏微分方程为

$$\mathrm{i}\hbar\frac{\partial}{\partial t}\Psi = E\Psi = \frac{p^2}{2m}\Psi=-\frac{\hbar^2}{2m}\nabla^2\Psi$$

该式表示自由粒子波函数随时间的演化规律,称为自由粒子的薛定谔方程.

一般情况下,质量为 m 的粒子在外力场中运动时,其势能 V 可能是空间坐标和时间的函数,即 $V=V(\boldsymbol{r},t)$.此时粒子能量 $E=\frac{p^2}{2m}+V(\boldsymbol{r},t)$,波函数 Ψ 所满足的方程可写为

$$\left[-\frac{\hbar^2}{2m}\left(\frac{\partial^2}{\partial x^2}+\frac{\partial^2}{\partial y^2}+\frac{\partial^2}{\partial z^2}\right)+V(\boldsymbol{r},t)\right]\Psi(\boldsymbol{r},t)=\mathrm{i}\hbar\frac{\partial\Psi(\boldsymbol{r},t)}{\partial t}$$

或写成

$$\left[-\frac{\hbar^2}{2m}\nabla^2+V(\boldsymbol{r},t)\right]\Psi(\boldsymbol{r},t)=\mathrm{i}\hbar\frac{\partial\Psi(\boldsymbol{r},t)}{\partial t}\tag{20.39}$$

方程(20.39)是一个关于 $\boldsymbol{r}$ 和 t 的线性偏微分方程,具有一般线性波动方程的形式.称为**薛定谔波动方程**,简称**薛定谔方程**.

本书不对薛定谔方程进行深入的讨论.一类比较简单的问题是粒子在不随时间变化的稳定力场中运动,在这种情况下,势能函数 V 与时间无关,$V=V(\boldsymbol{r})$,粒子的能量(动能 $p^2/2m$ 与势能 V 之和)是一个不随时间变化的常量.这时粒子处于定态,描述定态的波函数称为**定态波函数**.利用分离变量法,可将定态波函数 $\Psi(\boldsymbol{r},t)$写成空间坐标函数 $\psi(\boldsymbol{r})$和时间函数 $f(t)$的乘积,即

$$\Psi(\boldsymbol{r},t)=\psi(\boldsymbol{r})f(t)\tag{20.40}$$

将上式代入式(20.39)，整理后可得

$$\frac{\mathrm{i}\hbar}{f(t)}\cdot\frac{\mathrm{d}f(t)}{\mathrm{d}t}=\frac{1}{\psi(\boldsymbol{r})}\left[-\frac{\hbar^2}{2m}\nabla^2\psi(\boldsymbol{r})+V(r)\psi(\boldsymbol{r})\right]\tag{20.41}$$

上式左端为时间 t 的函数，右端为空间坐标 $\boldsymbol{r}$ 的函数，显然，它们必须都等于同一个与坐标和时间都无关的常量.设此常量为 E，则可将式(20.41)分为两个方程，其中

$$\frac{\mathrm{i}\hbar}{f(t)}\cdot\frac{\mathrm{d}f(t)}{\mathrm{d}t}=E$$

可得

$$f(t)=C\mathrm{e}^{-\frac{\mathrm{i}}{\hbar}Et}$$

式中 C 为待定常量，可并入 $\psi(\boldsymbol{r})$ 中，于是，式(20.40)可写成

$$\Psi(\boldsymbol{r},t)=\psi(\boldsymbol{r})\mathrm{e}^{-\frac{\mathrm{i}}{\hbar}Et}\tag{20.42}$$

对上式指数中各量的量纲进行分析，由于指数只能是量纲为 1 的量，因此 E 必为能量.

不难看出，粒子处于定态时，它在空间各点出现的概率密度与时间无关，即

$$|\Psi(\boldsymbol{r},t)|^2=|\psi(\boldsymbol{r})|^2$$

即概率密度在空间形成稳定分布.定态波函数 $\Psi(\boldsymbol{r},t)$的空间部分 $\psi(\boldsymbol{r})$也叫做波函数.

令式(20.41)的右端等于 E，即得 $\psi(\boldsymbol{r})$所满足的方程

$$\nabla^2\psi(\boldsymbol{r})+\frac{2m}{\hbar^2}(E-V)\psi(\boldsymbol{r})=0\tag{20.43a}$$

方程(20.43a)称为**定态薛定谔方程**，也称不含时间的薛定谔方程.

如果粒子在一维空间运动，方程(20.43a)简化为

$$\frac{\mathrm{d}^2\psi(x)}{\mathrm{d}x^2}+\frac{2m}{\hbar^2}(E-V)\psi(x)=0\tag{20.43b}$$

方程(20.43b)称为一维定态薛定谔方程.

由薛定谔方程加上标准条件和归一化条件，一般可以解出波函数的具体形式.薛定谔在德布罗意的思想基础上创立了量子力学两大形式之一的波动力学，并因此荣获 1933 年的诺贝尔物理学奖.

20.7.2　一维无限深势阱

我们以一维无限深势阱为例，了解用定态薛定谔方程处理问题的一般步骤.

设质量为 m 的粒子在保守力场(势场)的作用下被限制在一定范围内作一维运动，其势能函数为

$$V(x)=\begin{cases}0 & (0<x<a)\\ \infty & (x\leqslant 0,x\geqslant a)\end{cases}$$

这种势能函数的曲线如图 20.17 所示，它很像一个无限深的井，所以称为一维无限深势阱.显然，这是一个理想模型.

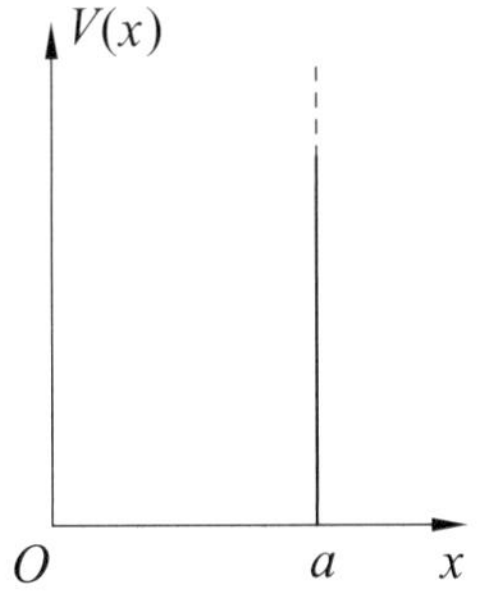

图 20.17

根据保守力与势能的关系,粒子所受保守力为

$$F=-\frac{\mathrm{d}V(x)}{\mathrm{d}x}$$

在阱内,$V=0$ 保持不变,故粒子不受力.在边界 $x=0$ 和$x=a$ 处,势能突然增大到无限,因而粒子受到无限大的、指向阱内的力,意味着阱内的粒子不可能越出阱外.

我们知道,金属内部的电子可以看作自由电子,当它逸出金属表面时,必须克服正电荷的引力而做功,这相当于在金属表面处势能突然增大.因此,自由电子在金属内的运动可近似比作自由粒子在无限深势阱中的运动.

因粒子不能到达阱外,所以粒子在 $x\leqslant 0$ 和 $x\geqslant a$ 的阱外的波函数为零,我们只需讨论粒子在阱内的波函数.

由于阱内 $V=0$,根据式(20.43b)写出一维定态薛定谔方程为

$$\frac{\mathrm{d}^2\psi(x)}{\mathrm{d}x^2}+\frac{2m}{\hbar^2}E\psi(x)=0$$

令 $k^2=\frac{2m}{\hbar^2}E$,则有

$$\frac{\mathrm{d}^2\psi(x)}{\mathrm{d}x^2}+k^2\psi(x)=0$$

这是熟知的简谐运动微分方程,其通解为

$$\psi(x)=A\cos kx+B\sin kx \tag{20.44}$$

式中 A、B 是由边界条件决定的常量.因阱外 $\psi=0$,按波函数连续性要求,在边界 $x=0$ 和 $x=a$ 处,有 $\psi(0)=\psi(a)=0$.由式(20.44)得到

$$\psi(0)=A=0,\quad \psi(a)=B\sin ka=0$$

显然 $B\neq 0$,$k\neq 0$,否则 $\psi(x)\equiv 0$,意味着阱中无粒子,没有意义.由 $\sin ka=0$ 可得

$$k=\frac{n\pi}{a},\quad n=1,2,3,\cdots$$

代入式(20.44),得

$$\psi(x)=B\sin\frac{n\pi}{a}x\quad(0<x<a)$$

由波函数归一化条件,有

$$\int_{-\infty}^{+\infty}|\psi(x)|^2\mathrm{d}x=\int_0^a B^2\sin^2\left(\frac{n\pi}{a}x\right)\mathrm{d}x=\frac{1}{2}aB^2=1$$

得 $B=\sqrt{2/a}$.因此粒子在阱内运动的归一化波函数为

$$\psi_n(x)=\sqrt{\frac{2}{a}}\sin\frac{n\pi}{a}x \tag{20.45}$$

需要指出,n 取负值并不能给出新解,即 $\psi_{-n}(x)$与 $\psi_n(x)$所给出的概率是一样的.

通过以上分析,可以看出粒子在一维无限深势阱中运动时具有如下特征:

(1) 粒子的能量是量子化的.

由 $k^2=\frac{2m}{\hbar^2}E$ 和 $k=\frac{n\pi}{a}$,得到粒子在阱内的能量为

$$E_n = \frac{k^2\hbar^2}{2m} = n^2\frac{\pi^2\hbar^2}{2ma^2}, \quad n = 1,2,3,\cdots \tag{20.46}$$

可见，粒子的能量只能取分立值，这表明能量是量子化的. n 是**主量子数**，每一个可能的能量值称为一个能级. $n=1$ 时，$E_1=\frac{\pi^2\hbar^2}{2ma^2}$为基态能，这时粒子处于能量最低状态. **基态能不为零**，表明束缚在势阱中的粒子不可能静止. 这也是不确定关系所要求的，因为 Δx 有限，Δp_x 不可能为零，粒子动能也不能为零. 图 20.18 中画出了 5 个能级的 ψ_n 及$|\psi_n|^2$.

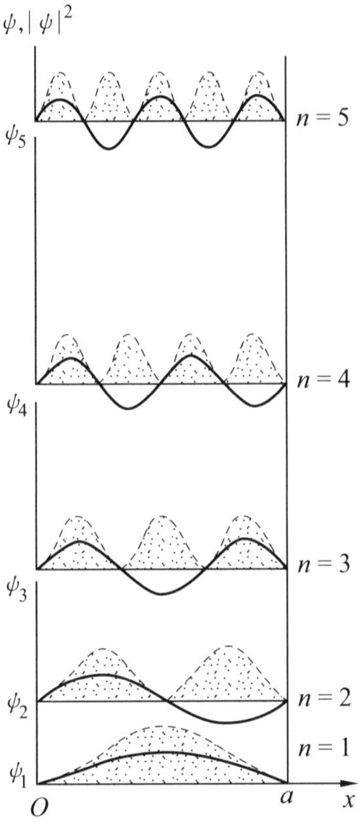

图 20.18

(2) 粒子在阱内各处出现的概率不同.

根据经典观念，既然粒子在阱内不受力，那么它出现在 $0<x<a$ 范围内各点的概率应相同. 但这种观念不适用于微观粒子的运动. 由式(20.45)，粒子在各处出现的概率密度为

$$|\psi_n(x)|^2 = \frac{2}{a}\sin^2\left(\frac{n\pi}{a}x\right)$$

表明概率密度随 x 改变. 图 20.18 中，实曲线表示波函数 $\psi_n(x)$与 x 的关系，虚曲线则表示概率密度$|\psi_n|^2$ 与 x 的关系. $|\psi_n|^2$-x 曲线上极大值所对应的坐标 x 就是粒子出现概率最大的地方.

(3) 驻波形式的解.

完整的定态波函数 $\Psi(\boldsymbol{r}, t)$是空间坐标函数和时间函数的乘积，即

$$\Psi(x,t) = \sqrt{\frac{2}{a}}\sin kx\,\mathrm{e}^{-\frac{\mathrm{i}}{\hbar}Et} = \frac{1}{2\mathrm{i}}\sqrt{\frac{2}{a}}\left[\mathrm{e}^{-\frac{\mathrm{i}}{\hbar}(Et-Px)} - \mathrm{e}^{-\frac{\mathrm{i}}{\hbar}(Et+Px)}\right]$$

不难看出，束缚在无限深势阱中粒子的定态波函数具有驻波的形式，可以认为是由传播方向相反的两列相干的德布罗意波叠加而成. 波长应满足驻波条件，即

$$a = n\frac{\lambda_n}{2}, \quad n = 1,2,3,\cdots$$

若从驻波条件出发，利用德布罗意关系式，则可直接得到能量量子化公式，读者不妨一试.

20.7.3 势垒 隧道效应

图 20.19 中的势能曲线称为势垒，其势能 $V=V_0$ 的区域有一定宽度. 对于总能量 $E<V_0$ 并且原来处在 $x<0$ 区域的粒子，按经典力学观点，它不可能越过 $V=V_0$ 的势垒区，而将被全部弹回，但量子力学却证明，即使在这种情况下，

隧道效应

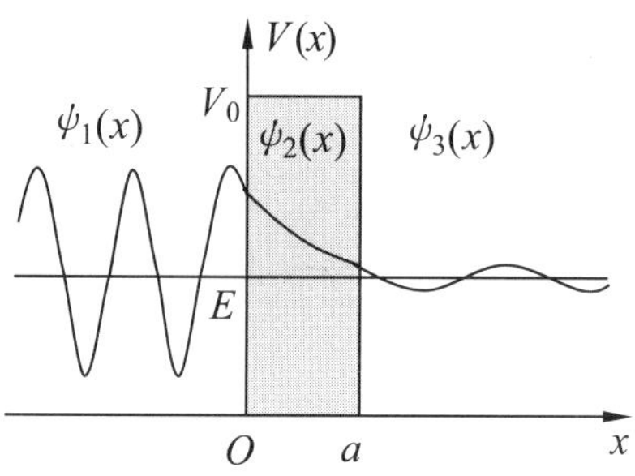

图 20.19

波函数$\psi(x)$在 $x>a$ 的势垒外侧也有一定的值,表明原来在 $x<0$ 区域的能量小于 V_0 的粒子有可能穿过势垒进入势垒外侧.这种现象称为**隧道效应**,并已被许多实验所证实.势垒的高度 V_0 超过粒子的能量 E 越多,粒子穿透势垒的概率越小,势垒越厚,粒子穿透的概率也越小.隧道效应在固体物理、放射性衰变以及高新技术等领域都有重要的应用.

1981 年,德国的物理学家宾尼希(G. Binnig)和瑞士物理学家罗雷尔(H. Rohrer)利用电子的隧道效应制成了扫描隧道显微镜(STM).现在利用 STM 能给出晶体表面的三维图像,可以观察到单个原子在物质表面的排列及行为,这对表面科学、纳米材料以及生命科学的研究有重要的意义.宾尼希和罗雷尔因此贡献获得 1986 年诺贝尔物理学奖.

20.7.4 谐振子

在量子力学中,谐振子是一个十分重要的物理模型.受到微小扰动的体系,也就是任何一个在稳定平衡点附近的体系,都可以近似地看成是谐振子系统,如分子的振动、晶格振动、原子核表面振动等.

如果在一维空间中运动的粒子的势能为

$$V=\frac{1}{2}kx^2=\frac{1}{2}m\omega^2x^2$$

其中 $\omega=\sqrt{\frac{k}{m}}$ 是一常量,则这种体系称为线性谐振子或一维谐振子.式中 x 是振子离开平衡位置的位移.在经典物理中,谐振子做简谐运动,其运动方程为 $x=A\cos(\omega t+\varphi)$,其中 A 为振幅,φ 为初相位.

在量子力学中的一维谐振子的运动,可以通过求解薛定谔方程来获得谐振子的能量及其波函数.此时定态薛定谔方程可表示为

$$\frac{\mathrm{d}^2\psi(x)}{\mathrm{d}x^2}+\frac{2m}{\hbar^2}\left(E-\frac{1}{2}m\omega^2x^2\right)\psi(x)=0$$

略去该式求解过程,根据数学推导可知,仅当式中的能量 E 满足

$$E_n=\left(n+\frac{1}{2}\right)\hbar\omega,\quad n=0,1,2,\cdots$$

时,相应的波函数才满足单值、有限、连续条件,其中 n 称为量子数.

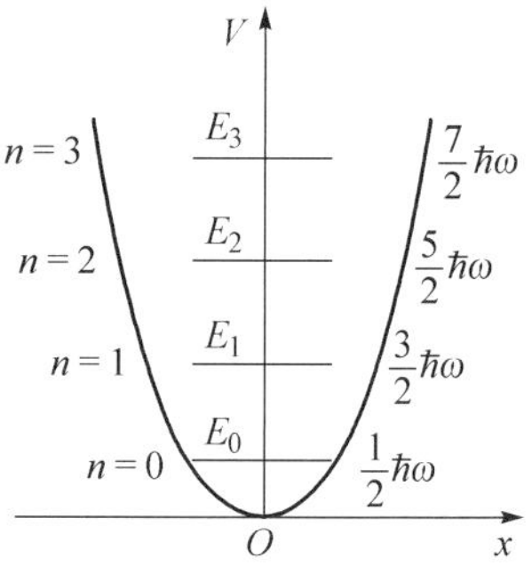

图 20.20

由此可见,从量子力学的观点来看,线性谐振子的能量,并不像经典力学中那样可以取任意的、连续变化的数值,它只能是一些分立的、不连续的量值,且两相邻能级间的间隔均为 $\hbar\omega$,也就是说谐振子能量是量子化的.如图 20.20 所

示. 这一点和普朗克在推导黑体辐射公式时所提出的假设是一致的. 但和普朗克假设不一致的是,谐振子的基态$n=0$,对应的能量为 $\frac{1}{2}\hbar\omega$,称为零点能. 零点能并不为零.

这个和早期量子理论不同的结论,实际上是微观粒子波动性的本质表现,零点能的存在已为光的散射实验所证实. 光被晶体散射是由于晶体中原子的振动. 按照量子力学早期理论,当温度趋向绝对零度时,原子能量趋近于零,原子趋于静止,这时应该不会引起光的散射. 实验证明,当温度趋于绝对零度时,散射光的强度趋向某一不为零的极限值. 这说明即使在绝对零度,原子仍有零点振动. 此外,引起表面张力、吸附作用等现象的分子间的范德瓦耳斯力,也只有用零点能才能得到较好的解释.

20.8　氢　原　子

氢原子是最简单的原子,核外只有一个电子绕核运动. 通过对氢原子量子特性的讨论,能使我们对原子世界有一个较为清晰的图像.

20.8.1　氢原子的量子特性

在氢原子中,电子受原子核的库仑电场作用,电场的势能函数为

$$V(r)=-\frac{e^2}{4\pi\varepsilon_0 r}$$

式中 r 是电子到核的距离. 取核为坐标原点,则由式(20.43a),电子在核外运动的定态薛定谔方程为

$$\frac{\partial^2\psi}{\partial x^2}+\frac{\partial^2\psi}{\partial y^2}+\frac{\partial^2\psi}{\partial z^2}+\frac{2m}{\hbar^2}\left(E+\frac{e^2}{4\pi\varepsilon_0 r}\right)\psi=0$$

因为势能函数 $V(r)$球对称,所以用球坐标系比较方便. 应用分离变量法,设波函数 $\psi(r,\theta,\varphi)=R(r)\Theta(\theta)\Phi(\varphi)$,代入球坐标形式的定态薛定谔方程,考虑波函数必须满足单值、有限、连续的条件以及归一化条件,分别解出 $R(r)$、$\Theta(\theta)$、$\Phi(\varphi)$,并得到可以表征电子状态的三个量子数(n,l,m_l). 这里略去了复杂的求解过程和波函数的具体形式,仅对一些重要结果进行讨论.

1. 能量量子化

求解薛定谔方程. 得到氢原子的能量只能是

$$E_n=-\frac{me^4}{(4\pi\varepsilon_0)^2 2\hbar^2}\cdot\frac{1}{n^2},\quad n=1,2,3,\cdots \tag{20.47a}$$

因$\frac{me^4}{(4\pi\varepsilon_0)^2 2\hbar^2}=13.6\ \text{eV}$, 所以可将上式简写成

$$E_n=-\frac{13.6}{n^2}\ \text{eV},\quad n=1,2,3,\cdots \tag{20.47b}$$

式中 n 称为**主量子数**. 可见氢原子的能量只能取分立值,即能量是量子化的.

2. 角动量量子化

在解得的结果中,电子绕核运动的角动量大小为

$$L = \sqrt{l(l+1)}\,\hbar,\quad l = 0,1,2,\cdots,n-1 \tag{20.48}$$

式中 l 称为**副量子数**或**角量子数**.可见氢原子角动量的大小也是量子化的.

处于能级 E_n 的原子,其角动量共有 n 种可能值,即 $l=0,1,2,\cdots,n-1$.在量子力学中一般用小写字母 s,p,d,…表示角动量状态,如表 20.2 所示.

表 20.2 角动量和角量子数

	s	p	d	f	g	h
l	0	1	2	3	4	5
L	0	$\sqrt{2}\hbar$	$\sqrt{6}\hbar$	$\sqrt{12}\hbar$	$\sqrt{20}\hbar$	$\sqrt{30}\hbar$

通常还用主量子数和代表副量子数的字母一起表示原子的状态.例如 1s 表示氢原子的基态($n=1,l=0$),其能量为 $E_1=-13.6$ eV,角动量 $L=0$;2p 表示氢原子处于第一激发态($n=2,l=1$),其能量是 $E_2=-3.40$ eV,角动量 $L=\sqrt{2}\hbar$,等等.

3.角动量空间量子化

求解结果表明,氢原子中电子绕核运动的角动量不仅大小只能取分立值,其方向也有一定的限制.取空间某一特定方向(如外磁场 $\boldsymbol{B}$ 的方向)为 z 轴,则角动量 $\boldsymbol{L}$ 在这个方向上的投影 L_z 只能是

$$L_z = m_l\hbar,\ m_l = 0,\pm 1,\pm 2,\cdots,\pm l \tag{20.49}$$

m_l 称为**磁量子数**.角动量的这种取向特性叫做角动量空间量子化.

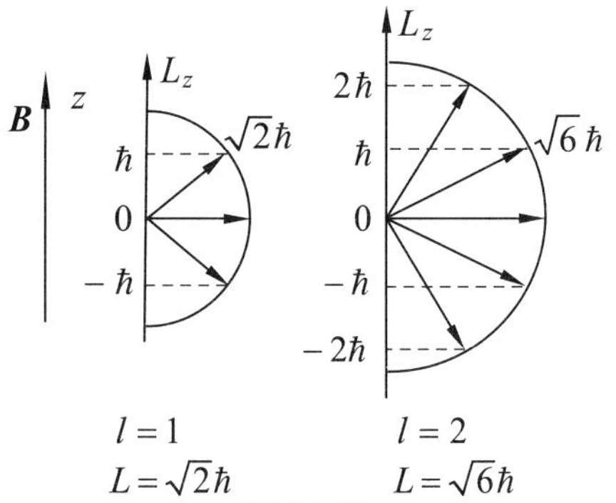

图 20.21

对一定大小的角动量,m_l 可取 $0,\pm 1,\cdots,\pm l$,共 $2l+1$ 种可能值.对每一个 m_l,角动量 $\boldsymbol{L}$ 与 z 轴的夹角 θ 应满足

$$\cos\theta = \frac{L_z}{L} = \frac{m_l}{\sqrt{l(l+1)}} \tag{20.50}$$

图 20.21 是 $l=1$ 和 $l=2$ 时角动量可能的空间取向示意图.

例 20.10 设氢原子处于 2p 态,求氢原子的能量、角动量大小以及角动量的空间取向.

解 2p 态表示 $n=2$,$l=1$.氢原子的能量由式(20.47b)得

$$E_2 = -\frac{13.6}{2^2}\ \text{eV} = -3.40\ \text{eV}$$

角动量的大小为

$$L = \sqrt{l(l+1)}\,\hbar = \sqrt{2}\,\hbar$$

当 $l=1$ 时,m_l 的可能值是 $1,0,-1$,所以角动量与外磁场方向的夹角的可能值为

$$\theta = \arccos \frac{m_l}{\sqrt{l(l+1)}} = \begin{cases} \dfrac{\pi}{4} \\ \dfrac{\pi}{2} \\ \dfrac{3\pi}{4} \end{cases}$$

4. 电子的概率分布

根据波函数的统计诠释，在得到定态波函数 $\Psi_{nlm_l}(r,\theta,\varphi)$ 之后，就可以求得该量子态电子出现在核外空间的概率密度 $|\Psi_{nlm_l}(r,\theta,\varphi)|^2$. 可见，电子在核外不是按一定的轨道运动的. 量子力学不能断言电子一定出现在核外某处，只能给出电子在核外各处出现的概率. 为了形象地描述电子的空间分布规律，通常将概率大的区域用较密集的点，将概率小的区域用较稀疏的点表示出来，如同天空中的星云一样，称之为电子云图. 图 20.22(a) 是氢原子在 (1,0,0)、(2,0,0)、(2,1,0)、(2,1,±1) 量子态下的电子云图. 可以看出，$l=0$ 的态，电子云分布具有球对称性.

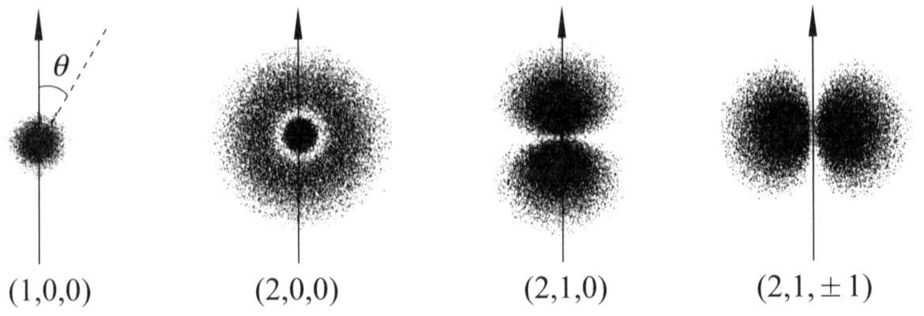

(a)

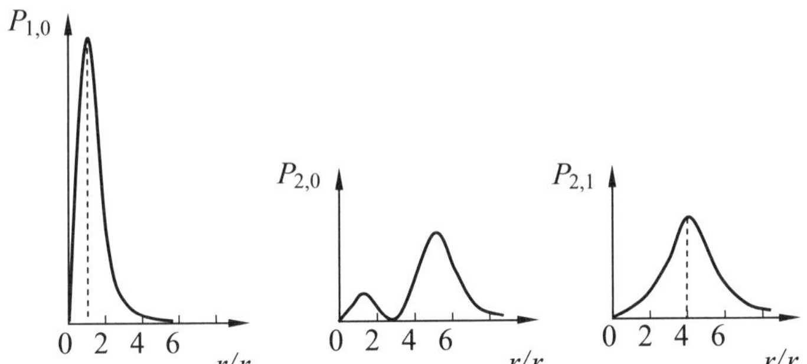

(b)

图 20.22

我们还可利用径向波函数 $R(r)$ 求出氢原子核外电子概率的径向分布. 通过计算可知（过程从略），不管方向如何，电子出现在半径 r 到 $r+\mathrm{d}r$ 两球壳之间的概率密度为 $P_{nl}(r)=R_{nl}^2(r)r^2$，称为电子概率的径向分布函数，它与主量子数 n 和角量子数 l 有关，该函数反映了在氢原子中发现电子的概率随电子与

核之间距离 r 变化的规律. 图 20.22(b)是一些低量子数的径向概率分布曲线,纵坐标是径向概率密度,横坐标是 r 与第一玻尔轨道半径 r_1 之比. 可以看出,在与 n 对应的最大 l 值的情况下,径向概率密度有一极大值,分别出现在 $r = r_1$,$r = 4r_1$,… 处,这与玻尔预言的氢原子圆形轨道半径 $r_n = n^2 r_1$ 完全一致. 可见,玻尔理论的轨道与电子出现的概率密度最大处相对应.

20.8.2 电子自旋

1921 年,施特恩(O. Stern)和格拉赫(W. Gerlach)做了一个实验,目的在于验证索末菲(A. Sommerfeld)的角动量空间量子化假设. 实验装置如图 20.23(a)所示,O 是银原子射线源,由电炉加热使银蒸发产生银原子,其中处于 s 态的银原子束通过狭缝 S_1 和 S_2 再经过如图 20.23(b)所示的非均匀磁场后,打在照相底板 P 上. 整个装置放在真空容器中.

实验发现,在不加磁场时,底板 P 上呈现一条正对狭缝的原子沉积. 加磁场后,P 上却出现上下两条原子沉积,如图 20.23(c)所示,这说明原子束通过非均匀磁场后分成了两束. 这一现象不但证明原子具有磁矩,因而在磁力作用下发生偏转;同时也证明磁矩在外磁场中具有两种可能取向,即空间取向是量子化的. 如果原子虽有磁矩而取向并非量子化,则底板上原子沉积应是连续的,而不是只有分立的两条.

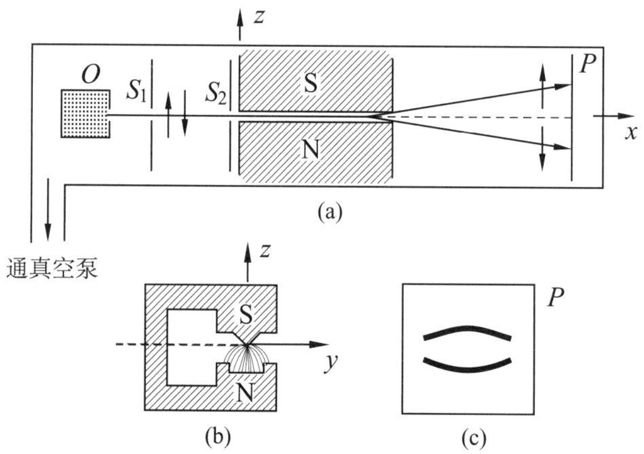

图 20.23

上述磁矩不可能是电子绕核轨道运动的磁矩,因为当副量子数为 l 时,轨道角动量在外磁场方向的投影 L_z 和相应的磁矩在该方向上的投影 $\mu_z = -\dfrac{e}{2m_e}L_z$ 都有 $2l+1$ 个不同值,因而底板上的原子沉积应有奇数条,而不可能只有两条.

为了解释施特恩-格拉赫实验,1925 年,乌伦贝克(G. Uhlenbeck)和古兹密特(S. Goudsmit)提出了电子自旋假设,即电子除了作绕核的轨道运动外,还有自旋运动,相应地有**自旋角动量**和**自旋磁矩**,且自旋磁矩在外磁场中只有两种可能取向.

引入电子自旋概念后,施特恩-格拉赫实验便得到了合理解释. 由于实验中银原子处于 s 态,$l=0$,其轨道角动量及相应的磁矩皆为零,所以只有自旋角动量和自旋磁矩，因而在非均匀磁场中，原子射线分裂为两条. 后来，量子力学在此基础上又进一步得出如下结论：

（1）电子自旋角动量 $\boldsymbol{S}$ 的大小为

$$S=\sqrt{s(s+1)}\hbar \tag{20.51}$$

式中 s 称为**自旋量子数**，它只能取一个值，即 $s=1/2$，从而有 $S=\sqrt{3}\hbar/2$.

（2）电子自旋角动量在外磁场方向的投影为

$$S_z=m_s\hbar \tag{20.52}$$

式中 m_s 称为电子**自旋磁量子数**，它只能取两个值，即 $m_s=\pm\dfrac{1}{2}$，因而有 $S_z=\pm\dfrac{1}{2}\hbar$.

电子在外磁场中两个可能的自旋角动量状态如图 20.24所示.

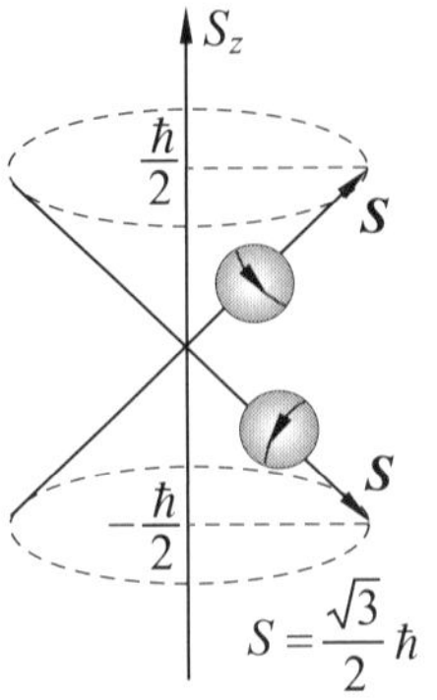

图 20.24

20.8.3　四个量子数

至此，我们对原子中电子运动状态的描述作一个总结. 电子的稳定运动状态可以用四个量子数表征，其中三个决定电子轨道运动状态，一个决定电子自旋运动状态. 这四个量子数分别如下.

（1）主量子数 n，$n=1,2,3,\cdots$. 它大体上决定原子中电子的能量.

（2）副量子数 l，$l=0,1,2,\cdots,n-1$. 它决定电子轨道角动量的大小. 一般说来，处于 n 相同而 l 不同的电子，其能量略有不同，即由 n 的一个值所决定的能级实际上包含了若干个与 l 有关、靠得很近的分能级.

（3）磁量子数 m_l，$m_l=0,\pm1,\pm2,\cdots,\pm l$. 它决定电子轨道角动量在外磁场中的取向.

（4）自旋磁量子数 m_s，$m_s=\pm\dfrac{1}{2}$. 它决定电子自旋角动量在外磁场中的取向，对原子在外磁场中的能量也有一定影响.

需要指出，一组量子数 $(n,\ l,\ m_l,\ m_s)$ 描述原子中电子的一个可能状态，只要有一个量子数不同，就不是同一状态.

例 20.11　分别计算量子数 $n=2,l=1$ 和 $n=2$ 的电子的可能状态数，并写出这些可能状态.

解　对 $n=2,l=1$ 的电子，可取 $m_l=0,\pm1$，共 3 种可能状态，对每一种 m_l，又可取 $m_s=\pm\dfrac{1}{2}$，故共有 $3\times2=6$ 种可能状态. 这 6 种可能状态为 $\left(2,1,0,\dfrac{1}{2}\right)$，$\left(2,1,0,-\dfrac{1}{2}\right)$，$\left(2,1,1,\dfrac{1}{2}\right)$，$\left(2,1,1,-\dfrac{1}{2}\right)$，$\left(2,1,-1,\dfrac{1}{2}\right)$，$\left(2,1,-1,-\dfrac{1}{2}\right)$.

对处于 $n=2$ 的电子，可取 $l=0$ 和 $l=1$. $l=0$ 时，$m_l=0$，$m_s=\pm\dfrac{1}{2}$，有 2 种可能状态；$l=1$ 时，如上所述有 6 种可能状态，所以处于 $n=2$ 的电子的可能状态数为$6+2=8$.

这 8 种可能状态为:

$$\left(2,0,0,\frac{1}{2}\right),\left(2,0,0,-\frac{1}{2}\right),\left(2,1,0,\frac{1}{2}\right),\left(2,1,0,-\frac{1}{2}\right),$$
$$\left(2,1,1,\frac{1}{2}\right),\left(2,1,1,-\frac{1}{2}\right),\left(2,1,-1,\frac{1}{2}\right),\left(2,1,-1,-\frac{1}{2}\right)$$

20.9 算符与量子力学中的力学量

微观粒子具有波粒二象性,其量子态用波函数来描述.波函数给出了一种概率分布,但其本身不是直接的可观测量.因此,当微观粒子处于某一状态时,粒子的力学量如位置、动量、角动量、动能、势能、能量等一般不具有确定的值,而是表现为以一定的概率出现的系列可能值.利用统计平均的方法,可以计算出该力学量的期望值,进而可以和实验观测值进行比较.量子力学指出,一切力学量的期望值都可以由波函数给出,而且这些期望值就是在波函数所描述的状态下多次观测该力学量所得结果的平均值.从这个意义上讲,给出了波函数,就确定了微观粒子的运动状态.

微观粒子的运动特征决定了经典力学量的表达方法不再适用,下面从力学量期望值的表示式出发引入量子力学中力学量的算符表示.

20.9.1 表象

由式(20.32),一个具有确定动量 p 且做一维运动的粒子,其波函数可以写为

$$\psi_p(x)=\frac{1}{\sqrt{2\pi\hbar}}\mathrm{e}^{\frac{\mathrm{i}}{\hbar}px}$$

式中去掉了本节讨论中不关注的时间因子,并且利用波函数的归一性确定了波函数的振幅.$|\psi_p(x)|^2$ 表示动量为 p 的粒子出现在 x 处的概率密度.不难发现,粒子动量确定,即其动量不确定量 $\Delta p=0$ 时,粒子在 x 轴的任何位置都可能出现,且出现概率密度均为 $|\psi_p(x)|^2=\dfrac{1}{2\pi\hbar}$.也就是说粒子将以相同的概率出现在 x 轴的任何位置,这说明粒子的位置是完全不确定的,即 $\Delta x=\infty$.这正是本书 20.6 节中不确定关系的体现.

一般粒子动量和位置都有不确定量.如果粒子的动量有多个不连续的可能动量值 p_n,根据态叠加原理,其量子态 $\psi(x)$ 为不同动量 p_n 对应的量子态 $\psi_{p_n}(x)$ 的概率叠加,即

$$\psi(x)=\sum_n c_n(p_n)\psi_{p_n}(x)=\frac{1}{\sqrt{2\pi\hbar}}\sum_n c_n(p_n)\mathrm{e}^{\frac{\mathrm{i}}{\hbar}p_n x}$$

在动量可能连续取值的条件下,上式可改写为

$$\psi(x)=\frac{1}{\sqrt{2\pi\hbar}}\int_{-\infty}^{+\infty}c(p)\mathrm{e}^{\frac{\mathrm{i}}{\hbar}px}\,\mathrm{d}p \tag{20.53a}$$

显然式中 $|c(p)|^2$ 表示粒子动量为 p 的概率密度.

将式(20.53a)两边同乘以 $\frac{1}{\sqrt{2\pi\hbar}}\mathrm{e}^{-\frac{\mathrm{i}}{\hbar}p'x}$，并沿 x 轴积分，得

$$\frac{1}{\sqrt{2\pi\hbar}}\int_{-\infty}^{+\infty}\psi(x)\mathrm{e}^{-\frac{\mathrm{i}}{\hbar}p'x}\mathrm{d}x=\int_{-\infty}^{+\infty}c(p)\left(\frac{1}{2\pi\hbar}\int_{-\infty}^{+\infty}\mathrm{e}^{\frac{\mathrm{i}}{\hbar}(p-p')x}\mathrm{d}x\right)\mathrm{d}p$$

$$=\int_{-\infty}^{+\infty}\mathrm{d}p\,c(p)\delta(p-p')=c(p')$$

上述推导中利用了 δ 函数(狄拉克函数)的性质(读者可自行查阅相关书籍，本书对狄拉克函数不做深入介绍). 可得

$$c(p)=\frac{1}{\sqrt{2\pi\hbar}}\int_{-\infty}^{+\infty}\psi(x)\mathrm{e}^{-\frac{\mathrm{i}}{\hbar}px}\mathrm{d}x \tag{20.53b}$$

显然，式(20.53a)、(20.53b)互为傅里叶变换式. 因此，如果量子态 $\psi(x)$ 已知，则 $c(p)$ 可由其傅里叶变换确定，反之亦然. 这说明，$\psi(x)$ 和 $c(p)$ 表示的是同一个量子态，换句话讲，同一个量子态既可以用 $\psi(x)$ 来表示，也可以用 $c(p)$ 来表示，前者是在位置或坐标空间对量子态的描述，波函数是坐标的函数，这种表述方式被称为坐标表象，后者是在动量空间对量子态的描述，波函数是动量的函数，这种表述方式被称为动量表象. $|\psi(x)|^2$ 给出粒子概率按位置 x 的分布，$|c(p)|^2$ 给出粒子概率按动量 p 的分布. 一般而言，$\psi(x)$ 和 $c(p)$ 都不是常数，也就是说微观粒子的位置和动量都不是等概率分布.

上述讨论是基于一维情况，如果是三维空间，同时把波函数的时间演化因子也考虑进来，则式(20.53a)、(20.53b)可以写为

$$\Psi(\boldsymbol{r},t)=\frac{1}{(2\pi\hbar)^{3/2}}\iint\int_{-\infty}^{+\infty}c(\boldsymbol{p},t)\mathrm{e}^{\frac{\mathrm{i}}{\hbar}\boldsymbol{p}\cdot\boldsymbol{r}}\mathrm{d}p_x\mathrm{d}p_y\mathrm{d}p_z \tag{20.54a}$$

$$c(\boldsymbol{p},t)=\frac{1}{(2\pi\hbar)^{3/2}}\iint\int_{-\infty}^{+\infty}\Psi(\boldsymbol{r},t)\mathrm{e}^{-\frac{\mathrm{i}}{\hbar}\boldsymbol{p}\cdot\boldsymbol{r}}\mathrm{d}x\mathrm{d}y\mathrm{d}z \tag{20.54b}$$

量子力学中，量子态和力学量的具体表示方式称为**表象**. 表象的概念与参考系中用不同的坐标系来表示同一个矢量的概念十分相似. 表象不同，波函数形式不同，但都表示同一个量子态. 量子力学中的常用表象，除了坐标表象、动量表象以外，还有能量表象、角动量表象等. 存在多种表象对同一量子态的描述，是不确定关系的必然结果.

20.9.2　算符

有了波函数，则按照波函数的统计解释，可以计算一个力学量的期望值. 为描述方便，仍以一维情况为例进行描述. 如位置的期望值可以计算为

$$\bar{x}=\int_{-\infty}^{+\infty}x\,|\psi(x)|^2\mathrm{d}x=\int_{-\infty}^{+\infty}\psi^*(x)x\psi(x)\mathrm{d}x \tag{20.55}$$

一个物理量如果纯粹是 x 的函数，则都可以按式(20.55)来计算其期望值. 但动量 p 的期望值按下式来计算则行不通：

$$\bar{p}=\int_{-\infty}^{+\infty}\psi^*(x)p(x)\psi(x)\mathrm{d}x \tag{20.56}$$

这是因为上式中的 $p(x)$ 代表 p 随 x 的变化关系，也就是坐标取 x 时的动量 p，而根据海森伯的不确定关系，$p(x)$ 是不存在的. 但可以换到动量表象中来计

算 $\bar{p}$,即

$$\bar{p}=\int_{-\infty}^{+\infty} p\,|c(p)|^2 \mathrm{d}p=\int_{-\infty}^{+\infty} c^*(p) p c(p) \mathrm{d}p \tag{20.57}$$

由式(20.55)、(20.57)可见,位置和动量的期望值的计算,需要在各自的表象中进行.但如果一个力学量既是位置的函数又是动量的函数,比如能量,又该如何计算其期望值呢?

实际上,借助数学变换,可以在同一个表象中计算所有力学量的期望值.下面以在坐标表象中计算动量期望值为例加以说明:

$$\begin{aligned}
\bar{p}&=\int_{-\infty}^{+\infty} c^*(p) p c(p) \mathrm{d}p \\
&=\int_{-\infty}^{+\infty}\left(\frac{1}{\sqrt{2\pi\hbar}}\int_{-\infty}^{+\infty}\psi(x)\mathrm{e}^{-\frac{\mathrm{i}}{\hbar}px}\mathrm{d}x\right)^* p\left(\frac{1}{\sqrt{2\pi\hbar}}\int_{-\infty}^{+\infty}\psi(x')\mathrm{e}^{-\frac{\mathrm{i}}{\hbar}px'}\mathrm{d}x'\right)\mathrm{d}p \\
&=\frac{1}{2\pi\hbar}\int_{-\infty}^{+\infty}\mathrm{d}x\int_{-\infty}^{+\infty}\mathrm{d}x'\int_{-\infty}^{+\infty}\mathrm{d}p\left(\psi^*(x)\psi(x')\mathrm{e}^{-\frac{\mathrm{i}}{\hbar}px'}p\,\mathrm{e}^{\frac{\mathrm{i}}{\hbar}px}\right) \\
&=\frac{1}{2\pi\hbar}\int_{-\infty}^{+\infty}\mathrm{d}x\int_{-\infty}^{+\infty}\mathrm{d}x'\int_{-\infty}^{+\infty}\mathrm{d}p\left[\psi^*(x)\psi(x')\mathrm{e}^{-\frac{\mathrm{i}}{\hbar}px'}\left(-\mathrm{i}\hbar\frac{\partial}{\partial x}\right)\mathrm{e}^{\frac{\mathrm{i}}{\hbar}px}\right] \\
&=\frac{1}{2\pi\hbar}\int_{-\infty}^{+\infty}\mathrm{d}x\int_{-\infty}^{+\infty}\mathrm{d}x'\left[\psi^*(x)\left(-\mathrm{i}\hbar\frac{\partial}{\partial x}\right)\psi(x')\int_{-\infty}^{+\infty}\mathrm{e}^{\frac{\mathrm{i}}{\hbar}(x-x')p}\mathrm{d}p\right] \\
&=\int_{-\infty}^{+\infty}\mathrm{d}x\int_{-\infty}^{+\infty}\mathrm{d}x'\left[\psi^*(x)\left(-\mathrm{i}\hbar\frac{\partial}{\partial x}\right)\psi(x')\delta(x-x')\right] \\
&=\int_{-\infty}^{+\infty}\psi^*(x)\left(-\mathrm{i}\hbar\frac{\partial}{\partial x}\right)\psi(x)\mathrm{d}x
\end{aligned} \tag{20.58}$$

上面推导过程的关键是 $p\mathrm{e}^{\frac{\mathrm{i}}{\hbar}px}=\left(-\mathrm{i}\hbar\frac{\partial}{\partial x}\right)\mathrm{e}^{\frac{\mathrm{i}}{\hbar}px}$,并且利用了 δ 函数的性质.对比式(20.55)、式(20.58)可见,在坐标表象中计算动量期望值,只需要把错误表达式(20.56)中的 p 换成偏微分算法符号 $-\mathrm{i}\hbar\frac{\partial}{\partial x}$ 即可.若将之记为 $\hat{p}=-\mathrm{i}\hbar\frac{\partial}{\partial x}$,则在坐标表象中计算动量期望值为 $\bar{p}=\int_{-\infty}^{+\infty}\psi^*(x)\hat{p}\psi(x)\mathrm{d}x$.该式中,$\hat{p}$ 的表现就像是数学中的一个**算符**(operator),因此将之称为动量算符 $\hat{p}$.

式(20.55)为坐标表象中计算位置期望值,其中的 x 也可以看成坐标算符 $\hat{x}$,只不过 $\hat{x}=x$.也就是说,在坐标表象中,坐标算符即为其本身.同样,也可以在动量表象中计算位置和动量的期望值,进而得到在动量表象中,动量算符即为其本身,而坐标算符 $\hat{x}=\mathrm{i}\hbar\frac{\partial}{\partial p}$.相应的

$$\bar{x}=\int_{-\infty}^{+\infty}c^*(p)\hat{x}c(p)\mathrm{d}p$$

可见,在量子力学中用算符 $\hat{F}$ 来表示一个力学量,它不再是数值或某个变量的数值函数,而是一种依赖表象的对波函数(量子态)作用的运算符号.相应的在 ξ 表象中力学量 F 的期望值总能够表示为

$$\bar{F}=\int_{-\infty}^{+\infty}\Psi^*(\xi)\hat{F}\Psi(\xi)\mathrm{d}\xi \tag{20.59}$$

$\hat{F}$ 为 ξ 表象中力学量的算符，Ψ 为该表象中粒子的波函数.

如考虑三维空间，在坐标表象中坐标算符为

$$\boldsymbol{r} \to \hat{\boldsymbol{r}}$$

动量算符为

$$\boldsymbol{p} \to \hat{\boldsymbol{p}} = -\mathrm{i}\hbar \nabla$$

其中，∇ 为矢量微分算符. 坐标算符和动量算符是两个重要的算符，以它们为基础可以构建很多物理量的算符形式. 量子力学假设，如果经典力学中的力学量 $\boldsymbol{F} = \boldsymbol{F}(\boldsymbol{r},\boldsymbol{p})$，则量子力学中表示这个力学量的算符 $\hat{\boldsymbol{F}}$ 可通过将表达式 $\boldsymbol{F}(\boldsymbol{r},\boldsymbol{p})$ 中的 $\boldsymbol{r}$、$\boldsymbol{p}$ 分别换成对应算符 $\hat{\boldsymbol{r}}$、$\hat{\boldsymbol{p}}$ 而得出. 按照这个构成法则，可以得到几个常用的力学量算符.

动能算符为

$$\frac{p^2}{2m} \to \frac{\hat{p}^2}{2m} = -\frac{\hbar^2}{2m}\nabla^2$$

其中，∇^2 为拉普拉斯算符.

动能和势能加在一起就是微观粒子的能量，因此能量算符（又叫哈密顿算符）为

$$\hat{H} = \frac{\hat{p}^2}{2m} + U(\hat{\boldsymbol{r}}) = -\frac{\hbar^2}{2m}\nabla^2 + U(\boldsymbol{r})$$

哈密顿算符在量子力学中十分重要，它描述了量子体系的总能量，利用它可以分析系统的状态以及动力学演化过程.

角动量算符为

$$\hat{\boldsymbol{L}} = \hat{\boldsymbol{r}} \times \hat{\boldsymbol{p}}$$

和波函数一样，算符是量子力学中的核心概念，1925 年由玻恩和海森伯最早引入. 它不仅提供了一种新的描述和预测微观粒子行为的数学工具，也深刻揭示了量子力学与经典力学之间的差异和联系.

例 20.12 一维线性谐振子处在基态 $\psi(x) = \sqrt{\frac{\alpha}{\sqrt{\pi}}}\mathrm{e}^{-\frac{\alpha^2 x^2}{2}}$，其中 $\alpha = \sqrt{\frac{m\omega}{\hbar}}$. 求：(1)势能 $E_\mathrm{p} = \frac{1}{2}m\omega^2 x^2$ 的期望值；(2)动能 $E_\mathrm{k} = \frac{p^2}{2m}$ 的期望值.

解 (1)势能算符为

$$\hat{E}_\mathrm{p} = \frac{1}{2}m\omega^2\hat{x}^2 = \frac{1}{2}m\omega^2 x^2$$

所以势能的期望值可计算为

$$\bar{E}_\mathrm{p} = \int_{-\infty}^{+\infty}\psi^*\left(\frac{1}{2}m\omega^2 x^2\right)\psi\mathrm{d}x = \frac{m\omega^2\alpha}{2\sqrt{\pi}}\int_{-\infty}^{+\infty}x^2\mathrm{e}^{-\alpha^2 x^2}\mathrm{d}x = \frac{m\omega^2}{4\alpha^2} = \frac{1}{4}\hbar\omega$$

(2)动能算符为

$$\hat{E}_\mathrm{k} = \frac{\hat{p}^2}{2m}$$

所以动能的期望值可计算为

$$\begin{aligned}\bar{E}_{\mathrm{k}} &= \int_{-\infty}^{+\infty}\psi^*\ \frac{\hat{p}^2}{2m}\psi\mathrm{d}x \\ &= -\frac{\hbar^2\alpha}{2m\sqrt{\pi}}\int_{-\infty}^{+\infty}\mathrm{e}^{-\frac{\alpha^2x^2}{2}}\ \frac{\partial^2}{\partial x^2}\mathrm{e}^{-\frac{\alpha^2x^2}{2}}\mathrm{d}x = \frac{\hbar^2\alpha^2}{4m} = \frac{1}{4}\hbar\omega\end{aligned}$$

20.9.3 算符与力学量的关系

1. 算符的本征值与本征函数

前面从计算期望值的角度引入了算符的概念，也可以换个角度来看. 如在某个力学量 F 的作用下，微观体系的量子态从 Ψ_0 变化为 Ψ，则这一过程可以用数学的语言描述为对 Ψ_0 做了一个计算或者称为变换，即

$$\Psi = \hat{F}\Psi_0$$

其中，$\hat{F}$ 即为与力学量 F 相对应的算符. 从这个角度来看，算符也代表一种操作，可以对居于其右侧的量子态起作用(对左侧的量子态不起作用).

如果算符 $\hat{F}$ 作用在态函数 ψ 上，结果等于 ψ 乘以一个常数，即

$$\hat{F}\psi = F\psi$$

则称 F 为算符 $\hat{F}$ 的**本征值**，ψ 为**本征函数**(表示本征量子态). 上述方程称为算符的本征值方程. 一般本征值和本征函数不止一个，因此可以写为

$$\hat{F}\psi_n = F_n\psi_n,\quad n = 1,2,\cdots \tag{20.60}$$

量子力学假设，如果用算符 $\hat{F}$ 表示力学量 F，则当微观体系处于 $\hat{F}$ 的本征态 ψ_n 时，力学量有确定值 F_n.

这也就是说 $\hat{F}$ 的本征值 F_n 为对应力学量 F 的可能取值，$\hat{F}$ 的本征函数表示力学量 F 取确定值 F_n 时体系的量子态(本征态). 一般情况下，微观体系的状态为本征态的线性叠加. 单次观测这个物理量将以一定的概率得到其中的一个可能取值，多次测量则将得到 F 的平均值(注意，这里的多次测量并不是指对同一个量子体系反复观测，**因为量子力学假设，一旦在一次测量中得到力学量 F 的一个本征值 F_n，量子体系的状态便会从任意叠加态坍缩至一确定的本征态 ψ_n 上，此后不再具有不确定性，这是量子力学公理之一**). 因此要预测某个可观测力学量的可能取值，就需要在一定条件下对该力学量算符的本征值方程进行求解.

为了解某微观体系的能量状态，可写出哈密顿算符的本征值方程 $\hat{H}\psi = E\psi$，即

$$\left[-\frac{\hbar^2}{2m}\nabla^2 + U(\boldsymbol{r})\right]\psi = E\psi$$

此即 20.7 节中的定态薛定谔方程. 在一定的边界条件下解此方程，即可获得哈密顿算符的本征值 E_n 及本征函数 ψ_n，由此可了解微观体系的状态.

例 20.13　求角动量 z 分量算符 $\hat{L}_z=-\mathrm{i}\hbar\dfrac{\partial}{\partial\varphi}$ 的本征值与本征函数.

解　角动量算符为 $\hat{\boldsymbol{L}}=\hat{\boldsymbol{r}}\times\hat{\boldsymbol{p}}$. 在直角坐标系中

$$\hat{\boldsymbol{r}}=x\boldsymbol{i}+y\boldsymbol{j}+z\boldsymbol{k},\ \hat{\boldsymbol{p}}=-\mathrm{i}\hbar\,\nabla=-\mathrm{i}\hbar\left(\frac{\partial}{\partial x}\boldsymbol{i}+\frac{\partial}{\partial y}\boldsymbol{j}+\frac{\partial}{\partial z}\boldsymbol{k}\right)$$

因此有

$$\hat{L}_z=-\mathrm{i}\hbar\left(x\frac{\partial}{\partial y}-y\frac{\partial}{\partial x}\right)$$

在球坐标系中,由于

$$\begin{cases}x=r\sin\theta\cos\varphi\\ y=r\sin\theta\sin\varphi\\ z=r\sin\varphi\end{cases}$$

则可推导出角动量 z 分量算符可表示为 $\hat{L}_z=-\mathrm{i}\hbar\dfrac{\partial}{\partial\varphi}$.

设 $\hat{L}_z$ 的本征值与本征函数分别为 l_z 和 ψ,则本征值方程为 $\hat{L}_z\psi=l_z\psi$,即

$$-\mathrm{i}\hbar\frac{\partial\psi}{\partial\varphi}=l_z\psi$$

解此一阶微分方程,易得其通解为 $\psi=C\mathrm{e}^{\frac{\mathrm{i}l_z\varphi}{\hbar}}$,其中 C 为归一化系数.

考虑到波函数单值性要求,也就是在球坐标系中,当 φ 变化 2π 时,波函数值应还原,故应有 $\psi(\varphi+2\pi)=\psi(\varphi)$,即 $\mathrm{e}^{\frac{\mathrm{i}l_z\varphi}{\hbar}}=\mathrm{e}^{\frac{\mathrm{i}l_z(\varphi+2\pi)}{\hbar}}$.

显然该式仅当 $l_z=m\hbar,m=0,\pm1,\pm2,\cdots$ 时成立. 相应的本征函数为

$$\psi_m=C\mathrm{e}^{\mathrm{i}m\varphi},\quad m=0,\pm1,\pm2,\cdots$$

又波函数应满足归一化条件,即 $\int_0^{2\pi}\psi_m^*\psi_m\mathrm{d}\varphi=\int_0^{2\pi}\left|C\mathrm{e}^{\mathrm{i}m\varphi}\right|^2\mathrm{d}\varphi=2\pi C^2=1$. 可解得 $C=\dfrac{1}{\sqrt{2\pi}}$. 所以角动量 z 分量算符的本征值与本征函数分别为

$$l_z=m\hbar,\quad m=0,\pm1,\pm2,\cdots$$

$$\psi_m=\frac{1}{\sqrt{2\pi}}\mathrm{e}^{\mathrm{i}m\varphi},\quad m=0,\pm1,\pm2,\cdots$$

容易证明,角动量 z 分量算符的本征函数满足下述关系式:

$$\int_0^{2\pi}\psi_m^*\psi_n\mathrm{d}\varphi=\frac{1}{2\pi}\int_0^{2\pi}\mathrm{e}^{-\mathrm{i}(m-n)\varphi}\mathrm{d}\varphi=\begin{cases}1, & m=n\\ 0, & m\neq n\end{cases}$$

满足上述关系式的本征函数构成了正交归一函数系.

2. 简并与非简并

有些力学量的算符,一个本征值可以对应多个本征函数,这种情况称为**简并**,同一本征值对应的本征函数的个数称为简并度. 例如,氢原子哈密顿算符的一个本征值 n 对应于 n^2 个不同的本征函数(不考虑自旋时),其简并度为 n^2,也就是说电子的第 n 个能级是 n^2 度简并的. 又如角动量平方算符 $\hat{L}^2$ 的一个本征值 $l(l+1)\hbar^2$,有$(2l+1)$个不同的本征函数,所以 $\hat{L}^2$ 算符是 $2l+1$ 度简并的.

如果一个体系没有两个或两个以上线性无关的本征函数对应于某一力学量算符的同一本征值,则称此体系的量子态为**非简并态**,这样的体系称为非简并系.

3. 力学量的测量概率

由于所有力学量的可测量值都是实数,这就意味着力学量算符的本征值都必须是实数.而厄米算符就具有这个性质,因而量子力学中表示力学量的算符都是厄米算符(读者可自行查阅相关书籍,本书对厄米算符不做深入介绍).另外本征函数(本征态)也需要满足态叠加原理,因此也必须是线性算符.

数学上已经证明,线性厄米算符的本征函数 $\psi_1,\psi_2,\cdots$ 具有正交、归一、完备性,哪怕是简并的本征函数,也可以经过正交化处理后构造出具有正交、归一、完备性的本征函数族 $\{\psi_n\}$,因此力学量算符的本征函数构成了完备的正交基函数.以这些本征函数为基矢构成的空间数学上称为希尔伯特(Hilbert)空间.希尔伯特空间中的任意态函数 ψ 都是量子体系的可能状态,可将之对基矢展开,也就是将 ψ 表示为一系列本征函数的线性叠加,即

$$\psi=\sum_n a_n\psi_n \tag{20.61}$$

其中 $a_n=\int\psi_n^*\psi\mathrm{d}x$.且由本征函数族 $\{\psi_n\}$ 的正交归一性可以证明,对于归一化的态函数 ψ 有 $\sum\limits_n |a_n|^2=1$.

式(20.61)正是态叠加原理的数学表述.因为本征函数 $\psi_1,\psi_2,\cdots$ 表示量子体系的可能状态,根据态叠加原理,它们的线性叠加 $\psi=\sum\limits_n a_n\psi_n$ 也应是体系的一个可能的量子态.由此可以计算力学量 F 的期望值为

$$\begin{aligned}\bar{F}&=\int_{-\infty}^{+\infty}\psi^*(\xi)\hat{F}\psi(\xi)\mathrm{d}\xi=\int_{-\infty}^{+\infty}\left(\sum_m a_m\psi_m\right)^*\left(\sum_n a_nF_n\psi_n\right)\mathrm{d}\xi\\&=\sum_n\sum_m F_na_m^*a_n\int_{-\infty}^{+\infty}\psi_m^*\psi_n\mathrm{d}\xi\\&=\sum_n\sum_m F_na_m^*a_n\delta_{mn}=\sum_n F_n|a_n|^2\end{aligned} \tag{20.62}$$

显然式中 $|a_n|^2$ 具有概率的意义,表示该量子体系取本征态 ψ_n 的概率,也即测量值为 F_n 的测量概率.

当体系处于 ψ 态时,测量力学量 F 具有确定值 F_n 的充要条件是 ψ 必须是算符 $\hat{F}$ 的一个本征态 ψ_n,否则都是以 $|a_n|^2$ 的概率得到 F_n.这是量子力学中关于算符和力学量关系的一个基本假定,和薛定谔方程一样,其正确性由整个理论与实验结果符合而得到验证.例如在电子被晶体衍射的实验中,电子离开晶体后可能沿着各方向运动,因为沿着这些方向的动量都是动量算符的本征值,且电子具有某一动量的概率是确定的.

例 20.14 设球坐标系中氢原子处于状态

$$\psi(r,\theta,\varphi)=\sqrt{\frac{3}{16\pi}}R_{2,1}(r)\left(\cos\theta-\sqrt{\frac{3}{2}}\sin\theta\mathrm{e}^{-\mathrm{i}\varphi}\right)$$

其中 $R_{2,1}$ 为仅与 r 有关的函数. 求其角动量 z 分量的可能取值及其相应的概率.

解　由例 20.13 可知角动量 z 分量算符 $\hat{L}_z = -\mathrm{i}\hbar\dfrac{\partial}{\partial\varphi}$ 的本征值与本征函数分别为

$$l_z = m\hbar,\quad m = 0, \pm 1, \pm 2, \cdots$$

$$\psi_m = \frac{1}{\sqrt{2\pi}}\mathrm{e}^{\mathrm{i}m\varphi},\quad m = 0, \pm 1, \pm 2, \cdots$$

将氢原子的波函数 $\psi(r,\theta,\varphi)$ 对角动量 z 分量算符的本征函数展开,展开系数模的平方即角动量 z 分量的概率分布函数,即

$$\psi(r,\theta,\varphi) = \sum_m a_m\psi_m$$

其中 $a_m = \int\psi_m^*\psi\mathrm{d}\varphi$. 所以概率分布函数为

$$\begin{aligned}
|a_m|^2 &= \left|\int_0^{2\pi}\psi_m^*\psi(r,\theta,\varphi)\mathrm{d}\varphi\right|^2 \\
&= \left|\int_0^{2\pi}\frac{1}{\sqrt{2\pi}}\mathrm{e}^{-\mathrm{i}m\varphi}\cdot\sqrt{\frac{3}{16\pi}}R_{2,1}(r)\left(\cos\theta-\sqrt{\frac{3}{2}}\sin\theta\mathrm{e}^{-\mathrm{i}\varphi}\right)\mathrm{d}\varphi\right|^2 \\
&= \left|\frac{1}{4\pi}\sqrt{\frac{3}{2}}R_{2,1}(r)\left[\cos\theta\int_0^{2\pi}\mathrm{e}^{-\mathrm{i}m\varphi}\mathrm{d}\varphi-\sqrt{\frac{3}{2}}\sin\theta\int_0^{2\pi}\mathrm{e}^{-\mathrm{i}(m+1)\varphi}\mathrm{d}\varphi\right]\right|^2 \\
&= \begin{cases}
\dfrac{3}{8}R_{2,1}^2(r)\cos^2\theta, & m = 0, \text{对应于 } l_z = 0 \\
\dfrac{9}{16}R_{2,1}^2(r)\sin^2\theta, & m = -1, \text{对应于 } l_z = -\hbar \\
0, & m \neq 0, -1, \text{对应于 } l_z = m\hbar.
\end{cases}
\end{aligned}$$

可见在此状态下,氢原子角动量 z 分量要么为 0,要么为 $-\hbar$,不可能取其他值. 角动量 z 分量为 0 的概率分布函数为 $\dfrac{3}{8}R_{2,1}^2(r)\cos^2\theta$,为 $-\hbar$ 的概率分布函数为 $\dfrac{9}{16}R_{2,1}^2(r)\sin^2\theta$,则角动量 z 分量为 0 和 $-\hbar$ 的概率分别为

$$\int_0^\infty\int_0^\pi\frac{3}{8}R_{2,1}^2(r)\cos^2\theta r^2\mathrm{d}r\sin\theta\mathrm{d}\theta = \frac{1}{4}$$

$$\int_0^\infty\int_0^\pi\frac{9}{16}R_{2,1}^2(r)\sin^2\theta r^2\mathrm{d}r\sin\theta\mathrm{d}\theta = \frac{3}{4}$$

注意上述积分中运用了 $R_{2,1}$ 的归一化条件,即 $\int_0^\infty R_{2,1}^2(r)r^2\mathrm{d}r = 1$.

4. 态函数的矩阵表示

式(20.61)是将任意量子态波函数 ψ 对 $\hat{F}$ 的本征函数 ψ_n 展开,这也就是波函数在 F 表象中的具体表示. 如同在笛卡儿直角坐标系中描述一个矢量 $\boldsymbol{A}$ 需要用三个分量 (A_x, A_y, A_z) 一样,态函数 ψ 也可被视为态矢量,表象 F 就是一个特定的坐标系,算符 $\hat{F}$ 的本征函数构成了这个表象的基矢,相当于直角坐标系中的单位矢量 $\boldsymbol{i}$、$\boldsymbol{j}$、$\boldsymbol{k}$, $a_1, a_2, a_3, \cdots$ 就是态矢量 ψ 在 F 表象中沿各基矢方向的"分量". 将数列 $a_1, a_2, a_3, \cdots$ 用列矩阵表示,显然它也可以用来代表 F 表象

中的态矢量 ψ ,这就是量子力学中波函数的矩阵表示,即

$$\psi=\begin{bmatrix}a_1\\a_2\\\vdots\\a_n\\\vdots\end{bmatrix} \tag{20.63}$$

类似地,算符、量子力学公式都可以采用矩阵来描述,运动方程也可以通过矩阵运算来求解,以矩阵形式表达的量子力学通常被称为矩阵力学. 矩阵力学1925 年由海森伯建立,随后经过玻恩等人发展完善. 这种基于矩阵运算的量子力学描述方法深刻影响了量子力学的发展,后与波动力学(由薛定谔建立)逐渐融合,共同构成了现代量子力学的理论体系.

20.9.4 算符非对易与不确定关系

算符代表一种对右侧态函数的操作,算符的积则代表连续进行的两个操作. 一般而言,算符的积不满足交换律,即 $\hat{F}\hat{G}\neq\hat{G}\hat{F}$,也就是两个算符的作用效果与它们的作用顺序是有关的. 例如,算符 $\dfrac{\partial}{\partial x}$ 与算符 x 的乘积 $\dfrac{\partial}{\partial x}x$,与交换顺序之后的算符乘积 $x\dfrac{\partial}{\partial x}$ 并不相等. 因为 $\dfrac{\partial}{\partial x}(x\psi)=(1+x\dfrac{\partial}{\partial x})\psi\neq x\dfrac{\partial}{\partial x}\psi$.

坐标表象中的坐标算符和动量算符也不满足交换律,且可以计算得

$$\begin{aligned}(\hat{x}\hat{p}-\hat{p}\hat{x})\psi(x)&=\hat{x}\hat{p}\psi(x)-\hat{p}\hat{x}\psi(x)\\&=x\hat{p}\psi(x)-(\hat{p}x)\psi(x)-x\hat{p}\psi(x)\\&=-(\hat{p}x)\psi(x)=-\left(-\mathrm{i}\hbar\frac{\partial x}{\partial x}\right)\psi(x)=\mathrm{i}\hbar\psi(x)\end{aligned}$$

引入如下**对易子**记号:

$$[x,\hat{p}]\equiv\hat{x}\hat{p}-\hat{p}\hat{x}$$

则

$$[\hat{x},\hat{p}]=\mathrm{i}\hbar \tag{20.64}$$

上式称为坐标算符和动量算符的对易关系. 等式的右边如等于零,则两个算符是对易的. 式(20.64)的右边不等于零,表明 $\hat{x}$ 和 $\hat{p}$ 是不对易的,也称非对易.

容易分析得到,如果两个算符是对易的,二者应有共同的本征函数,由此也说明,在共同本征函数所描述的量子态中,这些算符所表示的力学量可以同时获得确定值. 如氢原子中电子的哈密顿算符 $\hat{H}$ 、角动量平方算符 $\hat{L}^2$ 和角动量 z 分量算符 $\hat{L}_z$ 相互对易,它们有共同本征函数(氢原子定态薛定谔方程的解,即定态波函数),在这些本征态中,能量、角动量和角动量在 z 方向的投影依次有确定值 E_n 、 $\sqrt{l(l+1)}\hbar$ 、 $m\hbar$,如 20.8 节所述. 量子力学指出,要完全确定体系状态,需要一组相互对易的力学量,力学量的数目与体系自由度数目相等. 氢原子中电子的自由度是 3(不包括自旋),因此可用相互对易的 $\hat{H}$ 、$\hat{L}^2$ 和 $\hat{L}_z$ 三个力学量(或用三个量子数 n、l、m)来完全确定其运动状态.

而坐标算符和动量算符非对易，说明同时测量粒子的动量和位置，不能同时获得确定的测量值. 一般而言，任意两个非对易的物理量都不能同时有确定的测量值，这就是不确定关系. 由坐标算符和动量算符的对易关系还可以推出

$$\sqrt{\overline{(\Delta x)^2}\cdot\overline{(\Delta p_x)^2}}\geqslant\frac{\hbar}{2}$$

简记为 $\Delta x\cdot\Delta p_x\geqslant\frac{\hbar}{2}$，此即 20.6 节中的海森伯不确定关系式(20.37).

由前面所列出的坐标算符和动量算符的对易关系可以看出，普朗克常量 h 在力学量的对易关系中占有重要地位，它标志着微观规律和宏观规律之间的差异. 如果 h 在所讨论的问题中可以略去，则动量和坐标也是对易的，力学量可以同时有确定值，这样微观规律就过渡到了宏观规律.

20.10　原子中电子的分布

门捷列夫在 1869 年发现的元素周期律揭示了各种元素的物理、化学性质变化的规律性. 这种周期性的变化规律是由原子中电子的分布状态决定的，而原子中的电子状态取决于四个量子数(n, l, m_l, m_s)，因此，可由这些量子数分析原子中电子的分布情况.

20.10.1　原子的壳层模型

1916 年，柯塞尔(W. Kossel)提出了在多电子原子中核外电子按壳层分布的形象化模型. 他认为主量子数 n 相同的电子组成一个**主壳层**，n 越大的壳层，离原子核的平均距离越远. 对应于 $n=1,2,3,4,5,6,\cdots$的各主壳层分别用大写字母 K, L, M, N, O, P, …表示. 在同一主壳层内，又按副量子数 l 分为若干**支壳层**(也称**次壳层**)，显然主量子数为 n 的主壳层中含有 n 个支壳层，$l=0,1,2,3,4,5,\cdots$的支壳层分别用小写字母 s, p, d, f, g, h, …表示. 由量子数 n、l 确定的支壳层通常这样表示，把 n 的数值写在前面，把代表 l 的字母并排写在后面，如 1s、2p、3d 等.

核外电子在主壳层和支壳层上的分布情况由下述两条原理决定.

20.10.2　泡利不相容原理

原子中的电子可以形象地看成是分布在不同的壳层上，每一主壳层和支壳层上能容纳多少电子呢？泡利(W. Pauli)在 1925 年提出：**在原子中不可能有两个或两个以上的电子具有完全相同的量子态**. 这就是说，原子中的任何两个电子的量子数(n, l, m_l, m_s)不可能完全相同. 这个结论叫做泡利不相容原理.

根据泡利不相容原理，能够算出每一壳层上可容纳的电子数. 对某一支壳层来说，量子数 n 和 l 都相同，即处于该支壳层的电子具有相同的能量，角动量的大小也相等，但它们的磁量子数可以取 $m_l=0,\pm1,\pm2,\cdots,\pm l$，共 $2l+1$

种可能值，对每一个 m_l 又有两个 m_s 值. 所以，在同一支壳层上可容纳的电子数为

$$N_l = 2(2l+1) \tag{20.65}$$

对某一主壳层 n 来说，因为副量子数 l 可取 $0,1,2,\cdots,n-1$，共 n 种可能值，而对每一个 l 值，可容纳电子数为 $2(2l+1)$ 种，故在主壳层 n 上可容纳的电子数为

$$N_n = \sum_{l=0}^{n-1} 2(2l+1) = 2n^2 \tag{20.66}$$

表 20.3 列出了各主壳层 K, L, M, … 和各支壳层 s, p, d, … 容纳的电子数.

表 20.3　各壳层最多可容纳的电子数

n \ l		0	1	2	3	4	5	6	N_n
		s	p	d	f	g	h	i	
1	K	2							2
2	L	2	6						8
3	M	2	6	10					18
4	N	2	6	10	14				32
5	O	2	6	10	14	18			50
6	P	2	6	10	14	18	22		72
7	Q	2	6	10	14	18	22	26	98

20.10.3　能量最小原理

原子处于正常状态时，原子中的电子尽可能地占据未被填充的最低能级，这一结论叫做能量最小原理. 可见，能量较低的壳层首先被电子填充，只有当最低能级的壳层被填满后，电子才依次向高能级壳层填充.

一般说来，主量子数 n 越大的主壳层，其能级越高；在同一主壳层内，副量子数 l 越大的支壳层其能级越高. 但是，有一些原子中的壳层分布并不遵循这一原则，例如，4s 能级比 3d 能级低，5s 能级比 4d 能级低，等等. 量子力学的计算和实验观察都指出，原子中能级从低到高的次序可表示为

1s, 2s, 2p, 3s, 3p, 4s, 3d, 4p, 5s, 4d, 5p, 6s, 4f, 5d, 6p, 7s, 5f, 6d, …

关于能级的高低次序，我国科学工作者总结出这样的规律：对原子中的外层电子，能级高低以 $n+0.7l$ 确定，其值越大，能级越高. 如 4s($n=4, l=0$) 和 3d($n=3, l=2$) 这两个状态，前者的 $n+0.7l$ 值为 4，后者为 4.4，后者较大，所以 3d 能级高于 4s 能级.

例 20.15　试确定处于基态的氦原子中电子的量子数.

解　氦原子中有两个电子. 按题意，这两个电子处于 1s 态，即 $n=1, l=0$，因而 $m_l=0$. 根据泡利不相容原理，这两个电子的量子数不能完全相同，所以它们的自旋磁量子数分别为 1/2 和 −1/2. 因此，处于基态的氦原子中的两个电子的四个量子数分别为 $\left(1,0,0,\frac{1}{2}\right)$ 和 $\left(1,0,0,-\frac{1}{2}\right)$.

20.11　固体的能带

固体是一种重要的物质结构形态，通常可分为晶体和非晶体两大类. 本节定性介绍固体(主要是晶体)的能带结构，并说明导体、半导体、绝缘体的能带差异. 固体的能带结构不仅能阐明固体材料的许多重要性质，而且还为寻找新材料和研制新的固体元件提供理论依据.

20.11.1　固体的能带

1. 能带的形成

利用 X 射线对晶体所做的结构分析显示，晶体中的原子(分子或离子)在空间呈现完全有规则的周期性排列，形成**空间点阵**. 这种周期性结构，使晶体中原子的能级与孤立原子不同，即形成所谓的“能带”.

由 20.9 节可知，原子核外的电子呈壳层分布，自核由内向外的壳层依次为 1s，2s，2p，3s，…不同壳层对应于原子的不同能级. 处于外层的电子距核较远，与核的结合较弱，但在未被激发时，这种外层电子仍被束缚在母原子中. 当大量原子排列成晶体时，彼此距离很近，处在外层的电子，不仅受到母原子电场的作用，也要受到相邻原子电场的作用，从而使外层电子不再被束缚于母原子，而是可以由一个原子转移到其他原子上去，于是电子可以在整个晶体中运动. 这种特性称为**电子共有化**. 由于晶体中相邻原子靠得很近，以致原子的内外各层都有不同程度的电子共有化，价电子(即最外层电子)受母原子的束缚最弱，共有化程度最为显著. 内层电子受母原子的束缚较强，共有化程度较小. 最内层电子的共有化程度最小，与孤立原子的情况相近.

对于相同的孤立原子，它们有完全相同的能级分布，但当 N 个原子结合成晶体而发生电子共有化时，由于原子间的相互影响，每一相似壳层如各原子的 2p 壳层或 3s 壳层等的能级不再具有完全相同的能量，而要分裂成 N 个新能级，这些新能级的能量与原有能级的能量很接近，因而相邻新能级间的能量差非常小. 当 N 很大时，其数量级小于 10^{-23} eV，几乎可以看成是连续的. 这种由原子的某个能级分裂形成的能量呈准连续分布的新能级称为与该能级相对应的**能带**. 可见，晶体的能带是由原子的能级分裂形成的，每个能带中的能级个数取决于晶体中的原子数 N. 电子在能带中的填充方式与原子的情形相似，仍遵从能量最小原理和泡利不相容原理. 图 20.25所示的是由原子的不同能级形成的晶体的不同能带. 原子的外层电子因原子间相互影响较强，能级分裂造成的能量范围较大，故能带较宽，内

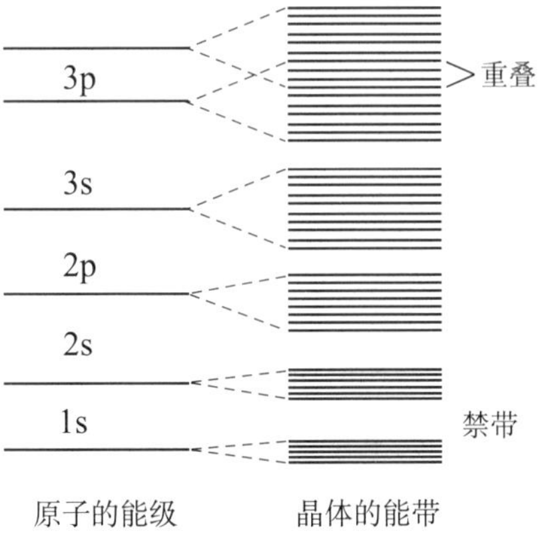

图 20.25

层电子则因相互影响较弱而能带较窄.

原子的每个能级在晶体中分裂成相应的一个能带,在两个相邻能带间,可能有一个不允许电子存在的能量间隔,这个能量间隔称为**禁带**.禁带的宽度是两个相邻能带间的最小能量差.当两个相邻能带相互重叠时,禁带便消失.

N 个原子结合成晶体时,为什么一个能级要分裂成 N 个新能级呢?我们知道,在孤立原子的 ns 能级($l=0$, $n=1,2,3,\cdots$)上最多可容纳两个自旋方向相反的电子,称为 ns 电子,因此,N 个相同的孤立原子的能级上最多可容纳 $2N$ 个电子.原子结合成晶体后,若能级不分裂,则 $2N$ 个电子将挤在同一个能级上,这是违背泡利不相容原理的.因此要形成稳定的晶体,原来的 ns 能级必须要分裂成 N 个新能级,才能容纳 $2N$ 个 ns 电子.同理,由于原子的 np 能级($l=1$, $n=2,3,\cdots$)最多可容纳 6 个电子,所以形成晶体后,该能级也必须分裂成 N 个新能级,才能容纳 $6N$ 个电子.总之,N 个原子形成晶体后,一个能级必须分裂成 N 个相距很近的新能级,从而形成一个能带.与一定的 l 能级所对应的能带中,最多可容纳$2(2l+1)N$个电子.

2. 满带、不满带和空带

能带有满带、不满带和空带之分.若一个能带中各个能级全部被电子填满,则这种能带称为**满带**.由于满带中所有可能的能级都已被电子填满,因此不管有无外电场作用于晶体,满带中若有一电子自它原来占取的能级向同一能带中的其他任一能级转移,因受泡利不相容原理的限制,必有电子沿相反方向转移,如图20.26(a)所示.这时,满带中虽有不同能级间的电子交换,但总效果与没有电子交换一样,不产生定向电流.因此,满带中的电子不参与导电过程.一般来说,内层电子能级所分裂的能带都是满带.

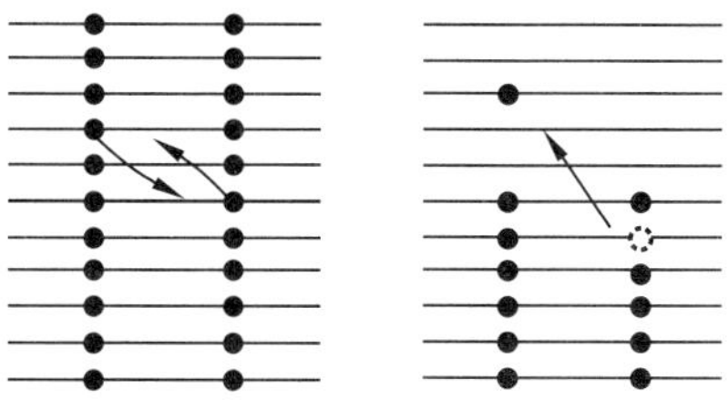

(a) 满带 (b) 不满带

图 20.26

若能带中只有一部分能级填入电子,则称之为**不满带**.根据能量最小原理,在正常情况下,不满带中的电子填充下方的部分能级,而空着上方能级.在外电场作用下,不满带中的电子向未被填充的稍高能级转移时,没有反向的电子转移与之相抵消,如图 20.26(b)所示,因而可形成电流,表现出导电性.所以,不满带中的电子能参与导电过程.通常所说的金属中的“自由”电子,指的就是不满带中的电子.

若能带中各能级都没有被电子填充,则这种能带称为**空带**.若电子受到某种激励进入空带,则在外电场作用下,这些电子在该空带中向稍高能级转移时,也没有反向的电子转移与之相抵消,从而表现出一定的导电性.不满带中的电子和激发到空带中的电子都可参与导电过程,所以,不满带和空带又都可称为**导带**.与价电子填充的能级相应的能带称为**价带**,价带可能是满带,也可能是不满带.

20.11.2　绝缘体、导体和半导体

我们知道，在一定温度下，不同固体的电阻率有很大的差异，通常把电阻率在 $10^{-8}\sim10^{-4}$ Ω·m 范围内、温度系数为正的固体，作为导体；电阻率在 $10^{-4}\sim10^{8}$ Ω·m范围内、温度系数为负的固体为半导体；而电阻率在 $10^{8}\sim10^{20}$ Ω·m 范围内、温度系数为负的固体为绝缘体. 显然，导体的导电性能最好，绝缘体的导电性能最差，半导体则介于两者之间. 下面用固体的能带理论说明它们之间的区别.

1. 绝缘体

绝缘体的能带结构有两个特征，其一是只有满带和空带，其二是满带和空带间有较宽的禁带，禁带的宽度 ΔE_g 一般大于 3 eV，如图 20.27 所示. 由于满带中的电子不参与导电，一般外加电场又不足以将满带中的电子激发到空带，所以此类物质导电性极差，称为绝缘体. 禁带越宽，绝缘性能越好. 如果外电场很强，致使满带中的大量电子跃过禁带而进入空带，这时绝缘体就变成导体.

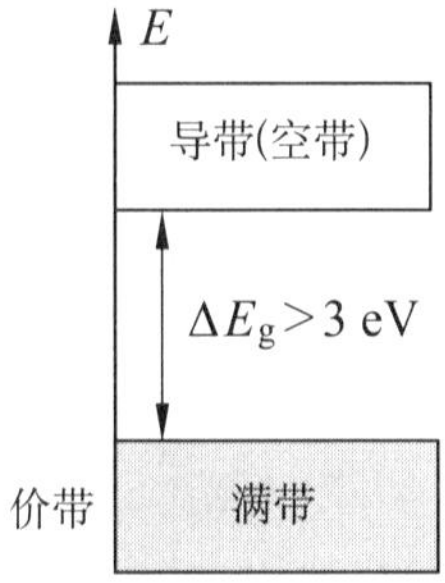

图 20.27

2. 导体

导体的能带结构不尽相同，有些导体（如一价碱金属）的价带为不满带；有些导体（如二价碱金属）的价带是满带，但满带与空带紧密相接或部分重叠；还有些金属，其价带为不满带，且与相邻空带发生重叠. 图 20.28(a)、(b)、(c)分别表示了这三种不同的能带结构. 可以看出，当外电场作用于晶体时，价带中的电子都有可能进入较高能级，从而可以形成电流，这正是导体具有良好导电性能的原因.

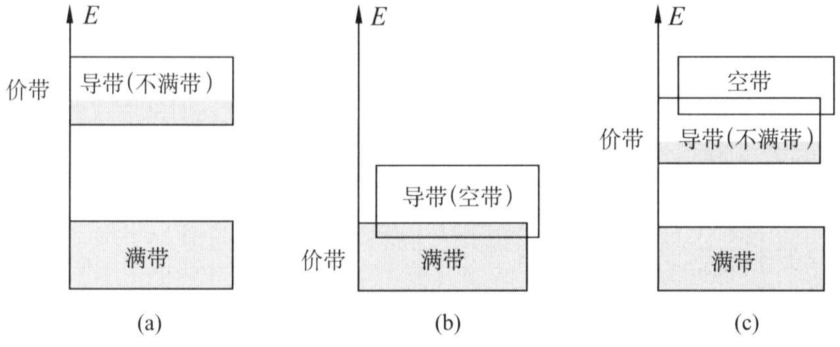

图 20.28

3. 半导体

半导体的能带结构如图 20.29(a)所示. 它只有满带和空带，因而从能带角度看，半导体与绝缘体没有本质区别，差别仅在于禁带宽度不同，半导体的禁带宽度 ΔE_g 与绝缘体相比要小得多，约 0.1～1.5 eV，因此半导体的导电能力比绝缘体好，但比导体差.

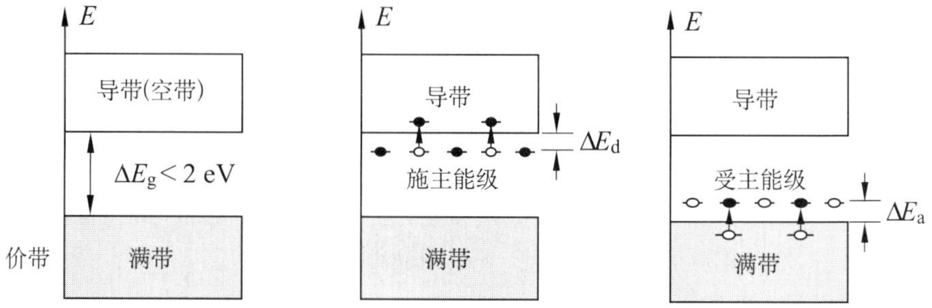

图 20.29

20.11.3 半导体的导电机构

半导体分两类,一类是本征半导体,另一类是杂质半导体.

1. 本征半导体

纯净无缺陷的半导体称为本征半导体,如硅、锗等.由于半导体的禁带宽度小,所以,当外电场作用于这种晶体时,少量电子可由满带进入空带,同时在满带中留下一个空位,称为**空穴**,相当于一个带正电的粒子.半导体中的电子和空穴总是成对出现,称为电子-空穴对.进入空带的电子可参与导电,称为电子导电.满带中的空穴也能导电,称为**空穴导电**,所以电子和空穴统称为**载流子**.当满带中出现空穴时,在外电场作用下,满带中的其他电子将去填充空穴,从而又留下新的空穴.显然,这将引起空穴的定向移动,从而形成空穴导电.空穴的定向移动,其效果如同带正电粒子的定向移动.由此可见,本征半导体的导电机构是电子和空穴的混合导电,其总电流是电子电流和空穴电流的代数和.

需要指出,本征半导体虽有导电性,但它的电导率很低.

2. 杂质半导体

在纯净的半导体中,可用扩散的方法掺入微量的其他元素的原子.这些掺入的原子对纯净半导体基体而言可称为杂质.掺有杂质的半导体称为杂质半导体.杂质半导体的导电性能较之本征半导体有很大的改变,而且导电机构也不相同.

杂质半导体有两类,一类以电子导电为主,称为 n 型(或电子型)半导体,另一类以空穴导电为主,称为 p 型(或空穴型)半导体.

在四价元素如硅或锗的纯净半导体中,掺入微量五价元素如磷或砷等杂质原子,可形成 n 型半导体.四价元素的原子最外层的价电子有四个,而五价的杂质原子有五个价电子.掺入杂质后,五价原子在晶体中替代四价元素硅或锗原子的位置,构成与硅或锗相同的四电子结构,而多出的一个价电子只在杂质离子的电场范围内运动.理论证明,这种多余的价电子的能级处在禁带中,且靠近空带,如图20.29(b)所示.这种杂质价电子受到激发时,很容易跃迁到导带中去,所以这类杂质原子称为**施主原子**,相应的杂质能级称为**施主能级**.由于施主能级与导带底部能级间的能量差值 ΔE_d 远小于禁带宽度 ΔE_g，即使在较低温度(室温)的条件下，施主能级上的大部分电子也能被激发到导带中去. 这种半导体杂质原子的数目虽然不多，但在常温下导带中自由电子的浓度却比同温度的纯净半导体导带中的电子浓度大得多，这就大大提高了半导体的导电性. 可见，这类半导体的导电机构主要取决于从施主能级激发到导带中的电子. 故称为电子型半导体或 n 型半导体.

在四价元素硅或锗的纯净半导体中，掺入微量三价元素，如硼或铟等杂质原子，可形成 p 型半导体. 这些三价杂质原子在晶体中替代四价原子的位置而构成与四价元素相同的四电子结构时，缺少一个电子，相当于因这些杂质原子的存在而出现了空穴. 对应于这些空穴，杂质能级也出现在禁带中，且靠近满带，如图20.29(c)所示. 该杂质能级与满带顶部能级的能量差值 ΔE_a 远小于禁带宽度 ΔE_g，因而满带中电子易被激发而跃迁到杂质能级，同时在满带中形成空穴. 因为杂质能级吸收从满带跃迁来的电子，所以这类杂质原子称为**受主原子**，相应的杂质能级称为**受主能级**. 在这种情况下，满带中的空穴浓度比纯净半导体的空穴浓度大得多，因而其导电性大为增加. 显然，这类半导体的导电主要依靠满带中的空穴，故称之为空穴型半导体或 p 型半导体.

在一片本征半导体的两侧分别掺入适当的高价和低价杂质，则在交界面两侧的深层内形成 pn 结. pn 结具有单向导电性，可制成晶体二极管作整流器件，也可以把各种类型的半导体适当组合，制成各种晶体管. 随着超精细小型化技术的发展，已制成各种规模的集成电路，并广泛应用于电子计算机、通信、雷达、宇航、电视、制导等技术领域.

*20.12　原子核与粒子物理简介

20.12.1　原子核物理简介

原子一词来自希腊语，意思是“不可分割的”. 1911 年，卢瑟福(E. Rutherford)根据 α 粒子($^4_2$He)大角度散射的实验现象提出原子也是有内部结构的，他认为在原子中心半径小于 10^{-14} m 的范围内存在一个核，称为原子核. 这一发现开启了人类对原子核性质的研究.

为了探索原子核的内部结构，1919 年卢瑟福通过 α 粒子轰击氮核发现了质子. 1932 年查德威克(J. Chadwick)发现了中子，至此人们确定原子核是由质子和中子组成. 这是核物理学一个重要的里程碑. 1935 年查德威克获诺贝尔物理学奖.

1. 原子核的一般性质

1)原子核的组成

原子核内质子和中子除了带电情况不同外，在质量、自旋等特征以及在核内的相互作用中，许多性质都是相近的，因此人们把质子和中子统称为核子.

原子核中质子数 Z 叫核的原子序数，中子数 N 和质子数 Z 之和叫核的质量数,用 A 表示,即 $A=Z+N$. 原子核通常用 ${}^{A}_{Z}X$ 表示,X 表示该核所属化学元素的符号. 由于各元素的原子序数 Z 是一定的,所以也常不写 Z 值. 例如,氦核可以表示为 ${}^{4}He$,表示其质量数为 4,铀核 ${}^{238}U$ 代表其质量数为 238.

用单位“千克”表示原子的质量显得太大,因此通常采用“原子质量单位”,符号为“u”. 原子质量单位是取碳同位素 ${}^{12}_{6}C$ 原子质量的 1/12 作为一个质量单位,即 $1u=1.66053906660(50)\times10^{-27}$ kg. 采用原子质量单位表示时,各原子核的质量都接近于整数.

2)原子核的大小

尽管原子核集中了原子 99.96%以上的质量,但原子核直径仅约 $10^{-15}\sim10^{-14}$ m,原子核的体积只占原子体积的几千亿分之一. 不同原子核的大小和形状略有差异,同时也受到其内部核子排列和核力分布的影响. 一般轻元素原子核通常较小且呈球形,重元素原子核则可能由于核子之间的复杂相互作用而呈现出不同形状.

实验指出,原子核的体积正比于质量数 A. 如果把原子核看作球形,则原子核的半径 R 与 $A^{1/3}$ 成正比,即

$$R\approx r_0A^{1/3} \tag{20.67}$$

实验测得式中比例系数 $r_0\approx1.20\times10^{-15}$ m. 按上式计算,碳原子 ${}^{12}_{6}C$ 的半径约为 2.7×10^{-15} m.

原子核的体积与其质量成正比,这表明核物质基本上是均匀分布的,任何原子核都具有几乎相同的密度,约 2.3×10^{17} kg·m^{-3}. 这一数值比地球的平均密度大 10^{14} 倍,可见原子核的密度极为巨大.

3)原子核的自旋和自旋磁矩

众所周知,钠黄光包含两根光谱线,波长分别为 589.6 nm 和 589.0 nm,这称为谱线的精细结构(源于电子的自旋). 随后,人们发现原子光谱还存在着超精细结构. 为解释这一现象,1924 年泡利提出了原子核自旋的概念.

原子核的总角动量是核中质子和中子的轨道角动量及自旋角动量的总和. 习惯上,人们把原子核的总角动量称为原子核的自旋角动量,简称核自旋,由此产生的磁矩称为核自旋磁矩.

核自旋是原子核最重要的特性之一. 在量子力学中,原子核自旋角动量 S_I 也是量子化的,其大小为

$$S_I=\sqrt{I(I+1)}\,\hbar \tag{20.68}$$

式中 I 称为核自旋量子数. 根据原子核的质子数 Z 和中子数 N 的奇偶性,核自旋量子数是半整数或整数. Z 和 N 都是偶数的称为偶偶核,同为奇数称为奇奇核,Z 和 N 一个是奇数、一个是偶数则称为奇偶核. 实验发现,偶偶核的自旋量子数为零,如 ${}^{4}_{2}He$、${}^{12}_{6}C$、${}^{238}_{92}U$ 等;奇奇核的自旋量子数为整数,如 ${}^{34}_{17}Cl$ 的自旋量子数为 0,${}^{10}_{5}B$ 的为 3,${}^{26}_{13}Al$ 的为 5,等等;奇偶核的自旋量子数则都是半整数,如 ${}^{15}_{9}N$ 的自旋量子数为 1/2,${}^{29}_{11}Na$ 的为 3/2,${}^{25}_{12}Mg$ 的为 5/2,等等. 核自旋量子数可以通过原子光谱的“超精细结构”能级分裂来测得.

原子核自旋角动量在某特定方向(如外磁场方向,设为 z 方向)的投影也是

量子化的，为

$$S_z = m_I\hbar, \quad m_I = -I, -(I-1), -(I-2), \cdots, (I-2), (I-1), I \tag{20.69}$$

式中 m_I 称为核自旋磁量子数. 当 I 一定时，m_I 共有 $2I+1$ 个不同取值，即原来的能级可以分裂成 $2I+1$ 个能级.

类比电子圆轨道运动的角动量与磁矩的关系，也可以得到原子核的磁矩为

$$\boldsymbol{\mu} = \frac{e}{2m_p} g\boldsymbol{S}_I = \gamma \boldsymbol{S}_I \tag{20.70}$$

式中 m_p 为质子质量，g 是反应原子核结构的因子，称为朗德因子，为一个无量纲的量. γ 称为旋磁比，即磁矩与角动量的比值. 将 S_I 代入得

$$\mu = \frac{e}{2m_p} g\sqrt{I(I+1)}\,\hbar = g\sqrt{I(I+1)}\,\mu_N \tag{20.71}$$

式中 $\mu_N = \dfrac{e\hbar}{2m_p}$ 称为核磁子，可以计算得

$$\mu_N = 5.057866 \times 10^{-27}\ \mathrm{J \cdot T^{-1}} \tag{20.72}$$

核磁矩在某特定方向(如外磁场方向，设为 z 方向)的投影为

$$\mu_z = \frac{e}{2m_p} gS_z = gm_I\mu_N \tag{20.73}$$

需要说明的是，中子虽然不带电，没有轨道磁矩，但实验表明中子也具有自旋磁矩，因此式(20.71)是包含中子在内的所有核子的磁矩，即包括质子的轨道磁矩以及质子、中子的自旋磁矩. 原子核的磁矩只有原子磁矩的千分之一，因此测定原子核磁矩比较困难，核磁共振是测定原子核磁矩的一种直接而准确的方法.

4)原子核的结合能

原子核质量 M 等于组成原子核的质子质量(单个质子质量为 M_p)和中子质量(单个中子质量为 M_n)的总和. 因此，质量数为 A 、电荷数为 Z 的原子核的质量就等于 $Z \cdot M_p + (A-Z) \cdot M_n$. 不过，实验测定的原子核质量 M 恒小于上式计算值，此现象称为质量亏损.

例如，氦核 ${}_2^4\mathrm{He}$ 的质量数为 $A=4$，质子数 $Z=2$ ，中子数为 $A-Z=2$ ，氦核质量应等于全部核子质量的总和，即

$$Z \cdot M_p + (A-Z) \cdot M_n = 2 \times 1.007276\ \mathrm{u} + 2 \times 1.008665\ \mathrm{u} = 4.031882\ \mathrm{u}$$

但实测氦核 ${}_2^4\mathrm{He}$ 的质量却为 $M_{\mathrm{He}} = 4.001505\ \mathrm{u}$，故质量亏损为 $\Delta M = 0.030377\ \mathrm{u}$.

根据相对论质能关系式 $\Delta E = \Delta M \cdot c^2$ ，质量的改变伴随着能量的改变. 把质子和中子形成某种原子核时所释放出的能量称为结合能，结合能反映了原子核的稳定程度. 相反，要使原子核分裂为单个质子和中子，则必须施加与结合能等值的能量. 因此，结合能越大，原子核就越稳定. 原子核的结合能与核子数的比值称为核子平均结合能. 由于中等质量数的原子核的核子平均结合能较高，因此可以通过重核裂变或轻核聚变的方式获得核能.

2. 核力

质子间距在 10^{-15} m 以内，核子之间的库仑斥力是很强的，但实际上库仑斥力并没有拆散原子核，因此在核子之间一定还存在一种比静电斥力更强的相互作用，使质子和中子集结在一起，形成稳定的原子核. 这种力被称为核力或强力.

实验表明，质子与质子、中子与中子、质子与中子之间都有核力相互作用. 在核的线度内，核力比库仑力大得多. 例如，中心相距 2×10^{-15} m 的两个质子之间的库仑力约为 60 N，而相互吸引的核力可高达 2×10^{3} N.

核力是短程力. 其作用距离为 $10^{-15}\sim10^{-14}$ m，比原子核的线度还要小. 且当核子间的距离较大时，核力显示为吸引力，而当距离小到 0.4×10^{-15} m 时，核力就由吸引力变为强烈的斥力. 正是这种斥力作用，才使所有原子核具有均匀的密度.

一个核子仅与其相邻近的核子发生核力作用，而邻近的核子是相当有限的，因此核力具有饱和性. 且无论质子与质子、中子与中子，还是质子与中子之间，表现的核力与核子带电无关.

核子之间的相互作用是以交换一种名曰 π 介子的基本粒子来实现的. 不像库仑力是有心力，核力具有非中心力性质，即两个核子的相互作用和其他相邻的核子的位置有关. 因此，核力不遵守叠加原理. 核力的这种性质给核子系统的理论计算带来巨大的困难.

3. 原子核的结构模型

到目前为止，人们已提出了多种核的结构模型，不过每种模型只能解释某一方面的性质.

1)原子核的液滴模型

玻尔首先提出，根据核密度大体一定这个事实，可把核比拟为密度极大、不可压缩的液体球，这就是核的液滴模型.

液滴模型设想核是一滴“核液”，核子间距很小时，核力为巨大的斥力，使核液具有“不可压缩”；核子间距较大时，核力又表现为引力. 斥力和引力的平衡使得核子之间保持一定的平衡间距，从而使核液密度恒定. 像普通的液滴由于表面张力而聚成球形那样，也可以设想核液滴也因表面张力而紧缩成球形. 处于核表面附近的核子，则只受到指向核内部、大约一半的核力作用，使得核子不能逸出核表面，从而保持核的稳定.

液滴模型很好地解释了质量分布、表面振动、变形核的转动等原子核的静态性质和动力学规律，还可以解释核反应、重核裂变等现象.

2)原子核的壳层模型

1949 年迈耶夫人(M. Mayer)和简森(J. Jensen)各自独立地提出了原子核的壳层模型. 壳层模型是根据原子核具有周期性的特点，参照原子的壳层结构理论而提出的核内质子和中子排布的一个重要理论模型.

实验发现，当质子数或中子数为某些特定的数目(如 2,8,18,36,…)时，原子核特别稳定.这些特定的数目被称为"幻数",即使质子、中子的一方为幻数而另一方与幻数差异较大时,也能组成稳定的核.这很容易让人联想到原子中核外电子数为 2,8,18,36,…等时,元素表现出特别的稳定性.因此,可以认为原子核也存在着类似的壳层结构,即质子数或中子数为幻数时,就代表着相应的完整壳层.

迈耶夫人和简森认为,原子核内的每个核子受其余核子的引力场作用,应有若干个可能的稳定态(能级).质子或中子遵循泡利不相容原理,从最低能级依次填满各个较高的能级,从而构成不同的壳层.

壳层模型很好地解释了幻数现象以及结合能、核自旋、核磁矩等性质.迈耶夫人和简森因在核壳层结构方面所作的贡献被授予 1963 年的诺贝尔物理学奖.

3)原子核的费米气体模型

费米气体模型是 1926 年由费米(A. Fermi)提出的.该模型视原子核为一团气体,核子可看作几乎没有相互作用的气体分子,各自独立地在核内运动.因而可认为核子在无限深势阱中运动,这个势阱是由其余核子产生的总势场形成,由此可以计算核能级并能够给出激发态的一些有用信息.费米气体模型在揭示核子独立行为方面取得了成功.

4.原子核的衰变及其规律

1)衰变现象

1896 年法国物理学家贝克勒尔(H. Becquerel)从铀矿物质发出荧光的过程中发现铀具有放射性.放射现象本质就是原子核发生衰变的过程,衰变之后,原来的元素转变为一种新元素.

卢瑟福等人曾对放射线进行了详细的观察和研究,发现放射线中有三种不同的成分,分别被称为 α(氦核)射线、β(电子)射线和γ(光子)射线.这些射线都能使气体电离(其中 α 射线电离作用强,β 射线次之,γ射线最弱),也能穿透物质(其中γ射线穿透本领最强,β 射线穿透本领次之,α 射线穿透本领最小),还能使荧光物质发出荧光、使照相底片感光以及破坏生物细胞等.

2)衰变规律

虽然放射性物质的所有原子核都有可能发生衰变,但衰变并不是同时进行的,在一定时间内,只有一定数量的核发生衰变.因此,衰变遵循统计规律.

设在 t 时刻放射性物质内尚有未衰变的原子核数为 N,在 $t \to t+\mathrm{d}t$ 时间内发生衰变的核数为 $\mathrm{d}N$,则 $\mathrm{d}N$ 既与 N 成正比,也与 $\mathrm{d}t$ 成正比,即有

$$-\mathrm{d}N = \lambda N \mathrm{d}t$$

式中负号表示 N 减少,λ 称为衰变常数.λ 只与核的种类有关,与温度、压强、电磁场等外界因素无关.若 $t=0$ 时,核数为 N_0,对上式积分则有

$$\int_{N_0}^{N} \frac{\mathrm{d}N}{N} = -\int_0^t \lambda \mathrm{d}t$$

即

$$N = N_0 \mathrm{e}^{-\lambda t} \tag{20.74}$$

这就是放射性元素的衰变定律,它表明原子核的数目 N 随时间 t 按指数规律

减少.

原子核的衰变过程也遵从电荷守恒、质量守恒和能量守恒等普遍规律.

3)衰变快慢

由式(20.74)可知,λ 是在 t 时刻单位时间内发生衰变的概率,因此 λ 的数值大小就反应了衰变的快慢.原子核衰变快慢也可用半衰期 $T_{1/2}$ 来表征.半衰期 $T_{1/2}$ 是指原子核由 N_0 衰变到 $N_0/2$ 所需的时间,由式(20.74)易得

$$T_{1/2}=\frac{\ln 2}{\lambda}=\frac{0.695}{\lambda} \tag{20.75}$$

原子核衰变快慢还可以用平均寿命 τ 来表征.利用求统计平均的方法可得

$$\tau=\frac{\int_0^{+\infty} t\left(-\frac{\mathrm{d}N}{\mathrm{d}t}\right)\mathrm{d}t}{N_0}=\frac{\int_0^{+\infty} t\lambda N_0 \mathrm{e}^{-\lambda t}\,\mathrm{d}t}{N_0}=\frac{1}{\lambda} \tag{20.76}$$

5.人工核反应

原子核衰变是不稳定元素发生转变的自发过程,而稳定元素可以通过人工方法实现原子核的转变.

1919 年卢瑟福用 α 粒子轰击氮核 $_7^{14}\mathrm{N}$,实现了人类第一次人工核反应,其反应式为

$$_7^{14}\mathrm{N}+_2^4\mathrm{He}\longrightarrow _9^{18}\mathrm{F}\longrightarrow _8^{17}\mathrm{O}+_1^1\mathrm{H}$$

当 α 粒子进入氮原子核后形成不稳定的核(氟的同位素 $_9^{18}\mathrm{F}$),氟的同位素 $_9^{18}\mathrm{F}$ 立即自行分裂,放出质子 $_1^1\mathrm{H}$,而转变为新元素 $_8^{17}\mathrm{O}$.质子就是在这个反应中首先被发现的.

1932 年约里奥-居里(J. Joliot-Curie)和查德威克在研究 α 粒子轰击铍核 $_4^9\mathrm{Be}$ 的核反应时,首次发现了中子 $_0^1\mathrm{n}$,其反应式为

$$_4^9\mathrm{Be}+_2^4\mathrm{He}\longrightarrow _9^{18}\mathrm{F}\longrightarrow _6^{12}\mathrm{C}+_0^1\mathrm{n}$$

1934 年约里奥-居里夫妇发现用 α 粒子轰击各种物质时,经过核反应所产生的新元素是不稳定的,是一种放射性元素.这一发现对产生人工放射性同位素提供了重要的实验基础.

在人工放射性现象中,用 α 粒子轰击 $_5^{10}\mathrm{B}$ 之后,产生了氮的同位素 $_7^{13}\mathrm{N}$,其将继续衰变为 $_6^{12}\mathrm{C}$,从这个反应中发现了正电子 $_1^0\mathrm{e}$,其反应式为

$$_5^{10}\mathrm{B}+_2^4\mathrm{He}\longrightarrow _7^{13}\mathrm{N}+_0^1\mathrm{n}\longrightarrow _6^{12}\mathrm{C}+_0^1\mathrm{n}+_1^0\mathrm{e}$$

通过核反应的研究,人们发现了许多新元素,除上面已经提到质子、中子、正电子外,还发现了介子、超子等.人工核反应加速了高能粒子加速器的发展和应用,促进了人们对核结构的认识和核能的利用.

20.12.2 核磁共振

核磁共振现象最早是由美国科学家珀塞尔(E. Purcell)和瑞士科学家布洛赫(E. Bloch)分别于 1945 年 12 月和 1946 年 1 月独立发现的,他们因此共享了 1952 年的诺贝尔物理学奖.之后,核磁共振技术得到了一大批科学家的广泛关注.近些年来,12 位科学家因在核磁共振方面的杰出贡献获得了诺贝尔物理学

奖. 由核磁共振转化为探索物质微观结构和性质的高新技术取得了惊人的进展. 目前,核磁共振已在物理学、化学、材料科学、生命科学等领域得到了广泛的应用.

1. 核磁共振及其基本原理

核磁共振(nuclear magnetic resonance,NMR)是指原子核的磁矩在恒定磁场和高频磁场同时作用下,当满足一定条件时发生的共振吸收现象. 核磁共振技术是一种利用原子核在磁场中的能量变化来获得核信息的技术.

具有自旋磁矩 $\boldsymbol{\mu}$ 的原子核置于外加磁场 $\boldsymbol{B}$ 中时,磁矩与磁场的相互作用能为

$$E = -\boldsymbol{\mu}\cdot\boldsymbol{B} = -\mu_z B = -g\mu_N m_I B \tag{20.77}$$

上述结论对原子核普遍适用. 考虑到在实验和应用中常用的是氢核的核磁共振,故以氢核为例进行讨论. 氢核的自旋磁量子数 $m_I = \pm 1/2$,它在外磁场中的能量如图 20.30 所示. 由式(20.77)算得氢核相邻两个能级的能量差为

$$\Delta E = E_2 - E_1 = g\mu_N B = \gamma\hbar B \tag{20.78}$$

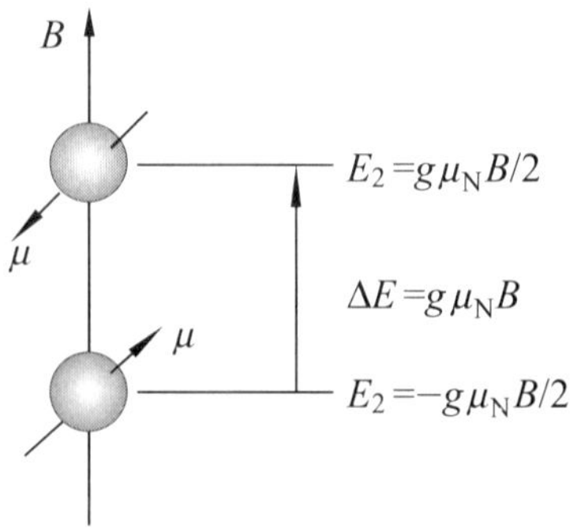

图 20.30

由此可见,当氢核在外磁场中同时受到电磁波照射时,要从能级 E_1 跃迁到 E_2,必须而且只能吸收如下频率的电磁波,即

$$\nu_0 = \frac{\Delta E}{h} = \frac{g\mu_N B}{h} = \frac{\gamma B}{2\pi} \tag{20.79}$$

也就是说,只有当入射电磁波的频率 $\nu = \nu_0$ 时,才能被氢核吸收. 原子核在外磁场中只吸收特定频率电磁波的现象叫做核磁共振,该频率称为核磁共振频率. 显然,氢核的核磁共振频率只与外磁场有关. 当 $B = 1$ T 时,将 μ_N、h 值以及氢核的 $g = 5.5857$ 代入式(20.79),得到氢核相应的核磁共振频率为 $\nu_0 = 42.69$ MHz. 该频率正好在微波范围,相应的波长约为 7 m. 氢核的旋磁比 γ 为 $2.675\times10^8\,\mathrm{rad\cdot s^{-1}\cdot T^{-1}}$.

2. 核磁共振技术

由核磁共振条件式(20.79)不难看出,实现核磁共振的方法有两种,一是保持磁场 $\boldsymbol{B}$ 不变,调节射频场频率 ν 以达到核磁共振状态;二是用固定的射频频率 ν 照射,调节样品所处的磁场 $\boldsymbol{B}$,使之满足核磁共振条件. 前者称为调频法,后者则称为调场法.

图 20.31 是调频核磁共振实验示意图,待测样品管置于磁体两极之间,管外绕有线圈,由射频振荡器向它输入射频电流. 这时电流就向样品发射同频率的电磁波,其频率大致与外磁场对应的核磁共振频率相等. 为了精确地测定共振频率,用一个调频振荡器使射频电磁波的频率在共振频率附近连续变化. 当电磁波频率恰好等于共振频率时,射频振荡器的输出就出现一个吸收峰,显示在示波器上,同时由频率计数器读出此共振频率.

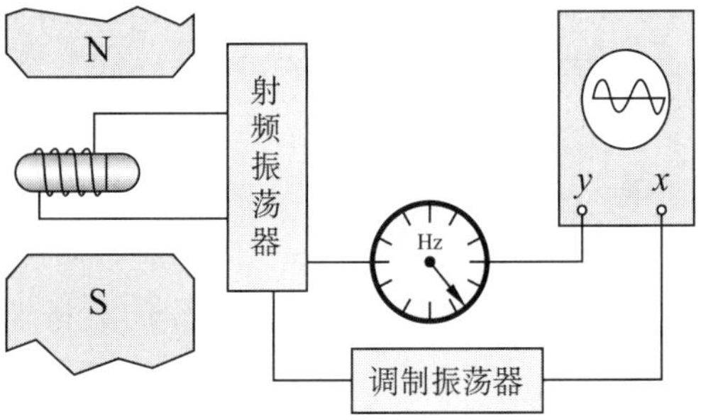

图 20.31

随着高分辨技术的日新月异,核磁共振新技术也层出不穷.技术手段上已由最初较为简单的核磁共振技术发展到核磁双共振、二维核磁共振及多维核磁共振、核磁共振成像技术、魔角旋转技术、极化转移技术等.

核磁双共振是同时利用两种频率的射频场,作用于两种核组成的系统,第一射频场 $\boldsymbol{B}_1$ 使其中一种核共振,第二射频场 $\boldsymbol{B}_2$ 使另外一种核共振,两个原子核同时发生核磁共振现象.第二射频场为干扰场,通常用一个强射频场干扰核磁共振谱线图中某条谱线,另一个射频场观察其他谱线的强度、形状和精细结构的变化,从而确定各条谱线之间的关系,区分相互重叠的谱线.二维核磁共振使核磁共振技术产生了一次革命性的变化,它将挤在一维核磁共振谱线中的谱线在二维空间展开(二维谱),从而较清晰地展示了原子内部更多更丰富的信息.二维核磁共振技术在研究更大分子体系时,谱线也出现了严重的重叠,为了解决这一问题,人们将二维核磁共振推广到了三维甚至多维的核磁共振,它们将物质的分子结构和分子间的关系表现得更加清晰.

3.核磁共振技术的应用

核磁共振技术早期仅限于对原子核的磁矩、电四极矩和自旋的测量,随着科技的发展进步,核磁共振的技术手段也在不断地更新变化,其用途也日益广泛.近年来,分子结构的测定、金属离子同位素的应用、动力学核磁研究、指定部位的高分辨成像、压力作用下血红蛋白质结构的变化、生物体中水的研究、原油的定性鉴定和结构分析、沥青化学结构分析、涂料分析、农药鉴定、食品分析等等,在理论上都是利用核磁共振技术的原理.核磁共振技术在各种技术领域正在发挥着它举足轻重的作用.

例如,核磁共振 CT(computed tomography)、核磁共振成像(NMR 成像)被广泛地用于医疗诊断上.其中最常用的是平面成像,即获取样品平面(断面)上的分布信息,称作核磁共振计算机断层成像,也就是常说的核磁共振 CT.就人体而言,体内的大部分物质都是水,含有大量的氢核(一个水分子含有两个氢核),且不同组织中水的含量也不同.用核磁共振 CT 手段可测定生物组织中含水量分布的图像,实际上就是质子密度分布的图像.当体内遭受某种疾病时,其含水量分布会发生变化,利用氢核的核磁共振,将病态的图像和正常的图像相比较,即可做出诊断.

20.12.3　粒子物理简介

粒子最初的含义是组成物质的基本单元，又称"基本粒子". 随着人们对物质世界认识的深入，这一概念不断改变. 最早人们把原子作为基本单元；卢瑟福发现原子核后，又把原子核和电子当作基本单元；中子被发现后，人们又把质子、中子、电子及光子当作基本单元. 随着物理实验的发展，很多微观粒子陆续被发现，比如正电子、中微子、介子、超子等.

必须指出，"粒子"是历史上沿袭下来的名称，它们实际上都具有波粒二象性.

1. 粒子的分类

至今发现的粒子已接近千余种，虽然这些粒子的质量、寿命相差很大，但它们参与的基本相互作用只有四种，因此可根据它们能参与的相互作用类型进行分类. 早期人们把粒子划分为轻子、强子（介子和重子）和媒介子（规范玻色子）三类.

规范玻色子又称媒介子或场量子，是传递相互作用的粒子，包括光子、中间玻色子、胶子和引力子四种. 光子是传递电磁相互作用的粒子；中间玻色子是传递弱相互作用的粒子，有带电的 W 粒子（符号 $W^{\pm}$，带 $\pm e$ 电量）和不带电的 Z^0 粒子；胶子是理论预言的传递强相互作用的粒子，又分为 8 种，目前已有间接的实验证据；引力子是理论预言传递引力作用的媒介子，目前还只是理论上的概念.

轻子是不参与强相互作用的费米子（自旋为半整数的粒子）. 轻子的自旋量子数都是 1/2. 它们参与弱相互作用，带电的还参与电磁相互作用. 轻子包括电子（e^-）、电中微子（ν_e）、μ子（μ^-）、μ中微子（ν_μ）、τ 子（τ^-）、τ 中微子（ν_τ）及它们的反粒子，共 12 种. μ子质量比电子大 200 多倍，τ 子质量比电子大 3000 多倍，除质量大以外，μ子、τ 子的其他性质和电子基本相同，故两者也被称为重电子和超重电子. 中微子不带电，过去人们一直认为其静止质量为零，但中微子振荡实验表明其质量不为零，只是非常小而已. 至今尚未发现轻子具有内部结构.

强子是参与强相互作用的粒子. 当然，强子也参与弱相互作用，带电或中性有磁矩的强子还参与电磁相互作用. 根据粒子的自旋，强子又分为介子和重子两类. 介子的自旋量子数为零，如 π 介子、K 介子、η 介子等. 重子的静止质量都大于质子质量，如 Λ 超子、Ξ 超子、Σ 超子、Ω 超子等. 自旋量子数除 Ω 超子为 3/2 外，其余都为 1/2. 目前发现的基本粒子大多数是强子.

自 1963 年强子结构的夸克模型提出以后，介子和重子不再认为是"基本粒子". 从粒子物理标准模型的观点来看，夸克才是"真正"的基本粒子，是构成强子的基本单元，因此现在基本粒子被划分为轻子、夸克、媒介子三类. 其中媒介子还要加上希格斯玻色子.

2. 四种相互作用

基本粒子的属性是通过粒子间的相互作用而表现出来的. 由基本粒子所表现出来的属性,又能推断粒子间相互作用的性质和规律. 尽管自然界中力的种类多种多样,但物理学把它们归结为四种基本相互作用.

1)万有引力相互作用

最早被发现的万有引力存在于一切静止或运动质量不为零的粒子之间. 但由于基本粒子的质量很小,可完全不考虑这种相互作用. 量子引力理论认为万有引力通过交换引力子而发生,引力子至今仍是一个理论上的概念.

2)电磁相互作用

电磁相互作用是一种长程相互作用,通过交换光子来传递,光子静止质量为零. 所有带电粒子都存在电磁相互作用. 除引力外,宏观力本质上都是电磁相互作用.

3)弱相互作用

弱相互作用力是支配原子核衰变的力,如中子的 β 衰变. 弱力交换的粒子是 W 粒子和 Z^0 粒子(质量不为零). 弱相互作用力程很短,约为 10^{-18} m 量级.

弱相互作用广泛存在,如轻子之间、介子与轻子之间、介子之间、轻子与重子之间、介子与重子之间,都存在这种作用.

4)强相互作用

强相互作用只存在于重子和介子之间,通过交换胶子(质量为零)来传递. 这种相互作用强度大,也是一种短程力,作用范围约 10^{-15} m 量级. 强相互作用力是核子结合成原子核的主要作用力. 质子和中子都是由夸克组成的,所以从本质上讲强相互作用是夸克之间的相互作用力.

3. 守恒规律

基本粒子在上述几种相互作用下,经历着各种各样的反应过程,或是使粒子衰变,或是与其他粒子碰撞产生新粒子等. 实验结果表明,这些过程都严格遵守宏观过程中的守恒定律,如能量守恒、动量守恒、角动量守恒、电荷守恒等定律.

不仅如此,基本粒子相互作用过程中还出现了另外一系列特殊的守恒定律,如轻子数守恒、重子数守恒、奇异数守恒、同位旋守恒、宇称守恒等. 但要指出,这些特殊的守恒定律并不是在所有的相互作用过程中都成立,如弱相互作用就不遵守同位旋、宇称守恒定律.

4. 强子的夸克模型

至今没有发现轻子具有内部结构,但多项实验结果表明强子是有内部结构的. 因此从 20 世纪 50 年代中期开始,科学家们纷纷提出各种强子内部结构模型.

1964 年,盖尔曼(M. Gell-Mann)等人提出强子由夸克组成,与此同时我国物理学家也提出了类似的层子模型. 在最初的夸克模型中,用上夸克、下夸克和奇夸克及它们的的反粒子就可以解释当时已发现的强子.上夸克、下夸克和奇夸克的符号分别为 u(up)、d(down)和 s(strange).相应的反夸克分别用 $\bar{u}$、$\bar{d}$ 和 $\bar{s}$ 表示.夸克具有分数电荷,如上夸克的电荷为 $2e/3$,下夸克和奇夸克的电荷为 $-e/3$.反夸克的电荷与相对应夸克的电荷等量反号.根据盖尔曼的强子模型,所有重子均由三个夸克组成,如质子由(uud)构成,中子则由(udd)构成.介子则由一个正夸克和一个反夸克组成,如 π^+ 介子由($u\bar{d}$)构成,π^- 介子由($\bar{u}d$)构成.

1974 年美籍华人物理学家丁肇中和里希特(B. Richter)又独立的发现了一个新粒子,分别命名为 J 粒子和 Ψ 粒子,现在通称为 J/Ψ 粒子.这个新粒子无法由上述三种夸克组合而成,因此人们引入了第四种夸克——粲夸克,符号为 c (charm).因确认了粲夸克的存在乃至夸克模型的真实性,丁肇中和里希特获得了 1976 年的诺贝尔物理学奖.1977 年,莱德曼(L. Lederman)又发现了 ϒ 粒子,同样为说明它的结构引入了第五种夸克——底夸克,符号为 b (bottom).1995 年实验又证实了顶夸克的存在,符号为 t(top).上述 6 种夸克被物理学家风趣地称为"六种味道"的夸克.每种夸克又存在三种"颜色"(一种内禀性质),因此共有 18 种夸克.加上每种夸克各自的反夸克,夸克总数为 36 种.

夸克通过非常强的相互作用结合成强子,物理学家设想这种相互作用是通过一种叫"胶子"的粒子来实现的.1978 年丁肇中在实验中观察到所谓的"三喷注"现象,为胶子的存在提供了一个实验证据.

夸克模型的结果与一系列实验事实符合得很好,人们相信夸克是存在的,但采用各种办法,至今仍无法观测到自由夸克.为此理论物理学家们提出了多种"夸克禁闭"理论,其中最令人信服的是强相互作用的渐进自由性质.渐近自由性质描述了夸克之间在强相互作用中的一种特殊行为,即当夸克之间的距离非常近或能量非常高时,它们之间的相互作用力会变得非常弱,以至于夸克可以看作几乎不受束缚的自由粒子;而随着距离增大,它们之间的相互作用会变得非常强.美国物理学家格罗斯(D. Gross)、波利策(D. Politzer)、威尔切克(F. Wilczek)因"在强相互作用理论中发现渐近自由性"而共同获得了 2004 年的诺贝尔物理学奖.夸克束缚在强子内部,"看不见夸克"是当代物理学前沿的世界难题之一.

5. 标准模型和希格斯粒子

大量新粒子的发现促使物理学家们努力寻找一个能够统一解释这些发现的理论,经过多年的实验和研究,标准模型(standard model)逐渐建立起来,并成为现代粒子物理学的核心理论之一.标准模型是描述宇宙中基本粒子和它们之间相互作用(除引力以外)的理论框架,它把已发现和预言的 61 种基本粒子分成两大类.一类是构成基本物质的费米子,又包括夸克和轻子两小类,共 48 种;另一类是传递相互作用的规范玻色子,包括光子(传递电磁力)、胶子(传递强力)、$W^{\pm}$ 玻色子和 Z^0 玻色子(传递弱力)以及希格斯玻色子(赋予其他粒子质量),共 13 种.

物理学家一直在寻找能统一说明四种相互作用力的理论或模型，称为大统一理论. 爱因斯坦建立广义相对论后，曾试图把万有引力和电磁力统一起来，但没有成功. 人们在研究中发现弱相互作用和电磁相互作用一样，也具有矢量耦合性质，因此试图将这两种相互作用进行统一描述. 1961 年，格拉肖(S. Glashow)提出了一个具有规范对称性的理论模型. 1964 年，温伯格(S. Weinberg)和萨拉姆(A. Salam)在格拉肖的基础上，提出了电弱统一理论，并预言弱相互作用是通过交换 $W^{\pm}$ 和 Z^0 三种中间玻色子来实现的. 这一模型被定义为格拉肖-温伯格-萨拉姆模型，三人于 1979 年同获诺贝尔物理学奖. 1983 年，模型预言的弱相互作用的传播子 $W^{\pm}$ 和 Z^0 被欧洲核子研究中心在质子-反质子对撞实验中发现，而且电弱统一理论所预言的 $W^{\pm}$ 和 Z^0 的质量也得到了实验证实. 电弱统一理论作为 20 世纪物理学领域最重要的发现之一，打开了人类深入探索微观世界的大门.

光子作为电磁相互作用的媒介粒子，是没有质量的. 这一点在相对论量子力学和电磁理论中都有明确的体现，光子的无质量性也是其能够以光速传播的原因. 为解释 $W^{\pm}$ 和 Z^0 玻色子的质量，1964 年恩格勒(F. Englert)和希格斯(P. Higgs)等人提出假定，认为宇宙中充满一种特殊物质——希格斯场，并预言了一种自旋为零的玻色子的存在，即希格斯玻色子. 希格斯场遍布整个空间，能量降低时，希格斯场的真空期望值不为零导致对称性破缺，使得 $W^{\pm}$ 和 Z^0 玻色子获得质量. 这种使规范玻色子获得质量的机制，后来被称为希格斯机制. 希格斯机制对解决粒子质量来源问题意义重大，是标准模型的重要组成部分. 当其他基本粒子在希格斯场中运动时，会与之相互作用，从而赋予基本粒子质量，而希格斯粒子参与了这种相互作用. 希格斯场的量子化激发就是希格斯粒子. 希格斯粒子被认为是物质的质量之源，是轻子和夸克形成惯性质量的基础，因此被美国物理学家莱德曼称为"上帝粒子". 希格斯粒子提出后一直未被发现，直到 2012 年 7 月 4 日，欧洲核子研究中心宣布发现了它的存在. 这一发现印证了 60 年前的理论预言，被认为填补了粒子物理标准模型的最后一块空白，对学术界和公众都产生了巨大影响. 至此，标准模型预言的 61 种基本粒子全部被发现. 希格斯和恩格勒也因此获得 2013 年诺贝尔物理学奖.

希格斯粒子的发现有力证明了标准模型的正确性，但标准模型仍面临着一些棘手的问题与挑战. 如，它无法解释引力的本质，物理学家提出的引力子假设仍未被证实；它无法解释占据宇宙大部分质量能量的暗物质和暗能量的存在；也无法解释中微子的三种质量态以及可以在不同质量态之间转换的中微子振荡现象.

希格斯粒子的发现也促进了对大统一理论的进一步探索. 20 世纪中叶以来，很多大统一理论，如弦理论、超弦理论等相继提出，但至今尚未得到实验判定性的检验. 大统一理论仍是物理学的热点问题，也是人类追求的终极目标.

内容提要

1. 热辐射和普朗克能量子假设

1）热辐射

物体与温度有关的电磁辐射称为热辐射.任何物体在任何温度下都能进行热辐射.绝对黑体能完全吸收入射线,其辐射本领最强.

2）绝对黑体的辐射规律

斯特藩-玻尔兹曼定律： $M_b(T)=\sigma T^4$.

维恩位移律： $T\lambda_m=b$.

3）普朗克能量子假设

$$\varepsilon = h\nu$$

2. 光的波粒二象性

1）光子

$$\text{能量 } \varepsilon = h\nu,\quad \text{动量 } p_\varphi = m_\varphi c = \frac{h}{\lambda},\quad \text{质量 } m_\varphi = \frac{\varepsilon}{c^2} = \frac{h\nu}{c^2}.$$

2）爱因斯坦光电效应方程

$$h\nu = \frac{1}{2}mv^2 + A.$$

截止频率： $\nu_0=\dfrac{A}{h}$.

3）康普顿散射公式

$$\Delta\lambda = \lambda' - \lambda = \frac{2h}{m_0 c}\sin^2\frac{\varphi}{2}$$

3. 实物粒子的波粒二象性

物质波(德布罗意波)： 波长 $\lambda=\dfrac{h}{p}$， 频率 $\nu=\dfrac{E}{h}$.

波函数的统计解释： $|\Psi(\boldsymbol{r},t)|^2$ 表示 t 时刻粒子在空间 $\boldsymbol{r}$ 处附近单位体积内出现的概率. $|\Psi|^2$ 又称概率密度.

波函数的标准条件： 单值、有限、连续.

波函数的归一化条件： $\int_V |\Psi(\boldsymbol{r},t)|^2 \mathrm{d}V = 1$.

4. 不确定关系

$$\Delta x\cdot\Delta p_x \geqslant \frac{\hbar}{2},\quad \Delta E\cdot\Delta t \geqslant \frac{\hbar}{2}$$

5. 薛定谔方程

定态薛定谔方程： $\nabla^2\psi(\boldsymbol{r})+\dfrac{2m}{\hbar^2}(E-V)\psi(\boldsymbol{r})=0$.

6. 氢原子

1）氢原子光谱

$$\tilde{\nu} = \frac{1}{\lambda} = R\left(\frac{1}{k^2}-\frac{1}{n^2}\right),\quad \begin{cases} k = 1,2,3,\cdots \\ n = k+1,k+2,k+3,\cdots \end{cases}$$

2）氢原子的玻尔理论

定态假设； 量子化条件； 频率条件： $\nu_{kn}=\frac{|E_k-E_n|}{h}$.

3）氢原子的量子特性

能量量子化： $E_n=\frac{E_1}{n^2}=-\frac{13.6}{n^2}\ \mathrm{eV}$, $n=1,2,3,\cdots$.

轨道角动量量子化： $L=\sqrt{l(l+1)}\hbar$, $l=0,1,2,\cdots,n-1$.

轨道角动量空间取向量子化： $L_z=m_l\hbar$, $m_l=0,\pm1,\pm2,\cdots,\pm l$.

自旋角动量空间取向量子化： $S_z=m_s\hbar$, $m_s=\pm\frac{1}{2}$.

7. 原子中电子的分布

壳层结构；泡利不相容原理；能量最小原理.

8. 算符与量子力学中的力学量

表象；算符；本征值；本征函数；希尔伯特空间；对易关系.

在 ξ 表象中计算力学量 F 的期望值为 $\bar{F}=\int_{-\infty}^{+\infty}\Psi^*(\xi)\hat{F}\Psi(\xi)\mathrm{d}\xi$.

希尔伯特空间中的态函数 Ψ 对基矢展开 $\Psi=\sum_n a_n\psi_n$，观测概率为

$$|a_n|^2=\left|\int\psi_n^*\Psi\mathrm{d}x\right|^2$$

坐标算符和动量算符的对易关系 $[\hat{x},\hat{p}]=\mathrm{i}\hbar$.

9. 固体的能带

1）能带

满带中的电子不参与导电.不满带和空带又称导带.

绝缘体的空带和满带间有较宽的禁带，半导体的禁带宽度较小.导体的能带中都有导带.

2）半导体

本征半导体中的载流子是电子和空穴.n 型半导体中的载流子是从施主能级跃迁到导带中的电子；p 型半导体中的载流子是由于受主能级吸收了从满带跃迁来的电子后，在满带中产生的空穴.

习 题

(一) 选择题和填空题

20.1 某金属产生光电效应的红限波长为 λ_0，今以波长为 $\lambda(\lambda<\lambda_0)$ 的单色光照射该金属，金属释放出的电子(质量为 m_e)的动量大小为［ ］

(A) $\frac{h}{\lambda}$. (B) $\frac{h}{\lambda_0}$. (C) $\sqrt{\frac{2m_e hc(\lambda_0+\lambda)}{\lambda\lambda_0}}$. (D) $\sqrt{\frac{2m_e hc}{\lambda_0}}$. (E) $\sqrt{\frac{2m_e hc(\lambda_0-\lambda)}{\lambda\lambda_0}}$.

20.2 一束动量为 p 的电子，通过缝宽为 a 的狭缝，在距离狭缝 R 处放置一个荧光屏，屏上衍射图样中央最大的宽度 d 等于［ ］

(A) $\frac{2a^2}{R}$.　(B) $\frac{2ha}{p}$.　(C) $\frac{2ha}{Rp}$.　(D) $\frac{2Rh}{ap}$.

20.3　设氢原子的动能等于处于温度为 T 的热平衡状态时的平均动能，其质量为 m，那么此氢原子的德布罗意波长为［　］

(A) $\lambda=\frac{h}{\sqrt{3mkT}}$.　(B) $\lambda=\frac{h}{\sqrt{5mkT}}$.　(C) $\lambda=\frac{\sqrt{3mkT}}{h}$.　(D) $\lambda=\frac{\sqrt{5mkT}}{h}$.

20.4　如图所示，一频率为 ν 的光子与起始静止的自由电子发生碰撞和散射. 如果散射光子的频率为 ν'，反冲电子的动量为 $\boldsymbol{p}$，则在与入射光子平行的方向上，动量守恒定律的分量形式为________.

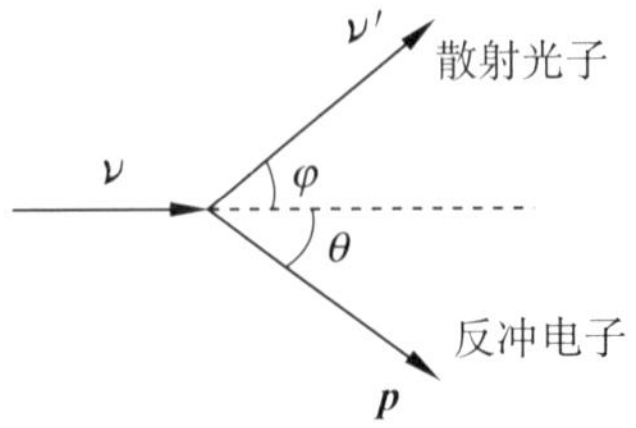

题 20.4 图

20.5　分别以频率 ν_1 和 ν_2 的单色光（$\nu_1>\nu_2$，均大于截止频率 ν_0）照射某一光电管，则当两种频率的入射光的光强相同时，所产生的光电子的最大动能 E_1 ________ E_2；为阻止光电子到达阳极，所加的遏止电压 $|U_{a1}|$ ________ $|U_{a2}|$；所产生的饱和光电流 I_{s1} ________ I_{s2}（用＞或＝或＜填入）.

20.6　如果电子被限制在边界 x 与 $x+\Delta x$ 之间，其中 $\Delta x=0.5$Å，则电子动量 x 方向分量的不确定量近似地为________kg·m·s^{-1}（用 $\Delta x\cdot\Delta p_x\geqslant\frac{\hbar}{2}$ 估算）.

20.7　试问：当主量子数 $n=6$ 时，角量子数 l 的可能取值为________；$l=6$ 时，磁量子数 m 的可能取值为________；若 $l=4$，则 n 的最小值是________；若使角动量在磁场方向的分量为 $4\hbar$，则 l 的最小值为________.

(二)问答题和计算题

20.8　把太阳看成黑体，测得太阳的最大单色辐出度对应波长是 0.49 μm，求太阳表面的温度. 如果太阳的平均直径为 1.39×10^9 m，太阳到地球的距离是 1.49×10^{11} m，求太阳垂直照射的地球表面单位面积上接收到的辐射功率.

20.9　测得从炉壁小孔辐射出来的能量为 20 W·cm^{-2}，求炉内温度及单色辐出度的极大值对应的波长.

20.10　在离金属板 $R=100$ m 处放置一个小灯泡，其功率 $P=1$ W. 为简单起见，设发出的光波波长为 589 nm，并且灯泡的功率均匀地向四周辐射，求每秒内到达金属板单位面积上的光子数.

20.11　用波长为 400 nm 的光照射金属铯，已知铯的逸出功为 1.94 eV，求所发出的光电子的最大速度.

20.12　康普顿散射中，设入射光子的波长为 0.003 nm，测得反冲电子速度为 $0.6c$（c 表示真空中的光速），求散射光子的波长及方向.

20.13　已知 X 射线光子的能量为 0.60 MeV，在康普顿散射后波长变化了 20%，求反冲电子的动能.

20.14　一对正负电子处于静止状态，当它们结合在一起时，正负电子消失而产生光子，这种现象叫做电子偶的湮没. 如果正负电子消失后产生两个光子，试求光子的波长及频率.

20.15　若一个光子的能量等于一个电子的静止能量，试问光子的频率和波长是多少？在电磁波谱中属于何种射线？

20.16　用能量为 12.5 eV 的电子去激发基态氢原子，问受激发的氢原子向低能级跃迁时，会出现哪些波长的光谱线？在能级图上把跃迁过程表示出来.

20.17　已知氢原子基态的能量为 -13.6 eV，根据玻尔理论，要把氢原子由基态激发到第一激发态，所需的能量是多少电子伏特？

20.18　试问氢原子中处于 $n=2$ 状态的电子在跃迁到 $n=1$ 状态之前要绕核旋转多少圈？设激发态的平均寿命为 10^{-8} s.

20.19　根据玻尔理论，求氢原子 $n=4$ 电子轨道上的轨道角动量及其与第一激发态的轨道角动量之比.

20.20　如果电子的总能量恰好等于其静止能量的两倍，求电子的德布罗意波的频率及波长.

20.21　证明：一个电荷为 e、静质量为 m_0 的粒子高速运动（考虑相对论效应）时的德布罗意波长与加速电压 U 的函数关系为

$$\lambda=\frac{h}{\sqrt{2m_0eU}}\left(1+\frac{eU}{2m_0c^2}\right)^{-\frac{1}{2}}$$

20.22 一光子的波长与一电子的德布罗意波长皆为 0.5 nm,试求此光子与电子动量之比 p_o/p_e 以及动能之比 E_{ko}/E_{ke}.

20.23 如果光子的波长不确定量是波长的 10^{-7} 倍,那么当(1) $\lambda=5.0\times10^{-5}$ nm(γ 射线);(2)$\lambda=0.50$ nm(X 射线);(3)$\lambda=500.0$ nm(可见光)时,光子位置的不确定量各是多少?

20.24 一个质量为 m 的粒子被约束在长度为 L 的一维线段上,试由不确定关系估算这个粒子所具有的最小动能,并由此计算在直径为 10^{-14} m 的核内质子和中子的最小动能.

20.25 设粒子沿 x 方向运动,波函数为

$$\psi(x)=\frac{A}{1+\mathrm{i}x}$$

试求:(1) 归一化常数 A;(2) 粒子的概率密度按坐标的分布;(3)何处粒子出现的概率最大.

20.26 一个被关闭在一维箱中的粒子的质量为 m_0,箱子的两个理想反射壁之间的距离为 L,若粒子波函数是

$$\psi(x)=A\sin\frac{n\pi}{L}x$$

试由薛定谔方程求出粒子能量的表达式.

20.27 在一维无限深势阱中运动的粒子,由于边界条件的限制,势阱宽度 a 必须等于德布罗意波半波长的整数倍.试利用这一条件导出能量量子化公式

$$E_n=\frac{n^2h^2}{8ma^2},n=1,2,3,\cdots$$

提示:非相对动能和动量的关系为 $E_k=p^2/(2m)$.

20.28 试描绘原子中 $l=3$ 时电子角动量在磁场中空间量子化示意图,并写出 $\boldsymbol{L}$ 在磁场方向上的分量 L_z 的可能值.

20.29 计算能够占据一个 f 支壳层的最大电子数,并写出这些电子的 m_l 和 m_s 值.

20.30 试说明钾原子中电子的排列方式.

20.31 已知 CdS 和 PbS 的禁带宽度分别为 2.43 eV 和 0.3 eV,试计算它们的本征光电导的吸收限,并由此说明为什么 CdS 可用在可见光到 X 射线的短波方面,而 PbS 却可有效地用在红外方面.

20.32 怎样从晶体的能带结构图区分绝缘体、半导体和导体?

20.33 一维问题中,证明动量表象中的坐标算符为 $\hat{x}=\mathrm{i}\hbar\frac{\partial}{\partial p}$,动量算符为 $\hat{p}=p$.

20.34 在球坐标系中,氢原子处在基态 $\psi(r)=\frac{1}{\sqrt{\pi a^3}}\mathrm{e}^{-\frac{r}{a}}$,其中 $a=\frac{4\pi\varepsilon_0\hbar^2}{m_e q_e^2}$ 为氢原子第一玻尔半径,m_e 为电子质量,q_e 为电子电量.求:(1)位置 r 的平均值;(2)势能 $-\frac{1}{4\pi\varepsilon_0}\frac{q_e^2}{r}$ 的平均值;(3)动能的平均值;(4)平均总能量.

提示 伽马函数(Γ 函数)$\int_0^{+\infty}x^n\mathrm{e}^{-x}\mathrm{d}x=n!$.

20.35 粒子被束缚在一维无限深势阱内,势阱宽度为 a,求:(1)粒子的本征值及本征函数;(2)粒子处于基态时的坐标分布概率密度及最概然位置;(3)若粒子波函数为 $\Psi(x)=\sqrt{\frac{3}{2a}}\sin\frac{\pi}{a}x+\sqrt{\frac{1}{2a}}\sin\frac{3\pi}{a}x$,求粒子能量的可能取值及相应的概率,并计算粒子的平均能量.

阅读材料 14

冷原子干涉与重力测量

1. 重力测量与重力仪

1672 年,为观测火星与地球之间的距离,法国科学家里歇尔(J. Richer)由巴黎(北纬 48°52′,东经 2°25′)前

往法属圭亚那地区的卡宴(北纬 4°55′,西经 52°18′).出发时他携带了一个用于计时的摆钟,到达卡宴后,里歇尔发现摆钟比在巴黎时变慢了,平均一天慢了 2 分 15 秒.单摆的周期 $T=2\pi(l/g)^{1/2}$,仅与摆长 l 和重力加速度 g 有关,同一摆钟的摆长未发生变化,摆动周期却产生了明显的变化,只能说明巴黎和卡宴两地的重力加速度 g 是不同的.

事实上,地球的自转、质量分布、形状大小、地表大气和水的流动、地极移动(极移)等都可以引起重力加速度 g 的变化,不同因素对重力加速度的影响不同,如表 20.4 所示(表中μGal 是重力测量领域常用的单位,1 μGal$=10^{-8}$ m·s^{-2}),因此实现对重力加速度 g 的精密测量对于了解地球物理信息有着重要意义.

表 20.4　不同因素对重力加速度的影响

物体/现象	重力加速度或其变化/μGal
地球	980000000
地球表面重力梯度	±300/m
潮汐	±150
涨潮	±10
地下水	±10
局部重力场异常(如地下含煤矿)	±10000
建筑工地(如挖掘)	±100
相距 0.5 m、质量都是 70 kg 的两个人	±2

进一步研究表明,重力场是地球的基本物理场,其静态和动态特征反映了地球内部状态及其变化、表层物质的分布及其运动.重力场动态监测数据是科学研究和应用的基础,高精度绝对重力观测数据对于地震预测预报、地球科学研究、矿产资源勘探、环境监测保护、导航与制导等有着重要意义.

自 1672 年起,科学家们不断改进重力加速度测量仪器,以提升重力加速度测量精度.1818 年,英国物理学家凯特(H. Kater)改进单摆装置,将重力加速度的测量精度提升到 10^4 μGal,随后经过科研工作者的不断努力,单摆重力仪的测量精度最高达到了 100 μGal. 20 世纪 30 年代以后,以弹簧和重物块为主要测量部件的机械式重力仪逐步代替了单摆重力仪,特别是随着激光干涉仪的出现,由于采用激光干涉原理测量落体或抛体的位移,使得重力加速度的测量精度提升到了μGal 量级.

但上述绝对重力仪中使用的质量体均为宏观物体,不可避免地存在振动误差、机械磨损、环境干扰以及由于运动状态变化缓慢导致的测量灵敏度低等问题.不同于经典重力仪,在 20 世纪 90 年代初,出现了一种量子重力仪,它的测试质量体是微观粒子——激光冷却囚禁的中性原子(一般是 Rb 或 Cs),通过原子的物质波干涉实现高精度重力测量,所以又称冷原子干涉重力仪.从原理上来说,相比于激光干涉仪,原子干涉仪对惯性力(如重力、转动)更为敏感.经过三十多年的发展,目前其测量精度已经媲美甚至超过了作为行业标准的激光干涉重力仪.

2. 原子的激光冷却与囚禁

利用冷原子干涉现象来实现对重力的测量,实际上是利用了微观粒子的波动性.如果能够采取合适的手段,对原子的物质波实现分束和合束操作,一样可以观察到满足相干条件的物质波所形成的干涉条纹.与此同时,由于原子具有静质量,其干涉条纹中必然包含重力加速度信息,解析干涉条纹的变化即可实现对重力加速度的测量.

1) 多普勒冷却

根据理想气体的热德布罗意波长定义(特定温度下,有质量的理想气体粒子的德布罗意波长的大致平均),可简单推算原子的物质波波长.对于静止质量 $m=2.2\times10^{-25}$ kg,热力学温度 $T=300$ K 的 ^{87}Rb 原子,其波长可估算为

$$\lambda = \frac{h}{\sqrt{2\pi mkT}} \approx 8.8 \times 10^{-12}\,\mathrm{m} \tag{20.80}$$

式中 h 为普朗克常量,k 为玻尔兹曼常量.显然室温下其波长比原子的直径还小两个数量级,因此波动性并不明显.但如果将原子的温度冷却到 3 μK,波长将增大 4 个数量级,相干性大大加强.因此原子的冷却是实现原子干涉仪的首要步骤.由于采用常规的低温冷却技术冷却原子时,原子气体会发生相变,形成强关联作用,不利于后续对原子内态的观测,因此,必须应用新的原子冷却手段.

激光冷却是一种利用激光和原子的相互作用来使原子减速,从而获得超低温原子的高新技术,其基本思想是通过光与原子间的动量交换达到控制原子运动的自由度和降低原子动能的目的.早在 1917 年,爱因斯坦就指出,在光的吸收和发射过程中存在着动量转换.1933 年弗里希(O. Frisch)进行了用钠光改变原子束方向的实验.20 世纪 60 年代后,随着激光的问世,利用激光束操控原子取得了突破性发展,列托霍夫(V. Letokhov)和阿什金(A. Ashkin)等提出用激光囚禁、操控原子,并得到初步实验验证,为后来的激光冷却技术奠定了基础.1975 年,美国斯坦福大学汉斯(T. Hänsch)与肖洛(A. Schawlow)提出利用对射激光束冷却原子的多普勒冷却方案.

多普勒冷却的核心是多普勒效应和光致动量转移.如图 20.32 所示,迎着原子运动方向发射频率略低于原子共振跃迁频率的激光,由于多普勒效应,运动的原子此时感受到的激光频率增大,会将这些光子“看作”正好处于共振频率,从而发生共振吸收,从基态跃迁到激发态.在这个过程中原子获得一个与光子传播方向相反的动量,导致原子动量减小.而处在激发态的原子是不稳定的,又会发生自发辐射,重新放出一个光子.这个自发辐射过程在空间上是各向同性的,多次自发辐射过程平均来看不会给原子带来净动量变化.因此在这个原子和光子的整个相互作用过程中,总体效果体现为原子动量减少(相当于受到沿激光方向的阻尼力),运动速度减慢,动能减少,因此温度降低,实现对原子的减速冷却效果.

需要说明的是,虽然光子的动量和原子热运动动量相比很小,一次共振吸收不会使原子的温度有明显下降,但由于原子激发态寿命很短,吸收和自发辐射是多次循环进行的,因此最终可使原子的动量有较明显的变化.

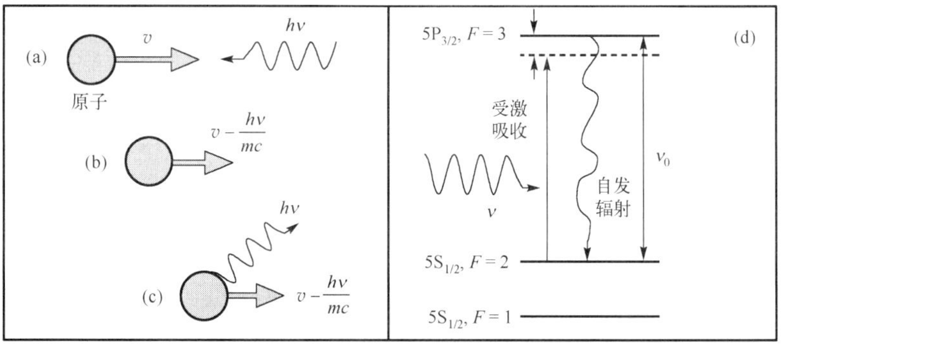

图 20.32 多普勒冷却原理示意图

图 20.32(a)中,速度为 v 的 ^{87}Rb 原子与反向传播的光束(频率略低于原子共振跃迁频率 ν_0)相遇;(b)中原子吸收该光子,动量减少;(c)中原子自发辐射一个光子回到基态;(d)为 ^{87}Rb 原子多普勒冷却能级跃迁图,其中 ν 为入射光子的频率,$\Delta=\nu-\nu_0$ 称为光子频率相对共振跃迁频率的失谐量,F 为原子的总角动量量子数,表示核自旋角动量与电子总角动量之间的耦合状态,这种耦合会导致能级和谱线的微小分裂,形成原子的超精细结构.

如果只采用单一方向的激光进行原子冷却,则只能对迎着激光方向运动的原子产生减速降温作用,而当原子运动方向偏离激光方向时,感受到的激光频率低于共振频率,共振吸收不易发生.这样,就只能形成了一个有选择性的阻尼力.而如果在三维空间中布置多束激光,就可以实现对沿任意方向运动的原子的冷却.如采用 6 束同频率激光,沿三个相互垂直的方向两两对射,可形成更强的减速降温作用,如图 20.33 所示.

以一维对射激光实现多普勒冷却为例，如图 20.34 所示，两束同频率激光对射，其频率比原子共振频率略低（失谐量 Δ 为负，称为红失谐），此时不论原子沿哪个方向运动，总有一束光与原子发生共振吸收和自发辐射，从而导致原子速度降低，温度下降. 不仅如此，研究表明，当原子的速度足够低时，两束对射激光带给原子的阻尼力之和 $F_{合}$ 与冷原子的运动速度 v 满足

$$F_{合} = -\alpha v \tag{20.81}$$

因此如果在三个互相垂直的方向上加上三对对射激光，则在 6 束激光交汇处，原子因受到三维方向上的阻尼力的作用而减速降温，最终停留在激光交汇中心. 这种激光冷却方法又被称为"光学阻尼". 1985 年，美国贝尔实验室的朱棣文(S. Chu)研究小组报道实现了这种新的激光冷却方法. 他们将 6 束激光作用于已经预冷却的钠原子团，利用多普勒冷却机制将钠原子进一步冷却至多普勒极限温度 240 μK，使原子温度降低了 2 个数量级，原子的密度达到 10^6 cm^{-3}，引起广泛关注. 由六束激光组成的阻尼机制就像某种黏稠的液体，原子陷入其中会不断降低速度. 人们给这种的方法起了一个绰号，叫"光学黏团(optical molasses)".

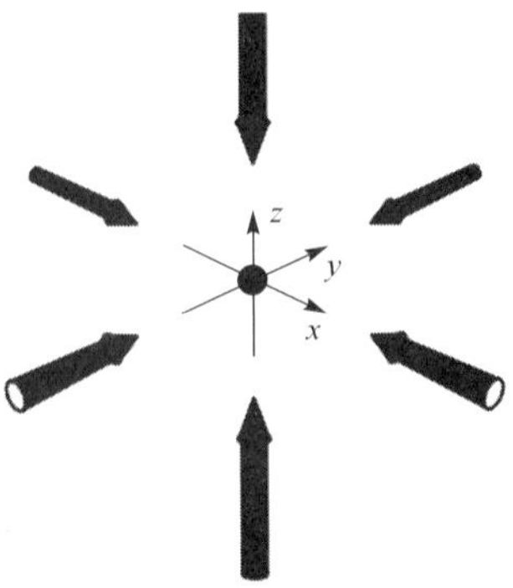

图 20.33　沿笛卡儿坐标系坐标轴布置的三对对射激光束

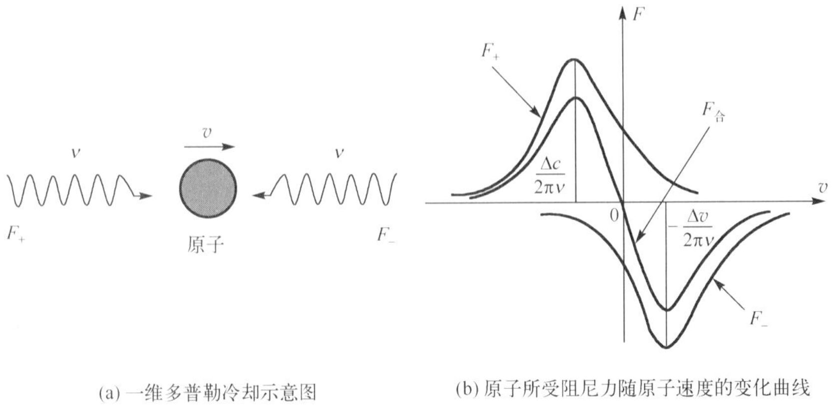

图 20.34　一维多普勒冷却与阻尼力

所谓多普勒极限温度，是指采用上述冷却机制时能达到的极限冷却温度. 考虑到原子或分子在吸收或散射光子时，不仅会改变自己的动量，还会改变自己的能级，而这种能级的变化会导致一个随机的能量变化，使得原子或分子无法被激光冷却到低于一个特定的温度，这个温度就是多普勒冷却的极限温度 T_{D}，即

$$T_D = \frac{h\Gamma}{2k} \tag{20.82}$$

其中 Γ 为原子的自然线宽. 例如碱金属原子能级结构简单，多普勒极限温度大约在 100～200 μK，氢原子多普勒极限大约是 140 μK.

但随后 1988 年菲利普斯(W. Phillips)研究小组利用光学阻尼将钠原子冷却到 43 μK，远低于多普勒极限温度，随后其他实验室也得到相似的实验结果. 这表明，原有的多普勒冷却理论已经不足以解释新的实验现象. 随后，法国巴黎高等师范学院科恩-塔诺季(C. Cohen-Tannoudji)研究小组和朱棣文研究小组在理论分析中考虑了冷却激光的偏振梯度、原子的超精细结构、光频移和光抽运等效应，解释了这种突破多普勒极限的冷却机理. 朱棣文、科恩-塔诺季和菲利普斯因为激光冷却和囚禁原子方面的卓越贡献，共同获得了 1997 年的诺贝尔物理学奖.

2）磁光阱

多普勒冷却能够将原子冷却到较低的温度，但因其只具备阻尼力的形式，严格地讲，并不能称为原子的囚禁，也无法实现对原子的捕获. 在重力的作用下. 冷却的原子团在 1 秒内会纷纷从光学黏胶中下落. 为实现对冷

原子空间上的约束,必须在冷原子上施加一个与空间有关的力.

1987 年朱棣文研究小组与美国麻省理工学院普利查德(D. Pritchard)研究小组合作实现了一种结合光学阻尼和梯度静磁场的阱,称为“磁光阱”(magneto-optical trap,MOT). MOT 不仅实现了原子的多普勒冷却,还借助塞曼效应在梯度磁场中实现了光和原子的持续循环跃迁,产生恢复力,形成势阱,实现了原子的囚禁.囚禁原子数目达到 10^7 个,密度达到 $10^{11}\ \mathrm{cm}^{-3}$,原子温度达到 600 μK.

如图 20.35(a)所示,整个磁光阱装置为一对反亥姆赫兹线圈和三对传播方向互相垂直的圆偏振对射激光组成.所谓反亥姆赫兹线圈,是利用匝数相等、半径相等、通以等值反向电流的一对线圈同轴相对平行放置构成,此时原点处磁感应强度为 0,磁场梯度较大.

原子总角动量的空间取向也是量子化的,在外磁场作用下,会引起能级分裂,表现出正常塞曼效应.如果原子的总角动量量子数为 F,则表征其空间取向量子化的量子数为磁量子数 m_F,且 $m_F=-F,-F+1,\cdots,0,\cdots,F-1,F$. 塞曼分裂带来的能量变化量正比于磁量子数、外加磁场.以外加 z 方向磁场为例,如图 20.35(b)所示,原子能级 $5\mathrm{P}_{3/2}$,$F=3$ 发生塞曼分裂,可能分裂成 7 个能级,即 $m_F=-3,-2,-1,0,1,2,3$. 此图为简化描述,只画出了其中的三个能态,即 $m_F=0,\pm1$ 的原子激发态.塞曼效应是继 1845 年法拉第效应和 1875 年克尔效应之后发现的第三个磁场对光有影响的实例,证实了原子磁矩的空间量子化,为研究原子结构提供了重要途径.

如图 20.35(b)所示,只考虑磁量子数 $m_F=0$ 的原子基态和 $m_F=0,\pm1$ 的原子激发态(三个能级在线圈中心 $z=0$ 处能量相同.偏离中心后,沿着坐标轴方向,随磁场强度的增加原子能量线性变化).六束激光的交点与反亥姆赫兹线圈的几何中心重合,每束激光的偏振态(用 σ^+ 光、σ^- 光表示)和磁场方向匹配形成势阱.假设 σ^+ 光沿着 z 轴从左向右传,σ^- 光从右向左传.两束圆偏振光沿 z 轴对射,激光频率负失谐于原子跃迁频率.由于在 $z<0$ 的地方 $B<0$,因此激光频率更接近 σ^+ 跃迁的频率,由跃迁选择定则原子吸收左边 σ^+ 光子的数目大于右边 σ^- 光子的数目,受到指向 $z=0$ 的净辐射压力;同理,在 $z>0$ 的地方 $B>0$,激光的频率更接近 σ^- 跃迁频率,因此原子吸收右边 σ^- 光子的数目大于左边 σ^+ 光子的数目,也受到指向 $z=0$ 的净辐射压力,这样就形成了一个指向 $z=0$ 处的原子阱,所有原子都将受到指向坐标原点的辐射压力的作用.上述原理推广到三维,沿 x、y、z 方向原子均受到指向原点的作用力,即实现了 MOT 中原子三维的激光冷却和势阱囚禁.这时原子虽然没有真正被捉住,但却是被激光和磁场约束在很小的一个范围里,从而可以在实验中加以研究或利用.

在朱棣文小组成功研制磁光阱的同时,菲利普斯和他在美国国家标准技术院(NIST)的研究小组改进了冷原子云团温度的精确测量方法,意外发现,在光学黏胶中缓慢运动的中性钠原子冷云团温度可以达到 43 μK,

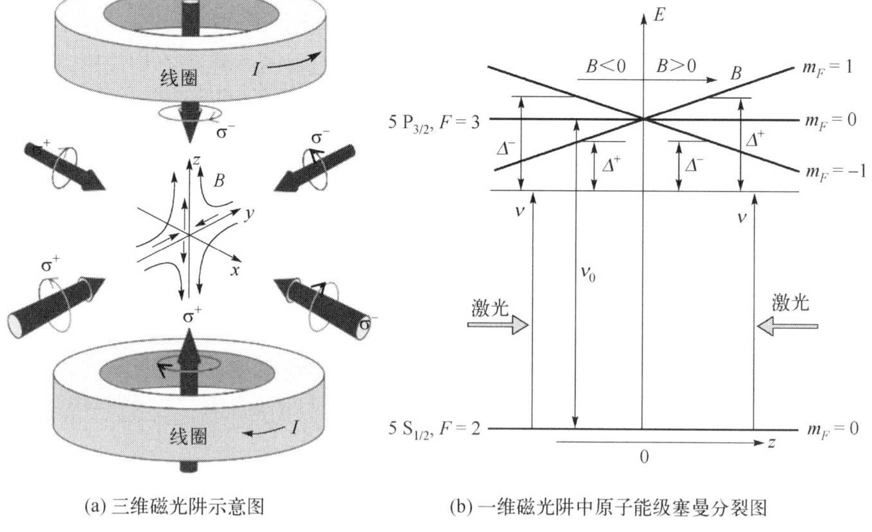

(a) 三维磁光阱示意图　　(b) 一维磁光阱中原子能级塞曼分裂图

图 20.35　磁光阱原理图

比预计的多普勒极限 240 μK 低得多. 物理学家们立刻着手对这一理论和实验之间的分歧展开研究,提出了新的冷却机制——偏振梯度冷却. 这是一种利用原子的塞曼子能级进行冷却的方法.

在之前讨论原子的受激辐射过程时,只考虑了原子内部基态和激发态这两种能级之间的跃迁. 处于基态的原子吸收光子后,发生"基态→激发态→基态"的受激辐射循环,从而减速降温. 这是一种最简单的二能级系统的原子模型,然而,真实的原子结构并没有这么简单. 通常情况下,原子的基态具有多个能量接近的子能级(超精细能级结构),每种原子的内部还存在着自身独特且复杂的能级结构,这些都增加了驱动原子完成每一次受激辐射循环的实验难度. 为确保原子的受激辐射循环能持续进行,物理学家们考虑在激光光束中施加额外的偏振调制,使原子能不断被激光光束所冷却,进而突破"多普勒冷却极限",这种方案称为"亚多普勒冷却"方案.

例如,对单个^{87}Rb原子而言,其基态还存在两个子能级(简称 A 基态和 B 基态),并且 A、B 基态可在具有特定偏振态的激光的作用下共振跃迁至激发态. 考虑反向传播的两束圆偏振光,它们在空间中叠加形成交替出现的光场分布结构. 假设沿着一维方向运动的原子一开始处于 A 基态,那么经过偏振调制后的激光光束(如 σ^+ 偏振光)便会驱动原子从 A 基态跃迁至激发态,随后又以 50% 的概率从激发态掉落到 A 基态或 B 基态. 对于"A 基态→激发态→A 基态"跃迁过程而言,原子吸收和自发辐射出的光子能量一样,因而不会带来自身能量的衰减. 而对于"A 基态→激发态→B 基态"跃迁过程而言,原子自发辐射释放的光子能量高于吸收光子的能量,因而会导致总能量的降低,即原子发生减速降温过程. 随着原子不断向前运动,一维运动方向上激光光束的偏振状态也发生相应变化. 当原子减速运动到空间中下一个位置时,激光光束的偏振状态从 σ^+ 变为 σ^-,此时处于 B 基态的原子会在 σ^- 偏振光的作用下,完成类似的"B 基态→激发态→B 基态""B 基态→激发态→A 基态"这两个跃迁过程,并且后一个跃迁过程会降低原子的总能量.

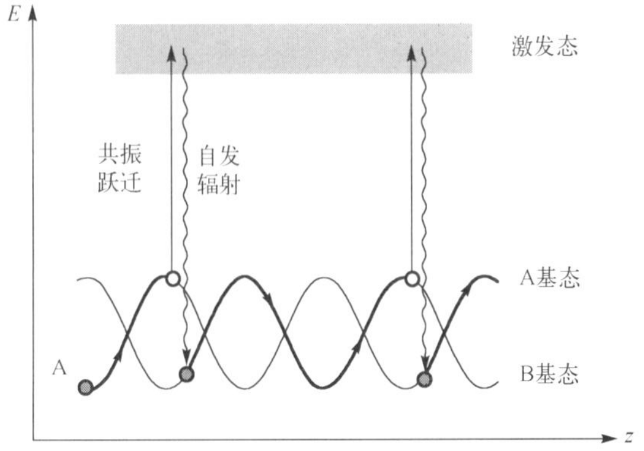

图 20.36　西西弗斯冷却机制

菲利普斯最初引用希腊神话中西西弗斯的故事对这一机制进行了说明,将之称为"西西弗斯(Sisyphus)冷却". 依照如上机制,原子在空间中运动时,在偏振光的操纵下,原子塞曼子能级中的布居数发生变化,将周而复始地损失动能,导致原子的温度不断下降,如图 20.36 所示.

通常而言,原子经过"西西弗斯冷却"后的平均温度,会比多普勒冷却的温度极限低 10～100 倍. 随着物理学家们不断优化实验参数,原子团的冷却温度不断降低. 1989 年,朱棣文小组将钠原子团的冷却温度进一步降低至 15 μK;而菲利普斯 1989 年与科恩-塔诺季小组合作,共同证明了中性铯原子可以冷却到 2.5 μK.

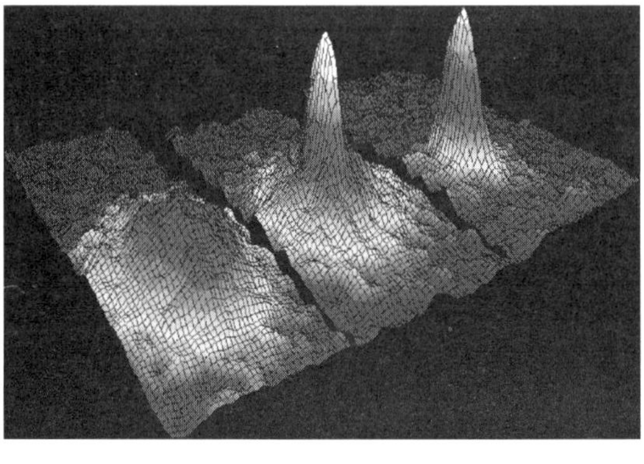
图 20.37　铷原子中连续发生玻色-爱因斯坦凝聚的图像

1990 年,美国科罗拉多大学天体物理联合实验室(JILA)的威曼(C. Wieman)研究小组研制出直接从铯蒸气背景中冷却和囚禁原子的 MOT,简化了实验系统. 随后又引入更有效的蒸发冷却,到 1995 年,威曼和美国国家标准与技术研究院(NIST)的科纳尔(E. Cornell)利用磁场约束原子,同时利用激光冷却和磁势阱蒸发冷却,在只比绝对零度高 1700 亿分之一的超低温(170 nK)下,成功地使 2000 个铷原子形成"玻色-爱因斯坦凝聚"(Bose-Einstein condensation, BEC),这是人类首次在实验上观察到玻色-爱因斯坦凝聚态现象. 随后他们又将铷原子温度降到 20 nK,制备出了超冷原子团. 图 20.37 显示的是铷原子中连续发生玻色-

爱因斯坦凝聚的图像.图中由左到右显示的分别是凝聚之前、开始凝聚和完全凝聚之后原子云中原子的分布.原子数以峰的高度表示.原子云的轮廓记录了切断原子囚禁阱约束力之后 6 ms 内的统计结果.

美国麻省理工学院的凯特纳(W. Ketterle)从 1990 年开始也沿着上述思路采用钠原子独立研究,所不同的是,他采用强激光束来阻止原子进入囚禁阱中心磁场为零的区域.凯特纳的实验成功仅落后于威曼、科纳尔几个月的时间,但结果相当精彩,形成玻色-爱因斯坦冷凝态的原子数量要高出 2 个量级,这为研究玻色-爱因斯坦冷凝态的物理性质提供了更大的可能性.

所谓玻色-爱因斯坦凝聚指玻色子原子在冷却到接近绝对零度时所呈现出的一种气态的、超流性的物质状态,是继气态、液态、固态以及等离子态之后物质的第五态.1920 年,玻色(S. Bose)和爱因斯坦以玻色关于光子的统计力学研究为基础,对这个状态做了预言.爱因斯坦推测将玻色子冷却到非常低的温度后它们会“落入”(“凝聚”)到能量最低的同一量子态中,导致一种全新的相态.

2001 年,威曼、科纳尔与凯特纳共同获得诺贝尔物理学奖,自此,碱金属稀薄气体 BEC 的研究成为热点.目前全世界有几十家实验室实现了 9 种元素的 BEC,主要是碱金属,还有氦原子、铬原子和镱原子等.中国科学院上海光学精密机械研究所、北京大学、中国科学院武汉物理与数学研究所等也相继实现了 ^{87}Rb原子 BEC.

MOT 能够将气态原子冷却至接近绝对零度的超低温状态,并能使冷却后的原子保持在固定位置,实现了激光直接冷却和囚禁原子,推动了冷原子物理的发展和广泛应用.

3. 原子的干涉与重力加速度测量

在通常状态下,物质波波长太短,实验上很难观察到原子干涉现象.但随着激光冷却技术的发展,速度单一的原子的德布罗意波长可达亚微米,原子干涉现象就很容易被观察和利用.至 1991 年左右,许多研究小组已在实验上用不同的方法实现了原子干涉.如美国麻省理工学院普里特查德(D. Pritchard)利用纳米技术制作透射光栅实现了钠原子束的干涉;日本东京大学的 Shimizu 等使用激光冷却的氖原子实现了杨氏双缝干涉;德国汉诺威大学的拉克曼(M. Lachmann)、拉塞尔(E. Rasel)等利用激光驻波场代替了制作工艺复杂的纳米光栅,也实现了原子束的空间干涉.

上述干涉仪是通过原子位置不同导致路径相位不同进而实现干涉的,称为外态干涉仪.另一种原子内态干涉仪,则是通过吸收或发射光子改变原子能态,因得到光子反冲动量而改变原子运动轨迹,从而实现物质波分束.1989 年,波德(C. Bordé)将两对方向相反的行波激光作用到热原子束上,通过光子的反冲动量,将热原子束分束再合束,实现原子干涉,被称为拉姆齐-波德(Ramsey-Bordé)原子干涉仪.1991 年,里尔(F. Riehle)利用钙原子束实现了该类型的原子干涉仪,并测量了萨尼亚克效应.

热原子束干涉仪受原子热运动多普勒效应的影响,测量分辨率不高,且这种原子束干涉仪要求原子能级寿命长,因此对激光的频率稳定性要求很高.1991,朱棣文研究小组提出基于 MOT 冷却原子团,利用双光子受激拉曼跃迁实现冷原子的分束、反射和合束,构成冷原子干涉仪.这种方案的优点是双光子跃迁可使原子获得大的动量反冲,同时降低了对激光频率稳定性和原子能级寿命的要求.特别重要的是,这种原子干涉仪利用温度更低的冷原子团,物质波的波长更长,因此可实现更高的原子干涉分辨率,使其在精密测量领域中得到广泛应用.

冷原子干涉仪基本原理如图 20.38 所示,利用 MOT 制备处于 $|a\rangle$(表征原子量子态)的冷原子团,用调谐到共振频率的一束短脉冲将冷原子抛起,而后在重力场中自由下落.在下落过程的初始阶段,利用两束脉冲时间为 τ 的 $\pi/2$ 拉曼激光脉冲作用至该原子团,使原子有 50% 的概率被双光子受激拉曼跃迁到 $|b\rangle$ 态;同时,因受到光子的动量反冲作用,$|b\rangle$ 态原子与 $|a\rangle$ 态原子分离,即实现冷原子团“分束”.经过 T 时间的自由演化后,再利用作用时间为 2τ 的 π 拉曼激光脉冲,使 $|b\rangle$ 态的原子返回 $|a\rangle$ 态,处于 $|a\rangle$ 态的原子跃迁至 $|b\rangle$ 态,同时,原子运动轨迹发生改变,即实现冷原子团“反射”.又经过第二段自由演化时间 T 后,再施加一个脉冲时间为 τ 的 $\pi/2$ 拉曼激光脉冲,完成原子的“合束”,实现原子物质波干涉,最终原子团处于两个态的叠加态.探测处于 $|a\rangle$ 态(或 $|b\rangle$ 态)原子的数目,可得到原子干涉条纹.显然,$\pi/2$-π-$\pi/2$ 构型的原子干涉仪,与光学马赫-曾德尔(Mach-Zehnder)干涉仪类似.在冷原子干涉路径上,重力等外场因素将引起干涉相位的变化,因此通过提取原子干涉条纹的相位,就可以得到重力加速度的信息.

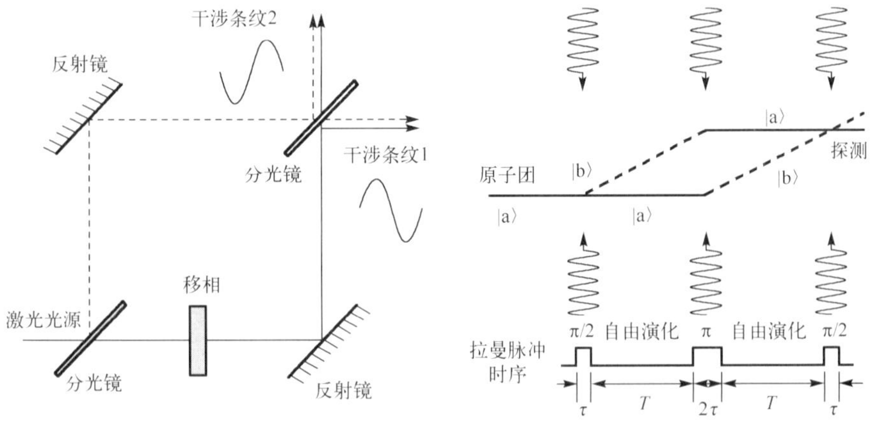

(a) 传统光学干涉仪原理图　　(b) 原子干涉仪原理图

图 20.38　传统光学干涉仪与冷原子重力干涉仪的原理对比图

1992 年，朱棣文研究组利用冷原子干涉仪测量了重力加速度，首次实现了对绝对重力场的量子精密测量(约为 30 μGal)，被称为“原子世界中的自由落体实验”. 2001 年再次升级了原有的实验装置，并且将绝对重力场的测量精度提升至 1 μGal 的量级，超过了落体角锥光学重力仪的指标. 此后，受激拉曼冷原子干涉仪得到广泛关注，目前中国多家单位，如中国科学院武汉物理与数学研究所、华中科技大学、浙江大学、中国计量科学研究院等也已实现这种原子干涉仪的研制. 与经典重力仪相比，原子干涉重力仪具有精度高、灵敏度高、稳定度高、测量速度快、寿命长等特点，有望成为新一代的绝对重力测量设备.

4. 冷原子干涉重力仪的发展和应用

近年来随着隔振技术和控温技术的发展，冷原子干涉重力仪已逐渐走出实验室，在更为复杂的动态测量环境中获得了应用. 2017 年 10 月在北京中国计量院举行的第十届绝对重力仪国际比对研讨会上，国内来自华中科技大学、浙江工业大学等的多个研究小组参与了本次重力比对，华中科技大学研制的小型化可移动冷原子干涉重力仪取得了 3 μGal 的测量精度. 2020 年，法国率先在北大西洋冰岛使用双水獭飞机完成了国际上首次机载冷原子绝对重力测量实验，通过多次重复测绘飞行，并与地面重力数据对比，其内符合精度(以估计的最似然估值为比对基准，主要反映观测值之间的离散度，即精密度，一般用误差或标准差来度量)为 3.9 mGal，外符合精度(参考重力数据为比对基准，主要反映观测值与参考值之间的偏差程度，一般用误差的均方根来度量)达到 6.2 mGal. 这些进展标志着冷原子重力仪已逐渐突破应用场景的束缚，凸显了其在导航、地质检测和现代物理学研究方面的应用前景.

1) 为水下惯性导航和辅助导航提供精确的绝对重力加速度

对在深海中航行的潜艇和水下航行器，保证航行隐蔽性和安全性是第一位的，因此最理想的导航系统就是不依赖于外界信号的自主式惯性导航系统. 但在惯性导航系统中，航行器配备的加速度测量装置往往只能反映载体相对惯性空间的绝对加速度和引力加速度之差(称为比力)，为实现惯导解算，必须提供重力加速度，因此绝对重力加速度的测量对实现水下精确导航具有重要意义. 与此同时，由于加速度计和陀螺仪的测量结果存在不可忽视的长漂，这就需要对其定期校准. 若是为了接收卫星导航系统的信号以进行校准而浮出水面，则会大大破坏潜艇的隐蔽性. 基于重力信息匹配的辅助导航技术可以在保证隐蔽性的前提下实现精确导航. 这同样也需要提供精确的绝对重力加速度测量结果. 冷原子干涉重力仪因其高稳定性、高精度和高重复率的显著特性，在性能上已经达到、甚至超过了传统的重力传感器，因此在水下惯性导航和辅助导航中应用潜力巨大，被视为未来军事导航的首选技术.

2) 是地球重力场监测的重要手段

借助高精度的重力加速度测量，能够构建精确的地球重力场模型及其动态演化模型，这对于监测地球环境变迁、预测自然灾害(诸如火山活动、冰川消融和海平面升降等)至关重要.例如,在2002年10月意大利埃特纳火山爆发前四小时,重力监测站成功捕捉到400 μGal的重力场异常变化.与此同时,通过高精度原子干涉重力仪精确描绘这些重力异常区域,并结合反演技术,可以推断出地下物质的性质与分布信息,诸如墨西哥湾油田的分布、金刚石/钻石矿藏的探测以及两万年前冰层结构的考察等.

3)验证等效原理

广义相对论诞生于100多年前,但对等效原理的有效性检验却在300多年前就已经悄悄地展开了.牛顿通过单摆实验证明,不同质量的摆球构成的单摆,其摆长相同时,其摆动周期相同.但所有的实验都不可避免地存在误差,不能凭借一个有限精度的数据证明等效原理的正确性.因此科学家们不断改进实验测量的精度,选用各类不同的质量体、各类精巧的实验设计来对等效原理进行验证.例如1890年的扭秤实验、1987年科罗拉多大学的激光干涉实验等.

进入20世纪以后,随着冷原子干涉仪测量精度的不断提升,以微观粒子作为实验对象的验证实验引起了人们的关注.2004年,德国普朗克量子光学研究所的研究小组,使用激光驻波形成原子光栅实现了^{87}Rb、^{85}Rb原子干涉以及不同超精细能级的^{85}Rb原子干涉,从而提取重力加速度信息,通过比较重力加速度差异实现对等效原理的验证.2016年,华中科技大学胡忠坤研究小组通过比较利用两个不同磁子能级的^{87}Rb原子干涉测得的重力加速度差异对等效原理进行了验证.

除此之外,冷原子干涉重力仪也为精细结构常数、万有引力常量、引力红移等物理量的精确测量以及国际单位制及计量学提供了更加准确的测量手段,已成为现代物理学研究的一个不可或缺的工具.

第 21 章　现代技术的物理基础专题

高新科技是高层次的科学技术群.其特征主要表现在牵引性、战略性、高效性、渗透性和群体性等,对发展生产力、促进社会文明、增加国防实力起着先导作用.事实表明,一项高科技成果可以诞生一个新兴产业,创造出巨大的经济效益;可以迅速转化为作战手段,形成强大的国防力量;可以改变人类的生活习惯,使衣、食、住、行、用等发生根本性的变革.

物理学是现代科学的先导和基础,已渗透到整个自然科学中,在现代科学既高度分化又高度综合、日趋整体化的发展中扮演着极其重要的角色.本章将物理学的基础知识和高新技术紧密结合,以大学物理学的风格和水平,介绍红外成像技术、激光技术、传感器技术、纳米技术、新能源技术和新空间技术等方面的知识及其应用,特别是在军事领域中的应用.

21.1　激 光 技 术

激光是 20 世纪的重大发明之一.它的出现深化了人们对光的认识、扩展了光为人类服务的天地.

自 1960 年美国的梅曼(T. Maiman)博士成功制成世界上第一台激光器以来,激光因其优异的特性——高亮度性、高方向性、高单色性和高相干性而备受关注.不仅在军事、工农业生产、医学卫生和科学研究等方面得到广泛的应用,而且还带动了一批新兴学科的发展,如全息光学、非线性光学、光通信、光存储和光信息处理等.本节仅对激光原理、非线性光学效应和激光的一些应用,特别是军事上的应用作简要介绍.

21.1.1　激光原理

激光英文全名是 light amplification by stimulated emission of radiation,缩写为 laser,表示受激辐射的光放大.激光到底是怎么产生的呢?

1. 光吸收、自发辐射和受激辐射

光和原子的相互作用主要有三个基本过程,即光吸收、自发辐射和受激辐射.

设原子的两个能级为 E_1 和 E_2,并且 $E_1<E_2$.当能量为 $h\nu=E_2-E_1$ 的光子照射到原子上时,原子就有可能吸收此光子的能量,从低能级 E_1 跃迁到高能级 E_2,这个过程称为**光吸收**,又称为**受激吸收**,如图 21.1 所示.受激吸收过程不是自发产生的,必须有外来光子的“刺激”,并且外来光子的频率要满足

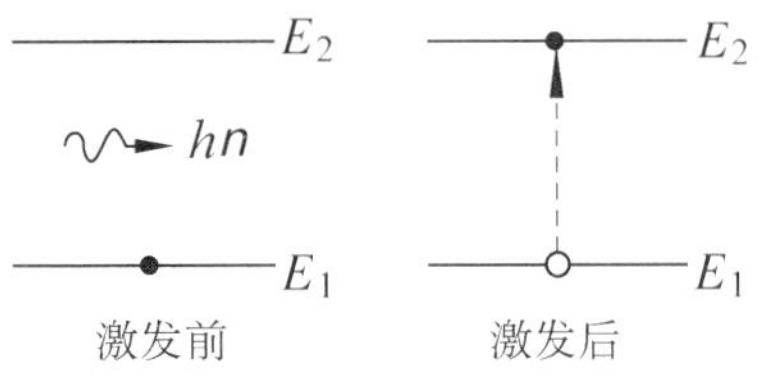

图 21.1

$h\nu=E_2-E_1$ 的条件.受激发后处于高能级 E_2 的原子是不稳定的,一般只能停留 10^{-8}s 左右.它会在没有外界影响的情况下自发地返回到低能级 E_1,同时向外辐射一个能量为 $h\nu=E_2-E_1$ 的光子,这种辐射称为**自发辐射**,如图 21.2 所示.自发辐射的特点是:各个原子的跃迁都是自发、独立地进行的,与外界作用无关.它们所发出的光的振动方向、相位都不一定相同,因此自发辐射发出的光是非相干光.例如白炽灯、日光灯、高压水银灯等普通光源的发光过程都是自发辐射.

如果处于高能级 E_2 的原子在自发辐射之前,受到能量为 $h\nu=E_2-E_1$ 的光子的作用,就有可能从高能级 E_2 向低能级 E_1 跃迁,并且向外辐射一个与外来光子一样特征的光子,这种辐射称为**受激辐射**,如图 21.3 所示.显然,受激辐射并非自发产生,须有外来光子的刺激,且外来光子的频率必须符合 $h\nu=E_2-E_1$ 的条件.实验表明,受激辐射产生的光子与外来光子具有相同的频率、相位及偏振方向.而且,由于输入一个光子,可以同时得到两个特征完全相同的光子,这两个光子又可以再刺激其他原子引起受激辐射,产生四个完全相同的光子.以此类推,就能在一个入射光子的作用下,获得大量特征完全相同的光子,这种现象称为**光放大**.由此可见,在受激辐射中,各原子所发出的光同频率、同相位、同偏振态,因此由受激辐射得到的放大了的光是相干光,称之为**激光**.

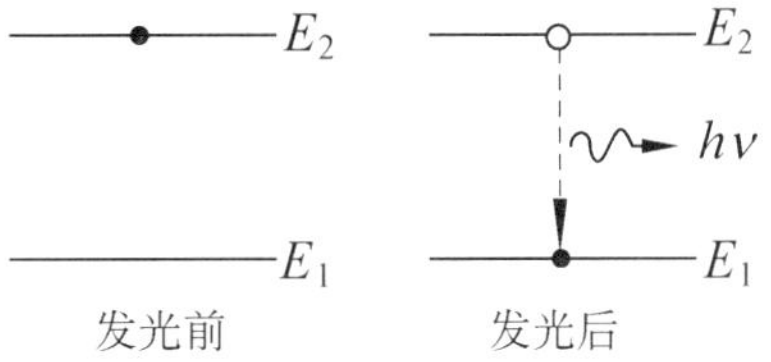

图 21.2

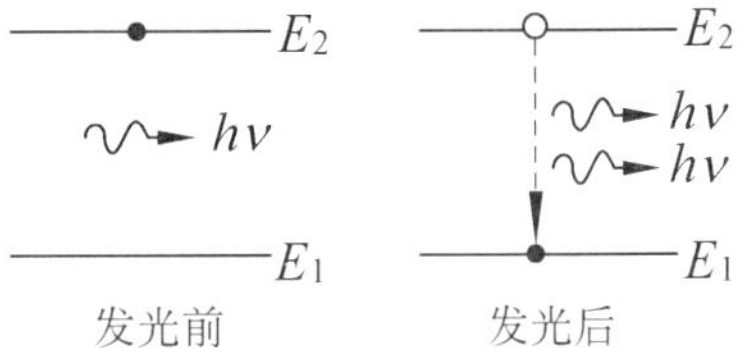

图 21.3

事实上,爱因斯坦在 1916 年就预言了受激辐射的存在.40 多年后,当第一台激光器开始运转时,他的这一预言得到了有力的证实.

2. *粒子数布居反转分布*

光与物质原子相互作用时,总是同时存在着吸收、自发辐射和受激辐射这三个过程.爱因斯坦从理论上证明,在两个能级之间,受激吸收跃迁和受激辐射跃迁具有相同的概率.并且在通常的情况下,原子体系总是处于热平衡状态,热平衡状态下原子数目按能级的分布遵从玻尔兹曼分布.处于高能级 E_2 和低能级 E_1 的原子数目之比为

$$\frac{N_2}{N_1}=\mathrm{e}^{-\frac{E_2-E_1}{kT}}<1$$

上式表明,温度 T 一定时,处在低能级的原子数总是多于处在高能级的原子数.因此,在平衡状态下光吸收过程比受激辐射过程占优势.在正常情况下,难以产生连续受激辐射.显然,要获得光放大,必须使处在高能级的原子数大于处在低能级的原子数,即 $N_2>N_1$.这种分布与正常分布相反,称为粒子数布居反

转,简称**粒子数反转**.

能造成粒子数反转的物质叫做**激活介质**,也就是激光器的工作物质.激活介质可以是气体、固体,也可以是液体.气体又可以是原子、分子、准分子或离子气体.但是并非各种物质都能实现粒子数反转,即便在能实现粒子数反转的物质中,也不是在该物质的任意两个能级间都能实现粒子数反转.要实现粒子数反转,一方面要求这种物质具有合适的能级结构,另一方面还必须从外界输入能量,使物质中尽可能多的粒子吸收能量后跃迁到高能级上去,这种过程叫"激励"或"泵浦"或"抽运",俗称"光泵".激励的方法有光激励、气体放电激励、化学激励、核能激励等.

现在假定激励过程能够得到满足,那么物质应有什么样的能级结构才能实现粒子数反转?理论证明,对只具有两个能级的原子系统是不可能实现粒子数反转的.对一个如图21.4(a)所示的三个能级的原子系统,则有可能实现粒子数反转.图中,E_1 为基态,E_2 和 E_3 为激发态,其中 E_2 是亚稳态.粒子在 E_2 上的寿命比在 E_3 上的寿命要长得多,在一般激发态上的寿命为 10^{-8}s 左右,而在亚稳态上的寿命可长达 10^{-3}～1 s.

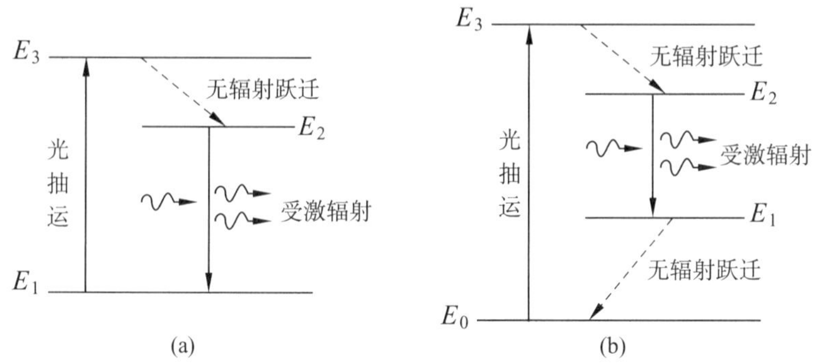

图21.4

在外界能源的激励下,基态 E_1 上的粒子被抽运到激发态 E_3 上,因而 E_1 上的粒子数 N_1 减少.因 E_3 态的寿命很短,粒子将通过碰撞很快以无辐射跃迁的方式转移到亚稳态 E_2 上.由于 E_2 态寿命很长,其上就积累了大量粒子,即 N_2 不断增加.一方面是 N_1 减少,另一方面是 N_2 增加,以至于 N_2 大于 N_1,于是实现了亚稳态 E_2 与基态 E_1 间的粒子数反转.利用处在这种状态下的激活介质,就可以制成一台激光放大器.当有外来光信号输入时,其中频率为 $\nu=(E_2-E_1)/h$ 的光就被放大了.红宝石激光器就是一个三能级系统的激光器,它发出的6943 Å谱线就是红宝石晶体中铬离子的亚稳态与基态之间的粒子数反转造成的受激辐射.

实际上,在三能级系统中,造成亚稳态与基态之间的粒子数反转是比较困难的,这是由于在热平衡状态时,基态上几乎集中了全部粒子,亚稳态实际上是空的,因此在正常分布时这两个能级上的原子数分布相差非常悬殊.要实现这两个能级间的粒子数反转,需要相当强的外界激励,这是三能级系统的一个显著缺点.为了克服这种缺点,可利用如图21.4(b)所示的四能级系统.在该系统中,出现粒子数反转的两个特定能级为 E_1、E_2. 其中下能级 E_1 不是基态,而是激发态,其上的粒子占有数本来就很少,只要激发态 E_2 上稍有粒子积累,就较容易实现粒子数反转. E_3 上的粒子向 E_2 转移得越快以及 E_1 上的粒子向 E_0 过渡得越快,则工作效率就越高.

不论三能级图还是四能级图,都表明:要出现粒子数反转,必须内有亚稳态能级,外有激励能源,粒子的整个输运过程必定是一个循环往复的非平衡过程. 激活介质的作用就是提供亚稳态. 需要说明的是所谓三能级图或四能级图,并不是激活介质的实际能级图,它们只是对造成粒子数反转的整个物理过程所作的抽象概括. 实际能级图要比它们复杂,而且一种激活介质内部,可能同时存在几对特定能级间的粒子数反转,相应地发射几种波长的激光. 图 21.5 为氦氖激光器中激活介质氦氖的能级结构简图. 在外界激励下,氦原子从基态跃迁到 2^1s 和 2^3s 两个亚稳态. 这两个亚稳态能级的寿命约为 10^{-4} s,比其他激发态大三个数量级,因此这两个能级上氦原子数目逐渐增多. 由于氦原子这两个亚稳态能级 2^1s 和 2^3s 分别与氖原子的两个能级 3s 和 2s 十分接近,处于激发态的氦原子容易通过与基态的氖原子发生碰撞后无辐射地回到基态,而将氖原子激发到 3s 和 2s 态,这样就使氖原子的 3s 和 2s 能级上的原子数目显著增加,结果在氖原子 3s 和 2s 能级与相应的下能级 3p、2p 之间形成了粒子数反转. 在这些能级之间产生受激辐射时,发出波长为 3391.2 nm、1152.3 nm的不可见的红外光和 632.8 nm 的红光,所以人眼看到的氦氖激光器发出的激光呈红色.

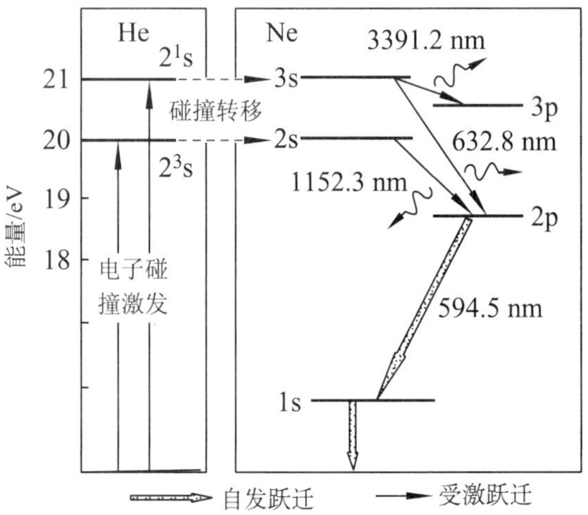

图 21.5

3. 光学谐振腔

在实现了粒子数反转的激活介质中,可以使受激辐射占主导地位,产生光放大,但还不能产生有一定强度的激光. 要产生激光,还必须设计一种装置,使在某一方向的受激辐射得到不断地放大和加强,这种装置称为**光学谐振腔**. 在激活物质的两端安置两面相互平行的反射镜 M_1、M_2,其中一面是全反射镜,另一面是部分反射镜,这两面反射镜及它们之间的空间就是光学谐振腔,如图 21.6所示. 当激活介质在外界激励下实现了粒子数反转时,它会同时产生自发辐射和受激辐射. 源于自发辐射的光子的方向是杂乱无章的,其中偏离轴线的光子很快都逸出谐振腔,只有沿轴线的光子可在其中来回反射,通过工作物质时就引起受激辐射,受激辐射产生的光子会引起连锁受激辐射, 而使光强不断增强,最终从部分反射镜输出一束极强的方向性很好的激光.

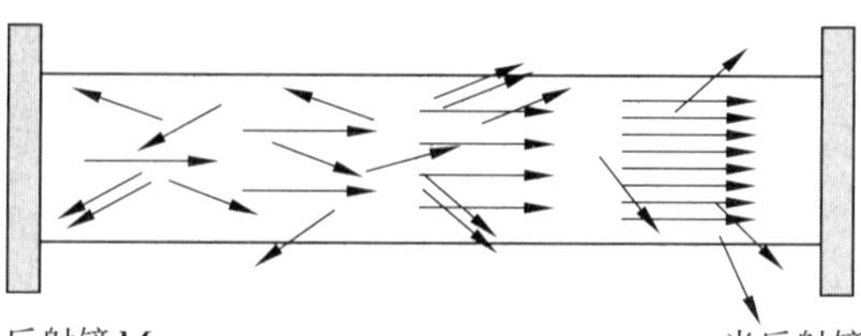

图 21.6

再则，根据波动理论，光在谐振腔中传播时，形成以反射镜为节点的驻波. 由驻波条件可得，加强的光必须满足 $l=k\lambda/(2n)$，式中 l 是谐振腔的长度，λ 是光的波长，k 是正整数，n 为激活介质的折射率. 波长不满足上述条件的光，会很快减弱而被淘汰. 所以谐振腔又起到了选频的作用，使输出的激光频率宽度很窄，即激光的单色性很好.

另外，从能量的观点分析，虽然在谐振腔内光受到两端反射镜的反射在腔内往返形成振荡，使光强增加，但同时光在两端面及介质中的吸收、透射等，又会使光强减弱. 只有当光的增益大于损耗时，才能输出激光. 这就要求激活介质和谐振腔必须满足一定的条件，称为谐振腔的阈值条件. 可以证明，这个阈值条件为

$$R_1R_2e^{2Gl}=1$$

式中 l 为谐振腔长度，R_1、R_2 分别为两镜的反射率（反射能量与入射能量之比），G 为光束传播方向上单位长度内光强的增长率，称为增益系数. 从上式解出增益系数的阈值 G_m 为

$$G_m=\frac{1}{2l}\ln\left(\frac{1}{R_1R_2}\right)$$

若 R_1、R_2 和 l 一定，只有当 G 大于 G_m 时，才能输出激光.

概括起来，形成激光的基本条件是：(1)激活介质在激励能源的激励下实现粒子数反转；(2)光学谐振腔使受激辐射不断放大；(3)满足阈值条件.

21.1.2 激光器

能够发射出激光的实际技术装置称为激光器. 它是激光技术的核心.

任何激光器都包括三个基本组成部分：(1)工作物质. 它应具有产生粒子数反转分布的合适能级结构，能产生受激辐射光放大. (2)激光能源. 它提供外界能量，将低能态的粒子激发到高能态，是实现粒子数反转的必备条件. (3)光学谐振腔. 通过光振荡实现光放大，限制激光传播的方向，且有选频作用，从而提高激光的单色性.

激光器种类很多，可按不同方式分类.

按工作物质分类，可分为固体、液体、气体、半导体和自由电子等激光器. 固体激光器的代表有红宝石激光器、钕玻璃激光器和掺钕钇铝石榴石激光器；液体激光器的代表有罗丹明 6G 染料激光器、掺钕二氯氧化硒激光器和二氯氧化磷激光器；气体激光器的代表有氦氖激光器、二氧化碳激光器、氩离子激光

器、氪离子激光器和准分子激光器；半导体激光器的代表有砷化镓二极管激光器等.

按运转方式分类，可分为连续输出和脉冲输出激光器.

按激励方式分类，有光激励激光器(几乎全部固体和液体激光器，还有少数气体和半导体激光器，都属此类)、电激励激光器(绝大多数气体激光器和半导体激光器，采用直流放电、交流放电、脉冲放电和电子束注入等形式)、化学激光器(利用放热化学反应的能量激励)、热激励激光器、核能激励激光器等.

按输出波长范围分类，有远红外激光器、中红外激光器、近红外激光器、可见光激光器、近紫外激光器、真空紫外激光器和 X 射线激光器等.

表 21.1 列出了部分常用激光器及其特点.

表 21.1　常用激光器及其特点

<table>
<tr><th colspan="2">类型</th><th>名称</th><th>工作物质</th><th>主要辐射波长/nm</th><th>激励方式</th><th>其他特征</th></tr>
<tr><td rowspan="5">气体激光器</td><td>原子</td><td>氦氖激光器</td><td>He-Ne 原子</td><td>632.8</td><td>气体放电</td><td>广泛应用</td></tr>
<tr><td rowspan="2">分子</td><td>二氧化碳激光器</td><td>CO_2-N_2-He 等混合气体</td><td>1060.0</td><td>气体放电</td><td>高功率输出</td></tr>
<tr><td>氮分子激光器</td><td>N_2 分子</td><td>337.1</td><td>气体放电</td><td>无谐振腔</td></tr>
<tr><td rowspan="2">离子</td><td>氩离子激光器</td><td>Ar^+ 离子</td><td>488.0
350.0～520.0</td><td>气体放电</td><td rowspan="2">常用作泵浦光源</td></tr>
<tr><td>氦镉激光器</td><td>He-Cd 蒸气</td><td>441.6
325.0</td><td>气体放电</td></tr>
<tr><td colspan="2" rowspan="3">固体激光器</td><td>红宝石激光器</td><td>Cr^{3+}-Al_2O_3 晶体</td><td>694.3</td><td>光泵浦</td><td>广泛应用</td></tr>
<tr><td>掺钕钇铝石榴石激光器</td><td>Nd^{3+}-YAG</td><td>1060.0</td><td>光泵浦</td><td></td></tr>
<tr><td>钕玻璃激光器</td><td>Nd^{3+}-玻璃</td><td>1060.0</td><td>光泵浦</td><td>可产生高功率输出</td></tr>
<tr><td colspan="2">液体激光器</td><td>染料激光器</td><td>有机染料，如罗丹明 6G</td><td>320.0～1170.0</td><td>激光泵浦
闪光灯泵浦</td><td>激光波长可调谐</td></tr>
<tr><td colspan="2" rowspan="2">半导体激光器</td><td>GaAs/GaAlAs 半导体激光器</td><td>化合物半导体 GaAs</td><td>850.0</td><td>电流注入</td><td>短波长光通信光源</td></tr>
<tr><td>InP/InGaP 半导体激光器</td><td>化合物半导体 InP</td><td>1300.0
1550.0</td><td>电流注入</td><td>长波长光通信光源</td></tr>
<tr><td colspan="2">光纤激光器</td><td>掺铒光纤激光器</td><td>Er^{3+}-光纤</td><td>1330.0
1560.0</td><td>激光泵浦</td><td>长波长光通信光源</td></tr>
</table>

21.1.3　激光的特性

由于激光产生的机理与普通光源不同，使得它具有一系列普通光源产生的光所没有的优异特性.

1. 方向性好

激光光束的方向性很好，发散角很小. 一般激光光束每行进 200 km，其扩散直径不到 1 m. 若把激光束射到距地球 3.8×10^5 km 的月球上，其扩散的直径还不到两千米. 而对普通光源，即使具有抛物形反射面的探照灯，其光束在几千米外，已经扩散到几十米的直径. 激光方向性好，是受激辐射光放大的特殊发光机理以及光学谐振腔对光传播方向的限制作用等因素共同作用的结果.

2. 单色性好

激光的谱线宽度很窄，单色性好. 例如一般氦氖激光器发射的 632.8 nm 的红光，线宽 $\Delta\lambda=10^{-7}$ nm，好的可达 10^{-9} nm，与非激光光源中单色性最好的氪灯的谱线宽度 4.7×10^{-3} nm 相比，激光要优于氪灯 4 个数量级以上. 激光的单色性好，一方面是由于工作物质粒子数反转只能在一定的能级之间发生，因而相应的激光发射也只能在一定的光谱范围内发生；另一方面是由于光学谐振腔的选频作用.

3. 亮度高

普通光源发出的光，射向四面八方，能量分散；而激光具有能量在空间高度集中的特性. 目前，功率极大的激光，其亮度可达到太阳亮度的 100 亿倍以上. 因此，它可在极小的局部范围内产生几百万摄氏度的高温、几百万大气压的高压，足以融化以致气化各种金属和非金属材料.

4. 相干性好

普通光源的发光过程是自发辐射，发出的不是相干光；而激光的发光过程是受激辐射，发出的是相干光. 激光的相干性好主要源于激光的高单色性和高方向性.

21.1.4　激光的非线性光学效应

非线性光学是研究强激光与物质相互作用时出现的新的现象、规律和应用的一门新兴学科. 激光出现之前的光学是弱光光学，很难观察到非线性光学现象. 这里强光与弱光的区分是对光场的电场强度大小 E 与组成物质的原子内部的平均电场强度大小 E' 比较而言的. 普通光源，$E/E'\ll1$，光与物质的作用表现为线性关系. 对于强激光，E 与 E' 可比拟，此时光与物质的作用表现出明显的非线性关系. 计算表明，E' 的数量级为 $10^{10}\ \mathrm{V\cdot m^{-1}}$，普通光源光场的 E 比 E' 低好几个数量级. 如太阳光的 E 只有 $10^2\ \mathrm{V\cdot m^{-1}}$，而强激光的 E 可达 $10^{10}\ \mathrm{V\cdot m^{-1}}$ 的数量级，用现代技术甚至可获得更强的电场（$10^{12}\ \mathrm{V\cdot m^{-1}}$），这就为研究非线性光学提供了强有力的工具.

强激光与物质相互作用出现许多非线性效应，如谐波的产生、光参量振荡、光的受激散射、光束自聚焦、多光子吸收、光致透明和光子回波等. 下面简单介绍几种非线性光学效应.

1. 激光倍频和混频效应

我们知道,介质在光波电场作用下要产生极化,极化了的原子实际上就是一个电偶极子.若光波随时间作正弦变化,则电偶极子的负电荷中心将绕正电荷中心作周期性振荡,而振荡的电偶极子又不断辐射电磁波(称为次级辐射).这便是光与物质相互作用的微观机理.

在宏观上,介质极化程度用极化强度 $\boldsymbol{P}$ 描述.在弱光 $\boldsymbol{E}$ 作用下,各种各向同性介质的极化强度 $\boldsymbol{P}$ 与 $\boldsymbol{E}$ 成正比,方向相同,其关系为

$$\boldsymbol{P}=\chi_e\varepsilon_0\boldsymbol{E}$$

式中χ_e为电极化率,与外场 $\boldsymbol{E}$ 无关.如果 $\boldsymbol{E}$ 以频率 ω 作周期性变化,则 $\boldsymbol{P}$ 及其产生的次级电磁辐射也以同样的频率 ω 作周期性变化,次级辐射与入射光波相互叠加,决定物质对入射光场的反射、折射和散射等现象.这里由于次级辐射与入射光波的频率相同,所以光波的单色性不会变化.

当介质为各向异性时,$\boldsymbol{P}$ 与 $\boldsymbol{E}$ 的方向不再相同,而且在强激光作用下,$\boldsymbol{P}$ 和 $\boldsymbol{E}$ 之间不再呈线性关系,为方便起见,我们不考虑 $\boldsymbol{P}$ 与 $\boldsymbol{E}$ 的矢量特征.P 和 E 的非线性关系可写为

$$P=\alpha E+\beta E^2+\gamma E^3+\cdots$$

式中 $\alpha,\beta,\gamma,\cdots$都是与物质有关的系数.一般说来,它们的数量级之比约为

$$\frac{\beta}{\alpha}=\frac{\gamma}{\beta}=\cdots=\frac{E}{E'}$$

当 $E\ll E'$时,式中的非线性项 $\beta E^2,\gamma E^3,\cdots$都可忽略,介质表现为线性光学性质.但当强激光 $E=E_0\cos\omega t$ 作用时,非线性项便不可忽略.下面讨论与二次非线性极化项有关的光学倍频(忽略二次以上的非线性极化项),即

$$P=\alpha E_0\cos\omega t+\beta E_0^2\cos^2\omega t=\alpha E_0\cos\omega t+\frac{1}{2}\beta E_0^2+\frac{1}{2}\beta E_0^2\cos2\omega t$$

等式右边第二项是不随时间变化的极化强度分量,为直流项.这一项的存在使介质两相对表面分别出现正、负极化面电荷,相应产生一恒定电场.这种从一个交变电场得到一个恒定电场的现象称为光学整流.第一项是频率等于入射光频率的极化强度分量,是基频项.第三项相应于介质中存在频率为入射光频率两倍的极化强度的倍频成分.由于这两项的出现,将分别产生频率为 ω 和 2ω 的次级辐射,即辐射出频率为 ω 和 2ω 的光,这就是**倍频光**产生的机理.图 21.7 为倍频光发生器的示意图.频率为 ω 的激光从某一特定的方向通过一块非线性晶体,透射光中有两种频率成分 ω 和 2ω,通过滤光片后,频率为 ω 的光被吸收掉,而让 2ω 频率的光输出,由光电倍增管接收.

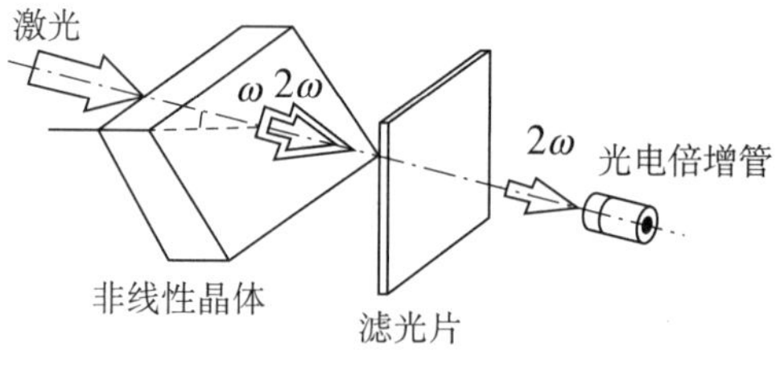

图 21.7

光学倍频的实验观察是在激光问世一年后由弗兰肯(P. Frandken)等人完成的.他们

将红宝石激光器发出的 $\lambda=694.3$ nm 的光脉冲聚焦在石英晶体上，对出射光进行摄谱，结果在紫外端观察到 $\lambda=347.15$ nm 的倍频光谱线，不过当时入射光能量转换为倍频光能量的转换效率极低. 若考虑到作用光波之间满足能量守恒和动量守恒所要求的相位匹配条件，转换效率可以提高.

当两种不同频率 ω_1 和 ω_2 的强激光 $E_1=E_{10}\cos\omega_1 t$ 和 $E_2=E_{20}\cos\omega_2 t$ 同时作用于介质时，不考虑二次以上非线性极化项，则有

$$
\begin{aligned}
P &= \alpha(E_{10}\cos\omega_1 t+E_{20}\cos\omega_2 t)+\beta(E_{10}\cos\omega_1 t+E_{20}\cos\omega_2 t)^2 \\
&= \alpha E_{10}\cos\omega_1 t+\alpha E_{20}\cos\omega_2 t+\frac{1}{2}\beta E_{10}^2(1+\cos 2\omega_1 t) \\
&\quad +\frac{1}{2}\beta E_{20}^2(1+\cos 2\omega_2 t)+\beta E_{10}E_{20}[\cos(\omega_1+\omega_2)t+\cos(\omega_1-\omega_2)t]
\end{aligned}
$$

式中除了直流项、基频项、倍频项外，还出现了和频 $\omega_1+\omega_2$ 和差频 $\omega_1-\omega_2$ 项. 相应可有辐射频率为 $\omega_1+\omega_2$ 和 $\omega_1-\omega_2$ 的光，这就是**光学混频**.

光学倍频和混频扩展了强相干辐射的范围，是光频转换较成熟的方法，有广泛的应用. 常用的非线性光学晶体有 KDP(磷酸二氢钾)、ADP(磷酸二氢铵)、$LiNbO_3$(铌酸锂)、$LiIO_3$(碘酸锂)等.

2. 受激拉曼散射

光通过介质时，除了按几何光学传播的光线外，因光的散射，其他方向或多或少也有光线存在. 若散射光与入射光的频率相同，则称这种散射为**瑞利散射**.

1928 年，拉曼(C. Raman)在研究液体和晶体内的散射时发现，散射光中除了有与入射光频率 ν_0 相同的成分外，还有频率为 $\nu_0\pm\Delta\nu_1$，$\nu_0\pm\Delta\nu_2$，…成分. 值得注意的是 $\Delta\nu$ 的大小以及这些成分间的频率差均与 ν_0 无关，而由介质的性质决定. 后来的研究指出，$\Delta\nu$ 的大小决定于介质的分子结构及其运动，这种散射称为**拉曼散射**.

其原理是：在入射光的作用下，物质分子吸收一个入射光子后跃迁到一个特殊的能级上，当这个分子从该能级跃迁回到原来的能级时，将发射出一个与入射光频率相同的散射光子，这就是瑞利散射. 当该能级上的分子跃迁到比原来能级低或高的能级时，将发射出与入射光频率不同的散射光子 $\nu_0\pm\Delta\nu$. 向低频方向移动的散射光谱线 $\nu_0-\Delta\nu$ 叫做斯托克斯线，向高频方向移动的散射光谱线 $\nu_0+\Delta\nu$ 叫做反斯托克斯线，这就是拉曼散射. $\Delta\nu$ 称为拉曼频移. 研究表明，拉曼频移与分子的振动和转动能级、分子的对称性等特性有紧密的关系，也与分子的结构密切相关，因此测定各种物质的拉曼频移，可研究物质的微观结构和性质，对分子进行定性、定量和结构分析.

用普通光源产生的拉曼散射光强非常微弱(只有入射光强的 10^{-7} 倍)，是自发拉曼散射，散射光强 I_s 的增加正比于入射光强 I_0，它是不相干的.

当入射光是很强的相干激光光束时，出现了新的现象，即散射过程具有受激辐射的性质，故称为受激拉曼散射. 受激拉曼散射光与激光器发出的光，具有完全相同的特性，是相干光. 其散射光强 I_s 的增加正比于入射光强 I_0 和 I_s 的

乘积. I_s 随入射光进入介质的距离 x 增长的关系为

$$I_s(x) = I_s(0)e^{\alpha I_0 x}$$

式中 α 为一常量. 受激拉曼散射是非线性光学效应,它为深入了解散射介质分子的能级结构、运动状态、跃迁性质等提供了有效途径,也是产生多种新波长强相干光的一种方法. 当前在生物医学成像、化学成像、光纤通信与放大、材料表征以及军事目标侦察和打击、新材料研发等方面获得广泛应用.

3. 自聚焦

用强光照射介质时,介质的折射率 n 随入射光强的增加而增大. 如果入射光束截面上光强分布不均匀,则在该截面上介质折射率的分布也将是不均匀的. 激光光束的强度呈高斯分布,轴线上光强最大,因而轴线上折射率高于边缘部分. 这就在介质内形成类似凸透镜的结构,使光束向轴上会聚. 它和通常的透镜聚焦不同,自聚焦的光聚焦后不再发散,最后形成一束极细的光丝,这一现象称为**自聚焦**. 自聚焦可以形成极高的能量密度,可以进一步激起其他的非线性光学现象. 当然,自聚焦也可能导致介质本身的光学破坏,一般应该避免.

20 世纪 80 年代,法国物理学家莫罗(G. Mourou)等人提出了啁啾脉冲放大技术(2018 年获得诺贝尔物理学奖),避免了非线性效益对增益介质的损害,实现了激光脉冲宽度的进一步压缩,以及激光强度的极大提高.

超强的激光意味着描述光与物质相互作用的微扰理论失效. 在极端强场的作用下,新的物理现象不断出现. 比如电子除了可以发生单光子电离(光电效应)外,还可以产生多光子电离、隧穿电离及越垒电离;电离后电子可能返回母离子,与母离子发生非弹性散射,促使母离子中另一个电子吸收能量电离,从而发生双电离过程,或者被母离子俘获,跃迁回基态,以光辐射的形式释放动能,从而产生高次谐波.

人们对超快超强激光脉冲与物质相互作用的新现象和新规律的探索,催生出了阿秒科学这一前沿领域. 2023 年诺贝尔物理学奖授予了阿戈斯蒂尼(P. Agostini)、克劳斯(F. Krausz)和勒惠利尔(A. L′Huillier)三位物理学家,表彰他们在产生阿秒光脉冲领域做出的贡献. 目前,我国在这一科学领域也取得了突破性进展. 上海超强超短激光实验装置实现了最大峰值功率 10 拍瓦(1 拍瓦 $=10^3$ 太瓦 $=10^3\times10^3$ 吉瓦 $=10^3\times10^3\times10^3$ 兆瓦)以上的超强激光输出,国防科技大学理学院赵增秀团队实现了 51 阿秒(attosecond, $1\mathrm{as}=10^{-18}\mathrm{s}$)的超短孤立阿秒脉冲产生. 人类正向着极限时间尺度探测不断迈进.

21.1.5 激光的应用

从应用的角度,可把激光的四个基本特性概括成两个方面. 一是定向的强光光束,能量很集中,功率密度很大;二是单色的相干光束,时间相干性和空间相干性都很好. 激光在各技术领域中的广泛应用都是源于这两方面的特性.

1. 激光通信

光通信由来已久,我国古代曾用烽火台的烟火、火光来传送战争警报,

1960 年出现的激光器为光通信提供了理想的光源.

激光通信的工作原理和过程与电通信相似,所不同的主要是信息载体.图 21.8表示了激光语音通信的原理和系统组成.发话器送出的语音信号经过电信号发生器变成电信号,由编码器编码后加至调制器;调制器按编码电信号的规律对来自激光器的稳定激光束实施调制,使光束随语音的变化而变化(即光载波承载了语音信号);光学发射机(天线)把这种信号发送出去;异地的光接收机对准发射方向接收光信号,并把它汇集于光探测器,转变为电信号;经由解码器解码后送往电信号接收器,还原为语音信号由受话器放出.

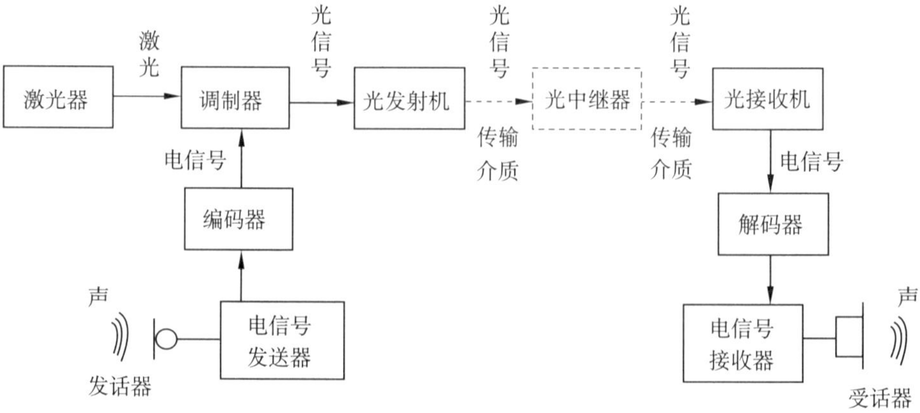

图 21.8

目前激光通信多采用半导体激光器.这是因为它效率高、寿命长、重量轻、体积小、易调制.其次是 YAG 激光器和 CO_2 激光器.

光调制方法包括直接调制、电光调制、磁光调制等.例如把电信号直接加在半导体激光器上就实现直接调制;若把电信号加于电光晶体,同时使光通过该晶体,即可实现电光调制;对铁石榴石等晶体施加磁场,可实现磁光调制.

光接收机中的探测器目前多用光电二极管.例如在可见光波段可用硅光管;在近红外波段用 PIN 或 APD;中、远红外波段分别用 InAs 和 HgCdTe 二极管.其中 APD 的响应速度可达 130 ps,且有较大的电流放大作用,利于提高信噪比,适用于远程大容量通信.

光通信系统中的中继器是为弥补光信号传送中的损耗(如介质的吸收、散射)和失真(如色散)而设置的,以便在一定的距离上对光信号做放大、整形等技术处理,以保证信号质量.

激光通信的重要特点之一是传输信息容量大.在激光通信中,信息的载体是光波,其频率高达 $10^{13}\sim10^{15}$ Hz,比微波高出 10^3 倍.根据通信理论,载波的频率越高,传播的信息量就越大.除此以外,激光通信还具有较好的抗干扰性和较好的保密性等特点.

激光通信可在大气、光纤、太空和水中传播,人们分别称之为大气激光通信、光纤激光通信、空间激光通信和水下激光通信.

激光通信以其优良的保密性和抗干扰性已在军事上得到广泛的应用.例如

指挥所与前沿阵地、岛屿之间、大河两岸、作战平台之间采用光纤激光通信就十分合适.而在远程控制(如远程导弹控制)、空间技术(如人造卫星通信飞船通信)等方面,激光大气通信和空间激光通信就有突出的优点.坦克的敌我识别系统就可以通过激光大气通信来实现.潜艇,特别是战略核潜艇,则是水下激光通信的主要对象.另外,激光还可以用于无人机通信.无人机搭载激光通信设备后,利用激光通信高速、低延迟的特点,可以实现与指挥中心之间的实时数据交换和指令传递.

2. 激光测距

激光测距的基本原理是测量激光束往返于观测点至目标之间所用的时间,从而推算出目标到观测点的距离.在技术途径上可分为脉冲式激光测距和连续波相位式激光测距.目前,大量部队采用的是前者.

脉冲式激光测距系统由发射、接收、控制及数据处理等部分组成,如图21.9所示.发射部分由激光器及发射望远镜组成,接收部分由接收望远镜及光电探测器组成,数据处理部分通常是一个电子计数器.测距系统工作时,由激光器产生一束持续时间极短的光脉冲,射向被测目标,待光脉冲从目标返回时,测出发射脉冲与返回脉冲之间的时间间隔 t,则目标距离可表示为 $R=ct/2$,其中 c 是光速.

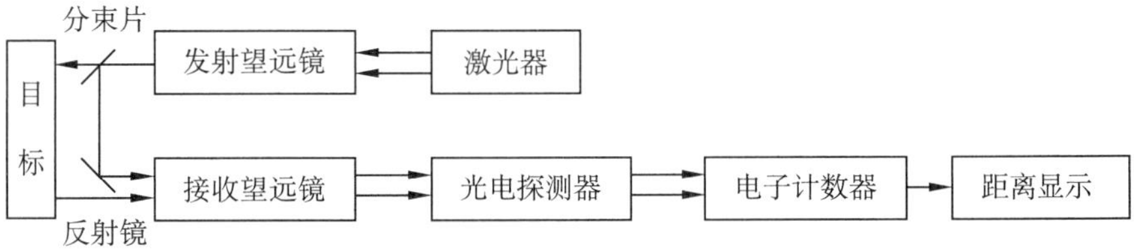

图 21.9

脉冲式激光测距仪的作用距离为数百米至数十千米,激光测距仪与其他光电装置配合,可以组成各种用途的火控系统.如高重复频率的激光测距仪与红外及电视跟踪系统相结合,组成舰载近海面反导弹袭击的光电火控系统.也可以将激光测距仪加装在光学经纬仪上,作为靶场弹道测量设备.激光测距仪与微波雷达相结合,可以发挥激光束窄的特长,弥补微波雷达低仰角工作时受地面杂波干扰的不足.大型激光测距仪可以精确测量卫星的运行轨道.对装有角反射器的目标,激光测距仪最远测程可达月球,测距精度达厘米级.蓝绿波长的激光测距仪适用于水下目标的探测,而相位式激光测距仪,其精度可达毫米级,相对误差为百万分之一,军事上可用于地形测绘,也可用来测量地壳的微小变化.

3. 激光雷达

激光雷达的结构和功能与微波雷达相似,都是利用电磁波先向目标发射一探测信号,然后将其回波与发射信号作比较,获得目标的有关信息,诸如目标位置(距离、方位和高度)、运动状态(速度、姿态)和形状等,从而对飞机、导弹等目标进行探测、跟踪和识别.

激光雷达由发射机、天线、接收机、跟踪架及信息处理系统等部分组成.发射机是各种形式的激光器;天线是光学望远镜;接收机采用各种形式的与发射机配套的光电探测器.激光雷达采用脉冲式或连续式两种工作方式,探测方法分直接探测与外差式探测.

激光雷达的特点是:①工作波长短,很小的天线口径可以获得很窄的光束,因而方向性好,测角精度高,不受地面杂波的干扰,可以低仰角工作,体积小、重量轻.多普勒测速灵敏度高,但搜索和捕获目标较难.②采用锁模技术及其他超短脉冲技术可以将发射脉冲宽度压缩到小于纳秒(10^{-9} s),以脉冲方式工作的激光雷达测距精度很高.③激光对等离子体的穿透能力强,蓝绿激光适合于水下传播.④激光在大气中的衰减大,云、雾、烟、尘等的吸收和散射会大大影响雷达的作用距离.

激光雷达在军事上可用于测量各种飞行目标的运动轨迹,如对导弹和火箭初始段的跟踪与测量,对飞机和巡航导弹的低仰角跟踪测量,对卫星的精密定轨等.激光雷达与红外、电视等光电装备相结合,组成地面、舰载和机载火力控制系统,对目标进行搜索、识别、跟踪和测量.激光雷达可以对大气进行监测,遥测大气中的污染和毒剂,测量大气的温度、湿度、风速、能见度及云层高度.目前激光雷达在无人驾驶、智能交通等方面也获得了广泛应用.

4. 激光武器

激光武器是利用激光束直接攻击敌人目标的定向能武器.一般主要由激光器、精密瞄准跟踪系统和光束控制与发射系统组成,如图21.10所示.激光器是激光武器的核心部件,用于产生起杀伤或破坏作用的大功率激光束.精密瞄准跟踪系统可以精确地瞄准跟踪目标,快速引导激光束对准目标射击,并判定杀伤或破坏效果.光束控制与发射系统的作用是根据瞄准跟踪系统提供的目标方位、距离等数据将光束准确地射到目标上,力求达到最佳效果.

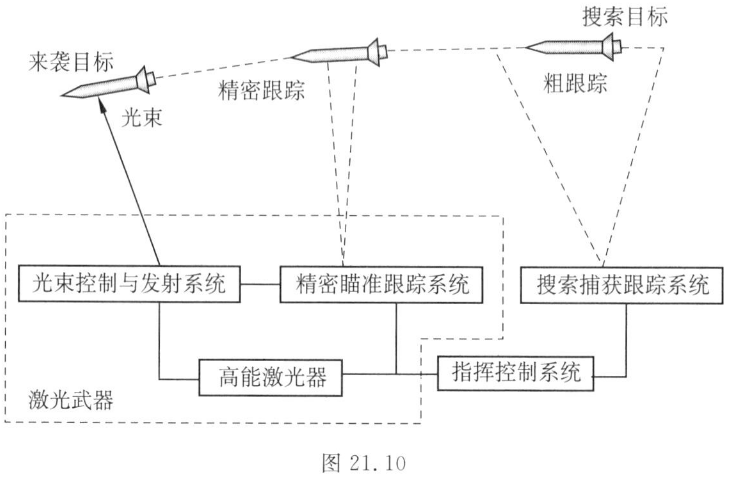

图21.10

激光武器有许多分类法:按激光能量的不同,分为低能激光武器(又称激光轻武器或激光致盲武器)和高能激光武器(又称激光炮);按激光器种类不同,分为固体、气体、化学、准分子、自由电子和 X 射线激光武器等;按位置或运载工具的不同,分为陆基、车载、舰载、机载、星载激光武器;按用途分为战术激光武器和战略激光武器;按输出方式可分为连续式激光武器和脉冲式激光武器.

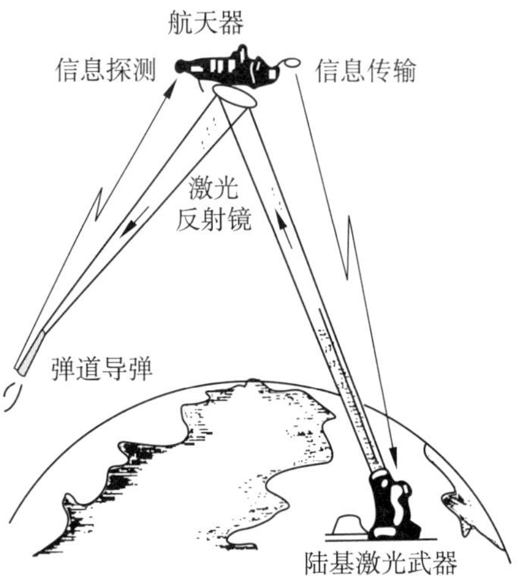

图 21.11

激光武器的优点是:①快速.激光束以光速射向目标,一般不需要提前量.②灵活.发射激光束时,几乎没有后坐力,因而易于迅速地变换射击方向,并且射击精度高,能够在短时间内拦截多个来袭目标.③精确.可以将聚集的狭窄光束精确地对准某一方向,选择攻击目标群中的某一目标,甚至选择目标上的某一个脆弱部位.④不受电磁干扰.我国已研发多款激光武器系统,具备多目标打击、高射速、持续作战等能力,适用于野战防空、要地防空等场景,能对无人机等低空飞行器构成有效威胁.当然,任何事物都是一分为二的,激光武器也有弱点,主要是:①随射程增加,落到目标上的光斑增大,使靶面上的激光功率密度降低.因此,其有效作用距离受到限制.②大气对激光有较强的衰减作用,并可使其发生漂移和扩展,恶劣天气(雨、雪、雾等)和战场烟尘、人造烟幕等对其影响更大.③能量转换效率较低.因此,激光武器不能完全取代其他武器,而是与其他武器配合使用.激光武器在致盲、防空、防卫星及反洲际弹道导弹等方面都有独特的作用.图 21.11 为对敌方洲际弹道导弹助推段的拦截系统的示意图.

5. 激光制导

激光制导是用激光作为跟踪和传输信息的手段,将导弹、炮弹或航空炸弹导向目标.激光制导命中精度高,抗电磁波干扰能力强,因而得到军事上的广泛应用,是精确制导武器的一种主要制导方式.激光制导方式分为寻的制导和波束制导.激光寻的制导的原理如图 21.12 所示.瞄准跟踪目标后,由目标指示器发射出编码脉冲激光照射目标,随即发射激光制导武器.武器在飞行过程中,装在头部的激光寻的器接收由目标反射回的激光信号,经光学系统会聚在光电探测器上,将光信号转变为电信号,然后经放大、运算处理,得出引导信号,驱动执行机构将武器导向目标.寻的制导用的

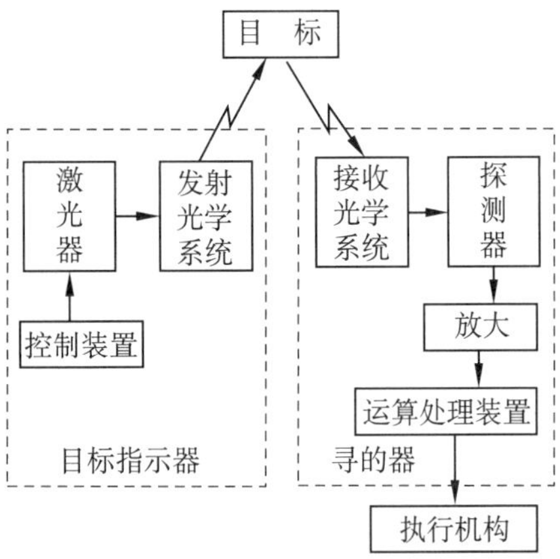

图 21.12

目标指示器一般采用波长 1.06 μm 的掺钕钇铝石榴石(简称为 Nd:YAG)脉冲激光器.

波束制导的原理是:制导武器发射后,沿对准目标的光束飞行,直接接收激光器发射出的调制激光束.调制激光束的横截面为旋转的明暗图案,其对称中心与瞄准线重合,一旦武器轴线偏离瞄准线,装在武器尾部的光电探测器便会感知,通过对信号的放大、处理得出武器轴线与瞄准线的角偏量,然后向执行机构发出修正指令,引导武器飞向目标.

激光寻的制导已用于炸弹、炮弹、导弹、子弹和鱼雷等.如激光制导的“灵巧”炸弹,其投弹圆误差仅 1 m(普通炸弹为 90～100 m),从而可以高空投掷,以减少载弹飞机的损失.激光制导的炮弹用 155 mm 的榴弹炮发射,命中精度为 0.3～1 m,首发命中概率达 80%～90%.激光制导的空地导弹其命中精度优于 1 m.激光波束制导通常用于地空导弹和反坦克导弹,其作用距离 3～8 km.激光制导子弹采用的是一种独特的滑膛设计.子弹发射后不必旋转,其尾部微型的“鱼鳍”在飞行过程中,能根据目标移动等信息,借助激光导航调整方向,完成弹道偏离、自动导引并准确命中目标.制导鱼雷是利用激光导航的高精确度使鱼雷可以更准确地远距离打击船只.例如我国研发的鱼雷 10 就采用了激光制导和卫星导航组合的方式.激光制导的主要缺点是易受云、雾、雨、雪和烟尘等影响,不能全天候使用.

6. 激光核聚变

将激光作用于聚变燃料,产生高温高压等离子体,进而诱发聚变,在实验室造成类似核爆炸条件,以研究可控核聚变和模拟核武器爆炸时的效应等问题.

激光器问世不久,科学家就利用激光的高功率密度特性,使聚变燃料达到高温,产生聚变反应.激光聚变研究又推动大功率激光技术的发展,许多实验室先后建造了大型激光器.美国劳伦斯·利弗莫尔实验室(LLNL)建造的国家点火装置(NIF)可产生 192 束激光,提供超过 500 万亿瓦的峰值功率和 1.85MJ 的激光.

激光核聚变通称激光惯性约束核聚变,是实现受控热核聚变途径之一.其基本原理是用大功率激光束经聚焦,均匀照射到直径为毫米量级的含聚变燃料(如氘、氚)的靶丸上,靶面上激光功率密度大于 10^{14} W·cm^{-2}.靶表面物质吸收激光能量后,在周围形成高温稀薄等离子体,由电子将能量传到靶高密度区,形成一高温烧蚀区.被烧蚀物质要向外喷射,在喷射物的反冲力作用下,类似火箭推进,靶内形成向心传播的高压冲击波,其压力达 10^{12} Pa 量级,靶丸体积被压缩到约为原来的十万分之一,这时靶心温度可达上亿度,从而将聚变燃料点燃.由于聚变是在靶丸的外层被烧蚀物质靠自身惯性维持的一段时间内,即在聚变燃料因其惯性还未飞散的时间内实现的,所以叫做惯性约束聚变.实现激光聚变除上述直接照射的“直接驱动法”外,还有“间接驱动法”或称“辐射驱动法”.辐射驱动的优点是激光吸收效率高并能均匀照射靶丸,达到对称内爆,这是直接驱动法不易达到的.许多实验室正在积极研究各种控制激光均匀照射技术,期望找到比辐射驱动更有效的办法.

激光技术的应用还有许多方面，如激光全息、干涉计量以及在医学等领域的应用;军事上如激光干扰与致盲、激光侦察与警戒、激光近炸引信、激光夜视(利用红外激光)、激光射击模拟训练技术等.有兴趣的读者可在相关书籍中查阅.

21.2 红外技术

红外辐射是英国科学家赫歇尔(W. Herschel)于1800年在研究太阳光谱中各色光的热效应时发现的. 20世纪60年代以来,红外技术已成为一门迅速发展的新兴技术,它已广泛应用于军事、工农业生产、医学、空间科学和科学研究等领域．本节主要介绍红外技术的基础知识,包括红外辐射的基本特性、基本规律、红外探测器件、红外成像技术以及红外技术在军事领域的应用.

21.2.1 红外辐射

1. 红外辐射的基本特征

红外辐射是电磁波谱中大于红光波长的不可见光,因此又称红外光(或红外线).研究表明,红外光和可见光本质上一样,都属于电磁波,只是波长不同而已．红外辐射的波长介于0.77 μm到1000 μm之间,位于电磁波谱中可见光红端与微波之间.由于不同波长的红外辐射在地球大气层中传输性能不同,通常又把红外辐射分成四个波段,分别称为近红外(0.77～3.0 μm)、中红外(3.0～6.0 μm)、远红外(6.0～15 μm)、极远红外(15～1000 μm).

理论和实验研究表明,不仅太阳光中有红外辐射,任何温度高于绝对零度的物体都在不停地辐射红外光,也就是说,任何“热”的物体都是红外辐射源.自然界中红外辐射的极其普遍性这一特点是红外技术有着广泛应用的重要原因.

红外光既然是一种电磁波,当然和可见光一样能产生反射、折射、干涉、衍射等现象,它也能产生光电效应,因此利用红外光电管、光电池或光敏电阻等元件可以对红外线进行探测;它还能产生光化学效应,虽然比可见光弱,但仍能使灵敏的红外照相底板感光.

由于波长不同,红外光相对于可见光而言有其自身特有的性质.热效应是红外光的重要特性,当物体被红外光照射时,电磁运动的能量转化为物体分子热运动的能量,物体内部晶格振动加剧,温度升高.

某些情况下,红外光具有特殊的反射特性,其反射率(反射与入射的能量之比)随物体材料、温度和波长而变化.如绿色涂料和绿色植物对波长为0.3～0.7 μm的可见光反射率差别不大,但在0.8～1.3 μm的近红外波段二者有显著差别,绿色植物的反射率接近于40%,而绿色涂料的反射率仅为20%.

2. 红外辐射基本定律

实验表明,不同物体若其表面温度不同,则其辐射红外光或吸收红外光的能力也不同.这种辐射能按波长的分布取决于辐射物体的温度,所以常称为热辐射.由上一章介绍的黑体单色辐出度与波长之间的关系曲线可知,温度在

1700 K以下的物体主要表现为红外辐射，高于1700 K时，则同时存在红外辐射和可见光辐射. 当物体处于红外辐射平衡状态时，它所吸收的红外辐射能量，总是恒等于它所发射的红外辐射的能量.

黑体辐射的两条基本定律，即斯特藩-玻尔兹曼定律和维恩位移律，也是红外辐射的基本定律，是红外技术及其应用的理论根据. 需要指出的是，在相同温度下，实际物体的单色辐出度 $M_\lambda(T)$ 总是小于黑体的单色辐出度 $M_{b\lambda}(T)$. 我们把 $M_\lambda(T)$ 与 $M_{b\lambda}(T)$ 的比值称为**单色发射率**，用 $\varepsilon(\lambda)$ 表示，即

$$\varepsilon(\lambda) = \frac{M_\lambda(T)}{M_{b\lambda}(T)}$$

显然 $\varepsilon(\lambda) \leqslant 1$. 因此，如果能确定物体的 $\varepsilon(\lambda)$，就可把关于黑体辐射的定律应用于实际物体.

若物体的单色发射率是不随波长变化的常数，则此物体称为**灰体**. 灰体的辐出度为黑体辐出度的 ε 倍，由斯特藩-玻尔兹曼定律得到灰体的辐出度为

$$M(T) = \varepsilon M_b(T) = \varepsilon\sigma T^4$$

而维恩位移律为

$$T\lambda_m = b$$

灰体和黑体的热辐射波谱曲线相似，波谱成分相同. 灰体比黑体更接近于实际物体. 对于8～14 μm这个波段，多数物体可以当作灰体处理，而对更多的实际物体，随着波长的不同，它们的 $\varepsilon(\lambda)$ 有明显的差异.

表21.2列出了由维恩位移律算出的常见军事目标的最大辐射波长.

表21.2　常见军事目标的最大辐射波长

目标	目标温度/K	最大辐射波长/μm
军事设施、各种兵器	300	10
人员	340	9.64
飞机机身	400	7.5
飞机尾焰	800	3.6
导弹的发射	2000	1.5

3. 红外辐射的传输

红外辐射在大气中传播时，大气对其具有选择吸收性，即对不同波长的红外辐射，吸收的程度有很大差别. 大气中的主要气体氮和氧对相当宽的红外辐射没有吸收作用，所以选择吸收主要是由于大气中的水蒸气、二氧化碳、臭氧、氧化氮、甲烷和一氧化碳等气体造成的. 这种吸收，造成了大气对不同波长的红外辐射有不同的透过率. 其透过率与波长的关系如图21.13所示.

由图可见，能透过大气的红外光主要有三个波段，即1～2.5 μm，3～5 μm和8～14 μm. 大气对这三个波段的红外光透明，人们形象地称这三个波段为大气的"**红外窗口**". 从图中还可看出，即使是红外窗口，红外光传输时还会有一定的能量衰减，这是由于大气中的尘埃及其他悬浮粒子的散射作用使红外光偏离原来的传播方向造成的.

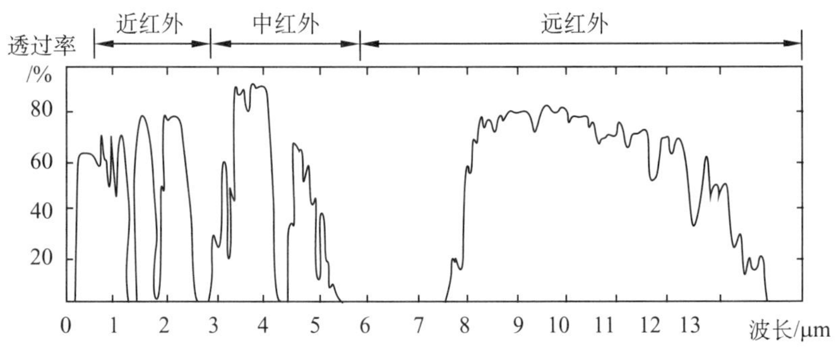

图 21.13

红外辐射在大气中传播时,红外探测器必须工作在这些窗口内.军事上感兴趣的常温目标辐射的峰值波长约为 10 μm,发动机辐射的峰值波长约为 4 μm,均处在"红外窗口"内,这就使红外技术探测军事目标成为可能.

红外辐射在介质中传输时,通常把可以透过红外光的介质称为**红外光学材料**.任何介质都不可能对所有波长的红外光透明,而只是对某些波长范围的红外光具有较高的透过率.红外光学材料可分为晶体材料(单晶材料和多晶材料)、玻璃材料、塑性材料三大类.在热成像技术中常用的有单晶锗(能较好地透过波长为 1.8～20 μm的红外光)、单晶硅(透过波长为 11 μm 以内的红外光)、多晶氟化钙(透过波长为 0.25～10.5 μm 的红外光)、多晶硫化锌(透过波长为 1～14 μm 的红外光)、多晶氟化镁(透过波长为 3～6.5 μm 的红外光)、三硫化二砷玻璃(透过波长小于 11 μm 的红外光)、四氟乙烯(透过波长为 2～7.5 μm、9～14 μm 的红外光)等.

21.2.2 红外探测原理

凡是能把红外辐射量转变成另一种便于测量的物理量的器件都叫做**红外探测器**.为了最方便、最精确地测量,一般的红外探测器总是把红外辐射转变成电学量.在各种红外装置中,红外探测器是必不可少的部件,探测器技术是红外技术的关键.近代物理的光辉成就,尤其是凝聚态物理的研究,对红外探测器的发展有很大的促进作用.

1.红外探测器的分类及特性参数

红外能量照射到物体上会产生一些物理效应.例如使物体温度升高;引起物体物理特性(如体积、压力、折射率等)的变化;引起物体化学性质的变化(如使底片感光);引起物体电学特性(如导电率、介电系数等)的变化,产生光生伏特效应、光电磁效应等.红外探测器正是利用各种敏感元件对红外线的不同物理效应引起相应物理参数的变化进行测量的.

按照红外线的不同物理效应,红外探测器可分为热敏类红外探测器、量子红外探测器、化学探测器等.前两类红外探测器用途极为广泛,而红外感光胶片则属于化学探测器.从理论上说,可以制成任何红外光谱的感光胶片,但它们只有在恒定的制冷条件下才能使用和储存.如果不保持制冷条件,即使把胶片放在密封容器中，自曝光现象仍然存在.

红外探测器有一套根据实际应用的需要而制定的特性参数，根据这些参数可以判断红外探测器的优劣. 主要参数如下：

(1) 响应率(R). 响应率表示红外探测器把红外辐射转变为电信号的能力，等于输出电压与输入红外辐射功率之比. 单位为伏特每瓦，符号为 $V \cdot W^{-1}$.

(2) 截止波长(λ_c). 红外探测器的响应率与入射辐射的波长有一定的关系，有一个响应率最大的峰值存在. 响应率下降到峰值一半所对应的波长 λ_c 叫截止波长，它是红外探测器最长的适用波长.

(3) 噪声等效功率(NEP). 任何红外探测器都有一个由基本的物理过程所决定的不可避免的噪声存在，它限制了探测器探测微小信号的能力. 表示这一特性的参数叫等效噪声功率，指的是产生与探测器噪声输出大小相等的信号所需的入射红外辐射功率.

(4) 探测率(D). 探测率是表示探测器灵敏度大小的又一参数，它与响应率、噪声和探测元件尺寸有关，探测率越大，灵敏度越高.

(5) 响应时间(时间常量). 响应时间反映探测器对红外辐射的响应速度. 响应时间越短，它对红外辐射的响应速度越快.

2. 热敏类红外探测器

热敏类探测器是通过感知红外辐射的热效应引起的温度变化来获得投射到探测器上红外辐射的强弱. 它把红外辐射能转换成热能，然后用热能激发载流子. 这类探测器的优点是响应波长范围宽，可以在室温下工作，操作也很简单. 然而，热敏类探测器的响应时间较长，探测灵敏度也较低，一般用于低频调制场合.

热敏类红外探测器主要有热敏电阻型、温差电偶型、热释电型、气动型等.

(1) 热敏电阻型红外探测器. 不同材料的电阻值随温度的变化有很大差别，纯金属以及大多数合金的电阻率随着温度的升高而增大，其电阻温度系数为正. 但有些半导体材料(如锰、镍、钴的氧化物相混合经烧结制成的薄片)的电阻率却随着温度的升高而减小，可以认为它们的电阻温度系数为负，而且在数值上是金属电阻温度系数的10～20倍，它能够在1 ms的时间里觉察出 10^{-6} 度的温度变化. 由于这些杂质半导体的施主能级(或受主能级)与导带(或满带)的能级差值都只有 10^{-2}eV 的数量级，随着温度的微小变化，被激发而进入导带的电子数(或满带的空穴数)的变化十分灵敏，因而其导电性(或电阻率)也随之灵敏地变化.

电阻率随温度明显变化的半导体器件称为**热敏电阻**. 利用热敏电阻把红外辐射变成电信号的装置即为热敏电阻型红外探测器.

(2)温差电偶型红外探测器. 这类探测器是依据温差电现象制成的. 它由两种温差电动势不同的金属材料(如铋-银、铜-康铜、铋-铋锡合金等)或不同类型的半导体材料(p型或n型)构成两个结. 一个为工作结，接收入射辐射而升温；另一个为参考结，置于室温下，因两个结点间存在温度差而产生温差电动势. 入射到工作结上的红外辐射越强，工作结上的温度越高，与参考结的温差越大，温差电现象越明显.这样,根据温差电动势(或温差电流)的大小即可探知红外辐射的强弱.在使用中,有时为了增大温差电动势,可将多个电偶串联组合起来,制成温差电堆型红外探测器.

(3) 热释电型探测器.有些晶体在自然环境里会自发地出现内部正负电荷分离现象,称为**自发极化**.人们发现这种自发极化的强度(单位面积上的极化电荷)随温度升高而减弱.当晶体温度升高到一定值时,自发极化完全消失.具有这种特点的晶体叫**热电晶体**.

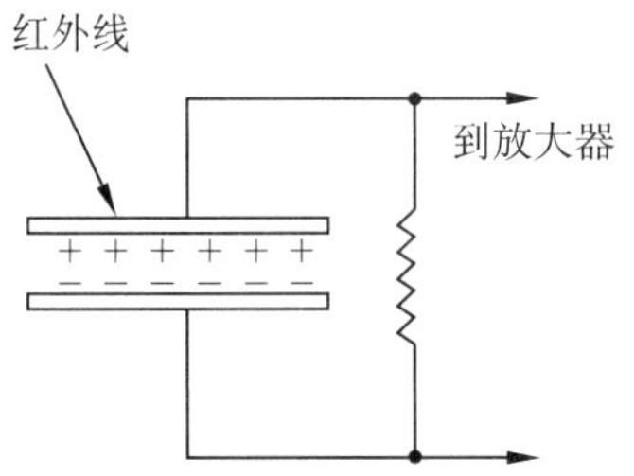

图 21.14

如图 21.14 所示,已极化的热电晶体薄片受到红外线照射后,薄片温度升高,表面极化电荷减少.这就相当于一部分电荷被"释放"成为自由电荷,因而引起回路电流的增加,相当于有一个电信号输出.根据这种原理制成的红外探测器称为热释电型探测器.

热释电型探测器必须在非稳定状态下工作,只有处在温度变化的过程中才会有信号输出.输出信号的大小取决于薄片上温度变化的快慢,从而反映出入射红外辐射的强弱变化.一旦达到稳定状态,输出信号反而为零.

热释电型探测器具有许多优点,如光谱响应范围宽,探测波长可以从 X 射线到微波范围;不需要制冷,可以在室温下工作;灵敏度高.因此,热释电型探测器广泛用于各类辐射计、光谱仪、热成像等.

目前硫酸三苷肽(TGS)、铌酸锶钡(SBN)、钽酸锂(LT)和锆钛酸铅(PZ)等热电晶体可制成热释电型探测器.

(4) 气动探测器.这类探测器利用气体的热膨胀特性制成.红外辐射通过窗口投射到气窗壁的吸收膜上,吸收膜将热量传递给气室内的气体,使之升温而发生体积膨胀.在结构设计上,可以由气室体积膨胀引起光学系统的变化(如柔性面镜曲率的改变、小面镜的转动等),也可引起电容器电容的变化.前者以光学形式传感,通常叫高莱管;后者以电容变化传感,叫气动变容式传感器.

3. 量子红外探测器

量子红外探测器也称光子探测器,其工作原理是光电效应,这是实现光信号转变为电信号的重要物理基础.光子探测器大多数采用半导体材料,由于半导体的光电效应有光电导效应、光生伏特效应和光磁电效应,因此,根据上述效应制成的光子探测器有如下的三种工作模式.

(1) 光电导探测器.根据固体能带理论,光照射到本征半导体上,如果光子能量 $h\nu$ 等于或大于禁带宽度时,价带中的束缚电子就会获得足够的能量跃迁至导带,从而产生电子-空穴对,使材料的电导率变大,这种效应称为本征光电导效应.对 n 型半导体,如果入射光子能量 $h\nu$ 大于或等于施主杂质激活能,则处于施主能级的电子可以跃迁至导带成为自由电子,从而使电导率增加;同理在 p 型半导体中,当 $h\nu$ 等于或大于受主杂质激活能时,则电子从价带跃迁至受主能级,而在满带中出现导电空穴,从而使电导率增大,这两种光电导称为杂质光电导. 由于杂质半导体的激活能通常比禁带宽度小得多，所以杂质光电导的截止波长比本征光电导的截止波长大得多，一般已属于远红外波段.

不少光电导红外探测器都要求在低温下工作，杂质光电导红外探测器要求的工作温度比本征半导体更低. 光电导红外探测器的响应波长越长，要求的工作温度越低，这是由光电导效应的物理机制所决定的. 我们知道，具有一定温度的半导体，在受到光照以前，就已经存在着自由电子和空穴. 环境温度越高，原子的热运动越剧烈，出现的载流子(电子或空穴)也越多. 我们把这种载流子叫做“热致”载流子. 假如光生载流子的数目不能远远超过热致载流子数目，势必会降低光电导探测器的灵敏度，甚至使探测器不能正常工作. 要抑制热致载流子，最简单的方法就是使探测器在制冷条件下工作，降低原子热运动的剧烈程度.

(2) 光生伏特探测器. n 型半导体和 p 型半导体接触在一起时，便会在两种材料的交界面处形成具有特殊导电性能的 pn 结. 由于热运动，在 pn 结过渡区形成了一个由 n 区指向 p 区的电场(称为自建场). 当光照射 pn 结区时，电子吸收了能量大于禁带宽度 $h\nu$ 的光子，发生带间跃迁，在结区附近激发出电子-空穴对，在 pn 结区自建电场作用下，使阻挡层的宽度减小、原势垒高度降低. 若用导线将 pn 结连接起来，就会有电流出现，这种现象即为光生伏特效应. 利用此效应制造的探测器就是光生伏特探测器.

光电二极管正是利用光生伏特效应制造的. 光电二极管要在加反向电压的条件下工作，原因是：若二极管在正向电压下工作，它本身的正向电流很大，光生载流子产生的光电流只有其百分之几，显示不出效果；而在反向电压下，反向电流十分微弱，相比之下，光电流效果显而易见.

雪崩光电二极管是一种具有内部放大作用的探测器. 其工作过程是：若在二极管的 pn 结上加以相当大的反向电压，就会形成一个相当强的结电场. 如果有光照射在 pn 结上，会产生光生电子和光生空穴，它们进入强场区后，受到电场加速，并从中获得足够大的能量. 当它们再次撞击价带里的电子时，又会产生新的电子-空穴对. 这些新的电子-空穴对也会在强电场的作用下受到加速，在运动中又要碰撞出电子和空穴. 如此下去，使载流子数像雪崩一样迅猛增长起来.

光生伏特型探测器和光电导型探测器一样，受半导体材料禁带宽度的限制，存在一定的探测波长范围.

(3) 光磁电探测器. 光磁电探测器由某些半导体材料和一个强磁场组成. 放在强磁场里的半导体吸收了一定能量的光子后，在垂直于磁场和光照的方向上会出现一个电势差，这种现象叫做**光磁电效应**. 利用这种效应工作的探测器，叫做光磁电探测器.

半导体表面被红外线照射以后，因为吸收了一定量的入射光子，在表面产生光生电子和光生空穴. 由于表面载流子浓度大，因此它们会沿照射方向向内部扩散. 如图 21.15 所示，由于电子和空穴这两种载流子电荷异号，在洛伦兹力作用下，分别向半导体的两个端面偏折，使半导体两个端面积累相反的

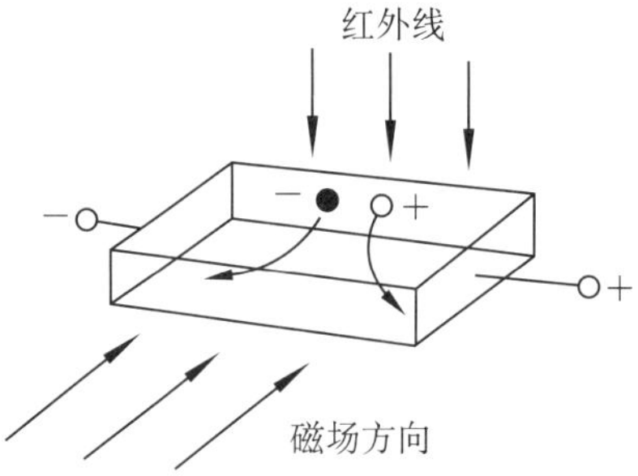

图 21.15

电荷,因而在垂直于磁场和光照方向上形成了电动势,其大小由所受红外辐射的强度决定.

典型的红外光磁电探测器是用锑铟、碲镉汞等材料制作的,其主要优点是不需要制冷设备和外加电源,且响应时间短,工作稳定可靠.它的缺点是灵敏度比光电导型和光生伏特型探测器低,而且需要强磁场,这大大限制了它的应用.

光子探测器与热敏探测器相比,其特点是:工作温度低,需要冷却装置;有确定的截止波长(这对探测远距离目标很重要);由于电子直接吸收光子,没有中间过程,所以响应速度快,响应时间短;在探测率相同的情况下,光电子探测器比光电导探测器响应时间短得多,其灵敏度高于热敏探测器的灵敏度.

除上述探测器,还有光子牵引探测器、各种势垒效应探测器、热激磁探测器等.

21.2.3 红外成像的物理机制

在许多应用中,人们不仅需要探测到红外辐射的信号,而且希望能直接看到红外辐射体的图像,不但需要探测目标的局部情况,更希望了解整体的辐射分布,这就必须借助于红外成像系统.一般红外成像系统由红外望远镜、红外扫描器、红外探测器、信号放大与处理电路、显示器等部分组成.由于人的视觉对红外光不敏感,所以红外成像系统必须经过光—电—光的转换过程,也就是使用红外探测器把接收到的红外辐射变成电信号,再把电信号转换成可见光图像.我们从几种成像器材的工作原理了解光—电—光的转换过程.

1. 红外变像管

红外变像管是一种把红外图像变成可见光图像的电真空器件,属于直观型成像方式.它主要由光电阴极、电子光学系统和荧光屏组成,并且安装在高度真空的密封玻璃管内.从主动红外夜视仪的工作原理图 21.16可见,由目标反射的红外线透过物镜,在变像管的光电阴极上形成红外线图像.由于光电效应,光电阴极各部分发射出光电子,红外线照射越强的部位发射的光电子数目也越多.电子在光电阴极与电子透镜之间聚焦成像的同时,在电场中加速运动,以更大的能量射到荧光屏上,发出可见的荧光,荧光的强弱与电子的数目成正比,这样就使得不可见的红外线图像转换成可见的图像. 而且,由于电子在电场作用下获得了能量,从而使得荧光屏上得到的图像更加鲜明.由

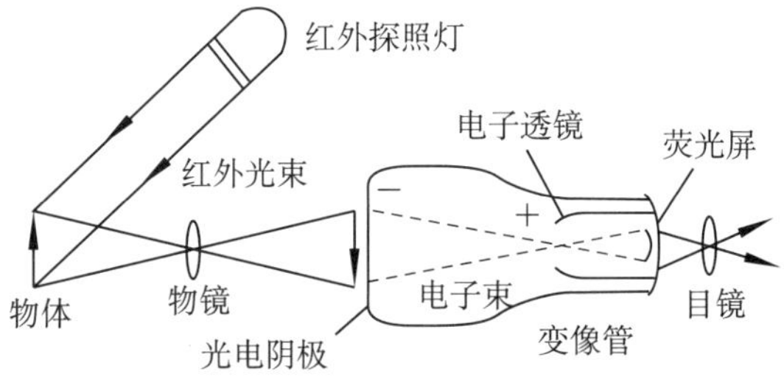

图 21.16

变像管转换成的可见图像，通过目镜放大被人眼观察到. 但是军事上利用红外变像管最大的缺陷是容易暴露自己，因为光电阴极只对近红外线敏感，一般景物在近红外光谱区的辐射能量十分微弱，要使红外变像管正常工作，必须利用红外探照灯主动发出红外线“照亮”景物，通过反射回来的近红外线成像. 在现代战争中，利用红外探照灯就等于暴露自己，为敌方提供红外目标.

2. 红外摄像管

红外摄像管是对红外有响应的电子扫描器件，它的作用是把红外景物的图像变成相应的电信号. 如果把红外摄像和电视显像结合起来，就能出现可见图像. 红外摄像管的种类很多，如光导摄像管、硅靶摄像管、热释电摄像管等.

(1) 光导摄像管. 光导摄像管的外形是一个圆柱形真空玻璃管，如图 21.17 所示. 管内封有光导靶面和电子枪，外面绕有偏转线圈和聚焦线圈. 管子一端是一块玻璃面板，在面板的内表面涂有一层透明的导电薄膜作为信号电极，在电极上喷涂一层高电阻的光电导层(选用对红外敏感的材料)作为光导靶面，可以把红外影像转换成电势分布. 管子的另一端装有包括四个栅极的电子枪，前三个栅极对电子枪发射的电子束依次起着控制、加速、聚焦作用，第四栅极是一张很细的金属网，用来形成均匀的静电场，以保证偏转后的电子束能垂直打在靶面上. 偏转线圈产生的磁场可以“指挥”电子束上下左右偏转，达到扫描目的.

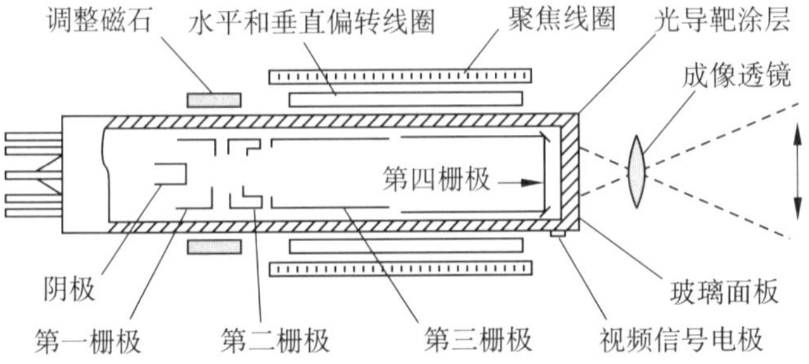

图 21.17

如光导靶没有受到红外线照射，电子枪发出的电子束对着靶面扫描时，电子束就像导线一样将靶面和电子枪阴极连接起来，使整个靶面与阴极电势相同(零电势). 由于在紧贴靶面的导电薄膜上加以 200～300 V 的正电压，其光导层就相当于一个充电的储能电容器. 如果有红外景物成像在靶面上，由于光子的作用，使光导层内部出现光生载流子，光导层的电导率增大，储存在“电容器”内的电量要减少，电势差要降低. 靶面上受到红外辐射照射强度大的点产生光生载流子多，在“电容器”相应部分漏掉的电荷也多，电势降也大；受到红外辐射照射强度小的点则反之. 这样，靶面上的电势差分布恰好和投影到靶面上的红外像照度分布相对应，也就是说红外图像变成了电子图像. 电子束再来扫描时，被电子束扫描的那个面积元(一个典型的光电导靶面大约有 10^5 个面积元)就被“接入”电路并输出视频信号.

电子束扫描过程中依次产生的视频信号被送入视频放大器，经放大后的视频信号又依次拼凑复原，由显像管等转变成可见光图像. 如果用在电视摄像中，通常每秒钟完成 25 帧画面,能给人一种连续运动的感觉.

(2) 硅靶摄像管. 硅靶摄像管属于一种光生伏特型摄像管,其靶面由许多各自独立、互不影响的硅光电二极管排成阵列. 它们是在 n 型硅基片上扩散形成 p 型层,用半导体平面工艺制备排成阵列. 在摄像管里阵列的 n 型层一面迎着光照,p 型层对着电子束方向. 硅靶摄像管里加 10 V 左右的反向电压(n 型基片上为正),使每个二极管都相当于一个"小平板电容器".

硅靶摄像管的构造和摄像过程与光导摄像管相似. 首先,电子束扫描硅靶面,使 p 型层都达到阴极零电势. 当红外景物在硅靶面的 n 型层上聚焦成像时,引起光生载流子向 pn 结扩散,使得"小平板电容器"漏电,每个"小平板电容器"(即二极管)上漏电的多少和被它接收的红外辐射强度成正比,并决定充电电流的强弱,进而决定视频信号的强弱.

硅靶摄像管也只对近红外有响应,但其灵敏度高、稳定性好.

(3) 热释电摄像管. 热释电摄像管是以热释电材料(如硫酸甘肽)做靶面的红外成像器件,其结构和摄像过程与光导摄像管相同. 当红外景物经光学系统聚焦并透过窗口(可用锗、三硫化砷、硅等材料制成)投射到热释电靶面时,靶面因吸收红外线,引起温度升高并产生热释电现象. 靶面各点的热释电量与其温度的变化成正比,而温度的变化又和受到的红外照度成正比. 这样,在靶面上就得到了和红外景物照度分布相对应的电势分布. 像光导摄像管一样,在电子束扫描过程中形成视频信号.

热释电现象只在非稳定时产生,所以热释电摄像管是具有交流响应的器件. 由于它特别适合探测运动目标,在无调制的情况下用来监视、发现运动目标是非常有效的. 光导摄像管和硅靶摄像管工作在可见光或近红外光区,而热释电摄像管可以在整个红外波段工作,不需制冷,结构简单,因此,目前在军事领域被广泛应用.

3. 红外光机扫描成像系统

红外探测器的尺寸很小,所以瞬时视场也很小,一般以 mrad 甚至更小的单位来量度. 为了能对经向几十度、纬向几十度的物面成像,可借助于扫描器以瞬时视场为单位连续分解图像,完成对整个场景的探测.

光机扫描系统通过光学与精密机械的动作完成对场景的扫描,把场景的红外信息实时、全面地输入到红外探测器中. 光机扫描有多种形式,但基本原理相同. 图 21.18 是光机扫描热成像仪的结构示意图,在入射光路里放入两个扫描旋转平面镜,水平扫描转镜和垂直扫描转镜可以分别绕垂直轴和水平轴旋转. 景物红外辐射经扫描平面镜反射以后被聚焦在红外探测器上,不过探测器在每一瞬间只能"看到"很小的面积,这一面积称为"瞬时视场". 只要水平扫描转镜和垂直扫描转镜的转动速度相配合,瞬时视场就可以从左到右一块挨一块、从上到下一行接一行地扫完整个目标区域,这就大大扩大了探测空间.

目前实际应用的红外光机扫描系统一般都同时使用多个探测器,即采用多元阵列的形式. 例如,原来用一个探测器要扫描 500 条线才能扫完一帧图像,而采用一竖列的 10 个探测器同时扫描只要扫 50 条线就能完成一帧图像. 这样不

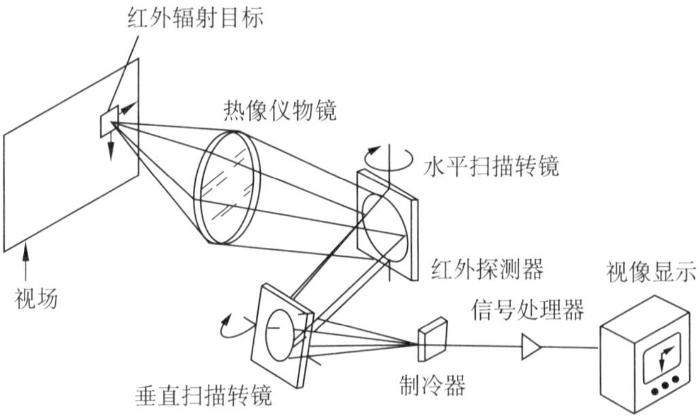

图 21.18

仅缩短了扫描时间，还带来其他一些好处，如降低了对放大器的要求，提高了信噪比. 目前，光机扫描仪大多工作在 3～5 μm 和 8～14 μm 两个波段，作用距离从零点几米到几十米，视场角为几度到四十度，空间分辨率为 0.1 mrad，一般温度灵敏度为 0.05～0.2 ℃.

4. 电荷耦合红外成像器件

电荷耦合红外成像器件(charge coupled infrared imaging device，IRCCD 或红外 CCD)是一种特殊的电荷耦合器件(CCD)，它结合了电荷耦合技术和红外探测技术，用于将红外辐射转换为可见光图像或电信号，在军事、航天、遥感等领域具有广泛的应用.

CCD 是一种先进的半导体图像传感器，能够将光学影像转化为数字信号，其工作原理基于光电效应和电荷转移技术.

CCD 的基本单元是 MOS(金属氧化物半导体)电容器. 如 MOS 电容器中的半导体是 p 型硅，当在金属电极上施加一个正电压时，p 型硅中的多数载流子(空穴)受到排斥，半导体内的少数载流子(电子)被吸引到界面处，从而在界面附近形成一个带负电荷的耗尽区，也称表面势阱. 一系列彼此非常靠近的 MOS 电容器构成 CCD 的最基本结构，这些电容器用同一半导体衬底制成，衬底上面覆盖一层氧化层，并在其上制作许多金属电极. 控制相邻 MOS 电容栅极电压的高低可调节势阱的深浅，从而实现电荷的存储与转移.

当光线照射到 CCD 表面时，CCD 内部的感光元件会吸收这些光子并引发光电效应. 光子被半导体材料吸收后，会释放出电子，这些电子随后被收集在电容器的势阱中，形成电荷包，由此实现光信号到电信号的初步转换.

随着 CCD 的工作，这些电荷包并不会立即被读取出来，而是会按照预定的方式在电容器阵列中移动. 通过精确控制相邻电容器的栅极电压，使得电荷包从一个电容器“耦合”到相邻的电容器中，沿着设定的路径逐步转移. 这种电荷的耦合与转移是 CCD 名称的由来，也是其独特之处.

当电荷包移动到 CCD 的末端时，它们会被送入一个特殊的检测电路，通常是浮置扩散(floating diffusion，FD)放大器，将电荷包转换为电压信号，并进一步放大和处理，最终转换为数字信号输出. 这样，CCD 就完成了从捕捉光线到输出数字图像的全过程.

由于 CCD 具有高灵敏度、低噪声和动态范围宽等优点，它成为了许多高端成像设备中的核心部件，广泛应用于数码相机、摄像机、天文望远镜、医学影像设备以及工业检测等领域.

21.2.4 红外技术在军事领域的应用

红外技术的发展在很大程度上是军事需要刺激的结果. 各种新型的红外仪器，大多数都首先由军事应用开始，然后推广到民用.

红外技术应用于军事有着独特的优点：①红外辐射看不见，可以避开对方的目视观察；②可全天候使用，比可见光更能适应天气条件，特别适于夜战需要；③可以采用被动(无源)接收系统，比用无线电雷达或可见光装置安全、隐蔽，不易受干扰，保密性强；④利用目标和背景辐射特性的差异，较易识别各种军事目标，尤其是伪装的目标；⑤分辨率较高.

1. 红外测温

红外温度计是利用物体自身的红外辐射测量其表面温度的一种仪器. 利用红外辐射测量物体温度，可以不必接触被测物体. 在军事领域中，对于远距离目标、快速运动目标、带电目标及其他不允许接近的目标，都可以用红外温度计测温. 测温距离可近到几厘米，远到上千公里.

红外测温的时间短，其测温速度主要由红外探测器的响应时间决定，无需像接触式温度计那样与被测物体达到热平衡. 它能在几毫秒甚至几纳秒的时间里测出目标温度.

红外测温的精度高. 有些红外测温仪能够分辨 0.01 ℃的温度变化. 红外测温的范围宽. 范围为零下一百多摄氏度的低温到几千度以上的高温.

图 21.19 所示的辐射功率测量系统是一种典型的红外测温系统，主要由光学系统、调制系统、信号放大系统及相应的黑体组成. 光学系统的功能是尽可能地收集目标的红外辐射，并使噪声最小. 调制系统(包括电机、调制盘、同步整流器等)能使探测器输出交流信号. 因交变信号比直流信号容易处理，从而提高系统的分辨率. 黑体、热偶电位计和加热控制系统是为确定目标温度而设置的. 在

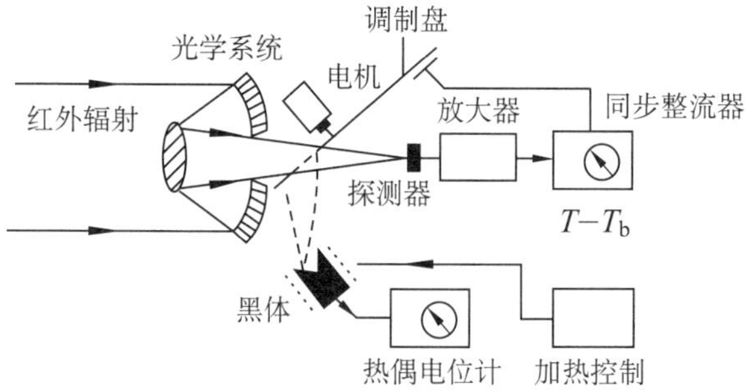

图 21.19

测量过程中，把来自目标的信号与黑体信号进行对比以确定温度的读数.

2. 红外报警

红外监视报警系统可以是有源的，也可以是无源的. 有源红外报警系统可以装备在军用仓库或边境地区实施监视. 如图 21.20 所示，监视者将红外光源放在反射镜的焦点处，使其发出平行光束“照明”所要监视的范围(图中 MN 区域). 一旦有人进入该区域，就会切断射向接收系统的红外线，破坏电路平衡，于是报警器发出警报.

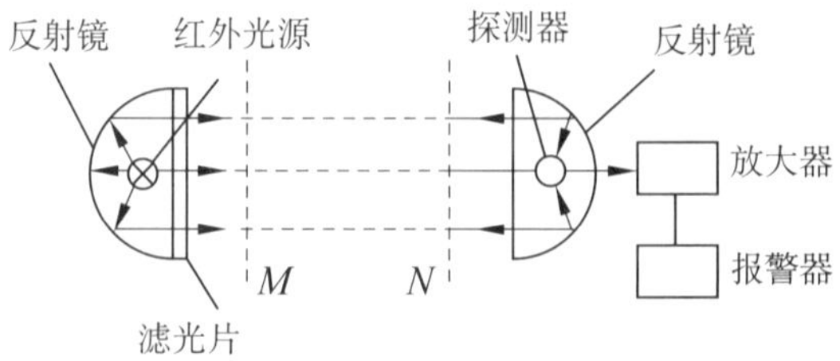

图 21.20

图 21.21 所示的是一种典型的无源报警装置. 在装置视野内没有出现任何目标时，探测器只能接收到背景的辐射. 当背景的辐射量不变时，其输出信号大小不变. 若在装置的视野范围内出现目标，探测信号发生变化，报警器则报警.

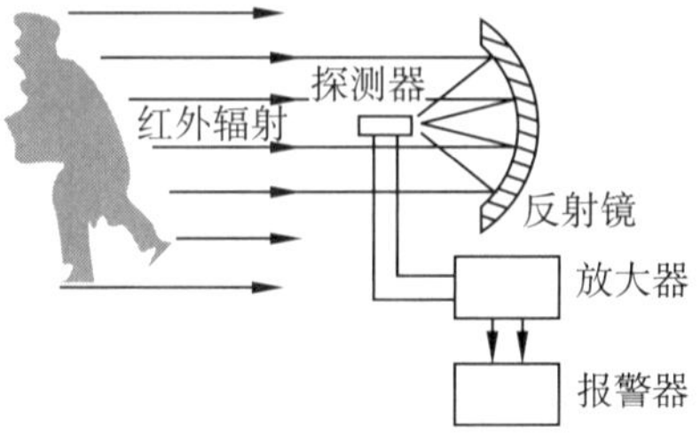

图 21.21

有源红外报警装置可使用红外探测器，一般不需要制冷，但必须使用中红外辐射. 无源红外探测器一般需要制冷，但无需红外辐射源.

3. 红外制导

红外制导导弹利用非制冷硫化铅制作的红外敏感元件接收喷气式飞机机尾喷管发出的波长 1～3 μm 的红外辐射流，引导导弹从飞机的尾部实施攻击. 它能探测到热源的存在和方位，并不要求形成目标的热像图，其构造原理如图 21.22 所示. 来自目标的红外辐射(如飞机与火箭的喷管、坦克的发动机、舰船的锅炉及烟囱等的红外辐射)透过弹头前端的整流罩，由光学系统会聚透射到红外探测器上，然后将红外辐射的光信号转换成电信号，再经电子线路和误差鉴别装置，形成作用于舵机的飞行控制信号，使导弹自动瞄准、跟踪和命中目标.

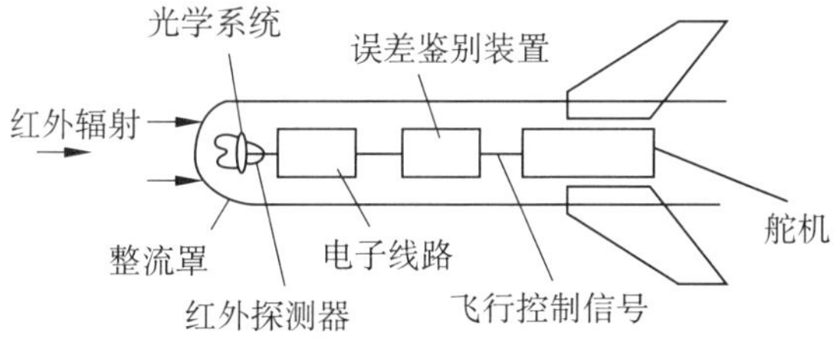

图 21.22

随着科学技术的发展,自主式红外成像导引技术已被应用,它是根据目标和背景的热辐射温差形成的温差图实现自动导引的. 例如,有一种红外热成像制导反坦克导弹,一旦发现目标,装在导弹头部的导引头中的红外阵列探测器(与指甲差不多大小)能摄取目标的热图像,储存到导弹的微型计算机中,作为基准图像. 在导弹以后的飞行过程中,红外阵列探测器可连续摄取目标图像,并与基准图像进行比较. 如有差异,说明导弹偏离了预定的飞行弹道,计算机随之把导弹飞行偏差变成电信号,指令导弹舵机动作,将导弹修正到正确的弹道上来. 这种巧妙的跟踪技术是红外阵列探测、微型计算机与图像处理技术的结合,具有像人一样的感觉和思维能力.

红外制导系统的分辨率高、设备简单、重量轻、成本低,由于采用被动探测,无需红外辐射源,所以隐蔽性也较好. 红外制导导弹不受恶劣天气和战场环境的影响,白天黑夜都可以使用,而且还有"发射后不用管"的能力. 红外制导导弹发射后,母机驾驶人员可以驾驶母机退出战区,由导弹独立地飞向目标,而且导弹越接近目标,来自目标的红外辐射越强,制导精度就越高.

4. 红外遥感侦察

红外遥感侦察技术已经从早期的 U-2 高空侦察机上的红外扫描成像系统发展到人造卫星上装载的红外扫描成像系统.

红外预警卫星上装有峰值为 2.7 μm 的硫化铅红外探测器,当洲际导弹发射时,由于其喷管排出的尾焰温度高达 1000 K 以上,辐射出大量 2～3 μm 波长的红外线,这正是硫化铅红外探测器的工作波长,故可探测到一个位置连续变化的很强的信号. 表征导弹运动状态的连续信号传到地面后,经高速电子计算机计算,便可立即确定导弹的弹着点,从而可以实现早期报警,为防御和反击赢得时间. 利用红外线还可发现目标的某些过程和状态. 例如,坦克、汽车启动后,它原来停留的地方与周围环境的温度差发生变化,比较热像图即可判明离开原地的可能时间;在以后的行驶过程中,由于发动机、喷气管的温度与环境温度不同,热像图又可显示它们的行径. 再如,从摄取的机场热像图可以判断飞机的状态,若飞机的色调是黑色的,则说明处于静止状态;若有灰色的虚影,则说明刚飞离机场不久;若机身上呈现两条白色影像,则说明即将起飞或刚刚降落.

一般空中照相难以发现水下目标,然而由于水下潜艇的温度与其周围的水温不同,因而仍能被热成像侦察探知. 一般来说,在水下 40～60 m 处的目标,只要比周围水温高出 0.2～0.5 K,其温度的差异就能在热像仪中显示出来. 利用热成像技术也可发现地下一定深度的目标. 例如,有人利用热成像技术对某海岛进行研究,在热成像照片上发现了一条不同于岩石色调的区域,从而判明海岛上有地下水存在,满足了海岛驻军对淡水的需要. 同样道理, 可利用热像仪发现导弹的地下发射井.

众所周知,为了隐蔽目标,常用与树叶颜色相近的绿色涂料涂敷在坦克、战车、火炮等军事设施上. 然而,这些伪装只能欺骗空中可见光侦察和迷惑人眼,却瞒不过红外照相侦察. 由于红外线具有独特的反射特性,在近红外黑白照片上，绿色植物反射能力强，颜色发白，好像盖上一层霜，而涂以普通绿色涂料的汽车显得灰暗，容易暴露.砍下来的树叶中的叶绿素成分在离体后的 2～3 小时内就会被破坏掉，它与周围树木对红外线的反射率不同，很易鉴别.

多光谱扫描仪利用光机扫描机构对景物进行扫描，通过分光的方法获取多个波段的信息，其工作波段已由红外扩展到紫外和可见光.由于波段多，信息量大，所以它显示的图像易于判读和识别.这种扫描仪对于揭露经过严格伪装的各种军事目标具有独到之处，是目前军事侦察中的一种重要手段.

5. 红外夜视

夜战是现代战争的显著特点之一，拥有先进红外成像夜视器材的一方将使战场变得单向透明，从而掌握夜间作战的主动权.多国部队装备有各种热像仪，仅美军第 7 军使用的坦克，至少 500 辆配有热像仪作为夜视器材.多国部队的战斗机不仅装有性能先进的脉冲多普勒火控雷达与电子设备，而且装有前视红外装置、红外搜索跟踪系统，能在夜间和恶劣气象条件下对敌目标攻击.

主动式红外夜视仪可用作红外瞄准具，供步枪、机枪、火炮、火箭等夜间瞄准使用；红外驾驶仪供坦克和各种车辆的驾驶员在夜间观察前进道路和地物时使用；红外观察仪用来发现敌情、车辆或舰船目标，阅读地图、辨认路标以及监视一定的区域等；红外指示器和报警器用来发现敌方的红外辐射源或监视一定区域以及警戒重要的部门等.

主动式红外夜视仪造价低廉、观察效果好，但是它也有不足之处，主要是它所使用的红外探照灯通常是由普通光源发光，再用滤光片将可见光滤去后才对外辐射红外线，因此光源的转换效率低，而且在战场上容易暴露自己.

被动式红外夜视仪又称热像夜视仪，是一种接收目标红外线成像的侦察仪器，是技术最先进的夜视器材.目前，热像仪在航天侦察、边防线上的夜视警戒、军舰和坦克的夜间探测、导弹及遥控遥测等方面都得到了应用.由于电荷耦合器件 CCD 的问世，热像夜视器材在超小型、低功耗、低成本、可靠性好、灵敏度高、用途广泛等方面显示出很大的优越性.

安装在飞机前方的红外前视系统，实际上是一个高速红外成像系统，可以完成夜间监视、目标捕获、炮手夜间瞄准、目标定位及导引等一系列军事任务.

大气中的雾、雨、雪、水汽、尘埃粒子等对可见光和近红外辐射产生的吸收、散射及反射作用相当严重，而中红外和远红外辐射受到的影响则相对小一些.热像仪就是利用中红外和远红外部分的辐射，因此作用距离比较远.

6. 红外隐身技术

先进的红外技术使作战的一方掌握战争的主动权，作战的另一方必然采取措施，减小被敌方探测器探测的概率以保护自己.因此，人们又充分利用红外线的物理特性相应产生和发展了红外隐身技术.目前常用的红外隐身措施主要有：改变红外辐射波段、降低红外辐射强度、调节红外辐射的传播过程、施放红外诱饵等，其方法和手段是多种多样的.

例如，对飞机可采用在燃料中加入特殊的添加剂改变红外辐射波长，使飞机的红外辐射波段避开大气窗口波段,以便目标的红外辐射在大气层中被吸收或散射掉,或者使目标的红外辐射波段处于红外探测器的响应波段范围以外,从而达到隐身的目的.

为了改进飞机发动机热辐射性能,可采用散热量小的涡扇发动机,并利用埋入式安装法.发动机工作时所产生的高温气体先由系统内的冷却空气预冷,然后才与机外大气混合以减小目标与环境的温度差.改进发动机喷管的设计也可降低热辐射性能.例如,用碳纤维复合材料或陶瓷复合材料制造喷管;喷口安放在弹(机)体上方,利用弹(机)体遮挡红外辐射,减小前下方红外探测器的探测概率等.

各种军用目标具有不同的红外辐射特征.喷气式飞机的主要红外辐射源有喷气发动机的辐射,喷气束的辐射、机身气动加热以及机身的反射,水面舰艇的主要红外辐射源有排气烟流、烟囱壁、排气烟道附近的暖流区域、主推进系统的热终端部件等;巡航导弹的红外特征主要来自发动机的喷口和尾焰;对于弹道导弹,再入段的弹头气动加热则是主要的红外辐射源.因此,对不同目标所采用的红外隐身措施可有不同的侧重点.

对己方的武器装备除在设计制造时采用必要的隐身措施外,还可以针对目前夜视器材的弱点采取必要的对抗措施.例如,增大传输通道的衰减系数,即施放烟幕、尘幕和水幕,以增加大气衰减系数,使大气能见度下降;用强激光或电磁脉冲破坏对方夜视仪器的电子线路,因地制宜地利用各种自然条件,采取各种战术,限制对方夜视器材的效能.

在战场上模拟真实目标仿制红外热源,迷惑对方或吸引对方导弹的红外被动导引头偏离航向,以保护己方的军事目标.如美国研制装备的假"陶"式反坦克导弹系统能模拟导弹发射的烟尘、气浪等,是很好的红外诱饵.

红外技术的发展充分证明,物理学是其发展的基础和先导.物理学的进一步发展,将会更新现有的红外技术,并使红外技术的应用更上一层楼.

21.3 传感器技术

传感器技术是当今信息社会中一门跨学科的高新技术之一,已渗透到工农业生产、国防军事、科学研究及日常生活的各个领域.可以说,当今世界的物质生产、科学技术和社会生活的不断发展都离不开传感器.本节介绍传感器的一般概念及其物理基础,传感器的构成、特性及应用等内容.

21.3.1 传感器概述

1. 传感器概念

国家标准(GB/T 7665—2005)将传感器定义为"能感受被测量并按照一定的规律转换成可用输出信号的器件或装置,并通常由敏感元件和转换元件组成".这里所谓的"可用输出信号"是指便于处理、传输的信号.电信号最易于处理和便于传输,测量范围宽、能实行远距离测量;电测仪器的惯量小,既可测量缓慢变化的信号，也可测量快速变化的信号；此外，可以借助电子计算机对电学量所载的信息进行储存、计算和处理. 因此，从测量的角度，传感器可定义为将某一非电物理量（如温度、浓度、压力或其他机械量等）转换成电学量（如电压、电流等）输出的器件. 在信号流通过程中，传感器承担着信息的采集和完成非电量到电学量的转换任务. 绝大多数传感器都是依据各种物理原理或物理效应设计制成的.

传感器通常由两个元组成. ①敏感元件. 许多非电量不能直接转换为电学量，敏感元件的作用是对它们进行预变换，把被测非电量变换为易于转换成电学量的另一种非电量；②转换元件. 又称变换器，将非电量转换为电学量. 有些传感器不需要敏感元件进行预变换，所以往往笼统地称传感器为转换元件或变换器. 有些传感器如热敏电阻、光电器件没有敏感元件，直接实现温度、光强等非电量到电学量的变换；有些传感器敏感元件与转换元件两者合一，如固态压阻式压力传感器，在一个元件上同时实现从压力到电阻的转换.

2. 传感器的分类

按照工作原理，传感器可归纳为两大类. ①结构型传感器. 它是通过机械结构、几何形状或尺寸的变化，将外界被测参数转换成相应的电阻、电感、电容等电学量的变化，从而检测出被测信号. 结构型传感器通常具有敏感元件，即通过敏感元件预变换后，才能完成被测非电量到有用电学量的转换；②物性型传感器. 它是利用某些材料物理性质的变化实现测量的. 这类传感器多以半导体、电介质、铁电体等作为敏感材料，一般能一次完成由被测非电量到有用电学量的转换. 一般说来，结构型传感器结构复杂，体积大、成本高，但性能稳定，工作可靠，精度高，适用范围广. 物性型传感器体积小、灵敏度高，是当前发展的方向.

按使用分类，也就是根据被测量进行分类，如压力传感器、温度传感器等.

在许多场合将两种分类方法结合起来. 如对传感器命名时，称为“××式××传感器”. 第一个××指出变换元件的名称，第二个××表示传感器的用途，如利用电阻变化来测定温度的传感器称为电阻式温度传感器.

除了上述两种分类法外，还有按功能材料（如金属、陶瓷、光纤、薄膜等）、制造方法（如集成、厚膜）、能量关系（自源、外源）、输出信号形式（如模拟、数字等）等的分类方法.

21.3.2　传感器的特性与指标

1. 传感器实现信息转换的基本要求

无论何种传感器，作为测量与控制系统的首要环节，都必须具有以下的基本要求. ①足够的容量. 即传感器的工作范围或量程足够大，并具有一定的过载能力. ②与测量或控制系统匹配性好，转换灵敏度高. 要求其输出信号与被测输入信号成确定的线性关系，且比值要大. ③精度适当，稳定性高. ④反应速度快，工作可靠性好. ⑤适用性和适应性强. ⑥使用经济.

2. 传感器的静态特性

静态特性表示输入量不随时间变化时的输出与输入的关系特性. 设传感器输出的电学量为 y,输入的非电量为 x,y 与 x 的关系可用一个函数 $y=f(x)$ 表示,称 $y=f(x)$ 为传感器的转换函数或灵敏度函数. 实际上,除了待测输入量 x 之外,测量对象和测量环境的其他干扰因素也可能影响输出量 y. 显然,设计和制造传感器时,应该尽可能地减小干扰因素. 如忽略干扰影响,则有

$$\mathrm{d}y = \frac{\mathrm{d}f}{\mathrm{d}x}\cdot \mathrm{d}x$$

式中 $\mathrm{d}f/\mathrm{d}x$ 是输出量对输入量的变化率. 显然,该比值越大,传感器越灵敏,故称 $\mathrm{d}f/\mathrm{d}x$ 为待测输入量 x 的灵敏度 S_x,即

$$S_x = \frac{\mathrm{d}f}{\mathrm{d}x}$$

设计和制造传感器,还要求输入量 x 的灵敏度 S_x 为常量. 也就是说,输出量 y 和输入量 x 的转换函数是线性函数.

实际上,许多传感器的输出与输入的特性是非线性的. 为简单计算,设

$$y = f(x) = a_0 + a_1 x + a_2 x^2 + \cdots + a_n x^n$$

式中 a_0 为零位输出,a_1 为传感器的灵敏度,a_2, a_3,…, a_n 为非线性项的待定常量. 当传感器特性出现非线性情况时,必须采取线性化的补偿措施,如选择拟合直线以获得尽量小的非线性误差.

静态特性指标主要如下. ①线性度. 它是表征传感器非线性程度的指标. ②滞后(迟滞). 它是反映传感器在正(输入量增大)反(输入量减小)测量过程中输出—输入曲线的不重合程度的指标. ③重复性. 它是衡量传感器在同一工作条件下,输入量按同一方向作全量程连续多次变动时,所得特性曲线间一致程度的指标. 各条特性曲线越靠近,重复性越好. ④灵敏度. 它是传感器输出量对输入量的变化率,反映传感器的灵敏程度. ⑤稳定性. 它表征传感器在相当长时间内仍保持其性能的能力.

3. 传感器的动态特性

传感器的静态性能即使很好,但当被测物理量随时间变化时,由于输出量不能很好地追随输入量的快速变化,可能导致高达百分之几十甚至百分之百的动态误差. 因此,要求传感器能够随时精确地跟踪输入信号,其输出能按照输入信号的变化规律而变化. 输入信号变化时,引起输出信号也随着时间变化,这个过程称为响应. 动态响应包括频率响应和时间响应.

21.3.3 传感器的物理效应及其应用

传感器按基本效应可分为物理型、化学型、生物型等,绝大多数的传感器都是物理型的,它们都是依据各种物理原理或物理效应设计制成的.

一些典型传感器如表 21.3 所列. 下面对有关的一些物理效应作简要介绍.

表 21.3　典型传感器的原理和效应

传感器类型		变换原理和效应	输出形式	传感器例子
光传感器	量子型	光电效应	电流/电压	光电二极管、光电晶体管
		光导效应	电流/电阻	CdS 光电池
		光阻效应	电压	Ge 传感器
		约瑟夫森效应	电压	红外传感器
		光电子释放效应	电流	光电倍增管
	热型	热释电效应	中和电流/表面电荷	红外摄像管
		热起电效应	电压	热电偶
		气体热膨胀	电流	红外线指示器
温度传感器		泽贝克效应	电压	热电偶
		电阻的温度变化	电势差/电阻	热敏电阻、电阻温度计
		pn 结的温度特性	电流/电压	晶体管温度计
		压电常数随温度变化	谐振频率	水晶温度计
		铁磁性-顺磁性相变	谐振频率	感温衔铁开关
		核磁共振吸收的温度依存性	谐振频率	NQR 温度计
		透过率变化	透过率	液晶温度计
		约瑟夫森效应	噪声电压	
湿度传感器		吸湿引起离子传导	电流/电阻	工业用湿度计
		陶瓷吸湿引起电阻变化	电流/电阻	陶瓷湿度电阻
		物质吸湿引起颜色变化	色	示色湿度计
		吸湿膨胀	伸长	毛发湿度计
气体传感器		半导体表面的吸附效应	电阻	各种半导体气体传感器
		接触可燃气体的热反应使 Pt 线电阻变化	电阻	可燃性气体传感器
		玻璃电极	电压/电势	pH 计
磁传感器		霍尔效应	电压	霍尔元件
		磁阻效应	电流/电压/电阻	磁阻元件、磁敏二极管
		约瑟夫森效应	电压/谐振频率	超导量子干涉器件
		核磁共振吸收	电压	质子共振磁通计
		磁通变化感生电流	电流	磁头
压电传感器		压电效应	电压	压电引信、压电秤
		逆压电效应	位移	压电射流陀螺
		正压电效应		盲人导行仪
压阻传感器		压阻效应	电势差/电阻	压力计、压敏二极管
压敏传感器		电导随电压增加而剧增	电压	压敏电阻
声传感器		压电效应	电压	送话器
		音磁效应	电压	拾音器

1. 光电效应

光电效应分为外光电效应和内光电效应. 内光电效应又分为光电导效应和光生伏特效应，光电效应是一切光电式传感器的物理基础.

光电管和光电倍增管就是根据光照射到金属材料时产生外光电效应制成的.

可见光或不可见光照射到半导体材料时产生内光电效应. 常用的半导体光敏材料是硫化镉、硒化镉、硫化铅、锑化铟等. 利用光电导效应材料制成的红外探测器(称为光电导型探测器)和使用光生伏特效应材料制成的红外探测器(称为光伏型探测器)已在上一节中作过介绍，现在介绍光电二极管和光电池.

光电二极管利用的是半导体的内光电效应.它实际上是一个半导体二极管(晶体二极管)，用高电阻率的半导体材料制成.整个二极管装在玻璃外壳中，其pn结从透明玻璃壳顶接受光的照射，图21.23(a)是其外形，图(b)是其符号，图(c)是电压与电流关系曲线.工作时，光电二极管反向接入电路，即将二极管的p区接电源负极，n区接电源正极，此时通过二极管的电流称为反向电流.没有光照射时，反向电流非常小；有光照射时，反向电流随光照强度的增加而变大.也就是说，无光照时，光电二极管呈现很大电阻，可达兆欧；有光照时，电阻大为降低，只有几百欧姆.可见，光电二极管相当于一个光控可变电阻.光电二极管主要用作可见光到波长几微米的近红外波段接收系统中的高速接收器件，适用于测光、计数、自动控制、录音、电影放映等设备及某些激光系统中.光电池也是由pn结构成的，不过工作面积较大，其工作原理是光生伏特效应.当光照射时，其内部产生电动势.光电池可用于各种光电控制或检测装置.

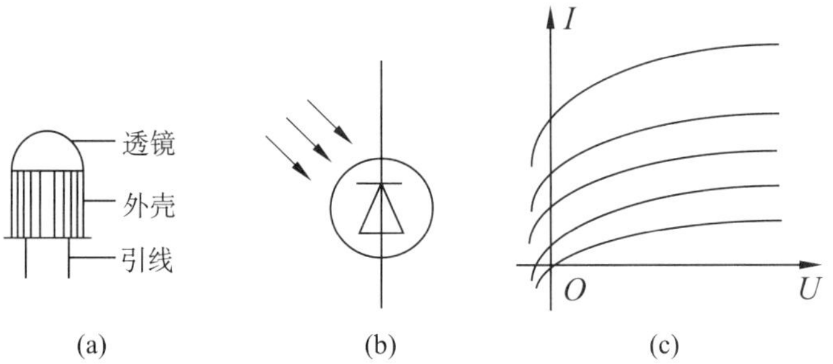

图 21.23

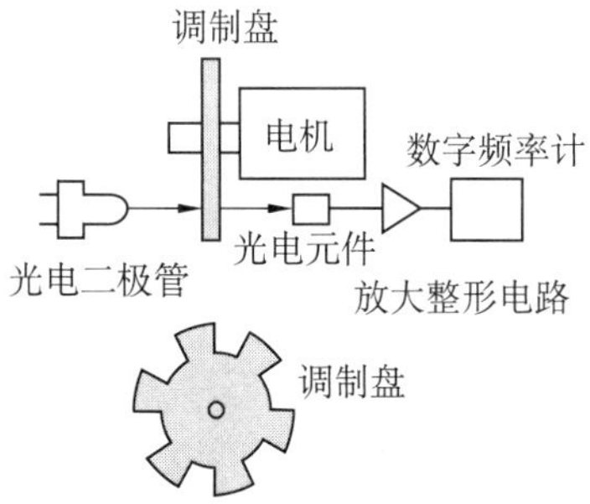

图 21.24

光电数字转速表是光电传感器的应用实例，图21.24是其工作原理简图.在被测电机的轴上固定一个齿轮状的调制盘，将恒定光调制成随时间变化的调制光.光每照射光电二极管(或光电池)一次，它们所在的电路就导通一次，产生一个电信号脉冲.这种连续不断的电脉冲经过放大整形电路，然后用数字频率计测出电脉冲的频率，从而得到电机的转速 n.

2. 压电效应　电致伸缩

铁电体和某些晶体电介质在外力作用下被压缩或被拉伸而产生形变时，其相对的两个表面会产生异号电荷，如图21.25所示.这种没有外电场作用，只是由于形变而产生极化的现象称为压电效应.通常把有压电效应的介质称为压电体.压电体还有逆压电效应.在压电体上加一外电场，它不仅极化，还会发生机械形变(伸长或缩短)，这种现象叫电致伸缩.如果外电场为交变电场，则压电体交替出现伸长和压缩，即发生机械振动.压电效应的可逆性如图21.26所示.

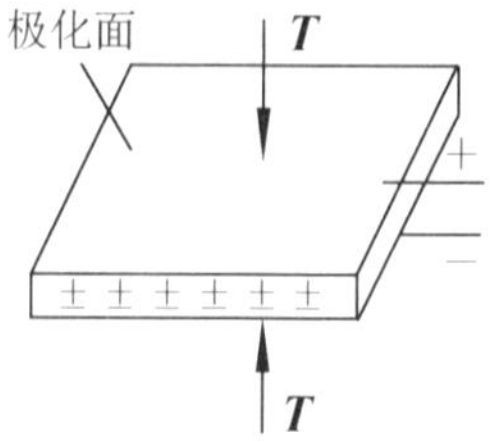

图 21.25

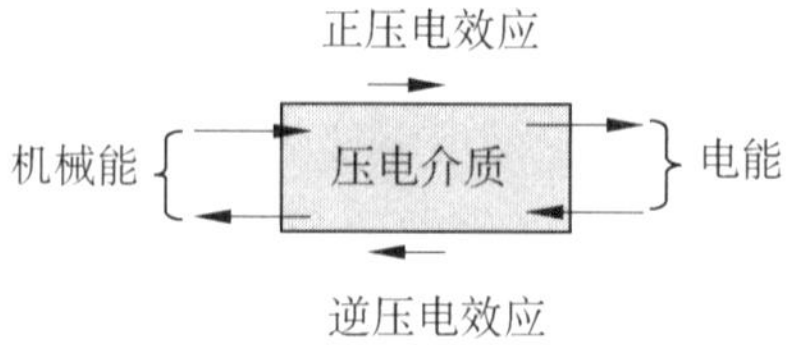

图 21.26

迄今已出现的压电材料可分为三类：一是压电单晶体，如石英晶体(SiO_2)、钽酸锂($LiTaO_3$)、铌酸锂($LiNbO_3$，为一种透明铁电体)等；二是压电陶瓷(多晶铁电体)，如钛酸钡($BaTiO_3$)等；三是新型压电材料，如压电半导体(硫化锌 ZnS、碲化镉 CdTe、氧化锌 ZnO 等)、有机高分子压电材料(聚氟乙烯 PVF、聚氯乙烯 PVC 等). 在传感器技术中，目前国内外普遍应用的是石英晶体、压电多晶中钛酸钡与锆钛酸铅系列压电陶瓷. 对于石英晶片，无论是正压电效应还是逆压电效应，作用力与出现的电荷都呈线性关系.

压电式传感器的基本原理就是利用压电材料的正、逆压电效应. 压电谐振压力传感器、石英振荡压力传感器、压电式加速度传感器、压电式流量计等均利用这一原理制成，其优点是应用范围广、测量精度高；同时可以采用频率输出，使测量结果便于显示和处理. 值得指出的是，由于压电效应具有自发电和可逆性，因此压电器件是一种典型的双向有源传感器件. 基于这一特性，它已广泛应用于超声、通信、宇航、雷达和引爆等领域，并与激光、红外、微波等技术相结合，成为发展新技术和高科技的重要器件.

3. 热电效应　热释电效应

如图 21.27 所示，将两种不同性质的金属 A、B 组成回路，且在两个接头处保持不同的温度时，两者之间会出现电动势，这种电动势称为温差电动势. 由两种不同金属焊接并将接触点放在不同温度下的回路，称为温差电偶或热电偶. 回路中引起温差电动势的现象，称为泽贝克效应. 温差电动势包括汤姆孙电动势和佩尔捷电动势两部分. 如果单根导线的两端保持不同温度，其自由电子密度是逐点不同的，此时自由电子将会从高温端向低温端扩散，在低温端堆积起来，结果在导线的两端形成电势差，这就是汤姆孙电动势. 温差电偶中两种不同金属导体各自出现不相等的汤姆孙电动势，同时，在两种不同金属 A、B 接触时，由于不同金属中自由电子密度不同，在接触面处就会发生自由电子的扩散迁移，当扩散迁移达到平衡时，便在接触面处形成电动势，称为佩尔捷电动势，又称接触电动势. 通常把汤姆孙电动势和佩尔捷电动势之和称为热电动势(温差电动势). 在温差电偶中产生热电动势，回路中形成一定大小的电流，这种现象称为热电效应. 为了增强温差电效应，有时把若干个温差电偶串联起来，这就是所谓的温差电堆.

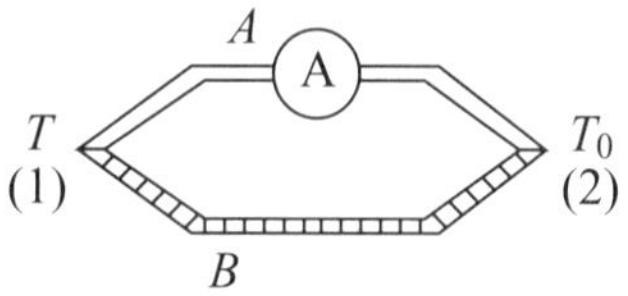

图 21.27

常用的热电偶材料较多,如铜-康铜热电偶、镍铬-镍镁热电偶、铂-铂铑合金热电偶、钨-钛热电偶等.用热电效应原理制成的热电偶传感器测量温度范围很宽,可在 $-200\sim2000$℃的范围内使用;测量灵敏度和准确度也很高,可达 10^{-3}℃以下;能测量很小区域内的温度.

铁电体表面上极化电荷的多少和本身的温度有关.当温度升高时,表面上的电荷一般要减少,这种现象称为热释电效应.利用某些铁电体的热释电效应制成的热释电探测器(又称热电探测器),可以探测出红外辐射的强度.

热电式传感器是利用转换元件的电学量随温度变化的特性,对温度和与温度有关的参量进行检测的装置.除上面介绍的热电偶传感器和热释电探测器的物理效应外,还有热电阻传感器的电阻随温度变化的效应.金属导体电阻随温度的升高而升高,因此这种电阻叫热电阻.实验表明,金属电阻与温度在一定范围内呈线性关系.铂是较理想的热电阻材料,其温度系数较大,线性也好,性能稳定,测温范围大;铜价格便宜,纯度高,复制性好,线性也佳,但电阻率低,容易氧化,在低温及没有水分和腐蚀性的环境中应用广泛.

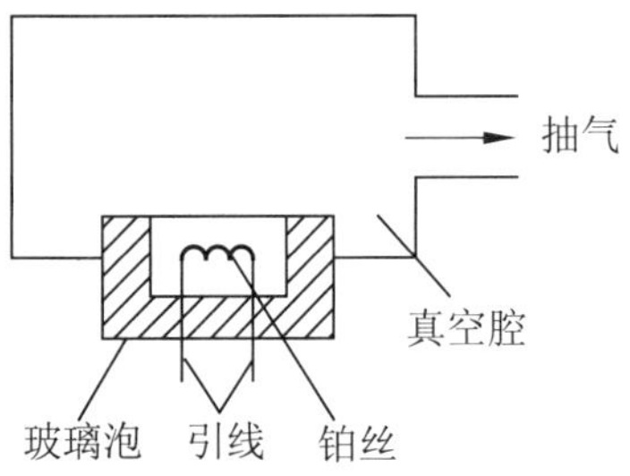

图 21.28

热电阻不仅用于测温,还可用来检测和温度有关的物理量,如流体的成分、流量、流速、真空度等.图 21.28 所示的是一种热电阻式真空传感器,铂丝固定在一开口的玻璃泡中,传感器放在真空腔中某一固定位置.工作时铂丝通以恒定电流,发热的铂丝同真空中的残余气体通过热交换达到平衡.平衡时的温度与残余气体的导热系数 κ 有关.残余气体可看作理想气体,其导热系数为

$$\kappa=\frac{1}{3}\frac{C_V}{\mu}\rho\bar{v}\bar{\lambda}$$

式中 μ、C_V、$\bar{\lambda}$、$\bar{v}$ 和 ρ 分别为气体的摩尔质量、定容摩尔热容、分子运动的平均自由程、平均速率和气体密度.由于 $\rho=nm$(n 为分子数密度,m 为分子质量),另外,在真空状态下 $\bar{\lambda}$ 实际上由真空腔的线度决定,于是从上式可知,导热系数 κ 同气体中的分子密度 n 有关,即同真空度有关,而 κ 又反映了平衡时铂丝的温度,这就实现了用热电阻检测真空度.

许多半导体材料比金属具有更大的温度系数,其电阻对温度十分敏感.因此半导体材料制成的热电阻叫热敏电阻.半导体热敏电阻的导电性能主要决定于其内部载流子密度及其迁移率.

4. 压阻效应

在半导体材料的某一晶轴方向施加一定的力,会引起材料电阻率的变化,这种现象称为压阻效应.在半导体中存在多种迁移率不同的电子,假定压力为零时,不同迁移率的两种电子的数量相等;一旦加上压力,电子的分布即发生变化,因此电阻率也发生变化.

利用半导体的压阻效应,针对不同对象,可设计制成多种类型的传感器,如压阻式压力传感器、压阻式加速度传感器等. 压阻式加速度传感器可以做得结构简单、外形小巧、性能优越，可测低频加速度，也可测各种振动参数，在许多领域有着广泛的应用.

5. 霍尔效应和磁阻效应

前面已经介绍了霍尔效应，霍尔电压 U_H 与电流强度 I 和磁感应强度 B 成正比，与导电板的厚度 d 成反比，即

$$U_H = R_H \frac{IB}{d}$$

式中 $R_H = 1/(nq)$ 为霍尔系数，n、q 分别为载流子的密度和电量. 具有霍尔效应的半导体，在其相应的侧面装上电极后即构成霍尔元件. 我们知道，半导体材料的电阻率 ρ 与载流子密度 n 和迁移率 μ 有关，即

$$\rho = \frac{1}{nq\mu}$$

和霍尔电压表达式比较，可知霍尔系数为

$$R_H = \rho\mu$$

若要霍尔效应强，则需 R_H 值大，这就要求材料的电阻率高，迁移率也大. 与金属、绝缘体比较，半导体是制造霍尔元件最理想的材料.

利用霍尔效应可以制成磁敏传感器，应用广泛. 可以测交、直流磁感应强度、磁场强度，测量交、直流的电流、电压，测量微小位移等. 若保持霍尔元件上的电流不变，而让它在一个均匀梯度的磁场中移动时，则输出的霍尔电压取决于它在磁场中的位置. 图 21.29 为霍尔式微位移传感器的结构原理图. 它由两个量值相等、方向相反的直流磁系统共同形成一个高梯度磁场. 当霍尔元件处于中间某位置时，磁感应强度为零，元件有微小移动时，就有霍尔电压输出. 在一定范围内位移与 U_H 呈线性关系.

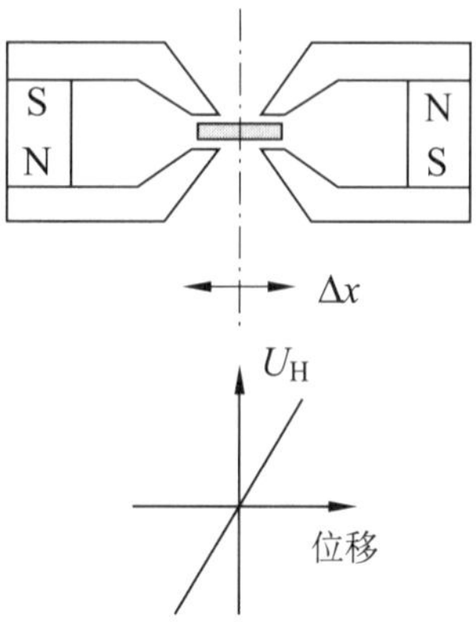

图 21.29

另外，利用霍尔元件还可构成霍尔式压力、压差传感器、加速度传感器、振动传感器、方位传感器、转速传感器等.

将一载流导体置于外磁场中，除了产生霍尔效应外，其电阻也会随磁场而变化，这种现象称磁阻效应. 这是因为载流导体中的运动电荷受洛伦兹力作用而偏转，使电极附近电流路径加长，从而导致电阻值的增加.

磁敏电阻是利用磁阻效应制成的一种磁敏元件. 磁敏电阻器件就是一种磁敏传感器，它应用非常广泛，可探测各种磁场；用于测量方面可制成位移检测器、角度检测器、功率计、交流放大器、振荡器等.

6. 约瑟夫森效应

夹有极薄绝缘层(厚度约为 $1.0\times10^{-9}\sim3.0\times10^{-9}$ m)的两块超导体中，在不存在任何电场或磁场情况下，有直流电流流过绝缘层；若在绝缘层两侧施

加直流电压,则在绝缘层中会产生射频电流振荡,这种现象称为约瑟夫森效应.这种量子力学隧道效应是许多物理现象或器件的核心.利用约瑟夫森器件可作为磁强计以精确测定磁感强度,其分辨率可达 $10^{-11}\sim10^{-12}$ T.

21.3.4 典型传感器

在已经介绍传感器有关的物理效应的基础上,我们从一些具体的传感器出发,着重介绍信号转换的物理依据.

1. 应变式力敏传感器

在众多的传感器中,有一大类是把被测非电量的变化转换为电阻或电阻率的变化,这类统称为电阻式传感器.应变式力敏传感器是其中的一种.

应变式力敏传感器的转换元件是电阻应变片.将金属丝、金属箔或半导体薄片粘贴在支承片(一般为绝缘纸或胶膜)上,再焊接两根引出线,就成了电阻应变片,如图 21.30所示.

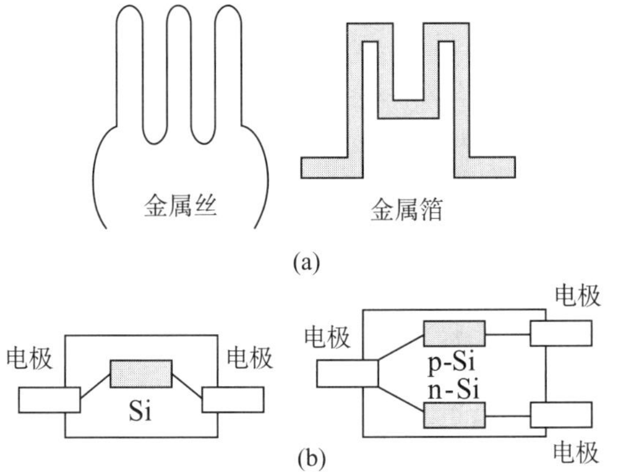

图 21.30

为简单起见,我们以物体的拉伸或压缩为例,讨论物体(导体和半导体)的受力与电阻变化之间的关系.设想物体上有一段与轴平行的直线 AB,长度为 l,在一对与轴线平行,方向相反的拉力或压力 F 作用下变为 $l'=\overline{A'B'}$,其长度变化量 $\Delta l=l'-l$,应变为 $\varepsilon=\Delta l/l$. 由胡克定律知,在弹性限度内,物体的应力 $f(=F/S)$ 与应变 ε 成正比,即 $f=Y\varepsilon$, 其中 Y 为杨氏模量.对一定材料,Y 为常量.

可以证明,在作了必要的近似处理以后,半导体电阻的相对变化和电阻率的相对变化之间有如下关系:

$$\frac{\Delta R}{R}=\frac{\Delta\rho}{\rho}$$

在几何尺寸变化很小的情况下,电阻率的相对变化 $\Delta\rho/\rho$ 与应力 f 成正比,即

$$\frac{\Delta\rho}{\rho}=\pi f$$

式中 π 称为压阻系数,它与半导体种类及应力方向与晶轴方向的夹角有关.又

因 $f=Y\varepsilon$，所以有 $\Delta\rho/\rho=\pi Y\varepsilon$. 因此可得

$$\frac{\Delta R}{R}=\pi Y\varepsilon$$

上式表明，半导体电阻相对变化主要是由电阻率相对变化（压阻效应）所决定. 这与金属导体电阻相对变化主要由结构尺寸变化所决定的情形不同.

2. 压电式加速度传感器

压电式传感器的转换原理是基于某些物质（晶体、陶瓷）的压电效应. 将压电材料按特定方向切成薄片，安装在特制外壳中，就成了压电式传感器. 一般压电式传感器装有两片或多片晶体，可并联和串联，如图 21.31所示. 图(a)为两片并联接法，图(b)为串联接法. 当晶片受到与其表面垂直的压力时，在相对的两个表面产生正、负电荷 q. 设它们间的电压为 U，表面产生了电荷的晶体相当于一个电容器，其电容为 $C=q/U$. 以图(a)为例，因为两块晶体并联，其电压仍为 U，且有 $q=CU$，而 q 与外力的关系为

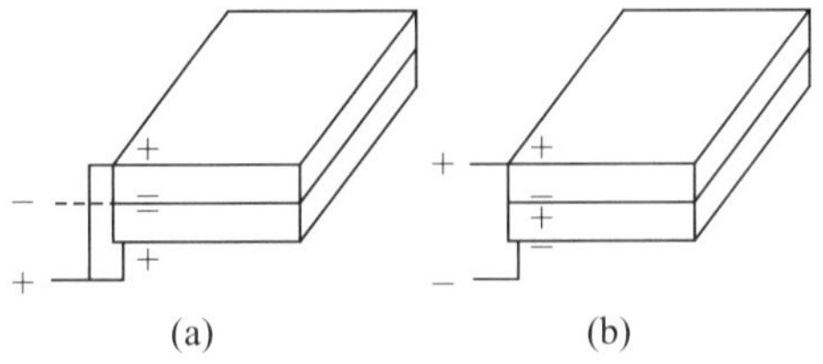

图 21.31

$$q=d_{\mathrm{r}}F$$

式中 d_{r} 为施力方向的压电系数，是仅与材料有关的常量. 因此

$$F=\frac{q}{d_{\mathrm{r}}}=\frac{CU}{d_{\mathrm{r}}}$$

式中 C/d_{r} 为常量，$C=\varepsilon_0\varepsilon_{\mathrm{r}}S/t$，$\varepsilon_{\mathrm{r}}$ 为压电材料的相对电容率，S 为极化面积，t 为两极面间距，即压电片厚度. 压电片给定后，C 为常量. 从上式看出，电压 U 与外力 F 呈线性关系，测出 U，即可得到 F. 这种传感器的灵敏度为 $S_F=d_{\mathrm{r}}/C$，即灵敏度与压电系数成正比. 因此为提高灵敏度，应选用 d_{r} 大的压电材料做压电元件.

图 21.32 为压缩型压电加速度传感器的结构原理图. 压电元件由两块压电片组成，它们之间夹一片金属薄片，引线焊在金属薄片上，输出端的另一根引线直接与传感器基座相连. 在压电片上放置一物块. 传感器的整个组件装在一个厚基座上，并用金属壳体加以封罩. 测量时，将传感器基座与试件刚性固定在一起. 当传感器承受振动时，由于弹簧的劲度很大，而物块的质量相对较小，可认为物块惯性很小，因此物块感受与传感器基座（或试件）相同的振动，并受到与加速度方向相反的惯性力的作用. 这样，物块就有一正比于加速度的交变力作用在压电元件上. 由于压电效应，便在压电元件的两个表面上产生交变电荷（或电压）. 当试件的振动频率远低于传感器的固有频率时，则传感器的输出电荷（或电压）与作用力成正比，亦即与试件的加速度成正比. 经专用放大器放大后，即

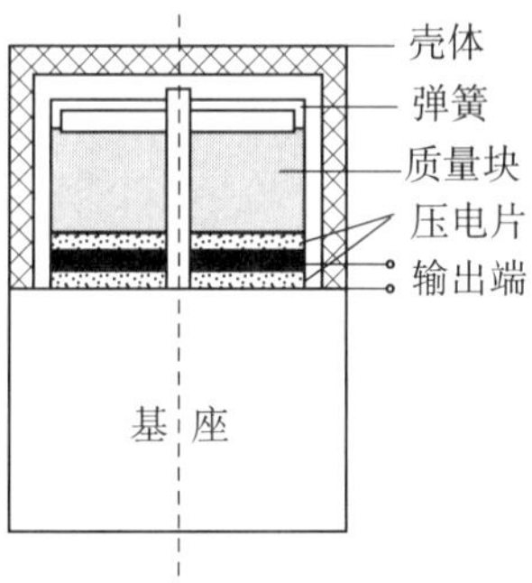

图 21.32

可测出试件的加速度.

3. 电容式物位传感器

电容式传感器是将被测非电量的变化转换为电容量变化的一种传感器.它的转换元件是电容器,其基本工作原理是基于物体间的电容量及其结构参数、电容率之间的关系.它结构简单、分辨率高,并能在高温、辐射和强烈振动等恶劣条件下工作.以平板电容器为例,其电容为

$$C=\frac{\varepsilon S}{d}$$

可见改变两极板间的距离 d、或改变两极板间的重叠面积 S、或改变极板间介质的电容率 ε,都可以改变电容.因此保持 d、S、ε 中任意两个参量为定值,就可建立 C 与第三个参量的单一函数关系,测量 C 的变化,就可得知该参量的变化.

电容式物位传感器是利用被测介质面的变化引起电容变化的一种变介质型电容传感器.图 21.33 所示为用于检测非导电液体介质的电容式液位传感器.当被测液体的液面在传感元件的两同心圆柱形电极间变化时,引起极间不同电容率介质的高度发生变化,因而使电容变化.

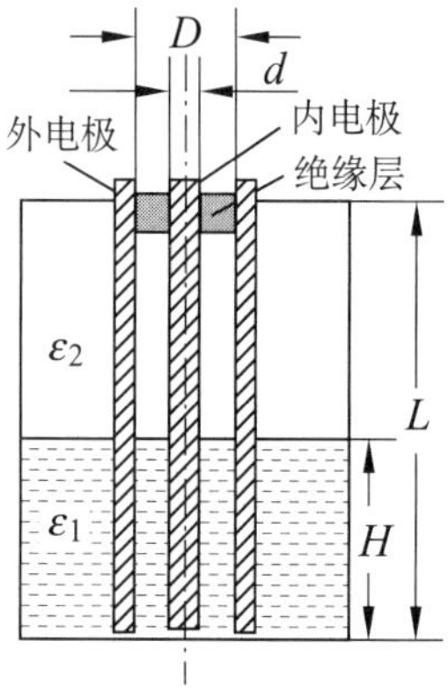

图 21.33

如图 21.33 所示,ε_1 为被测介质的电容率,ε_2 为液面以上部分介质的电容率,H 为传感器插入液面的深度,L 为电极的总长度,D 和 d 分别为外电极的内径和内电极的外径.此时电容器可看作两个电容器的并联,其电容为

$$\begin{aligned}C&=\frac{2\pi\varepsilon_1 H}{\ln(D/d)}+\frac{2\pi\varepsilon_2(L-H)}{\ln(D/d)}\\&=\frac{2\pi\varepsilon_2 L}{\ln(D/d)}+\frac{2\pi(\varepsilon_1-\varepsilon_2)}{\ln(D/d)}H\end{aligned}$$

电容的变化为

$$\Delta C=C-C_0=\frac{2\pi(\varepsilon_1-\varepsilon_2)}{\ln(D/d)}H$$

可见,ΔC 与 H 呈线性关系.测得电容增量 ΔC,即可得知液面高度 H.该传感器的灵敏度为

$$S_c=\frac{2\pi(\varepsilon_1-\varepsilon_2)}{\ln(D/d)}$$

因此,两种介质电容率之差 $\varepsilon_1-\varepsilon_2$ 越大,极径 D 和 d 之差越小,灵敏度就越高.

上述原理也可用于导电介质液位的测量,不过传感器的极板必须与被测介质绝缘.

4. 振弦型频率传感器

振动式传感器又称频率式传感器.图 21.34 是振弦型频率传感器的原理简图.图中 1 是螺钉,2 是软铁块,3 是夹块,4 是振弦,5 是永久磁铁,6 是线圈,7 是膜片.这种传感器基本上由钢弦和永久磁铁两部分构成.钢弦上端用固定夹块夹紧,下端的夹块与一膜片相连接,压力 p 施于膜片上.如果压力稍大,则弦稍松弛,弦中的张力变小;反之,压力小,则弦中张力大.弦的振动通过磁铁与固

接于弦上的软铁块相互作用而激发. 为了使弦振动，给绕在磁铁上的线圈通入一个脉冲电流. 脉冲电流到来时，磁铁的磁性增强，磁力作用于软铁将弦吸住. 脉冲电流消失后，磁铁的磁性减弱，钢弦脱离磁铁而自由振动. 因此，磁铁、线圈和软铁构成了钢弦的起振器. 另一方面，磁铁线圈和软铁又可作为拾振器而读取弦的振动频率. 当弦振动时，软铁块与永久磁铁之间的距离发生周期性变化，通过线圈的磁通量也周期性地变化，于是线圈内产生了周期性的感应电动势. 测得交变电动势的频率就得到了弦的振动频率. 可以证明，弦的固有振动频率 ν 与张力 T 的关系为

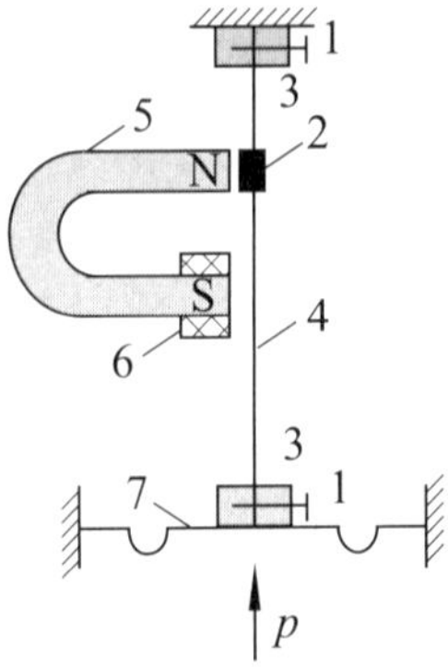

图 21.34

$$\nu = K\sqrt{T}$$

式中 K 是仅与振弦本身性质有关的常量. 由上式看出，振弦的固有振动频率变化可以反映张力的变化. ν 与 T 为非线性关系，当振弦张力的变化 ΔT 不太大时，则频率的变化 $\Delta\nu$ 与 ΔT 近似为线性关系. 当 ΔT 较大时，可用其他技术手段改善线性. 这样，当被测力作用在膜片上时，被测力的变化就引起张力的变化，因而振弦固有频率的变化又能表征被测力的大小.

频率式传感器结构简单、体积小、稳定可靠. 它用输出振动频率表征待测输入量的大小. 频率具有数字的特征，可以很容易地把获得的交变电信号变成脉冲的个数输出，便于后续处理.

5. 光纤传感器

光纤传感器是20世纪70年代迅速发展起来的一种新型传感器. 它具有灵敏度高、电绝缘性能好、抗电磁干扰、耐腐蚀、耐高温、体积小、重量轻等优点. 因此，应用范围极广，发展极为迅速. 目前，利用光纤光传感器可检测70多个物理量，被誉为“万能传感器”.

光纤是20世纪后半叶的重要发明之一. 光纤是光导纤维的简称，每根光纤由一个圆柱形或棱柱形内芯和包层组成，芯和包层之间有较好的光学接触. 纤芯和包层的材质都是玻璃或塑料. 纤芯的直径约为50～70 μm，纤芯和包层的总直径为100～200 μm，外面有被覆层，整个直径约1 mm.

光纤按折射率的分布可分为两种. 一种是纤芯和包层的折射率不相等，纤芯介质折射率 n_1 大于包层介质折射率 n_2，折射率在两种介质的界面处发生阶跃变化，故称阶跃型光纤；另一种是折射率从纤芯横截面中心向外逐渐变小，通常呈抛物线形式，称为梯度型光纤.

(1) **光纤传光原理.** 光的全反射是光纤传光原理的基础. 根据几何光学，当光以入射角 θ_1 由光密介质1射向光疏介质2(即 $n_1>n_2$)时，存在临界角 θ_c，且

$$\sin\theta_c = \frac{n_2}{n_1} \quad (n_1 > n_2)$$

入射角 $\theta_1>\theta_c$ 时，光无折射，只有反射，形成光的全反射现象. 光在阶跃型光纤

中传输是依靠光在纤芯与包层界面上反复全反射而实现的，如图 21.35(a)所示. 从图中看出，光线入射角越小，则它在光纤内传输过程中反射的次数越多，而沿光纤轴向的传输速度就越小. 对于梯度型光纤，设中心轴线处的折射率为 n_0，离轴 r 处的折射率为 n，则从中心到 r 处折射率的减少量正比于 r^2，即

$$(n_0 - n) \propto r^2$$

光线以某一角度射入光纤介质，逐渐折射到内侧，沿图 21.35(b)所示的曲线弯曲行进. 不同角度射入光纤的光线，虽沿不同的曲线行进，但它们沿轴向的传输速度大体上是相同的，因而传输光能够自聚焦.

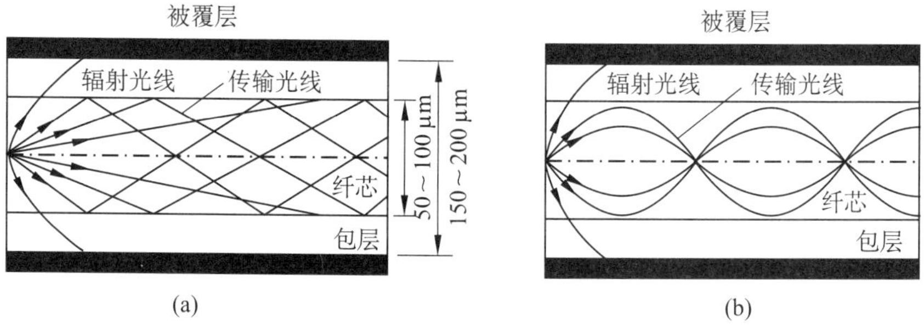

图 21.35

(2) **光纤传感器的分类及工作原理**. 光纤传感器是一种把待测信号转变为光信号的装置，它由光源、敏感元件、光信号接收器、信号处理系统及传输光信号的光纤构成. 由光源发出的光经光纤引导至敏感元件，在该过程中，使光的某种性质受到待测量的调制，被调制的光带着待测量的信息耦合到光接收器. 通常光的性质用光的振幅(强度)、频率、相位、偏振态来描述，如果某一量能引起这些光学量的变化(这一过程称为调制)就能实现这一量到光学量的转换，最后通过解调就能获得该量的信息.

按光纤在传感器中的作用，通常将光纤传感器分为两种类型：功能型(或传感型)和非功能型(或传光型). 在功能型光纤传感器中，光纤不仅起传光作用，而且又是敏感元件. 它是利用光纤特征(长度、芯径、折射率等)与光波特性(振幅、相位、偏振态、频率等)随被测对象状态而变化的关系制成. 在非功能型光纤传感器中，光纤不是敏感元件，而是光纤的端面或两根光纤中间放置敏感元件来感知被测物理量的变化，光纤只起传光作用；它是利用光纤低损耗和线径细等特性制成. 图 21.36(a)为功能型，(b)、(c)为非功能型光纤传感器基本结构原理图.

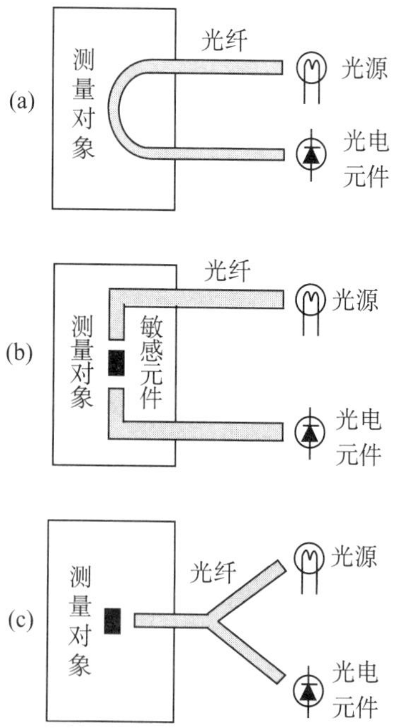

图 21.36

(3) **光纤声传感器**. 图 21.37 是检测水下声波的光纤声传感器示意图. 激光器输出的光分成两束,一束引入位于水中的敏感臂光纤,另一束引入参考臂光纤,两路光纤传出的光相互干涉. 敏感臂光纤受声波压力的作用,长度、直径、折射率要发生变化,在其中传播的光的相位也因此而变化,并导致敏感臂光纤和参考臂光纤的两束输出光的相位差发生变化,从而使干涉光的强度随着相位的变化而变化. 如果在两束光的汇合端放置一个光电探测器,就可将相干合成光强的强弱变化转换为与声压成正比的电信号的变化.

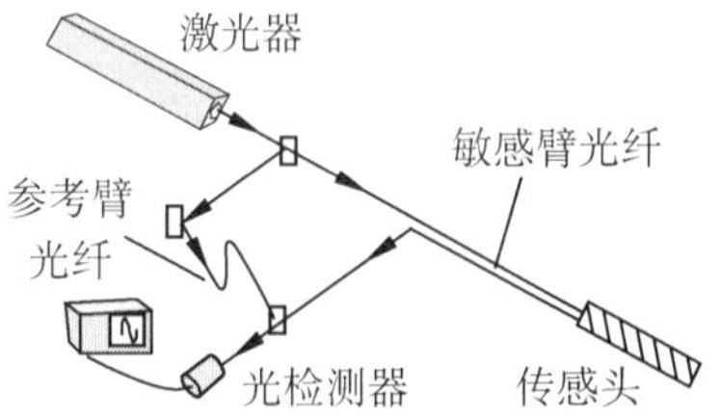

图 21.37

这种传感器可检测出很微弱的声压,能探出 80 km 以外潜艇的声音. 它还用于水下超声波测量,探测鱼群,是一种光纤声呐.

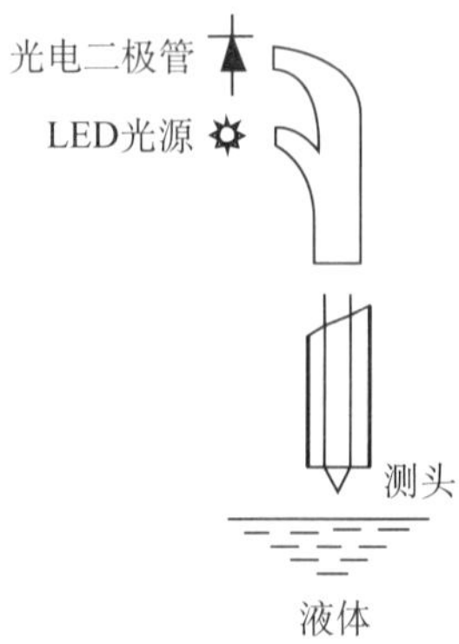

图 21.38

(4) **光纤液位传感器**. 光纤液位传感器是基于全内反射原理制成的,如图 21.38所示. 它由光源、光电二极管和光纤等组成.

在光纤测头端有一个圆锥体反射器,当测头置于空气中没有接触液面时,光线在圆锥体内发生全内反射而返回到光电二极管;当测头接触液面时,由于液体和空气的折射率不同,全内反射被破坏,将有部分光线透入液体内,使返回到光电二极管的光强变弱;返回光强是液体折射率的线性函数. 返回光强发生突变,表示测头已接触液位. 这种传感器可用于易燃、易爆场合,但不能探测污浊液体和黏稠物质.

传感器除应用于工业和国防军事系统的自动控制外,还渗透到宇宙开发、海洋探测、环境保护、交通运输、资源调查、情报处理、医学卫生、生物工程乃至家庭生活等各个领域. 随着"信息时代"的到来,国内外已将传感器技术列为优先发展的科技领域之一. 大型飞机使用的传感器已达 100 多种,洲际导弹、宇宙飞船和航天飞机等复杂而高可靠性的飞行器,需要敏感的飞行参数更多,使用的传感器种类和数量都十分庞大. 传感器的大量使用已是军事现代化的重要标志.

21.4　纳米技术

纳米技术是 20 世纪 80 年代末诞生并正在蓬勃发展的高新科技,旨在纳米尺寸范围内认识和改造自然,通过直接操纵和安排原子、分子而创造新物质. 纳米技术的出现标志着人类改造自然的能力已延伸到原子、分子水平,标志着人类科学技术已进入一个新的时代——纳米科技时代.

本节主要介绍纳米科学与技术的基本概念、纳米材料及纳米技术的应用.

21.4.1 纳米科学与技术的基本概念

1. 纳米和纳米技术

纳米(nanometer)是一个长度单位,符号为 nm. 1 nm=10^{-9} m=10 Å. 氢原子的直径约为 1 Å,所以 1 nm 相当于 10 个氢原子一个挨一个地排列的长度. 可见,纳米是一个极小的尺寸,它表征了人们认识上的一个新层次,从微米进入了纳米.

纳米技术是以 1～100 nm 尺度的物质或结构为研究对象,通过一定的微细加工方式,直接操纵原子、分子或原子团、分子团,使其重新排列组合,形成新的具有纳米尺度的物质或结构,研究其特性,并由此制造出具有新功能的材料、器件、仪器及其应用的一门综合性科学技术.

纳米技术的诞生是以扫描隧道显微镜和原子力显微镜的发明为先导的. 1981 年美国 IBM 公司在瑞士苏黎世实验室的两位教授宾尼希(G. Binnig)和罗雷尔(H. Rohrer)发明了扫描隧道显微镜(scanning tunnelling microscope, STM). 其横向分辨率达 0.1 nm,纵向分辨率达 0.01 nm,为材料表面分析提供了极为精密的仪器. 两位教授因这一卓越贡献于 1986 年获得诺贝尔物理学奖.

因 STM 及原子力显微镜的发明,不仅可以直接观察原子、分子,而且能够利用 STM 直接操纵和安排原子和分子,这就实现了人们由来已久的梦想:直接看到原子和按自己的意愿去安排原子和分子. 这在人类科学史上是一个巨大的进步.

纳米技术是由多种学科如纳米生物学、纳米电子学、纳米化学、纳米材料学和纳米机械学等学科交叉形成的,并将基础研究和应用开发紧密联系的高新技术. 纳米不仅是一个空间尺度上的概念,而且是一种新的思维方式和实践方法,其生产过程也越来越精细,因而能够在纳米尺度上直接由原子、分子的排布制造具有特定功能的产品. 比如纳米技术的一个分支——纳米生物学,是在纳米尺度上认识生物大分子的结构和功能的关系,在此基础上按人的意志去合成、制造具有特定功能的生物大分子,使生命科学研究更上一层楼.

纳米技术方面取得的初步成果,已引起各发达国家的极大重视,美国最早成立了纳米技术研究中心,开展了预研究. 同时,许多大学、研究室和公司也参与了研究,STM 等纳米技术产品已实现产业化. 我国的纳米技术也取得了重大进展. 中国科学院化学所的白春礼院士等一批研究员研制出了 STM,并用其进行了石墨表面刻蚀,刻出线宽为 10 nm 的字符. 中国科学院北京真空物理实验室研究了一种新的表面原子操纵方法,在室温下成功地在单晶硅表面上提走硅原子,形成宽度为 2 nm 的线条. 同时他们还实现了原子可提、可植的有序移植原子技术. 这些技术的突破是我国纳米技术的重大进展,在高密度信息存储、纳米电子器件、新型材料的组成等方面具有非常重要和广泛的应用.

2. 纳米技术的发展及其主要特征

早在20世纪初，随着胶体化学的建立，人们对于直径为10^{-9} m的微粒开始了研究.在以后的催化研究中，人们制备出了铂黑，制得的铂粒子附着在载体(例如SiO_2)上，直径为2 nm左右.

此后，纳米技术在理论上也有了进展.众所周知，孤立原子的能级是分立的，能量是量子化的.当原子形成固体之后，由于晶体周期场的影响，分立的能级形成能带.日本物理学家久保亮武(R. Kubo)在金属粒子理论研究中发现，由于超微粒子中原子数的减少，使能带中的能级间隔加大，变为不连续能级，金属超微粒中电子能级具有类似孤立原子能级的不连续性.在低温下，金属超微粒显示出与块状材料显著不同的物理性质.后来，人们把金属超微粒材料的这种物理效应称为久保效应.

20世纪70年代末到80年代初，人们对于纳米微粒的结构、形态和特性进行了比较系统的研究.描述金属微粒在低温下电子能级状态的久保理论已经出现，应用量子尺寸效应解释超微粒子的某些特性，也获得了成功.

最早利用纳米微粒制备三维块状试样的是德国萨尔兰大学教授格莱特(Gleiter)，他于1984年用惰性气体蒸发、原位加压法制备了具有清洁表面界面的纳米晶Pd、Cu、Fe等，随后一些纳米多晶体也相继用相同的方法制备出来.

1990年7月在美国巴尔的摩召开了第一届国际纳米科学技术会议，标志着纳米科技领域的正式形成.1992年9月在墨西哥坎昆城召开了第一届国际纳米结构材料会议，正式把纳米材料作为材料科学的一个新的分支公布于世.此后，世界各国纷纷把纳米技术作为21世纪的高科技列入计划.

从纳米技术的发展情况，可以看到纳米技术本身具有一些非常明显的特征.

(1)从材料发展的角度看，纳米材料的制备将更多地考虑分子设计、材料结构设计等.纳米材料的制备中已出现了许多有别于一般材料制备的新技术，特别是精确调控纳米(复合)结构的超分子合成技术等，对材料的特征尺寸，如粒度或块状中相的尺寸以及尺寸分布等均有非常高的要求.

(2)从纳米结构加工制造角度看，传统的以三束(光子束、电子束、离子束)技术为核心的微电子平面加工技术仍在扮演主要的角色.同时，由于以原子、分子SPM(扫描探针显微术)操纵搬迁、分子装配等为基础的分子组装技术可批量获得一致性好、特征尺寸分布窄、内部缺陷少以及可精确控制的纳米结构，因而在纳米结构加工制造中的重要作用和意义也越来越受到重视，具有非常吸引人的应用前景.特别是对单原子、单分子的操纵，显示了人类对物质世界改造能力的极大飞跃.

(3)对纳米对象(nano-object)的表征测量，除了采用传统观察测量技术，如谱学技术、电子显微镜技术及其发展所带来的新技术外，特别采用了以STM和扫描近场光学显微术(SNOM)为代表的扫描力显微技术，可以在常温、大气甚至溶液等环境条件下观察到具有原子尺度的结构，测量纳米尺度微区的特性，使得人类的视力和感觉大大增强.

(4)纳米器件的研发将在一定的时间里沿着两条路线进行.其一,发展新的功能材料以及设计技术,以满足微电子技术不断缩小加工尺寸可能导致的一些新系统,如系统集成芯片的需要;其二,则是量子效应纳米器件,包括分子器件等.一定时间后,两条路线可能会合,形成纳米集成电路和纳米计算机.

(5)在纳米材料、纳米结构或器件,乃至纳米机器的设想及研制过程中,人们越来越关注生物或生命体给我们带来的启示.

21.4.2 纳米材料和纳米结构

纳米材料是纳米技术研究和应用的重要对象.广义地说,纳米材料是指在三维空间中至少有一维处在纳米尺度范围(1～100 nm)或由它们作为基本单元所构成的材料.这里所说的基本单元包括零维的纳米粒子(图21.39)、一维的纳米线(图21.40)及二维的纳米薄膜.由这些纳米尺度的基本单元构成纳米材料有多种方式,由此可形成多种类型的纳米材料:纳米粉体材料是由纳米粒子构成的松散集合体;纳米粉体经过一定的压制工艺制成的具有高致密度的纳米材料则为纳米块体材料,如纳米陶瓷、纳米金属与合金等;将纳米粒子制成薄膜或将纳米粒子分散到其他的薄膜(如有机膜)中,进而形成的多层膜则为纳米薄膜材料;将纳米粒子分散到高分子、常规陶瓷或金属中,则又得到纳米复合材料.

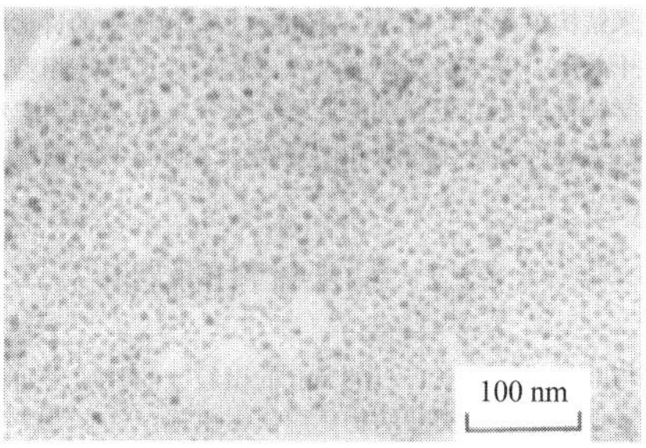

图 21.39

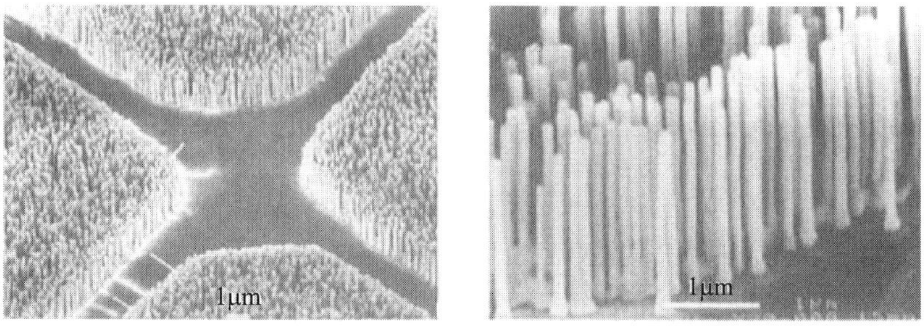

图 21.40

纳米结构是指由纳米尺度的基本单元按照一定的规律构建或组装成的一维、二维或三维体系.由于纳米构造单元间有一定的相互作用,因此纳米结构不仅具有构造单元的特殊性,如量子尺寸效应、表面效应及小尺寸效应等,而且还具有由于构造单元间量子耦合或协同增强所产生的新效应.这种纳米结构体系容易实现用光、电、磁等进行控制,因此对设计构建纳米功能器件具有重要意义.

从纳米材料研究发展的足迹来看,人们从热衷于研究纳米粒子、纳米块体的结构与特性,到积极地以直接应用为目的发掘纳米复合材料的光、电、磁、力学、生物学等方面的功能特性，进而又希望按照自己的意愿来构建、组装新的有特定功能的纳米结构体系，并寄予其在纳米电子器件及器件集成中以莫大的希望，特别是期待能突破传统平面硅加工工艺对集成电路制造带来的局限. 随之应运而来的纳米材料工程则正是以复合、组装的思路或途径来构造纳米功能体系，形成了基础研究与应用研究并行发展的局面.

纳米材料和纳米结构是当今新材料研究领域中最富有活力，对军事、经济和社会发展有着十分重要影响的研究对象，也是纳米技术中最为活跃、最接近应用的重要组成部分. 近年来，纳米材料和纳米结构取得了令人瞩目的成就. 例如，发光频段可调的高效纳米阵列激光器；价格低廉、高效能量转化的纳米结构太阳能电池；用作炮弹轨道的耐烧蚀、高强度、高韧性的纳米复合材料；以巨磁电阻为原理的纳米结构器件等. 这些都充分显示了它作为国民经济新型支柱产业和在高新技术应用领域中的巨大潜力.

研究纳米材料和纳米结构的重要科学意义在于它开辟了人们认识自然的新层次. 由于纳米结构单元的尺度(1～100 nm)与物质中许多特征长度，如电子的德布罗意波长、隧穿势垒厚度及铁磁性临界尺寸等相当，因而导致纳米材料和纳米结构的物理、化学特性既不同于微观的原子、分子，也不同于宏观物体，从而把人们探索自然、创造知识的能力延伸到介于宏观和微观物体之间的中间领域.

21.4.3　纳米材料的基本特性

纳米材料的特性与其构成单元的性质密切相关，而这些介于微观与宏观之间的纳米粒子体系作为一类新的物质层次，呈现了许多独特的性质和新的规律，从而使得纳米材料表现出奇异的力学、电学、磁学、光学及化学等特性.

1. *量子尺寸效应*

当微粒尺寸下降到纳米尺度时，费米能级附近的电子能级由准连续能级变为分立能级，吸收光谱阈值向短波方向移动，这种现象称为量子尺寸效应. 早在 20 世纪 60 年代，日本物理学家久保亮武采用一电子模型求得金属纳米晶粒的能级间距为

$$\delta = \frac{4E_\mathrm{f}}{3N}$$

式中 E_f 为费米势能，N 为微粒中的原子数. 该式说明：能级的平均间距与组成物体的微粒中的自由电子总数成反比. 宏观物体中原子数 $N\to\infty$，自由电子数也趋于无穷，故能级间距 $\delta\to 0$，因而电子处于能级连续变化的能带上，表现在吸收光谱上为一连续光谱带；而纳米晶粒所含原子数 N 少，自由电子数也较少，致使 δ 有一确定值，电子处于分立的能级上，其吸收光谱是具有分立结构的线状光谱.

纳米材料中处于分立能级的电子的波动性带来了纳米材料的一系列特殊性质，如高度光学非线性、特异性催化和光催化性质、强氧化性和还原性等.

2. 小尺寸效应

小尺寸效应是指当粒子的尺寸与光波的波长、自由电子的德布罗意波长及透射深度等物理特征尺寸相当或更小时，周期性的边界条件被破坏，粒子的声、光、电磁、热力学等特性均会发生变化，例如，光吸收显著增加并产生吸收峰的等离子共振频移；由磁有序态向磁无序态、超导相向正常相的转变等. 对于纳米尺度的强磁性粒子，如 Fe-Co 合金，当粒子尺寸为单畴临界尺寸时，可具有非常强的矫顽力，可用于磁性信用卡、磁性钥匙等. 由于小尺寸效应，一些金属纳米粒子的熔点远低于块状金属，例如，2 nm 的金粒子的熔点为 600 K，块状金为 1337 K，纳米银粉的熔点可降低到 100℃.

3. 表面效应

表面效应是指纳米晶粒表面原子数与总原子数之比随粒径变小而急剧增大后引起的性质的变化. 随着纳米晶粒的减小，表面原子百分数迅速增加，例如当粒径为 10 nm 时，表面原子数为完整晶粒原子总数的 20%；而粒径为 1 nm 时，其表面原子百分数增大到 99%，此时组成该纳米晶粒的所有(约 30 个)原子几乎全部集中在其表面(见表 21.4). 因为表面原子数目增多，比表面积大，原子配位不足. 表面原子的配位不饱和性导致大量的悬空键和不饱和键，表面能高，因而导致这些表面原子具有高的活性，极不稳定，很容易与其他原子结合. 纳米材料因此具有较高的化学活性，如纳米金属粒子室温下在空气中便可强烈氧化而发生燃烧等. 可以说，纳米材料的许多特性是和其表面与界面的效应有关的.

表 21.4 纳米粒子粒径、原子总数与表面原子数的关系

颗粒粒径/nm	每个颗粒包含的原子数/个	表面原子数所占比例
10	30 000	20%
5	4000	40%
2	250	80%
1	30	99%

4. 宏观量子隧道效应

隧道效应是基本的量子现象之一，即当微观粒子的总能量小于势垒高度时，该粒子仍能穿越该势垒. 近年来，人们发现一些宏观量如微颗粒的磁化强度、量子相干器件中的磁通量及电荷等也具有隧道效应，它们可以穿越宏观系统的势阱而产生变化，故称之为宏观的量子隧道效应. 比如，原子内的许多磁性电子(指 3d 和 4f 壳层中的电子)，以隧道效应的方式穿越势垒，导致磁化强度的变化，这是磁性宏观量子隧道效应.

由于上述基本特性，纳米材料与一般材料(单晶、多晶、非晶)相比，在力学、磁学、光学等方面，表现出奇异的性能. 纳米材料不仅具有高强度和硬度，还具有良好的塑性和韧性；此外，由于界面的高延展性而表现出超塑性. 对用铁磁性金属制备的纳米粒子，粒径大小对磁性的影响十分显著；随粒径的减小，粒子由多畴变为单畴，并由稳定磁化过渡到超顺磁性．由铁磁性和非磁性金属材料组成的纳米结构多层膜，在外磁场作用下表现出巨磁电阻效应．当纳米粒子的尺寸小到一定值时，可在一定波长光的激发下发光，即所谓的发光现象．

由于性能特异，纳米材料被科学家誉为“21 世纪最有前途的材料”．

21.4.4　纳米材料的分类

根据三维空间中未被纳米尺度约束的自由度计，纳米材料大致可分为零维的纳米粉体(颗粒和原子团族)、一维的纳米纤维(管)、二维的纳米膜、三维的纳米块体等．其中纳米粉体材料开发时间最长，技术最为成熟，是生产其他三类产品的基础；纳米块体材料是基于其他低维材料所构成的致密或非致密固体．

1．纳米粉体材料

纳米粉末又称为超微粉或超细粉，一般是指粒度在 100 nm 以下的粉末或颗粒，是一种介于原子、分子与宏观物体之间的固体颗粒材料．由于尺寸小、比表面积大和量子尺寸效应等原因，它具有不同于常规固体的特性，也有异于传统材料科学中的尺寸效应，因而在催化、涂料、传热、雷达波吸收、光电转换等方面有着巨大的应用前景，可作为防辐射材料、单晶硅和精密光学器件抛光材料、微芯片导热基片、光电子材料、太阳能电池材料、高效助燃剂、高韧性陶瓷材料、人体修复材料及抗癌制剂等．

2．纳米纤维

纳米纤维是指在材料的三维空间尺度上有两维处于纳米尺度的线(管)状材料，通常其直径或管径或厚度为纳米尺度而长度较长．随着微电子学和显微加工技术的发展，纳米纤维有可能在纳米导线、开关、线路、高性能光导纤维或二极管材料等方面发挥极大的作用，是未来量子计算机与光子计算机中最有潜力的重要元件材料．

3．纳米薄膜

纳米薄膜是指由尺寸在纳米量级的晶粒(或颗粒)构成的薄膜以及每层厚度在纳米数量级的多层膜，有时也称为纳米晶粒薄膜和纳米多层膜．其性能强烈依赖于晶粒(颗粒)尺寸、膜的厚度、表面粗糙度及多层膜的结构，这也是当今纳米薄膜研究的主要领域．与普通薄膜相比，纳米薄膜具有许多独特的性能，如巨电导、巨磁电阻效应、巨霍尔效应等．例如，纳米氧化镁铟薄膜经氢离子注入后，电导增加了 8 个数量级．另外，纳米薄膜还可作为气体催化(如汽车尾气处理)材料、过滤器材料、光敏材料、平面显示材料及超导材料等，因而越来越受到人们的重视．

4．纳米块体材料

纳米块体材料是指将纳米粉末高压成型或烧结或控制金属液体结晶而得到的纳米材料，由大量纳米微粒在保持表(界)面清洁条件下组成的三维系统，其界面原子所占比例很高，微观结构存在长程有序的晶粒结构与界面无序态的结构．因此，与传统材料科学不同，表面和界面不再只被看成一种缺陷，而成为一重要的组员,从而具有高热膨胀性、高电导性、高强度、高溶解度及低熔点、低饱和磁化率等许多异常特性,在表面催化、磁记录、传感器以及工程技术上有广泛的应用,可作为超高强度材料、智能金属材料等.

21.4.5 纳米材料的制备

纳米材料的制备技术对纳米材料的微观结构和性能都具有重要影响.

纳米材料的制备方法可从不同的角度进行分类.按反应物状态可分为干法和湿法;按反应介质可分为固相法、液相法、气相法;按反应类型可分为物理法和化学法.其中物理法主要有压淬法、蒸发冷凝法、等离子体法、爆炸法、固体变相法、溅射法、蒸镀方法等;化学法有化学沉淀法、溶胶凝胶法、溶液蒸发法、超声合成法、熔融法等.下面简单介绍几种常见的制备方法.

1. 压淬法

金属或合金在高压下经适当加热、保温,并在高压下快冷至液氦温度,而后减压并升温至室温或稍高些,即可自发地转变为纳米合金.压淬法主要用于制备纳米晶合金,具有以下优点:直接制得纳米晶,不需要先形成非晶或纳米晶粒;能制得大块致密的纳米晶,界面清洁且结合好,晶粒度分布较均匀.

2. 蒸发冷凝法

在真空或惰性气体中,通过电阻加热、高频感应、激光等方法,使金属、合金或化合物汽化或形成等离子体,并使其达到饱和状态.随后在气体介质中迅速冷凝,形成高纯度的纳米材料.这种方法的优势是所制备的纳米材料纯度高、粒径可控、结晶性好,具有广泛的适用性.

3. 等离子体法

等离子体法的基本原理是利用在惰性气氛或反应性气氛中通过直流放电使气体电离产生高温等离子体,从而使原料熔化和蒸发,蒸气到达周围的气体就会被冷凝或发生化学反应形成纳米颗粒.利用等离子体技术制备纳米颗粒已成为近年来的发展趋势,并且在方法和设备上都有不断的改进,如高频等离子体法、混合等离子体法、射频等离子体法等.

4. 化学沉淀法

化学沉淀法是在金属盐类的水溶液中,控制适当的条件使沉淀剂与金属离子反应,产生水合氧化物或难溶化合物,使溶质转化为沉淀,然后经分离、干燥或热分解而得到纳米颗粒.

21.4.6 纳米技术的应用前景

1. 纳米技术在微电子学领域的应用

纳米电子学是纳米技术的重要组成部分,其主要思想是基于纳米粒子的量子尺寸效应来设计并制备纳米量子器件.纳米电子学的最终目标是将集成电路进一步减小,研制出由单原子或单分子构成的在室温下能使用的各种器件.

单电子晶体管,红、绿、蓝三种基本颜色可调谐的纳米发光二极管以及利用纳米丝、巨磁阻效应制成的超微磁场探测器已经问世. 并且,具有奇特性能的碳纳米管的研制成功,对纳米电子学的发展起到了关键的作用.

碳纳米管是由石墨碳原子层卷曲而成,径向尺寸控制在 100 nm 以下. 电子在碳纳米管的运动在径向上受到限制,表现出典型的量子限制效应,而在轴向上则不受任何限制. 清华大学的范守善教授利用碳纳米管,将气相反应限制在纳米管内进行,从而生长出半导体纳米线. 1998 年该科研组与美国斯坦福大学合作,在国际上首次实现硅衬底上碳纳米管阵列的自组织生长,它将大大推进碳纳米管在场发射平面显示方面的应用. 其独特的电学性能使碳纳米管可用于大规模集成电路、超导线材等领域. 目前我国在超长碳纳米管的制备和性能提升方面都取得了突破.

2. 纳米技术在光电领域的应用

纳米技术的发展,使微电子和光电子的结合更加紧密,在光电信息传输、存储、处理、运算和显示等方面,使光电器件的性能大大提高. 将纳米技术用于现有雷达信息处理上,可使其能力提高 10 倍至几百倍,甚至可以将超高分辨率纳米孔径雷达放到卫星上进行高精度的对地侦察.

美国桑迪亚国家实验室的阿利维萨托斯(P. Alivisatos)等发现,纳米激光器的微小尺寸可以使光子被限制在少数几个状态上,而低音廊效应则使光子受到约束,直到所产生的光波累积起足够多的能量后透过此结构,其结果是激光器达到极高的工作效率. 研究发现,纳米激光器工作时只需约 100 μA 的电流.

除了能提高效率以外,无能量阈纳米激光器的出现,使得激光器的运行速度大为提高. 由于只需要极少的能量就可以发射激光,这类装置可以实现瞬时开关. 已经有一些激光器能够以快于每秒钟 200 亿次的速度开关,适合用于光纤通信.

3. 纳米技术在化工领域的应用

纳米粒子作为光催化剂有许多优点. 首先是粒径小,比表面积大,光催化效率高. 其次,纳米粒子生成的电子、空穴在到达表面之前,大部分不会重新结合,因此,电子、空穴能够到达表面的数量多,化学反应活性高. 另外,纳米粒子分散在介质中往往具有透明性,容易运用光学手段和方法来观察界面间的电荷转移、质子转移等.

纳米静电屏蔽材料,是纳米技术的另一重要应用. 以往的静电屏蔽材料一般都是由树脂掺加炭黑喷涂而成,其性能并不特别理想. 利用具有半导体特性的纳米氧化物粒子如 Fe_2O_3、TiO_2、ZnO 等做成的涂料,由于具有较高的导电特性,因而能起到有效的静电屏蔽作用. 另外,氧化物纳米微粒的颜色各种各样,因而可以通过复合控制静电屏蔽涂料的颜色.

4. 纳米技术在生物工程上的应用

生物分子是很好的信息处理材料,每一个生物大分子本身就是一个微型处理器. 分子在运动过程中以可预测方式进行状态变化,其原理类似于计算机的逻辑开关,利用该特性并结合纳米技术,可以设计量子计算机. 美国南加州大学的 Adelman 博士等应用基于 DNA 分子计算技术的生物实验方法，有效地解决了目前计算机无法解决的问题——“哈密顿路径问题”，使人们对生物材料的信息处理功能和生物分子的计算技术有了进一步的认识.

虽然分子计算机目前只是处于理想阶段，但科学家已经考虑应用几种生物分子制造计算机的组件，其中细菌视紫红质最具前景.该生物材料具有特异的热、光、化学物理特性和很好的稳定性，并且，其奇特的光学循环特性可用于储存信息，从而起到代替当今计算机信息处理和信息存储的作用.

5. 纳米技术在医学上的应用

随着纳米技术的发展，在医学上该技术也开始崭露头角.研究人员发现，生物体内的 RNA 蛋白质复合体，其线度在 15～20 nm 之间，并且生物体内的多种病毒，也是纳米粒子. 10 nm 以下的粒子比血液中的红细胞还要小，因而可以在血管中自由流动.如果将超微粒子注入血液中，输送到人体的各个部位，就可作为监测和诊断疾病的手段.科研人员已经成功利用纳米 SiO_2 微粒进行了细胞分离，用金的纳米粒子进行定位病变治疗，以减少副作用等.

研究纳米技术在生命医学上的应用，可以在纳米尺度上了解生物大分子的精细结构及其与功能的关系，获取生命信息.科学家们设想利用纳米技术制造出分子机器人，在血液中循环，对身体各部位进行检测、诊断，并实施特殊治疗，疏通脑血管中的血栓，清除心脏动脉脂肪沉积物，甚至可以用其吞噬病毒，杀死癌细胞.这样，在不久的将来，被视为当今疑难病症的艾滋病、高血压、癌症等疾病都将迎刃而解，从而使医学研究发生一次革命.

6. 纳米技术在其他方面的应用

利用先进的纳米技术，在不久的将来，可制成含有纳米电脑的可人-机对话并具有自我复制能力的纳米装置，它能在几秒钟内完成数十亿个操作动作.在军事方面，利用昆虫作平台，把分子机器人植入昆虫的神经系统中控制昆虫飞向敌方收集情报，使目标丧失功能 . 利用纳米技术还可制成各种分子传感器和探测器；利用纳米羟基磷酸钙为原料，可制作人的牙齿、关节等仿生纳米材料；将药物储存在碳纳米管中，并通过一定的机制来激发药剂的释放，则可控药剂有希望变为现实.另外，还可利用碳纳米管制作储氢材料，用作燃料汽车的燃料“储备箱”；利用纳米颗粒膜的巨磁阻效应研制高灵敏度的磁传感器；利用具有强红外吸收能力的纳米复合体系制备红外隐身材料等，都是极具应用前景的纳米技术开发领域.

21.5 新能源技术

能源是人类进行生产和赖以生存的不可缺少的物质基础，是新技术革命的重要支柱.随着世界能源供需矛盾的加剧，避免能源危机的出现，寻求新的能源已成为世界瞩目的热点.本节主要介绍新能源的基本原理以及对新能源的开发和利用等.

21.5.1　新能源技术概述

一定条件下能够提供机械能、热能、电能、光能、化学能等某种形式能量的自然资源叫做能源. 在人类历史上，已经经历了三个能源时期，即柴草时期、煤炭时期和石油时期. 能源的替代和转换是人类社会不断发展的重要标志，每一次能源转换的结果，都伴随着生产技术的重大变革，使人类社会发生质的飞跃.

1. 新能源和新能源技术

所谓新能源，是指目前尚未被人类大规模利用、有待进一步研究试验与开发利用的能源，如太阳能、风能、地热能、海洋能、氢能、核能等. 新能源技术就是研究各种新能源的开发、转换、生产、传输、储存以及综合利用的理论技术体系. 对于能提高能源利用效率和改变其使用方式的技术，如磁流体发电和煤的汽化和液化等，则是新的能量转换技术，也属于新能源技术的范畴.

2. 能源的分类和评价

根据能源形成的条件、使用性能及利用状况等可将自然界的能源进行分类.

按能源形成的条件可分为一次能源和二次能源. 一次能源是自然界中以天然形式存在的能源，如原油、原煤、核燃料、风能、水力能、太阳能、地热能等. 按其成因，一次能源又可分为三种，一种是来自太阳和其他天体的能量，如由于太阳能作用而形成的煤炭、石油等；第二种是地球本身蕴藏的能量，如地热能、地球上核能等；第三种是来自地球和其他天体的作用所形成的能量，如潮汐能. 按能源产生的周期长短，一次能源又可分为再生能源（不会随着本身的转化或人类的利用而日益减少的能源，如太阳能、风能等）和非再生能源（不能再生的、随着人类的利用而越来越少的能源，如矿物燃料、核燃料等）. 二次能源是由一次能源直接或间接转换而来的其他各类形式的能源产品，如煤气、汽油、氢气、激光等人工能源.

按其使用的性质可分为燃料能源（如煤等矿物燃料、木材等生物燃料、核燃料）和非燃料能源（如风能、地热能等）.

按其利用的程度和在当代社会经济生活中的地位可分为常规能源和新能源两大类. 常规能源技术上比较成熟，已被人类广泛利用，是目前世界上主要的能源，如煤炭、石油、天然气、水能等. 新能源在技术上还未完全成熟，但有很好的发展前景和巨大的使用价值.

通常从能源的热值、碳排放、可再生能源比例、能效比、供能可靠性、经济成本、技术成熟度等方面来进行综合评价能源的优劣.

3. 新能源材料

（1）**太阳能转换材料**. 太阳能转换材料是把太阳的光能转换成热能、电能的一种新型材料. 光热转换形式是利用聚热材料、聚光镜来获取热能. 人们最先应用的光电转换材料是单晶硅太阳能电池材料，它的光电转换效率约为 11%～17%. 现在又发展了非晶硅光电转换材料，它的制造成本低，转换效率可达 8%～10%. 钙钛太阳能电池是近年来的研究热点之一，光电转换效率已经超过 26%. 高效率太阳能转换材料是新能源材料研究中最重要的课题之一.

(2) **高温结构陶瓷**. 高温结构陶瓷是发动机、燃气轮机等使用的陶瓷，是以节能为目的而研制的. 节约能源消耗就等于开发了新能源. 由热力学知，热机工作效率随工作物质温度的升高而增大. 如果选用陶瓷材料，热机可在 1000℃以上的高温工作，而且不需要冷却系统，可以节省燃料，提高热机效率. 高温结构陶瓷材料主要有氮化硅、碳化硅、氧化锆等. 进一步研究的目的是提高它们的韧性，减少脆性.

(3) **超导材料**. 超导材料是最理想的节能输电导线材料. 目前已发现几千种超导材料，但较实用的不多. 超导材料的发展，将会导致新的工业革命和技术革命.

(4) **非晶态材料**. 非晶态材料包括非晶态半导体(如前面已介绍过的非晶硅)和非晶态金属. 非晶态金属也是一种节能效果显著的新材料，且由于其内部原子、分子空间排列的特殊性，使其具有独特的物理、化学性质. 我国对非晶态金属的研究正在起步.

(5) **高密度储能材料**. 现在的储电装置是铅酸蓄电池，其储电能力低. 国外发展了一种钠硫电池和锂电池，储能密度比铅酸电池至少高 5 倍. 将用电低谷时期的富余电力用来电解水制成氢气，需要储氢材料. 国内外现在都在研制储氢的金属和合金.

21.5.2 新能源的开发利用

1. 原子核能

1942 年 12 月 2 日，历史上第一个链式反应的核反应堆成功地在芝加哥大学运转，这标志着人类进入了核技术的新纪元. 60 多年来，核技术在军事、能源等很多方面得到了广泛应用，可控核聚变的研究也有了可喜的进展.

(1) **原子核结合能**. 实验发现，原子核的质量总是小于组成它的质子和中子的质量总和. 减少的质量叫原子核的质量亏损，通常用 Δm 表示. 若以 m_p、m_n 分别表示一个质子和一个中子的质量，m_A 表示质量数为 A、原子序数为 Z 的原子核的质量，那么，原子核的质量亏损为

$$\Delta m = Zm_p + (A - Z)m_n - m_A$$

因此由 Z 个质子和 $A-Z$ 个中子组成原子核时，质量亏损，必然放出能量. 核子在核力作用下结合成原子核时释放的能量称为原子核的结合能(原子能、原子核能). 由相对论质能关系式得结合能为

$$\Delta E = \Delta mc^2 = [Zm_p + (A - Z)m_n - m_A]c^2$$

要使一个原子核分裂成单个的质子和中子，也必须供给与结合能等值的能量. 不同原子核的结合能不同，把原子核的结合能除以它的总核子数，就得到每个核子的平均结合能. 理论计算和实验都表明，中等质量数(A=40～120 之间)的原子核中，核子的平均结合能较大，在 8.6 MeV 左右. 质量数在上述范围之外的原子核，核子的平均结合能都较小，$^{238}_{92}U$ 的核子平均结合能是 7.5 MeV，

氙核的平均结合能是 7.83 MeV.

可见,要利用核能,当然最好是直接把质子和中子结合起来构成一个中等质量的原子核,这样放出的核能最多.但是中子不易得到,又具有放射性,半衰期较短,因此这样做是不现实的,必须从自然界中存在的原子核来考虑.要使大量能量从原子核中释放出来,唯有使重原子核分裂成两个中等质量的核或使轻原子核聚合成一个较重的核这两种办法.

(2) **重核裂变能**.重核分裂成两个中等质量原子核的过程叫做重核裂变.20 世纪 30 年代末期,人们在实验中发现,用慢中子轰击 ${}^{235}_{92}U$ 核时,铀核分裂成质量大致相等的两个中等质量的新原子核,同时放出 2~3 个快速中子,并放出大量能量.按原子核结合能计算公式,1 kg 铀 235 完全裂变释放出的能量可达 2×10^7 kW·h,相当于 2000 t 最好的煤完全燃烧时放出的化学能.

铀裂变反应有多种形式,如

$$ {}^{235}_{92}U + {}^{1}_{0}n \longrightarrow {}^{141}_{56}Ba + {}^{92}_{36}Kr + 3{}^{1}_{0}n + \Delta E $$

$$ {}^{235}_{92}U + {}^{1}_{0}n \longrightarrow {}^{139}_{54}Xe + {}^{95}_{38}Sr + 2{}^{1}_{0}n + \Delta E $$

铀裂变产生的中等核除钡(Ba)、氪(Kr)、氙(Xe)、锶(Sr)外,还可以是锑(Sb)、铌(Nb)等其他元素的原子核.我国科学家钱三强、何泽慧发现,铀核也可以分裂成三个甚至四个中等质量的原子核,但概率比二分裂小得多.

为了取用原子能,把铀和其他材料按一定的设计方式装在一起,以发生链式反应,这种装置称为原子反应堆.反应堆里的链式反应是受控制的,反应强度维持在一定的平稳进行的水平,这取决于堆内中子的数量.为此应解决以下几个问题.第一,中子的减速.裂变产生的中子能量很大,约在 0.1~20 MeV 之间,而使 ${}^{235}_{92}U$ 发生高效裂变的是热中子,能量约为 0.025 eV.为此在反应堆中要放置减速剂,亦称慢化剂,通常用石墨、重水等.第二,增殖因数.维持链式反应的必要条件是任何一代的中子总数等于或大于前一代的中子总数,即

$$ \text{增殖因数} = \frac{\text{这一代中子总数}}{\text{前一代中子总数}} \geqslant 1 $$

因此,反应堆中心区域的体积大小(称为中肯大小)应选择适当,同时应装有用石墨材料制成的反射层,以阻止中子逃逸.第三,控制棒.一般用含镉或含硼的钢棒制成控制棒,通过插入或抽出中心区的方式,来控制吸收中子的数量.第四,冷却剂.裂变放出的能量大部分变为热能,使反应堆温度升高,这就需要有冷却装置,用适当的流体将热量传出来并加以利用.第五,保护层.反应堆中有大量的 γ 射线和很强的中子流,为了安全起见,反应堆必须密封,一般用金属套、水层、钢筋混凝土制成保护层,用来吸收各种有害射线.

为了不同的目的,常常设计各种不同类型的原子反应堆.用减速后的热中子轰击原子核引起裂变的反应堆,称为热中子反应堆,简称热堆.用未经减速的中子轰击原子核而引起裂变的反应堆,称为快中子反应堆,简称快堆.快堆比热堆的技术难度大,这是快堆比热堆发展长期滞后的原因.但快堆对核燃料的利用率是热堆的几十倍,因此各国都在积极开发.

(3) **轻核聚变能**.两个轻核发生反应聚合成较重核的过程称为轻核聚变,

在此过程中释放的能量也叫核聚变能. 核聚变反应有很多种,较易实现的有

$$ {}_1^2\mathrm{H}+{}_1^2\mathrm{H}\longrightarrow{}_2^3\mathrm{He}+{}_0^1\mathrm{n}+3.25\ \mathrm{MeV} $$

$$ {}_1^2\mathrm{H}+{}_1^2\mathrm{H}\longrightarrow{}_1^3\mathrm{H}+{}_1^1\mathrm{H}+4.00\ \mathrm{MeV} $$

$$ {}_2^3\mathrm{He}+{}_1^2\mathrm{H}\longrightarrow{}_2^4\mathrm{He}+{}_1^1\mathrm{H}+18.3\ \mathrm{MeV} $$

$$ {}_1^3\mathrm{H}+{}_1^2\mathrm{H}\longrightarrow{}_2^4\mathrm{He}+{}_0^1\mathrm{n}+17.6\ \mathrm{MeV} $$

$$ {}_3^6\mathrm{Li}+{}_1^2\mathrm{H}\longrightarrow 2{}_2^4\mathrm{He}+22.4\ \mathrm{MeV} $$

$$ {}_3^7\mathrm{Li}+{}_1^1\mathrm{H}\longrightarrow 2{}_2^4\mathrm{He}+17.3\ \mathrm{MeV} $$

由于原子核带正电,两个原子核要聚合在一起,必须克服它们之间的静电斥力. 原子序数越大的核,静电斥力就越大,因此最轻的核进行聚变反应容易实现. 聚变反应材料,目前认为比较适宜的是氢、氦、锂的同位素,即氘(用${}_1^2\mathrm{H}$或D表示)、氚(用${}_1^3\mathrm{H}$或T表示)、锂(${}_3^6\mathrm{Li}$). 研究结果表明,核聚变所释放的能量比裂变反应要大得多,单位质量的氘聚变所放出的能量是单位质量铀235裂变所放出能量的4倍多. 作为一种能源,人们总期望聚变反应能在人工控制下进行,并能把聚变能变为电能输出,这样的过程就叫做受控核聚变过程.

为了克服轻核聚变时它们之间的静电斥力,必须把聚变物质加热到千万度以上的温度,使聚变物质的原子核具有极大的热运动速度,因而在彼此碰撞时可以发生大量的聚变反应. 如果这些反应又能放出巨大的能量以保持极高的温度,那么这种反应就可自行维持下去,并继续放出能量. 这种在极高温度下进行的轻核聚变反应叫做热核反应. 在热核反应中,参加反应的物质的极高温度称为点火温度,如氘-氘反应为5×10^8 K. 在这样高的温度下,所有反应物都离解成了等离子体. 另一方面,还要求热核反应放出的能量大于加热燃料所用的能量,为此必须高度压缩等离子体,使之具有足够大的粒子数密度n,还必须设法延长等离子体稳定存在的时间τ,这样热核反应才能充分地进行,放出的能量才多. 1957年,劳森(A. Lawson)提出了能否发生聚变反应的判据,即劳森判据:$n\tau\geqslant$常数. 对不同的聚变反应,该常数具有不同的数值. 劳森判据是实现自持核聚变并能获得增益的必要条件.

核聚变的点火温度比任何固体容器的熔点都要高得多,因此高温等离子体的约束就成为一个关键问题. 目前,受控核聚变所采用的装置主要有磁约束装置和惯性约束装置. 在惯性约束装置中,在极短的时间内用大功率能源将等离子体加热并压缩到高温、高密度状态(T为$10^7\sim10^8$ K,$n\geqslant10^{28}\ \mathrm{m^{-3}}$),在因惯性还来不及飞散的极短时间内实现反应. 基本做法是把核聚变燃料做成直径约1 mm的小靶丸,用大功率激光或高能电子束照射或轰击,实现聚变反应. 磁约束装置中,用磁场约束等离子体,目前建造比较多的实验装置是托卡马可(Tokamak)装置,如图21.41所示. 这种装置,已能使等离子体加热至上亿摄氏度,并稳定约束数十秒乃至数百秒. 该装置中,充有热核燃料的反应器内有两种磁场:一种是轴向磁场,它由反应室外面线圈中的电流产生;另一种是圈向磁场(即环形磁场),它由等离子体中的感应电流产生. 这两种磁场叠加形成螺旋形总磁场. 理论和实践证明,约束在这种磁场内的等离子体,稳定性较好. 这种装

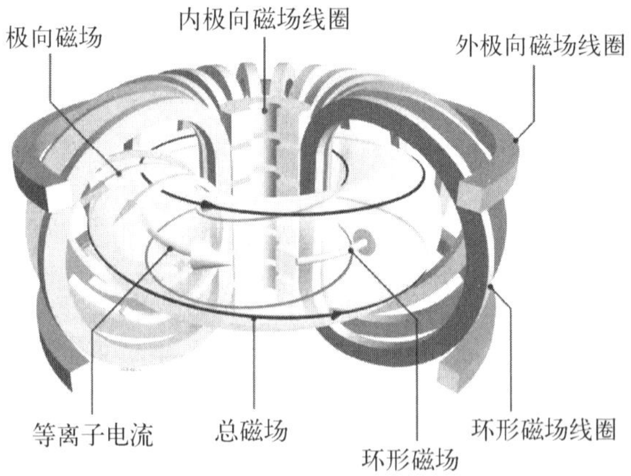

图 21.41

置是最有希望首先实现受控热核反应的装置之一. 东方超环(EAST),全称为Experimental Advanced Superconducting Tokamak,俗称"人造小太阳",是中国科学院等离子体物理研究所自主设计、研制并拥有完全知识产权的磁约束核聚变实验装置. EAST 是世界上第一个非圆截面全超导托卡马克,高 11 米、直径 8 米、重 400 吨,由超高真空室、纵场线圈、极向场线圈、内外冷屏、外真空杜瓦、支撑系统等六大部件组成. 2021 年,它实现了可重复的 1.2 亿度 101 秒等离子体运行和 1.6 亿度 20 秒等离子体运行,创造了东方超环运行的新世界纪录. 这一成果标志着我国在稳态磁约束领域的研究处于国际领先水平.

另外,正在研究中的还有冷核聚变. 目前也有人考虑开展聚变—裂变混合堆的研究,其原理是用聚变反应产生的中子来增殖裂变燃料,以充分利用核燃料.

(4) **原子能发电**. 1954 年 6 月,苏联在莫斯科近郊建成了世界上第一座工业用核电站. 从此,核动力工业在全世界蓬勃发展. 核电站就是利用核裂变反应释放出的能量发电的工厂. 将核反应堆配以动力回路系统及其他辅助设备,就可构成核电站. 由于反应堆的类型不同,核电站相应的构造也有所不同. 图 21.42是压水堆核电站的工作示意图,它由一次回路系统和二次回路系统两大部分组成. 一次回路系统主要由反应堆、稳压器、蒸汽发生器、主泵和冷却剂管道组成. 冷却剂由主泵送入反应堆,带出反应热,进入蒸汽发生器,通过数以千计的传热管把热量传给管外二次回路中的水,使之变成蒸汽,驱动汽轮发电机组工作. 冷却剂从发生器出来后,又由主泵送回反应堆,循环使用. 整个一次回路被称为核蒸汽供应系统,俗称核岛,相当于常规火力电厂的锅炉系统. 为确保安全,整个一次回路系统装在一个称为安全壳的密封厂房内. 二次回路系统主要由汽轮机、冷凝器、给水泵和管道组成,与常规电厂的汽轮发电机系统基本相同,因此也称为常规岛. 一、二次回路系统中的水各自封闭循环,完全隔绝,以避免任何放射性物质从核岛内向外泄漏.

当前核裂变电站技术改进有两个中心课题,一是关于核裂变的污染和废渣处理问题;二是热中子反应堆中核燃料增殖,充分利用的问题. 目前世界各国

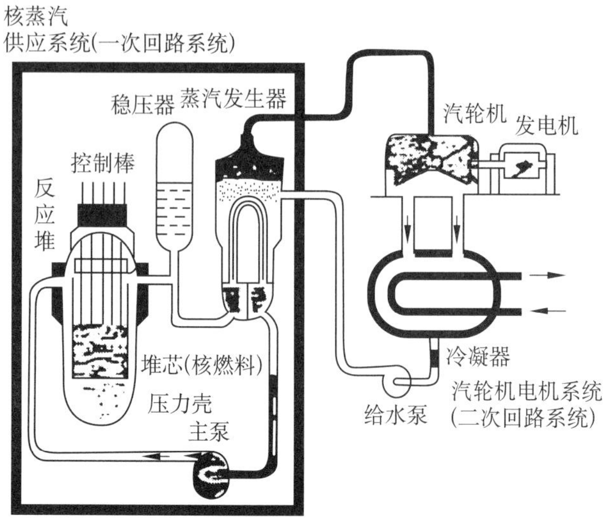

图 21.42

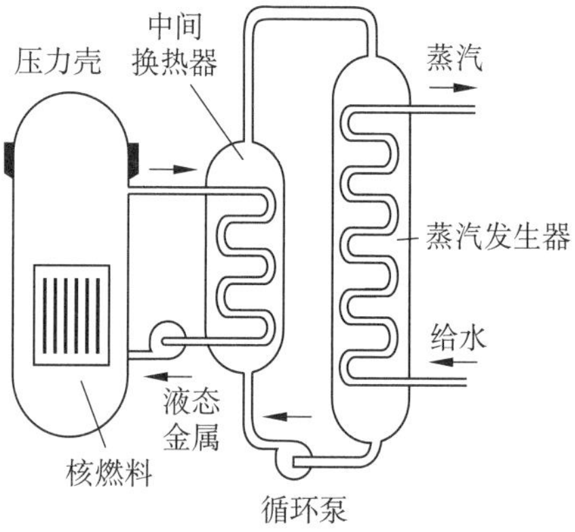

图 21.43

正加紧研制快中子增殖反应堆(以下简称快堆). 这种快堆中,铀 238 可吸收快中子迅速转变为钚 239,而钚 239 又可作为裂变燃料. 这样就大大提高了天然铀(天然铀矿中铀 238 占 99.3%)的利用率. 2011 年 7 月 21 日我国第一个实验快堆成功实现并网发电,2023 年福建霞浦建成 600 兆瓦快堆核电站,标志着我国在快堆技术领域的重大突破. 快堆系统如图 21.43 所示.

2. 太阳能

太阳能就是太阳辐射能,属于再生能源,它是地球上最基本的取之不尽的能量源泉. 太阳是一个炽热的巨大气体球,主要成分是氢和氦. 太阳能源于其内部持续不断进行的核聚变反应. 其内部的热核反应主要有“碳氢循环反应”和“氢氢链反应”两种形式.

“碳氢循环”反应的具体过程包括

$$^{12}_{6}C+^{1}_{1}H\longrightarrow ^{13}_{7}N$$

$$^{13}_{7}H\longrightarrow ^{13}_{6}C+^{0}_{1}e^{+}+\nu$$

$$^{13}_{6}C+^{1}_{1}H\longrightarrow ^{14}_{7}N$$

$$^{14}_{7}N+^{1}_{1}H\longrightarrow ^{15}_{8}O$$

$$^{15}_{8}O\longrightarrow ^{15}_{7}N+^{0}_{1}e^{+}+\nu$$

$$^{15}_{7}N+^{1}_{1}H\longrightarrow ^{12}_{6}C+^{4}_{2}He$$

从最终结果看,实际上是四个质子聚变成一个氦核,放出两个正电子并伴

生两个中微子 ν，即

$$4{}_1^1\mathrm{H} \longrightarrow {}_2^4\mathrm{He} + 2{}_1^0\mathrm{e}^+ + 2\nu + 26.7\ \mathrm{MeV}$$

“氢氢链反应”(又称质子-质子反应)的具体过程是

$${}_1^1\mathrm{H} + {}_1^1\mathrm{H} \longrightarrow {}_1^2\mathrm{H} + {}_1^0\mathrm{e}^+ + \nu$$

$${}_1^1\mathrm{H} + {}_1^2\mathrm{H} \longrightarrow {}_2^3\mathrm{He}$$

$${}_2^3\mathrm{He} + {}_2^3\mathrm{He} \longrightarrow {}_2^4\mathrm{He} + 2{}_1^1\mathrm{H} + 26.7\ \mathrm{MeV}$$

以上三个核反应的总效果也是四个质子聚合成一个氦原子核，所释放的能量也等于氦核的结合能 26.7 MeV.

太阳内部核聚变放出的能量巨大，大约每秒内可释放出 4×10^{26} J. 根据相对论的质能关系和目前的反应速度推算，太阳内部的核聚变可以维持几百亿年.

太阳辐射能中仅有二十二亿分之一到达地球大气层，其中的 30% 被大气层反射，23% 被大气层吸收，真正到达地球表面的仅有 47%. 目前，直接利用太阳能是通过光热转换、光电转换和光化学转换三种途径. 主要应用在太阳能采暖和制冷、太阳热发电和太阳光发电三个方向.

(1) **光-热转换**. 通过反射、吸收或其他方式收集太阳能，使其转换为热能并加以利用，称为太阳能的热利用. 如何高效地收集太阳能并高效地转换为热能，是研究光热转换的主要问题. 光热转换所产生的热能已用于供暖、空调、生活用热水、干燥以及太阳能热力发电等.

(2) **光-电转换**. 太阳光发电是通过太阳电池直接将太阳能转换为电能的. 太阳电池用半导体材料制成，多为 pn 结型二极管，靠 pn 结的光生伏特效应产生电动势，这时如将 pn 结两端与外电路连接起来，便有一定电流流过. 太阳电池原理如图 21.44 所示.

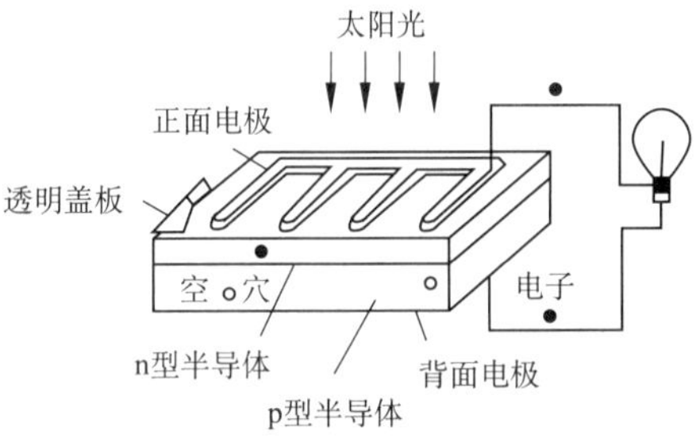

图 21.44

太阳电池有许多种，主要有硅电池、硫化镉电池、砷化镓电池和砷化镓-砷化铝电池等.

目前太阳电池已在人造卫星、宇宙飞船、航天飞机上作为主电源大量应用，在地面上，也已在灯塔、航标、微波中继站、铁路信号、电视接收等方面广为应用.

(3) **光-化学转换**. 利用太阳能将二氧化碳和水转换成碳水化合物和氧气，这一作用过程称为光合作用. 近 30 年来，人们对光合作用的认识有了很大的提高. 在此基础上，人们对光合作用进行了化学模拟研究. 研究一旦成功，就可以使人造粮食和人造燃料成为现实，它将引起科学技术和社会生产的巨大变革.

3. 风能

地球表面附近各处因受到太阳热辐射不同而产生温差，从而形成空气的对流运动，这种空气流动的动能就是风能. 当风速为 v 时，单位体积的风能为

$$w = \frac{1}{2}\rho v^2$$

式中 ρ 为空气的质量密度.故风的能流密度为

$$I = wv = \frac{1}{2}\rho v^3$$

可见,风能与风速的立方成正比.

近代风能的利用除少量用于提水或作其他动力外,多半用于发电.风电产业已成为推动我国能源结构转型和绿色低碳发展的重要力量.

4. 海洋能

海洋面积占地球表面积的 71%,蕴藏着巨大的海洋能资源.海洋能包括潮汐能、波浪能、海水温差能、海流能、盐度差能等.除潮汐能来源于星体运动中的万有引力作用外,其余各类能源均来自于太阳辐射能.就能量形式而言,潮汐能、波浪能、海流能是机械能,海水温差能是热能,海水盐度差能是化学能.

(1) **潮汐发电**.潮汐是海水在月球和太阳等天体引力作用下产生的一种周期性涨落现象.在浅而宽的大陆架上,海水涨落十分显著,潮差可达 10 多米.潮汐发电就是利用潮差,使海水通过水轮机时驱动发电机组发电.

(2) **波浪发电**.波浪发电就是利用波浪的上下运动或横向运动的机械能发电.正在试用的波浪发电有两种方法:一种是在海面上的浮标中安装涡轮发电机,利用波浪一上一下的起伏垂直运动,推动装有活塞的浮标,借助活塞与浮标的相对运动所产生的压缩空气,驱动涡轮发电机发电.另一种是在海岸上设置空气涡轮机,利用海浪冲击的力量,通过管道鼓动空气,驱动空气涡轮机发电.

(3) **海水温差发电**.海水温差发电是利用海水的温度差将热能转换成电能的.以表层温海水为高温热源,深层冷海水为低温热源,用热机组成热力循环.工作物质选用低沸点的物质,如丙烷、氨、氟利昂等,它们在 25℃的海水加热下即可得到高压蒸汽,用以推动涡轮机发电.由涡轮机排出的低压蒸汽再引入到深层低温海水构成的"冷凝器"中,重新凝结成液态.一般来说,温差达 15～25℃就可用来发电.

(4) **海流能发电**.海流就是海洋中的"河流",在海水表面以下海流又叫潜流.海流发电就是利用海水的流动带动涡轮机发电.

5. 地热能

地热能是地球内部的热能,主要来源于地球内部放射性元素衰变产生的热量.地热能分为蒸汽型、热水型、地压型、干热岩型和岩浆型等不同类型,目前能为人类开发利用的,主要是地热蒸汽和地热水两类.

地热能的利用,可分为地热发电和直接利用两个方面.地热发电就是用地下喷出的高温高压蒸汽(钻地下井)驱动汽轮机发电.在我国西藏羊八井已建成地热发电站,建有世界上海拔最高的地热发电设施,成为拉萨的主要供电系统之一.

6. 氢能

氢能是用氢作燃料的洁净能源. 地球上氢的储量很大,主要以化合物的形态储存于水中. 氢的制取必须利用其他能源,如水煤气法制氢、电解水制氢、外加高温分解水制氢等,故不宜大量采用. 关键是寻找高效率制氢的途径. 目前,人们正探索用核能和太阳能直接分解水. 研究中的方法有:太阳能热分解水制氢;太阳能发电电解水制氢;设法使植物体内的水经过光合作用分解的氢分离出来;在一定环境下水分子吸收光子能量,达到一定量值时释放出氢;用半导体材料(如二氧化钛等)与电解质溶液组成光电化学电池在阳光照射下制氢等.

氢能作为 21 世纪的绿色能源,在未来可持续能源中必将占有重要的地位.

21.5.3　新的能量转换技术

为了节约能量,更有效地利用资源,提高能量转换效率,改进能量转换技术是十分重要的. 煤的流体化、燃料电池以及磁流体发电等,就是发展前景十分广阔的新能量转换技术.

1. 煤的流体化

煤的流体化是指煤的汽化和液化. 从长远观点看,实施煤炭的汽化和液化,可以提高煤炭取代石油、天然气的能力,不仅运输和使用方便,而且可以进行脱硫净化处理,从而减少环境污染.

煤炭制气的方法有两种. 一种是干馏法,另一种是完全汽化法. 干馏法是在炼焦炉里生产焦炭的同时生产煤气. 完全汽化法是采用汽化炉把煤炭的有效成分都变成气体,这是目前生产煤气的主要方法.

煤炭的液化是指在一定温度、压力和催化剂条件下,直接或间接地将煤炭进行加氢处理,并除去煤炭中的灰分以及污染环境的硫、炭等有害的化合物,从而使炭转化为干净的液体燃料. 其具体过程有三种形式:煤的直接液化;煤的溶剂处理液化;煤的溶解液化等.

煤流体化的重要应用是煤气化联合循环发电,即将原煤经气化装置产生煤气,经过除尘、脱硫等净化工艺过程,成为"清洁燃料",在燃烧室里燃烧,驱动燃气轮机运行,带动发电机发电. 同时,在燃气轮机后面加装余热锅炉,回收高温排气热量,产生的蒸汽又驱动汽轮机旋转并带动发电机发电. 这种循环方式是以蒸汽轮机做功为辅,燃气轮机做功为主,其发电的热效率较高.

2. 燃料电池

燃料电池主要由燃料、氧化剂、电极和电解液四个部分组成,如图 21.45 所示. 燃料有氢、甲醇、甲醛、煤气、丙烷等;氧化剂一般用氧气,也可用空气;电解液用氢氧化钾、磷酸水溶液、

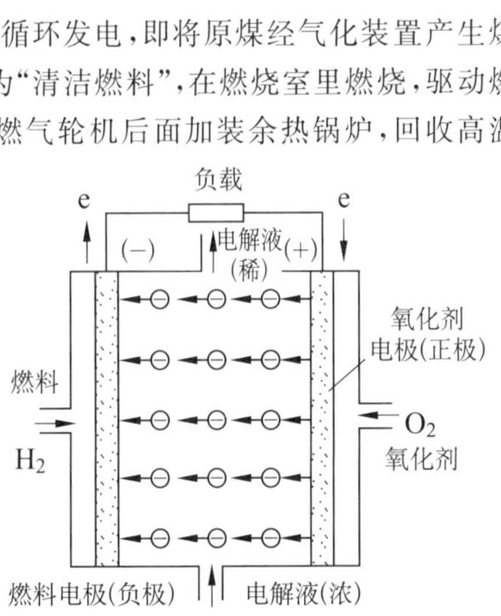

图 21.45

氧化锆等.燃料电池的工作原理与普通化学电池类似,都是通过电极上的“氧化—还原反应”使化学能直接转换为电能.区别在于,一般电池的燃料置于电池内部,耗完为止;燃料电池的反应物(即燃料)则储存在电池之外,只要不断地供给,就可连续供电.当燃料和氧化剂分别通入负极和正极时,在电极的催化作用下进行电化学反应,从而产生电流.例如,在氢-氧燃料电池中,氢气流经负极时离解为原子,并在负极上进行氧化反应放出电子形成氢离子.电子经外电路负载进入通氧气的正极,与电解液(以酸性为例)中来自负极的氢离子在正极上进行还原反应生成水.可见,氧化反应和还原反应是分别进行的,即

$$\text{负极上：}\quad H_2 \longrightarrow 2H^+ + 2e^-$$

$$\text{正极上：}\quad 2H^+ + \frac{1}{2}O_2 + 2e^- \longrightarrow H_2O$$

在整个反应过程中,氢和氧的电化学“燃烧”生成水而不断消耗,与此同时,外电路中便形成了持续电流,从而将化学能转换为电能.氢-氧燃料电池的电动势为 1.23 V.

目前,燃料电池已广泛应用于潜水艇、灯塔、无线电台等领域.不过它仍是一种有待进一步开发的新型能源,正走向大规模的实用阶段.

另外,磁流体发电已在阅读材料中介绍,这里不再赘述.

21.5.4 核能在军事上的应用

能源与军事密切相关,各种能量形式在军事上都有着广泛的应用.核能的利用是武器发展史上新的里程碑.核动力已应用于核潜艇和各类海洋水面舰船上,核航空母舰、核巡洋舰、核驱逐舰、原子破冰船等已游弋在辽阔海面,它们只需装载少量的核燃料,就能提供极大的续航力.核动力在汽车、机车、飞机、火箭、航天工具等的应用正在研究.核能的军事应用首先是制造了核武器,即原子弹、氢弹、中子弹等,下面对此作简要介绍.

1. 原子弹

原子弹的核装料(即裂变反应物)是纯粹的铀 235 或钚 239,这类重原子核在中子轰击下,会分裂为两个中等质量数的核(称为裂变碎片),同时释放出 2～3 个中子和约为 200 MeV 的核能.放出的中子,有的损耗在非裂变的核反应中,或漏失到裂变系统之外,有的继续引起重核裂变.如果每一个核裂变后能引起下一代裂变的中子数平均多出 1 个,裂变系统中就会形成自持的链式裂变反应,中子总数将随时间成指数增长.例如,当引起下一代裂变的中子为两个时,则在不到百分之一秒内,就可以使 1 kg 铀 235 或钚 239 内的约 2.5×10^{24} 个原子核发生裂变,并释放出约 8.4×10^{13} J 的能量.此外,在裂变碎片的衰变过程中,还会陆续释放出 0.96×10^{13} J 的能量.因此,1 kg 铀 235 或钚 239 完全裂变,总共可以释放出约 9.4×10^{13} J 的能量.

维持链式反应的必要条件是增殖因数要大于或等于 1.如果增殖因数等于 1,裂变反应刚好能自行持续下去,这种状态称为临界状态.维持链式反应所需裂变材料的最小体积叫临界体积,临界体积所对应的裂变材料的质量叫临界质

量.增殖因数小于1的系统称为亚临界系统,大于1的系统称为超临界系统.

临界质量的大小与裂变物质的种类、密度、纯度以及裂变材料的形状、结构、周围环境等因素有关.裂变物质的密度越大,纯度越好以及一定数量的裂变物质表面积越小等都能使临界质量减小;另外,在裂变材料外面包上反射中子性能良好的铀238作为反射层,也可有效减小其临界质量.原子弹平时必须处于亚临界状态,否则裂变装料中自发裂变产生的中子或空气中游荡的中子,会引起链式反应而造成核事故.原子弹的设计原理是使处于亚临界状态的裂变装料瞬间达到超临界状态,并适时提供若干中子触发链式反应.超临界状态可以通过两种方法达到:一种是"枪法"(gun method),又称压拢型,即把2~3块处于亚临界状态的裂变装料,在化学炸药爆炸产生的力的推动下,迅速合拢而成为超临界状态;另一种是"内爆法"(implosion method),又称压紧型,即用化学炸药爆炸产生的内聚爆轰波,压缩处于亚临界状态的裂变装料,使裂变装料的密度急速提高而处于超临界状态."内爆法"比"枪法"使用的裂变装料少,因而被广泛采用,但结构复杂,技术要求较高.

原子弹大致分为两种.裂变装料通过"枪法"达到超临界状态的,叫做"枪式原子弹",结构如图21.46所示;裂变装料通过"内爆法"达到超临界状态的,叫"收聚式原子弹",结构如图21.47所示.

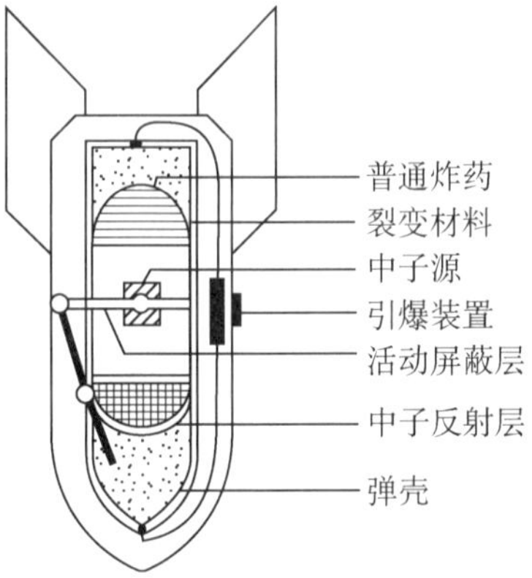

图21.46

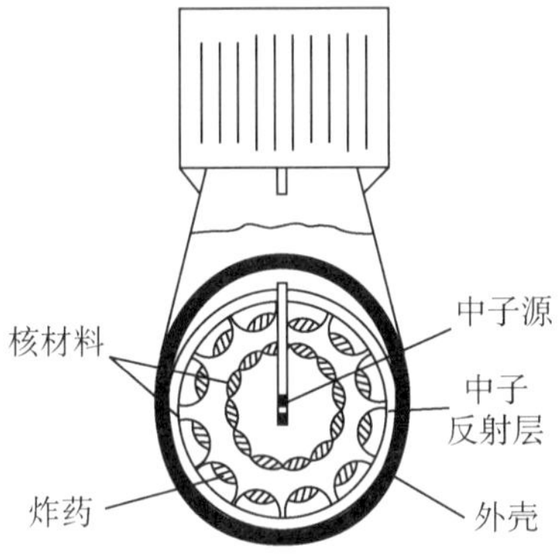

图21.47

无论哪种原子弹,都由引爆系统、炸药层、反射层、核装料、中子源等部件组成.引爆系统的作用是使炸药起爆,炸药是推动、压缩反射层和核装料的能源.反射层由铍或铀238构成,铀238不仅能反射中子,而且密度较大,可以减缓核装料在释放能量过程中的膨胀,使链式反应维持更长的时间,从而能提高原子弹的爆炸威力.为了触发链式反应,必须有中子源提供"点火"中子.

原子弹爆炸以前,核装料分开为两部分或两部分以上,每一部分都小于临界质量,因此它们不会自动发生爆炸.接到起爆指令后,引爆系统的雷管使炸药起爆,爆炸产生的高压推动并压缩反射层和核装料,使两部分合拢起来,组成了一个大于临界质量的核装料,即达到了超临界状态;中子源适时提供若干点火中子,于是核装料内发生链式反应(爆炸),并猛烈释放能量.随着能量的积累,温度和压力迅速升高，核装料便逐渐膨胀，密度不断下降，最终又成为亚临界状态，链式反应趋向熄灭. 从雷管起爆到中子点火前是爆轰、压缩阶段，这个阶段通常只有几十微秒. 从中子点火到链式反应熄灭是裂变放能阶段，这个阶段只需零点几微秒. 原子弹在如此短暂的时间内放出极大的能量，使整个弹体和周围介质都变成了高温高压的等离子体气团，其中心温度可达到几千万摄氏度，压力可达几百亿大气压. 原子弹爆炸产生的高温高压以及裂变碎片和各种射线，最终形成了冲击波、光辐射、早期核辐射、放射性污染和电磁脉冲等杀伤破坏因素，对现代战争的战略战术产生了重大的影响.

2. 氢弹

氚($^3_1$H)最容易与氘($^2_1$H)发生聚变，生成氦($^4_2$He)和中子，同时放出17.6 MeV能量. 氚核在自然界中几乎不存在，而氘核在自然界中含量丰富，在海水中大量存在，从海水中提取它的成本也低廉. 最初制造的氢弹是以氚和氘作为核装料，它们都是氢的同位素，因此这种炸弹称为氢弹. 氢弹杀伤破坏因素与原子弹相同，但威力比原子弹大得多.

氢弹爆炸是氢的同位素的聚变反应. 实现聚变反应的条件是要具备超高温. 借助原子弹爆炸时产生的高温，可实现热核反应. 在上千万度温度下，氚核和氘核变为等离子体状态，迅速进行一系列热核反应.

因为原子弹爆炸时，维持几百万到几千万度高温的时间仅约百万分之几秒，所以由原子弹引起的热核反应也要求在百万分之几秒内完成. 为此，要求轻核燃料的密度大，以便在相当短的时间内有足够多的轻核燃料起聚变反应，放出巨大的能量. 然而，氘和氚在普通情况下都是气体，密度很小，加上氚的价格昂贵，因此最好将氘氚反应当作热核爆炸中的一个中间环节，利用它所产生的超高温，为其他较易产生的热核反应提供进行的条件. 研究表明，锂$^6_3$Li受中子轰击，会分裂为氦核和氚核，同时放出 4.8 MeV 的能量，于是采用锂和氘的化合物——氘化锂作为氢弹的主要热核聚变材料.

氢弹爆炸的基本过程，就是原子弹爆炸的过程加上轻核聚变的过程. 原子弹起爆后，加热聚变材料的同时，放出的中子打中氘化锂的锂核，产生氦和氚；氚和氘化锂的氘发生聚变反应，放出更多的中子和能量；放出的中子又和锂核作用，又产生氚，再一次氘氚反应. 如此循环作用，使热核材料得到充分利用，放出更大的能量，直到爆炸. 上述过程的反应式是

$$^1_0n + ^6_3Li \longrightarrow ^3_1H + ^4_2He$$

$$^2_1H + ^3_1H \longrightarrow ^4_2He + ^1_0n$$

氢弹主要由热核材料、引爆原子弹和弹壳等组成，其构造如图 21.48 所示.

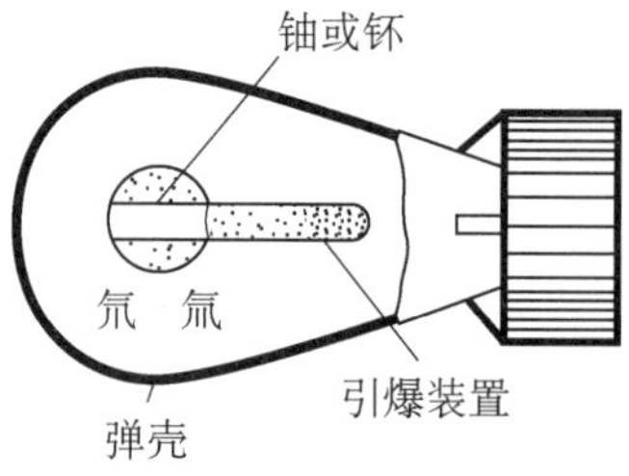

图 21.48

3. 三相弹

在氘氚热核反应时，除放出巨大能量外，还会产生大量的快速中子. 这些快速中子轰击到$^{238}_{92}$U 核上，可使大量的$^{238}_{32}$U 核发生裂变. 因此为提高氢弹爆炸威力，可制造这

样一种炸弹:中心是铀235或钚239做成的原子弹,周围是氘化锂,再外面是用铀238制成的一层外壳.这种炸弹叫氢铀弹,其结构如图21.49所示.氢铀弹是裂变—聚变—裂变弹,又称三相弹.而氢弹是裂变—聚变弹,又称双相弹.原子弹是裂变弹,又称单相弹.

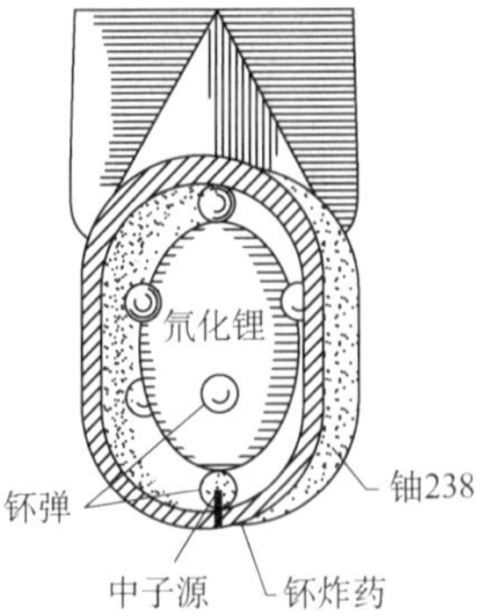

图21.49

4. 中子弹

中子弹是氢弹小型化的产物,是一种战术核武器.中子弹爆炸时产生的冲击波、光辐射及放射性污染的杀伤破坏作用比原子弹和氢弹要小得多,唯独它的贯穿辐射杀伤作用很大,其能量所占比例高达40%左右.中子弹爆炸时放出大量高能中子和γ射线,对人员有杀伤作用,所以又称它为加强辐射弹.

中子弹与一般氢弹的主要区别是:①所用裂变材料少,用小型原子弹引爆;②热核材料用氘和氚,不用氘化锂;③中子源强;④用一定厚度的铍作中子反射层,以使中子增殖等.

近几十年来,已出现了几十种不同类型的核武器.核武器的进一步发展趋势将朝着更小型化、高精度、低当量的方向发展.战术核武器的现代化趋向包括增加远程能力,提高机动性、分散性和安全性;战略核武器的现代化趋向将朝着多弹头技术发展,提高武器系统的生存能力、突防能力以及快速反应能力等,同时不断研制核定向能武器.

科学技术的发展是无止境的.也许,不久的将来会有更多的新能源为人类所掌握.对中子、质子、电子等微观粒子及"反物质"的研究将产生比核能更大的能量,从而开拓出更新的能源领域.

21.6 空间技术

所谓空间技术,即探索、开发和利用太空以及地球以外天体的综合性工程技术,又称太空技术或航天技术.空间技术是众多现代科学和技术成就的综合集成,为人类探索宇宙奥秘提供了重要手段,在改善民生福祉、促进经济发展、提升国家安全、推动科技进步等方面发挥了不可估量的战略性作用,是一个国家实力和水平的集中体现.

本节仅对空间技术的基本原理及主要应用作一些简单介绍.

21.6.1 空间技术发展概述

1957年10月4日,苏联用"卫星号"运载火箭把世界上第一颗人造地球卫星送入太空,开辟了人类进入空间时代的新纪元,标志着人类的活动区域从此由陆地、海洋和大气层迈向了太空.1961年4月12日,苏联用"东方号"运载火箭成功地发射了世界上第一艘载人飞船"东方一号",加加林成为世界上第一个进入太空的航天员.1969年7月20日,美国"阿波罗11号"飞船的登月舱降落在月球上，阿姆斯特朗和奥尔德林登上了月球. 1971 年 4 月 19 日，苏联发射了第一个“礼炮号”空间站. 1981 年 4 月 12 日，美国航天飞机“哥伦比亚号”试飞成功，实现了航天运输系统由地球表面到近地轨道间的部分往返重复使用. 从 20 世纪 60 年代起，美国和苏联的空间探测器对金星、火星、水星、木星、土星、海王星、天王星进行了探测，1972 年 3 月 2 日，美国发射“先驱者 10 号”探测器经过 11 年的漫长太空旅行，于 1983 年越过太阳系最远行星(当时为海王星)轨道，实现了飞向太阳系外宇宙空间的目标. 由美国、俄罗斯、日本、欧盟联合建造的国际空间站(最初提议名为“阿尔法空间站”)始建于 1998 年，完成于 2011 年，是世界航天领域最大规模的科技合作项目，也是航天史上第一个由多国合作建设的载人空间站.

1970 年 4 月 24 日，我国用“长征 1 号”运载火箭成功发射了“东方红 1 号”人造卫星，成为继苏、美、法、日之后世界上第五个用自制运载火箭发射国产卫星的国家. 1975 年 11 月 26 日，我国首次发射并回收了试验卫星，使我国成为继苏联、美国之后的第三个掌握了卫星返回技术的国家. 1984 年 4 月 8 日，我国成功地发射了静止试验通信卫星. 2003 年 10 月 15 日“神舟五号”载人飞船搭载着我国第一代航天员杨利伟绕地球飞行了 14 圈后安全返航，是继苏联、美国之后的第三个掌握载人航天技术的国家. 截至 2024 年 10 月，我国已用载人飞船将 24 名中国航天员送入太空，圆满完成出舱活动、空间对接、科学实验等任务. 在此基础上，我国已开始正式启动探月工程，2013 年 12 月将探月工程的“嫦娥三号”月球探测器送入太空，并成功在月面软着陆. 2016 年 2 月国家天文台对外发布了着陆器在月球表面拍摄的全部图像数据. 到 2018 年，该着陆器仍在超期服役，创造了世界上在月工作的最长记录. 2020 年嫦娥五号返回器携带月球样品返回地球. 从 2021 年起，以天和核心舱发射为标志，中国空间站建设全面展开.

21.6.2 空间——人类的第四环境

随着人类探索空间手段的不断进步，空间的概念也在不断地延拓和发展. 人们把大气层以内的空间叫内层空间，在内层空间内的航行叫做航空；把地球稠密大气层以外，太阳系以内的空间叫外层空间，又叫宇宙空间，在外层空间内的航行叫做航天；把太阳系以外的空间叫大宇宙空间，在那里航行可叫做航宇. 在内层空间(大气层)与外层空间之间没有明显的分界线. 在航天技术领域上，通常把距地表 100 km 以上直至遥远宇宙的区域称为外层空间.

按引力作用范围划分，外层空间又可分为地球引力作用区、太阳引力作用区、银河系引力作用区. 地球空间作为一个行星空间，是地球引力作用区域. 地球是太阳系内的八大行星之一，是一个平均半径为 6371 km 的椭圆形球体. 地球与太阳的平均距离约为 1.496 亿 km，在地球与太阳之间，距地球 93 万 km 的地方，太阳的引力与地球的引力大小相等，以地球为中心半径为 93 万 km 的球形空域是地球的引力作用范围，这个球形区域就是地球空间. 在地球空间内存在着月球轨道，月球到地球的平均距离为 38.4 万 km，月球相对于地球有其自己的引力作用范围，称为月球空间，是一个以月球为中心半径为 6.6 万 km

的球形区域. 目前,空间技术指的是航天技术,实现的是太阳系以内的航行. 突破太阳系的大宇宙航行,那是未来科学技术所要解决的问题.

航空、航天和航宇,各自承担的任务不同,实现的手段也不同. 航空是气球、飞艇、飞机等飞行器在稠密大气层中的航行,它们的航行都离不开空气,气球和飞艇要依靠空气的浮力,飞机不仅要依靠它与空间的相对运动产生向上的升力,而且在航空发动机工作时,其燃料燃烧所需的氧气也必须从外界大气中获得. 而航天运载工具火箭的飞行原理却完全不同于航空飞行器. 它的主要特点是:本身除携带燃烧剂外,还有助燃的氧化剂,可以摆脱对外界大气的依赖,在外层空间工作. 相反,即使稀薄的空气对高速运行的卫星等航天器,都有显著的影响. 卫星在空气阻力作用下,运行寿命很短,环绕地球运行几圈,就会像流星一样坠入稠密大气层中烧毁. 因此,航天器的运动轨道一般不低于 150 km.

仅就地球引力作用区这一最小的外空领域看,现已探明可供利用和开发的空间资源大类就有:相对于地表的高远位置资源、高真空和超洁净环境资源、微重力资源、太阳能资源、月球资源等.

近地空间相对于地球表面的高度是一项重要的资源,它是迄今为止人类利用、开发和取得巨大经济、军事效益的唯一一项空间资源. 高度资源的价值在于对地球观察提供了广阔的视野. 由于地球近似于一个球体,离地球表面的高度越高,所能观察到的地球表面的覆盖区域就越大. 地球的最高峰珠穆朗玛峰高度约为 8848 m,在这一高度观察地球的覆盖率为地球表面积的 0.07%;在高度为 200 km 的近地轨道上,观察地球的覆盖率为地球表面积的 15.2%;地球静止轨道卫星的高度为 35 786 km,在其上观察地球的覆盖率为地球表面积的 42.4%. 所以只要在地球静止轨道上部署 3 颗通信卫星,通信范围就可以覆盖除两极附近以外的整个地球表面. 不仅如此,航天器还可以绕地球周而复始地运动,其观察地域之广、时间之长、不受气候和国界限制等优点更是人类利用其他手段对地球观察所望尘莫及的.

空间技术目前所利用的主要是空间的高度资源. 利用空间高度资源进行通信,可以实现全球范围的信息传输. 利用空间高度资源进行侦察,不受国界、气候和战场形势的影响,而且范围广、速度快. 地球低轨道上的航天器可以在一个半小时左右的时间内围绕地球一圈,在数天内对地球表面侦察一遍. 利用地球低轨道上的卫星星座可以为战术分队提供战术机动通信条件,也可以实现战场的实时监视. 利用空间高度资源进行气象观测,可以获得全球气象信息. 空间高度资源也可用于为全球地面、海洋和空中的军事目标进行定位、导航.

其他空间资源的利用和开发,也都在进展之中,例如建立月球基地:月球上蕴藏着丰富的资源,尤其是地球上所没有的核燃料氦-3,蕴藏量达 100 万吨,总能量相当于地球上有史以来开发的所有矿物燃料的 10 倍. 如用它取代核聚变中的氘,不仅能解决能源危机,还可减少大量的核污染. 月球引力只及地球的 1/6,又没有大气,用月球作行星际航天基地和天文观测站十分理想. 在月球上建造太阳能发电站,发电效率极高. 建立月球基地后,人们还能开发和利用月面资源,制造航天器的推进剂等.

21.6.3 空间运载技术

要实现航天飞行,必须解决的基本问题是如何才能使航天器在空间持续运行,而不被地球引力吸引到地面上来. 研究表明,关键在于航天器必须达到足够大的速度. 由本书上册 3.4 节的计算可知,第一宇宙速度 $v_1=7.9\times10^3\mathrm{m\cdot s^{-1}}$,这是在地面上发射航天器使其成为人造地球卫星所必需的最小发射速度;第二宇宙速度 $v_2=11.2\times10^3\mathrm{m\cdot s^{-1}}$,这是使航天器脱离地球引力,成为人造行星所必需的最小发射速度;第三宇宙速度 $v_3=16.6\times10^3\mathrm{m\cdot s^{-1}}$,这是使航天器脱离太阳系所必需的最小发射速度.

空间运载系统是指可以在地球表面和空间轨道之间运载有效荷载的飞行器系统,现有两类,一类是一次性使用的运载火箭,另一类是空间运输系统. 空间运输系统中的航天飞机,是一种既能将其他航天器送入轨道的运载器,也是一个航天器.

1. 运载火箭

航天器要获得飞离地面进入外层空间所必需的速度,只有靠火箭作为运载工具来实现. 因此,运载技术主要就是运载火箭技术. 运载火箭是能够把人造卫星、载人飞船、空间站或其他空间探测器送入轨道的单级或多级火箭. 作为航天运输系统,运载火箭是单向运输系统,只能将有效载荷从地面送往轨道,而不能将轨道上的有效载荷送往地面.

运载火箭一般采用液体推进剂,第一、二级多用液氧、煤油或四氧化二氮、偏二甲肼. 末级用液氧、液氢高能推进剂,称为低温液体火箭,技术比较复杂,目前只有美国、俄罗斯、法国、中国、日本等少数几个国家能掌握低温液体火箭技术.

运载火箭的技术指标包括运载能力、入轨精度、火箭对不同有效载荷的适应能力和可靠性. 运载能力指火箭能送入预定轨道的有效载荷的质量,它随轨道高度和倾角的增大而减小.

火箭的发射需要有专门的发射场. 火箭从地面发射台上垂直起飞,一般在十几秒钟后按预定程序转弯,第一级火箭工作完毕后分离,第二级接替工作,直至末级火箭把有效载荷送入预定轨道. 为进一步提高火箭的运载能力,有些国家还研制了几种横向并联,捆绑助推器的运载火箭.

飞行中的火箭是典型的变质量系统,飞行的基本原理是动量守恒定律. 若火箭点火之前的总质量为 M_0,燃料耗尽后,火箭剩余质量为 M,则 M_0/M 叫做质量比,记为 N,火箭喷气速度 u,这样的火箭能把其飞行速度由零增加到

$$v=u\ln N$$

由于火箭都是从地面上发射的,空气阻力不能忽略,重力也表现为阻力,同样不能忽略,所以火箭发射时实际能够达到的最大速度比按上式计算出来的结果要小得多.

用单级火箭无法满足空间技术的需要,必须采用多级火箭技术. 多级火箭是由几个单级火箭连接而成的火箭组合. 火箭点火起飞时,第一级火箭的发动

机开始工作，推动各级火箭一起加速前进，当这一级火箭所带燃料耗尽后，其壳体自行脱落，并自动点燃第二级火箭发动机，在第一级火箭所达到的最大速度基础上进一步加速飞行. 如此逐级发动，逐级脱落，使最后一级火箭获得所需的最终速度. n 级火箭最后一级燃料耗尽后的末速度为

$$v = \sum_{i=1}^{n} u_i \ln N_i$$

当今世界上最大的运载火箭是美国的“土星5号”，它长110.6米，起飞重量3038吨，可将127吨有效载荷送入近地轨道.

由于运载火箭使用次数的限制，一方面造成发射成本增加，另一方面末级火箭滞留空间使空间环境恶化. 目前世界各国正在发展能重复使用的天地往返航天运输系统.

2. 航天飞机

航天飞机是一种可运送有效载荷和人员往返于地面和近地轨道之间，并能部分重复使用的带翼航天器，是当前最先进的航天运输系统. 它能释放、检修、回收、破坏、摧毁卫星，能执行侦察、运输任务，有巨大的作战潜力.

美国是世界上最早研制航天飞行的国家. 从1972年开始研制可部分重复使用的航天飞机，到目前为止，共研制生产了5架航天飞机，它们是“哥伦比亚号”、“挑战者号”、“发现号”、“亚特兰蒂斯号”和“奋进号”. 这些航天飞机承载了人类对太空探索的梦想和勇气. 2011年美国航天飞机项目正式结束. 2023年12月14日，中国发射可重复使用试验航天器，在轨飞行268天后，成功返回预定着陆场，标志着中国在航天领域里取得里程碑式的突破.

如图21.50所示，美国的航天飞机由轨道飞行器、外推进剂箱和固体燃料助推火箭三大部分组成. 轨道飞行器是航天飞机的本体，它的外形就像一架大型喷气客机，头部是驾驶舱，可容纳3～7人，机身是货舱，可向太空运送货物. 外推进剂箱呈圆筒形，可装数百吨的液体氢和液体氧. 推进剂耗尽后外推进剂箱便与轨道飞行器分离，不再回收而成为太空垃圾. 两枚固体燃料助推火箭的长短与轨道飞行器相似，外形酷似削尖的铅笔，可为航天飞行提供70%的推力. 固体燃料助推火箭和轨道飞行器分离后，可以回收使用. 在它们所完成的近百次航天飞行中，进行了释放卫星、捕获卫星、检修卫星、舱外行走、遥感遥测等一系列太空作业以及其他科学实验.

图21.50

3. 天地往返运输系统

所谓天地往返运输系统，是指可以由地面起飞直接进入轨道，并能从轨道

返回,又在地面着陆,可以重复使用的航天运输系统.

天地往返运输系统的发展,将把航天运输的成本降低一个数量级,并具有巨大的潜在军事价值. 这种运输系统可以提供从地球表面到低地球轨道的空间支援和全球到达能力. 它可垂直起飞和在常规跑道上着陆,还可以在空中和空间加燃料,能在几小时之内到达危机突发现场. 它既可作探测器平台,又可作武器平台,还可以部署卫星和反卫星武器. 高超声速飞行是未来航空航天的制高点,具有非常重要的战略性和前瞻性. 2020 年美国国防部成立了联合高超声速转化办公室,旨在发展高超声速推进技术,大幅降低进入空间的费用,为广泛开展民用和军用航天活动铺平道路,也为研制新型空间战斗机奠定技术基础.

21.6.4 空间飞行技术

运载火箭把航天器送入外层空间的运行轨道后便自行脱落,真正遨游太空的是航天器,包括各种人造地球卫星、宇宙飞船、空间站、空间探测器等. 航天器技术是研究、制造和发展能在外层空间飞行并完成各项任务的飞行器的技术. 空间飞行技术以物理学为其理论基础,研究和确定各种航天器的运行轨道和运动规律.

航天器是航天任务的主要执行者,一般都由通用系统和专用系统两大部分组成. 通用系统是指各类航天器都必需的系统,诸如结构系统(航天器的骨架)、温度控制系统、姿态控制系统、无线电测控系统、电源系统、计算机系统、返回系统(不返回者,无此系统),载人航天器还需设置生命保障系统. 专用系统是指根据航天器的任务需要而设置的系统. 例如通信卫星的转发器和无线系统,侦察卫星的照相机系统等.

按运行轨道划分,航天器可以分为两大类:一类环绕地球运行,包括人造地球卫星、卫星式载人飞船、航天站和航天飞机;另一类是脱离地球引力,飞往月球或其他行星、星际空间,叫空间探测器. 目前,绝大多数空间飞行器属于前一类,下面主要以人造卫星为对象进行讨论.

1. 开普勒定律

17 世纪初,德国天文学家开普勒总结前人的观测结果,确定了行星运动的三个定律,叫开普勒定律. 三个定律的主要内容如下.

(1)行星都沿着椭圆轨道运动,太阳位于椭圆的一个焦点处.

(2)行星运动时,太阳到行星的径矢,在相等的时间间隔内扫过同样大小的面积. 这个定律说明,行星离太阳越远,其运动的速率越小;离太阳越近,则速率越大.

(3)行星绕太阳公转周期 T 的平方正比于行星椭圆轨道长半轴 a 的立方,且它们的比值为一常量.

这三条定律对以地球中心为焦点作椭圆轨道运行的人造地球卫星同样适用.

2. 卫星轨道的计算

人造地球卫星的运行轨道一般分为三部分. 从第一级火箭点火到末级火箭熄灭(即到入轨点)之间的运动轨迹称为发射轨道,也就是运载火箭的飞行轨道;从卫星进入轨道到终止轨道运动这一段时间内,卫星的飞行轨迹称为运行轨道;对于回收卫星或载人航天器,从轨道结束点(制动火箭点火点)到返回舱降落到地球上,此过程中的飞行轨道,叫返回轨道. 这里只讨论运行轨道部分.

(1)**卫星运行轨道方程**. 在初步分析中,可认为卫星的运动只受地球的万有引力作用,即卫星只在地球引力场中运动. 由于卫星只受到恒指向地球中心的有心力作用,所以卫星所受合外力对地球中心的力矩为零,其运动角动量守恒,即

$$L = mr^2 \frac{\mathrm{d}\theta}{\mathrm{d}t} = L_0\text{(常量)}$$

式中 L_0 为入轨点总的角动量,r 为地球中心到人造卫星之间的距离,m 为人造卫星的质量. 由于万有引力为保守力,所以卫星运行过程中的机械能守恒. 若以无限远处为势能零点,则有

$$E = \frac{1}{2}mv^2 - G\frac{Mm}{r} = E_0\text{(常量)}$$

式中 E_0 为入轨点的机械能,M 为地球的质量,G 为引力常量.

如果采用极坐标系(r,θ)描述卫星在运行轨道平面上的运动,则由上述角动量守恒式和机械能守恒式,可以得到 r 的表达式

$$r = \frac{p}{1 - e\sin(\theta - \theta_0)}$$

式中,

$$p = \frac{L_0^2}{GMm^2}, \quad e = \sqrt{1 + \frac{2E_0 L_0^2}{G^2 M^2 m^3}}$$

为了简化,设起始时刻的极角 θ_0 为 $\pi/2$,于是可得

$$r = \frac{p}{1 + e\cos\theta}$$

这就是人造地球卫星运行轨道方程式,它是以地球中心为一个焦点的圆锥曲线的一般方程,p 为曲线的焦点参数,e 为偏心率,其值决定圆锥曲线的类型. 在一般情况下人造地球卫星的运行轨道为椭圆:极角 θ 等于零时,r 取最小值,卫星在近地点;$\theta = \pi$ 时,卫星在远地点. e 等于零时,轨道为圆.

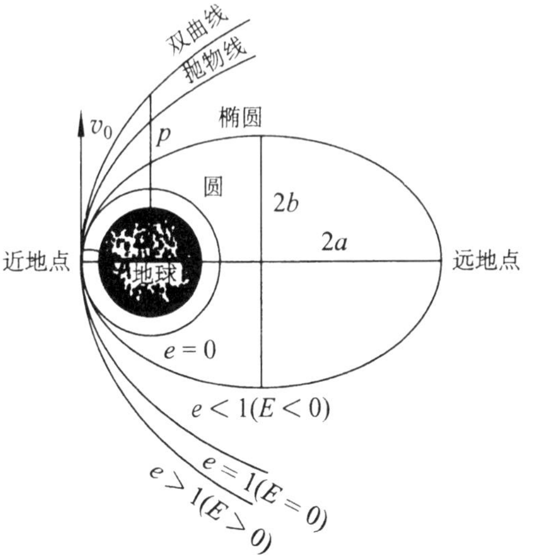

图 21.51

航天器各种可能轨道的形状,大致如图 21.51 所示. 由偏

心率表达式可知,轨道形状完全由航天器在入轨点的初始条件确定,即由入轨时的飞行速度和高度完全确定. 描述人造地球卫星运行轨道的形状、大小、在空间的方位取向以及任一时刻卫星所在的空间位置,常用到三个主要的轨道参数:卫星高度、运行周期和轨道倾角.

(2)**卫星高度**. 卫星到地球中心的距离称为卫星高度. 圆形轨道只有一个高度参数,即卫星入射时的高度,也就是运行轨道的半径. 对圆轨道来说,能维持航天器绕地球飞行几圈的最低轨道高度称为临界高度,一般认为这一高度为100～120 km. 当轨道低于此值时,航天器将因大气阻力的作用而迅速陨落,故称此为临界高度轨道. 从临界高度至1000 km高度的轨道称为低轨道;从1000～20 000 km高度的轨道称为中高轨道;在20 000 km高度以上的轨道称为高轨道.

沿椭圆形轨道运行的卫星的高度是随时变化的,常用近地点高度、远地点高度,或者椭圆轨道的长、短半轴的大小来表示. 由轨道方程式可以求得近地点和远地点离地球中心的距离分别为

$$r_{\min} = \frac{p}{1+e}$$

$$r_{\max} = \frac{p}{1-e}$$

由上面两式可以求得轨道的长半轴为

$$a = \frac{1}{2}(r_{\min} + r_{\max}) = \frac{2p}{1-e^2}$$

将 p 和 e 的值代入上式,得

$$a = -\frac{GMm}{2E_0} = \frac{GMm}{2|E_0|}$$

根据几何关系可以求出轨道的短半轴为

$$b = a\sqrt{1-e^2} = \frac{L_0}{\sqrt{2m|E_0|}}$$

可以看出,椭圆长半轴 a 只与卫星的总能量有关,而与角动量无关. 卫星的能量越大,即 $|E_0|$ 越小,则 a 越大,即远地点越远. 短半轴与卫星能量和角动量均有关.

在一定的空间高度上,地球的引力是一定的,航天器在此高度上建立圆轨道的速度也是唯一确定的. 在空间一点上,地球的引力与该点距地心的距离的平方成反比,空间的高度越高,地球的引力就越小,相应地,航天器建立圆轨道所需的速度也越小. 当轨道高度为200 km时,航天器作圆轨道运行的速率约为7.78 $\mathrm{km\cdot s^{-1}}$. 当航天器在离地面35 786 km的高度作圆轨道运动时,它的环绕速率约为3.07 $\mathrm{km\cdot s^{-1}}$.

例如,我国第一颗人造地球卫星的质量为173 kg,近地点距地面的高度439 km,远地点距地面的高度2384 km,地球的质量 M 和半径 R 均为已知,根据上面的公式可算得卫星的运行周期为114 min,与我国正式公布的周期值112 min很接近. 需要说明的是,实际中往往把卫星到地球表面的距离叫卫星

高度，卫星近地点和远地点到地面的距离，分别称为近地点高度和远地点高度.

(3)**轨道倾角**. 卫星轨道位于一个通过地球中心的平面内，这个平面称为轨道平面，卫星轨道平面与地球赤道平面之间的夹角称为卫星的轨道倾角.

轨道倾角为 0°的轨道为赤道轨道，特别是此类轨道中周期为 24 小时的圆轨道称为地球静止轨道(赤道静止轨道). 从地面定点上看航天器固定地高悬于赤道上空，这样易于地面站对其跟踪，故通信卫星、监视该卫星星下点周围广大地区的导弹预警卫星和气象卫星等大多采用这一轨道.

轨道倾角大于 0°且小于 90°的轨道称为顺行轨道. 顺行轨道上的航天器的飞行方向与地球自转方向一致，故发射此类航天器时，由于能利用地球自转带来的速度，而可节省发射的能量，因此大部分航天器都采用顺行轨道.

轨道倾角等于 90°的轨道为极轨道. 极轨道上的航天器飞过地球南北两极上空，因而可对全球所有纬度地区进行观测，气象卫星和对全球进行侦察的侦察卫星常采用这种轨道.

轨道倾角大于 90°的轨道称为逆行轨道，虽然采用逆行轨道发射同样质量的卫星要多花费能量，但它可以实现太阳同步轨道，而在这一轨道上飞行的航天器可以在基本相同的阳光照射条件下飞过特定地区. 各类轨道的方位如图 21.52 所示.

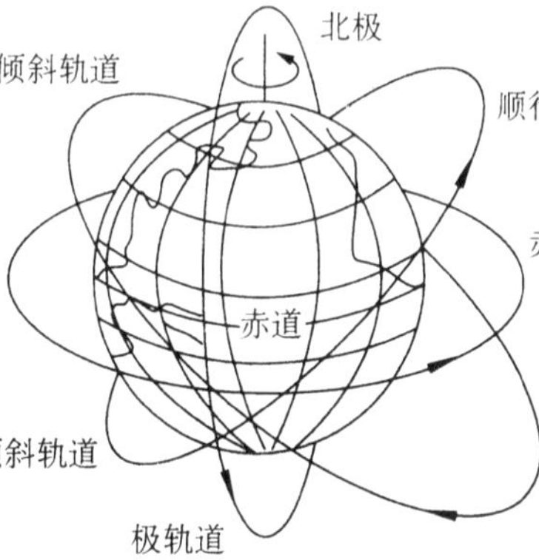

图 21.52

(4)**运行周期**. 卫星绕地球运动一周所需要的时间称为运行周期. 卫星高度越大，速度越小，运动周期就越长. 根据开普勒第二定律，可得卫星和地球的连线扫过面积 A 的速率(掠面速率)为

$$\frac{\mathrm{d}A}{\mathrm{d}t}=\frac{L_0}{2m}(\text{常量})$$

其中 m 为卫星质量，L_0 为卫星对地球的角动量. 将上式对时间 t 积分，并代入椭圆面积 $A=\pi ab$，其中 a、b 为卫星轨迹的短半轴、长半轴，即得运动周期公式

$$T=\frac{2mA}{L_0}=\frac{2\pi}{\sqrt{GM}}a^{3/2}$$

其中 G 为万有引力常量，M 为地球质量. 将上式平方得

$$\frac{T^2}{a^3} = \frac{4\pi^2}{GM}(常量)$$

这正是开普勒第三定律的内容. 可见,卫星运行周期只与轨道长半轴有关,而与偏心率无关.

轨道周期小于地球自转周期的轨道称为亚地球同步轨道;轨道周期等于地球自转周期的轨道称为地球同步轨道;轨道周期大于地球自转周期的轨道称为超地球同步轨道.

3. 同步卫星

地球同步轨道的轨道倾角为零. 地球同步卫星沿圆形轨道自西向东运行,运行周期与地球自转周期相同. 同步卫星的高度和环绕速度由牛顿运动定律

$$G\frac{mM}{r^2} = m\frac{v^2}{r}$$

和同步条件 $T=2\pi r/v$ 得出. 计算可知,同步卫星距地面高度为 35 860 km,环绕速度为 3.07 $km\cdot s^{-1}$.

地球同步卫星的发射过程比较复杂,发射轨道也比较复杂. 必须经历停泊轨道、转移轨道、准地球同步轨道等几个阶段以后,才能进入地球同步卫星轨道. 火箭在发射场垂直发射,利用第一、二两级火箭冲出大气层后作惯性滑行,并使它在某一点处进入与地球赤道平面垂直的圆形停泊轨道. 滑行数分钟以后,当卫星到达赤道上空前,点燃第三级加速火箭,并选在到达赤道上空时熄火,使卫星进入以该点为近地点的椭圆形转移轨道. 当卫星到达转移轨道的远地点时,再点燃变轨发动机,使卫星进入准地球同步轨道. 在准地球同步轨道运行过程中,要进行一系列的轨道修正,使卫星进入预先确定的定点位置,同时进入地球同步轨道.

21.6.5 空间返回技术

返回式人造地球卫星、载人卫星、航天飞机等飞行器,在空间完成预定飞行任务以后,就要脱离原来的运行轨道,进入返回轨道,再入大气层,回到地面上来. 返回技术是一项非常复杂而又十分精确的技术,它是空间技术中的关键性技术之一. 返回过程是发射过程的逆过程,航天器的发射是一个加速过程,而返回过程是一个减速过程.

返回要经历离轨、再入和着陆三个阶段. ①离轨:在运行轨道的离轨点处,航天器接到飞行指挥中心下达的返航指令后,点燃制动火箭,使航天器获得一个附加加速度,改变原飞行方向脱离运行轨道,转入一条能进入地球大气层的椭圆形过渡轨道. ②再入:再入起点在稠密大气层的边界,高度约为 100 km,从该点到离地约 15 cm 之间的飞行段称再入段. 再入大气层时,航天器速度方向与该点水平线之间的夹角称为再入角,其大小一般只能在 1°～3°之间. 再入角过大,会使航天器像流星一样坠毁;过小又会回不到地面上来. 因此,精确控制方向和制动火箭点火时间非常重要. 航天器进入大气层后,其表面与空气剧烈摩擦,产生出极大的热量,可使飞行器表面达到摄氏几千度的高温,一般采用烧蚀防热或辐射放热等方法进行保护. 烧蚀防热是利用烧蚀材料的汽化来防

热. ③着陆：当航天器返回舱降至 15 km 高度时，速度已减至音速以下，然后打开速降伞. 离地面 4 km 时，再打开主降伞. 当速度减至 $9\ \mathrm{m\cdot s^{-1}}$ 左右时，就可以在海上或地面上安全着陆.

21.6.6　地面测控技术

为了保证航天器在轨道上正常工作，航天器必须不断将有关信息向地面报告，地面必须依靠所建立的测控系统对航天器进行遥测、遥控、跟踪和通信. 为此，除了航天器上应载有测控设备之外，还必须在地面建立测控系统. 地面测控网通常由分布在全球各地的测控台、站和海上测控船组成. 这些测控台、站和船上通常配有精密跟踪雷达、光学跟踪望远镜、多普勒测速仪、遥测解调器、遥控发射机、电子计算机、数据存储、显示和记录设备、数传机和通信设备等. 地面测控网的主要任务是跟踪、遥测、遥控和通信，即跟踪和测量航天器的飞行路线，预报其轨道；遥测就是接收航天器发来的各种无线电信息，监视航天器上各系统的工作，获得空间环境数据；遥控就是指挥和控制航天器的运行和返回；通信就是与轨道上的航天员进行通信联系，传输电信信号和电视信号.

21.6.7　空间技术的应用

空间技术的应用分为直接应用和间接应用. 直接应用是利用航天器在外层空间的飞行活动为人类政治、军事、经济和科学实验报务. 间接应用是指空间技术的发展，极大地促进了喷气、电子、真空、超高温、低温、复合材料、遥感遥测等一大批高新技术的发展，这些成果已经或者正在被广泛应用于国民经济建设和国防军事的各个领域.

在已经发射的航天器中，人造地球卫星约占 90%，其中军用的约占四分之三. 所以，空间技术的直接应用集中表现在人造地球卫星在军事上的广泛应用. 21 世纪外层空间军事化以及由此引发的空间对抗不可避免. 按照用途，人造地球卫星分为实用卫星和科学试验卫星两大类. 实用卫星包括观察类、中继类、武器类、基准类等多种卫星，它们的主要应用分述如下.

1. 侦察卫星

侦察卫星占军用卫星的三分之二以上. 20 世纪 60 年代初，美国首先发射了具有明显军事目的的照相侦察卫星，从而宣告天空军事利用的正式开始. 利用卫星既可以直接侦察军事目标，也能侦察与军事有关的经济实力目标. 当前，除少数深埋于地下、深潜于水中和室内活动的目标等情况外，侦察卫星几乎能揭露其他所有的军事秘密. 美国和苏联拥有的战略情报资料，百分之七十以上是通过卫星侦察获得的.

按照不同的侦察手段和任务，侦察卫星分为电子侦察卫星、照相侦察卫星和预警卫星三种.

电子侦察卫星上装有无线电接收机和天线等电子设备、磁带记录器等. 当卫星飞经敌方上空时，将各种频率的无线电信号记录在磁带上，在卫星飞经本土上空时，再回放磁带，以快速通信方式将信息传回，以确定对方雷达、电台等设施的精确位置和信号特征. 平时掌握这些情报,战争一开始就可以进行重点打击或实行电子干扰. 例如,美国在海湾战争中采用这种侦察技术,因而掌握了战场的主动权.

照相侦察卫星上装有可见光照相机、电视摄像机、红外相机、多光谱相机、微波相机等. 红外相机、多光谱相机和微波相机可以日夜工作. 照相侦察卫星又分为粗略侦察和详细侦察两种. 前者轨道较高,侦察范围大;后者轨道较低,一般只有150 km左右. 照相侦察效能主要取决于卫星照片的地面分辨力.

目前卫星照片完全能够识别地面上单个坦克、牵引车、雷达天线、飞机等军用目标的详细情况. 在照相侦察卫星上加装先进的光电遥感器,采用热成像和自适应光学技术后,可进一步提高夜间侦察能力和情报信息的准确性,地面分辨力可达0.1 m. 此外,采用合成孔径雷达技术,可克服可见光照相侦察卫星黑夜和阴天无法拍照的缺点,便于全天候和全天时进行实时侦察. 在20世纪后期以来的世界几场局部战争中,上述各种侦察卫星均发挥了重要的作用.

预警卫星是为防止敌洲际导弹的突袭而设计的,一般在静止轨道或12小时周期的大椭圆轨道上运行. 预警卫星上装有先进的红外探测器,能在导弹发射后90秒钟内捕捉到导弹尾焰并确定其运动状态,并将信息及时通告指挥中心,争取较多的预警时间. 更先进的预警卫星也能发现飞机、巡航式导弹等小目标的行动. 美国早在1971年就建立了完整的导弹预警系统,该系统由三颗运行在地球同步轨道上的预警卫星组成.

卫星用于军事侦察的突出优点是视野宽、侦察监视范围广;侦察速度快,获取情报准确及时,侦察活动不受国界、战场分界线、地面火力、地理和气候等条件限制,可在任何预定时刻对地球上任何地方进行"合法"侦察,并且保密性很强. 当然,任何事物都是一分为二的,侦察卫星的运用也有其局限性. 如卫星运行轨道高,对地面目标,尤其是经过伪装的目标的分辨识别能力受技术和设备水平的限制很大;容易受反侦察措施的影响;所需费用高,卫星侦察还不能完全代替现有的其他战役战术侦察手段.

2. 气象卫星

气象卫星是对地球及其大气层进行气象观测的人造地球卫星. 它能大范围地、及时迅速地、连续完整地对气候"察颜观色",并把云图等气象信息发给地面用户. 气象卫星实际上就是一个高空无人气象观测站.

气象卫星的本领来自于它携带的气象遥感器. 它能够接收和测量地球及其大气的可见光、红外与微波辐射,并将它们转换成电信号传送到地面. 地面接收站再把电信号复原绘制出各种云层、地表和洋面图片,进一步处理后就可以发现天气变化的趋势.

气象卫星的轨道大致有两种,一种是太阳同步轨道. 卫星每天对全球表面巡视两遍,优点是可以获得全球气象资源,我国发射的"风云"号系列气象卫星就属于这一种. 这种卫星飞经两极地区,轨道高度低,观测效果好,但每天对地球上任何地区都只能观测两次,每次只有十来分钟. 另一种是地球静止轨道. 卫星可以对地球近1/5的地区连续进行气象观测,实时将资料送回地面. 用4颗卫星均匀地布置在赤道上空,就能对全球的中、低纬度地区天气系统进行连

14.27 376 Hz

14.28 (1) 轨道方程：$\frac{x^2}{A_x^2}+\frac{y^2}{A_y^2}-\frac{2xy}{A_xA_y}\cos(\varphi_x-\varphi_y)=\sin^2(\varphi_x-\varphi_y)$

以厘米为长度单位，化简为：$x^2+4y^2+2xy-27=0$，该图形是左旋的；

(2) $F=\frac{\pi^2}{90}\sqrt{x^2+y^2}$(N)

14.29 (1) 30 s^{-1}； (2) 26.5 s^{-1}，0.189 m

14.30 $T=2\pi\sqrt{h/g}$

第15章

15.1 (B)； **15.2** (D)； **15.3** (B)

15.4 相同，相同，$2\pi/3$； **15.5** $y=A\cos2\pi\left(\frac{t}{T}-\frac{x}{\lambda}\right)$，$A$； **15.6** $f_3>f_1>f_2$

15.9 (1) 波幅 A，波速 $u=\frac{B}{C}$，频率 $\nu=\frac{B}{2\pi}$，周期 $T=\frac{2\pi}{B}$，波长 $\lambda=\frac{2\pi}{C}$；

(2) $y=A\cos(Bt-Cl)$； (3) $\Delta\varphi=Cd$

15.10 $y_0=5\times10^{-2}\cos\left(\frac{2\pi}{5}t+\frac{\pi}{2}\right)$(SI)； $y=5\times10^{-2}\cos\left(\frac{2\pi}{5}t-5\pi x+\frac{\pi}{2}\right)$(SI)

15.11 (1) $y=0.1\cos\left[\pi\left(t-\frac{x}{2}\right)+\frac{\pi}{2}\right]$(SI)；(2) $y=0.1\cos(\pi t)$(SI)

15.12 以 A 点为坐标原点，$y=3.0\cos\left(4\pi t+\frac{\pi}{5}x\right)$(SI)；

以 B 点为坐标原点，$y=3.0\cos\left(4\pi t+\frac{\pi}{5}x-\pi\right)$(SI)

15.13 (1) 振幅 $A=0.05$ m，波速 $u=2.5\ \mathrm{m\cdot s^{-1}}$，频率 $\nu=5$ Hz，波长 $\lambda=0.5$ m；

(2) 最大速度 $v_m=0.5\pi\ \mathrm{m\cdot s^{-1}}$，最大加速度 $a_m=5\pi^2\ \mathrm{m\cdot s^{-2}}$；

(3) 9.2π，0.92 s，0.825 m

15.14 (1) $y=0.4\cos\left(200\pi t-\frac{\pi}{2}x\right)$(SI)；

(2) $y|_{x=2\ \mathrm{m}}=0.4\cos(200\pi t-\pi)$(SI)， $y|_{x=16\ \mathrm{m}}=0.4\cos(200\pi t-8\pi)$(SI)；

(3) $-\pi/2$

15.16 (1) $I=1.58\times10^5\ \mathrm{W\cdot m^{-2}}$； (2) $W=3.79\times10^3$ J

15.17 $\overline{w}=6.4\times10^{-6}\ \mathrm{J\cdot m^{-3}}$，$I=2.18\times10^{-3}\ \mathrm{W\cdot m^{-2}}$

15.18 $4\left[\sqrt{(H+h)^2+\left(\frac{d}{2}\right)^2}-\sqrt{H^2+\left(\frac{d}{2}\right)^2}\right]$

15.19 (1) $A_P=2A$，$A_Q=2A$； (2) $x=1,3,5,\cdots,29$ m

15.20 (1) $y=2.0\times10^{-2}\cos2\pi(t-5r_1)$(SI)，$y=2.0\times10^{-2}\cos[2\pi(t-5r_2)+\pi]$(SI)；

(2) $\Delta\varphi=0$，干涉加强； (3) $A_P=A_1+A_2=4.0\times10^{-2}$ m

15.21 (1) $y_{反}=A\cos2\pi\left(\frac{t}{T}-\frac{x}{\lambda}\right)$； (2) $y=2A\cos\left(\frac{2\pi}{\lambda}x\right)\cos\left(\frac{2\pi}{T}t\right)$；

(3) 波腹坐标 $x=0,\frac{\lambda}{2},\lambda,\cdots$， 波节坐标 $x=\frac{\lambda}{4},\frac{3}{4}\lambda,\frac{5}{4}\lambda,\cdots$

15.22 (1) $y_{入}=5\times10^{-3}\cos\left[2\pi\left(250t-\frac{x}{1.4}\right)+\frac{\pi}{4}\right]$(SI)；

(2) $y_{反}=5\times10^{-3}\cos\left[2\pi\left(250t+\frac{x}{1.4}\right)+\frac{\pi}{4}\right]$(SI)；

(3) $x=0.35$ m，1.05 m，1.75 m； (4) $A=7.07\times10^{-3}$ m

15.23 (1) 0.01 m，37.5 $\mathrm{m\cdot s^{-1}}$； (2) 0.157 m

15.24 (1) $A=\frac{1}{w}\sqrt{\frac{2I}{\rho_0 u}}=2.47\times10^{-7}$ m; (2) $r'=50$ m

15.25 (1) $\Delta\nu_A=31.3$ Hz, $\Delta\nu_B=30.3$ Hz; (2) $\Delta\nu_A=29.5$ Hz, $\Delta\nu_B=30.3$ Hz

15.26 15.7 $\text{m}\cdot\text{s}^{-1}$

15.27 $\varepsilon_0 E_m \sin\omega\left(t-\frac{z}{c}\right)\boldsymbol{i}$, $\sqrt{\mu_0\varepsilon_0}E_m\sin\omega\left(t-\frac{z}{c}\right)\boldsymbol{j}$, $\sqrt{\frac{\varepsilon_0}{\mu_0}}E_m\sin\omega\left(t-\frac{z}{c}\right)\boldsymbol{j}$

15.28 (1)3.0 m, 1.0×10^8 Hz; (2)x 轴正向;

(3)$2.0\times10^{-10}\cos\left[2\pi\times10^8\left(t-\frac{x}{c}\right)\right]$ T, z 轴正方向

15.29 2.65×10^{-7} T

15.30 (1)1.59×10^{-5} $\text{W}\cdot\text{m}^{-2}$; (2) 0.110 $\text{V}\cdot\text{m}^{-1}$, 2.92×10^{-4} $\text{A}\cdot\text{m}^{-1}$

第 16 章

16.1 (B); **16.2** (C); **16.3** (C); **16.4** (B)

16.5 6.0×10^{-4}mm; **16.6** 1.36; **16.7** 10.8mm

16.10 (1)14.58 mm; (2)17.68 mm; (3)19.69 mm

16.11 7.2×10^{-2} mm

16.12 6.6×10^{-6} m

16.13 (1)2.24×10^{-3} m; (2)1.17×10^{-3} m

16.14 84.26°

16.15 673 nm

16.16 (1)104.2 nm; (2)黄绿色

16.17 2.357×10^{-3} mm

16.18 9.57×10^{-4} rad 或 3.3′

16.20 (1)202 条; (2)94 条

16.21 $5\lambda/4$

16.22 1.19 $\text{rad}\cdot\text{s}^{-1}$

16.24 3.394 m

16.25 5.16×10^{-3} mm

16.26 1.00029

第 17 章

17.1 (A); **17.2** (A); **17.3** (D); **17.4** (C)

17.5 6, 第一级明; **17.6** 2π, 暗; **17.7** 5

17.12 (1)5000 Å; (2)3 mm

17.13 (1)0.6×10^3 nm, 第三级明纹; 0.47×10^3 nm, 第四级明纹; (2)7, 9

17.14 700 nm

17.15 共 19 条明纹

17.16 0.18 mm

17.17 2.90×10^5 m, 116 m

17.18 13.86 cm

17.19 (1)5851 Å; (2)1.26×10^{-6} m; (3)0, ±1, ±2, ±3, ±5, ±6, ±7 共 13 条

17.20 (1)5; (2)2×10^{-6} m; (3)6×10^{-6} m

17.21 (1)2.4 mm; (2)24 mm; (3)9

17.22 3.6×10^{-2} m, 7.2×10^{-2} m

17.23 (1)17.7°; (2)第 1,0,−1,−2 级,共 4 条谱线

17.24 (1)6×10^{-6} m; (2)1.5×10^{-6} m;

(3)15 条,分别为 0, ±1, ±2, ±3, ±5, ±6, ±7, ±9

17.25 0.168 nm

17.26 5.42 Å

17.28 $\theta=30°$

第 18 章

18.1 (B); **18.2** (D); **18.3** (D)

18.4 5μm; **18.5** 自然光或圆偏振光,线偏振光,部分偏振光或椭圆偏振光

18.6 平行或接近平行时

18.7 (1)$\frac{1}{8}I_0\sin^2 2\alpha$

18.8 19°37′或 70°23′

18.9 2

18.10 (1)3/2; (2) 3/2

18.11 (1)0.125; (2)0.10

18.12 11°30′

18.13 (1)58°; (2)1.60

18.17 (1)47°59′; (2)26°37′

18.18 (2)12°45′

18.19 (1)半波片; (2)1/4 波片

18.20 (1)$0.57A$, $0.82A$, $0.33I$, $0.67I$; (2)都等于 $0.47A$

18.21 716.7 nm, 614.3 nm, 537.5 nm, 477.8 nm, 430 nm

18.22 4.5 mm

18.24 30.3%

第 19 章

19.1 (B); **19.2** (C); **19.3** (A)

19.4 同时,不同时; **19.5** 4.5m, 33.7°; **19.6** $\frac{\Delta x}{v}$, $\frac{\Delta x\sqrt{1-(v/c)^2}}{v}$; **19.7** $\frac{\sqrt{3}c}{2}$, $\frac{\sqrt{3}c}{2}$

19.8 (1)匀速时,不能; 加速时,能; (2)均为 c

19.10 367 km, 10 km, 1 km, 1.28×10^{-3} s

19.11 8.49×10^2 m, 2.98×10^{-6} s

19.12 6.71×10^8 m

19.13 (1)$0.75c$; (2)$-0.40c$

19.14 (1)$0.38c$, 向西; (2)$0.88c$, 东偏北 46°50′

19.15 3.2×10^2 cm^2, 77°19′或 102°41′

19.16 (1)$0.82c$; (2)0.71 m

19.17 (1)6.25 s; (2)10.4 m

19.18 $0.89c$

19.19 (1)$\dfrac{\rho_0}{1-v^2/c^2}$； (2)$\dfrac{\rho_0}{\sqrt{1-v^2/c^2}}$

19.20 1.673×10^{-26} kg，1.51×10^{-9} J，4.99×10^{-18} kg·m·s^{-1}，1.36×10^{-9} J

19.21 (1)0.512 MeV； (2)2.05×10^{-14} J； (3)0.789 MeV

19.22 $\dfrac{5}{3}$ kg，4×10^{8} kg·m·s^{-1}，1.5×10^{17} J，$\dfrac{25}{9}$ kg·m^{-1}

19.23 4.54×10^{-12} J

19.24 $0.8c$

第 20 章

20.1 (E)； **20.2** (D)； **20.3** (A)

20.4 $\dfrac{h\nu}{c}=\dfrac{h\nu'\cos\varphi}{c}+p\cos\theta$； **20.5** $>$，$>$，$<$； **20.6** 1.06×10^{-24}(用 $\Delta x\Delta p_x\geqslant\hbar/2$ 估算)

20.7 0,1,2,3,4,5；0,±1,±2,±3,±4,±5,±6；5；4

20.8 5.9×10^{3} K，1.5×10^{3} W·m^{-2}

20.9 1.37×10^{3} K，2.11×10^{-6} m

20.10 2.36×10^{13}

20.11 6.41×10^{5} m·s^{-1}

20.12 0.0434 Å，63.3°

20.13 0.1 MeV

20.14 2.42×10^{-12} m，1.24×10^{20} Hz

20.15 1.24×10^{20} Hz，0.024 Å，X 射线

20.16 1215.4 Å，1025.5 Å，6563.3 Å

20.17 10.2 eV

20.18 8.175×10^{6}

20.19 $L_4/L_2=2$

20.20 2.47×10^{20} Hz，1.4×10^{-12} m

20.22 $p_o/p_e=1$，$E_{ko}/E_{ke}=4.12\times10^{2}$

20.23 (1)3.98×10^{2} Å； (2)3.98×10^{6} Å； (3)3.98×10^{9} Å

20.24 0.83×10^{-14} J

20.25 (1)$\sqrt{\dfrac{1}{\pi}}$； (2)$\dfrac{1}{\pi(1+x^2)}$； (3)0

20.26 $n^2\left(\dfrac{\pi^2\hbar^2}{2mL^2}\right)$

20.28 0，$\pm\hbar$，$\pm2\hbar$，$\pm3\hbar$

20.29 $m_l=0,\pm1,\pm2,\pm3$；对于第一个 m_l 都有 $m_s=\pm1/2$

20.30 $1s^2\ 2s^2\ 2p^6\ 3s^2\ 3p^6\ 4s^1$

20.34 (1)$\bar{r}=\dfrac{3}{2}a$； (2)$\overline{E}_p=-\dfrac{q_e^2}{4\pi\varepsilon_0 a}$； (3)$\overline{E}_k=-\dfrac{q_e^2}{8\pi\varepsilon_0 a}$； (4)$\overline{E}=-\dfrac{q_e^2}{8\pi\varepsilon_0 a}$

20.35 (1)$E_n=n^2\dfrac{\pi^2\hbar^2}{2ma^2}$， $n=1,2,3\cdots$

$\psi_n(x)=\sqrt{\dfrac{2}{a}}\sin\dfrac{n\pi}{a}x$， $n=1,2,3\cdots$

(2)$|\psi_1(x)|^2=\dfrac{2}{a}\sin^2\dfrac{\pi x}{a}$； $\dfrac{a}{2}$

$$(3)\ |a_n|^2=\begin{cases}\dfrac{3}{4}, & n=1,\text{对应于 } E_1=\dfrac{\pi^2\hbar^2}{2ma^2};\\ \dfrac{1}{4}, & n=3,\text{对应于 } E_3=\dfrac{9\pi^2\hbar^2}{2ma^2};\\ 0, & n\neq 1,3,\text{对应于 } E_n=\dfrac{n^2\pi^2\hbar^2}{2ma^2}.\end{cases}$$

$$\overline{E}=\frac{3\pi^2\hbar^2}{2ma^2}$$

说 明 以上给出了本书下册14～20章全部选择、填空和计算题的参考答案，未给出问答和证明题的答案. 如果需要，可在本书配套教辅《〈大学物理(第五版)〉学习指导与题解》中查阅.

模拟测试

力学专题测试

电磁学专题测试

热学专题测试

光学专题测试

近代物理专题测试

附　　录

附录Ⅰ　物理量的名称、符号和单位(SI)一览表

（表中所列为本书常用物理量的名称、符号和单位）

物理量名称	物理量符号	单位名称	单位符号
长度	l, L	米	m
面积	S	平方米	m^2
体积，容积	V	立方米	m^3
时间	t	秒	s
角	$\alpha, \beta, \gamma, \theta, \varphi$ 等	弧度	rad
角速度	ω	弧度每秒	$rad \cdot s^{-1}$
角加速度	β	弧度每二次方秒	$rad \cdot s^{-2}$
速度	v, u	米每秒	$m \cdot s^{-1}$
加速度	a	米每二次方秒	$m \cdot s^{-2}$
周期	T	秒	s
转速	n	每秒	s^{-1}
频率	ν	赫[兹]	Hz ($1Hz = 1s^{-1}$)
角频率	ω	弧度每秒	$rad \cdot s^{-1}$
波长	λ	米	m
振幅	A	米	m
质量	m, M	千克	kg
(体)质量密度	ρ	千克每立方米	$kg \cdot m^{-3}$
面质量密度	σ	千克每平方米	$kg \cdot m^{-2}$
线质量密度	λ	千克每米	$kg \cdot m^{-1}$
动量	p	千克米每秒	$kg \cdot m \cdot s^{-1}$
冲量	I	牛[顿]秒	$N \cdot s$ ($1\ N \cdot s = 1\ kg \cdot m \cdot s^{-1}$)
角动量(动量矩)	L	千克二次方米每秒	$kg \cdot m^2 \cdot s^{-1}$
转动惯量	J	千克二次方米	$kg \cdot m^2$
力	F, f	牛[顿]	N
力矩	M	牛[顿]米	$N \cdot m$
压强	p	帕[斯卡]	Pa, $N \cdot m^{-2}$
相[位]	φ	弧度	rad
功	A	焦[耳]	J
能[量]	E, W	焦[耳]	J
动能	E_k	焦[耳]	J
功率	P	瓦[特]	W, $J \cdot s^{-1}$
热力学温度	T	开[尔文]	K
摄氏温度	t	摄氏度	℃
热量	Q	焦[耳]	J, $N \cdot m$
导热系数	κ	瓦[特]每米开[尔文]	$W \cdot m^{-1} \cdot K^{-1}$

续表

物理量名称	物理量符号	单位名称	单位符号
比热容	c	焦[耳]每千克开[尔文]	$J \cdot kg^{-1} \cdot K^{-1}$
摩尔质量	μ	千克每摩尔	$kg \cdot mol^{-1}$
定压摩尔热容	C_p	焦[耳]每摩[尔]开[尔文]	$J \cdot mol^{-1} \cdot K^{-1}$
定容摩尔热容	C_V	焦[耳]每摩[尔]开[尔文]	$J \cdot mol^{-1} \cdot K^{-1}$
内能	E	焦[耳]	J
熵	S	焦[耳]每开[尔文]	$J \cdot K^{-1}$
平均自由程	$\bar{\lambda}$	米	m
扩散系数	D	二次方米每秒	$m^2 \cdot s^{-1}$
电量	Q,q	库[仑]	C
电流	$I,\ i$	安[培]	A
(体)电荷密度	ρ	库[仑]每立方米	$C \cdot m^{-3}$
面电荷密度	σ	库[仑]每平方米	$C \cdot m^{-2}$
线电荷密度	λ	库[仑]每米	$C \cdot m^{-1}$
电场强度	E	伏[特]每米	$V \cdot m^{-1}$
电势(电位)	U,V	伏[特]	V
电势差(电位差),电压	U_{12},U_1-U_2	伏[特]	V
电动势	$\mathscr{E}$	伏[特]	V
电位移	D	库[仑]每平方米	$C \cdot m^{-2}$
电通量	Φ_e	伏[特]米	$V \cdot m$
电容	C	法[拉]	F ($1F=1C \cdot V^{-1}$)
电容率	ε	法[拉]每米	$F \cdot m^{-1}$
相对电容率	ε_r		
电[偶极]矩	p,p_e	库[仑]米	$C \cdot m$
电流密度	j	安[培]每平方米	$A \cdot m^{-2}$
磁场强度	H	安[培]每米	$A \cdot m^{-1}$
磁感应强度	B	特[斯拉]	T ($1T=1Wb \cdot m^{-2}$)
磁通量	Φ_m	韦[伯]	Wb ($1Wb=1V \cdot s$)
自感	L	亨[利]	H ($1H=1Wb \cdot A^{-1}$)
互感	M,M_{12}	亨[利]	H ($1H=1Wb \cdot A^{-1}$)
磁导率	μ	亨[利]每米	$H \cdot m^{-1}$
相对磁导率	μ_r		
磁矩	p_m	安[培]平方米	$A \cdot m^2$
电磁能密度	w,w_e,w_m	焦[耳]每立方米	$J \cdot m^{-3}$
坡印亭矢量	S	瓦[特]每平方米	$W \cdot m^{-2}$
[直流]电阻	R	欧[姆]	Ω ($1\Omega=1V \cdot A^{-1}$)
电阻率	ρ	欧[姆]米	$\Omega \cdot m$
光强	I	瓦[特]每平方米	$W \cdot m^{-2}$
折射率	n		
发光强度	I	坎[德拉]	cd
辐[射]出[射]度	M	瓦[特]每平方米	$W \cdot m^{-2}$

附录Ⅱ 基本物理常量表

物理量	符号	数值	单位
真空光速	c	299792458	$m \cdot s^{-1}$
真空磁导率	μ_0	$4\pi \times 10^{-7}$	$H \cdot m^{-1}$
真空电容率	ε_0	$8.8541878128(13)\cdots \times 10^{-12}$	$F \cdot m^{-1}$
万有引力常量	G	$6.67430(15) \times 10^{-11}$	$m^3 \cdot kg^{-1} \cdot s^{-2}$
普朗克常量	h	$6.6260715 \times 10^{-34}$	$J \cdot s$
里德伯常量	R	$1.0973731568160(21) \times 10^7$	m^{-1}
基本电荷	e	$1.602176634 \times 10^{-19}$	C
康普顿波长	λ_c	$2.42631058(22) \times 10^{-12}$	m
电子质量	m_e	$9.1093837015(28) \times 10^{-31}$	kg
质子质量	m_p	$1.67262192369(51) \times 10^{-27}$	kg
中子质量	m_n	$1.6749286(10) \times 10^{-27}$	kg
阿伏伽德罗常量	N_A	$6.02214076 \times 10^{23}$	mol^{-1}
原子质量单位 $1\ u = \frac{1}{12} m(^{12}C)$	u	$1.66053906660(50) \times 10^{-27}$	kg
普适气体常量	R	8.314462618	$J \cdot mol^{-1} \cdot K^{-1}$
玻尔兹曼常量	k	1.380649×10^{-23}	$J \cdot K^{-1}$
斯特藩-玻尔兹曼常量	σ	$5.670374419 \times 10^{-8}$	$W \cdot m^{-2} \cdot K^{-4}$

附录Ⅲ 有关地球和太阳的一些常用数据表

星体	质量	平均半径	平均轨道速度	表面温度
地球	5.98×10^{24} kg	6.37×10^6 m	$29.8\ km \cdot s^{-1}$	
太阳	1.99×10^{30} kg	6.96×10^8 m		5770 K
地球与太阳间的平均距离		1.50×10^{11} m		

附录Ⅳ　物理学名词中英文对照表

（按汉语拼音字母顺序排列）

A

艾里斑　Airy disk
α 粒子　alpha particle

B

巴耳末系　Balmer series
白炽灯　incandescent lamp
白光　white light
半波带法　half wave zone method
半波损失　half-wave loss
半导体　semiconductor
半导体材料　semiconductor material
半导体激光器　semiconductor laser
半透[明]膜　semitransparent film
薄透镜　thin lens
标准条件　standard condition
波长　wavelength
波的叠加原理　principle of superposition wave
波动　wave
波动方程　wave equation
波动光学　wave optics
波动说　wave theory
波动性　undulatory property
波腹　wave loop
波函数　wave function
波节　wave node
波粒二象性　wave-particle dualism
波列　train of wave
波面　wave surface
波片　wave plate
波前　wavefront
波数　wave number
波速　wave speed
波线　wave line
波阵面分割　division of wavefront
玻尔半径　Bohr radius
玻尔磁子　Bohr magneton
玻尔单位　Bohr unit
玻尔频率条件　Bohr frequency condition
玻尔原子模型　Bohr atom model
薄膜干涉　thin-film interference
不可见光　invisible light
不确定关系　uncertainty relation
布拉格公式　Bragg formula
布儒斯特窗　Brewster window
布儒斯特角　Brewster's angle
部分偏振　partial polarization
BCS 理论　BCS theory

C

参考光　reference wave
长度收缩　length contraction
超声波　ultrasonic wave
冲击波　shock wave
抽运　pumping
初相位　initial phase
传感器　sensor
磁量子数　magnetic quantum number
次极大　secondary maximum
次壳层　sub-shell
次声波　infrasonic wave

D

带状谱　band spectrum
戴维孙-革末实验　Davisson-Germer experiment
单摆　simple pendulum
单晶[体]　single crystal
单缝衍射　single-slit diffraction
单色光　monochromatic light
单轴晶体　uniaxial crystal
导带　conduction band
德布罗意波　de Broglie wave
德布罗意波长　de Broglie wavelength
德布罗意关系　de Broglie relation
等[离]子体　plasma
等厚干涉　equal thickness interference
等厚条纹　equal thickness fringes
等倾干涉　equal inclination interference
等倾条纹　equal inclination fringes
点光源　point source
电磁波　electromagnetic wave
电磁波的能流密度　energy flux density of electromagnetic wave

电磁波谱 electromagnetic wave spectrum
电离 ionization
电离能 ionization energy
电偏转 electric deflection
电致发光 electroluminescence
电致伸缩 electrostriction
电致双折射 electric birefringence
电子 electron
电子捕获 electron capture
电子磁矩 electron magnetic moment
电子显微镜 electron microscope
电子自旋 electron spin
叠加原理 superposition principle
定态 stationary state
定态波函数 stationary-wave function
对撞机 collider
多光束干涉 multiple-beam interference
多普勒效应 Doppler effect

E

二能级激光器 two-level laser
二向色性 dichroism
二氧化碳激光器 carbon dioxide laser

F

发射光谱 emission spectrum
反射 reflection
反射定律 law of reflection
反射系数 reflection coefficient
方解石 calcite
放射性 radioactivity
非线性光学 nonlinear optics
非线性系统 nonlinear system
非寻常光线 extraordinary ray
菲涅耳双镜 Fresnel bimirror
菲涅耳双棱镜 Fresnel biprism
菲涅耳衍射 Fresnel diffraction
分辨本领 resolving power
分波阵面 wave front-splitting
分振幅 amplitude-splitting
分子光谱 molecular spectrum
夫琅禾费衍射 Fraunhofer diffraction
辐射 radiation
辐射出射度 radiant excitant
复摆 compound pendulum
负极板 negative plate
负晶体 negative crystal
负离子 negative ion

G

概率波 probability wave
概率幅 probability amplitude
概率密度 probability density
干涉 interference
干涉条纹 interference fringe
刚度系数 rigidity
高反射膜 high-reflecting coating
共振频率 resonant frequency
共振 resonance
固体激光器 solid state laser
固有长度 proper length
固有角频率 natural angular frequency
固有频率 natural frequency
固有时 proper time
[光]谱线 spectral line
[光]谱线系 spectral series
光[测]弹性 photoelasticity
光泵 light pump
光程 optical path
光程差 optical path difference
光导纤维 optical fiber
光的二象性 duality of light
光的干涉 interference of light
光的偏振 polarization of light
光的衍射 diffraction of light
光电倍增管 photomultiplier
光电池 photocell
光电导效应 photoconductive effect
光电二极管 photodiode
光电管 photoelectric tube
光电流 photocurrent
光电效应 photoelectric effect
光电子 photoelectron
光放大 light amplification
光密介质 optically denser medium
光敏电阻 photoresistance
光谱 spectrum
光生伏打效应 photovoltaic effect
光矢量 light vector
光疏介质 optically thinner medium

光速	light velocity
光速不变原理	principle of constancy of light velocity
光纤通信	optical fiber communication
光线	light ray
光学	optics
光学仪器	optical instrument
光源	light source
光栅	grating
光栅常量	grating constant
光栅方程	grating equation
光栅光谱	grating spectrum
光致发光	photoluminescence
光轴	optic axis
光子	photon
广义相对论	general relativity
归一[化]条件	normalization condition
轨道磁矩	orbital magnetic moment
轨道角动量	orbital angular momentum
轨道量子数	orbital quantum number
过阻尼	overdamping

H

亥姆霍兹线圈	Helmholtz coils
氦氖激光器	He-Ne laser
核半径	nuclear radius
核磁共振	nuclear magnetic resonance
核磁子	nuclear magneton
核反应	nuclear reaction
核聚变	nuclear fusion
核力	nuclear force
核裂变	nuclear fission
核子	nucleon
核自旋	nuclear spin
黑体	black body
黑体辐射	black body radiation
亨利	henry
横波	transverse wave
红宝石激光器	ruby laser
红外线	infrared ray
红限波长	red-limit wavelength
红移	red shift
惠更斯-菲涅耳原理	Huygens-Fresnel principle
混沌	chaos
混频	frequency mixing

J

基态	ground state
激发态	state of excited
激光测距仪	laser range finder
激光聚变	laser fusion
激光束	laser beam
激光通信	laser communication
激光陀螺	laser gyroscope
激光制导	laser guidance
激活介质	active medium
机械波	mechanical wave
机械振动	mechanical vibration
级次	order
集成电路	integrated circuit
价电子	valence electron
检偏器	polarization analyzer
简谐波	simple harmonic wave
简谐运动	simple harmonic motion
简谐振动	simple harmonic vibration
焦面	focal plane
角动量量子化	quantization of angular momentum
角量子数	angular quantum number
矫顽力	coercive force
结合能	binding energy
截止波长	cutoff wavelength
截止电压	cutoff voltage
截止频率	cutoff frequency
近代物理	modern physics
近红外	near infrared
近紫外	near ultraviolet
禁带	forbidden band
晶格	(crystal) lattice
晶面	crystal face
晶体	crystal
静能	rest energy
静质量	rest mass
居里点	Curie point
绝对空间	absolute space
绝对时间	absolute time

K

康普顿波长	Compton wavelength
康普顿散射	Compton scattering
壳[层]模型	shell model
可见光	visible light

克尔效应 Kerr effect
空间量子化 space quantization
空间相干性 spatial coherence
空穴导电 hole conduction
库珀对 Cooper pair
夸克 quark
扩展[光]源 extended [light] source

L

拉曼散射 Raman scattering
莱曼系 Lyman series
劳埃德镜 Lloyd's mirror
类氢离子 hydrogen-like ion
类氢原子 hydrogen-like atom
离子束 ion beam
李萨如图形 Lissajous figure
粒子数布居反转 population inversion
粒子性 corpuscular property
里德伯常量 Rydberg constant
量子化 quantization
量子理论 quantum theory
量子力学 quantum mechanics
量子数 quantum number
量子态 quantum state
临界阻尼 critical damping
临界角 critical angle
零点能 zero-point energy
洛伦兹变换 Lorentz transformation
洛伦兹力 Lorentz force

M

马吕斯定律 Malus' law
迈克耳孙干涉仪 Michelson interferometer
迈斯纳效应 Meissner effect
脉冲激光器 pulsed laser
满带 filled band
漫反射 diffuse reflection

N

钠灯 sodium lamp
能带 energy band
能级 energy level
能级寿命 energy level lifetime
能量本征值 energy eigenvalue
能量量子化 energy quantization
能量子 quantum of energy
能量最小原理 principle of least energy
尼科耳棱镜 Nicol prism
牛顿环 Newton's ring
n 型半导体 n-type semiconductor

O

偶极振子 dipole oscillator

P

帕邢系 Paschen series
拍 beat
拍频 beat frequency
泡克耳斯效应 Pockels effect
泡利不相容原理 Pauli exclusion principle
劈形膜 wedge film
偏振度 degree of polarization
偏振光 polarized light
偏振片 polaroid sheet
频率 frequency
平衡位置 equilibrium position
平均寿命 mean lifetime
平面波 plane wave
平面全息图 plane hologram
平行光束 parallel beam
普朗克常量 Planck constant
谱线 spectral line
谱线宽度 line width
pn 结 p-n junction
p 型半导体 p-type semiconductor

Q

气体激光器 gas laser
起偏器 polarizer
欠阻尼 underdamping
切伦科夫辐射 Cherenkov radiation
氢原子 hydrogen atom
球面波 spherical wave
驱动力 driving force
全反射 total reflection
全息术 holography
全息照相 holograph
缺级 missing order

R

染料激光器　dye laser
热辐射　heat radiation
热敏电阻　thermistor
热释电效应　pyroelectric effect
热致发光　thermoluminescence
人工双折射　artificial birefringence
瑞利判据　Rayleigh's criterion
瑞利散射　Rayleigh scattering
弱相互作用　weak interaction

S

三能级激光器　three-level laser
扫描隧道显微镜　scanning tunneling microscope，STM
色散　dispersion
射线　ray
声波　sound wave
声强　intensity of sound
施主　donor
时间常量　time constant
时间间隔　time interval
时间相干性　temporal coherence
时间延缓　time dilation
时空均匀性　homogeneity of spacetime
时空坐标　space-time coordinates
[事件]间隔　interval of events
势函数　potential function
势阱　potential well
势垒　potential barrier
势垒穿透　barrier penetration
受激辐射　stimulated radiation
受激吸收　stimulated absorption
受迫振动　forced vibration
受主　acceptor
输出　output
输入　input
束缚电子　bound electron
束缚态　bound state
衰变　decay
双缝干涉　double-slit interference
双缝衍射　double-slit diffraction
双生子佯谬　twin paradox
双折射　birefringence
施特恩-格拉赫实验　Stern-Gerlach experiment
斯特藩-玻尔兹曼定律　Stefan-Boltzmann's law
四维时空　four dimensional space-time
隧道效应　tunneling effect

T

弹簧振子　spring oscillator
特[斯拉]　tesla
天线　antenna
调幅　amplitude modulation
调相　phase modulation
同时性　simultaneity
同时性的相对性　relativity of simultaneity
同位素　isotope
托马斯·杨　Thomas Young
椭圆偏振光　elliptical polarized light

W

微波　microwave
微粒说　corpuscular theory
韦伯　weber
维恩位移律　Wien's displacement law
位移电流　displacement current
温差电偶　thermocouple
温差电效应　thermoelectric effect
物光束　object beam
物质波　matter wave

X

吸收峰　absorption peak
吸收光谱　absorption spectrum
狭义相对论　special relativity
狭义相对性原理　principle of special relativity
显色偏振　chromatic polarization
线偏振光　linear polarized light
线系极限　series limit
相长干涉　constructive interference
相对论力学　relativistic mechanics
相对论速度变换　relativistic transformation of velocity
相对论质量　relativistic mass
相对性原理　relativity principle
相对折射率　relative refractive index
相干波　coherent wave
相干长度　coherence length

相干光 coherent light light
相干光源 coherent light source
相干时间 coherence time
相干条件 coherent condition
相速 phase velocity
相图 phase diagram
相位 phase
相位差 phase difference
相位跃变 phase jump
相消干涉 destructive interference
谐振子 harmonic oscillator
行波 traveling wave
旋光现象 rot-optical phenomena
薛定谔方程 Schrödinger equation
寻常光线 ordinary ray
X射线衍射 X-ray diffraction

Y

压电效应 piezoelectric effect
压热效应 piezocaloric effect
氩[离子]激光器 argon [ion] laser
衍射 diffraction
衍射角 diffraction angle
衍射屏 diffraction screen
衍射图样 diffraction pattern
阳极 anode
杨氏模量 Young modulus
杨[氏]实验 Young experiment
液晶 liquid crystal
液体激光器 liquid laser
逸出功 work function
因果性 causality
阴极 cathode
阴极射线 cathode ray
应力双折射 piezobirefringence, stress birefringence
右旋晶体 right-handed crystal
阈值条件 threshold condition
原子磁矩 atomic magnetic moment
原子光谱 atomic spectrum
原子序数 atomic number
原子质量单位 atomic mass unit
圆孔衍射 circular hole diffraction
圆偏振光 circular polarized light
远红外 far infrared
约瑟夫森效应 Josephson effect
跃迁 transition

Z

载流子 charge carrier
增透膜 antireflection coating
增益系数 gain coefficient
折射 refraction
折射定律 refraction law
折射率 refractive index
振荡 oscillation
振动 vibration
振幅 amplitude
振幅分割 division of amplitude
正极板 positive plate
正晶体 positive crystal
正离子 positive ion
[指]北极 north pole, N pole
[指]南极 south pole, S pole
质量亏损 mass defect
质能关系 mass-energy relation
质子磁矩 proton magnetic moment
质子数 proton number
中央极大 central maximum
中央条纹 central fringe
中子磁矩 neutron magnetic moment
中子数 neutron number
钟的同步 synchronization of clocks
周期 period
周期表 periodic table
周期性 periodicity
主极大 principal maximum
主截面 principal section
主量子数 principal quantum number
主平面 principal plane
主折射率 principal refractive index
驻波 standing wave
柱面波 cylindrical wave
紫外线 ultraviolet ray
子波 wavelet
自发辐射 spontaneous radiation
自感[系数] self-inductance
自感[应] self-induction
自感磁能 magnetic energy of self induction
自感电动势 self-induced electromotive force
自然光 natural light

自旋	spin
自旋磁矩	spin magnetic moment
自旋角动量	spin angular momentum
自旋量子数	spin quantum number
自由电子	free electron
自由电子激光器	free-electron laser
自由空间	free space
纵波	longitudinal wave
阻尼力	damping force
阻尼振动	damped vibration
阻尼	damping
最小分辨角	angle of minimum resolution
左手定则	left-hand rule
左旋晶体	left-handed crystal